T0076565

EL LIBRO DE LA
MEDICINA

EL LIBRO DE LA
MEDICINA
DK

DK LONDON

EDICIÓN DE ARTE SÉNIOR
Helen Spencer

EDICIÓN SÉNIOR
Camilla Hallinan, Kathryn Hennessy y Laura Sandford

EDICIÓN
Anna Cheifetz, Lydia Halliday, Joanna Micklem, Victoria Pyke, Dorothy Stannard y Rachel Warren Chadd

ILUSTRACIONES
James Graham

DESARROLLO DE DISEÑO DE CUBIERTA
Sophia MTT

PRODUCCIÓN EDITORIAL
George Nimmo

PRODUCCIÓN
Nancy-Jane Maun

COORDINACIÓN EDITORIAL DE ARTE
Lee Griffiths

COORDINACIÓN EDITORIAL
Gareth Jones

COORDINACIÓN DE PUBLICACIONES
Liz Wheeler

DIRECCIÓN DE ARTE
Karen Self

DIRECCIÓN DE DISEÑO
Philip Ormerod

DIRECCIÓN DE PUBLICACIONES
Jonathan Metcalf

DK DELHI

EDICIÓN DE ARTE SÉNIOR
Ira Sharma, Vikas Sachdeva y Vinita Venugopal

EDICIÓN DE ARTE DE PROYECTO
Sourabh Challariya

EDICIÓN DE ARTE
Shipra Jain, Noopur Dalal y Anukriti Arora

ASISTENCIA EDITORIAL DE ARTE
Ankita Das, Bandana Paul y Adhithi Priya

EDICIÓN SÉNIOR
Janashree Singha

EDICIÓN
Nandini D. Tripathy, Rishi Bryan y Avanika

COORDINACIÓN EDITORIAL
Soma B. Chowdhury

COORDINACIÓN EDITORIAL DE ARTE
Arunesh Talapatra

DISEÑO DE CUBIERTA SÉNIOR
Suhita Dharamjit

MAQUETACIÓN
Ashok Kumar y Mrinmoy Mazumdar

COORDINACIÓN DE ICONOGRAFÍA
Sumita Khatwani

ICONOGRAFÍA
Sneha Murchavade

DIRECCIÓN DE ICONOGRAFÍA
Taiyaba Khatoon

COORDINACIÓN DE PREPRODUCCIÓN
Balwant Singh

COORDINACIÓN DE PRODUCCIÓN
Pankaj Sharma

EDICIÓN EN ESPAÑOL

COORDINACIÓN EDITORIAL
Cristina Sánchez Bustamante

ASISTENCIA EDITORIAL Y PRODUCCIÓN
Malwina Zagawa

Estilismo
STUDIO 8

Publicado originalmente en Gran Bretaña en 2020 por Dorling Kindersley Limited DK, One Embassy Gardens, 8 Viaduct Gardens, London, SW11 7BW

Parte de Penguin Random House

Título original: *The Medicine Book*
Primera edición 2021

Servicios editoriales: deleatur, s.l.
Traducción: Antón Corriente Basús

ISBN: 978-0-7440-4871-1

Impreso en China

Para mentes curiosas
www.dkespañol.com

Este libro se ha impreso con papel certificado por el Forest Stewardship Council™ como parte del compromiso de DK por un futuro sostenible. Para más información, visita www.dk.com/our-green-pledge.

COLABORADORES

STEVE PARKER, EDITOR ASESOR

Steve Parker es escritor y editor de más de 300 obras de divulgación científica, en particular sobre biología, medicina y otras ciencias de la vida. Es licenciado en ciencias en zoología, miembro científico de la Sociedad Zoológica de Londres, y autor de varios títulos para diversas edades y editoriales. Entre sus galardones recientes se cuenta el Premio por la Comprensión Pública de la Ciencia, de la Asociación Médica Británica, por *Kill or Cure: An Illustrated History of Medicine*.

JOHN FARNDON

John Farndon es un autor de temas científicos ampliamente publicado, con cinco libros finalistas del Young People's Science Book Prize de la Royal Society, entre ellos *The Complete Book of the Brain* y *Project Body*. Es autor o colaborador de un millar de libros sobre temas diversos, como la historia de la medicina, y de grandes obras como *Science*, *Science Year By Year*, y ha contribuido al sitio web del premio Nobel de fisiología o medicina.

TIM HARRIS

Tim Harris es un autor que ha publicado largamente sobre temas de ciencia y naturaleza para niños y adultos. Ha escrito más de un centenar de obras, educativas y de referencia, y ha colaborado en muchas otras, entre ellas *Knowledge Encyclopedia Human Body!*, *An Illustrated History of Engineering*, *Physics Matters*, *Great Scientist*, *Exploring the Solar System* y *Routes of Science*.

BEN HUBBARD

Ben Hubbard es un autor consumado de no ficción para niños y adultos. Ha escrito más de 120 libros, sobre temas tan diversos como el espacio, los samurái, los tiburones y los venenos. Sus obras se han traducido a más de una docena de idiomas, y se encuentran en bibliotecas de todo el mundo.

PHILIP PARKER

Philip Parker es un autor aclamado por la crítica, editor premiado e historiador especializado en los mundos clásico y medieval. Es el autor de *DK Companion Guide to World History*, *The Empire Stops Here: A Journey around the Frontiers of the Roman Empire* y *A History of Britain in Maps*, y colaborador de *Medicine* de DK. Anteriormente fue diplomático, dedicado a las relaciones del Reino Unido con Grecia y Chipre, y cuenta con un diploma en relaciones internacionales de la Escuela de Estudios Internacionales Avanzados de la Universidad Johns Hopkins.

ROBERT SNEDDEN

Robert Snedden se dedica a la edición desde hace más de cuarenta años, y ha estudiado y escrito libros sobre ciencia y tecnología para lectores jóvenes en numerosos y variados campos (ética médica, autismo, biología celular, nutrición, el cuerpo humano, la exploración espacial, la ingeniería, la informática e internet). También ha colaborado en textos sobre matemáticas, ingeniería, biología y la evolución, y ha escrito libros sobre la obra de Albert Einstein y otros avances matemáticos y médicos para lectores adultos.

CONTENIDO

CÉLULAS Y MICROBIOS
1820–1890

VACUNAS, SUEROS Y ANTIBIÓTICOS
1890–1945

SALUD GLOBAL
1945–1970

GENES Y TECNOLOGÍA
1970–PRESENTE

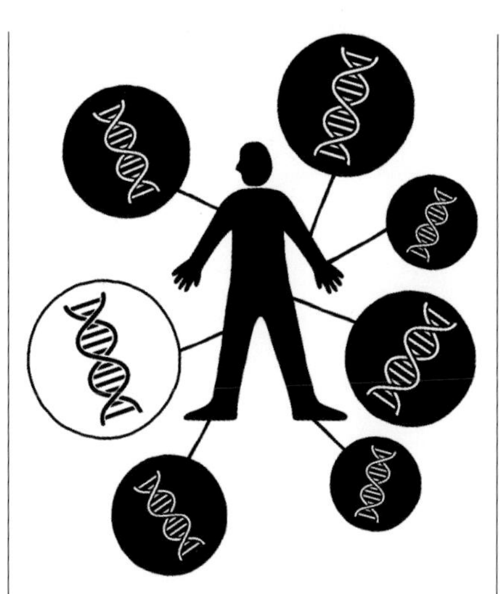

INTRODU

CCION

Las enfermedades nos han acompañado siempre, y la necesidad de hallar modos de prevenirlas y tratarlas es, a menudo y literalmente, cuestión de vida o muerte. A lo largo de los siglos se han probado muchas técnicas, y algunos descubrimientos importantes, como las vacunas y los antibióticos, han tenido un gran impacto, han salvado incontables vidas y han devuelto la salud a muchas personas.

Práctica antigua

En la prehistoria, los pueblos recurrían al saber tradicional, a los curanderos y a la magia en caso de enfermedad. Gradualmente, fueron emergiendo y evolucionando enfoques más sistemáticos, como la sanación ayurvédica en la antigua India en torno a 3000 a. C. Esta todavía tiene muchos adeptos, al igual que la antigua medicina china y, como parte de ella, la acupuntura. Son tradiciones que han perdurado, pero la actual medicina basada en la ciencia parte de las ideas de la antigua Grecia.

A fines del siglo V a. C., el griego Hipócrates insistía en que la enfermedad tiene causas naturales y, por tanto, también remedios naturales, lo cual ha sido un principio rector de la medicina desde entonces. La escuela médica que fundó asumía como deber el cuidado del paciente, y el ideal consagrado en el juramento hipocrático sigue informando hoy la ética y la práctica médicas.

Los griegos conocían pocas curas, y, dado que tenían prohibida la disección de cadáveres, sabían poco de anatomía. Las posteriores campañas militares de los romanos sirvieron para desarrollar nuevas habilidades quirúrgicas, y el célebre médico romano Claudio Galeno hizo progresar los conocimientos anatómicos, al aprender de las disecciones de animales y las heridas de los gladiadores.

Con un enfoque exhaustivo, Galeno escribió los primeros grandes manuales de medicina, pero sus teorías se basaron en la noción de los antiguos griegos de que las enfermedades se deben a un desequilibrio entre cuatro fluidos corporales, los humores: sangre, bilis amarilla, flema y bilis negra. Esta noción persistió en Europa hasta tan tarde como el siglo XIX.

> Curar a veces, aliviar a menudo, consolar siempre.
> **Hipócrates**
> **(*c.* 460–*c.* 375 a. C.)**

Investigación científica

Tras la caída del Imperio romano, una sucesión de médicos eruditos del mundo islámico mantuvieron vigentes las enseñanzas de Galeno, desarrollaron nuevas técnicas quirúrgicas e introdujeron muchos fármacos innovadores. Al Razi fue un pionero de los tratamientos químicos, e Ibn Sina (conocido como Avicena) escribió la obra definitiva *El canon de medicina*.

En la Baja Edad Media llegaron a Europa las ideas médicas del islam y de Galeno, cuyos principios inspiraron la creación de escuelas de medicina asociadas a las universidades de ciudades como Salerno y Padua. La medicina fue reconocida por primera vez como materia legítima de estudio académico, y el Renacimiento favoreció una nueva era de descubrimientos basados en la investigación y las observaciones de primera mano.

A mediados del siglo XVI, las disecciones detalladas del médico flamenco Andrés Vesalio ofrecían una imagen precisa de la anatomía humana. Los médicos empezaron a aprender fisiología, la ciencia de las funciones y mecanismos del organismo. La demostración de que el corazón es una bomba que hace circular la sangre

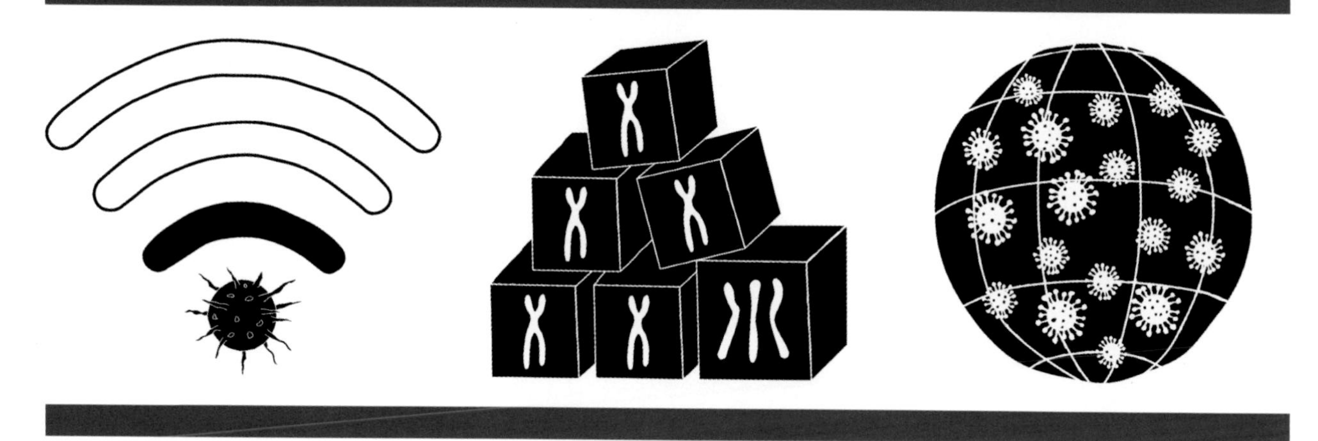

fue un gran avance, realizado en 1628 por el inglés William Harvey.

Los progresos en el tratamiento de las enfermedades fueron lentos. En el siglo XVI, el médico y alquimista suizo Paracelso defendió la idea del cuerpo como sistema químico que se podía remediar mediante curas químicas. Su uso del mercurio para tratar la sífilis quedó establecido durante casi 400 años, pero el enfoque químico no se aplicó a las terapias farmacológicas modernas hasta el siglo XX.

Contra la enfermedad

La lucha contra la enfermedad recibió un gran impulso en 1796, cuando el británico Edward Jenner creó una vacuna contra la viruela. En 1881, el francés Louis Pasteur demostró que las vacunas eran eficaces también para otras enfermedades, y hoy la investigación de nuevas vacunas es un campo destacado de la farmacología.

Pasteur y el médico alemán Robert Koch despejaron el camino para comprender la naturaleza de la enfermedad. Pusieron fin a la creencia en los humores al demostrar la teoría microbiana, la idea de que son microorganismos como las bacterias los causantes de las enfermedades infecciosas. Este hallazgo generó un nuevo campo de estudio, el de la búsqueda del microbio responsable de cada enfermedad. Koch aisló las bacterias que causan la tuberculosis e inspiró al científico ruso Iliá Méchnikov, quien identificó las células del organismo que combaten a los microbios. La revelación gradual del sistema inmunitario a lo largo del siglo pasado es uno de los relatos más increíbles de la historia de la medicina.

A inicios del siglo XX, los nuevos enfoques en microbiología y química transformaron las ideas sobre cómo tratar la enfermedad. Al identificar partículas inmunitarias del organismo –los anticuerpos–, el científico alemán Paul Ehrlich desarrolló la idea de los fármacos dirigidos, que atacan a los microbios pero no dañan el organismo. En 1910, su éxito con el Salvarsán, el primer fármaco eficaz contra la sífilis, marcó el nacimiento de la industria farmacéutica global.

Medicina moderna

El descubrimiento de la penicilina por el bacteriólogo escocés Alexander Fleming, en 1928, inició una nueva era de la medicina: por primera vez, los médicos disponían de un tratamiento eficaz para varias enfermedades hasta entonces mortales. Los antibióticos propiciaron también uno de los milagros de la cirugía moderna, los trasplantes de órganos, que solían fracasar por las infecciones.

A partir de 1950, avances como el descifrado del código genético han arrojado nueva luz sobre el desarrollo de las enfermedades, y han estimulado nuevos métodos para combatirlas. La ingeniería biomédica ha aportado soluciones a todas las áreas sanitarias, de las técnicas de imagen no invasivas a la cirugía robótica y el implante de dispositivos como marcapasos y articulaciones ortopédicas.

Los nuevos avances médicos, sean fruto de la inspiración individual o de años de estudio por equipos de investigación, han salvado a millones de personas del sufrimiento y la muerte, aunque estas innovaciones están sometidas a una normativa más estricta que muchas otras disciplinas: al fin y al cabo, son vidas humanas lo que está en juego. ■

Los avances en medicina y agricultura han salvado muchísimas más vidas que las perdidas en todas las guerras de la historia.

Carl Sagan

Científico estadounidense (1934–1996)

MEDICIN
ANTIGUA
MEDIEVA
PREHISTORA-16

Se encuentran en Europa cráneos taladrados, práctica conocida como **trepanación**, quizá para tratar dolores o dejar salir «espíritus malignos».

VI milenio A. C.

Siglo XXVII A. C.

En el **antiguo Egipto** adquiere fama el arquitecto, sacerdote, visir y médico **Imhotep**, divinizado siglos después como dios en la Tierra de la práctica médica.

El **papiro** egipcio de **Edwin Smith**, uno de los documentos médicos más antiguos conservados, describe 48 casos de traumatismo.

Siglo XVII A. C.

C. 500 A. C.

En India, el médico Súsruta empieza a compilar el ***Susruta Samhita***, compendio de métodos quirúrgicos **ayurvédicos** que incluyen técnicas reconstructivas.

El **médico griego Hipócrates** inicia su carrera médica. Junto con sus seguidores, crea un código ético para los médicos, conocido más tarde como juramento hipocrático.

C. 440 A. C.

C. 300 A. C.

En China, el ***Huangdi Neijing*** **(«Canon interno del emperador»)** establece los principios y métodos de la **medicina tradicional china**.

El médico militar romano **Pedanio Dioscórides** compila ***De materia medica***, obra en la que describe cientos de fármacos basados en hierbas y de otros tipos.

C. 70 D. C.

Pruebas prehistóricas tales como esqueletos, herramientas y el arte rupestre indican que la medicina se practicaba hace ya más de 40 000 años. Los humanos prehistóricos conocían las propiedades curativas de ciertos minerales, hierbas y partes de animales. Los poseedores de estos conocimientos eran especialistas muy solicitados, y su capacidad para sanar solía estar asociada a los mitos, la magia y la veneración de poderes sobrenaturales.

En muchos lugares del mundo (América del Norte y del Sur, África y áreas extensas de Asia y Australasia), individuos a los que se atribuía el don de comunicarse con entes sobrenaturales entraban en trance mediante prácticas relacionadas con los espíritus y canalizaban este poder para sanar, o les pedían alivio para la persona enferma. Estas prácticas se conservan aún en algunas sociedades indígenas.

Sistemas médicos

En cada una de las civilizaciones antiguas se desarrollaron prácticas médicas, muchas de ellas vinculadas a rituales religiosos. En Egipto, en el IV milenio a. C., las enfermedades graves se creían obra de los dioses, como castigo de un mal cometido en esta vida u otra vida pasada. Los sacerdotes administraban hierbas medicinales, celebraban rituales y aplacaban a los dioses con ofrendas. En el II milenio a. C. había médicos egipcios especializados en enfermedades oculares, digestivas, articulares y dentales, y en una cirugía derivada de muchos siglos de experiencia en la momificación y el embalsamamiento.

En India, la medicina ayurvédica, que algunos médicos continúan practicando en la actualidad, se desarrolló a partir de aproximadamente el año 800 a. C. Defiende que la enfermedad se debe a un desequilibrio entre los tres *doshas* elementales: *vata* (viento), *pitta* (bilis) y *kapha* (flema). Así pues, la tarea del *vaidya*, o médico ayurvédico, es detectar los desequilibrios y corregirlos con remedios a base de hierbas, minerales, sangrías, laxantes, enemas, eméticos y masajes.

En la antigua China se desarrolló una teoría de la salud basada en el equilibrio en el cuerpo entre los principios opuestos (pero complementarios) del *yin* y del *yang*, los cinco elementos (fuego, agua, tierra, madera y metal) y la energía del *qi* que fluye por los muchos meridianos (canales) del cuerpo. La medicina

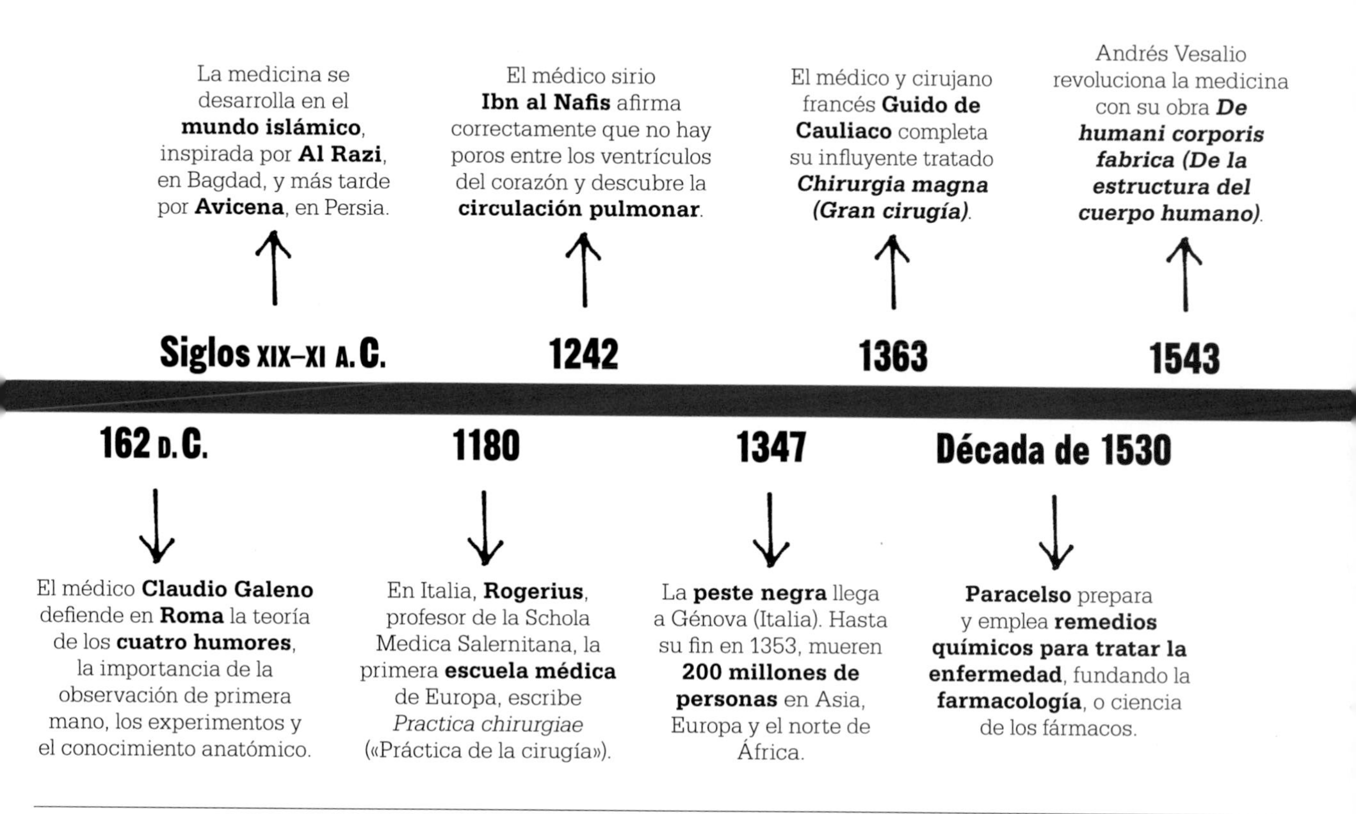

china incluía remedios comunes a otras civilizaciones antiguas, como las plantas, las dietas y los masajes, pero desarrolló también prácticas propias, con gran hincapié en el pulso para los diagnósticos y en la acupuntura –inserción de agujas a lo largo de los meridianos– para corregir desequilibrios.

Siglos XIX–XI A. C.
La medicina se desarrolla en el mundo islámico, inspirada por Al Razi, en Bagdad, y más tarde por Avicena, en Persia.
162 D. C.
El médico Claudio Galeno defiende en Roma la teoría de los cuatro humores, la importancia de la observación de primera mano, los experimentos y el conocimiento anatómico.
1180
En Italia, Rogerius, profesor de la Schola Medica Salernitana, la primera escuela médica de Europa, escribe Practica chirurgiae («Práctica de la cirugía»).
1242
El médico sirio Ibn al Nafis afirma correctamente que no hay poros entre los ventrículos del corazón y descubre la circulación pulmonar.
1347
La peste negra llega a Génova (Italia). Hasta su fin en 1353, mueren 200 millones de personas en Asia, Europa y el norte de África.
1363
El médico y cirujano francés Guido de Cauliaco completa su influyente tratado Chirurgia magna (Gran cirugía).
Década de 1530
Paracelso prepara y emplea remedios químicos para tratar la enfermedad, fundando la farmacología, o ciencia de los fármacos.
1543
Andrés Vesalio revoluciona la medicina con su obra De humani corporis fabrica (De la estructura del cuerpo humano).

Nuevos conocimientos

La medicina floreció en la antigua Grecia en el I milenio a. C. Entre sus muchas figuras célebres se cuenta Hipócrates de Cos, cuya compasión hacia el paciente y enfoque racional de diagnósticos y tratamientos siguen vigentes en la medicina actual. Los romanos lograron avances en muchas especialidades, sobre todo en cirugía. Griegos y romanos creían que la salud dependía del equilibrio, en este caso de cuatro fluidos corporales, o humores: sangre, flema, bilis amarilla y bilis negra. En el siglo II d. C. fue enormemente respetado Claudio Galeno, sobre todo en lo referente a la anatomía, y los médicos consultarían su trabajo hasta bien entrado el siglo XVI.

El declive y caída en 476 del Imperio romano de Occidente inició una era de fragmentación en Europa. Muchos conocimientos médicos se perdieron, y durante la mayor parte de la Edad Media (*c.* 500–1400) quedaron limitados a los monasterios. En el ámbito islámico, en cambio, hubo avances importantes en todos los campos de la ciencia, incluida la medicina. Durante la edad de oro del islam (*c.* 750–1258), los eruditos de la corte abasí de Bagdad tradujeron y estudiaron los textos médicos del mundo antiguo, y médicos como Al Razi y Avicena aportaron obras influyentes propias, traducidas más tarde al latín en Europa.

En la Italia del siglo XIV, el redescubrimiento de la cultura y el saber grecorromanos inspiraron el Renacimiento, que difundiría por Europa ideas nuevas en las artes, la educación, la política, la religión, la ciencia y la medicina.

Científicos y médicos adoptaron la observación de primera mano, la experimentación y el análisis racional, en lugar de atenerse a lo escrito en textos antiguos como el de Galeno. Dos grandes figuras de la época fueron el suizo Paracelso, fundador de la farmacología, y el anatomista flamenco Andrés Vesalio, cuya obra maestra *De humani corporis fabrica (De la estructura del cuerpo humano)* transformó la concepción del cuerpo humano entre la profesión médica. ■

UN CHAMAN PARA COMBATIR LA MUERTE Y LA ENFERMEDAD

MEDICINA PREHISTÓRICA

EN CONTEXTO

ANTES

47 000 a. C. Los dientes de esqueletos de neandertales de la cueva de El Sidrón (Asturias, España) apuntan a un uso antiguo de plantas medicinales.

DESPUÉS

7000–5000 a. C. El arte rupestre de Tassili n'Ajjer (Argelia) podría representar chamanes portadores de setas *Psilocybe mairei*, de efectos psicodélicos.

***C.* 3300 a. C.** Los estudios sobre Ötzi, el «hombre de hielo» hallado en los Alpes de Ötztal en la frontera entre Austria e Italia en 1991, indican que tomaba hierbas medicinales.

***C.* 1000** Los curanderos del sudoeste de Bolivia usan fármacos psicoactivos, entre ellos cocaína, de los que se encontraron trazas en la cordillera de Lípez en 2010.

2000 Muere Chuonnasuan, uno de los últimos chamanes en activo de Siberia.

Los humanos prehistóricos aquejados por heridas y enfermedades se medicaron con hierbas y arcilla, un comportamiento similar al de los chimpancés y otros grandes simios. También recurrían a lo sobrenatural para explicar sus males, culpando a espíritus malignos de las heridas y de la mala salud.

Curación mágica

Hace entre 15 000 y 20 000 años surgió una figura nueva en el mundo prehistórico, en parte curandero, en parte mago, a la que se atribuía la capacidad de cambiar de forma, acceder al mundo de los espíritus y, mediante su influencia, aliviar a los sufrientes y curar a los enfermos.

El arte rupestre de África y Europa parece incluir representaciones de antiguas prácticas rituales, entre ellas la transformación del sanador en otra criatura. El enterramiento de quien pudo ser una curandera en Hilazon Tachtit (Israel), en torno a 11 000 a. C., contiene las alas de un águila real, la pelvis de un leopardo y un pie humano cortado. Se cree que estos objetos guardan relación con la capacidad de transformarse y

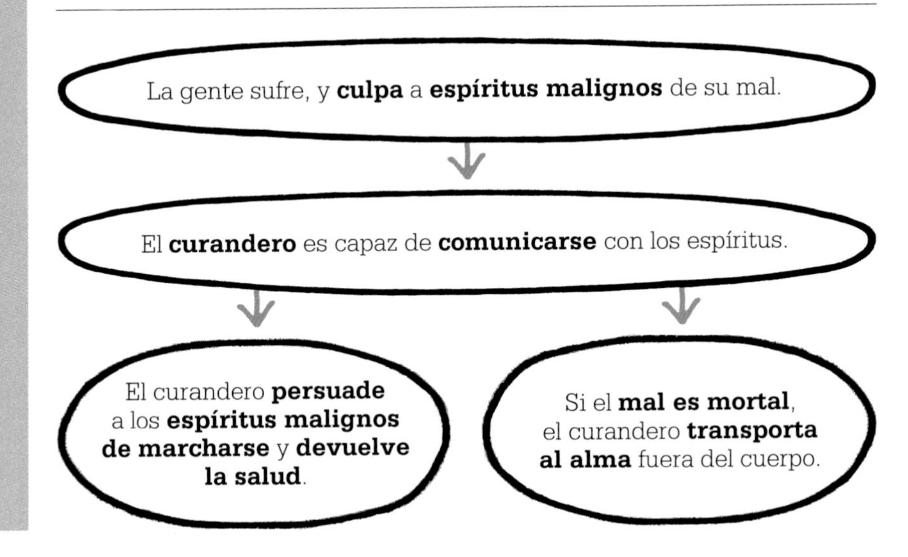

La gente sufre, y culpa a espíritus malignos de su mal.
El curandero es capaz de comunicarse con los espíritus.
El curandero persuade a los espíritus malignos de marcharse y devuelve la salud.
Si el mal es mortal, el curandero transporta al alma fuera del cuerpo.

Véase también: Medicina egipcia antigua 20–21 ▪ Medicina ayurvédica 22–25 ▪ Medicina griega 28–29 ▪ Medicina tradicional china 30–35 ▪ Herbología 36–37 ▪ Escuelas médicas y cirugía medievales 50–51

El hombre-pájaro de las cuevas de Lascaux (Francia), de *c.* 15000 a. C., podría ser un chamán. La cabeza, las manos con cuatro dedos y el ave al lado sugieren que puede convertirse en pájaro.

trascender la forma humana. Tales sanadores espirituales bien pudieron desarrollar también habilidades médicas prácticas, pues los arqueólogos no solo han descubierto muchas pruebas del empleo de plantas medicinales, sino también de procedimientos quirúrgicos como la trepanación e intentos de componer huesos rotos.

Una necesidad por satisfacer

De la creencia en la curación sobrenatural se pasó a otras prácticas espirituales y médicas, pero la primera nunca desapareció. En el siglo XVII, viajeros europeos descubrieron a los sanadores siberianos, llamados chamanes –del tungús *šaman* («el que sabe»)–, y el término chamanismo se generalizó para referirse a las creencias y prácticas espirituales en varias partes del mundo.

En Siberia, unos pocos chamanes siguen empleando alucinógenos, la percusión y el canto para alcanzar un trance en el que reciben una visión del mundo espiritual. Se cree que los más capaces se proyectan hacia el otro mundo, a menudo guiados por un animal, para persuadir al espíritu maligno causante de la enfermedad de que libere al enfermo y le devuelva la salud. Cuando no es posible curarle, el chamán realiza un ritual similar, con el fin de llevar el alma del moribundo a la otra vida.

Hoy se siguen practicando formas diversas de sanación espiritual en Asia oriental, África y los pueblos indígenas de Australia, el Ártico y América. Durante milenios, estas creencias han respondido a la necesidad de explicar la enfermedad y por qué –cuando los espíritus no ayudan– esta no se puede curar, y, aunque estén en declive, se mantienen. ■

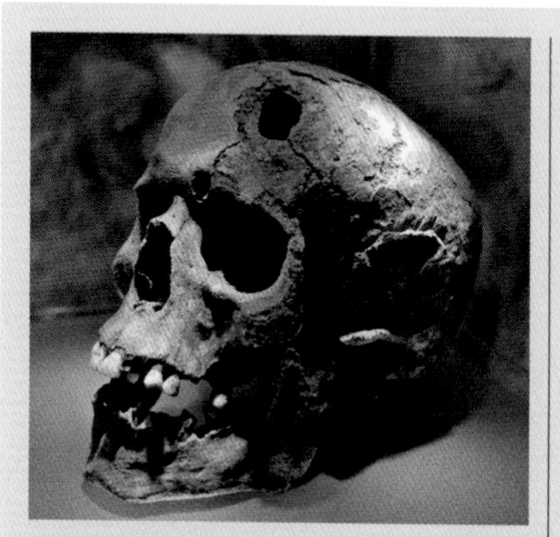

Un cráneo del siglo XI descubierto bajo la plaza del mercado de Cracovia (Polonia) indica el uso terapéutico de la trepanación en la época medieval.

Trepanación prehistórica

Se han desenterrado miles de cráneos con un pequeño orificio taladrado o serrado, práctica denominada trepanación, que se remonta a alrededor de 8000 a.C. Practicada probablemente por curanderos de las comunidades, pudo ser un ritual para expulsar malos espíritus. El hueso retirado sirvió en ocasiones como amuleto. Dadas las señales de heridas o enfermedades previas, es probable que se usara para curar heridas, aliviar dolores de cabeza y tratar enfermedades neurológicas.

Uno de los ejemplos más antiguos, un cráneo de hace 7000 años hallado en Ensisheim (Francia) en la década de 1990, fue trepanado dos veces. En este y otros casos, el crecimiento óseo indica que los pacientes solían sobrevivir varios años.

Los curanderos y los médicos practicaron la trepanación en las antiguas civilizaciones de Egipto, Grecia, Roma y América del Sur. Más tarde, en Europa y EEUU (en la guerra de Secesión) la usaron cirujanos para tratar la inflamación cerebral y los traumatismos y para limpiar heridas del cráneo.

UN MEDICO PARA CADA ENFERMEDAD

MEDICINA EGIPCIA ANTIGUA

EN CONTEXTO

ANTES

***C.* 3500 A.C.** Se usa la trepanación para aliviar la presión craneal en Egipto.

***C.* 2700 A.C.** Los embalsamadores egipcios comienzan a momificar cadáveres reales y conocen los órganos internos.

DESPUÉS

***C.* 2600 A.C.** Muerte del primer dentista conocido, el egipcio Hesy-Ra, el «jefe de los cortadores de marfil».

***C.* siglo XVII A.C.** El papiro de Edwin Smith (nombre del coleccionista que lo compró en 1862) refleja el conocimiento de la cirugía para heridas, fracturas y otros traumatismos.

***C.* 440 A.C.** Heródoto comenta el alto nivel de especialización de los médicos egipcios.

1805 Se funda en Londres (Reino Unido) el Hospital del Ojo Moorfields, uno de los primeros hospitales especializados modernos.

En las sociedades antiguas predominaba la noción de la influencia sobrenatural como causa de la enfermedad, y curarla era asunto de chamanes o de sacerdotes. En la antigua Mesopotamia, se decía que los afectados por enfermedades venéreas estaban golpeados por «la mano de Lilit», demonio de las tormentas, y los médicos egipcios ocupaban partes de los templos llamadas *Per-Anj*, o casas de vida.

El primer médico del antiguo Egipto cuyo nombre se conserva fue Imhotep, visir del faraón Zoser en el siglo XXVII a. C. Poco se sabe de sus ideas, pero se cree que fue un médico hábil, posteriormente venerado como dios de la medicina.

Especialización egipcia

Imhotep inició una tradición médica que aplicaba medidas prácticas para salvar la vida de los pacientes, distinguiendo así a los médicos de los sacerdotes. En el siglo V a. C., el historiador griego Heródoto escribió sobre la medicina egipcia, notable

Los instrumentos quirúrgicos en un relieve del templo de Kom Ombo, cerca de Asuán, indican la importancia de la cirugía en el antiguo Egipto.

Véase también: Medicina prehistórica 18–19 ▪ Medicina griega 28–29 ▪ Hospitales 82–83 ▪ Cirugía ortopédica 260–265

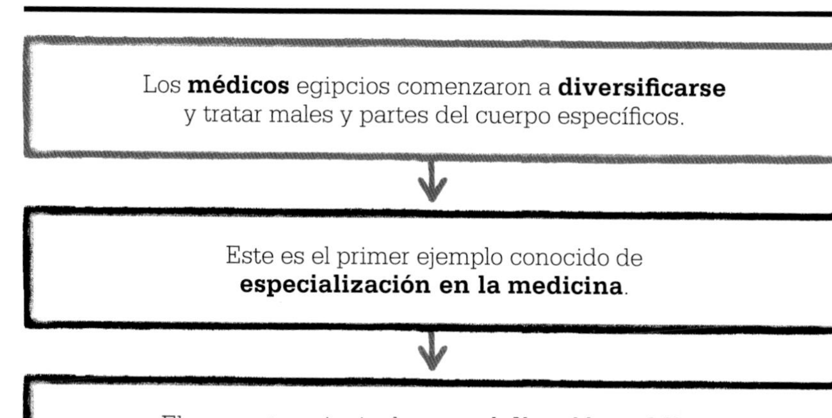

Los **médicos** egipcios comenzaron a **diversificarse** y tratar males y partes del cuerpo específicos.
Este es el primer ejemplo conocido de **especialización en la medicina**.
El concepto egipcio de **especialización médica** es el **origen** de las especialidades reconocidas en la **medicina moderna** actual.

por la existencia de especialidades como la odontología, la gastroenterología y las «enfermedades ocultas». Los documentos egipcios de la época confirman la impresión de Heródoto, y en la tumba de Hesy-Ra (funcionario y contemporáneo de Imhotep) puede leerse su título como «jefe de los dentistas». Otros documentos mencionan al *swnw* (practicante de medicina general) y a otros especializados en el tratamiento de los ojos o de los males intestinales, y también a médicas, como Merit Ptah, que vivió alrededor de 2700 a. C., además de a comadronas y cirujanas.

Cirugía egipcia

La cirugía fue una de las especialidades más desarrolladas en Egipto, al menos para las operaciones externas, dado que intervenir en los órganos internos traía aparejado el riesgo de infecciones fatales. El texto quirúrgico egipcio más antiguo conservado, el papiro de Edwin Smith, de hacia el siglo XVII a. C., describe la cirugía de los traumatismos en 48 casos, con instrucciones para fracturas, heridas y dislocaciones. Su enfoque práctico indica que fue redactado para un médico militar, a diferencia de documentos como el papiro de Ebers (*c.* 1550 a. C.), que propone remedios populares y mágicos para tratar enfermedades infecciosas.

Aunque se les considerara especialistas, el conocimiento de la anatomía interna de los médicos egipcios era rudimentario: atribuían al corazón un papel esencial en la salud del cuerpo, pero creían que las venas, arterias y nervios funcionaban como parte de 46 «canales» por los que circulaba la energía por el cuerpo. Sin embargo, fue su innovadora especialización en campos médicos concretos la que tuvo un impacto más duradero, al pasar de Egipto a Roma y, posteriormente, a la medicina islámica y medieval europea. La diferenciación se aceleró en el siglo XIX con la fundación de muchos hospitales especializados, como el Hospital del Ojo Moorfields en 1805 en Londres, donde había más de sesenta centros especializados en la década de 1860. ▪

Imhotep

Mucha de la información biográfica sobre Imhotep data de más de mil años después de su muerte, y son pocos los detalles conocidos. Su nombre aparece en una estatua del faraón del Imperio Antiguo Zoser, que se guarda en el Museo Egipcio de El Cairo. Nacido en el siglo XXVII a. C., fue un plebeyo que ascendió socialmente al servicio de Zoser, llegando a ser visir. Se cree que fue el arquitecto de la pirámide escalonada de Saqqara, de un estilo que prefiguró las pirámides de Guiza un siglo más tarde, y fue también sumo sacerdote de Ra en Heliópolis.

Debido a la reputación médica de Imhotep, se le ha querido identificar como autor del papiro de Edwin Smith, o como fuente de las técnicas quirúrgicas que este contiene, pero no existen pruebas directas de ello, y no se le relacionó con la medicina hasta el siglo IV a. C. Tiempo después de su muerte, fue venerado como dios de la medicina e hijo de la diosa de la curación Sejmet. Se le asoció también con Asclepio, dios griego de la medicina, y con Thot, dios egipcio de la arquitectura y la sabiduría.

EL EQUILIBRIO DE LOS DOSHAS ES VIVIR LIBRE DE ENFERMEDAD

MEDICINA AYURVÉDICA

EN CONTEXTO

ANTES

***C.*3000 A. C.** En la leyenda, los *rishis* (sabios) indios reciben el *ayurveda* de Dhanvantari, médico de los dioses.

***C.*1000 A. C.** El *Atharva Veda* es el primer texto indio relevante con indicaciones médicas.

DESPUÉS

Siglo XIII Se compila la extensa colección de remedios ayurvédicos a base de hierbas y minerales *Dhanvantari Nighantu.*

1971 Se instituye el Consejo Central de Medicina India para supervisar la formación en centros reconocidos y desarrollar buenas prácticas.

Década de 1980 Los médicos ayurvédicos Vasant Lad y Robert Svoboda y el estudioso védico estadounidense David Frawley difunden las enseñanzas del *ayurveda* en EE UU.

Entre 800 y 600 a. C. surgió en India un sistema médico preventivo y curativo imbuido de filosofía. Llamado *ayurveda* –del sánscrito *ayur* («vida») y *veda* («conocimiento»)–, se basaba en la noción de que la enfermedad se debe a un desequilibrio de los elementos que constituyen el cuerpo humano, e incluía intervenciones y terapias destinadas a restaurar y mantener dicho equilibrio, adaptadas a las necesidades físicas, mentales y espirituales del paciente.

Las raíces del *ayurveda* están en el *Atharva Veda*, uno de los cuatro *Vedas*, textos sagrados que recogen

Véase también: Medicina griega 28–29 ▪ Medicina tradicional china 30–35 ▪ Herbología 36–37 ▪ Medicina romana 38–43 ▪ Medicina islámica 44–49 ▪ Escuelas médicas y cirugía medievales 50–51

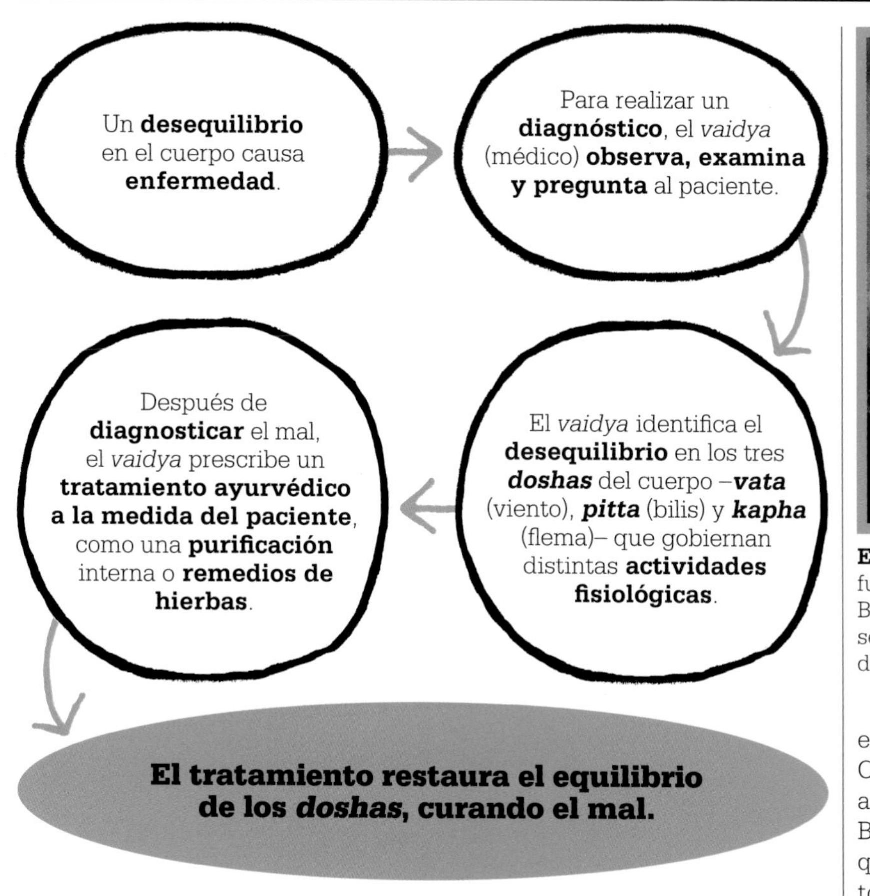

las creencias fundamentales de la civilización surgida en el II milenio a. C. en India. El *Atharva Veda* recoge fórmulas y rituales para la vida cotidiana, y contiene una serie de prescripciones mágico-religiosas para tratar la enfermedad, como el exorcismo de espíritus malignos, pero también curas de carácter no místico, como los remedios a base de hierbas.

Un **desequilibrio** en el cuerpo causa **enfermedad**.
Para realizar un **diagnóstico**, el *vaidya* (médico) **observa, examina y pregunta** al paciente.
El *vaidya* identifica el **desequilibrio** en los tres ***doshas*** del cuerpo –***vata*** (viento), ***pitta*** (bilis) y ***kapha*** (flema)– que gobiernan distintas **actividades fisiológicas**.
Después de **diagnosticar** el mal, el *vaidya* prescribe un **tratamiento ayurvédico a la medida del paciente**, como una **purificación** interna o **remedios de hierbas**.
El tratamiento restaura el equilibrio de los *doshas*, curando el mal.

Dos tratados posteriores, el *Susruta Samhita* y el *Charaka Samhita*, desarrollaron los postulados clave de la teoría y práctica médicas ayurvédicas. El *Susruta Samhita* («Compendio de Súsruta») –atribuido al médico Súsruta, en ejercicio hacia 500 a. C. en Varanasi, en el norte de India– es un compendio de *shalya chikitsa*, o métodos quirúrgicos ayurvédicos, que ofrece orientación sobre procedimientos complejos, como eliminar las cataratas, sanar hernias y tratar huesos rotos, junto con cientos de remedios a base de hierbas. El *Charaka Samhita* («Compendio de Charaka»), compilado alrededor de 300 a. C. y atribuido al médico de la corte Charaka, tiene un enfoque más teórico y se ocupa de la *kaya chikitsa*, o medicina interna, y las causas de la enfermedad.

En el siglo V se añadieron al corpus del saber ayurvédico otras tres obras eruditas: el *Ashtanga Sangraha* y el *Ashtanga Hridayam*, ambos escritos por Vagbhata, discípulo de Charaka, y el manuscrito de Bower, así llamado en referencia a Hamilton Bower, el oficial británico que lo adquirió en 1890. Juntos, los seis textos conforman la tradición médica ayurvédica que ha florecido durante siglos en Asia, y más recientemente en Occidente.

En la tradición hindú, el *ayurveda* fue transmitido por el dios creador Brahma a Dhanvantari, cuyo aniversario se celebra en India como Día Nacional del Ayurveda.

Los elementos y *doshas*

En el seno de la medicina ayurvédica reside la noción de armonía y equilibrio entre todos los componentes del cuerpo humano. La función primordial del *vaidya*, o médico ayurvédico, es diagnosticar los desequilibrios y corregirlos. El cuerpo (como el mundo material) se considera compuesto de cinco elementos: *akash* (éter o espacio), *vayu* (aire), *jala* (agua), *prithvi* (tierra) y *tejas* (fuego). En el cuerpo, ciertas combinaciones de estos elementos se manifiestan como tres *doshas* (análogos » aproximadamente a los humores de las antiguas tradiciones médicas griega y romana). Estas *tridosha* son *vata* (viento), *pitta* (bilis) y *kapha* (flema). La buena salud y el bienestar resultan del buen equilibrio de los tres *doshas*, pero las proporciones ideales pueden variar de una persona a otra. La enfermedad y las condiciones metabólicas dañinas se dan cuando falta dicho equilibrio. Un exceso de *vata*, por ejemplo, causa problemas como indigestión y flatulencia, mientras que el de *kapha* produce males pulmonares o respiratorios.

En la medicina ayurvédica, el cuerpo se concibe como un sistema dinámico, no estático, y el modo en que fluye la energía por el cuerpo es tan importante como la anatomía. Cada *dosha* está asociado con un tipo de energía particular: el *vata*, con el movimiento, gobernando la actividad de los músculos, el fluir del aliento y el pulso; el *pitta*, con el metabolismo, la digestión y la nutrición; y el *kapha*, con la estructura del cuerpo, incluidos los huesos.

Los *doshas* fluyen desde unas partes del cuerpo por canales porosos llamados *srotas*. Hay deiciséis *srotas* principales, tres de las cuales nutren el cuerpo por medio del aliento, el alimento y el agua; tres permiten eliminar los productos de desecho del metabolismo; dos transportan la leche materna y el menstruo; uno es el conducto para el pensamiento; y siete, los *dhatus*, están directamente vinculados con los tejidos corporales. Los *dhatus* son *rasa* (fluidos como el plasma y la linfa), *rakta* (sangre), *mamsa* (músculo), *meda* (grasa), *asthi* (huesos), *majja* (tuétano y tejido nervioso) y *shukra* (tejido reproductivo). Este equilibrio corporal interno lo controla también el *agni* («fuego biológico»), la energía que alimenta los procesos metabólicos. El aspecto más importante del *agni* es el *jatharagni* («fuego digestivo»), que garantiza la eliminación de los productos de desecho. Si este se encuentra bajo, orina, heces y sudor se acumulan, causando problemas como infecciones del tracto urinario.

Los siete *dhatus*, o tejidos corporales, forman una secuencia. Por lo tanto, si a un *dhatu* le afecta un mal (causado por el desequilibrio en uno de los tres *doshas*: *vata*, *pitta* o *kapha*), este afectará al fundamento nutritivo y al funcionamiento del siguiente *dhatu*.

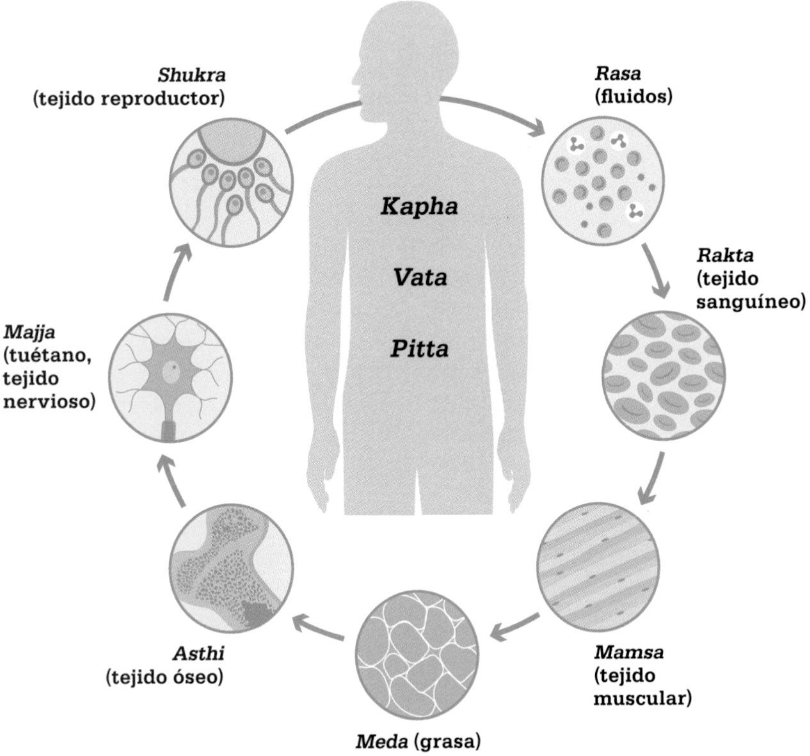

Diagnóstico y tratamiento

Para decidir el tratamiento adecuado, los médicos ayurvédicos evalúan las señales de la enfermedad mediante la observación directa e interrogando al paciente. Los principales métodos de diagnóstico físico son medir el pulso, analizar la orina y las heces, inspeccionar la lengua, comprobar la voz y el habla, examinar la piel y los ojos y valorar el aspecto general del paciente.

El médico puede examinar también los 108 puntos *marma* del paciente, zonas de intersección de los tejidos (venas, músculos, articula-

> Si la dieta es mala,
> la medicina no sirve.
> Si la dieta es correcta, la
> medicina no hace falta.
> **Antiguo proverbio ayurvédico**

Las medicinas ayurvédicas están ampliamente disponibles en tiendas y farmacias indias. Se han incorporado unas 1500 plantas medicinales a su farmacopea a lo largo de 3000 años.

ciones, ligamentos, tendones y huesos), que son también uniones del cuerpo físico, la conciencia y la energía que fluye por el cuerpo.

Tras el diagnóstico, los practicantes del *ayurveda* escogen una o varias terapias dirigidas a corregir los desequilibrios entre los *doshas* u otros elementos de los sistemas fisiológicos ayurvédicos. Entre ellos están el *panchakarma*, una purificación en varios pasos y que emplea vapor, masajes, *virechana* (laxantes), *vamana* (vómito inducido), *raktamokshana* (sangría), *basti* (enemas) y *nasya* (tratamientos nasales) para eliminar el exceso de productos de desecho. También se prescriben remedios de hierbas, que actúan de modo más directo sobre los *doshas*. Entre los numerosos ingredientes vegetales, animales y minerales, el ajo, considerado especialmente potente, se usa para tratar diversos males, como el resfriado, la tos y los problemas digestivos, y también como emoliente para llagas y picaduras.

Los alimentos, incluidas las especias, ocupan un lugar muy importante en la medicina ayurvédica, al sostener los procesos de curación. En ocasiones, los *vaidya* prescriben cambios en la dieta como parte del enfoque holístico (de la persona entera) para lograr el equilibrio entre cuerpo, mente, espíritu y entorno. Al regular la dieta se tienen en cuenta la constitución física y emocional del paciente y sus *dosha* dominantes, y los médicos se basan en seis gustos principales como base del régimen recomendado: astringente, ácido, dulce, salado, picante y amargo.

La introducción de la medicina islámica en el siglo XI (que incorporaba conceptos grecorromanos anteriores) aportó un nuevo enfoque,

Es más importante prevenir la aparición de la enfermedad que buscarle cura.
Charaka Samhita

igual que la posterior fundación de escuelas médicas científicas y hospitales modernos en los siglos XIX y XX, pero los médicos ayurvédicos siguieron siendo los principales dispensadores de atención médica en India. Hoy en día atienden a unos 500 millones de pacientes solo en India, que acuden al *ayurveda* en exclusiva, o combinado con la medicina convencional occidental.

Preocupación por la seguridad

En Occidente, el *ayurveda* se usa como terapia complementaria junto con los cuidados médicos convencionales. Algunos estudios y pruebas apuntan a su eficacia, pero hay dudas acerca de la seguridad de los medicamentos ayurvédicos. Se venden sobre todo como suplementos alimenticios, pero la presencia de metales en algunos es potencialmente dañina. Un estudio de 2004 halló que el 20 % de 70 de estos medicamentos producidos por 27 fabricantes del sur de Asia contenían niveles tóxicos de plomo, mercurio y arsénico. También se han demostrado incompatibilidades con los medicamentos occidentales, y por tanto su uso debería ser siempre supervisado por médicos ayurvédicos con formación médica convencional. ■

Otras tradiciones médicas indias

El *ayurveda* no es el único sistema de medicina tradicional india. La práctica de la medicina *siddha* –nombre que deriva del tamil *siddhi* («alcanzar la perfección»)– conserva una gran vigencia en el sur del país. El propósito de esta es también devolver el equilibrio al cuerpo, pero desde una concepción dual de la materia y la energía en el universo, cuya armonía es necesario mantener. El sistema de tratamientos del *siddha* tiene tres ramas: *Bala vahatam* (pediatría), *Nanjunool* (toxicología) y *Nayan vidhi* (oftalmología).

La medicina *yunani* (de la palabra hindi que significa «griego/a») procede de la práctica griega e islámica medieval. Su fin es mantener el equilibrio de los humores (sangre, flema, bilis negra y bilis amarilla), y concede gran valor al examen físico del paciente, en particular a tomar el pulso.

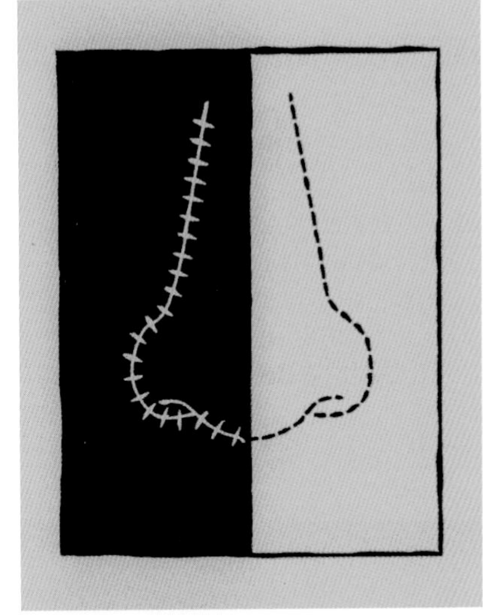

RECONSTRUIMOS LO QUE QUITO LA FORTUNA

CIRUGÍA PLÁSTICA

EN CONTEXTO

ANTES

***C.* siglo XVII a. C.** El papiro de Edwin Smith egipcio muestra cómo tratar heridas para disimular las cicatrices.

***C.* 950 a. C.** La primera prótesis conocida es un dedo del pie de madera en una tumba egipcia.

DESPUÉS

***C.* 40** En *De medicina*, Celso menciona operaciones para reparar lóbulos de oreja dañados.

1460 Heinrich von Pfolspeundt describe una operación de reconstrucción nasal (rinoplastia).

1814 Primera rinoplastia con las técnicas de Súsruta realizada en Europa occidental.

1914–1918 En la Primera Guerra Mundial, Harold Gillies, de origen neozelandés, se especializa en reparación facial.

2008 El francés Laurent Lantieri realiza el primer trasplante completo de cara.

Por **accidentes**, **tortura** o heridas de **guerra**, incontables individuos quedan desfigurados.

↓

Las heridas desfigurantes tienen efectos **psicológicos nocivos**.

↓

Cirujanos innovadores y compasivos ingenian nuevas técnicas **reconstructivas**.

↓

La cirugía plástica puede **disimular** daños **o reconstruir rasgos faciales** y **otras partes** afectadas.

↓

Estas técnicas ayudan a **curar** heridas físicas y psicológicas, refuerzan la **autoestima** y **transforman vidas**.

Durante la mayor parte de la historia humana, los médicos poco pudieron hacer por los desfigurados por accidentes, enfermedades o causas congénitas. Los cosméticos podían disimular daños menores, y las prótesis sustituían los miembros perdidos, pero los más gravemente afectados sufrían el ostracismo social. La cultura médica que surgió en India en el I milenio a. C. dio lugar a técnicas que daban esperanza a estos pacientes.

Cirugía ayurvédica

Los antiguos textos religiosos que forman la base de la religión y la filosofía hindúes (*Vedas*), mencionan operaciones quirúrgicas, algunas de las cuales supuestamente habrían restaurado cabezas cortadas. Sin embargo, la primera prueba creíble de reconstrucción quirúrgica se encuentra en el *Susruta Samhita* («Compendio de Súsruta»), escrito alrededor del año 500 a. C.

Este texto sánscrito, perteneciente a la tradición de la cirugía ayurvédica o *shalya*, se considera obra de Súsruta, médico de Varanasi, en el norte de India. Las ideas médicas de Súsruta eran avanzadas para su época, pues animaba a sus alumnos a aprender anatomía interna por

Véase también: Medicina ayurvédica 22–25 ▪ Medicina griega 28–29 ▪ Medicina de campaña 53 ▪ Anatomía 60–63 ▪ La *Anatomía de Gray* 136 ▪ Injertos de piel 137 ▪ Trasplantes de cara 315

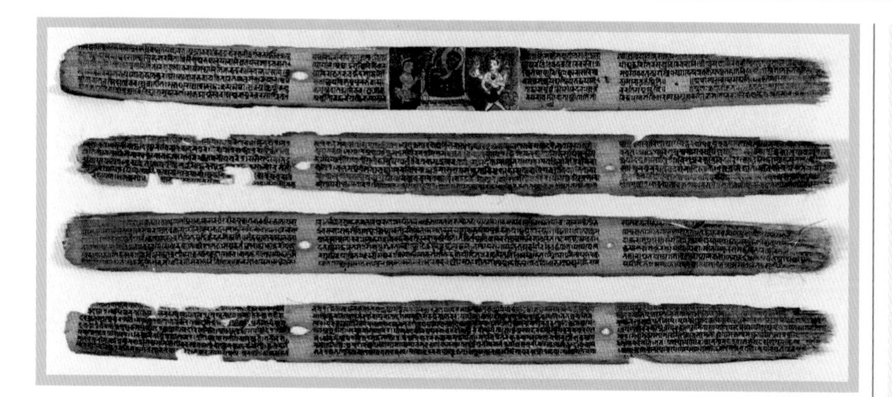

El *Susruta Samhita* contiene ideas sorprendentemente modernas sobre formación, instrumentos y técnicas quirúrgicas. Este es un ejemplar nepalí del siglo XII o XIII.

medio de la disección de cadáveres. Su principal innovación fueron las descripciones de procedimientos reconstructivos, y a menudo se le honra como padre de la cirugía plástica.

Entre las 300 operaciones quirúrgicas descritas en el *Sushruta Samhita* hay instrucciones para una *nasa sandhan* (rinoplastia, o reconstrucción de la nariz) y *ostha sandhan* (otoplastia, o reconstrucción de la oreja). Súsruta explica cómo extraer una tira de piel de la mejilla y, unida aún a esta, darle la vuelta para cubrir la nariz, en una técnica modificada más tarde para emplear piel de la frente. La mutilación de la nariz era un castigo frecuente, y la demanda de tales operaciones era grande.

El cirujano debe […] tratar al paciente como a su propio hijo.

Súsruta

Susruta Samhita

(siglo VI a. C.)

Súsruta recomendaba también el vino como anestésico para intervenciones tan dolorosas.

La difusión de la cirugía plástica

La cirugía plástica india se mantuvo más avanzada que cualquier práctica realizada en Europa durante más de dos milenios. En el siglo I, el médico romano Aulo Celso describió la otoplastia para reconstruir lóbulos de las orejas deformados por pendientes pesados. En el siglo XV, el cirujano alemán Heinrich von Pfolspeundt describió la reconstrucción de una nariz «perdida por entero»; pero en Europa no se conocieron técnicas sofisticadas de rinoplastia hasta la colonización de India en los siglos XVII y XVIII. El cirujano británico Joseph Carpue fue el primero en adoptarlas, en 1814.

La cirugía plástica progresó rápidamente en Occidente, y en 1827 se realizó en EE UU la primera operación para corregir un paladar hendido. Las exigencias de tratar heridas graves en las dos guerras mundiales condujeron al desarrollo de los injertos de piel. Las técnicas de cirugía plástica para corregir defectos accidentales o congénitos se volvieron cada vez más sofisticadas en la década de 1900, y también se generalizó la cirugía estética. El primer estiramiento facial se realizó en 1901, y al final de la década ya se hacían intervenciones en la cara y el cuerpo. Los cirujanos plásticos realizaron más de diez millones de operaciones de estética en 2018, y el mismo año, el canadiense Maurice Desjardins, de 64 años, fue la persona de mayor edad en recibir un trasplante completo de cara tras haber sufrido un disparo. ■

La cirugía plástica y la Segunda Guerra Mundial

Archibald McIndoe, cirujano de origen neozelandés, era el asesor jefe de cirugía plástica de la Real Fuerza Aérea británica en 1938. Al estallar la Segunda Guerra Mundial en 1939, fue llamado para tratar a personal de aviación afectado por quemaduras graves.

Estas solían tratarse con gelatina tanato, que contraía las heridas y dejaba cicatrices permanentes. McIndoe creó técnicas nuevas, como la reconstrucción de tejidos para el rostro y las manos y los baños salinos. También comprendió la importancia de la rehabilitación postoperatoria, y creó el Guinea Pig Club, una red de apoyo compuesta por más de 600 militares operados en la unidad de quemados que dirigía en el Hospital Reina Victoria en East Grinstead, en el condado inglés de Sussex.

LO PRIMERO ES NO HACER DAÑO

MEDICINA GRIEGA

EN CONTEXTO

ANTES

***C.* 1750 A. C.** El Código de Hammurabi estipula pagos para los médicos, así como castigos si fracasan.

***C.* 500 A. C.** Alcmeón de Crotona identifica el cerebro como sede de la inteligencia.

DESPUÉS

Siglo IV A. C. Aristóteles amplía la teoría de los humores, pero ve el corazón como sede de la vitalidad, el intelecto y el sentimiento.

***C.* 260 A. C.** Herófilo de Calcedonia funda la ciencia de la anatomía y describe los nervios, arterias y venas.

***C.* 70 A. C.** Asclepíades de Bitinia mantiene que el cuerpo se compone de moléculas, y que la enfermedad se debe a perturbaciones de estas.

***C.* 70** Dioscórides escribe *De materia medica*, el texto clave de la medicina basada en plantas durante 1600 años.

La medicina antigua se basaba en gran parte en la creencia en que las enfermedades estaban causadas por espíritus o eran infligidas por los dioses como castigo. Los intentos de curar solían consistir en rituales y oraciones, más que en verdaderas curas médicas. Y aunque los sanadores sumerios y egipcios preparaban remedios con plantas diversas, su eficacia era cuestionable.

Uno de los primeros intentos de regular la práctica médica fue el del rey babilonio Hammurabi, alrededor de 1750 a. C. Su código legal incluía la escala de honorarios que los médicos podían cobrar, como diez siclos por extraer un tumor a un noble, y también establecía duros castigos para las operaciones fallidas: un cirujano podía perder las manos por causar la muerte de un paciente. La medicina babilonia, sin embargo,

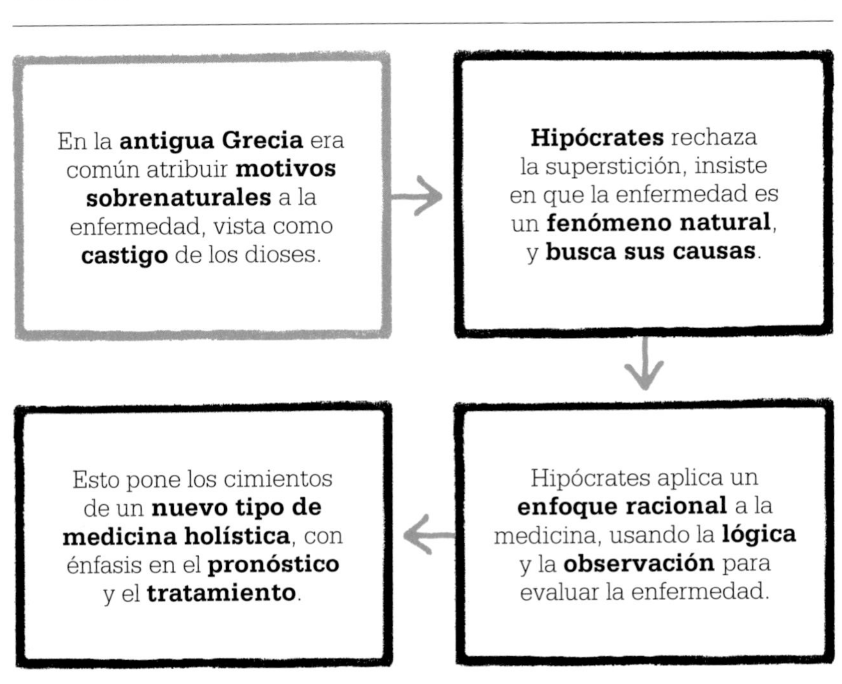
En la **antigua Grecia** era común atribuir **motivos sobrenaturales** a la enfermedad, vista como **castigo** de los dioses.
Hipócrates rechaza la superstición, insiste en que la enfermedad es un **fenómeno natural**, y **busca sus causas**.
Hipócrates aplica un **enfoque racional** a la medicina, usando la **lógica** y la **observación** para evaluar la enfermedad.
Esto pone los cimientos de un **nuevo tipo de medicina holística**, con énfasis en el **pronóstico** y el **tratamiento**.

Véase también: Medicina egipcia antigua 20–21 ▪ Herbología 36–37 ▪ Medicina romana 38–43 ▪ Farmacia 54–59 ▪ Anatomía 60–63

Hipócrates, fundador de la medicina occidental, con un ejemplar de su obra en un retrato del siglo XIV. Ampliamente traducidas, sus teorías tuvieron una gran influencia en el saber medieval.

seguía recurriendo a los exorcistas para ahuyentar a los espíritus, y la práctica médica no empezó a cambiar hasta que los antiguos griegos trataron de explicar el universo en términos filosóficos, en lugar de religiosos.

Filosofía y medicina

El filósofo y científico Alcmeón de Crotona fue de los primeros en adoptar un enfoque más racional de la medicina. En el siglo v a. C. identificó el cerebro como asiento de la inteligencia y llevó a cabo experimentos científicos, como la disección de un ojo para conocer la estructura del nervio óptico. Creía que gobernaban el cuerpo influencias opuestas (seco/cálido o dulce/amargo) que se debían equilibrar. Otro filósofo griego del siglo v, Empédocles, creía que gobernaban el cuerpo humano los cuatro elementos: tierra, aire, fuego y agua.

Hipócrates (*c.* 460 a. C.–*c.* 375 a. C.), el médico más eminente del mundo griego antiguo, sintetizó ambas teorías de la fisiología humana en una sola que lo abarcaba todo. Fundó una escuela médica en Cos, su isla natal, donde desarrolló y enseñó la teoría de los cuatro humores (sangre, flema, bilis amarilla y bilis negra). A diferencia de escuelas médicas rivales como la de Cnido, Hipócrates entendía el cuerpo como un sistema único, no una colección de partes aisladas, e insistía en la observación de los síntomas para definir el diagnóstico y el tratamiento.

Un enfoque racional

Los tratados hipocráticos forman un conjunto de más de sesenta obras (entre ellas *Epidemias*, *Sobre fracturas* y *Sobre articulaciones*) atribuidas a Hipócrates y sus discípulos. Junto con estudios detallados de casos, incluyen categorías de enfermedades bien definidas que siguen empleándose hoy, como epidémicas, crónicas y agudas. Hipócrates promovió el tratamiento holístico de los pacientes, con hincapié en la dieta, el ejercicio, los masajes y la higiene, así como en los fármacos. Este enfoque profesional se reflejó en la insistencia posterior de su escuela en que los alumnos pronunciaran un juramento, en el que prometían evitar dañar a los pacientes y respetar la confidencialidad para con ellos.

El racionalismo de Hipócrates puso los cimientos para que médicos posteriores como Galeno y Dioscórides establecieran la medicina como profesión respetada y de vital importancia, cuyos avances clave procederían de la ciencia, en lugar de las prácticas dudosas y las viejas supersticiones de curanderos itinerantes y exorcistas. ■

El juramento hipocrático

El juramento tradicionalmente atribuido a Hipócrates y que lleva su nombre compromete a los nuevos médicos a defender un código ético. Como profesor y médico venerado y viajado, Hipócrates fue muy influyente. El juramento establecía un alto nivel formal y de conocimientos, y asentó la medicina como profesión en la que confiar.

Distinguía a los médicos de otros sanadores, e incluía la promesa de no envenenar a los pacientes y respetar la confidencialidad. El propio Hipócrates insistía en que los médicos cuidaran su aspecto, pues los pacientes no confiarían en un médico que no pareciera capaz de cuidar de sí mismo. Según el juramento, el médico debe mostrarse comprensivo, tranquilo y honrado.

El juramento se convirtió en la base de la ética médica occidental, y muchas de sus cláusulas, como el respeto al paciente y la confidencialidad, siguen vigentes.

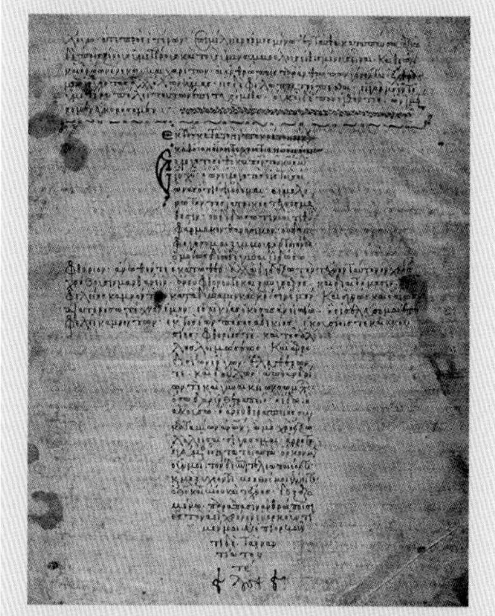

Manuscrito bizantino del juramento hipocrático. Se cree que el original lo escribió un discípulo de Hipócrates hacia 400 a. C. o más tarde.

UN CUERPO EN EQUILIBRIO

MEDICINA TRADICIONAL CHINA

EN CONTEXTO

ANTES

2697 a.C. Según la leyenda, Huangdi, el Emperador amarillo, comienza a reinar y funda la medicina tradicional china.

1700–1100 a.C. Huesos oraculares de la dinastía Shang describen enfermedades, el vino como medicina y cuchillos y agujas quirúrgicos.

***C.* 1600 a.C.** Yi Yin, funcionario de la dinastía Shang, inventa la decocción (hervir ingredientes en agua o alcohol para obtener concentrados purificados).

DESPUÉS

113 Se entierran cuatro agujas de acupuntura de oro y cinco de plata –las más antiguas conocidas– en la tumba del príncipe Liu Sheng, redescubierta en 1968.

Siglo ii El médico Hua Tuo promueve un anestésico, nuevas técnicas quirúrgicas y ejercicios basados en los movimientos del tigre, el oso, el ciervo, el mono y la grulla.

1929 Bajo la influencia occidental, el ministerio de sanidad chino intenta prohibir la acupuntura y otras prácticas tradicionales.

Década de 1950 Mao Zedong promueve la medicina tradicional china y crea centros de estudio de acupuntura en todo el país.

2018 La OMS incorpora la medicina tradicional china a su undécima Clasificación Internacional de Enfermedades.

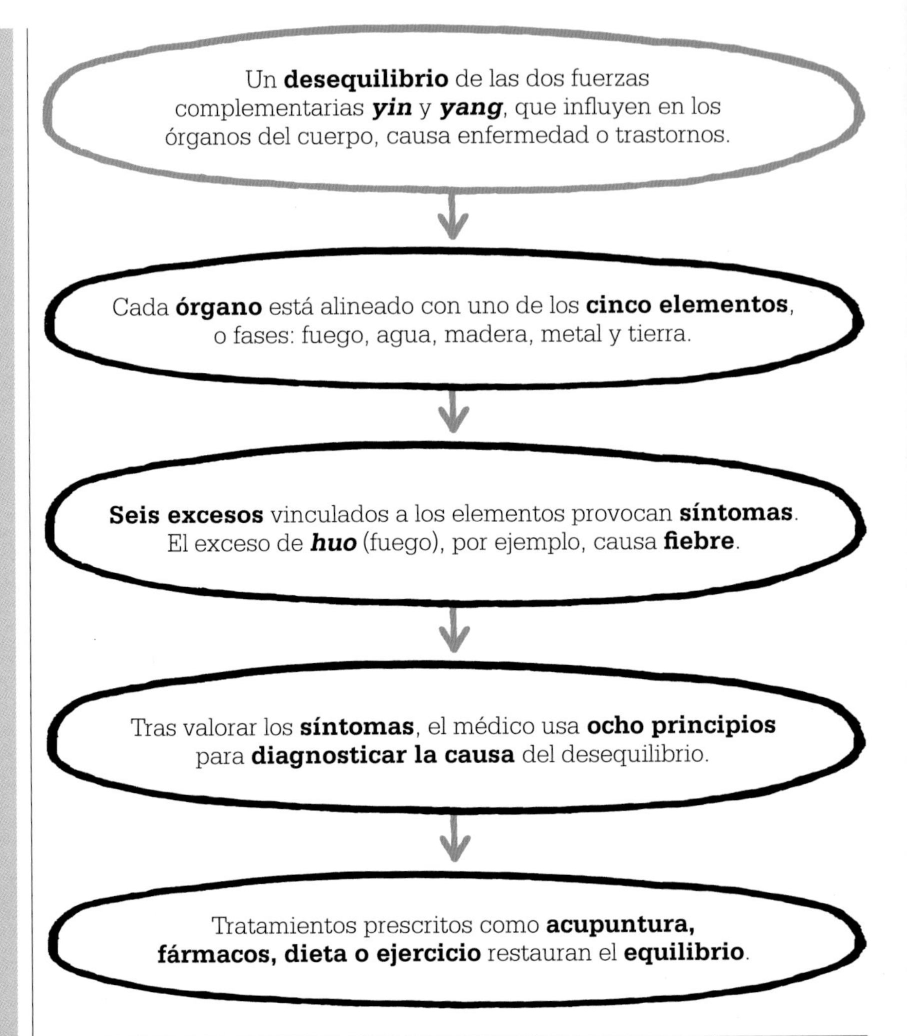

Un **desequilibrio** de las dos fuerzas complementarias ***yin*** y ***yang***, que influyen en los órganos del cuerpo, causa enfermedad o trastornos.
Cada **órgano** está alineado con uno de los **cinco elementos**, o fases: fuego, agua, madera, metal y tierra.
Seis excesos vinculados a los elementos provocan **síntomas**. El exceso de ***huo*** (fuego), por ejemplo, causa **fiebre**.
Tras valorar los **síntomas**, el médico usa **ocho principios** para **diagnosticar la causa** del desequilibrio.
Tratamientos prescritos como **acupuntura, fármacos, dieta o ejercicio** restauran el **equilibrio**.

El texto fundacional de la medicina tradicional china es el *Huangdi Neijing* («Canon interno del emperador»). Fue escrito alrededor de 300 a.C., durante el periodo de los Reinos Combatientes anterior a la unificación bajo un solo emperador, pero incluye ideas anteriores, como los métodos de diagnóstico del legendario médico Bian Qiao, descritos en *Nan Jing* («El canon de las dificultades»).

Los principios fundamentales de la medicina tradicional china, mucho más antiguos, se atribuyen a tres emperadores míticos. El emperador Fuxi creó el *ba gua*, ocho símbolos que representan los componentes fundamentales de la realidad (cielo, tierra, agua, fuego, viento, trueno, montaña y lago). Cada símbolo se compone de tres líneas rotas *(yin)* o continuas *(yang)*. Shennong, el Emperador Rojo, descubrió qué plantas tenían uso medicinal y cuáles eran tóxicas. Huangdi, el Emperador Amarillo, inventó la acupuntura y aprendió de los dioses a mezclar polvos curativos mágicos y a emplear el pulso para diagnosticar.

Cualesquiera que sean sus orígenes, el *yin* y el *yang* (concepto universal de la filosofía china), el examen y el diagnóstico (procedimiento para

Véase también: Medicina ayurvédica 22–25 ▪ Medicina romana 38–43 ▪ Medicina islámica 44–49 ▪ Escuelas médicas y cirugía medievales 50–51 ▪ Farmacia 54–59 ▪ Anestesia 112–117 ▪ Las vitaminas y la dieta 200–203

Si el auténtico *qi* fluye sin trabas [...] ¿cómo podría haber enfermedad?
Huangdi Neijing

curar) y la acupuntura y las hierbas (medios para curar), reunidos en el *Huangdi Neijing*, son la esencia de la medicina tradicional china. El texto está en forma de diálogo entre el Emperador amarillo y sus ministros. Huangdi pregunta sobre problemas médicos, y las respuestas de sus consejeros plantean los principios básicos del saber médico chino.

Los principios clave

El *Huangdi Neijing* describe las oposiciones del *yin* y el *yang*, los cinco elementos (fuego, agua, madera, metal y tierra) y el *qi*, la energía que fluye por los canales (meridianos) del cuerpo y sustenta la vida. El texto establece también principios diagnósticos, como tomar el pulso u observar la lengua del paciente, además de tratamientos como la acupuntura y la prescripción de hierbas, masajes, dietas y ejercicio físico.

Es clave el concepto de equilibrio entre *yin* y *yang*, vistos como fuerzas opuestas, pero complementarias, que gobiernan aspectos diversos del cuerpo y manifiestan su influencia de distintas maneras. El *yin* es frío, oscuro, pasivo, femenino y afín al agua, mientras que el *yang* es caliente, claro, activo, masculino y afín al fuego. El desequilibrio entre uno y otro causa la enfermedad.

Cada uno de los órganos internos principales está influido por el *yin* o por el *yang*. Los órganos *yin* –corazón, bazo, pulmones, riñones, hígado y pericardio (membrana que recubre el corazón)– se consideran macizos, con funciones que regulan y almacenan sustancias como la sangre y el *qi*. Los órganos *yang* –intestino delgado, intestino grueso, vesícula biliar, estómago y vejiga urinaria– se consideran huecos, y su función es digerir los nutrientes y eliminar los desechos.

Cada uno de los cinco elementos, que interactúan en un sistema llamado *wu-xing*, corresponde a un órgano *yin* y a uno *yang*: el fuego al corazón/intestino delgado, el agua al riñón/vejiga, la madera al hígado/vesícula biliar, el metal a los pulmones/intestino grueso y la tierra al bazo/estómago. Las interacciones entre los elementos crean un ciclo dinámico autorregulado de *sheng* (generación), *ke* (dominio), *cheng* (agresión) y *wu* (insulto). La fuerza vital *qi* fluye por los meridianos y anima los órganos. Tomar alimento y aire renueva el *qi*; si este falta, el cuerpo muere, y si es deficiente, enferma.

Diagnóstico de la enfermedad

La medicina tradicional china trata de identificar y corregir los desequilibrios del *yin* y del *yang*, *wu-xing* y *qi* en el cuerpo. Así, el déficit de *yin* puede manifestarse en forma de insomnio, sudores nocturnos o pulso rápido, mientras que la falta de *yang* puede causar miembros fríos, lengua pálida o pulso lento. Del modo más básico, ocho principios de diagnóstico sirven para identificar los patrones complejos del desequilibrio. Los primeros dos principios son el *yin* y el *yang*, que ayudan a definir los otros seis: deficiencia, frío, interior, exceso, calor y exterior.

El médico puede concretar el diagnóstico de la causa de los males externos en función de seis excesos (viento, frío, calor estival, humedad, »

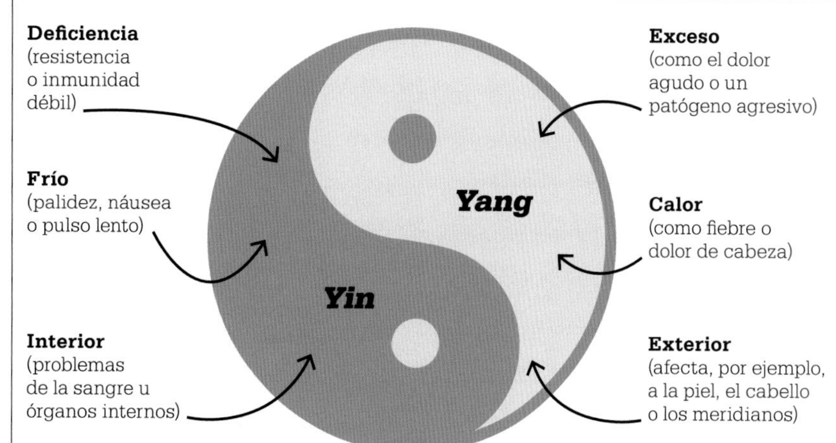

La medicina tradicional china usa ocho principios para diagnosticar las enfermedades. Estos son el *yin* y el *yang* y los seis principios que estos gobiernan: los principios *yin* son deficiencia, frío e interior; los principios opuestos *yang*, exceso, calor e exterior.

Bian Qiao

Nacido en el siglo v a. C., Bian Qiao es el primer médico chino del que se tiene noticia, gracias sobre todo a una biografía escrita 300 años después de su muerte por el historiador Sima Qian. Esta cuenta que un personaje misterioso entregó al joven Qiao un libro de secretos médicos y un manojo de hierbas, y luego desapareció. Tras tomar las infusiones de hierbas durante un mes, Bian Qiao fue capaz de ver a través del cuerpo humano para diagnosticar enfermedades.

Bian Qiao viajó por el país tratando males y practicando la cirugía, y su fama como sanador creció. Entre sus numerosas curaciones casi milagrosas se cuenta la de Zhao Jianzi, primer ministro del reino de Jin, a quien Bian Quiao revivió con acupuntura tras haber caído en coma y creérsele muerto.

En 310 a. C., Bian Qiao fue asesinado por un rival, Li Mi, funcionario médico real.

Obras principales

Nan Jing («El canon de las dificultades»).
Bian Qiao Neijing («El clásico de medicina interna de Bian Qiao»).

sequedad y fuego) vinculados a los elementos. Los problemas internos están relacionados con siete emociones (ira, felicidad, preocupación, tristeza, miedo, sorpresa y ansiedad).

En el siglo IV a. C., el *Nanjing* de Bian Qiao estableció cuatro fases clave del diagnóstico: observación del paciente (sobre todo, cara y lengua); escuchar la voz y los sonidos internos (y comprobar olores del aliento y corporales); preguntar al paciente sobre los síntomas; y tomar el pulso. A fines del siglo III d. C., Wang Shuhe escribió *Mai Jing* («El clásico del pulso»), donde explica dónde tomar el pulso de la muñeca, en el *cun* (cerca de la mano), el *guan* (un poco más arriba en el brazo) o el *chi* (todavía más arriba en el brazo). La lectura de la muñeca derecha, aconseja, es la mejor para medir el *yin*, y la izquierda para el *yang*. Para valorar la salud de distintos órganos, recomienda tomar dos medidas del pulso –primero con una presión ligera, y luego otra mayor– en cada punto en que se tome.

En la medicina tradicional china, el diagnóstico se ajusta a cada paciente individual, como refleja el dicho *yin bing tong zhi; tong bin yi zhi*: «distintas enfermedades, mismo tratamiento; misma enfermedad, distintos tratamientos». En otras palabras, personas con síntomas diferentes pueden requerir el mismo tratamiento, mientras que pueden ser distintos los tratamientos para personas con síntomas similares.

El pulso irregular es el pulso que viene y va con interrupciones ocasionales.
Wang Shuhe

Curar con agujas

El objetivo de la acupuntura es corregir los desequilibrios del cuerpo insertando agujas sobre puntos clave, para redirigir el flujo del *qi* a lo largo de los doce meridianos principales y muchos otros menores. Estos puntos pueden estar bastante alejados de la parte donde el problema se manifiesta: para aliviar el dolor en la parte

Los médicos chinos prescribían muchos ejercicios para restaurar el equilibrio del cuerpo. Esta imagen es parte de un manuscrito en seda del siglo II a. C. hallado en una tumba al sur de China central.

Las agujas y el *moxa* [...] curan el cuerpo entumecido [inconsciente].
Bian Qiao

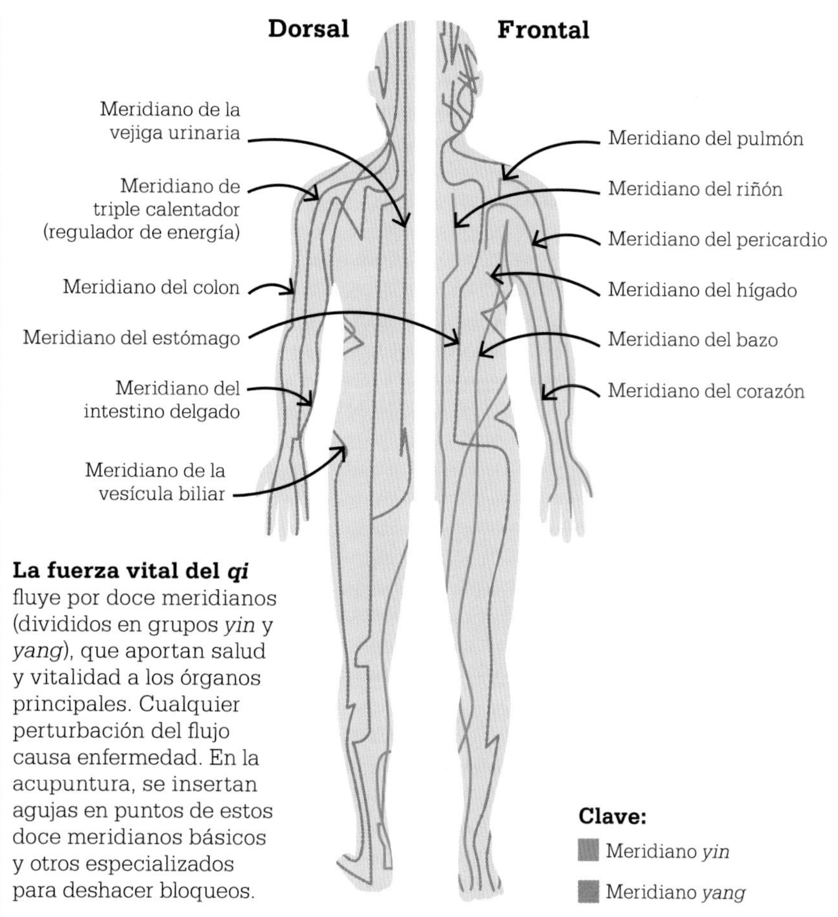

La fuerza vital del *qi* fluye por doce meridianos (divididos en grupos *yin* y *yang*), que aportan salud y vitalidad a los órganos principales. Cualquier perturbación del flujo causa enfermedad. En la acupuntura, se insertan agujas en puntos de estos doce meridianos básicos y otros especializados para deshacer bloqueos.

baja de la espalda, por ejemplo, los puntos se encuentran en la mano. El primer texto clave, que recoge 349 puntos, fue el *Tratado clásico de acupuntura y moxibustión*, escrito en *c.* 260 por Huangfu Mi y revisado en *c.* 630 por Zhen Quan. En 1030 se habían determinado 657 puntos, tal como los estableció Wang Weiyi, acupuntor de renombre que creó modelos de bronce en tamaño natural para mostrarlos.

La moxibustión y más allá

Otro componente clave de la medicina china es la moxibustión, consistente en quemar la llamada *moxa* de una hierba, el abrótano, sobre la piel o junto a ella para estimular el *qi*. Como la acupuntura, la herbología, las reglas dietéticas y otros tratamientos, fue refinada durante el I milenio d. C. El médico eminente de la dinastía Han Zhang Zhongjing (150–219) escribió sobre dieta y fiebre tifoidea, pero es conocido sobre todo por *Shang han za bing lun* («Tratado sobre el daño frío y enfermedades diversas»). Su contemporáneo Hua Tuo, considerado el primer anestesista de China, daba mafeisan (un polvo que se cree contenía opio, cáñamo y pequeñas cantidades de hierbas tóxicas) disuelto en agua a los pacientes antes de la cirugía. Con la introducción de la medicina europea por misioneros jesuitas a finales del siglo XVI, empezó a verse la acupuntura cada vez más como mera superstición, y los tratamientos con hierbas pasaron a ser la principal herramienta terapéutica de los médicos chinos. Los 53 volúmenes del *Bencao Gengmu* («Compendio de materia médica»), de 1576, escritos por el médico Li Shizhen, recogen 1892 plantas y más de 11 000 combinaciones para tratar enfermedades específicas.

Caminar sobre dos piernas

A medida que aumentaba la influencia occidental en China a partir de mediados del siglo XIX, la medicina tradicional china fue objeto de crítica por su falta de base científica. No obstante, revivió tras establecerse la República Popular China en 1949, en parte porque el nuevo gobierno comunista prometía ampliar la asistencia sanitaria a una población de más de 500 millones para la que había solo 15 000 médicos formados en medicina occidental. La política de combinar medicina moderna y tradicional se llamó «caminar sobre dos piernas».

Aunque según los científicos no se ha demostrado la eficacia de la medicina tradicional china, esta sigue prosperando. La acupuntura se usa ampliamente para tratar el dolor, y la inclusión de esta antigua especialidad en un compendio diagnóstico de 2018 de la Organización Mundial de la Salud probablemente aumentará su influencia. ■

EL MEJOR MEDICO ES LA PROPIA NATURALEZA

HERBOLOGÍA

EN CONTEXTO

ANTES

***C.* 2400 a. C.** Una tablilla cuneiforme sumeria recoge doce recetas de fármacos con plantas.

***C.* 1550 a. C.** El papiro de Ebers incluye más de 700 especies de plantas usadas en Egipto para crear medicinas.

***C.* 300 a. C.** En la antigua Grecia, *De historia plantarum*, de Teofrasto, clasifica más de 500 plantas medicinales.

DESPUÉS

512 Se confecciona el ejemplar más antiguo conservado de *De materia medica* para la hija del emperador romano Olibrio.

***C.* 1012** *El canon de medicina* del persa Avicena reúne material de muchas fuentes, entre ellas de Dioscórides.

1554 El botánico y médico italiano Pietro Andrea Mattioli escribe un largo comentario sobre *De materia medica*.

Muchas sociedades antiguas emplearon hierbas para tratamientos médicos y registraron sus usos. El papiro de Ebers egipcio, colección de textos médicos compilada hacia 1550 a. C., cita 700 especies vegetales para utilizar como remedios. En el ámbito cultural de la Grecia antigua, los poemas épicos homéricos la *Ilíada* y la *Odisea*, ambos compuestos alrededor de 800 a. C., mencionan más de sesenta plantas con usos medicinales. Sin embargo, hasta el advenimiento de un enfoque más científico de la medicina, iniciado con la obra de Hipócrates en el siglo v a. C., no se adoptó un método más coherente de clasificación de las plantas en función de sus efectos terapéuticos.

Las **sociedades antiguas** usan regularmente plantas como tratamiento.

Dioscórides compila *De materia medica*, el primer **sistema de clasificación** coherente de plantas y sus propiedades medicinales.

Con *De materia medica* **se inicia** la práctica de la herbología tradicional.

La obra de Dioscórides **establece** la práctica moderna de utilizar plantas como **fuente de fármacos**.

Véase también: Medicina griega 28–29 ▪ Medicina romana 38–43 ▪ Medicina islámica 44–49 ▪ Escuelas médicas y cirugía medievales 50–51 ▪ Farmacia 54–59 ▪ La aspirina 86–87 ▪ Homeopatía 102

Pedacio Dioscórides

Nacido en Anazarba (en la actual Turquía) en *c.* 40, Dioscórides fue cirujano en el ejército romano durante el gobierno del emperador Nerón. Viajó extensamente por el Mediterráneo oriental y reunió información acerca de plantas medicinales. En torno al año 70 aprovechó estos conocimientos para redactar *De materia medica*, exhaustivo libro de texto en cinco volúmenes sobre herbología. En la versión griega original estaba ordenado en función de las propiedades terapéuticas de las plantas y otras sustancias. Al ser traducido posteriormente al latín y al árabe, se perdió esta manera coherente de organizar la información por la costumbre de los editores de alfabetizar las listas originales de fármacos. *De materia medica*, ilustrada, fue una de las obras predilectas de los copistas medievales y de los editores de versiones impresas del Renacimiento tardío. Dioscórides murió hacia el año 90.

Obra principal

***C.* 70** *De materia medica.*

El botánico pionero Teofrasto de Lesbos (discípulo de Aristóteles) refinó los sistemas de clasificación en el siglo IV a. C. En su *De historia plantarum* («Historia de las plantas»), creó un método para organizar medio millar de plantas medicinales en categorías por sus rasgos físicos, hábitat y uso práctico.

De materia medica

El desarrollo pleno de la herbología debe mucho a la obra del cirujano militar romano del siglo I Dioscórides, cuyo texto seminal sobre sustancias medicinales *De materia medica* («Acerca de la materia medicinal») reflejaba un conocimiento de las plantas basado en años de observación de sus usos medicinales. Su principal aportación fue organizar la obra en función del efecto fisiológico de cada fármaco sobre el organismo, como el diurético (aumento de la producción de orina) o el emético (inductor del vómito). Dioscórides registró 944 fármacos, de los que más de 650 son de origen vegetal, y detalló sus propiedades físicas junto con el modo de prepararlos, sus efectos medicinales y las enfermedades para las que resultan eficaces. Muchas de estas plantas, como el sauce y la manzanilla, beneficiosos para males diversos, fueron el fundamento de los herbarios medievales.

El auge de los herbarios

De materia medica fue una obra influyente en la época romana, y un texto clave incluso después de la caída del Imperio romano de Occidente en el siglo IV. Tras la caída y la destrucción de sus bibliotecas, se perdieron muchas otras obras sobre medicina, pero *De materia médica* sobrevivió gracias a las copias bizantinas y las traducciones al árabe. La obra de Dioscórides fue muy traducida, y se convirtió en el principal medio de transmisión del saber médico clásico.

Durante la Edad Media, *De materia medica* inspiró un nuevo género de herbarios –colecciones extensas de plantas medicinales útiles– que revivió durante el Renacimiento al publicarse en cuidadas ediciones impresas, ilustradas y comentadas por estudiosos.

De materia medica dejó asentado el valor de las plantas como fundamento de nuevos fármacos (lo que condujo, por ejemplo, a la extracción de la quinina en 1820) y estimuló la práctica continuada de la herbología y el empleo de plantas y preparados vegetales por su valor terapéutico. ■

De materia medica se convirtió en el texto fundacional de la herbología y la farmacología durante 1600 años. Estas violetas pintadas a mano proceden de una edición ilustrada del siglo XV.

PARA DIAGNOSTICAR, HAY QUE OBSERVAR Y RAZONAR

MEDICINA ROMANA

EN CONTEXTO

ANTES

753 A. C. Fundación de Roma. La posterior conquista de territorios griegos la convertirá en uno de los mayores imperios de la historia.

219 A. C. El espartano Arcagato es el primer profesional de la medicina en Roma.

Siglo II A. C. Los primeros baños públicos en Roma son muy populares, pero propagan las enfermedades.

DESPUÉS

***C.* 390** Se construye en Roma el primer hospital general.

***C.* 400** Oribasio, médico personal del emperador Juliano, compila *Las sinagogas médicas*, una de las últimas grandes obras médicas romanas.

***C.* 900** Al Razi escribe *Dudas sobre Galeno.*

***C.* 1150** Burgundio de Pisa traduce por primera vez al latín la obra de Galeno.

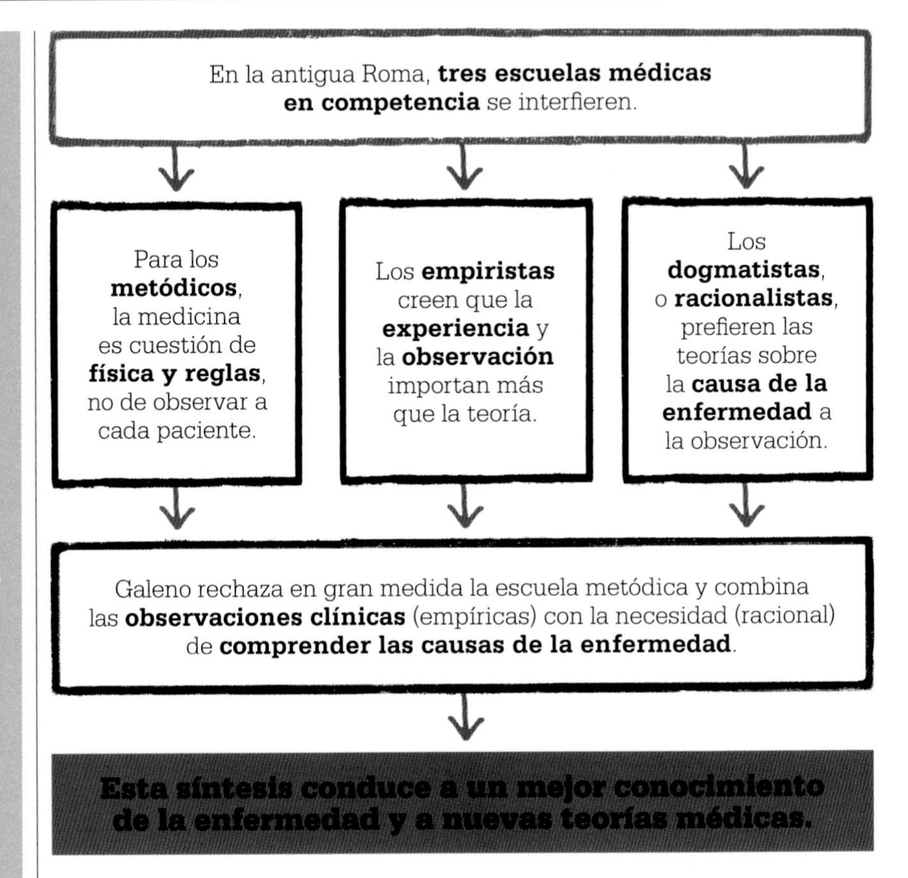

En la antigua Roma, **tres escuelas médicas en competencia** se interfieren.
Para los **metódicos**, la medicina es cuestión de **física y reglas**, no de observar a cada paciente.
Los **empiristas** creen que la **experiencia** y la **observación** importan más que la teoría.
Los **dogmatistas**, o **racionalistas**, prefieren las teorías sobre la **causa de la enfermedad** a la observación.
Galeno rechaza en gran medida la escuela metódica y combina las **observaciones clínicas** (empíricas) con la necesidad (racional) de **comprender las causas de la enfermedad**.
Esta síntesis conduce a un mejor conocimiento de la enfermedad y a nuevas teorías médicas.

El Imperio romano, en su apogeo durante el mandato del emperador Trajano en el siglo II, ocupaba unos 5 000 000 de km^2 entre Europa, el norte de África, Oriente Próximo y Asia occidental. Sus ciudadanos se enorgullecían de sus baños públicos y acueductos, pero lo cierto es que las calles eran insalubres y abundaban las enfermedades. Con todo, Roma logró avances en la higiene, y sus aportaciones a la medicina han tenido un impacto duradero.

Raíces griegas

La medicina romana surgió de la síntesis de prácticas tradicionales, como curar con hierbas, y los enfoques más teóricos y científicos desarrollados en Grecia a partir del siglo V a. C. En un principio, Roma adoptó aspectos religiosos del ámbito médico griego, en particular el dios griego Asclepios (Esculapio) como dios romano de la curación. La llegada a Roma del médico espartano Arcagato en 219 a. C. marcó el inicio de un cambio en la actitud romana hacia la medicina. Arcagato era renombrado por su habilidad para curar enfermedades de la piel y heridas de combate, valiosos conocimientos en un periodo en que los romanos sabían poco de cirugía y estaban envueltos en la segunda guerra púnica contra Cartago.

Arcagato, apodado por algunos «el Carnicero», acabó siendo impopular, pero sus consultas para tratar a los soldados despejaron el camino a los *valetudinaria*, u hospitales militares, y dio a conocer las teorías médicas griegas. La más importante de estas, la teoría de los humores desarrollada por el médico griego Hipócrates en el siglo V a. C., proponía que el cuerpo se componía de cuatro fluidos vitales –sangre, bilis amarilla, bilis negra y flema–, y que el exceso o falta de cualquiera de ellos era señal de enfermedad. El papel del médico era identificar el desequilibrio y hacer que el paciente recobrara el equilibrio para que recuperara la salud.

Escuelas de pensamiento

A medida que la cultura romana iba aceptando la tradición médica

Véase también: Medicina griega 28–29 ▪ Medicina islámica 44–49 ▪ Escuelas médicas y cirugía medievales 50–51 ▪ Farmacia 54–59 ▪ Anatomía 60–63 ▪ La circulación de la sangre 68–73 ▪ Nosología 74–75 ▪ Anamnesis 80–81

griega, acudía a Roma un número creciente de médicos griegos, que topaban con distintos grados de hostilidad. El historiador y senador Catón el Viejo, en escritos del siglo II a. C., rechazaba las innovaciones griegas y prefería remedios más tradicionales, como el empleo de la col para males tan diversos como los problemas estomacales y la sordera.

Pese a sus críticos, la medicina griega acabó arraigando en Roma, pues la eficacia de sus resultados no se podía ignorar. Sin embargo, con el tiempo, sus seguidores se dividieron en varias escuelas en competencia.

La escuela metódica, fundada por el médico griego Asclepíades en 50 a. C., era un método de inspiración filosófica, basado en la obra de Demócrito, autor de la teoría según la cual el universo está constituido por átomos. Para los metódicos, el cuerpo era un ente meramente físico, para cuyo buen funcionamiento bastaban la higiene, la dieta y los fármacos adecuados, y denunciaban la profesión médica, por considerar que los fundamentos de la medicina se podían aprender en pocos meses.

En cambio, la escuela empírica –fundada por el médico griego Filino de Cos hacia 250 a. C.– entendía que los conocimientos médicos podían progresar por medio de la observación de los pacientes y la identificación de los signos visibles de la enfermedad. También creían, sin embargo, que la naturaleza era en lo fundamental incomprensible, y que no tenía sentido especular sobre las causas de la enfermedad. Por tanto, explorar la anatomía interna humana no les interesaba.

Una tercera escuela médica, la de los dogmatistas, o racionalistas, daba la mayor importancia a que el médico formulara una teoría subyacente que guiara el tratamiento de la enfermedad, y valoraba más esta que el examen de los síntomas particulares del paciente. A los dogmatistas se les dio mejor que a los empiristas dar con principios generales para combatir la enfermedad, pero no promovieron la observación clínica atenta de casos específicos. Si una teoría resultaba ser incorrecta, los resultados podían ser desastrosos.

Es imposible que alguien halle la función correcta de una parte sin estar perfectamente familiarizado con la acción del instrumento entero.

Claudio Galeno
De usu partium corporis humani
(*c.* 165–175)

Teorías combinadas

Hacía falta un médico fuera de lo común para crear una síntesis a partir de estas escuelas de pensamiento rivales, y ese fue Claudio Galeno, de Pérgamo (en la actual Turquía), médico griego del Imperio romano. Tomando aspectos de cada escuela que encajaban con sus propias teorías, Galeno creó un enfoque de la medicina que se mantendría como ortodoxia durante más de mil años.

Galeno asimiló la filosofía y las teorías médicas griegas en su ciudad natal, Pérgamo, pero siguió profundizando en ellas después de mudarse a Roma en 162. Como Hipócrates, entendía el cuerpo humano como un sistema completo que no debía tratarse como una colección de órganos aislados que producían »

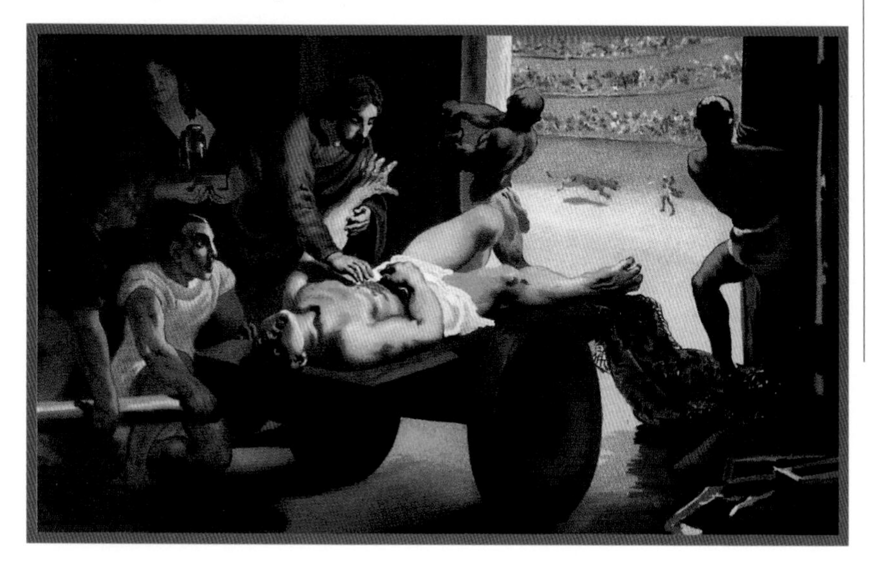

Como médico en una escuela de gladiadores, Galeno tuvo experiencia de primera mano de la anatomía interna humana al tratar a los heridos y examinar a los muertos.

Claudio Galeno

Galeno, nacido en Pérgamo (actual Turquía) en el año 129, decidió ser médico después de que a su padre se le apareciera en un sueño Asclepios, el dios de la curación. Galeno estudió en Pérgamo, Esmirna y Alejandría, donde tuvo acceso a todos los textos médicos de la Gran Biblioteca.

Después de cinco años como médico de la escuela de gladiadores de Pérgamo, se trasladó a Roma en 162. Allí su creciente reputación médica y su carácter áspero le ganaron enemistades, y se vio obligado a marcharse en 166. En 169, el emperador Marco Aurelio le ofreció el puesto de médico imperial, cargo que mantuvo bajo Cómodo y Septimio Severo. Autor prolífico, dejó unas 300 obras, también sobre lingüística, lógica y filosofía, además de medicina, de las que solo se ha conservado la mitad. Galeno murió hacia el año 216.

Obra principal

C. **165–175** *De usu partium corporis humani (Sobre la utilidad de las partes del cuerpo humano).*

síntomas distintos unos de otros. Para comprender la enfermedad y tratar a los pacientes, Galeno creía que el médico debe observar de cerca tanto el interior como el exterior del cuerpo humano. Solo así podía aplicar un marco teórico, basado en los humores de Hipócrates, a la hora de proponer curas. El enfoque de Galeno combinaba el pensamiento racionalista y empirista, y fue escéptico en cuanto a la escuela metódica.

Observación clínica

Galeno consideraba esenciales para la medicina el conocimiento de la anatomía junto con la observación y la experimentación. Como médico al frente de la escuela de gladiadores de Pérgamo, había observado elementos de la musculatura y los órganos internos expuestos por heridas, pero al estar prohibida la disección de cuerpos humanos en el derecho romano, tuvo que limitarse a la de animales. Los experimentos de Galeno con macacos, vacas y cerdos le permitieron ciertos avances, como comprender que en las arterias había sangre. En uno de sus experimentos, cortó el nervio laríngeo de un cerdo vivo, que siguió forcejeando pero ya no pudo gruñir. Esto confirmaba la hipótesis de Galeno sobre el papel del nervio en la vocalización.

El hincapié de Galeno en la observación se centraba en el examen clínico de los síntomas externos del paciente como medio para diagnosticar y prescribir curas correctas. Durante la peste antonina, que empezó en el año 165, Galeno anotó los síntomas de los pacientes a los que examinó. Todos tenían vómitos, molestias estomacales y mal aliento, pero a los que les salían pústulas negras por

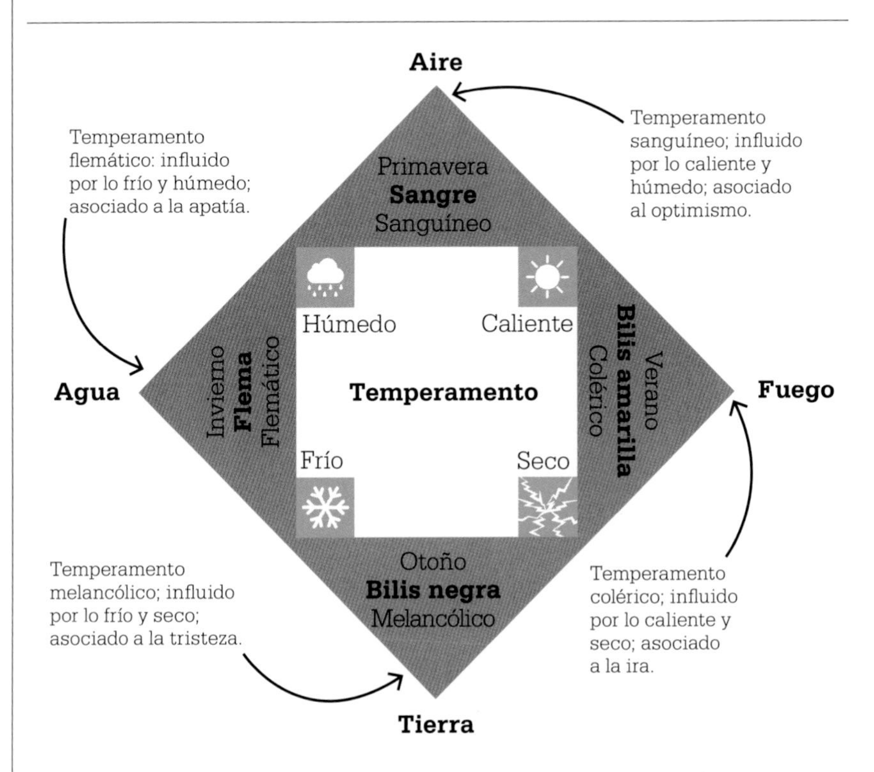

Galeno relacionó los humores con las estaciones, los elementos (como el aire) y los temperamentos (como el sanguíneo). Idealmente, están en equilibrio; el exceso o falta de un humor puede causar enfermedad.

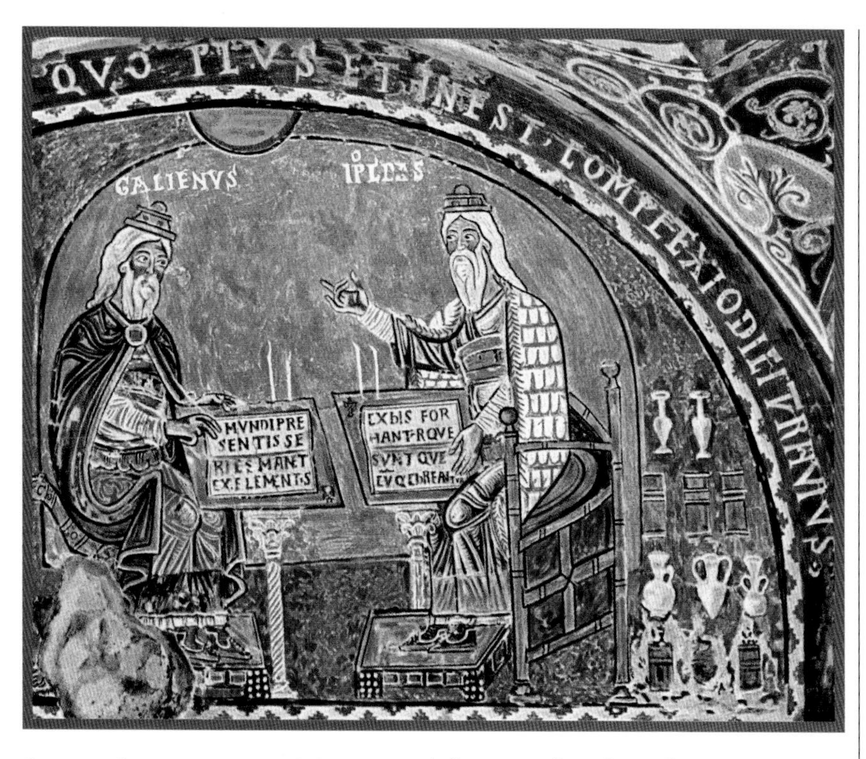

Aunque les separaran siglos, Galeno e Hipócrates aparecen juntos como los médicos más grandes del mundo antiguo en este fresco italiano de estilo bizantino del siglo XIII.

todo el cuerpo y se les desprendían unos días después, tendían a sobrevivir. Los que excretaban heces negras, en cambio, solían morir. Galeno no comprendía la causa de la enfermedad, que pudo ser viruela, y poco más se podía hacer que intentar hacérsela llevadera a los pacientes. Su registro detallado de los síntomas, sin embargo, indica su dedicación a comprender los signos de la enfermedad.

Las nociones médicas de Galeno estaban arraigadas en la teoría de los humores de Hipócrates, y amplió su idea sobre las variables de calor, frío, humedad y sequedad, y su papel en el equilibrio del cuerpo. Según Galeno, una persona con tendencia a lo frío y seco sería delgada y de constitución blanda. También creía que las combinaciones relativas de estos factores afectaban al temperamento: la persona en la que predominaba lo frío y seco, por ejemplo, sería probablemente melancólica, y unos niveles altos de bilis amarilla contribuirían a la inteligencia.

Fama duradera

Galeno fue el médico más famoso de Roma, pero hubo otros que realizaron avances importantes. A mediados del siglo I, Aulo Celso se ocupó de la dieta y la cirugía, e identificó muchas afecciones de la piel; y a comienzos del siglo II, Sorano de Éfeso fue pionero en la obstetricia y la ginecología. Sin embargo, fue la obra de Galeno la que sobrevivió a la caída de Roma en 476, en los libros traducidos y transmitidos por médicos islámicos a partir del siglo VII, y esta fue la base de la medicina medieval europea.

Irónicamente, dado su énfasis en la experimentación práctica y la observación clínica, ser elevado a la categoría de autoridad médica infalible fue lo que impidió el progreso en ambas áreas. Galeno había realizado la mayor parte de sus estudios anatómicos en animales, y muchos de sus resultados no eran aplicables a los humanos. Pero fue tal la confianza en su obra entre los médicos posteriores que los que practicaban disecciones simplemente rechazaban cualquier prueba contradictoria con la que toparan. Más adelante, a medida que más médicos trataban de replicar los experimentos de Galeno, se descubrieron los errores en sus teorías, y, con el trabajo del anatomista flamenco Andrés Vesalio en 1543, la autoridad de Galeno en anatomía se vino abajo.

Pese a su caída en desgracia, la aportación de Galeno fue inmensa. El médico persa Al Razi (854–925), autor de *Dudas sobre Galeno*, siguió siendo partidario de sus métodos, aunque no aceptara sus hallazgos. Los médicos actuales basan su labor en la idea de que un conocimiento preciso de la anatomía humana, combinado con una observación clínica atenta de los síntomas, es clave para tratar la enfermedad; en este sentido, Galeno conserva una gran influencia en la práctica médica. ■

En el curso de una sola disección […] Galeno se aparta doscientas veces o más de la verdadera descripción de la armonía, función y acción de las partes humanas.

Andrés Vesalio

***De humani corporis fabrica* (1543)**

CONOCER LAS CAUSAS DE LA ENFERMEDAD Y LA VEJEZ

MEDICINA ISLÁMICA

EN CONTEXTO

ANTES

Siglos IV–VI Se crea el primer centro médico del mundo en Gundeshapur, bajo el patrocinio de los reyes sasánidas desde Sapor I.

627 El primer hospital móvil es una tienda para los heridos musulmanes en la *gazwah al jandaq* (batalla de la Trinchera).

***C.* 770** El califa Al Mansur funda la Bayt al Hykma, o Casa de la Sabiduría, donde se traducen al árabe muchos textos médicos antiguos.

DESPUÉS

Siglos XII–XIII Aparece en España la primera traducción al latín de *Al qanun fi al tibb (El canon de medicina)* de Avicena.

1362 Tras los estragos de la peste negra en Europa, Ibn al Jatib, nacido en Loja (Granada), escribe un tratado sobre infecciones contagiosas.

1697 *El canon de medicina*, de Avicena, sigue en el currículo de la escuela médica de Padua (Italia).

La caída del Imperio romano de Occidente a finales del siglo V tuvo como resultado un declive pronunciado del conocimiento y la práctica de la medicina en Europa. La cultura helenística, sin embargo, sobrevivió en las provincias orientales del Imperio, conquistadas por los ejércitos de una nueva religión, el islam, en el siglo VII. Allí, las teorías médicas de las antiguas Grecia y Roma fueron transmitidas a los médicos musulmanes por cristianos nestorianos que trabajaban en

La verdad en medicina es una meta inalcanzable, y el arte descrito en los libros es siempre menor que el conocimiento de un médico atento y experimentado.
Al Razi

el centro médico de la Academia de Gundeshapur (Irán) para los emperadores persas sasánidas.

El interés por la medicina continuó al amparo de los califas, en particular los abasíes, cuya capital, Bagdad (fundada en 762), se convirtió en un núcleo económico, cultural y científico floreciente. A finales del siglo VIII, el califa Al Mansur fundó la Bayt al Hikma, o Casa de la Sabiduría, donde se tradujeron numerosos textos antiguos al árabe. Gracias, entre otros, a Ibn Ishaq (808–873), médico de la corte y traductor de las obras de Hipócrates y Galeno, los médicos islámicos pudieron conocer las teorías de la medicina griega y romana. Esto generó una nueva era de la medicina islámica, animada por celebridades como Al Razi (854–925) e Ibn Sina (980–1037), conocidos en Occidente como Rasis y Avicena, respectivamente.

Primeros hospitales islámicos

Desde el inicio, la medicina islámica se ocupó de los aspectos prácticos del tratamiento, además de la teoría médica. Ya en el siglo VII, el primer hospital móvil del islam atendió a los heridos en combate, y la Academia de Gundeshapur se convirtió en un centro prestigioso de tratamiento y aprendizaje médicos. Alrededor de 805, el califa Harún al Rashid fundó en Bagdad el primer hospital general –o *bimaristan* («lugar para enfermos» en persa)– documentado del islam, que no tardó en cobrar fama. Antes de un siglo se construyeron otros cinco, y posteriormente varios más por todo Oriente Próximo.

Las escuelas médicas estaban estrechamente vinculadas a estos hospitales, y los alumnos podían observar a los pacientes tratados por médicos cualificados. Algunos hospitales tenían salas separadas para las enfermedades infecciosas, gastrointestinales, oculares y mentales. Como resultado de esta experiencia clínica de primera mano, los médicos islámicos realizaron avances importantes en la identificación de las enfermedades y el hallazgo de curas eficaces.

Experiencia clínica

En el siglo IX, Al Razi, médico principal del califa en Bagdad, escribió más de 200 textos y comentarios en

Al Razi examina a un paciente sosteniendo una *matula* (orinal), en una imagen francesa del siglo XIII. Al Razi fue pionero del enfoque científico de la uroscopia o inspección de la orina.

Véase también: Medicina griega 28–29 ▪ Herbología 36–37 ▪ Medicina romana 38–43 ▪ Escuelas médicas y cirugía medievales 50–51 ▪ Farmacia 54–59 ▪ Hospitales 82–83 ▪ Higiene 118–119 ▪ Las mujeres en la medicina 120–121

> El médico [...] debe hacer creer siempre al paciente que se recuperará, pues el estado del cuerpo está ligado al estado de la mente.
> ***Kitab al hawi fi al tibb* (*c.* 900)**

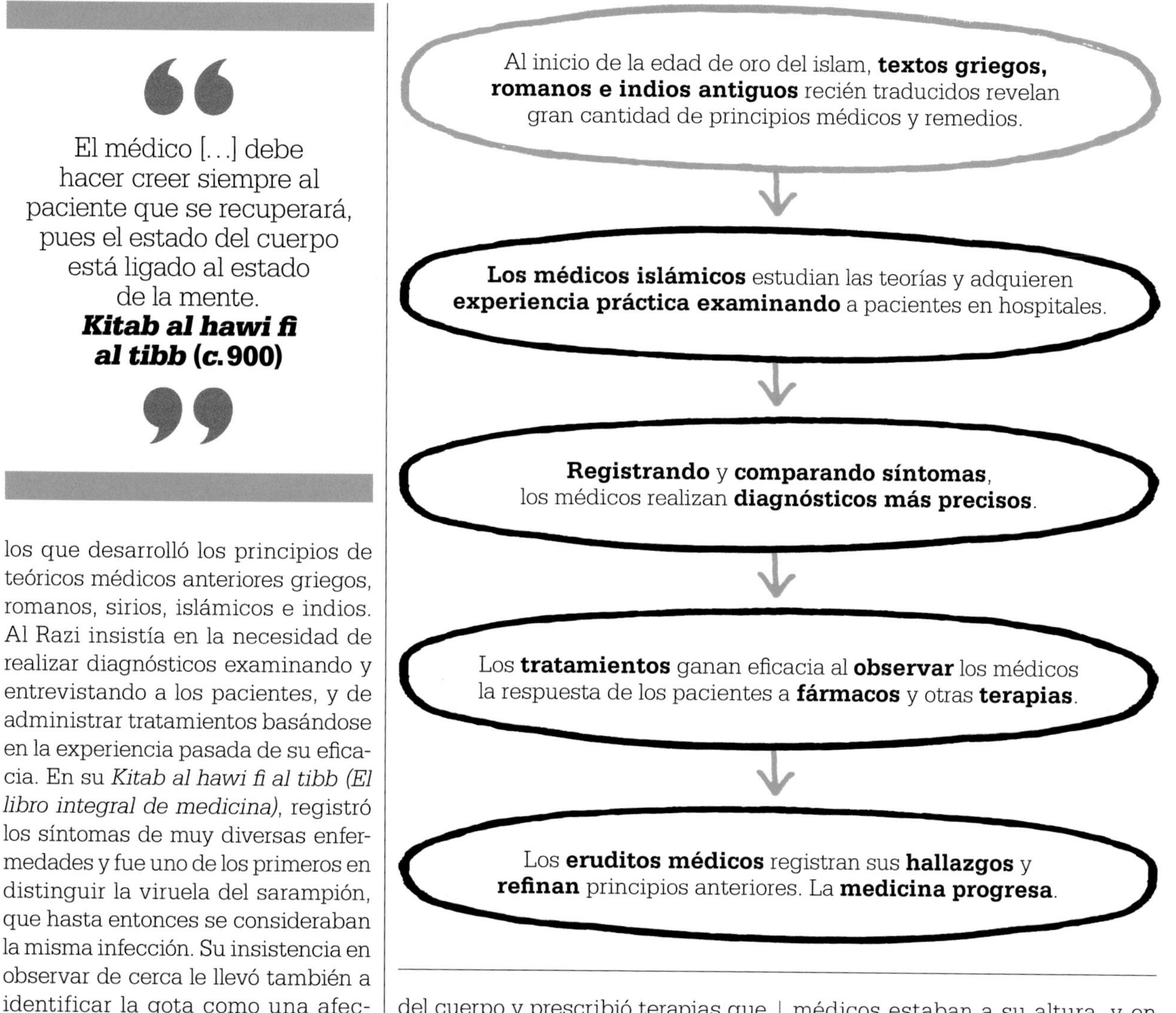

los que desarrolló los principios de teóricos médicos anteriores griegos, romanos, sirios, islámicos e indios. Al Razi insistía en la necesidad de realizar diagnósticos examinando y entrevistando a los pacientes, y de administrar tratamientos basándose en la experiencia pasada de su eficacia. En su *Kitab al hawi fi al tibb (El libro integral de medicina)*, registró los síntomas de muy diversas enfermedades y fue uno de los primeros en distinguir la viruela del sarampión, que hasta entonces se consideraban la misma infección. Su insistencia en observar de cerca le llevó también a identificar la gota como una afección única (y no como un conjunto de ellas, como habían supuesto los griegos), y de su experiencia clínica concluyó que muchas enfermedades no seguían el curso descrito por Galeno, el gran médico romano.

Al inicio de la edad de oro del islam, **textos griegos, romanos e indios antiguos** recién traducidos revelan gran cantidad de principios médicos y remedios.
Los médicos islámicos estudian las teorías y adquieren **experiencia práctica examinando** a pacientes en hospitales.
Registrando y **comparando síntomas**, los médicos realizan **diagnósticos más precisos**.
Los **tratamientos** ganan eficacia al **observar** los médicos la respuesta de los pacientes a **fármacos** y otras **terapias**.
Los **eruditos médicos** registran sus **hallazgos** y **refinan** principios anteriores. La **medicina progresa**.

Entre las muchas percepciones valiosas de Al Razi se cuentan las relativas a la relación entre mente y cuerpo, y a las enfermedades mentales. Defendió que estas debían tratarse del mismo modo que las del cuerpo y prescribió terapias que consistían en dieta, fármacos e incluso música y aromaterapia. Sostuvo también que debía animarse a los pacientes a creer en la posibilidad de mejoría y en la eficacia del tratamiento, dado que con ello se lograban mejores resultados.

Licencia para practicar

Al Razi fue venerado no solo como médico modélico, sino también como profesor. Sin embargo, no todos los médicos estaban a su altura, y en 931 el califa Al Muqtádir ordenó que todos los médicos debían contar con licencia al saber que un error había causado la muerte de un paciente. Después de aprobar los exámenes y pronunciar el juramento hipocrático, los alumnos de medicina recibían la licencia de un *muhtasib*, o inspector.

Un gran manual médico

La idea de que la medicina debe basarse en un sistema coherente »

[La medicina] tiene tanto una parte teórica como práctica.
Avicena

de observación, experimentación y pruebas con el fin de establecer un diagnóstico alcanzó su forma más desarrollada en la obra de Avicena. Su *Al qanun fi al tibb* (*El canon de medicina* o *Canon de Avicena*), publicado alrededor de 1012, reunía el conocimiento de obras griegas, romanas, persas y árabes, y lo combinaba con observaciones clínicas propias para crear el manual médico más completo de la era medieval. En el siglo XII fue traducido al latín, y sería parte esencial de la formación de los estudiantes de medicina en Europa durante unos 400 años.

El *Canon de Avicena* contiene más de un millón de palabras en cinco volúmenes. El primero se ocupaba del origen de las enfermedades. A partir de la teoría de los humores hipocrática y galénica, Avicena clasificó las causas posibles de enfermedad, tanto extrínsecas (como el clima de la región) como intrínsecas (como el exceso de sueño/reposo o de movimiento/actividad del paciente), junto con otras causas (como los hábitos y la constitución de la persona). Avicena creía que los cuatro humores interactuaban con los elementos (tierra, aire, fuego y agua) y la anatomía del paciente para causar el trastorno. Un exceso de humedad, por ejemplo, podía producir cansancio o trastornos digestivos, y el calor excesivo induciría sed o un pulso acelerado. Como Galeno e Hipócrates, consideraba que la observación directa del paciente determinaría cuál de los factores estaba descompensado.

Fármacos, enfermedades y curas

El segundo libro del *Canon* catalogaba unos 800 remedios y fármacos de origen vegetal, animal y mineral, junto con las enfermedades que trataban con mayor eficacia. Avicena se apoyaba en autoridades indias y griegas, y ofrecía luego su propia opinión acerca de la eficacia de los remedios, la potencia de unos y otros y las variaciones en las recetas de las distintas fuentes.

Siguiendo en parte el consejo de Galeno, Avicena estableció también siete reglas para experimentar con nuevos fármacos. Advirtió que los medicamentos no debían quedar expuestos al calor o frío excesivos, que debían probarse en pacientes afectados por una sola enfermedad y no varias, y administrarse en dosis bajas al principio para observar su efecto.

En los libros tercero y cuarto, Avicena trata las afecciones de partes específicas del cuerpo, de la cabeza a los pies, entre ellas la tuberculosis pulmonar (correctamente identificada como contagiosa), las cataratas del ojo y las que afectan a todo el cuerpo o a varias partes, como las fiebres, úlceras, fracturas y afecciones de la piel.

El quinto y último libro describe una serie de preparaciones y tratamientos complejos, y un conjunto de medidas preventivas, entre ellas la dieta y el ejercicio. Comprender que es preferible prevenir a curar situaba a Avicena varios siglos por delante de los médicos medievales europeos.

Progresos precedentes

Antes de Avicena, toda una constelación de médicos islámicos había contribuido al avance de la ciencia médica. A finales del siglo VIII, Jabir ibn Hayyan (Geber, en su forma latinizada), médico de la corte del califa Harún al Rashid, formalizó el estudio de la farmacología. Aunque muchas del medio millar de obras que se le atribuyen fueron probablemente escritas por discípulos posteriores, el propio Jabir introdujo el rigor experimental en la práctica tradicional de la alquimia, que aspiraba a transformar unas sustancias en otras, en

Un farmacéutico pesa un remedio para un paciente aquejado de viruela en esta ilustración del *Canon de Avicena*. Los farmacéuticos islámicos –como los médicos– tenían formación y licencia.

Avicena

Ibn Sina, latinizado como Avicena, nació en 980 cerca de Bujara, en el actual Uzbekistán. Hijo de un funcionario del gobierno, estudió filosofía islámica, derecho y medicina. A los 18 años trató con éxito a Nuh ibn Mansur, el emir samánida de Bujara, lo cual le valió un puesto en la corte y también acceso a la gran biblioteca real.

La caída de los samánidas en 999 lo obligó a huir, y pasó varios años en Jorasán, región al nordeste de Irán y Afganistán en Asia Central. Posteriormente, viajó a Hamadán, ciudad al oeste del Irán central, donde fue médico de la corte y visir del soberano búyida Chams ad Daula. En 1022 se trasladó a Isfahán, bajo la protección del príncipe persa Ala al Daula, y terminó de escribir sus principales obras. Murió en 1037 a causa del exceso de opio que añadió un esclavo a uno de sus remedios.

Obras principales

***C.* 1012** *Al qanun fi al tibb (El canon de medicina).*
***C.* 1027** *Kitab al shifa (El libro de la curación).*

particular los metales viles en oro. Químico brillante, catalogó procesos clave como la cristalización y la evaporación, e inventó el alambique, usado para la destilación. El trabajo de Jabir proporcionó a los boticarios de su tiempo las herramientas para crear nuevos fármacos.

Otro precursor destacado de Avicena fue Al Tabari, médico persa del siglo IX, maestro de Al Razi y autor de los siete volúmenes de *Firdaus al hikma (Paraíso de la sabiduría)*, una de las enciclopedias más antiguas de la medicina islámica. Al Tamimi, médico del siglo X en El Cairo (Egipto), fue célebre como gran conocedor de hierbas medicinales, por su guía sobre nutrición, plantas y minerales *(Al Murshid)* y por un antídoto para la mordedura de serpientes tan eficaz que lo llamó *tiryaq al faruq* («la cura de la salvación»).

> Si el médico es capaz de tratar con nutrientes, y no medicación, es que ha tenido éxito.
> ***Kitab al hawi fi al tibb* (*c.* 900)**

En Córdoba, el médico de la corte andalusí y mayor cirujano de la era medieval Al Zahrawi (también conocido como Abulcasis) compiló a finales del siglo X el *Kitab al tasrif (Libro de la práctica médica)*, en treinta volúmenes, que incluía un tratado de cirugía con muchas técnicas sofisticadas, como la extracción de piedras de la vejiga y de tumores de las mamas, además de operaciones ginecológicas y una incipiente cirugía plástica para atenuar las marcas causadas por heridas.

Influencia duradera

Producto de la edad de oro del islam, la medicina islámica tuvo una gran influencia en Europa occidental desde la época medieval hasta el siglo XVII, cuando surgieron nuevas ideas durante la llamada revolución científica. La medicina islámica estaba avanzada en muchos aspectos, como el énfasis en el bienestar, la insistencia en la observación del paciente como fundamento del diagnóstico, los registros detallados de los pacientes, el carácter inclusivo de los hospitales –que trataban a todos los miembros de la sociedad–, la formación de los médicos, y el empleo de médicas y enfermeras. Sus enseñanzas perduran aún hoy, en particular en el sistema *yunani* practicado en Irán, Pakistán e India. ■

Avicena enseña a sus alumnos los principios de la higiene en esta imagen de un manuscrito otomano del siglo XVII. Avicena dio clases a diario en la escuela de medicina de Isfahán.

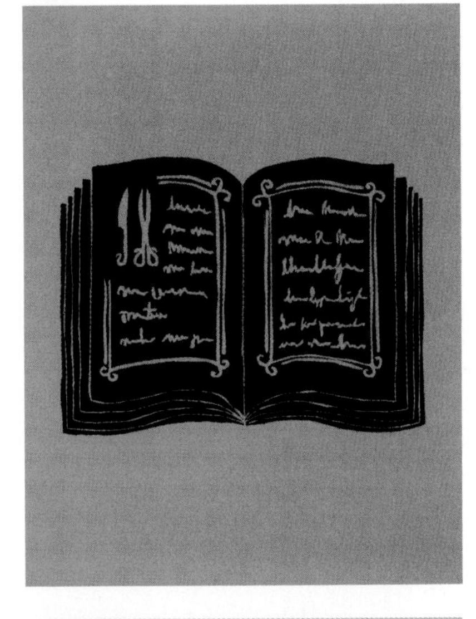

FORMADO, EXPERTO, INGENIOSO Y CAPAZ DE ADAPTARSE

ESCUELAS MÉDICAS Y CIRUGÍA MEDIEVALES

EN CONTEXTO

ANTES

Siglo IX Se funda la Escuela Médica Salernitana, que recupera los estudios médicos en Europa occidental.

***C.* 1012** Avicena escribe *El canon de medicina*, lectura clave en escuelas de medicina hasta el siglo XVI.

1130 La Iglesia católica prohíbe al clero practicar la medicina a cambio de honorarios, favoreciendo el cambio a la medicina secular.

DESPUÉS

1363 Guido de Cauliaco escribe la enciclopedia *Chirurgia magna (Gran cirugía)*.

***C.* 1440** La invención de la imprenta amplía rápidamente la difusión del conocimiento; se publican textos médicos clave.

1543 *De humani corporis fabrica (De la estructura del cuerpo humano)* de Andrés Vesalio supone un nuevo avance en la anatomía médica.

Tras la caída del Imperio romano de Occidente, lo que quedaba del saber médico en Europa occidental quedó confinado en los monasterios. La Orden de San Benito, fundada en el siglo VI, exigía que sus monasterios tuviesen una enfermería con un monje al frente. Uno de los primeros fue Montecassino, en el sur de Italia. A principios de la década de 800, Carlomagno, emperador del Sacro Imperio Romano Germánico, decretó que todas las catedrales y monasterios de su reino contaran con un hospital. Los monjes dispensaban cuidados paliativos y trataban males de toda clase. Muchos monasterios tenían un huerto medicinal propio para sus remedios a base de hierbas, y algunos disponían de boticarios cualificados, cuyo conocimiento en profundidad de las plantas les permitía prescribir remedios vegetales o minerales, además de aplicar técnicas básicas, como la sangría. Más allá de los monasterios, las escuelas médicas promovieron nuevas ideas y técnicas, encarnadas a finales del siglo XII en la figura del maestro cirujano Roger de Salerno, o Rogerius.

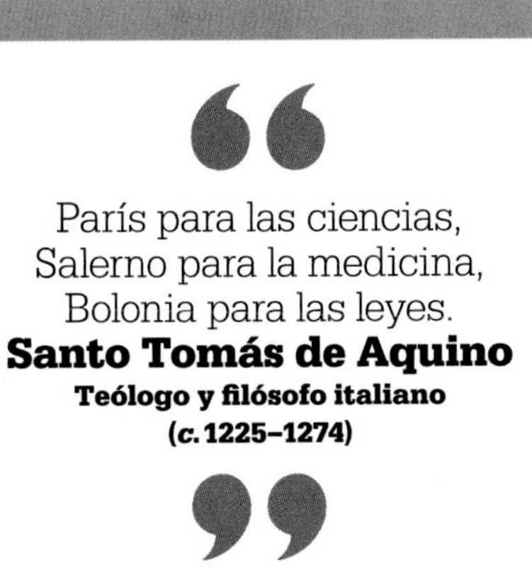

París para las ciencias, Salerno para la medicina, Bolonia para las leyes.
Santo Tomás de Aquino
Teólogo y filósofo italiano
(*c.* 1225–1274)

Escuela Médica Salernitana

La primera escuela médica de la época medieval de la historia europea surgió en el siglo IX en Salerno, en el sur de Italia, alimentada por la influencia de la medicina islámica, judía, griega y romana. Durante cuatro siglos, el prestigio de la Escuela Médica Salernitana probablemente no tuvo rival en la Europa medieval por la excelencia de su formación. Alumnos, profesores y enfermos recorrían largas distancias para acudir a Salerno, como Roberto II de Normandía, que en 1099 viajó desde el norte de Francia para ser atendido allí.

Salerno tenía la mayor biblioteca médica del mundo, con textos islámicos de Al Razi (854–925) y Avicena (980–1037), y otros textos de Monte-

Véase también: Medicina griega 28–29 ▪ Herbología 36–37 ▪ Medicina romana 38–43 ▪ Medicina islámica 44–49 ▪ Farmacia 54–59 ▪ Anatomía 60–63 ▪ Obstetricia 76–77 ▪ Las mujeres en la medicina 120–121 ▪ Pandemias 306–313

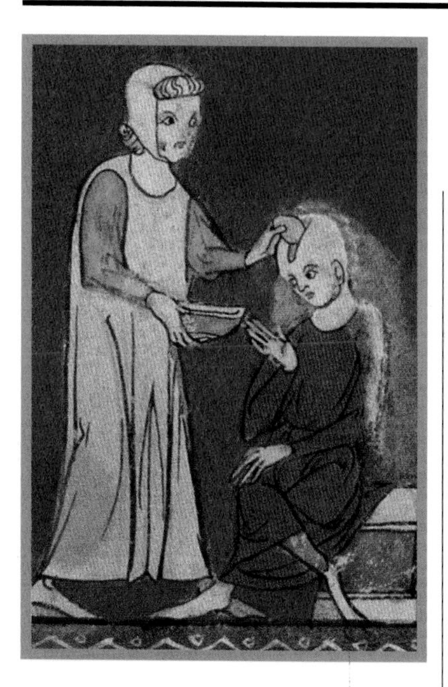

Ilustración de una operación de cráneo, tomada de *Practica chirurgiae*, de Rogerius. Su obra hizo de la cirugía una disciplina académica respetable.

cassino reflejaban las enseñanzas de las antiguas Grecia y Roma. La escuela ofrecía una enseñanza rigurosa de base curricular, que solía consistir en tres años de estudio seguidos por cuatro de formación práctica. En Salerno, las mujeres fueron bienvenidas como alumnas y como docentes. A inicios o mediados del siglo XII, la más destacada entre ellas fue la médica, educadora y autora Trótula de Salerno, cuyas especialidades fueron la ginecología y la obstetricia, pero también preparaba a los alumnos en una serie de herramientas diagnósticas, entre ellas el análisis de la orina, la comprobación del pulso y el examen del tono de la piel.

Rogerius de Salerno

El prestigio de Salerno llegó a lo más alto a finales del siglo XII, siendo Rogerius (*c.* 1140–1195) su cirujano y profesor más famoso. Su *Practica chirurgiae* («Práctica de la cirugía») fue considerado un texto fundamental durante al menos 300 años. Escrito en 1180, fue la primera obra en ocuparse de los tratamientos ordenados anatómicamente, y describió el diagnóstico y el tratamiento para enfermedades y afecciones de la cabeza, cuello, brazos, tórax, abdomen y piernas. El trabajo pionero de Rogerius incluyó métodos para detectar desgarros de la membrana cerebral (la maniobra de Valsalva) y reconectar tejidos dañados (reanastomosis).

Difusión de las escuelas médicas

En el siglo XII se establecieron otras escuelas médicas en Europa, entre ellas la de Montpellier, en Francia; Bolonia y Padua, en Italia; Coimbra, en Portugal; Viena, en Austria; y Heidelberg, en Alemania, todas inspiradas en el modelo de Salerno.

El cirujano francés Guido de Cauliaco (*c.* 1300–1368) estudió en Montpellier y Bolonia, y fue nombrado para el puesto más prestigioso de Europa, el de médico personal del papa Clemente VI. Su *Chirurgia magna (Gran cirugía)* trataba temas muy diversos, entre ellos, la anatomía, la anestesia, las sangrías, los fármacos y las fracturas y heridas. El texto en siete volúmenes fue traducido del latín a muchos idiomas y se mantuvo como obra de prestigio para los cirujanos hasta el siglo XVII, cuando comenzaron a surgir nuevas teorías médicas. ■

La peste negra

Una de las pandemias más devastadoras de la historia fue la peste bubónica, que, a mediados del siglo XIV, mató a entre 25 y 200 millones de personas en Asia, Europa y el norte de África. Surgió probablemente en Asia central u oriental, y se extendió hacia el oeste, alcanzando su mayor incidencia en Europa entre 1347 y 1351. La mitad de la población europea falleció, sobre todo en las ciudades. Así, la población de Florencia (Italia) cayó de 110 000 a 50 000 habitantes. La mayoría de los enfermos morían a los pocos días.

La causa de la enfermedad se ignoraba, pero algunos médicos culpaban a «una gran pestilencia en el aire» (teoría miasmática). Hoy se sabe que las portadoras de las bacterias responsables eran las pulgas de las ratas, muy abundantes en ciudades de población densa con mala higiene, y que viajaban también de puerto en puerto en los barcos. La ciudad-estado de Ragusa (actual Dubrovnik, en Croacia) fue donde se aplicó por primera vez una cuarentena, en 1377.

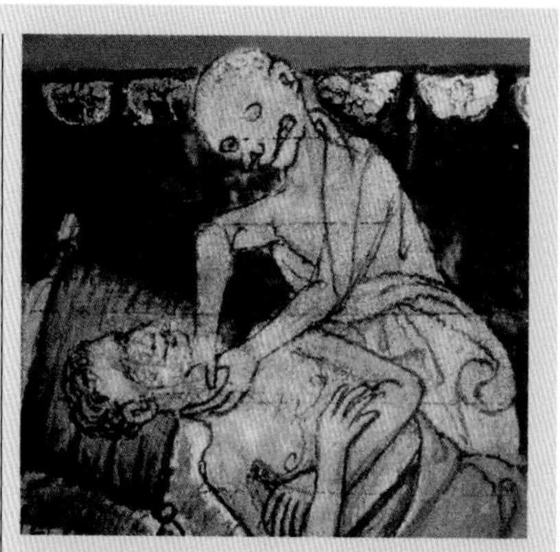

Ilustración del siglo XIV de la Muerte estrangulando a una víctima de la peste bubónica. Guido de Cauliaco distinguió entre esta y la peste neumónica.

EL VAMPIRO DE LA MEDICINA

SANGRÍAS Y SANGUIJUELAS

EN CONTEXTO

ANTES

***C.* 400 A. C.** Hipócrates difunde la teoría de los cuatro humores, el fundamento de la sangría.

***C.* 1000** Abulcasis describe los instrumentos quirúrgicos para la sangría.

DESPUÉS

1411 Se juzga a la cirujana francesa Peretta Peronne por realizar sangrías, práctica vetada a las mujeres.

1719 El cirujano austriaco Lorenz Heister desarrolla la lanceta de muelle.

1799 El primer presidente de EE UU, George Washington, muere por *shock* hipovolémico y pérdida de sangre tras una sangría excesiva.

1828 Los estudios del médico francés Pierre Louis indican el poco valor del uso medicinal de las sanguijuelas y la costumbre decae.

Se cree que la práctica de la sangría médica comenzó en Egipto hacia 3000 a. C. Pasó a la antigua Grecia en el siglo V a. C. y fue formalizada como procedimiento a partir de la concepción de Hipócrates, con la sangre como uno de los cuatro humores que deben mantenerse en equilibrio para preservar la salud.

Fue una práctica común en la Europa medieval. En 1163, la Iglesia prohibió al clero practicarla, y la asumieron los barberos junto con otros procedimientos quirúrgicos, empleando diversas hojas, agujas o sanguijuelas medicinales *(Hirudo medicinalis)* para extraer sangre y anestesiar las heridas.

Cerrar la brecha

El reparto de funciones entre los médicos, que dispensaban curas, y los barberos-cirujanos, que operaban directamente sobre el cuerpo, no empezó a cambiar hasta la década de 1250, cuando el médico italiano Bruno da Longobucco defendió que la sangría no debía ser asunto exclusivo de los barberos. Esta sería una herramienta médica básica desde entonces hasta el siglo XIX. El médico francés François Broussais (1772-1838) fue apodado «el Vampiro de la Medicina» por su entusiasmo en el uso de las sanguijuelas. Estas se siguen empleando todavía en algunas partes del mundo para eliminar la congestión sanguínea en operaciones, y las sangrías se aplican aún hoy en el tratamiento de enfermedades como la hemocromatosis (la acumulación excesiva de hierro en la sangre). ■

La sangría a menudo estrangula la fiebre [...], imparte vigor al cuerpo.

Benjamin Rush
Médico estadounidense (1746–1813)

Véase también: Medicina griega 28–29 ▪ Medicina romana 38–43 ▪ Escuelas médicas y cirugía medievales 50–51 ▪ La circulación de la sangre 68–73

LAS GUERRAS HAN IMPULSADO LOS AVANCES EN EL ARTE DE CURAR

MEDICINA DE CAMPAÑA

EN CONTEXTO

ANTES

***C.* 500 A. C.** Súsruta describe un torniquete que impide la hemorragia arterial durante las amputaciones.

***C.* 150 A. C.** Galeno desaconseja los torniquetes, afirmando que aumentan la hemorragia.

***C.* 1380** Consta el empleo de una camilla de mimbre para poner a salvo a un herido en una batalla en Francia.

DESPUÉS

1847 El cirujano ruso Nikolái Pirogov introduce el éter como anestésico durante la guerra de Crimea.

1916 Durante la Primera Guerra Mundial, el químico británico Henry Dakin diseña un desinfectante para matar bacterias sin dañar la carne.

1937 En la guerra civil española, camiones refrigerados del cirujano canadiense Norman Bethune, los primeros bancos de sangre móviles, permiten las transfusiones *in situ*.

Las heridas en combate han ocupado a los médicos desde la antigüedad, y ya se detallan tratamientos en el papiro Edwin Smith, texto quirúrgico egipcio del siglo XVII a. C. El ejército romano acumuló una experiencia considerable en la medicina de campaña, pero en la Edad Media las técnicas apenas habían progresado, y las heridas más graves eran mortales por las conmociones o las infecciones bacterianas.

Técnicas pioneras

Durante una batalla en 1537, al barbero-cirujano francés Ambroise Paré se le acabó el aceite hirviendo que empleaba para tratar las heridas por arma de fuego (que se creía purgaba el cuerpo de la pólvora tóxica). Al usar un remedio popular con yema de huevo, aceite de rosas y trementina, vio que las heridas curaban antes y con mucho menos dolor. Paré fue pionero en el uso de ligaduras en lugar de cauterización para sellar amputaciones y desarrolló el *bec de corbin* («pico de cuervo»), un cepo para fijarlas durante la operación, entre muchos otros avances, como el fórceps largo para extraer las balas y el uso de analgésicos en la cirugía.

La técnica de ligadura de Ambroise Paré (puntos en las arterias para cortar la hemorragia en las amputaciones) fue un gran avance quirúrgico.

El trabajo de Paré inspiró a otros, como Dominique-Jean Larrey, cirujano francés que durante las guerras napoleónicas introdujo las ambulancias militares para poner a salvo a los heridos, y que fue pionero en la aplicación del concepto de triaje para evaluar la urgencia de los casos. ■

Véase también: Medicina ayurvédica 22–25 ▪ Medicina romana 38–43 ▪ Cirugía científica 88–89 ▪ Triaje 90 ▪ Transfusión y grupos sanguíneos 108–111

EL ARTE DE PRESCRIBIR RESIDE EN LA NATURALEZA

FARMACIA

EN CONTEXTO

ANTES

***C.* 70** Dioscórides escribe *De materia médica.*

***C.* 780** Jabir ibn Hayyan desarrolla técnicas para purificar y mezclar fármacos.

1498 Se publica la primera farmacopea oficial, el *Recetario florentino.*

DESPUÉS

1785 William Withering prueba la eficacia de la digitalina en uno de los primeros ensayos clínicos conocidos.

1803 Louis Derosne aísla la morfina, primer alcaloide conocido.

1828 Friedrich Wöhler sintetiza la urea a partir de compuestos inorgánicos.

Década de 1860 Claude Bernard demuestra la acción específica de los fármacos en el organismo.

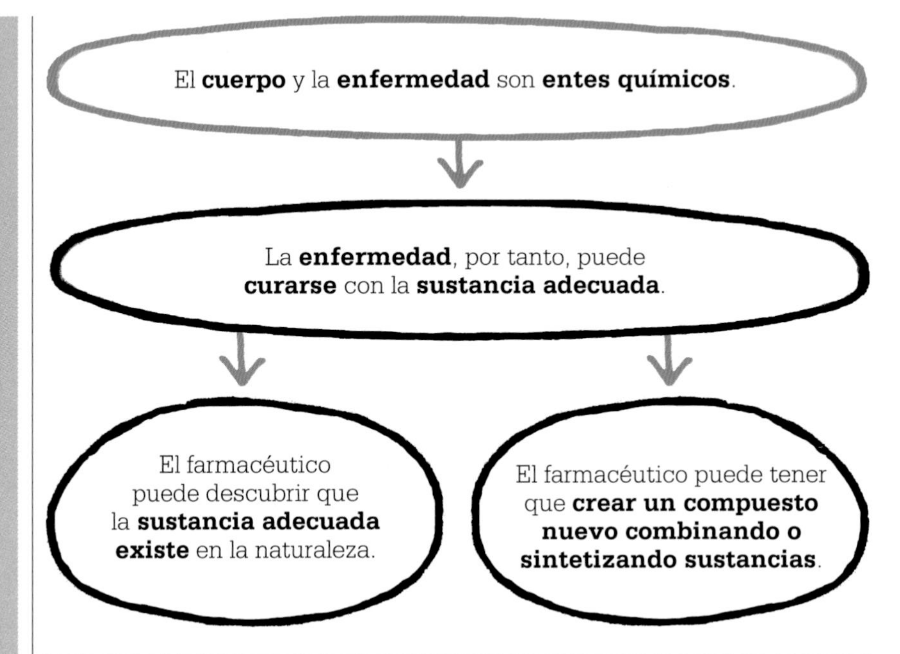

El **cuerpo** y la **enfermedad** son **entes químicos**.
La **enfermedad**, por tanto, puede **curarse** con la **sustancia adecuada**.
El farmacéutico puede descubrir que la **sustancia adecuada existe** en la naturaleza.
El farmacéutico puede tener que **crear un compuesto nuevo combinando o sintetizando sustancias**.

La farmacia, como ciencia, consiste en el uso de fármacos para prevenir o curar enfermedades, o corregir funciones del organismo. Actualmente damos por supuesto que, al enfermar, un médico nos recetará medicamentos para recuperar la salud. La demanda resultante ha convertido la industria farmacéutica en una de las mayores del mundo, con un valor aproximado de 1,25 billones de euros.

Uno de los primeros grandes defensores de la farmacia fue el médico suizo del siglo XVI Philippus von Hohenheim, más conocido como Paracelso. Era alquimista, no un científico en el sentido moderno, y en sus teorías manejaba conceptos esotéricos, pero al situar la química en el centro del tratamiento de la enfermedad definió el nuevo enfoque de la ciencia renacentista e inauguró el campo de la farmacología.

Orígenes antiguos

La idea de usar sustancias para curar enfermedades se remonta a la prehistoria, e incluso los animales recurren instintivamente a ciertas plantas o minerales cuando enferman. Gracias a los papiros que se han conservado sabemos que los médicos egipcios de la antigüedad escribían recetas para curar a sus pacientes, y conocían las propiedades purgantes de sustancias vegetales como el sen o el aceite de ricino. También los curanderos transmitieron el conocimiento de las propiedades curativas de las hierbas, y en la antigüedad griega y romana los médicos empezaron a registrarlas por escrito. En torno al año 70, el cirujano militar griego Dioscórides escribió *De materia medica*, compendio de tratamientos médicos ya conocidos, la mayoría basados en plantas, y obra de referencia para medicamentos hasta el siglo XVIII.

Esta clase de conocimiento dependía del hallazgo de sustancias en la naturaleza, sobre todo de hierbas. La idea de crear fármacos químicos surgió en el mundo islámico hacia el siglo VIII. El polímata persa Jabir ibn Hayyan (conocido como Geber en

Jabir ibn Hayyan, considerado padre de la química primitiva, promovió un conocimiento más profundo de los procesos químicos con sus enseñanzas, textos y experimentos en el siglo VIII.

Véase también: Herbología 36–37 ▪ Medicina romana 38–43 ▪ Medicina islámica 44–49 ▪ La aspirina 86–87 ▪ Homeopatía 102 ▪ La teoría microbiana 138–145 ▪ Fisiología 152–153 ▪ Medicamentos dirigidos 198–199 ▪ Antibióticos 216–223

Europa) empezó a experimentar con procesos como la cristalización y la destilación, y probó en sus pacientes los preparados que obtenía. Le interesaban sobre todo los productos químicos y el modo en que reaccionan en el cuerpo. Entre los cientos de textos que se le atribuyen se halla la clasificación más antigua de sustancias químicas que se conoce.

Las primeras farmacopeas

La mayoría de los médicos de la Europa medieval, apegados a las antiguas enseñanzas de Galeno, dirigidas al reequilibrio de los humores del cuerpo para tratar la enfermedad, no estaban interesados en los fármacos. Era asunto de los boticarios dispensar remedios químicos, muchos de ellos ineficaces, y algunos incluso dañinos. Sin embargo, en 1478, los ejemplares impresos de *De materia medica* de Dioscórides, que hasta entonces solo habían existido como copias manuscritas, despertaron un nuevo interés por las formulaciones para curar enfermedades.

En 1498, con el fin de regular el comercio de los boticarios y acabar con los remedios de matasanos y charlatanes, las autoridades médicas de Florencia publicaron la primera farmacopea, el *Recetario florentino*. Empleadas por los médicos aún hoy, las farmacopeas son listas oficiales de medicamentos que incluyen sus efectos e instrucciones de uso.

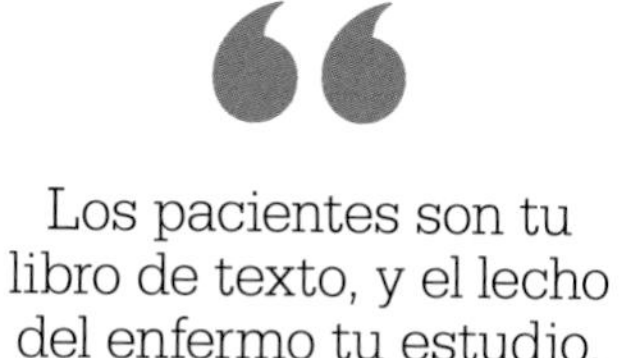

Los pacientes son tu libro de texto, y el lecho del enfermo tu estudio.
Lema de Paracelso

El Lutero de la medicina

En el siglo XVI, Paracelso revolucionó la preparación y prescripción de compuestos químicos. Contemporáneo de Martín Lutero, el sacerdote iconoclasta que desafió la ortodoxia eclesiástica dominante, a Paracelso le llamaron «Lutero de la medicina» por sus esfuerzos por reformar la opinión médica ortodoxa, limitada a las enseñanzas tradicionales de Galeno y Avicena, y por su rechazo de la teoría de los cuatro humores.

En vez de un desequilibrio de los fluidos corporales, Paracelso entendía la enfermedad como una intrusión en el cuerpo, anticipando en cierto modo la teoría microbiana. También argumentó que, para tratar a los pacientes, lo importante no era lo estudiado en los libros, sino lo aprendido de la observación y la experimentación. »

Los alquimistas preparaban curas con ingredientes tóxicos en pequeña cantidad, y empleaban procesos como la destilación que prefiguraban la producción de fármacos actual.

Paracelso

Nacido en Einsiedeln (Suiza) en 1493, Philippus Aureolus Theophrastus Bombastus von Hohenheim tomó el nombre Paracelsus –en posible alusión a ser «mejor que Celso», el médico romano–, como muestra de rechazo de las antiguas enseñanzas romanas tras estudiar medicina en Austria, Suiza e Italia. Paracelso halló insustancial la enseñanza universitaria y pasó años viajando y aprendiendo de curanderos y alquimistas. Al volver a Austria en 1524, eran famosas sus curas milagrosas. Ofreció clases, quemó textos médicos antiguos e insistió en el valor del aprendizaje práctico. Buscó curas en la química y los metales, y su interés por lo oculto y su estilo iconoclasta le procuraron enemigos. En 1536 recuperó prestigio con la obra *Der grossen Wundartzney* («El gran libro de cirugía»), y vivió solicitado y rico; pero murió en circunstancias misteriosas en la posada del Caballo Blanco de Salzburgo, en 1541.

Obras principales

1536 *Der grossen Wundartzney* («El gran libro de cirugía»).
1538 *Die dritte Defension* («Tercera defensa»).

Sus experimentos calentando y destilando metales para convertirlos en sustancias que pudieran combatir la enfermedad preconfiguraban los métodos farmacéuticos modernos. Uno de sus hallazgos fue el láudano, derivado del opio y el alcohol, el principal alivio para dolores intensos hasta el descubrimiento de la morfina en el siglo XIX. También fue uno de los primeros médicos en tratar la sífilis con mercurio, prácticamente el único tratamiento existente para esta enfermedad hasta el siglo XX, pese a sus espantosos efectos secundarios.

El principio activo

Las ideas de Paracelso siguieron circulando después de su muerte gracias a su obra escrita. Durante dos siglos, sus seguidores desarrollaron el campo de la iatroquímica, que combinaba química y medicina. Consideraban el cuerpo como un sistema químico, y la enfermedad, como una perturbación del mismo; y empleaban procesos químicos para extraer el «principio activo» de las sustancias naturales, que luego administraban para devolver el equilibrio al cuerpo.

En el ámbito médico, muchos fueron reacios a la iatroquímica, sobre todo por la alta toxicidad de algunas de las sustancias que empleaba, pero, a finales del siglo XVII, en Francia, los científicos empezaron a adoptar la idea de Paracelso de que hay un principio activo o sustancia química clave en las plantas que les confiere propiedades medicinales. Si conseguían extraerlo, como proponía Paracelso, podrían ser capaces de reproducirlo en gran cantidad.

En 1803, el farmacéutico francés Louis-Charles Derosne descubrió que la morfina era el ingrediente activo del opio. En 1809, Louis Vauquelin aisló la nicotina del tabaco. Poco después, Pierre-Joseph Pelletier y Joseph-Beinamé Caventou identificaron la quinina del quino, la cafeína del café y la estricnina de las semillas de la nuez vómica *(Strychnos nux-vomica)*.

Aislar estos compuestos orgánicos sirvió para comprender que todos contenían nitrógeno y se comportaban como bases, que forman sales al combinarse con ácidos. En 1819, el farmacéutico alemán Wilhelm Meissner los llamó alcaloides. Pronto se identificó otro tipo de compuestos orgánicos activos, los glucósidos, entre los que se incluyen la digitalina, estimulante cardiaco extraído de la dedalera, y la salicina de la corteza de sauce descubierta por el sacerdote británico Edward

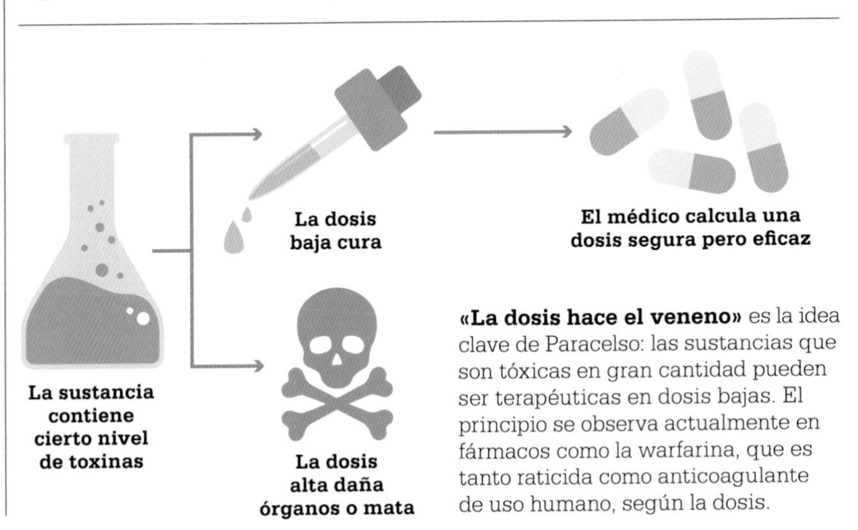
La sustancia contiene cierto nivel de toxinas
La dosis baja cura
El médico calcula una dosis segura pero eficaz
La dosis alta daña órganos o mata

«La dosis hace el veneno» es la idea clave de Paracelso: las sustancias que son tóxicas en gran cantidad pueden ser terapéuticas en dosis bajas. El principio se observa actualmente en fármacos como la warfarina, que es tanto raticida como anticoagulante de uso humano, según la dosis.

La industria farmacéutica emplea hoy nuevas tecnologías para producir fármacos en masa, pero el estudio, los ensayos y la formulación siguen reflejando los procesos desarrollados por Paracelso.

Stone en la década de 1760, y luego fabricada como aspirina, el primer analgésico del mercado de masas.

La acción de los fármacos

Mientras los químicos aislaban compuestos orgánicos a principios del siglo XIX, los fisiólogos empezaron a determinar sus efectos sobre el organismo. En Francia, François Magendie demostró el efecto analgésico de la morfina en 1818, así como los espasmos causados por la estricnina en 1819. Por entonces se creía que los fármacos eran de acción general en todo el cuerpo, pero, en 1864, el asistente de Magendie, Claude Bernard, descubrió que el curare, veneno usado por pueblos indígenas de América del Sur, tenía un efecto local específico. Aunque el flujo sanguíneo lo transporta por el cuerpo, el curare actúa en los puntos de contacto entre los nervios y los músculos, a los que impide moverse. De este modo, el veneno causa parálisis y, cuando afecta a los músculos del pecho, inhibe la respiración, con resultado de muerte.

Venenos y medicinas suelen ser las mismas sustancias, administradas con distinta intención.

Peter Mere Latham
Médico británico
(1789–1875)

El estudio de Bernard demostró que los fármacos interactúan con estructuras químicas en o sobre las células (hoy llamadas receptores). Comprender esta acción química constituye la base del desarrollo y ensayo de los fármacos actualmente.

Gran negocio

En la primera mitad del siglo XIX, los avances en los procesos químicos e industriales hicieron posible la producción de fármacos para tratar las enfermedades de la numerosa población que atestaba los nuevos centros urbanos. En 1828, el químico alemán Friedrich Wöhler sintetizó una sustancia orgánica, la urea, a partir de elementos inorgánicos. Con ello refutaba la noción predominante de que las sustancias orgánicas solo podían obtenerse de organismos vivos, además de indicar que podían sintetizarse medicamentos basados en compuestos orgánicos a partir de materia inorgánica.

Otro avance se produjo en 1856, cuando un estudiante de química, el británico William Henry Perkin, al que se había encomendado la tarea de tratar de sintetizar la quinina, creó por accidente el primer tinte sintético, un morado profundo al que llamó mauveína. A este pronto siguieron otros, que dieron lugar a una nueva industria de los tintes y la moda.

A mediados del siglo XIX estaba claro que muchos de estos tintes tenían aplicaciones médicas, y grandes fabricantes como CIBA y Geigy, en Suiza, y Hoechst y Bayer, en Alemania, empezaron a comercializarlos como medicamentos, redirigiendo sus industrias químicas hacia la producción de fármacos sintéticos.

Bayer empezó a producir aspirina en 1899, y Hoechst lanzó el Salvarsán, el primer fármaco útil contra la sífilis, en 1910. Este fue el primero de una nueva serie de fármacos «bala mágica» diseñados para unirse a patógenos específicos, atacando así a los microbios causantes de la enfermedad sin dañar el resto del organismo.

En el siglo XX, el desarrollo de fórmulas de insulina sintética para la diabetes y la producción de vacunas y antibióticos como la penicilina hicieron de la industria farmacéutica un negocio lucrativo y global. Hoy, el uso de fármacos como base del tratamiento de las enfermedades, sus métodos de producción y la esencia de sus efectos todavía se basan en el enfoque y los principios básicos propuestos por Paracelso. ■

ENSEÑAR NO DE LOS LIBROS, SINO DE LAS DISECCIONES

ANATOMÍA

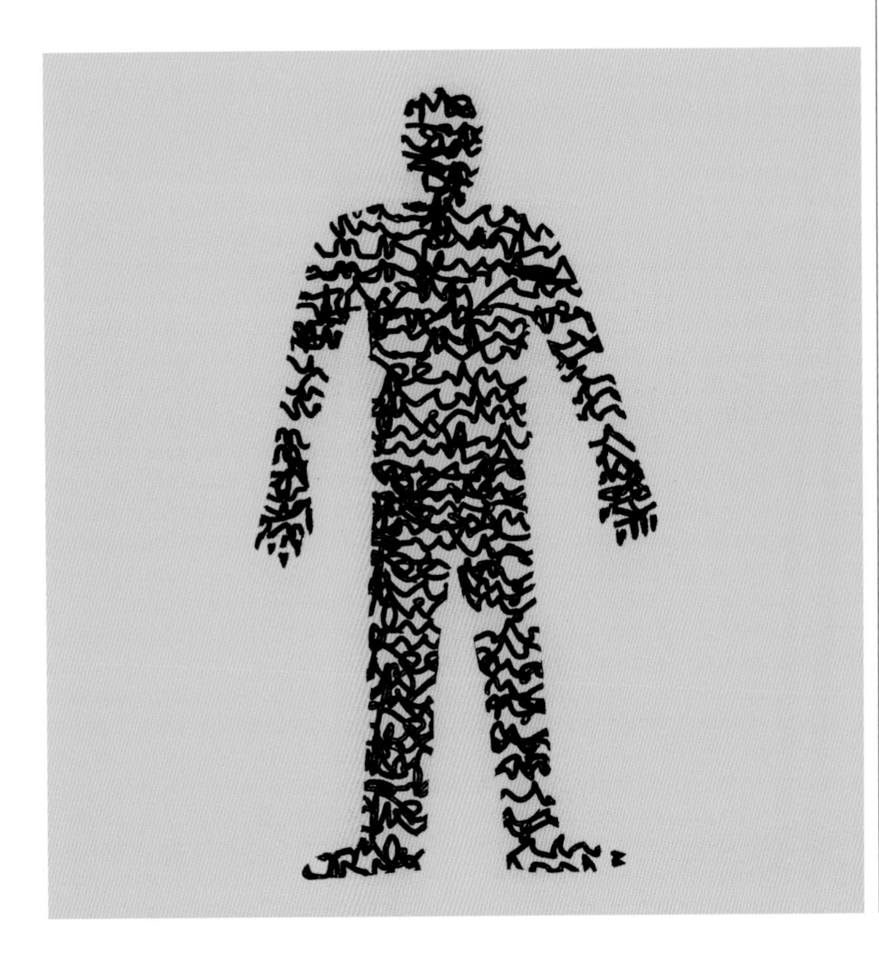

EN CONTEXTO

ANTES

***C.* 1600 A. C.** El papiro egipcio de Edwin Smith, el tratado médico más antiguo, enumera traumas de los órganos.

Siglo II Galeno publica obras de anatomía basadas sobre todo en disecciones de animales.

***C.* 1012** El médico persa Avicena completa *El canon de medicina*, que incluye una clasificación de los órganos.

Década de 1490 Leonardo da Vinci inicia sus estudios anatómicos basados en la observación directa de la forma humana.

DESPUÉS

1832 En Reino Unido, la Ley de Anatomía permite a los médicos y alumnos de medicina la disección de cuerpos donados.

1858 Henry Gray publica su influyente obra *Anatomía descriptiva y quirúrgica.*

Hasta que el descubrimiento de los rayos X en 1895 inauguró las técnicas de imagen, la única forma de ver el interior del cuerpo humano entero era diseccionando cadáveres. Pero como estaba prohibido por tabúes culturales, los médicos basaron sus conocimientos de los huesos y órganos en la disección de animales. En el siglo XVI, el anatomista flamenco Andrés Vesalio revolucionó los estudios anatómicos al demostrar con sus propias disecciones del cuerpo humano los errores de muchas de las teorías anteriores. Recurriendo a los cadáveres procedentes de ahorcamientos públicos, estableció la importancia del conocimiento anatómico preciso

Véase también: Medicina egipcia antigua 20–21 ▪ Medicina griega 28–29 ▪ Medicina romana 38–43 ▪ La circulación de la sangre 68–73 ▪ Cirugía científica 88–89 ▪ La *Anatomía de Gray* 136 ▪ El sistema nervioso 190–195

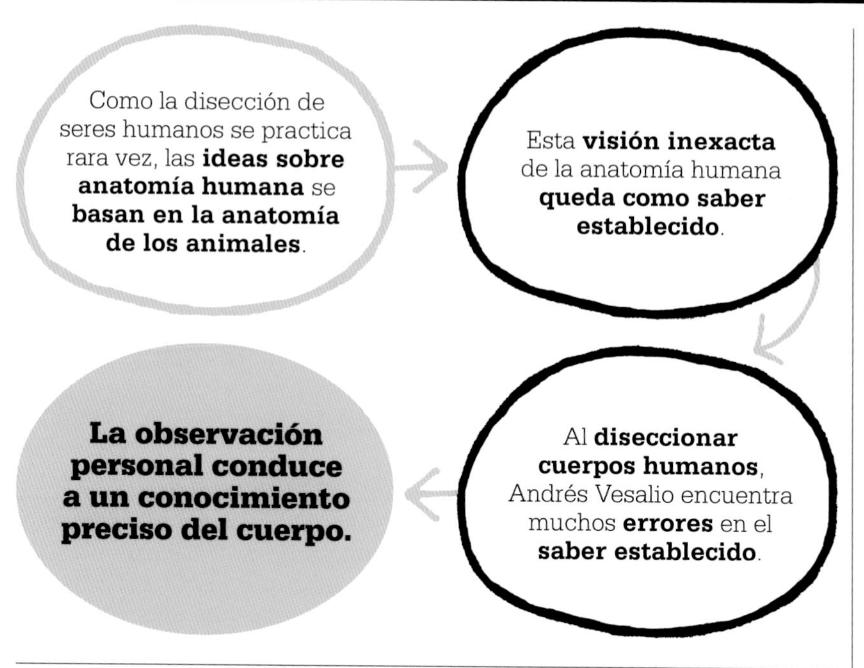

obtenido de la observación de primera mano.

Como la disección de seres humanos se practica rara vez, las **ideas sobre anatomía humana** se **basan en la anatomía de los animales**.
Esta **visión inexacta** de la anatomía humana **queda como saber establecido**.
Al **diseccionar cuerpos humanos**, Andrés Vesalio encuentra muchos **errores** en el **saber establecido**.
La observación personal conduce a un conocimiento preciso del cuerpo.

Desde antiguo, los médicos sabían de la necesidad de conocer la estructura y localización de los órganos para tratar la enfermedad. Los textos egipcios arcaicos reflejan el conocimiento de los órganos humanos, probablemente obtenido gracias a la momificación. La palabra anatomía –del griego *anatomé* («cortar de arriba abajo» o «por completo»)– fue acuñada en el siglo IV a. C. por Aristóteles, que diseccionó animales e hizo generalizaciones a partir de sus hallazgos. Hacia 275 a. C., Herófilo incluso diseccionó cientos de cadáveres humanos. Los testimonios de autores posteriores afirmando que había practicado vivisecciones reforzaron la repugnancia del público por la anatomía, y la práctica cesó por mucho tiempo.

El legado de Galeno

Hasta Vesalio, el anatomista más influyente fue el médico romano del siglo II Galeno, quien obtuvo sus conocimientos de la disección de perros, monos y otros animales, y del examen de gladiadores heridos, como médico principal de la escuela de gladiadores de Pérgamo. Los textos de Galeno se erigieron en ortodoxia establecida durante más de 1300 años; así, el trabajo del médico árabe Ibn al Nafis, quien realizó disecciones en Egipto en el siglo XIII y contradijo a Galeno con una descripción correcta de la circulación pulmonar, no se tradujo al latín hasta 1547.

Nuevo interés

Con la creación de nuevas universidades revivió en Europa el interés por la anatomía, comenzando por la Escuela Médica Salernitana en Italia, fundada en el siglo IX. La prohibición eclesiástica al clero de practicar la cirugía no se extendía a la disección, y en 1231, el emperador del Sacro Imperio Romano Germánico Federico II mandó que se practicara una disección humana cada cinco años. En 1240 decretó también que todos los cirujanos debían estudiar anatomía durante al menos un año.

La disección se convirtió en una parte habitual de los cursos universitarios. Por lo general, eran barberos-cirujanos ayudantes quienes las realizaban, no los profesores, mientras miembros del personal académico de menor rango leían las secciones relevantes de Galeno. En 1315, Mondino de Luzzi, profesor de anatomía en la Universidad de Bolonia, presidió su primera disección pública de un cuerpo humano. En 1316 publicó *Anathomia*, pero este texto, al igual que otros de la época, no iba más allá de los venerados textos anatómicos de Galeno.

El estudio de la anatomía empezó a cambiar en el siglo XV, después de que los pintores del Renacimiento introdujeran un estilo más realista en los retratos, que requería un estudio muy atento de la forma humana. A partir de aproximadamente 1490, el pintor, científico e ingeniero italiano Leonardo da Vinci practicó disecciones en Florencia, Milán, Roma y Pavía, y realizó esbozos anatómicos detallados del esqueleto, los músculos y los órganos humanos. »

“

De la disección de los muertos obtenemos un conocimiento preciso.

Andrés Vesalio

De humani corporis fabrica

Las disecciones eran en parte pedagógicas y en parte, espectáculo para dignatarios, miembros del público y alumnos, como muestra la portada de *De humani corporis fabrica libri septem*.

Suya fue la primera descripción clínica de la cirrosis hepática.

En 1521, Giacomo Berengario da Carpi publicó en Bolonia un libro que enmendaba la obra de Mondino. El anatomista veneciano Niccolò Massa incluyó sus observaciones en el *Liber introductorius anatomiae* («Libro introductorio de anatomía»), publicado en 1536. Por lo general, sin embargo, se seguía procurando que las conclusiones obtenidas de las disecciones encajaran con las teorías de Galeno.

La revolución anatómica

Fue Andrés Vesalio quien estableció el principio de que el conocimiento cabal del cuerpo humano solo puede proceder de la observación directa. Trabajando en la Universidad de Padua (Italia), que contaba con una larga tradición de anatomía práctica, Vesalio realizaba las disecciones e ilustraciones para sus alumnos. Así descubrió que las teorías de Galeno eran erróneas en varios puntos importantes: el esternón estaba compuesto por tres segmentos, y no siete, como afirmaba Galeno; el hígado humano tiene cuatro lóbulos, no cinco; y la mandíbula (o maxilar inferior) la constituye un solo hueso, no dos. Vesalio aclaró también que el húmero (el hueso del brazo) no era el segundo más largo del cuerpo como mantuvo Galeno, pues el cúbito y el radio del antebrazo son más largos.

Nunca dejan de asombrarme mi propia estupidez y mi excesiva confianza en los escritos de Galeno.

Andrés Vesalio

De humani corporis fabrica

Obra maestra innovadora

En 1543, Vesalio publicó *De humani corporis fabrica libri septem (De la estructura del cuerpo humano en siete libros)*, la primera obra ilustrada exhaustiva sobre anatomía. Impresa con un gran nivel de exigencia en Basilea (Suiza), las siete secciones sobre el esqueleto, la musculatura, el sistema vascular, los nervios, el sistema gastrointestinal, el corazón y los pulmones y el cerebro estaban ilustradas con 82 grabados y unos 400 dibujos. Sus autores son anónimos, pero pudieron pertenecer al estudio del gran pintor veneciano Tiziano. El libro de Vesalio desató una tormenta de críticas por contradecir a Galeno, incluidas las de su propio maestro Jacobus Sylvius, que había enseñado disección a Vesalio en París. Algunos atacaron la obra por sus desnudos escandalosos, pero la mayoría de los colegas de Vesalio no tardaron en aceptar sus ideas. Sin embargo, Gabriel Falopio, profesor de anatomía en Padua, que pudo ser alumno de Vesalio, publicó, en 1561, *Observationes anatomicae* («Observaciones anatómicas»), donde corregía algunos de los errores de Vesalio. Este respondió criticando a Falopio, hoy en gran medida olvidado, salvo por los tubos (trompas) que conectan cada ovario al útero, que identificó en su libro y que siguen llevando su apellido.

En la década de 1550, Bartolomeo Eustachi (más conocido como Eustaquio), profesor de anatomía en Roma, preparó grabados con 47 dibujos anatómicos –destinados a un libro llamado *De dissensionibus ac controversiis anatomicis*– tan detallados como los de *De humani corporis fabrica*. De no haber muerto antes de publicarse el libro, podría haber llegado a compartir el título de padre de la anatomía con Vesalio. Sin embargo, su fama quedó casi circunscrita a la trompa de Eustaquio, que conecta el oído medio a la nasofaringe, y que identificó y describió.

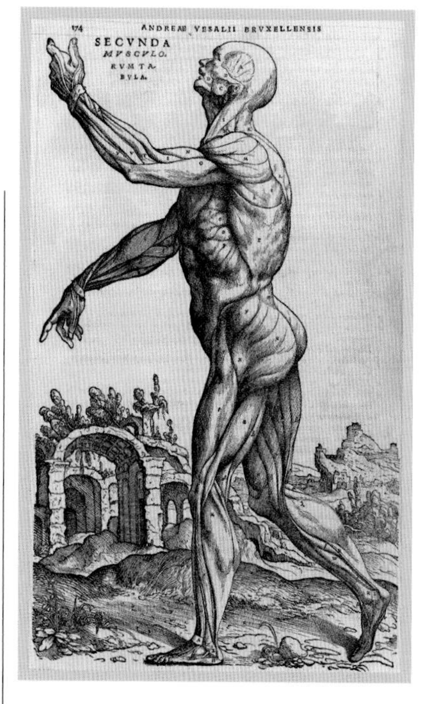

Las magníficas ilustraciones de *De humani corporis fabrica* buscaban entretener y asombrar, además de instruir, a veces con figuras expresivas ante un paisaje imaginario de fondo.

Nueva herramienta, nuevos textos

La invención del microscopio a principios del siglo XVII permitió a los científicos examinar aspectos de la anatomía humana invisibles a simple vista, y, en el siglo XVIII, el estudio de la anatomía revolucionó la formación médica y quirúrgica. El escocés William Hunter, anatomista, obstetra y médico de la reina Carlota a partir de 1764, aplicó sus observaciones en los partos para comprender la estructura del útero, y en 1768 fundó una influyente escuela de medicina privada en su hogar londinense.

La publicación de *Anatomía descriptiva y quirúrgica* por el cirujano británico Henry Gray, en 1858, marcó el momento en que los estudios anatómicos ingresaron en la corriente principal de la medicina. Retitulado con el tiempo *Anatomía de Gray*, este manual exhaustivo con anotaciones ilustradas ha sido desde entonces una obra clave para los estudiantes de medicina.

El legado de Vesalio no se limita a la obra *De humani corporis fabrica*, pues se extiende al principio que la anima: que el conocimiento del cuerpo humano solo puede proceder del examen directo y minucioso. ■

Andrés Vesalio

Nacido en Bruselas (Países Bajos de los Habsburgo, actual Bélgica) en 1514, Vesalio era hijo del boticario de los emperadores del Sacro Imperio Romano Germánico Carlos V (Carlos I de España) y Maximiliano I. Estudió medicina en Lovaina, París y Padua. Al día siguiente de licenciarse en 1538, fue ya profesor de cirugía en Padua.

Tras dedicar *De humani corporis fabrica* a Carlos I, este le nombró médico personal en 1544, puesto en el que Felipe II le mantuvo a partir de 1559. Esto le llevó a España, de donde se marchó a los cinco años, tal vez para evitar ser acusado de herejía. En una peregrinación a Tierra Santa en 1564, Vesalio supo que se le había reasignado su puesto en la Universidad de Padua, pero durante el viaje de regreso su barco naufragó en la isla griega de Zante, donde, falto de fondos, pronto murió.

Obras principales

1538 *Seis láminas anatómicas.*
1543 *De humani corporis fabrica libri septem (De la estructura del cuerpo humano en siete libros).*

EL CUERP
CIENTIFIC
1600–1820

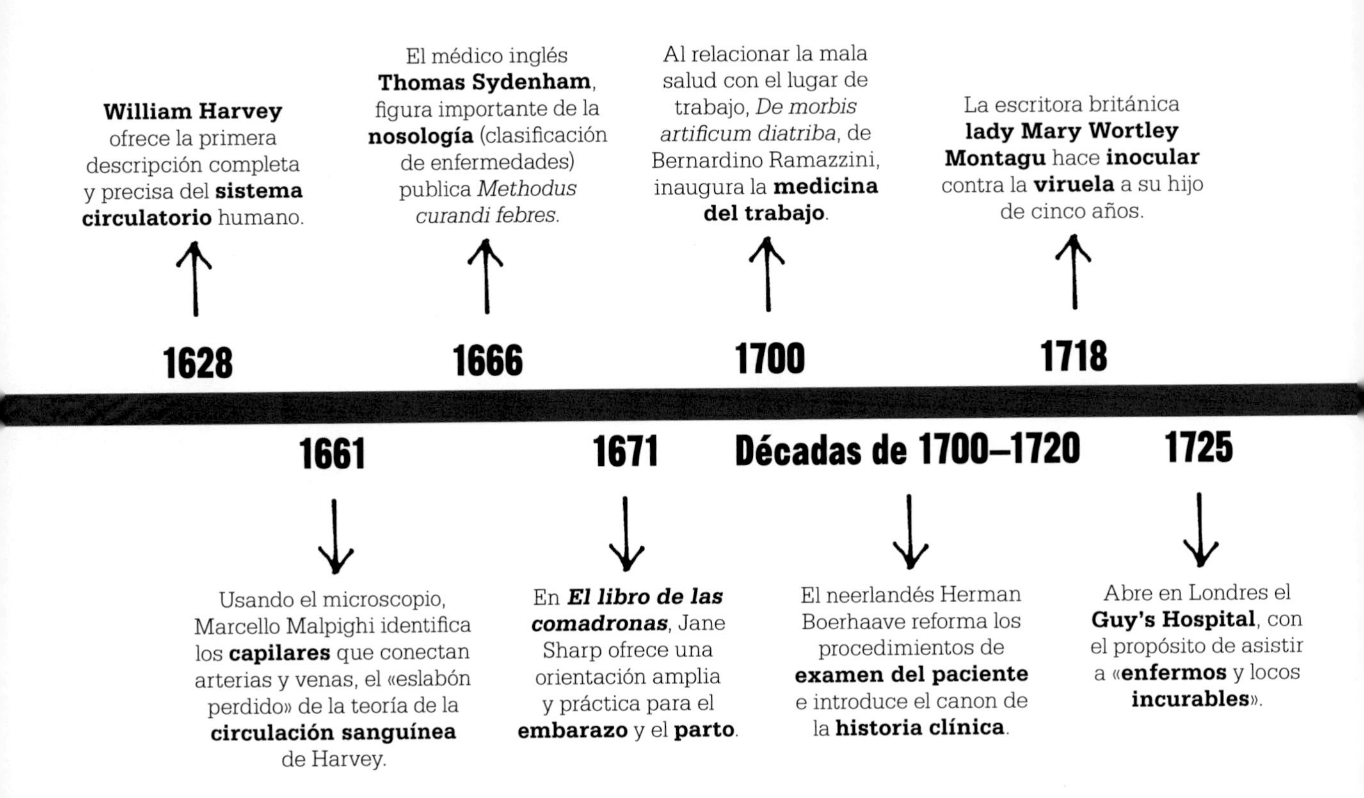

1628
William Harvey ofrece la primera descripción completa y precisa del sistema circulatorio humano.
1661
Usando el microscopio, Marcello Malpighi identifica los capilares que conectan arterias y venas, el «eslabón perdido» de la teoría de la circulación sanguínea de Harvey.
1666
El médico inglés Thomas Sydenham, figura importante de la nosología (clasificación de enfermedades) publica Methodus curandi febres.
1671
En El libro de las comadronas, Jane Sharp ofrece una orientación amplia y práctica para el embarazo y el parto.
1700
Al relacionar la mala salud con el lugar de trabajo, De morbis artificum diatriba, de Bernardino Ramazzini, inaugura la medicina del trabajo.
Décadas de 1700–1720
El neerlandés Herman Boerhaave reforma los procedimientos de examen del paciente e introduce el canon de la historia clínica.
1718
La escritora británica lady Mary Wortley Montagu hace inocular contra la viruela a su hijo de cinco años.
1725
Abre en Londres el Guy's Hospital, con el propósito de asistir a «enfermos y locos incurables».

Al ir tomando impulso la revolución científica en el siglo XVII, los avances médicos se sucedieron con rapidez creciente, estimulados por inventos ingeniosos, procedimientos innovadores e ideas de otros campos de la ciencia. Este nuevo enfoque influyó también en la Ilustración, o Siglo de las Luces, en el que se defendió la aplicación de la razón y la observación a todos los aspectos de la sociedad, y que desembocó en las revoluciones políticas en América del Norte y Francia en el siglo XVIII, así como en otras posteriores.

Enfoque científico

Las doctrinas del médico romano del siglo II Claudio Galeno, predominantes en la medicina europea durante unos 1500 años, fueron perdiendo prestigio al ir tomando forma el método científico, que puede resumirse así: formular una hipótesis; diseñar un ensayo o experimento para ponerla a prueba; analizar los resultados; y sacar conclusiones. Los médicos empezaron a adoptar este enfoque a la hora de valorar los diagnósticos, tratamientos y resultados.

En 1628, tras casi veinte años de estudio y experimentación científica, el médico inglés William Harvey publicó *De motu cordis et sanguinis* («El movimiento del corazón y de la sangre»), que describía por primera vez cómo el corazón bombea la sangre por todo el cuerpo. En 1661, el biólogo italiano Marcello Malpighi aportó el eslabón que faltaba al relato de Harvey: cómo la sangre pasa de las arterias a las venas. Con ayuda del microscopio, el instrumento que revolucionó la investigación científica, Malpighi identificó los capilares, diez veces más delgados que un cabello humano, que comunican arterias y venas.

Muchos médicos se resistieron a creer las conclusiones de Harvey porque contradecían la teoría de Galeno de que la sangre la producía el hígado, pero las pruebas eran ya irrefutables. El ejemplo de Harvey animó a otros médicos a emplear sus propias observaciones, en lugar de seguir fieles a los textos antiguos.

Beneficios para toda la sociedad

La partera inglesa Jane Sharp reflejó décadas de observación y experiencia de primera mano en su libro de 1671 *El libro de las comadronas*, que difundió los conocimientos sobre el parto, la lactancia y el cuidado infantil. El profesor de medicina italiano Bernardino Ramazzini estudió

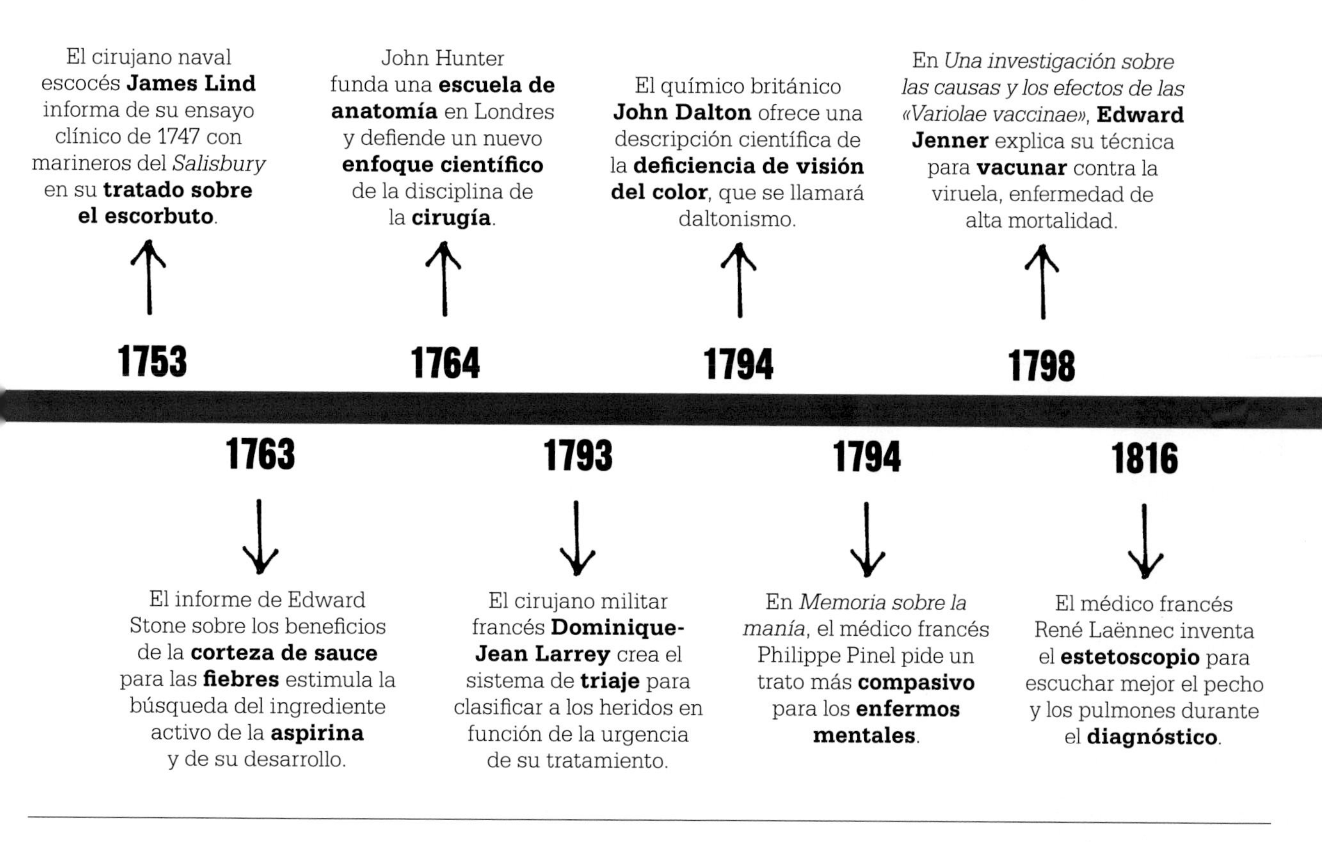

1753
El cirujano naval escocés James Lind informa de su ensayo clínico de 1747 con marineros del Salisbury en su tratado sobre el escorbuto.
1763
El informe de Edward Stone sobre los beneficios de la corteza de sauce para las fiebres estimula la búsqueda del ingrediente activo de la aspirina y de su desarrollo.
1764
John Hunter funda una escuela de anatomía en Londres y defiende un nuevo enfoque científico de la disciplina de la cirugía.
1793
El cirujano militar francés Dominique-Jean Larrey crea el sistema de triaje para clasificar a los heridos en función de la urgencia de su tratamiento.
1794
El químico británico John Dalton ofrece una descripción científica de la deficiencia de visión del color, que se llamará daltonismo.
1794
En Memoria sobre la manía, el médico francés Philippe Pinel pide un trato más compasivo para los enfermos mentales.
1798
En Una investigación sobre las causas y los efectos de las «Variolae vaccinae», Edward Jenner explica su técnica para vacunar contra la viruela, enfermedad de alta mortalidad.
1816
El médico francés René Laënnec inventa el estetoscopio para escuchar mejor el pecho y los pulmones durante el diagnóstico.

minuciosamente las enfermedades recurrentes en 54 tipos de trabajo diferentes en lo que fue el primer gran estudio de la medicina del trabajo, publicado en 1700.

El médico escocés James Lind realizó el primer ensayo clínico controlado en 1747, en el que administró metódicamente distintos remedios a marineros con escorbuto, descubriendo así que lo que hoy conocemos como vitamina C cura esta enfermedad, fatal si no se trata. De un modo análogo, el sacerdote Edward Stone descubrió que la corteza de sauce, precursora de la aspirina, parecía reducir la fiebre, y demostró su hipótesis observando los efectos beneficiosos en pacientes.

En una época en que los cirujanos eran a menudo barberos sin cualificación médica, el cirujano escocés John Hunter adoptó un enfoque riguroso, y en su escuela de anatomía refinó la práctica de la cirugía, que acometía solo después de una observación detallada del estado del paciente, ensayando a menudo con animales antes de operar para comprobar la eficacia de la intervención.

Hunter había desarrollado su habilidad como cirujano militar durante la guerra de los Siete Años, en la década de 1760. En Francia, a finales de siglo, otro cirujano militar, Dominique-Jean Larrey, concibió la idea del triaje de los heridos en el campo de batalla para garantizar que se atendiera antes a los más graves. El triaje se volvió habitual en la guerra, y fue adoptado de forma más general en los hospitales a partir de 1900.

A diferencia de los descubrimientos científicos, que tardan en aplicarse, avances prácticos como el triaje tienen beneficios inmediatos. A principios del siglo XVIII, la creación de hospitales que atendían a todos, independientemente de su categoría social o religión, mejoró la vida de muchas personas humildes, y a finales de siglo la labor de Philippe Pinel en Francia y William Tuke en Gran Bretaña permitió humanizar el trato a los que padecían enfermedades mentales.

Nace la vacunación

Quizá el mayor avance médico de la época fue la vacunación. Los experimentos del médico británico Edward Jenner en 1796, al inocular la viruela bovina para proteger de la viruela, sentaron las bases del procedimiento, usado desde entonces para prevenir enfermedades mortales, como la polio o la difteria. Hoy, las vacunas previenen entre dos y tres millones de muertes anuales a escala global. ■

LA SANGRE SE MUEVE EN UN CIRCULO

LA CIRCULACIÓN DE LA SANGRE

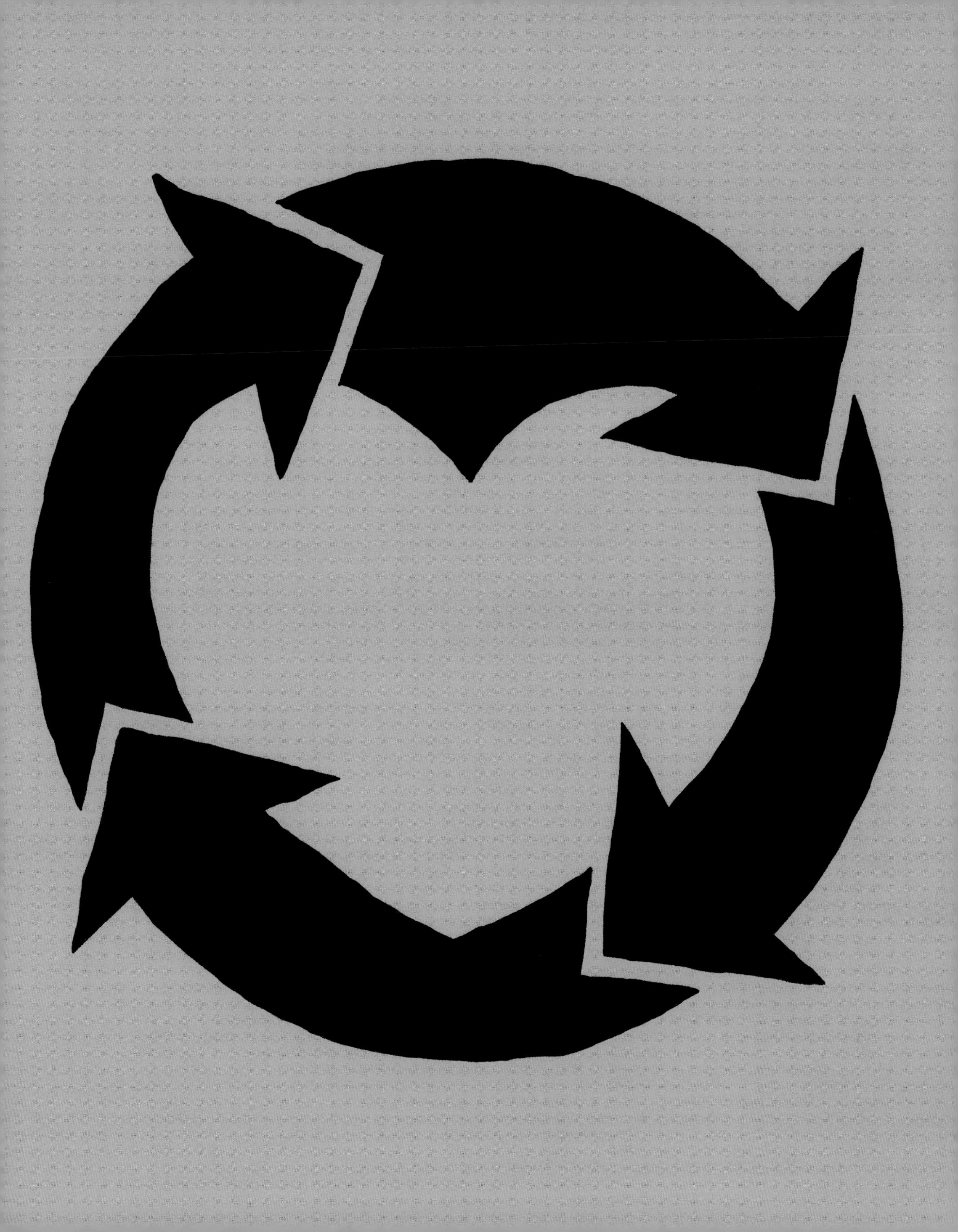

EN CONTEXTO

ANTES

Siglo II Galeno afirma que la sangre se produce en el hígado y la consumen los órganos.

1242 Ibn al Nafis describe la circulación pulmonar de la sangre.

1553 Miguel Servet plantea la idea de la circulación pulmonar en su obra *Christianismi restitutio (Restitución del cristianismo).*

DESPUÉS

1661 Marcello Malpighi descubre los capilares, el eslabón perdido del sistema circulatorio doble.

1733 Stephen Hales describe y mide la presión sanguínea (la de la sangre arterial).

1953 John Gibbon, cirujano estadounidense, realiza la primera operación con éxito en un humano usando una máquina corazón-pulmón (el primer baipás cardiopulmonar).

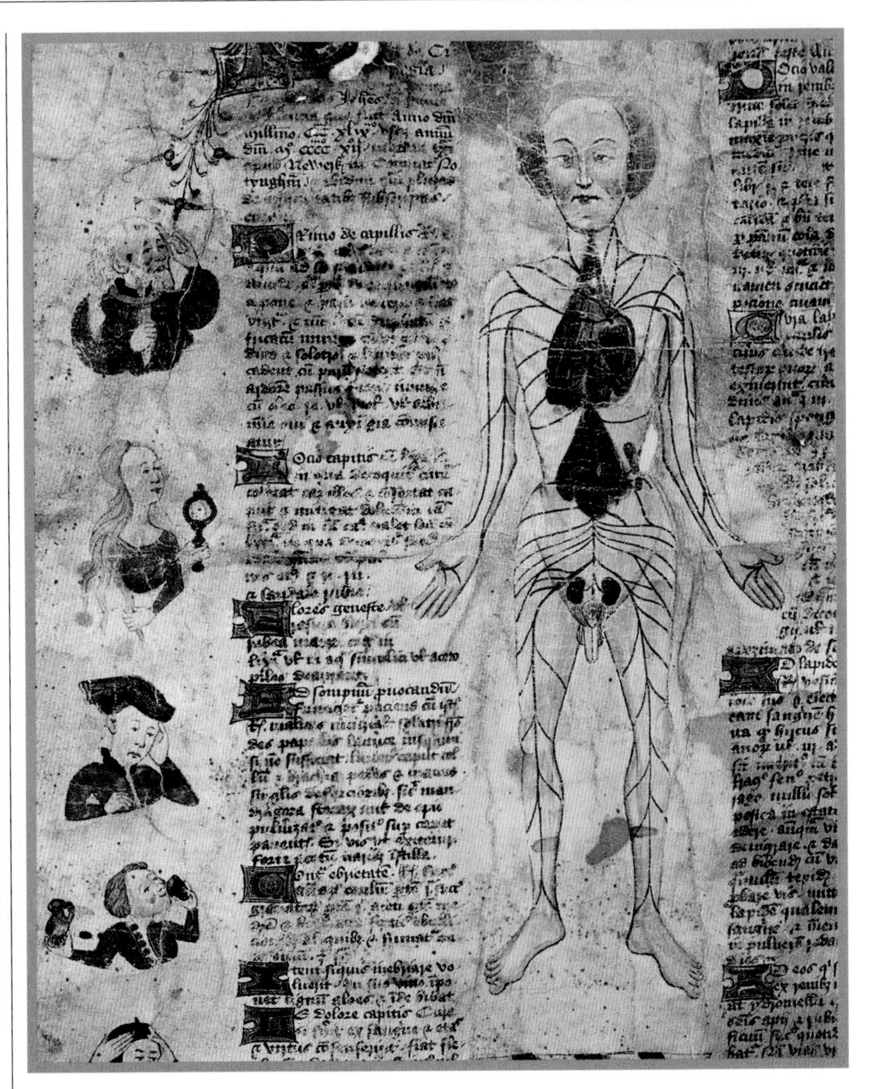

La teoría de Galeno de que el hígado produce la sangre, ilustrada en *De arte phisicali et de cirurgia* («Del arte de la medicina y la cirugía») del cirujano inglés John Arderne (1307–*c.* 1390).

En 1628, el médico inglés William Harvey publicó una nueva teoría sobre la circulación de la sangre: por medio de experimentos rigurosos realizados durante diez años, había descubierto la fuente y la ruta de la sangre en el cuerpo, y desafiaba las teorías que habían prevalecido durante casi 1500 años.

Antiguas teorías

Los médicos de la antigüedad comprendían que la sangre era esencial para la vida humana, que circulaba por el cuerpo de algún modo y que el corazón desempeñaba un papel fundamental en ello, pero el proceso no estaba claro. En la antigua China, el *Huangdi Neijing* («Canon interno del emperador») planteaba la hipótesis de que la sangre se mezclaba con el *qi* (fuerza vital) y distribuía energía por el cuerpo. En Grecia, Hipócrates creía que las arterias transportaban aire desde los pulmones y que el corazón tenía tres cámaras, o ventrículos.

Las teorías más influyentes fueron las del médico romano del siglo II Claudio Galeno, quien sabía que el cuerpo tenía tanto arterias como venas, pero creía erróneamente que la sangre se producía en el hígado y la transportaban luego las venas por el cuerpo. Un aspecto crucial es que mantuvo que la sangre era absorbida por los tejidos corporales y debía ser constantemente renovada; no creía que volviera al hígado o al corazón, ni que circulara por el cuerpo. Con todo, sí suponía que el lado

Véase también: Medicina griega 28–29 ▪ Medicina tradicional china 30–35 ▪ Medicina romana 38–43 ▪ Medicina islámica 44–49 ▪ Sangrías y sanguijuelas 52 ▪ Anatomía 60–63 ▪ Transfusión y grupos sanguíneos 108–111

La sangre penetra en el ventrículo izquierdo desde el pulmón, tras haber sido calentada en el interior del ventrículo derecho.
Ibn al Nafis
***Comentario sobre anatomía en* El canon de Avicena (1242)**

derecho del corazón nutría de algún modo los pulmones y que la sangre entraba por el lado izquierdo del corazón a través de pequeños poros. Esta sangre venosa se mezclaba luego con aire de los pulmones y pasaba a las arterias, donde llevaba *pneuma*, o «espíritu vital», al cuerpo.

Desafiar la ortodoxia

Las ideas de Galeno formaron la base del conocimiento médico durante mucho más de mil años, pero fueron rebatidas en parte. En el siglo XIII, el médico sirio Ibn al Nafis comprobó que no había poros entre los ventrículos derecho e izquierdo del corazón, como había supuesto Galeno, y que la sangre debía pasar entre ellos por algún otro medio. Propuso que este debían ser los pulmones, estableciendo así el principio de la circulación pulmonar y resolviendo uno de los mayores misterios de la circulación sanguínea.

La teoría de Al Nafis fue un gran paso adelante, pero el manuscrito en el que la explicaba no fue conocido por los estudiosos europeos hasta

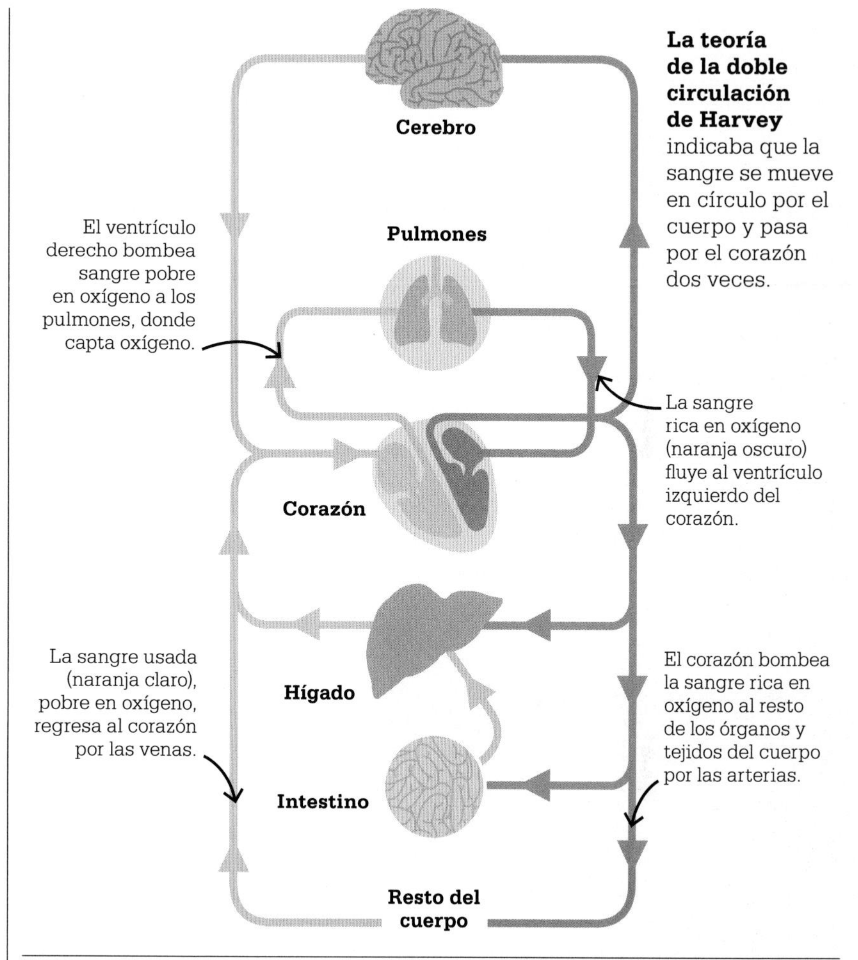

Cerebro
Pulmones
Corazón
Hígado
Intestino
Resto del cuerpo
El ventrículo derecho bombea sangre pobre en oxígeno a los pulmones, donde capta oxígeno.
La sangre rica en oxígeno (naranja oscuro) fluye al ventrículo izquierdo del corazón.
La sangre usada (naranja claro), pobre en oxígeno, regresa al corazón por las venas.
El corazón bombea la sangre rica en oxígeno al resto de los órganos y tejidos del cuerpo por las arterias.

La teoría de la doble circulación de Harvey indicaba que la sangre se mueve en círculo por el cuerpo y pasa por el corazón dos veces.

que se tradujo al latín en 1547, y tampoco resolvía el problema de cómo circulaba la sangre por el cuerpo en su conjunto. En 1553, el anatomista y teólogo español Miguel Servet volvió a plantear la idea de la circulación pulmonar, pero Calvino le condenó por herejía y fue ejecutado en la hoguera a los 42 años, en Ginebra; además, se silenciaron sus obras y sus teorías no tuvieron gran difusión.

Alrededor de la misma época, el anatomista italiano Realdo Colombo redescubrió el principio de la circulación pulmonar y publicó sus observaciones, basadas en disecciones de cadáveres y cuerpos de animales, en *De re anatomica* en 1559. En el siglo XVI, la disección fue una práctica más común en Europa, pero no era fácil obtener cuerpos para este fin y no estaba autorizada por la Iglesia católica.

Sistema doble

William Harvey pudo conocer la obra de Colombo, pues estudió en la Universidad de Padua, y también tuvo acceso a las ilustraciones anatómicas del médico flamenco Andrés Vesalio. Harvey desarrolló las ideas de Colombo al considerar el contexto más amplio de la circulación de » la sangre, más allá de los pulmones. En 1628 planteó la teoría de que el cuerpo tiene un sistema circulatorio doble, y que la sangre pasa por el corazón dos veces, al comprender que la sangre iba del corazón a los pulmones, y del corazón al resto del cuerpo. Este descubrimiento vital permitió numerosos avances médicos futuros.

Experimentos prácticos

Harvey llegó a sus conclusiones a través de una serie de experimentos. En primer lugar, para comprobar la afirmación de Galeno de que la sangre era producida por el hígado, se centró en desangrar ovejas y cerdos y medir su ventrículo izquierdo. Calculó que si cada latido vaciaba de sangre el ventrículo –y si Galeno estaba en lo cierto al decir que la sangre se creaba constantemente, en lugar de circular por el cuerpo–, la cantidad de sangre bombeada diariamente sería unas diez veces el volumen del animal entero. El cuerpo de un perro, por

Harvey explica sus teorías a su mecenas, el rey Carlos I de Inglaterra. Tras la ejecución de este en 1649, Harvey perdió su puesto como médico al frente del Hospital de San Bartolomé.

ejemplo, tendría que producir y consumir unos 235 litros de sangre al día, y esto parecía imposible.

En otro experimento, Harvey abrió a una serpiente viva y comprimió la vena que entraba al corazón, que se vació de sangre, demostrando que había detenido la circulación de la sangre del animal. Explicó también que cuando se aplica un torniquete al brazo de un humano y las venas se hinchan, la sangre se puede empujar a través del bloqueo hacia el corazón, pero es imposible hacerlo en sentido contrario.

Los experimentos de Harvey no solo probaron que la sangre circula por el cuerpo, sino que lo hace en un solo sentido. Dedujo que debe circular hacia fuera desde el ventrículo izquierdo por las arterias, hacia dentro por el ventrículo derecho a través del corazón, y de vuelta al ventrículo izquierdo a través de los pulmones; y comprendió que tiene que haber pequeñas conexiones entre las arterias y las venas para permitir que esto ocurra, aunque no consiguió observar ninguna.

Recepción hostil

En 1628, Harvey publicó sus teorías en *De motu cordis et sanguinis* («Sobre los movimientos del corazón y de la sangre»), y no fueron bien re-

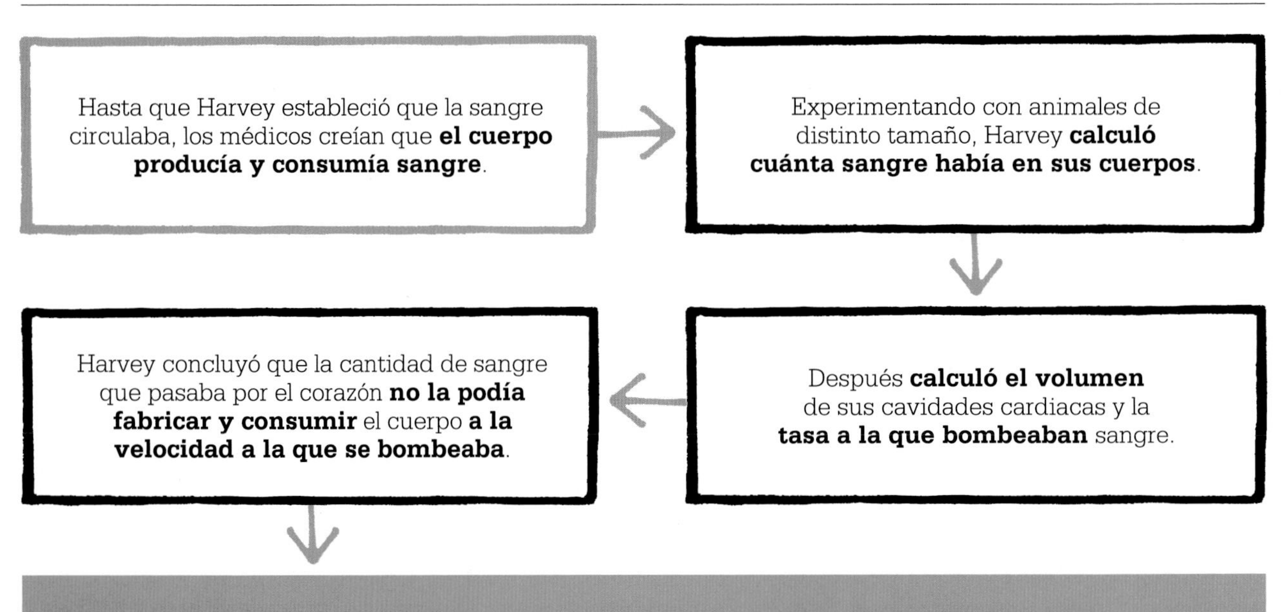
Hasta que Harvey estableció que la sangre circulaba, los médicos creían que **el cuerpo producía y consumía sangre**.
Experimentando con animales de distinto tamaño, Harvey **calculó cuánta sangre había en sus cuerpos**.
Después **calculó el volumen** de sus cavidades cardiacas y la **tasa a la que bombeaban** sangre.
Harvey concluyó que la cantidad de sangre que pasaba por el corazón **no la podía fabricar y consumir** el cuerpo **a la velocidad a la que se bombeaba**.
Harvey determinó que es la misma sangre la que circula.

El corazón del animal es el fundamento de su vida, su miembro principal y el sol de su microcosmos; del corazón depende toda su actividad, y proceden toda su fuerza y su vitalidad.

William Harvey

De motu cordis et sanguinis

cibidas de inmediato. Los médicos estaban tan imbuidos de las doctrinas de Galeno que no aceptaron la idea de la doble circulación, y muchos se burlaron del enfoque práctico de Harvey basado en la experimentación.

Al no lograr descubrir cómo la sangre pasaba del sistema arterial al venoso, Harvey dejó abierta una brecha que sus críticos aprovecharon para atacar su teoría. En 1648, el médico francés Jean Riolan señaló que la anatomía animal, en la que Harvey había basado muchos de sus hallazgos, podía no funcionar del mismo modo que el cuerpo humano, y cuestionó «cómo puede tener lugar semejante circulación sin perturbar y mezclar los humores corporales».

Nuevos conocimientos

No sería hasta 1661, cuando el reciente invento del microscopio se había mejorado lo suficiente, cuando el biólogo italiano Marcello Malpighi observó la red de minúsculos capilares que conectan los sistemas arterial y venoso. Esta pieza que faltaba en la teoría de la doble circulación reivindicó a Harvey, aunque fuera cuatro años después de su muerte. A finales del siglo XVII, la doble circulación de la sangre por el sistema cardiovascular quedaba asentada como ortodoxia médica, habiendo desplazado por completo a la muy longeva concepción de Galeno.

El descubrimiento de Harvey condujo a una serie de avances médicos, comenzando por el rechazo de la idea milenaria de que las sangrías y las sanguijuelas ayudaban a retirar el «exceso» de sangre del sistema. La importancia de la presión sanguínea, tal como la describiera por primera vez el sacerdote y científico británico Stephen Hales en la década de 1730, y de la hipertensión (presión sanguínea alta), descrita por Thomas Young en 1808, ampliaron el conocimiento del sistema cardiovascular. En la década de 1890, el nuevo esfigmomanómetro (brazalete hinchable para medir la presión sanguínea) dotó a los médicos de una potente herramienta diagnóstica para valorar la salud cardiaca.

Al dar con la solución de un antiguo misterio médico y reemplazar teorías desfasadas con ideas basadas en pruebas sólidas de la circulación de la sangre, William Harvey se cuenta entre los pioneros más importantes de la medicina. ■

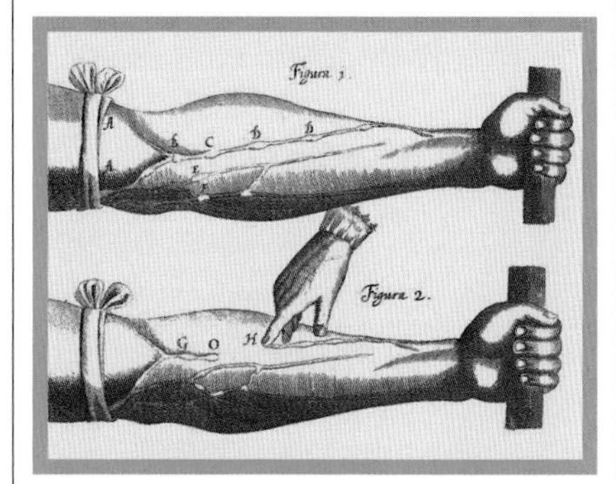

Para demostrar que la sangre venosa fluye hacia el corazón, Harvey hizo resaltar las venas empleando una ligadura, y luego trató de empujar la sangre en sentido contrario, sin éxito.

William Harvey

Hijo de un terrateniente de Kent, Harvey nació en 1578. Tras estudiar medicina en la Universidad de Cambridge, se matriculó en la de Padua, donde aprendió del célebre anatomista Gerónimo Fabricio.

Tras regresar a Londres en 1602, Harvey fue nombrado médico jefe del Hospital de San Bartolomé en 1609, y en 1615, profesor lumleiano (es decir, profesor de una cátedra de anatomía que había creado lord Lumley en 1582), del Real Colegio de Médicos. Su nombramiento como médico personal de Jacobo I en 1618 (y de su sucesor Carlos I de Inglaterra en 1625) le dio un gran prestigio y le protegió de sus críticos cuando publicó la teoría de la doble circulación en 1628. En su obra sobre el desarrollo de los embriones animales, desacreditó la antigua teoría de la generación espontánea de la vida. Murió en 1657.

Obras principales

1628 *De motu cordis et sanguinis* («Sobre los movimientos del corazón y de la sangre»).
1651 *Exercitationes de generatione animalium* («De la generación animal»).

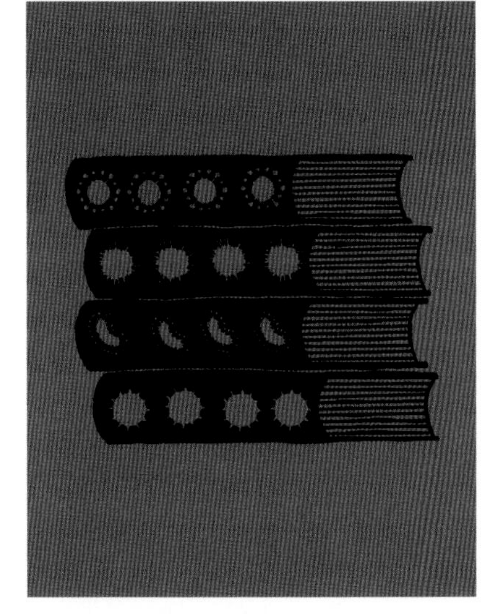

LA ENFERMEDAD CONOCIDA ESTA MEDIO CURADA

NOSOLOGÍA

EN CONTEXTO

ANTES

***C.* 175** Galeno desarrolla la idea de los cuatro humores de Hipócrates, que será el fundamento del diagnóstico.

1532 La City de Londres publica boletines de mortalidad («Bills of Mortality»).

1554 Jean Fernel plantea un primer enfoque científico de la nosología en *Universa medicina*.

DESPUÉS

1853 En Bruselas (Bélgica), el I Congreso Estadístico Internacional pide una clasificación internacional uniforme de las causas de muerte.

1883 El psiquiatra alemán Emil Kraepelin publica un influyente sistema de clasificación de las enfermedades mentales.

1949 En EE UU, Linus Pauling propone clasificar algunas enfermedades según la estructura molecular del microorganismo causante.

Desde la época de Hipócrates en la antigua Grecia hasta la del médico inglés Thomas Sydenham a mediados del siglo XVII, los médicos europeos basaron sus diagnósticos en la teoría errónea de los cuatro humores, que atribuía las enfermedades al exceso de flema, sangre, bilis amarilla o bilis negra, y que las clasificaba en función de ello.

Sydenham, en cambio, basó sus conclusiones en una observación atenta y objetiva de síntomas y signos, y aplicó el mismo enfoque a la clasificación de las enfermedades, luego conocido como nosología.

Los esfuerzos de Sydenham eran oportunos en una época en que enfermedades infecciosas y epidemias –como la gran peste de Londres en 1665– habían diezmado a la población urbana y era urgente poder distinguir entre distintos tipos de enfermedades para tratarlas eficazmente.

Observación objetiva

Un intento práctico de llevar un control de la enfermedad fueron los boletines «Bills of Mortality» de Londres, listas de cuerpos inhumados en las que constaban causas genéricas de muerte, aunque estas no se basaran en exámenes médicos detallados. El médico francés Jean Fernel había incluido una sección sobre tipos de enfermedad en su *Universa medicina* (1554), pero fue la obra de Sydenham la que marcó el verdadero inicio de la nosología moderna. Este fue de los primeros en describir la escarlatina, que distinguió del sarampión, e identificó también las formas crónicas y

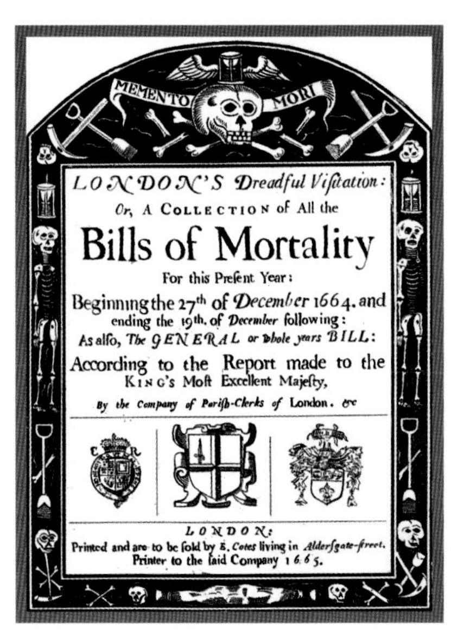
MEMENTO MORI

LONDON'S Dreadful Visitation: Or, A COLLECTION of All the

Bills of Mortality

For this Present Year: Beginning the 27th of December 1664. and ending the 19th. of December following: As also, The GENERAL or whole years BILL: According to the Report made to the KING'S Most Excellent Majesty, By the Company of Parish-Clerks of London. &c

LONDON: Printed and are to be sold by E. Cotes living in Aldersgate-street. Printer to the said Company 1665.

Los «Bills of Mortality» publicados cada semana reflejaban los fallecidos, las causas (supuestas) de muerte y dónde se daban brotes infecciosos, a fin de evitar las zonas de riesgo.

Véase también: Medicina griega 28–29 ▪ Medicina romana 38–43 ▪ Escuelas médicas y cirugía medievales 50–51 ▪ Farmacia 54–59 ▪ Histología 122–123 ▪ La Organización Mundial de la Salud 232–233 ▪ Pandemias 306–313

agudas de la gota, diferenciándolas de otras enfermedades reumáticas. Comprender que los síntomas, como la fiebre, no son la propia enfermedad, sino la reacción del organismo, fue otra de sus aportaciones importantes. Su *Observationes medicae*, de 1676, sería una obra de referencia durante los dos siglos siguientes.

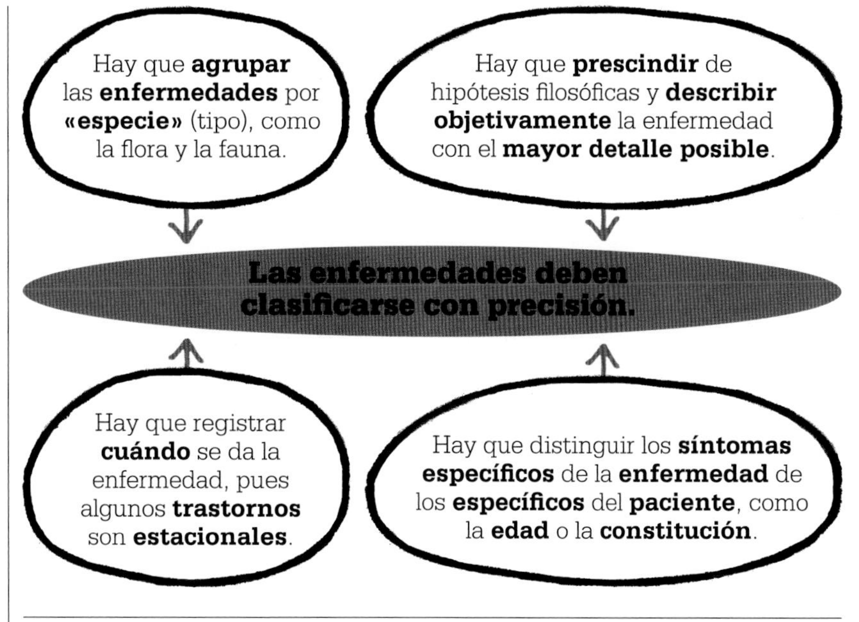

Hay que **agrupar** las **enfermedades** por **«especie»** (tipo), como la flora y la fauna.
Hay que **prescindir** de hipótesis filosóficas y **describir objetivamente** la enfermedad con el **mayor detalle posible**.
Las enfermedades deben clasificarse con precisión.
Hay que registrar **cuándo** se da la enfermedad, pues algunos **trastornos** son **estacionales**.
Hay que distinguir los **síntomas específicos** de la **enfermedad** de los **específicos** del **paciente**, como la **edad** o la **constitución**.

La nosología tras Sydenham

El concepto de clasificación de las enfermedades iba adquiriendo fuerza. En 1763, el médico francés François Boissier de Sauvages publicó *Nosologia methodica*, donde agrupaba 2400 enfermedades físicas y mentales en diez grandes clases, con más de 200 géneros. Seis años después, el médico escocés William Cullen publicó *Synopsis nosologiae methodicae*, que sería ampliamente utilizado.

En 1869, el Real Colegio de Médicos de Londres publicó su monumental *The nomenclature of diseases*, y en otros países se empezaba a reconocer la necesidad de un sistema de clasificación uniforme. En un encuentro en Chicago (EE UU) en 1893, el Instituto Internacional de Estadística adoptó la Clasificación Internacional de Causas de Defunción, confeccionada por el estadístico francés Jacques Bertillon, y más tarde llamada Clasificación Internacional de Enfermedades (CIE), que hoy gestiona y actualiza la OMS. La CIE clasifica todas las enfermedades, trastornos y lesiones conocidos, crea estadísticas universalmente comparables de las causas de defunción, categoriza enfermedades recién identificadas y, lo más importante, permite compartir y comparar información sanitaria de todo el mundo. ■

Thomas Sydenham

Sydenham (1624–1689) sirvió en el ejército de Oliver Cromwell en la guerra civil inglesa antes y después de completar sus estudios médicos en la Universidad de Oxford. Tras aprobar los exámenes del Colegio de Médicos, en 1663, empezó a ejercer en Londres.

En su tratado de 1666 sobre fiebres y en obras posteriores empezó a desarrollar su sistema nosológico, que reflejaba su creencia en que el examen atento de los pacientes y el curso de las enfermedades eran vitales para clasificarlas. Defendió los remedios eficaces de hierbas, como la corteza de sauce (fuente de la aspirina) para las fiebres y la de chinchona (que contiene la quinina) para la malaria. Muchos médicos se opusieron a sus ideas, pero fueron partidarios suyos el filósofo John Locke y el científico Robert Boyle.

Mucho después de su muerte, Sydenham fue reconocido como el «Hipócrates inglés» por su obra nosológica innovadora.

Obras principales

1666 *Methodus curandi febres.*
1676 *Observationes medicae.*
1683 *Tractatus de podagra et hydrope* («Tratado de podagra e hidropesía»).

LA ESPERANZA DE UN PARTO FACIL Y RAPIDO

OBSTETRICIA

EN CONTEXTO

ANTES

1540 Primer manual de obstetricia impreso en Inglaterra, *The Byrth of Mankynd*, traducción de *Der Rosengarten*, del alemán Eucharius Rösslin.

1651 Nicholas Culpeper publica *Directory for Midwives*, práctico y de amplio espectro.

DESPUÉS

1902 Una ley instituye en Reino Unido el Central Midwives Board para formar comadronas.

Década de 1920 Mary Breckinridge funda el Frontier Nursing Service en Kentucky (EEUU), que demuestra que las comadronas logran partos más seguros que los médicos.

1956 Se funda la Natural Childbirth Association (luego llamada National Childbirth Trust) en Reino Unido para promover los partos naturales asistidos por comadronas.

Las mujeres aprenden de otras mujeres a ser parteras, **sin tener** una **educación formal** para ello.

↓

Los primeros libros de obstetricia son **escritos por hombres**, y las obras de medicina y biología humana están en **griego o latín**, que pocas mujeres leen.

↓

Jane Sharp escribe *The Midwives Book* en inglés para formar a las mujeres en «**la concepción, la crianza, el parto y la lactancia**».

En 1671, el manual exhaustivo de Jane Sharp sobre el embarazo y el parto *El libro de las comadronas* aportó una voz femenina experimentada y lamentablemente ausente hasta entonces. Todos los libros anteriores sobre el tema en Gran Bretaña habían sido escritos por hombres, entre ellos la popular *Guía para comadronas*, del herborista inglés Nicholas Culpeper, luego celebrado como padre de la obstetricia, pese a reconocer él mismo que nunca había asistido a un parto. Sharp, en cambio, llevaba treinta años como «practicante del arte de la obstetricia». Aunque poco más se sabe de Jane Sharp, los conocimientos de medicina y biología humana evidentes en su libro indican que había recibido una educación formal.

Consejo inestimable

El libro de Sharp está dividido en secciones, entre ellas: anatomía masculina y femenina; la concepción y sus problemas; las distintas

Véase también: Las mujeres en la medicina 120–121 ▪ Enfermería y sanidad 128–133 ▪ Control de la natalidad 214–215 ▪ Anticoncepción hormonal 258 ▪ Fecundación *in vitro* 284–285

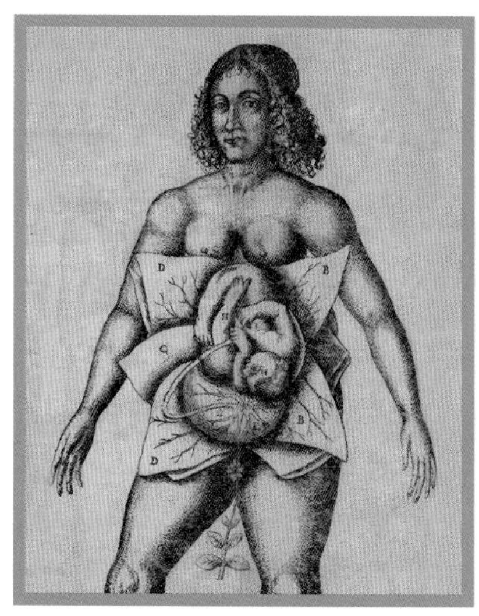

El libro de las comadronas contiene ilustraciones del útero. En esta muestra «cómo se encuentra en él la criatura poco antes de nacer» y el papel de la placenta.

fases del desarrollo fetal; y el parto y las complicaciones que pueden surgir. En la sección sobre el parto, Sharp refuta el consejo frecuente de que las mujeres deben permanecer en una única postura, y sugiere que la vayan cambiando y escojan la que les resulte mejor. También rechaza la idea, por aquel entonces común, de que toda deformidad física de la descendencia es un castigo de Dios por los pecados de los padres, y explica las causas biológicas de algunos de tales casos.

La sección final del libro ofrece consejos prácticos sobre la vida después del parto, la lactancia y el modo correcto de sostener y cargar a los recién nacidos, a los que describe como «ramitas tiernas». También incluye consejos, que parecen dirigidos al padre, sobre los cuidados de la nueva madre, a la que se deben «causar las menos molestias que podáis, pues bastante dolor ha soportado ya».

Solo mujeres

El libro de las comadronas afirma rotundamente que la obstetricia debería ser una ocupación exclusivamente femenina. Cuando Sharp se refiere a los libros de sus rivales masculinos, incluida la obra *Guía para comadronas* de Culpeper, no tarda en señalar sus errores. Sharp da consejos también a las parteras, a las que anima a recibir una educación formal para comprender los numerosos textos en griego y latín que pueden ampliar sus conocimientos de biología y medicina, y les recomienda que aprendan procedimientos quirúrgicos básicos, para que no sea necesario llamar a un médico cuando surjan complicaciones durante el parto.

Obra adelantada a su tiempo

Visionario por su contenido y enfoque, en 1725 *El libro de las comadronas* tenía ya cuatro ediciones, y continuaba siendo el texto de referencia para comadronas y médicos muchas décadas después. Sharp se sirvió de la ciencia para descartar creencias religiosas y paternalistas sin fundamento, así como para ofrecer consejos prácticos para el bienestar de las mujeres. *El libro de las comadronas* es el testimonio de una mujer que se abrió paso en el medio, dominado por hombres, del saber impreso sobre cuestiones de ciencia y medicina; y, cosa extraordinaria, sigue en catálogo. ▪

La obstetricia es, sin duda, una de las artes más útiles y necesarias de todas para el ser y el bienestar de la humanidad.

Jane Sharp

El libro de las comadronas

Sharp y la sexualidad

Jane Sharp escribe en un tono claro, ingenioso y, a menudo, irónico, en particular al hablar de sexualidad masculina y femenina. Rechaza la idea extendida de que sean los órganos sexuales femeninos los responsables de la insatisfacción sexual, y hace responsables de ello a los hombres. Como se encarga de explicar, «cierto es que [...] el movimiento [la erección] es siempre necesario, pero la verga se mueve solo a veces, y a veces, poco».

Sharp se maravilla de la capacidad expansiva de la vagina y el cuello del útero como «obras del Señor», e insiste en la importancia de la estimulación del clítoris y el orgasmo femenino en la concepción, nociones prácticamente inauditas en el siglo XVII. Su opinión sincera es una voz progresista y poderosa en una época de limitación extrema de los roles de género y las ideas sobre sexualidad femenina.

LA COSECHA DE ENFERMEDADES DE LOS TRABAJADORES

MEDICINA DEL TRABAJO

EN CONTEXTO

ANTES

Siglo IV A. C. Hipócrates informa de las intoxicaciones debidas al plomo entre los mineros.

Siglo I El autor romano Plinio el Viejo recomienda a los trabajadores protegerse del polvo con máscaras.

1533 Paracelso publica sus hallazgos sobre las enfermedades de los mineros.

DESPUÉS

1842 El reformador social británico Edwin Chadwick publica orientaciones sobre condiciones higiénicas para los trabajadores.

1910 En EEUU, Alice Hamilton, nombrada revisora médica nacional de enfermedades laborales, elabora un informe acerca de los efectos de los tóxicos industriales en los trabajadores de Illinois.

En 1700, trabajando como profesor de medicina en la Universidad de Módena, el médico italiano Bernardino Ramazzini publicó su libro pionero *De morbis artificum diatriba (Tratado de las enfermedades de los artesanos)*, que detalla enfermedades frecuentes en 54 profesiones distintas y advierte de los factores que las causan, como las malas posturas, los movimientos repetitivos y extenuantes y los peligros de sustancias abrasivas e irritantes, como el polvo, el mercurio o el azufre. *De morbis artificum diatriba* representaba un avance en el tratamiento y prevención de enfermedades y lesiones del trabajo, y por él se conoce a Ramazzini como el padre de la medicina laboral.

Ramazzini realizó su estudio en una época de recesión económica en Italia y de crisis agrícola en el norte del país, donde vivía. Creía que las enfermedades de los trabajadores tenían un impacto económico importante, y estudió el modo de minimizar los riesgos y mejorar su salud. Para ello visitó lugares de trabajo, observó las condiciones laborales y habló con los trabajadores de

Cáncer ocupacional

Ramazzini observó el vínculo potencial entre el cáncer y ciertas ocupaciones al estudiar los riesgos ocupacionales de las mujeres, como comadronas y monjas; entre estas últimas era más frecuente el cáncer de mama que en las demás, y lo era menos el cáncer de cuello de útero, lo cual atribuyó al celibato.

Publicado en 1713, este estudio fue uno de los primeros ejemplos de la epidemiología, que compara los riesgos de enfermedades en distintas poblaciones. La teoría del cáncer ocupacional fue confirmada en 1775 por el cirujano Percivall Pott al descubrir que la exposición al hollín causaba cáncer de escroto en los deshollinadores. En 1788 se prohibió emplear como tales a niños pequeños, pero –a diferencia de otros países donde se usaban prendas protectoras– la mortalidad en Reino Unido se mantuvo alta hasta mediados del siglo XX, cuando se generalizó el uso de nuevas tecnologías para la calefacción y para cocinar.

Véase también: Medicina griega 28–29 ▪ Medicina romana 38–43 ▪ Farmacia 54–59 ▪ Anamnesis 80–81 ▪ Epidemiología 124–127 ▪ Medicina basada en hechos 276–277

En esta curiosa rama médica [...] el antagonismo y los conflictos por el salario, las horas y la sindicación embarran a menudo las aguas claras de la verdad.

Alice Hamilton
Médica estadounidense (1869–1970)

su actividad y de sus problemas de salud. Su método era inhabitual para la época, puesto que prácticamente solo los ricos y poderosos recibían atención médica, pero Ramazzini lo consideraba esencial para realizar un estudio científico con éxito, y recomendó a todos los médicos añadir una pregunta diagnóstica a las propuestas por Hipócrates: «¿Cuál es su ocupación?».

Prevenir y proteger

En su libro, Ramazzini destaca las condiciones de peligro y explotación a las que estaban sometidos los trabajadores y a continuación recomienda una serie de medidas de protección. Los trabajadores del almidón, por ejemplo, debían limitar la exposición al polvo trabajando al aire libre; los que vaciaban las cloacas, llevar máscaras protectoras; y los herreros, evitar mirar seguido el metal fundido.

En comentarios relativos a lo que hoy llamamos ergonomía, Ramazzini recomendaba no permanecer de pie o sentarse demasiado tiempo seguido, que quienes llevaran a cabo tareas repetitivas o extenuantes hicieran descansos frecuentes, y que aquellos dedicados a «actividades que requieren un esfuerzo intenso de los ojos [...] paren de vez en cuando y miren a otra parte». Cuando las medidas preventivas no fueran posibles o las condiciones hubieran causado un problema duradero, Ramazzini recomendaba al trabajador encontrar una ocupación alternativa.

Fruto de la era de la Ilustración, *De morbis artificum diatriba* fue un indicio del surgimiento gradual de una mayor atención a la salud pública. Traducido a varios idiomas, sus recomendaciones no tardaron en volverse aún más pertinentes, ya que la revolución industrial afectó radicalmente al modo de vivir y trabajar de la población. ▪

Los informes sobre envenenamiento industrial a inicios del siglo XX resaltaron las penalidades de trabajadores como los ceramistas, cuya exposición al plomo causaba enfermedades crónicas.

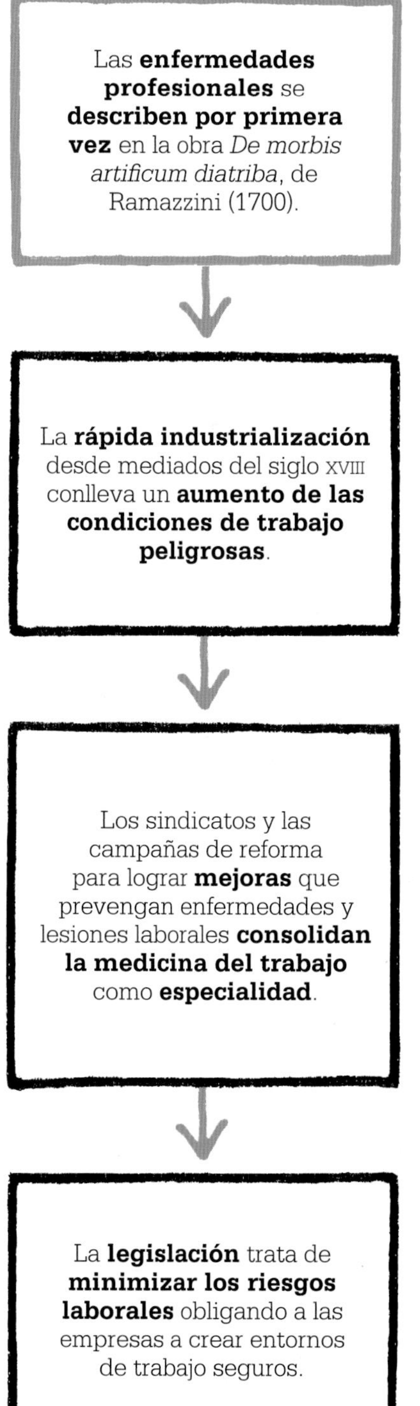

Las **enfermedades profesionales** se **describen por primera vez** en la obra *De morbis artificum diatriba*, de Ramazzini (1700).
La **rápida industrialización** desde mediados del siglo XVIII conlleva un **aumento de las condiciones de trabajo peligrosas**.
Los sindicatos y las campañas de reforma para lograr **mejoras** que prevengan enfermedades y lesiones laborales **consolidan la medicina del trabajo** como **especialidad**.
La **legislación** trata de **minimizar los riesgos laborales** obligando a las empresas a crear entornos de trabajo seguros.

LAS CIRCUNSTANCIAS PARTICULARES DEL PACIENTE

ANAMNESIS

EN CONTEXTO

ANTES

***C.* 175** Rufo de Éfeso escribe *Sobre la interrogación al paciente.*

***C.* 900** Al Razi insiste en la necesidad de diagnosticar sobre la base de entrevistas con los pacientes.

1592 El médico y astrónomo italiano Galileo inventa un termómetro primitivo.

DESPUÉS

1761 Leopold Auenbrugger desarrolla la técnica de percusión para el examen de los pacientes.

1827 El médico francés Louis Martinet publica *Manual de clínica médica,* que incluye orientaciones para la redacción óptima de notas clínicas.

1893 Abre en EEUU la Escuela de Medicina de la Universidad Johns Hopkins, con un programa que requiere dos años de experiencia clínica en hospitales, incluida la anotación de historiales clínicos.

La tradición médica clásica que empieza en el siglo v a. C. con Hipócrates insiste en la importancia de examinar a los pacientes, tanto con preguntas como con una anotación precisa de los síntomas. En el siglo II, el médico romano Rufo de Éfeso defendió la necesidad de interrogar al paciente y tomarle el pulso como medidas para el diagnóstico.

En la Edad Media, los médicos refinaron la valoración del paciente con técnicas como el examen de orina, pero la falta de coherencia en el enfoque general impedía cotejar los síntomas de un paciente con los de otros; las diferencias y coincidencias entre casos no se podían comparar, y no había registros para consultar en el futuro.

El nacimiento del historial clínico

La situación cambió con el trabajo del botánico y médico neerlandés Herman Boerhaave, profesor de la Universidad de Leiden (Países Bajos), entre 1701 y 1729.

Parte de su reforma de la facultad de medicina de la universidad consistió en que los alumnos observaran a sus instructores cuando examinaban a los pacientes y mantuvieran registros de sus diagnósticos. Boerhaave hacía visitas diarias con sus alumnos, realizando nuevos exámenes de los pacientes, incluidos los de orina, y revisaba y enmendaba las notas tomadas previamente. Insistía en particular en la utilidad del examen *post mortem* como medio diagnóstico final, que usó para dar con la causa de la muerte del almirante

Boerhaave transmitió la importancia del examen clínico y los registros médicos a un público amplio que difundiría sus conocimientos por toda Europa.

Véase también: Medicina griega 28–29 ▪ Medicina romana 38–43 ▪ Medicina islámica 44–49 ▪ Nosología 74–75 ▪ Hospitales 82–83 ▪ El estetoscopio 103 ▪ Detección del cáncer 226–227

neerlandés barón Van Wassenaer, por la rotura de la pared del esófago al vomitar después de una comida copiosa (afección luego conocida como síndrome de Boerhaave).

Técnicas nuevas

La nueva disciplina de recopilar información para el diagnóstico, llamada anamnesis, se difundió desde Países Bajos al resto de Europa gracias a los muchos alumnos extranjeros de Boerhaave, pero tanto él como sus sucesores veían limitados sus exámenes por falta de herramientas diagnósticas. Ni siquiera los termómetros, por ejemplo, eran lo bastante avanzados aún para obtener lecturas precisas.

En 1761, el médico austriaco Leopold Auenbrugger inventó la técnica de percusión, consistente en evaluar los sonidos producidos al dar pequeños golpes con los dedos sobre las partes del cuerpo a diagnosticar. A principios del siglo XIX, instrumentos como el martillo de reflejos, el estetoscopio y el plexímetro permitieron precisar los diagnósticos, y a mediados de siglo el médico francés Pierre Charles Alexandre Louis fue un paso más allá en el camino iniciado por Boerhaave. En un hospital de París preparaba historiales clínicos detallados de sus pacientes, y al comparar los datos reunidos obtenía evaluaciones informadas de su estado. Louis insistía en que los médicos conocieran los antecedentes de la salud de sus pacientes, su trabajo e historial familiar, y los detalles de sus síntomas presentes, todo ello registrado y puesto al día durante el tratamiento, y consultado en caso de examen *post mortem*.

El historial clínico del paciente, habitual hoy en día, es un testimonio de que la idea de Boerhaave es aún parte integral de la práctica médica moderna. ■

El paciente aporta sus **datos personales** y **problemas o síntomas**, detalles de su **historial médico y quirúrgico** y de los **medicamentos** que esté tomando.

↓

El médico **reúne** todos estos datos en un **historial formalizado** y **puesto al día** mientras avanza el tratamiento.

↓

Las **notas del historial** del paciente **se comunican a otros médicos** en caso de que requiera nuevos tratamientos.

Herman Boerhaave

Herman Boerhaave, a veces llamado el Hipócrates neerlandés, nació en Países Bajos en 1668. Estudió filosofía y medicina en la Universidad de Leiden, en la que más tarde trabajó como profesor de botánica, medicina y química, y de la que fue también rector.

Su enseñanza y sus métodos diagnósticos innovadores atrajeron a estudiantes de toda Europa y reforzaron el prestigio de la Universidad de Leiden. Trabajó en nuevas ediciones de obras como *De humani corporis fabrica*, de Andrés Vesalio, con el fin de sistematizar los avances médicos de los dos siglos precedentes. Creía que los fluidos del cuerpo circulaban por conductos elásticos y que la enfermedad se debía a perturbaciones en dicho flujo, por lo que a menudo prescribía purgas para retirar el exceso de sangre. Boerhaave murió en 1738.

Obras principales

1708 *Institutiones rei medicae* («Principios médicos»).
1709 *Aphorismi de cognoscendis et curandis morbis* («Aforismos para conocer y curar las enfermedades»).

RESTABLECER LA SALUD DE LOS ENFERMOS LO ANTES POSIBLE

HOSPITALES

EN CONTEXTO

ANTES

C. 50 Se construye un *valetudinarium* en el campamento militar romano de Vindonissa (actual Windisch, en Suiza).

805 El califa Harún al Rashid funda en Bagdad el primer hospital general del que hay constancia.

1123 Se funda en Londres el hospital monástico de San Bartolomé, el más antiguo aún operativo en Reino Unido.

DESPUÉS

1725 El Edicto Médico de Prusia regula el currículo de las licenciaturas médicas.

1790 Se funda el New York Dispensary como parte de un movimiento por la atención médica gratuita para todos.

1824 Se establece el primer hospital especializado de EE UU, el Hospital del Ojo y del Oído de Massachusetts.

Durante la mayor parte de la historia humana, a los enfermos se les atendió en sus casas. Los templos de la antigua Grecia son el ejemplo más antiguo de algún tipo de atención comunitaria, pero no hubo nada semejante a lo que hoy se entiende por hospital –un edificio específico con personal médico– hasta el siglo I, cuando el ejército romano empezó a construir *valetudinaria*, edificaciones para el reposo y cuidado de legionarios enfermos y heridos.

A partir del siglo IX surgieron en el mundo islámico hospitales con secciones especializadas, algunas de las cuales ofrecían atención a los ancianos y enfermos mentales. En la Europa medieval cristiana, el cuidado de los enfermos estuvo vinculado al estamento religioso y la caridad. Los

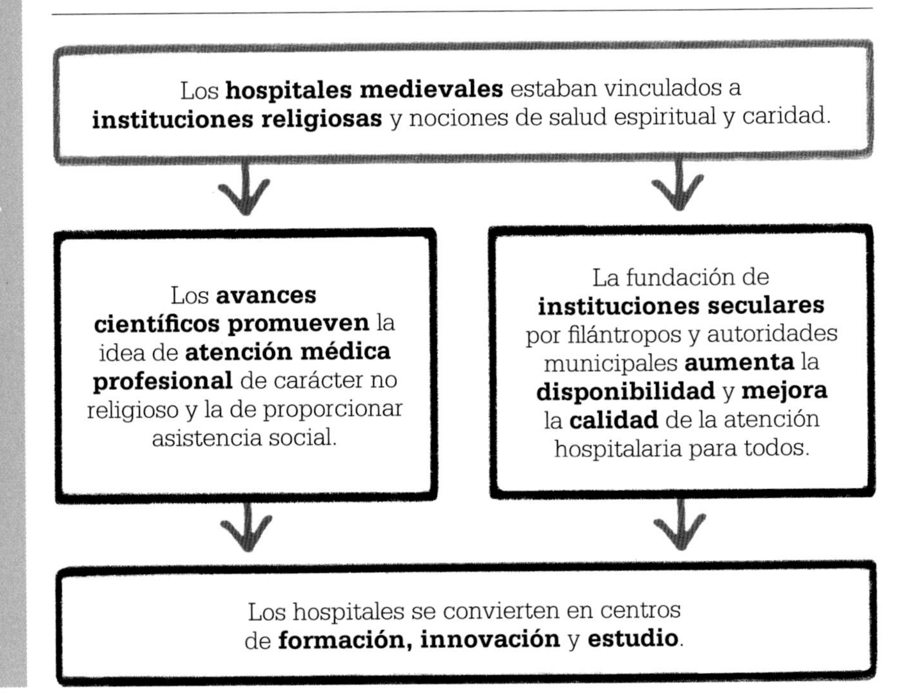

Los hospitales medievales estaban vinculados a instituciones religiosas y nociones de salud espiritual y caridad.
Los avances científicos promueven la idea de atención médica profesional de carácter no religioso y la de proporcionar asistencia social.
La fundación de instituciones seculares por filántropos y autoridades municipales aumenta la disponibilidad y mejora la calidad de la atención hospitalaria para todos.
Los hospitales se convierten en centros de formación, innovación y estudio.

Véase también: Medicina islámica 44–49 ▪ Escuelas médicas y cirugía medievales 50–51 ▪ Anamnesis 80–81 ▪ Cirugía científica 88–89 ▪ Triaje 90 ▪ Higiene 118–119 ▪ Enfermería y sanidad 128–133 ▪ Cuidados paliativos 268–271

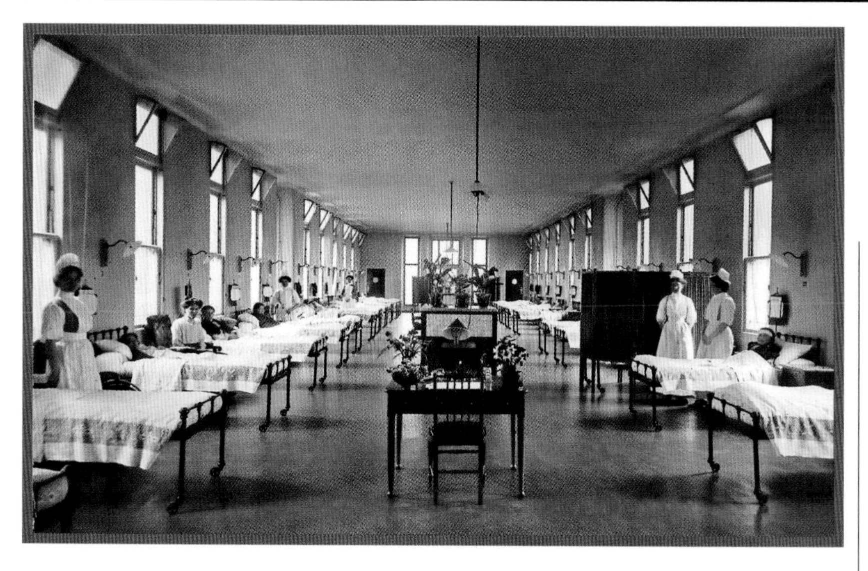

Los avances en el conocimiento sanitario han transformado el diseño y la organización de muchos hospitales, entre ellos el King's College de Londres, que se trasladó a un emplazamiento higiénico y moderno en 1913.

monasterios fueron lugares de curación y conformaron el núcleo de protohospitales como el de San Bartolomé en Londres, fundado en 1123.

Un nuevo modelo secular

La Reforma protestante del siglo XVI debilitó el vínculo entre religión y sanidad al desaparecer muchos monasterios con sus hospitales. Algunos pasaron a los municipios, pero persistía la noción del hospicio para los pobres, y los hospitales que quedaban se convirtieron en lugares para encerrar a los indigentes y a quienes contrajeran enfermedades infecciosas.

En los siglos XVII y XVIII, el ascenso de una burguesía comercial provista de fondos y vocación filantrópica, el crecimiento urbano y la incipiente medicina científica contribuyeron al establecimiento de hospitales en el sentido moderno. Uno de los primeros, el Guy's Hospital en Londres (Reino Unido), fue fundado en 1721 por Thomas Guy, hombre de negocios y editor dueño de una fortuna gracias a sus acciones en la Compañía de los Mares del Sur, que obtenía grandes beneficios con la trata de esclavos. Con el fin de proporcionar un hospital a los «enfermos y locos incurables», esta institución de vanguardia abrió sus puertas en 1725 con cien camas y cincuenta empleados, entre ellos uno encargado de matar chinches.

Otros individuos adinerados, organizaciones benéficas y universidades crearon hospitales en los que, por primera vez, se admitía al público en general, sin distinciones de religión o riqueza. El primer hospital general de EEUU se fundó en Filadelfia en 1751. El Hospital Bellevue de Nueva York, aunque originalmente fue un asilo de pobres, ya era en 1816 una institución que ofrecía atención sanitaria y formación médica. En Alemania, el Charité de Berlín, fundado como hospital para la cuarentena de víctimas de la peste, fue convertido en hospital militar y luego en hospital universitario en 1828.

Actualmente damos por supuesto que los hospitales son lugares dedicados a la excelencia en la atención sanitaria a los enfermos y que disponen de las técnicas más avanzadas posibles. No obstante, sin el progreso que introdujeron instituciones como las ya citadas, la combinación de cuidado del paciente y ciencia que encarnan pudo tardar mucho más en hacerse realidad, o no haberse dado en absoluto. ■

Centros de formación e innovación

En el siglo XVIII, nuevas instituciones seculares como el Guy's Hospital (Londres) y el estímulo dado a la investigación científica por la Ilustración, empezaron a transformar la medicina hospitalaria.

El Edicto Médico prusiano de 1725, que establecía criterios para la formación de los médicos, fue una primera señal de que los hospitales, además de cuidar enfermos, iban a ser centros de formación. En 1750, la Royal Infirmary de Edimburgo tenía un sector clínico para instruir a los alumnos, y, en la década de 1770, los médicos en prácticas en Viena se formaban en hospitales.

En el siglo XIX fueron centros de innovación además de formación. Progresos como lavarse las manos para reducir los contagios, iniciado en 1847 por el médico Ignaz Semmelweis, y las recomendaciones de la enfermera Florence Nightingale en la década de 1860, trajeron cambios a la práctica médica aún presentes en la actualidad.

GRAN Y DESCONOCIDA VIRTUD DE ESTA FRUTA

LA PREVENCIÓN DEL ESCORBUTO

EN CONTEXTO

ANTES

***C.* 1550 A. C.** El papiro Ebers del antiguo Egipto describe los síntomas del escorbuto.

***C.* 400 A. C.** Hipócrates describe el escorbuto.

1614 El cirujano general de la Compañía Británica de las Indias Orientales John Woodall recomienda naranjas, limones, limas y tamarindo como cura del escorbuto.

DESPUÉS

1795 La Marina Real británica acepta dar a los marineros una ración de zumo de limón, medida en vigor en 1800.

1928 El bioquímico húngaro Albert Szent-Györgyi descubre un compuesto antiescorbútico y lo llama ácido hexurónico.

1932 En EEUU, el investigador médico Charles Glen King demuestra la conexión entre el ácido hexurónico (ascórbico) y el escorbuto.

En 1747, a bordo del buque de la armada británica *Salisbury*, el cirujano escocés James Lind realizó un experimento clínico controlado con doce marinos afectados por el escorbuto. Esta enfermedad, que causaba estragos en la armada, no se comprendía aún. Lind dividió a sus pacientes, con síntomas similarmente avanzados a juzgar por el informe, en seis pares, y dio a cada par un suplemento dietético distinto propuesto como cura: vinagre, agua de mar, sidra, naranjas y limones, ácido sulfúrico diluido y una mezcla de ajo y semillas de mostaza. Los que tomaron cítricos se recuperaron antes, y uno de ellos quedó apto para el servicio en solo seis días. Los que recibieron las otras «curas» se recuperaron lentamente, o no se recuperaron.

Hoy se sabe que el escorbuto se debe a la falta de vitamina C (ácido ascórbico) y que los síntomas empiezan a desarrollarse al mes de privación. Los primeros signos son un letargo extremo y dolor articular. Si no se trata, sobrevienen las encías sangrantes, la pérdida de dientes, las hemorragias cutáneas y la muerte.

La enfermedad era endémica entre los marineros, que tenían que subsistir durante meses con una dieta miserable carente de fruta y verduras. El explorador portugués Fernando de Magallanes perdió a la mayor parte de su tripulación a causa del escorbuto en 1520, durante su expedición alrededor del mundo. A mediados del siglo XVIII, con el aumento del comercio y de la actividad naval y una mayor duración de los viajes, la escala del problema era inmensa. Probablemente, la «peste de los mares» se cobró más de dos

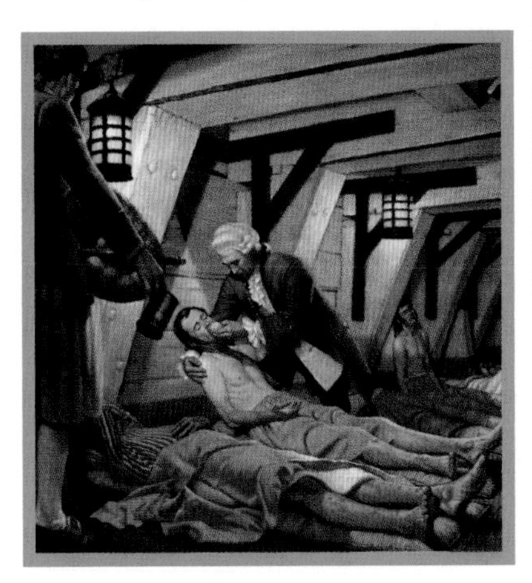

El experimento de James Lind en 1747 fue uno de los primeros ensayos clínicos controlados. Dado que los participantes tenían la misma dieta, entorno y síntomas, Lind pudo comparar los efectos de los suplementos administrados.

Véase también: Medicina griega 28–29 ▪ Medicina romana 38–43 ▪ Las vitaminas y la dieta 200–203 ▪ Medicina basada en hechos 276–277

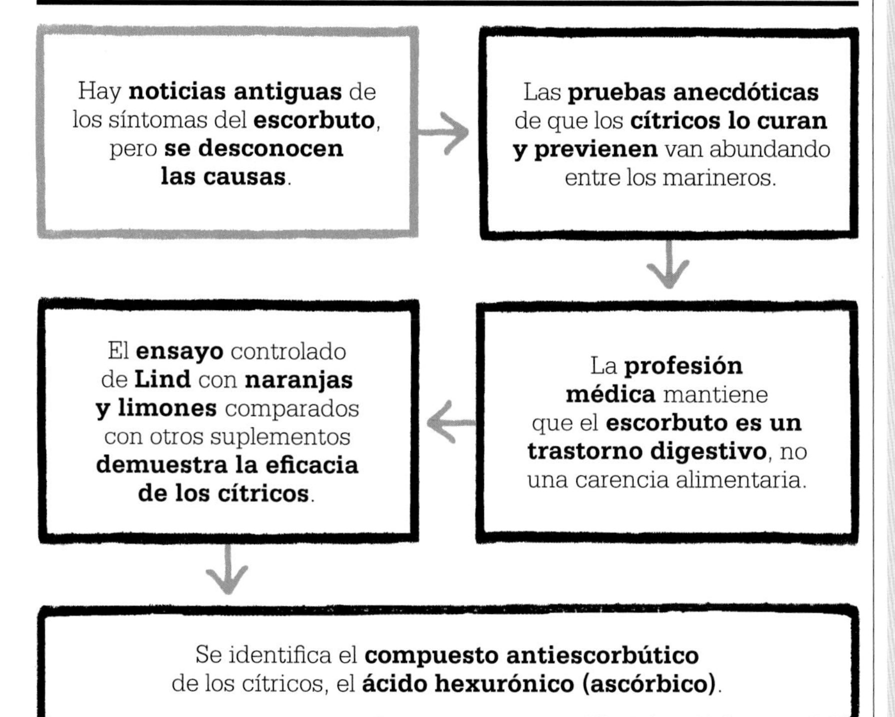

millones de marineros entre los siglos XV y XIX, más que la suma de los muertos en combates, en naufragios y por todas las demás enfermedades.

Hay **noticias antiguas** de los síntomas del **escorbuto**, pero **se desconocen las causas**.
Las **pruebas anecdóticas** de que los **cítricos lo curan y previenen** van abundando entre los marineros.
La **profesión médica** mantiene que el **escorbuto es un trastorno digestivo**, no una carencia alimentaria.
El **ensayo** controlado de **Lind** con **naranjas y limones** comparados con otros suplementos **demuestra la eficacia de los cítricos**.
Se identifica el **compuesto antiescorbútico** de los cítricos, el **ácido hexurónico (ascórbico)**.

Un viejo enemigo

Los síntomas del escorbuto fueron descritos en el antiguo Egipto; Hipócrates conocía su existencia y, antes del experimento de Lind, varios navegantes habían sugerido que los cítricos prevenían esta enfermedad. Uno de ellos fue Vasco da Gama, quien trató con naranjas a su tripulación cuando enfermaron en 1497.

A pesar de esta y otras noticias, la profesión médica seguía apegada a la idea de que el escorbuto era un trastorno digestivo, causado por la falta de «aire fijado» en los tejidos, y a falta de medios para disponer de fruta fresca en las naves durante largos periodos, no se adoptaron los cítricos como antiescorbútico. Sin embargo, poco después de la muerte de Lind, la armada británica capituló ante la presión de los médicos navales para que se suministrara zumo de limón a todos los embarcados; otras naciones marítimas adoptaron medidas similares a inicios del siglo XIX. ■

No es cosa fácil desterrar viejos prejuicios.
James Lind
Tratado sobre el escorbuto

James Lind

James Lind nació en Edimburgo (Escocia) en 1716, fue aprendiz de cirujano a los quince años y se alistó en la Marina Real en 1739. Tras experimentar con un grupo de marinos con escorbuto a bordo del *Salisbury*, publicó sus descubrimientos en *Tratado sobre el escorbuto* en 1753. La recomendación de Lind de dar zumo de cítricos a los marinos británicos acabó reflejada en el nombre por el que se les conoce popularmente, *limeys*.

Lind volvió a su Edimburgo natal para ejercer la medicina, pero en 1758 le convencieron para dirigir el Hospital Haslar de la Marina Real en Gosport (Hampshire), que estaba recién inaugurado. Desde entonces hasta su jubilación, 25 años más tarde, propuso muchas medidas para mejorar la salud y la higiene a bordo de los buques, y en muchos casos quedó frustrado por la lentitud en implantarlas. Para muchos historiadores, Lind es uno de los primeros investigadores clínicos de la era moderna. Murió en Gosport en 1794.

Obra principal

1753 *Tratado sobre el escorbuto.*

LA CORTEZA DE UN ARBOL ES MUY EFICAZ

LA ASPIRINA

EN CONTEXTO

ANTES

***C.* 1600 a. C.** Los papiros egipcios mencionan el efecto antiinflamatorio del sauce.

1676 Thomas Sydenham publica la receta del láudano, derivado del opio, para tratar el dolor.

DESPUÉS

1887 En Alemania, Joseph von Mering prueba el paracetamol en humanos por primera vez.

1961 El farmacéutico británico Stewart Adams descubre el ibuprofeno.

1998 En un ensayo clínico con 18790 pacientes con hipertensión en 26 países, la aspirina reduce episodios cardiovasculares como el infarto y el ictus.

2015 El Grupo de Trabajo de Servicios Preventivos de EE UU recomienda aspirina en dosis bajas para prevenir enfermedades cardiovasculares y algunos cánceres.

La aspirina es uno de los fármacos más empleados del mundo. El espectro de sus aplicaciones cubre desde el alivio del dolor y la reducción de la inflamación hasta la prevención y el tratamiento de accidentes y enfermedades cardiovasculares. Su principio activo es el ácido acetilsalicílico, un compuesto obtenido originalmente del sauce.

Cura de la fiebre

Las propiedades medicinales del sauce se conocen desde hace miles de años. En el siglo V a. C., el médico griego Hipócrates prescribía la infusión de las hojas para la fiebre y el dolor, en particular para las mujeres de parto.

El sacerdote británico Edward Stone redescubrió las propiedades analgésicas de la corteza de sauce en el siglo XVIII. Al mordisquear un trozo de corteza durante un paseo le sorprendió su amargor, que le recordó al de la corteza de chinchona, fuente de la quinina, usada para curar la malaria. Inspirándose en la creencia popular de que los agentes dañinos y su remedio se encuentran a menudo juntos, y que las fiebres

Edward Stone

Edward Stone nació en Princes Risborough, Buckinghamshire (Inglaterra) en 1702. Hijo de un noble rural, a los 18 años asistió al Wadham College de Oxford, y fue ordenado diácono y sacerdote anglicano en 1728. A los dos años ingresó como miembro de la institución.

En 1745, Stone se mudó a Chipping Norton (Oxfordshire) como capellán de la abadía de Bruern, donde fue también sacerdote en varias iglesias parroquiales. Además de sus deberes clericales y de su interés en la medicina y la ciencia, fue nombrado juez de paz de Oxfordshire en 1755.

Un incendio en la abadía de Bruern puso fin a la capellanía de Stone en 1764. Falleció en Chipping Norton en 1768, y fue enterrado en el camposanto de Horsenden.

Obra principal

1763 «Un relato del éxito de la corteza de sauce en la cura de las fiebres».

Véase también: Medicina griega 28–29 ▪ Herbología 36–37 ▪ Farmacia 54–59 ▪ Oncología 168–175 ▪ Electrocardiografía 188–189 ▪ Antibióticos 216–223

La creación de la aspirina

El efecto analgésico y antiinflamatorio del sauce (*Salix* spp.) se descubre accidentalmente al masticar la corteza.

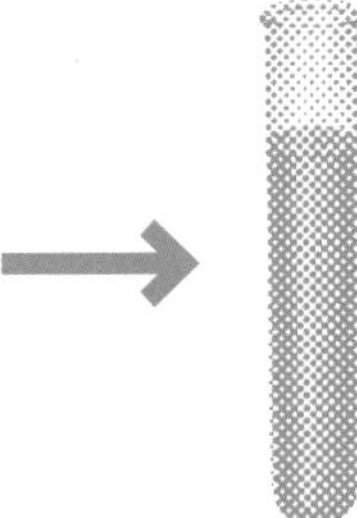

Los químicos aíslan el principio activo –el compuesto natural ácido salicílico– que produce el efecto analgésico.

Se determina la estructura química del ácido salicílico, y los químicos pueden sintetizarlo (crearlo artificialmente).

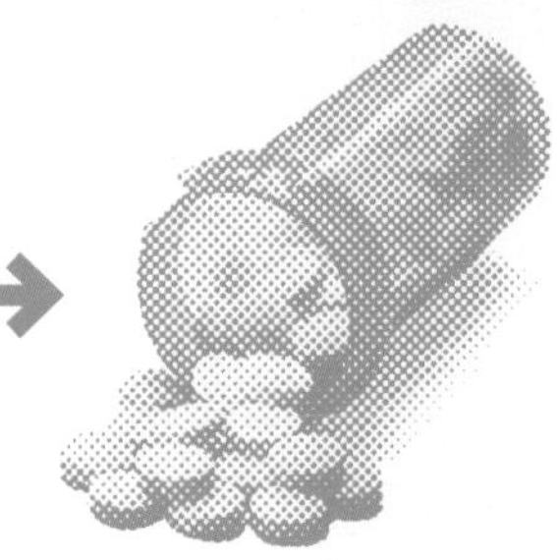

El ácido salicílico se modifica para crear ácido acetilsalicílico, forma más segura del compuesto, llamada aspirina.

estaban asociadas al tipo de lugares húmedos y pantanosos donde se da el sauce, Stone pensó que podría curar las fiebres.

En los años siguientes, Stone trató a cincuenta pacientes con fiebres o malaria con pequeñas dosis de corteza de sauce en polvo disuelta en agua cada cuatro horas. El remedio resultó muy eficaz, y en 1763 escribió al presidente de la Royal Society al respecto, en una carta histórica titulada «Un relato del éxito de la corteza de sauce en la cura de las fiebres».

Que muchos [...] remedios se encuentran cerca de sus causas era tan pertinente a este caso particular que no pude evitar aplicarlo.

Edward Stone

Carta a la Royal Society (1763)

Ingrediente activo

Tras la publicación del hallazgo, otros farmacéuticos empezaron a usar corteza de sauce. En 1827, el químico alemán Johann Buchner logró aislar la sustancia amarga. La llamó salicina, y contenía el principio activo, el ácido salicílico. Dos años después, el farmacéutico francés Henri Leroux consiguió extraer 30 gramos de salicina pura de 1,5 kg de corteza. El inconveniente del ácido salicílico es que causa irritación gastrointestinal, que algunos pacientes no toleran.

El químico Felix Hoffmann, de la farmacéutica alemana Bayer, creó en 1897 una forma segura del fármaco alterando la estructura del ácido salicílico. La nueva sustancia, el ácido acetilsalicílico, fue llamada aspirina. El francés Charles Gerhardt había tratado el cloruro de acetilo con salicilato de sodio en 1853; sin embargo, la versión de Hoffmann, incitada por su supervisor Arthur Eichengrün, fue la primera apta para uso médico. Bayer comercializó la aspirina en 1899, originalmente en polvo, para reducir la temperatura y la inflamación, y las ventas del primer analgésico despegaron en todo el mundo. ■

Un cartel italiano de 1935 ilustra los efectos transformadores de tomar aspirina en pastillas para tratar distintos tipos de dolor.

LA CIRUGIA SE HA HECHO CIENCIA

CIRUGÍA CIENTÍFICA

EN CONTEXTO

ANTES

***C.* siglo XVII A. C.** El papiro egipcio de Edwin Smith describe operaciones para el tratamiento de heridas.

***C.* 1150** El cirujano andalusí Ibn Zuhr (Avenzoar) practica una traqueotomía a una cabra para probar que el procedimiento es seguro en humanos.

1543 Andrés Vesalio publica *De humani corporis fabrica*, con ilustraciones de la anatomía interna humana de un detalle nunca visto antes.

DESPUÉS

1817 El alumno de John Hunter, Astley Cooper, practica la primera ligadura de la aorta abdominal.

1846 Henry Morton, dentista estadounidense, emplea el éter como anestésico en una operación.

2001 Se practica la primera operación remota con cirugía robótica en EE UU.

La cirugía fue una de las primeras disciplinas médicas que logró verdaderos avances. En el antiguo Egipto, alrededor del siglo XVII a. C., el papiro de Edwin Smith describía varios procedimientos quirúrgicos. Hacia el siglo I a. C., los cirujanos militares romanos refinaron las prácticas quirúrgicas, y durante el Renacimiento se realizaron avances anatómicos clave. Sin embargo, la cirugía interna seguía limitada por la falta de anestesia o analgésicos, y los conocimientos eran también escasos en cuanto a los efectos a largo plazo de las operaciones. El éxito o el fracaso de una operación podía ser evidente para el cirujano, pero rara vez se examinaba en detalle el impacto de la cirugía.

Disciplina quirúrgica

En el siglo XVIII, el cirujano escocés John Hunter estableció una base científica y metodológica para la cirugía. Adquirió destreza como cirujano militar en la década de 1760 durante la guerra de los Siete Años, y a

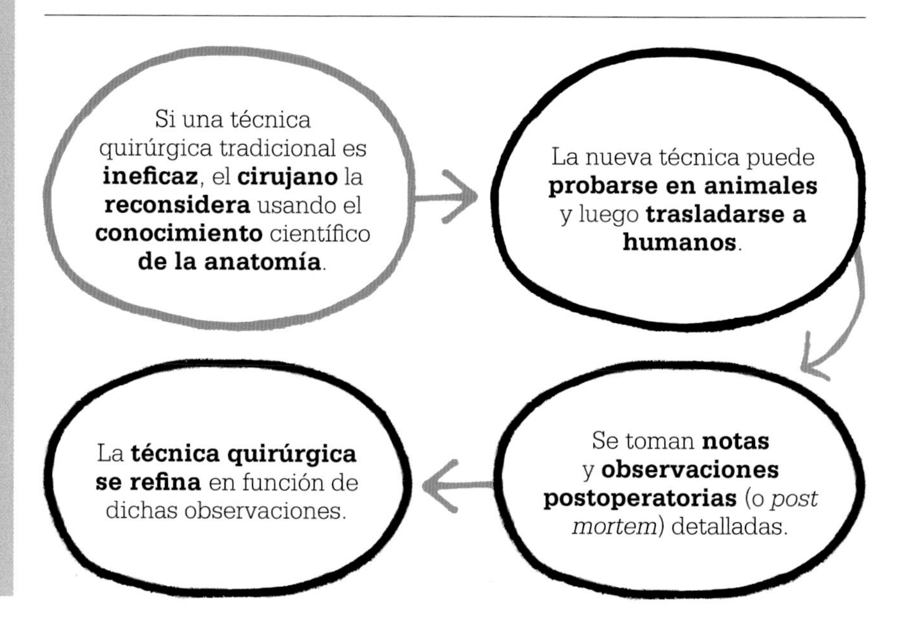

Si una técnica quirúrgica tradicional es **ineficaz**, el **cirujano** la **reconsidera** usando el **conocimiento** científico **de la anatomía**.
La nueva técnica puede **probarse en animales** y luego **trasladarse a humanos**.
Se toman **notas** y **observaciones postoperatorias** (o *post mortem*) detalladas.
La **técnica quirúrgica se refina** en función de dichas observaciones.

Véase también: Cirugía plástica 26–27 ▪ Medicina de campaña 53 ▪ Anestesia 112–117 ▪ Los antisépticos en la cirugía 148–151

raíz de su estudio de las heridas por armas de fuego concluyó que abrir los tejidos dañados para extraer fragmentos de bala (práctica común entonces) agravaba de hecho las infecciones, en lugar de mitigarlas.

A su regreso a Londres, Hunter adaptó sus procedimientos quirúrgicos a su conocimiento de la anatomía y la fisiología. Observó con detalle enfermedades en pacientes vivos y practicó disecciones *post mortem*. Hunter diseñaba las operaciones basándose en sus observaciones y ensayaba en animales antes de practicarlas en los pacientes. Este enfoque riguroso e inductivo lo convirtió en el fundador de la cirugía científica.

En 1785 practicó su operación más famosa, la de la rodilla de un cochero de 45 años con un aneurisma poplíteo, hinchado hasta llenarle la pierna por detrás de la rodilla. En lugar de abrir la herida y retirar el aneurisma, Hunter abrió los músculos e insertó ligaduras que presionaron los vasos para controlar el flujo sanguíneo. El paciente pudo volver a caminar, y cuando posteriormente murió de una fiebre, la autopsia reveló que el aneurisma había desaparecido, sin dejar señal alguna de infección.

En 1786, Hunter fue uno de los primeros médicos en reconocer el proceso de metástasis del cáncer. Observó que los tumores en los pulmones de un paciente eran similares a los que tenía en el muslo, anticipando con ello la disciplina clínica de la oncología.

Influencia duradera

La atención de Hunter a la observación científica directa, por la que fue muy aclamado, refinó la práctica de la cirugía. Muchos de sus contemporáneos y discípulos, como Joseph Lister, emularon sus métodos e insistieron en que la cirugía (y el desarrollo de nuevas operaciones) debía basarse en la ciencia, no en la tradición. Esta disciplina sigue generando desarrollos quirúrgicos clave en el siglo XXI. ■

Los hermanos Hunter, William y John, durante una disección en la escuela de anatomía de William, abierta a quien pudiera pagar para observar y aprender técnicas quirúrgicas.

John Hunter

John Hunter nació en Escocia en 1728 y se mudó a Londres a los 21 años para reunirse con su hermano William, anatomista. Estudió cirugía en el Hospital de San Bartolomé y adquirió experiencia práctica como cirujano del ejército en 1760.

En 1764, Hunter estableció su propia escuela de anatomía en Londres, y la empleó como base para atender a sus diversos intereses, como la anatomía comparativa, el sistema circulatorio en la mujer embarazada y el feto, las enfermedades venéreas y los trasplantes dentales. Uno de sus alumnos fue Edward Jenner, el pionero de la vacunación.

Hunter ingresó en la Royal Society en 1767 y fue cirujano personal de Jorge III en 1776. Murió en 1793, habiendo legado su colección de más de diez mil especímenes anatómicos al Real Colegio de Cirujanos.

Obras principales

1771 *Historia natural de los dientes humanos.*
1786 *Tratado sobre las enfermedades venéreas.*
1794 *Tratado sobre la sangre, la inflamación y las heridas por armas de fuego.*

DEBE ATENDERSE PRIMERO A LOS HERIDOS GRAVES

TRIAJE

EN CONTEXTO

ANTES

***C.* 1000–600 A. C.** Los *asu* asirios son los primeros médicos militares conocidos que asisten a los heridos durante el combate.

***C.* 300 A. C.–400 D. C.** El ejército romano desarrolla sistemas para evacuar y tratar heridos.

Siglo XVI La habilidad creciente de los barberos-cirujanos en el campo de batalla les da prestigio.

DESPUÉS

1861–1865 El cirujano unionista Jonathan Letterman crea un nuevo sistema de medicina de campaña durante la guerra de Secesión.

1914–1918 La *Ordre de Triage* del cirujano belga Antoine Depage establece criterios de trato a los soldados en la Primera Guerra Mundial.

1939–1945 En la Segunda Guerra Mundial, los médicos criban a los heridos en puestos móviles cerca del frente.

En 1793, el barón Dominique-Jean Larrey, cirujano militar francés en campaña con Napoleón, aplicó por primera vez un sistema de triaje (criba) para gestionar el tratamiento de los heridos en el campo de batalla, separándolos según fueran casos inmediatos, urgentes o no urgentes. Sin atender al rango, los heridos más graves, a los que a menudo se dejaba morir en las campañas precedentes, eran llevados a tiendas médicas próximas, las «ambulancias volantes» (otra innovación de Larrey), carros militares adaptados para llevarse a los heridos del campo de batalla.

El sistema de triaje de Larrey, junto con los primeros equipos de camilleros, redujeron con gran éxito el número de bajas entre los hombres de Napoleón.

Las decisiones rápidas de la enfermera de triaje pueden suponer la diferencia entre la vida y la muerte.

Lynn Sayre Visser
Enfermera de triaje y educadora estadounidense

El triaje en el ámbito civil

El concepto del triaje continuó evolucionando en el ámbito militar a lo largo de los siglos XIX y XX. Al mejorar la eficacia en la gestión de los hospitales en Occidente a principios de la década de 1900, sus departamentos de urgencias desarrollaron protocolos de triaje, tanto para decidir el orden en que se atendía a los pacientes ingresados como, en caso de accidentes o desastres, para priorizar a los que requerían la atención inmediata.

En la actualidad, el triaje es de uso habitual en el ámbito civil, y, según de qué país se trate, tiene entre tres y cinco niveles, desde el inmediato y la reanimación hasta el no urgente. ■

Véase también: Medicina de campaña 53 ▪ Hospitales 82–83 ▪ Cirugía científica 88–89 ▪ Enfermería y sanidad 128–133

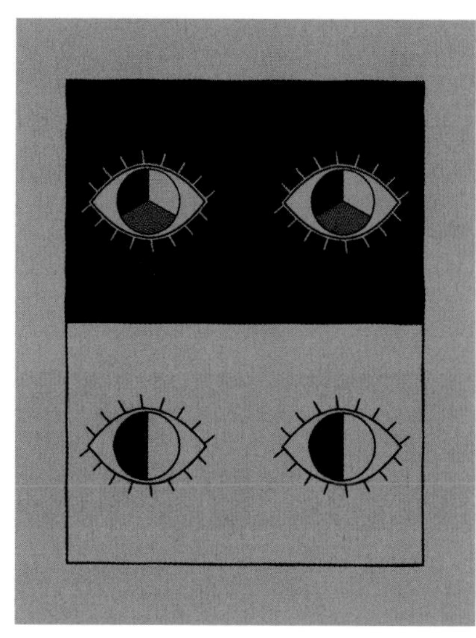

UNA PECULIARIDAD EN MI VISION

DALTONISMO

EN CONTEXTO

ANTES

***C.* 1040** El erudito árabe Ibn al Haytam (Alhacén) propone que la luz que llega al ojo permite la visión.

1613 En *Opticorum libri sex* («Seis libros de óptica»), el científico flamenco François d'Aguilon identifica el rojo, amarillo y azul como colores primarios, además del blanco y el negro.

1704 El británico Isaac Newton analiza la luz en su tratado *Óptica*.

DESPUÉS

1801 En una conferencia en la Royal Society, Thomas Young plantea su teoría ondulatoria de la luz y los fotorreceptores del ojo.

1851 El físico alemán Hermann von Helmholtz inventa el oftalmoscopio para el examen ocular y confirma la teoría de Thomas Young.

1917 El oftalmólogo japonés Shinobu Ishihara publica los primeros test de daltonismo.

John Dalton fue un meteorólogo y químico británico, pero se le conoce sobre todo por la descripción, en 1794, de la deficiencia de visión que le afectaba a él y a su hermano: veían mal el color rojo, y el naranja, el amarillo y el verde se les fundían en tonos del amarillo al beis. Tenían una deficiencia en cuanto a la visión del color conocida como deuteranopsia, hoy en día llamada daltonismo.

El relato de Dalton interesó a la comunidad científica. Antes de una década, el físico británico Thomas Young propuso que el ojo tiene tres tipos de conos (fotorreceptores responsables de la visión del color), para el azul, verde y rojo, que ofrecen el espectro completo del color. Una deficiencia en alguno de ellos (en el caso de Dalton, el receptor del verde) da como resultado el daltonismo.

Espectro de color limitado

En 1995, el ADN del ojo de Dalton, conservado después de su muerte, mostró que tenía deuteranopsia, uno de los tres tipos de daltonismo dicromático. Al faltarle los conos de tipo M sensibles a la longitud de onda media, solo distinguía entre dos o tres colores, en lugar del espectro pleno de la visión normal. Las deficiencias más raras del azul-amarillo (tritanomalía y tritanopia) dificultan distinguir entre el azul y el verde, y el amarillo y el rojo.

Actualmente, los test permiten a los oftalmólogos identificar el daltonismo, pero sigue sin tener cura. ■

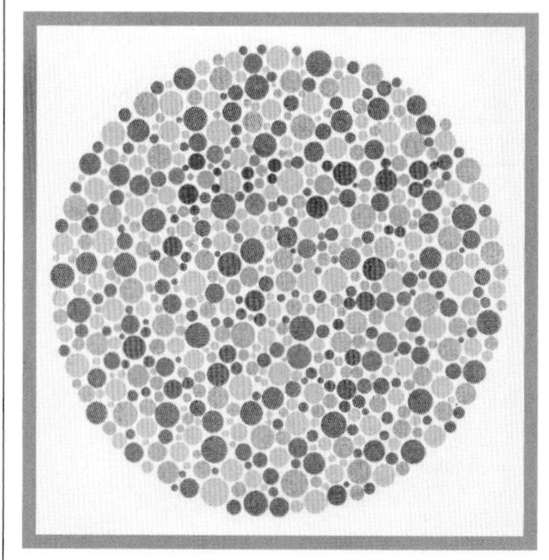

Este test de manchas de colores creado por Shinobu Ishihara detecta la deficiencia de visión rojo-verde en quienes no ven el número 57.

Véase también: Medicina islámica 44–49 ▪ Anatomía 60–63 ▪ Herencia y trastornos genéticos 146–147 ▪ Fisiología 152–153

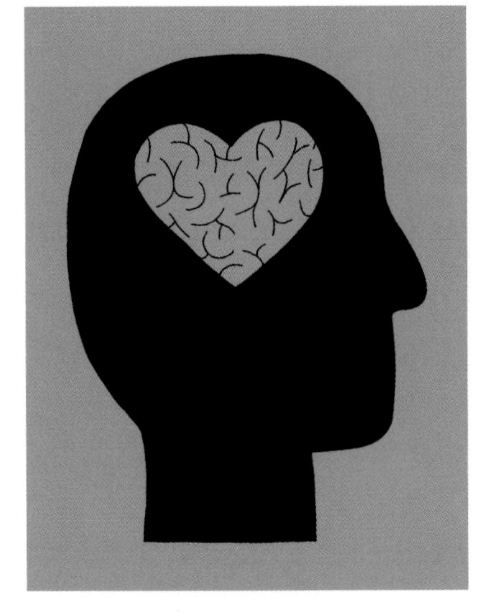

NO YA TEMIDA, SINO COMPRENDIDA

SALUD MENTAL HUMANITARIA

EN CONTEXTO

ANTES

***C.* 8000 A. C.** Un cráneo hallado en la cueva de Taforalt (Marruecos) muestra signos de trepanación (perforación craneal), posiblemente para curar un trastorno mental.

1406 El primer manicomio abre en Valencia (entonces la Corona de Aragón).

DESPUÉS

1927 El psiquiatra austriaco Manfred Sakel introduce la terapia con insulina para inducir un coma hipoglucémico a los esquizofrénicos.

1949 El neurólogo portugués Egas Moniz recibe el premio Nobel por la lobotomía (corte de conexiones en partes del cerebro) para enfermedades mentales graves, después desacreditada por causar cambios en la personalidad.

Década de 1950 Se desarrollan en Francia los antisicóticos para la esquizofrenia y el trastorno bipolar.

Hasta el siglo XVIII, quienes sufren **enfermedades mentales** son **temidos** y **marginados**.

↓

Al **negárseles la humanidad**, su **condición se agrava**.

↓

La Ilustración promueve nociones de **humanidad, libertad individual** y **derechos universales**.

↓

Se introduce el **trato humanitario** *(traitement moral)* a quienes sufren **enfermedades mentales**.

El diagnóstico y tratamiento de los trastornos mentales plantea un singular conjunto de problemas, en particular el del significado de «normal» en lo relativo al comportamiento. A lo largo de la Edad Media fue habitual creer que las personas podían ser poseídas por demonios, a los que había que expulsar. Fue un mundo dominado por el temor a la peste, el hambre y la guerra, e imbuido de superstición. En el mejor de los casos, a los enfermos mentales se les estigmatizaba; en el peor, se les acusaba de brujería.

El número de manicomios fue creciendo durante el siglo XVI. La mayoría de los pacientes eran confinados contra su voluntad, en muchos casos encadenados, y se les consideraba como animales, incapaces de razonar o de sentir dolor. Los manicomios no tenían pretensión alguna de ayudar a recuperarse a los pacientes, de los que se esperaba que tolerasen su existencia miserable sin protestar.

Traitement moral

La comprensión científica de las enfermedades mentales apenas cambió en el siglo XVII; sin embargo, en el siglo XVIII, los reformadores sociales

Véase también: El litio y el trastorno bipolar 240 ▪ Clorpromazina y antipsicóticos 241 ▪ Terapias cognitivo-conductuales 242–243

Los encargados de estas instituciones [...] suelen ser hombres de poco conocimiento y menor humanidad.

Philippe Pinel

***Tratado médico-filosófico de la enajenación mental o la manía* (1801)**

europeos comenzaron a prestarles atención. En la década de 1780, el médico italiano Vincenzo Chiarugi retiró las cadenas a sus pacientes psiquiátricos y fomentó la higiene, las actividades recreativas y algún grado de formación profesional. En París, en la década de 1790, Philippe Pinel introdujo el llamado «tratamiento moral» (o humanitario), un régimen de nutrición y condiciones de vida mejoradas para demostrar la hipótesis de que los enfermos mentales mejorarían si se les trataba con compasión.

En Gran Bretaña, en 1796, el filántropo cuáquero William Tuke introdujo medidas similares en el York Retreat. Tuke también creía en el valor terapéutico y moral del trabajo físico. El trato humanitario defendido por Pinel y Tuke llegó a EE UU a principios de un siglo XIX centrado en el desarrollo espiritual y moral, y se fomentó la rehabilitación de los pacientes, a los que se animaba a llevar a cabo trabajos manuales y actividades recreativas. Sin embargo, al acabar el siglo, este enfoque había sido abandonado ampliamente. Los manicomios estaban abarrotados y no era posible ofrecer cuidados individuales.

Higiene mental

A finales del siglo XIX, el movimiento por la higiene mental del reformador Clifford Beers estaba reemplazando al del tratamiento moral en EE UU. Beers, motivado por el trato deficiente que él mismo había recibido cuando padeció depresión y ansiedad, recomendaba un enfoque centrado en el bienestar total del paciente. Su libro *A Mind That Found Itself* (1908) y el Comité Nacional por la Higiene Mental, que fundó en 1909, influyeron en los servicios de salud mental de todo el mundo, y sus valores animan la actual atención médica en este campo. ■

El York Retreat, fundado para dar «tratamiento moral» a los pacientes, considerados con compasión y tratados como huéspedes, no como prisioneros, en una imagen de 1887.

Philippe Pinel

Philippe Pinel nació en Jonquières (Francia) en 1745, hijo de un maestro cirujano. Abandonó los estudios de teología en 1770 y trabajó como traductor de textos médicos y científicos y profesor de matemáticas mientras asistía a la mejor escuela médica de Francia, en la Universidad de Montpellier.

En 1778 se mudó a París, donde editó la revista médica *Gazette de santé*, que incluía regularmente artículos sobre salud mental. En 1793 fue nombrado superintendente del hospicio de Bicêtre, y dos años más tarde, jefe médico del hospital de la Salpêtrière, que disponía de 600 camas para pacientes con enfermedades mentales. Fue en Bicêtre y Salpêtrière donde aplicó el «tratamiento moral», y liberó a pacientes que llevaban varias décadas encadenados. Pinel trabajó en la Salpêtrière el resto de su vida. Murió en 1826.

Obras principales

1794 *Memoria sobre la manía.*
1801 *Tratado médico-filosófico de la alienación mental o La manía.*

ENTRENAR EL SISTEMA INMUNITARIO

LA VACUNACIÓN

EN CONTEXTO

ANTES

C. 590 Los curanderos chinos empiezan a practicar inoculaciones.

1713 Emmanuel Timoni describe la inoculación masiva en Constantinopla.

1718 Lady Mary Wortley Montagu hace inocular a su hijo en Constantinopla.

1721 El colono norteamericano reverendo Cotton Mather insta a la variolización contra una epidemia de viruela.

DESPUÉS

1921 Los científicos franceses Albert Calmette y Camille Guérin crean la BCG, primera vacuna contra la tuberculosis.

1953 Jonas Salk, virólogo estadounidense, descubre una vacuna contra la polio.

1980 La OMS declara erradicada la viruela.

Yu Hoa Long era el dios chino de la curación de la viruela, considerada en muchas culturas como un castigo divino por los pecados cometidos.

Las vacunas son uno de los mayores éxitos médicos de todos los tiempos. En el mundo desarrollado han sido tan eficaces en la contención de numerosas enfermedades infecciosas que es fácil olvidar lo terribles que fueron algunas, como la viruela, la difteria, la polio y el tétanos.

La vacunación, o inmunización, consiste en preparar las defensas del organismo con una versión segura del microbio causante de la enfermedad, o parte de él. Esto permite al sistema inmunitario desarrollar resistencia, o inmunidad, a la enfermedad, y cuantas más personas son inmunes a esta, menos puede propagarse. La clave del éxito de la vacunación es la idea de la «versión segura», y este fue el gran avance de la vacuna de la viruela del médico británico Edward Jenner en 1796.

La viruela letal

La viruela es una enfermedad altamente contagiosa causada por dos variantes del *Variola virus*. Hoy ha sido erradicada del mundo por completo, pero, hasta la vacuna de Jenner, sus efectos eran devastadores. En el siglo XVIII, casi medio millón de personas morían de viruela al año solo en Europa. Exploradores, comerciantes y colonos europeos llevaron consigo la viruela y otras enfermedades que diezmaron a las poblaciones nativas del resto del globo, nunca antes expuestas a estos patógenos.

A los afortunados que sobrevivían a la viruela les quedaba el rostro marcado de por vida por la erupción de terribles pústulas, y un tercio quedaban ciegos. En la In-

Véase también: La teoría microbiana 138–145 ▪ El sistema inmunitario 154–161 ▪ Virología 177 ▪ Vacunas atenuadas 206–209 ▪ Erradicación global de la enfermedad 286–287 ▪ VIH y enfermedades autoinmunes 294–297 ▪ Pandemias 306–313

La viruela, tan fatal y tan general entre nosotros, es aquí del todo inofensiva por la invención del injerto [variolación].
Lady Mary Wortley Montagu
Carta a una amiga (abril de 1717)

glaterra del siglo XVIII, solo uno de cada tres niños llegaba a cumplir los cinco años, en gran medida debido a la viruela.

Al menos desde la época romana se sabía que los que sobrevivían a la viruela quedaban de algún modo inmunizados, y por eso era costumbre recurrir a ellos para cuidar de los enfermos. Los curanderos de Asia (sobre todo en China), África y Europa llevaban tiempo tratando de replicar esta inmunidad natural por medio de la variolación (inoculación), en la que se infectaba deliberadamente a personas sanas con materia procedente de alguien que tuviera una versión aparentemente benigna de la enfermedad.

La variolación solía consistir en frotar pústulas aplastadas sobre cortes de la mano o en inhalarlas por la nariz. Los padres adquirían pústulas o ropa contaminada con las que infectar a sus hijos.

Con suerte, los inoculados enfermaban levemente durante unos días y se recuperaban con inmunidad plena. Era una estrategia de alto riesgo, pues un número considerable de los inoculados moría. Además, los niños que sobrevivían a la variolación podían convertirse en portadores de la enfermedad. Sin embargo, la viruela era tan devastadora que muchos estaban dispuestos a asumir el riesgo, y algunos casos, como el de las niñas criadas en el Cáucaso para servir en el harén del sultán otomano en Constantinopla (actual Estambul), no tenían otra opción.

El experimento real

La idea de la inoculación empezó a captar la atención de los médicos europeos alrededor de 1700. En 1713, el médico griego Emmanuel Timoni relató que había visto a inoculadoras griegas variolar con éxito a miles de niños durante una epidemia de viruela en Constantinopla. El médico veneciano Jacob Pylarini, que practicó la variolación en su ciudad, escribió un libro sobre su experiencia en 1715. Luego adoptó la práctica la escritora británica Lady Mary Wortley Montagu, a la que la enfermedad había desfigurado gravemente.

En 1736 perdí a uno de mis hijos [...] por la viruela. Lamenté amargamente por mucho tiempo no habérsela inoculado.
Benjamin Franklin
Estadista estadounidense (1706–1790)

En 1718, impresionada por el aparente éxito de los «injertos», Lady Mary pidió al cirujano de la embajada Charles Maitland que supervisara la inoculación de su hijo de cinco años, Edward, por una inoculadora griega. Montagu se convirtió en una defensora destacada de esta técnica, y a su regreso a Gran Bretaña pidió a Maitland que inoculara a su hija.

Poco tiempo después, en 1721, Maitland recibió, por comisión real, el encargo de lo que pudo ser el primer ensayo clínico del mundo, con el objetivo de demostrar la eficacia de la inoculación a la familia real británica. Bajo la mirada atenta del médico más destacado del país, Hans Sloane, Maitland inoculó a seis presos condenados en la cárcel de Newgate, a los que se convenció de participar a cambio de su »

La superviviente de la viruela Lady Mary Wortley Montagu tuvo un papel decisivo en llevar la inoculación al ámbito médico británico. Su hermano había muerto de viruela a los veinte años.

posterior puesta en libertad. Sobrevivieron, y, unos meses después, Maitland repitió la prueba con niños huérfanos, que también sobrevivieron. La noticia del éxito de Maitland se extendió con rapidez, y la práctica de la inoculación fue adoptada por toda Europa y en las colonias de América. En 1721, la defendieron enérgicamente el pastor puritano de Massachusetts Cotton Mather y el doctor Zabdiel Boylston. En 1738, amenazada la colonia de Carolina por una grave epidemia de viruela, se trató a unas mil personas. En Gran Bretaña aquel año, casi dos mil personas fueron inoculadas en Middlesex.

La variolación era un procedimiento peligroso, pues como resultado moría al menos uno de cada treinta inoculados, pero su introducción a gran escala no tardó en demostrar que el riesgo era considerablemente menor que el de morir durante una epidemia. En 1757, entre otros miles de niños ese año, fue inoculado de viruela un muchacho de ocho años llamado Edward Jenner.

La inoculación funciona introduciendo una muestra de **materia infectada** en el cuerpo, que **enferma, pero adquiere inmunidad**.
Sin embargo, la **viruela** es peligrosa y **muchos de los inoculados** con materia infectada **mueren**.
La exposición a la **viruela bovina** causa una **enfermedad leve**, pero **protege de la viruela**.
Infectarse deliberadamente con una **variante segura** de una enfermedad (como la viruela bovina) confiere **inmunidad a la variante fatal** (como la viruela).
Esta práctica se llama vacunación.

La versión segura

Jenner acabaría teniendo un lugar asegurado en la historia de la medicina como padre de la inmunología, pero en la década de 1770 era un médico rural que, como otros de la época, inoculaba a muchos de sus pacientes para protegerlos de la viruela. A Jenner le intrigaban los relatos sobre lecheras que habían contraído una infección leve, la viruela bovina, de la que habían adquirido la inmunidad a la mucho más letal viruela, y se preguntó si la viruela bovina podría ofrecer una inoculación más segura.

Se cuenta que un día Jenner oyó presumir a una lechera: «Yo nunca tendré la viruela, porque ya tuve la de las vacas. Nunca tendré la cara picada». A partir de entonces, Jenner comenzó a reunir datos de manera concienzuda, y en casi treinta casos dio con ejemplos de exposición anterior a la viruela bovina que parecían haber inmunizado ante la viruela. Aunque Jenner no lo supiera, la viruela bovina se debe al virus *Vaccinia* (o virus vacuna) que es transmisible a los humanos, y al virus *Variola*, responsable de la viruela.

En 1796, la lechera Sarah Nelmes fue a ver a Jenner por un sarpullido que le había salido en la mano derecha. Jenner le diagnosticó viruela bovina y decidió poner a prueba su teoría, usando como cobaya a James Phipps, de ocho años, hijo de su jardinero. Jenner practicó unos cortes superficiales en el brazo del niño, y los frotó con pus del sarpullido de la lechera infectada. En pocos días, el muchacho enfermó levemente de viruela bovina, pero pronto se recuperó.

Después de demostrar que la viruela bovina se podía transmitir de persona a persona, Jenner procedió a comprobar si la viruela bovina protegería a James de la viruela e inoculó al muchacho con pus de una lesión activa de viruela. James no desarrolló síntomas de la virue-

Espero que algún día la práctica de inducir la viruela bovina en los humanos se extienda por el mundo. Cuando llegue ese día, no habrá ya más viruela.
Edward Jenner (1798)

la, ni entonces ni posteriormente. Jenner continuó acumulando varios casos, y repitió con ellos su experimento inicial, confirmando su teoría original de que la viruela bovina protegía de la viruela. En 1798 publicó sus hallazgos en un libro titulado *Una investigación sobre las causas y los efectos de las «Variolae vaccinae»*. La técnica de introducir pus bajo la piel para proteger de la enfermedad fue universalmente conocida como vacuna, nombre que refleja el origen del descubrimiento de Jenner.

Correr la voz

Jenner enviaba vacunas a quien las pidiera, y, con el apoyo de otros médicos, la vacunación se extendió rápidamente por Reino Unido. En 1800 la habían adoptado la mayor parte de los países europeos y EEUU. Al año siguiente, Jenner publicó un artículo, «Sobre el origen de la inoculación de vacunas», en el que resumía sus descubrimientos y expresaba el deseo de que «la aniquilación de la viruela, el más espantoso azote de la especie humana, sea el resultado final de esta práctica».

Aunque Jenner fuera el primero en investigar científicamente la vacunación y sus efectos, pudo no serlo en descubrir la técnica: cuando una epidemia de viruela sacudió el condado inglés de Dorset en 1774, el agricultor Benjamin Jesty estaba decidido a proteger a su familia. Tomó pus de la ubre de una vaca infectada y, con ayuda de una aguja, lo introdujo en los brazos de su mujer y sus dos hijos. (Como Jesty había tenido ya la viruela bovina, él no se vacunó.) El experimento dio resultado, y la familia de Jesty quedó libre de viruela, pero pasaría otro cuarto de siglo hasta que los experimentos de Jenner y una promoción decidida de las vacunas cambiaran la práctica de la medicina para siempre.

División de opiniones

La aceptación de los hallazgos de Jenner no fue general. Las protestas más sonadas fueron las del clero, que consideraba la viruela una cuestión de vida o muerte dada por Dios, y era blasfemo pretender interferir en cuestiones de disposición divina. Además, a no pocos les daba miedo que les introdujeran en el cuerpo pus de vacas enfermas, reparo que los caricaturistas de la época no perdieron la ocasión de satirizar. Al declararse obligatoria la vacuna de la viruela bovina en 1853, se desató una campaña antivacunas, con marchas de protesta y discursos apasionados exigiendo la libertad de elección.

Esta pintura de Gaston Melingue muestra a Jenner vacunando a James Phipps en 1796. Jenner estuvo tan agradecido al niño que haría construir una casa para él en su Berkeley natal.

Durante varias décadas desde el gran descubrimiento de Jenner, la vacuna continuó proviniendo de los sarpullidos de la viruela bovina en los brazos de lecheras infectadas. Se hicieron pocos esfuerzos por emplear material tomado directamente de las vacas. En la década de 1840, »

Edward Jenner

Edward Jenner, nacido en Berkeley (Reino Unido) en 1749, quedó huérfano a los cinco años, y fue a vivir con su hermano mayor. En 1764 fue aprendiz de un cirujano local, y a los 21 años estudió con el famoso cirujano John Hunter en Londres.

Los intereses de Jenner eran diversos: ayudó a clasificar nuevas especies traídas del Pacífico Sur por el botánico Joseph Banks; construyó su propio globo de hidrógeno; y estudió el ciclo vital del cuco. También tocaba el violín y escribía poesía. Jenner se casó en 1788 y tuvo cuatro hijos. En un cobertizo del jardín de su hogar familiar, llamado el «templo de las vacunas», vacunaba gratis a los pobres. Habiéndose ganado el reconocimiento general, murió en 1823.

Obras principales

1798 *Una investigación sobre las causas y los efectos de las «Variolae vaccinae».*
1799 *Ulteriores observaciones sobre las «Variolae vaccinae», o viruela bovina.*
1801 «Sobre el origen de la inoculación de vacunas».

La vacunación era temida por muchos. En esta caricatura de 1802 de James Gillray, Jenner vacuna a una mujer reacia mientras brotan vacas de los cuerpos de otros personajes.

el médico italiano Giuseppe Negri fue uno de los primeros en emplear material de origen bovino para vacunar directamente a sus pacientes, pero no fue hasta 1864 cuando los médicos franceses Gustave Lanoix y Ernest Chambon transportaron a una ternera infectada desde Nápoles (Italia) hasta París para establecer un servicio de vacunas animales.

Las vacunas animales tenían ventajas evidentes: a lo largo de unas semanas, una ternera podía producir vacuna suficiente para miles de dosis. Un rebaño pequeño permitía vacunar a una ciudad entera. Otra ventaja era que los pacientes ya no se arriesgaban a la infección cruzada de otras enfermedades que pudiera tener un donante humano. Chambon llevó sus ideas a EEUU, y a finales de siglo ya estaban implantadas allí las «granjas de virus». En 1902 estaba vacunada una cuarta parte de la población de Nueva York, unas 800 000 personas. Hasta la década de 1870, la viruela fue la única enfermedad para la que había una vacuna. Pero eso cambió cuando los microbiólogos Louis Pasteur, en Francia, y Robert Koch, en Alemania, demostraron que los causantes de las enfermedades son microbios, o gérmenes. En 1877, Pasteur defendía que si se había encontrado una vacuna para la viruela, lo mismo valía para todas las enfermedades.

La medicina nunca antes había traído una sola mejora de semejante utilidad.
Thomas Jefferson
Tercer presidente de EEUU (1801–1809)

Microbios debilitados

Empeñado en demostrar su teoría, Pasteur probó a inocular la bacteria del cólera en pollos, pero la mayoría de ellos morían. En 1879 hizo un descubrimiento sorprendente. Justo antes de marcharse de vacaciones dejó instrucciones a su asistente de que inoculara a las aves con un cultivo nuevo. El asistente olvidó hacerlo, y a su regreso Pasteur inoculó a los pollos con el cultivo envejecido. Las aves enfermaron levemente, sobrevivieron y quedaron inmunes. Pasteur comprendió que la exposición de las bacterias al oxígeno las había vuelto menos letales. La idea de usar un microorganismo debilitado no era nueva, pero la de atenuar o debilitarlo deliberadamente en el laboratorio para su empleo como vacuna segura fue un avance enorme.

Otras vacunas

Pasteur se puso de inmediato a buscar otras enfermedades contra las que inocular. En 1881 desarrolló una para el carbunco, que empleó con éxito con ovejas, cabras y vacas. Más adelante, en 1885, comenzó a buscar una vacuna para la rabia.

A diferencia del cólera y el carbunco, la rabia se debe a un virus, no a una bacteria (lo cual no podía saber Pasteur), y no es fácil cultivarla en el laboratorio. Aunque los virus mutan rápidamente, su virulencia puede reducirse haciéndolos pasar por varias especies antes de usarlos en humanos. Pasteur consiguió su vacuna atenuada para la rabia secando la médula espinal de conejos infectados con la enfermedad.

Tras varios ensayos con éxito en perros, convencieron a Pasteur para que probara la vacuna en un niño de nueve años, Joseph Meister, a quien había mordido un perro rabioso. La probabilidad de morir era alta. Pasteur le inyectó una serie diaria de dosis cada vez más virulentas de su preparado a base de médula de conejo, y Joseph se recuperó. Pasteur insistió en que su método se llamara también vacuna, en honor a Jenner.

Inspirados por el éxito de Pasteur, científicos de todo el mundo se animaron a buscar otras vacunas vivas y atenuadas, creyendo que de este modo se podría crear una vacuna para cada enfermedad, y erradicarlas todas. Desde entonces se han producido para la tuberculosis, la fiebre amarilla, el sarampión, las paperas y la rubeola, entre otras.

La vacuna adecuada

El reto con las vacunas consiste en encontrar la adecuada: debe desencadenar la producción de los anticuerpos correctos y, desde luego, no debe hacer enfermar al paciente. Los investigadores médicos no tienen duda alguna de que el mejor modo de combatir las enfermedades infecciosas es dar con una vacuna. Con algunas enfermedades, una sola vacunación parece inmunizar de por vida; con otras, como la gripe, aparecen constantemente nuevas variantes del virus, y es necesario desarrollar una vacuna nueva para combatir cada una; las personas vulnerables a la gripe invernal deben vacunarse cada otoño para protegerse de la nueva versión. Para otras enfermedades, como el virus de la inmunodeficiencia humana (VIH), que ataca al sistema inmunitario, resulta muy difícil crear una vacuna eficaz.

La vacunación ha salvado cientos de millones de vidas. La viruela se ha erradicado por completo, y muchas otras enfermedades infecciosas están en declive. En EE UU, por ejemplo, la difteria se ha reducido de 206 939 casos en 1921 a solo dos entre 2004 y 2017; la tosferina, de 265 269 casos en 1934 a 15 609 en 2018; y el sarampión, de 894 134 casos en 1941 a solo 372 en 2019.

Constantemente se combaten nuevas enfermedades con éxito. Desde la introducción de la vacuna de la *Haemophilus influenzae* tipo B (Hib) en la década de 1990, por ejemplo, la incidencia de la meningitis por Hib, que mataba a decenas de miles de niños, ha caído en Europa en un 90 %, y en EE UU en un 99 %. Sin embargo, la globalización ha traído nuevas amenazas, como se vio a partir de 2020 con la COVID-19. ■

Cómo funcionan las vacunas

Cuando el cuerpo se expone a un patógeno, reacciona liberando anticuerpos dirigidos contra ese microorganismo específico. El cuerpo tarda un tiempo en crear los anticuerpos adecuados, y puede sufrir los síntomas de la enfermedad antes de que el sistema inmunitario empiece el contraataque. Con tiempo, si la persona sobrevive, derrota al patógeno y se recupera.

Si el cuerpo se expone de nuevo a ese microorganismo, los anticuerpos están listos para eliminarlo antes de que se desarrolle la enfermedad. La vacuna prepara al sistema inmunitario con versiones atenuadas, muertas o parciales del patógeno, que desencadenan la producción de anticuerpos, pero no la enfermedad. Con algunas enfermedades, basta una sola dosis; con otras, la inmunidad se adquiere de forma gradual con una serie de vacunaciones, o se completa con una vacuna de refuerzo.

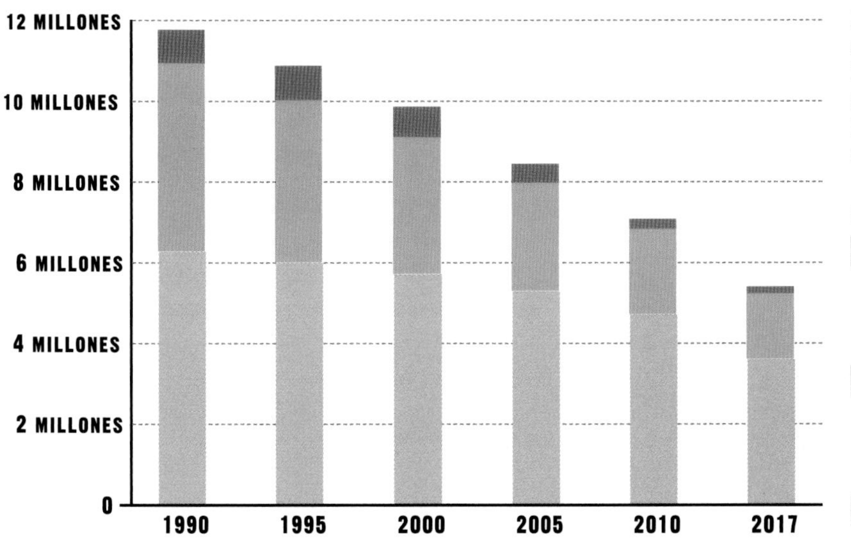

La vacunación ha mejorado enormemente la esperanza de vida de los menores de cinco años. Cada barra muestra el número total de muertes; las secciones en color representan las que las vacunas podrían haber evitado.

Clave: causas de muerte

- Causas de muerte prevenibles por vacunas:
  1. Tétanos
  2. Tosferina
  3. Sarampión
- Causas de muerte prevenibles, en parte, por vacunas:
  1. Meningitis y encefalitis
  2. Enfermedades diarreicas
  3. Infecciones respiratorias agudas
- Otras causas (no prevenibles por vacunas)

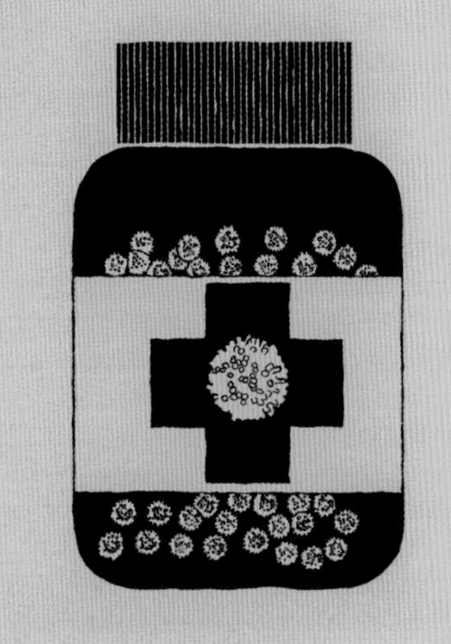

LO SEMEJANTE CURA LO SEMEJANTE

HOMEOPATÍA

EN CONTEXTO

ANTES

***C.* 400 A. C.** Hipócrates escribe que las plantas semejantes a una parte del cuerpo enferma pueden tratar la enfermedad.

***C.* década de 1530** Paracelso propone que el color y otros atributos de las plantas y minerales indican qué enfermedad tratan.

Década de 1760 El austriaco Anton von Störck defiende el uso de venenos como la cicuta en minúsculas cantidades para tratar enfermedades incurables.

DESPUÉS

1834 El austriaco Johann Martin Honigberger combina medicina convencional y homeopática y lleva la homeopatía a India.

2017 La FDA de EE UU propone un nuevo análisis de riesgos y resultados de los productos homeopáticos. Reino Unido les retira los fondos públicos, seguido por España (2018) y Francia (2019).

En su ensayo de 1796 *Sobre un nuevo principio para determinar los poderes curativos de los fármacos*, el médico alemán Samuel Hahnemann propuso que lo que produce determinados síntomas en personas sanas puede tratar los mismos en otras personas enfermas. Después de traducir al alemán *Tratado de materia médica* de 1781, del escocés William Cullen, comprobó en su persona la observación de Cullen de que la corteza de chinchona (de la que luego se aislaría la quinina) producía síntomas como los de la malaria, enfermedad que trataba. De ello dedujo el principio clave de la homeopatía, término acuñado por él en 1807.

Hahnemann prescribía soluciones muy diluidas de los remedios, porque creía que cuanto menor era la dosis, mayor era la potencia. La homeopatía ganó mucha popularidad en Europa y EE UU como alternativa a terapias convencionales como purgas y sangrías, y en 1900 había quince mil homeópatas en EE UU.

La homeopatía conserva todavía muchos adeptos; sin embargo, desde la medicina científica se advierte de que no la apoyan pruebas fiables, y que no debe usarse nunca para el tratamiento de males crónicos o graves. Debido a que algunos productos homeopáticos reaccionan con los fármacos convencionales, antes de utilizarlos se debe consultar a un médico. Los resultados positivos comunicados por los usuarios se deben probablemente al efecto placebo, debido en gran medida al enfoque holístico de los homeópatas. ■

Los productos homeopáticos no son más eficaces que los placebos.

Comité de Ciencia y Tecnología

Cámara de los Comunes de Reino Unido (2010)

Véase también: Medicina ayurvédica 22–25 ▪ Medicina griega 28–29 ▪ Herbología 36–37 ▪ Escuelas médicas y cirugía medievales 50–51 ▪ Farmacia 54–59

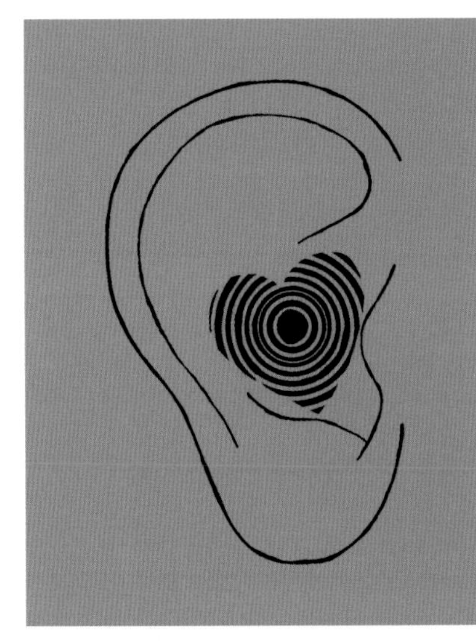

ESCUCHAR EL LATIDO DEL CORAZON

EL ESTETOSCOPIO

EN CONTEXTO

ANTES

Siglo XVII A.C. Se menciona en papiros egipcios que pueden escucharse en el cuerpo los signos de enfermedad.

***C.* 375 A.C.** Hipócrates propone sacudir al paciente por los hombros y pegar el oído al pecho para detectar anomalías.

1616 William Harvey observa que la sangre bombeada por el corazón «se escucha en el pecho».

DESPUÉS

1852 El estadounidense George P. Cammann perfecciona el diseño del estetoscopio flexible binaural.

1895 El obstetra francés Adolphe Pinard desarrolla un estetoscopio para escuchar la actividad fetal en el útero.

1998 3M lanza en EEUU un nuevo estetoscopio Littman que amplifica electrónicamente sonidos que podrían pasar desapercibidos.

En 1816, el médico francés René Laënnec inventó el estetoscopio. La práctica anterior de poner la oreja sobre el pecho del paciente para oír el corazón y los pulmones, además de poco eficiente, causaba incomodidad y apuro al examinar a las mujeres. Laënnec descubrió que una hoja de papel enrollada y apretada sobre el pecho o la espalda volvía más audibles los sonidos. Su primer instrumento fue un tubo hueco de madera de 3,5 cm de diámetro y 25 cm de largo, con un pequeño auricular en el extremo. Lo llamó estetoscopio, del griego *stêthos* («pecho») y *skopein* («observar»).

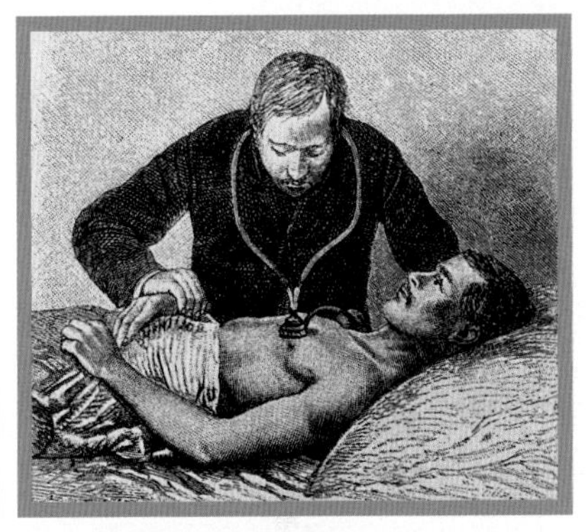

Un grabado del siglo XIX muestra lo poco que ha cambiado la forma del estetoscopio. Hoy en día los médicos emplean también escáneres de ultrasonidos de bolsillo.

Uso generalizado

En 1819, Laënnec publicó *De la auscultación mediada*, sobre cómo escuchar las posibles anomalías del corazón y los pulmones con un estetoscopio, obra que despertó gran interés y difundió el uso del estetoscopio durante los treinta años siguientes. Tras su muerte, en 1826, se introdujeron mejoras como un tubo flexible, dos auriculares y una versión con doble cabezal para aplicar al pecho y a la espalda (una campana hueca para detectar frecuencias bajas y un diafragma para las altas). El cardiólogo estadounidense David Littman desarrolló un estetoscopio más ligero con mejor acústica a principios de la década de 1960, y, en 2015, el palestino Tarek Loubani creó un remedio para la escasez de instrumentos con el primer modelo impreso en 3D. ■

Véase también: La circulación de la sangre 68–73 ▪ Anamnesis 80–81 ▪ Electrocardiografía 188–189 ▪ Ultrasonidos 244 ▪ Marcapasos 255

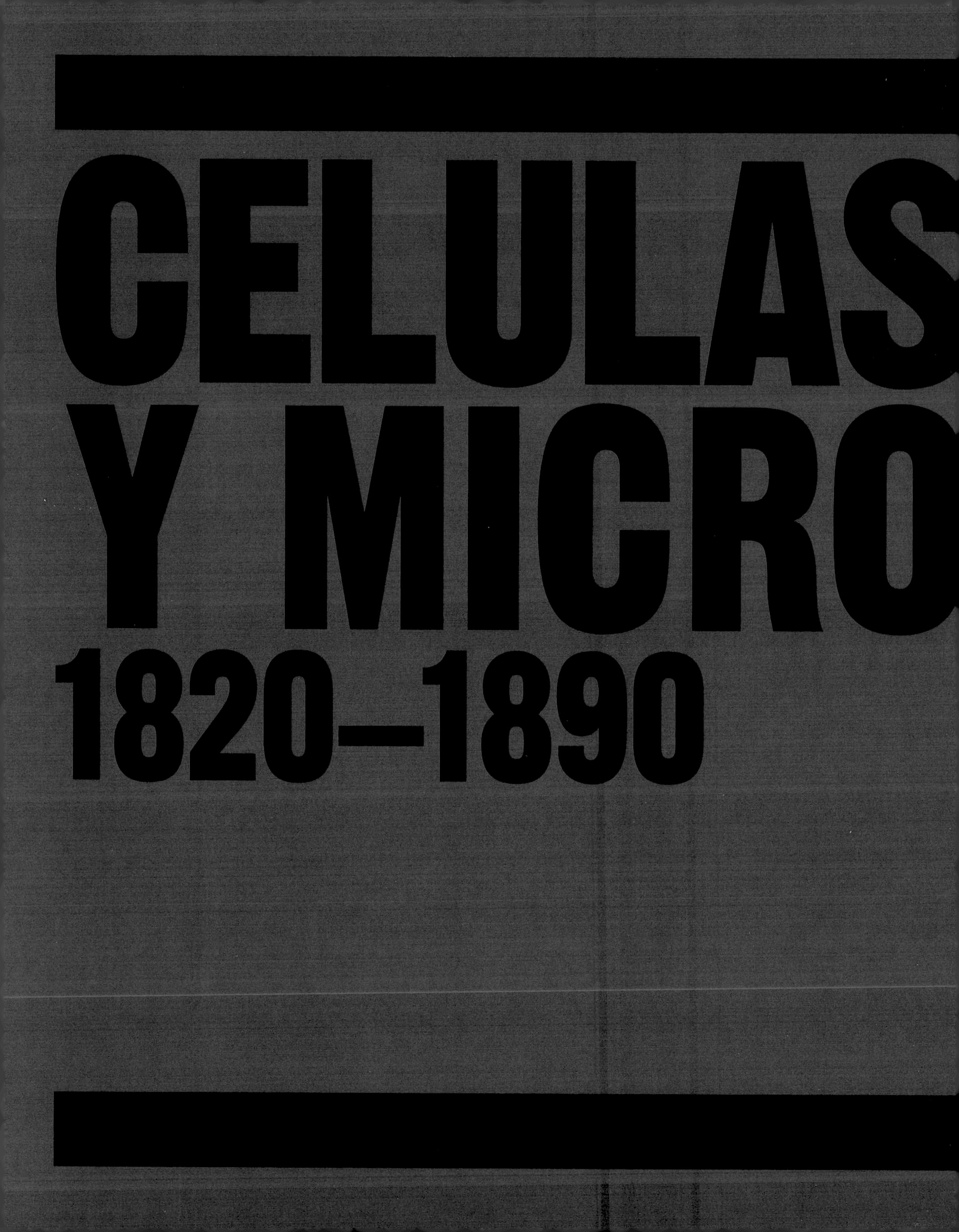

CELULAS Y MICRO

1820–1890

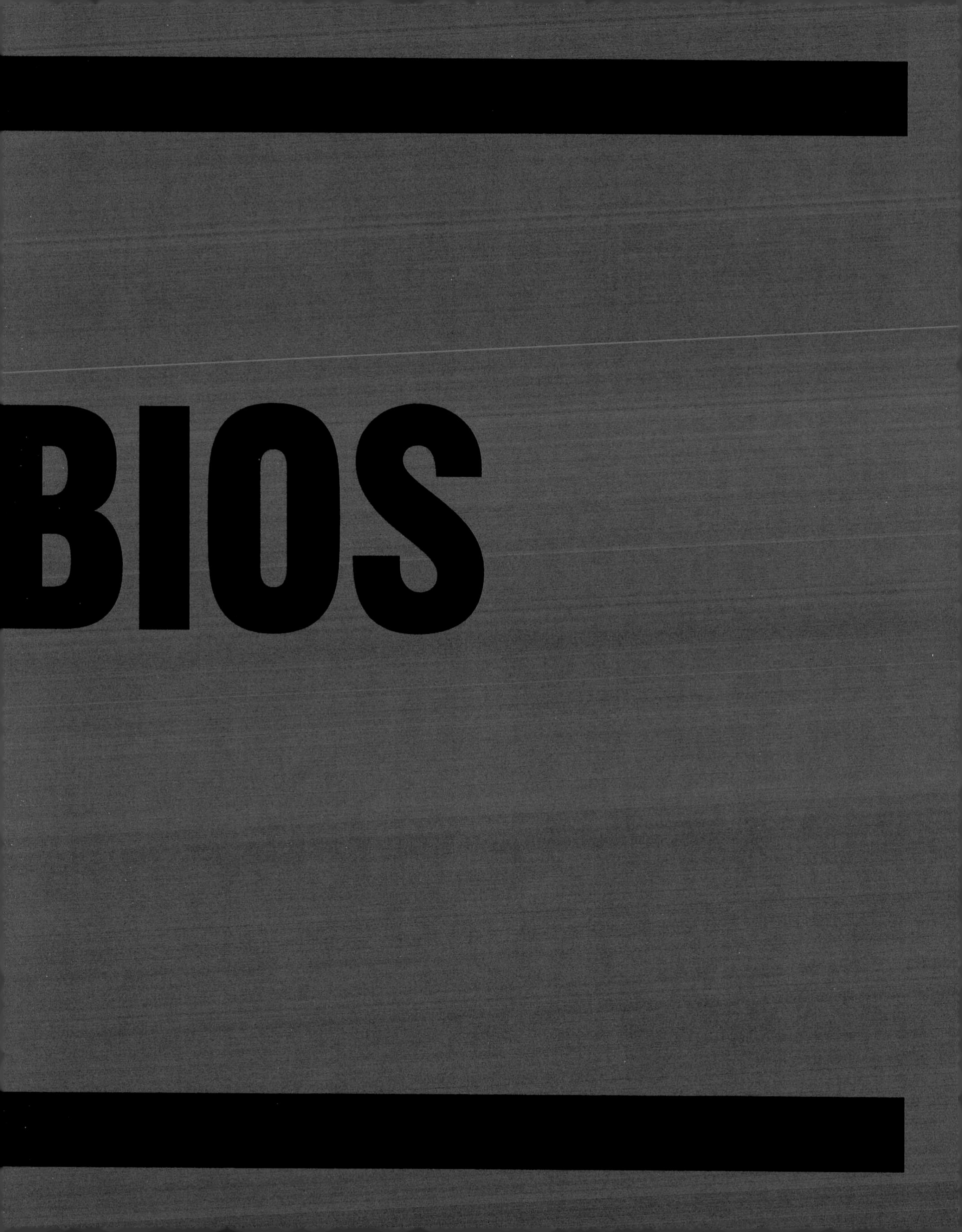

BIOS

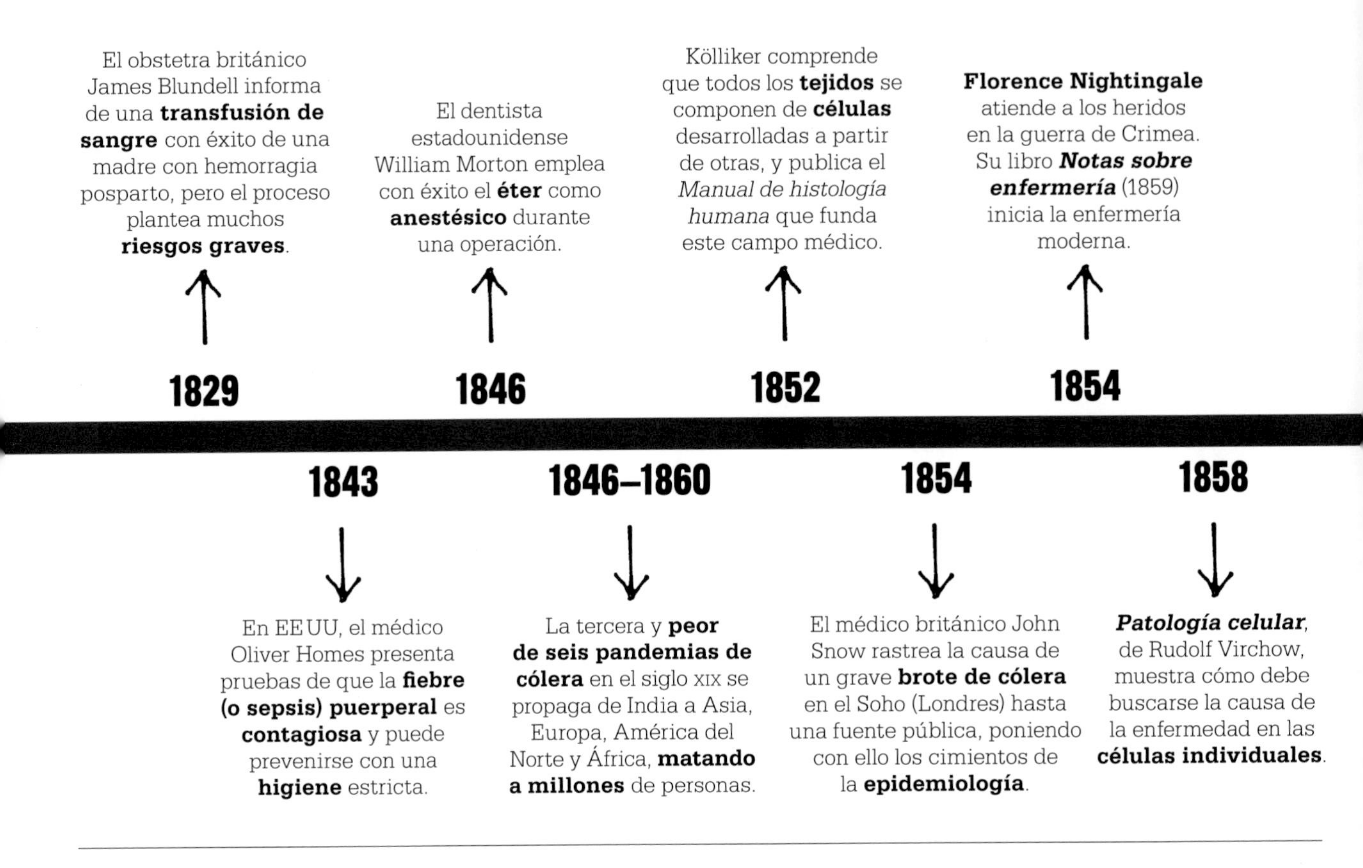

El obstetra británico James Blundell informa de una transfusión de sangre con éxito de una madre con hemorragia posparto, pero el proceso plantea muchos riesgos graves.
1829
El dentista estadounidense William Morton emplea con éxito el éter como anestésico durante una operación.
1846
Kölliker comprende que todos los tejidos se componen de células desarrolladas a partir de otras, y publica el Manual de histología humana que funda este campo médico.
1852
Florence Nightingale atiende a los heridos en la guerra de Crimea. Su libro Notas sobre enfermería (1859) inicia la enfermería moderna.
1854
1843
En EEUU, el médico Oliver Homes presenta pruebas de que la fiebre (o sepsis) puerperal es contagiosa y puede prevenirse con una higiene estricta.
1846–1860
La tercera y peor de seis pandemias de cólera en el siglo XIX se propaga de India a Asia, Europa, América del Norte y África, matando a millones de personas.
1854
El médico británico John Snow rastrea la causa de un grave brote de cólera en el Soho (Londres) hasta una fuente pública, poniendo con ello los cimientos de la epidemiología.
1858
Patología celular, de Rudolf Virchow, muestra cómo debe buscarse la causa de la enfermedad en las células individuales.

En el siglo XIX, el microscopio óptico, mejorado en cientos de aumentos y capaz de una nitidez muy superior, trajo enormes avances médicos. Al profundizar en los minúsculos secretos del organismo, los investigadores apreciaron un nivel de detalle del todo nuevo. En Suiza, y luego en Alemania, el anatomista suizo Albert von Kölliker estudió muy diversos materiales de origen animal antes de pasar a las muestras humanas. Observó tejido de casi todo tipo: piel, huesos, músculos, nervios, sangre e intestinos. Su primera gran obra, *Manual de histología humana*, de 1852, fue pronto lectura obligada para biólogos y médicos.

Solo seis años más tarde, el patólogo alemán Rudolf Virchow aplicó la histología (el estudio de la anatomía microscópica) a la comprensión de la enfermedad en *Patología celular basada sobre histología patológica y fisiológica*, de 1858. El estudio de las células podía revelar las causas de la enfermedad, el diagnóstico y el progreso del tratamiento. Quedaron obsoletas viejas teorías como la generación espontánea de la vida a partir de materia no viva, desplazadas por la teoría celular, con tres elementos clave: todos los organismos vivos se componen de una o más células; la célula es la unidad estructural básica de la vida; y las células proceden de células preexistentes.

En Francia y Alemania, nuevos estudios microscópicos estaban examinando, además de las células del propio organismo, las invasoras del exterior. En la década de 1850, el microbiólogo francés Louis Pasteur ayudó a las industrias de la cerveza y el vino, cuyos productos se degradaban, cuando concluyó que los causantes eran organismos minúsculos, microbios o gérmenes, no cambios químicos ni la generación espontánea.

Progreso y desafíos

Pasteur se centró primero en enfermedades de los animales, como la pebrina del gusano de seda y el cólera y el carbunco de aves de granja y ganado. Sus creativos y concienzudos estudios basados en la microscopía apuntaban a que los microorganismos dañinos podían causar muchas enfermedades en humanos, y poco a poco fue concibiendo lo que hoy se conoce como teoría microbiana.

Por esta época destacó también el microbiólogo alemán Robert Koch, quien en 1875 identificó la bacteria *Bacillus anthracis*, y luego las de la tuberculosis y el cólera. Pasteur y Koch también trataron de desarrollar vacunas para las enfermedades que ha-

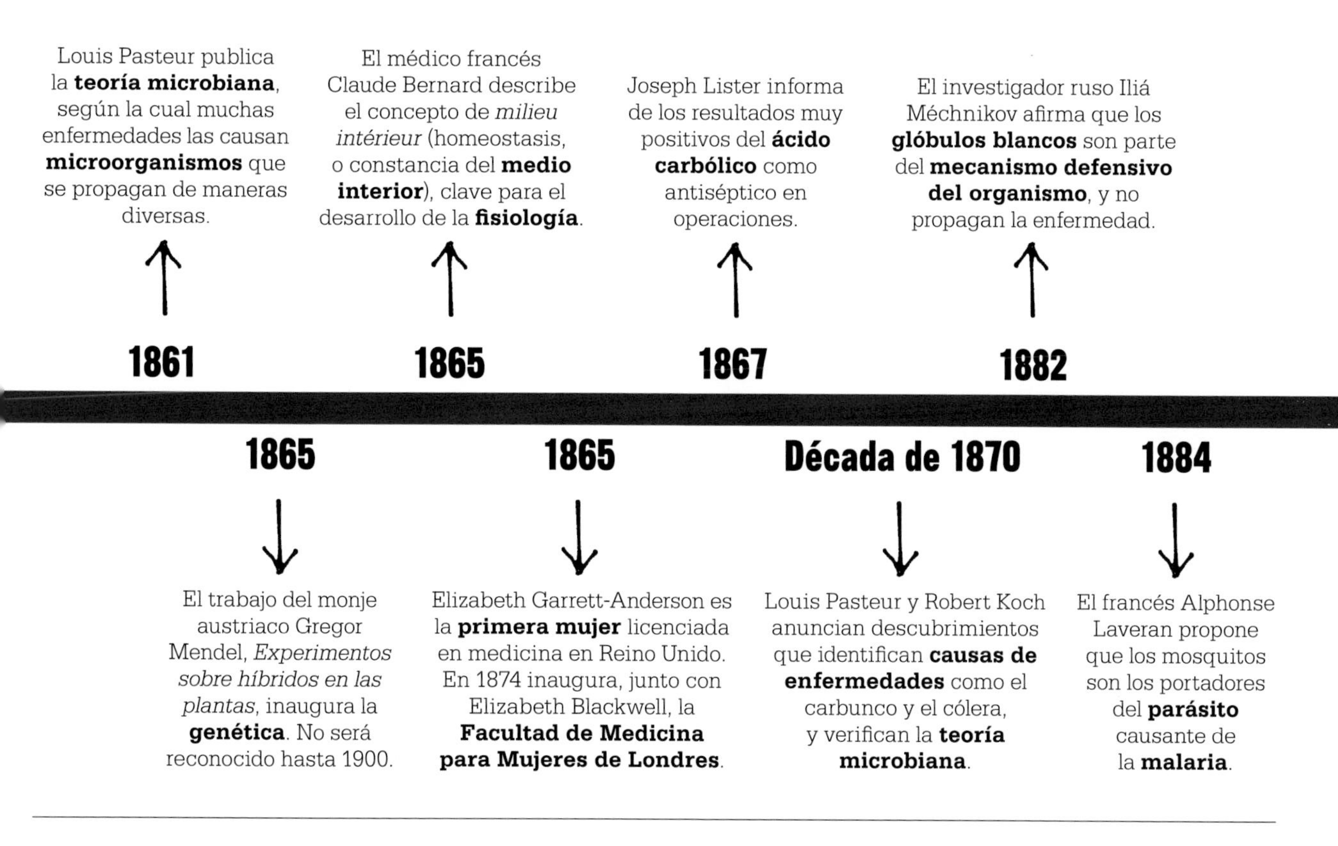

bían desentrañado, y Pasteur tuvo éxito con la del carbunco en 1881.

Louis Pasteur publica la **teoría microbiana**, según la cual muchas enfermedades las causan **microorganismos** que se propagan de maneras diversas.
1861
El médico francés Claude Bernard describe el concepto de *milieu intérieur* (homeostasis, o constancia del **medio interior**), clave para el desarrollo de la **fisiología**.
1865
Joseph Lister informa de los resultados muy positivos del **ácido carbólico** como antiséptico en operaciones.
1867
El investigador ruso Iliá Méchnikov afirma que los **glóbulos blancos** son parte del **mecanismo defensivo del organismo**, y no propagan la enfermedad.
1882
1865
El trabajo del monje austriaco Gregor Mendel, *Experimentos sobre híbridos en las plantas*, inaugura la **genética**. No será reconocido hasta 1900.
1865
Elizabeth Garrett-Anderson es la **primera mujer** licenciada en medicina en Reino Unido. En 1874 inaugura, junto con Elizabeth Blackwell, la **Facultad de Medicina para Mujeres de Londres**.
Década de 1870
Louis Pasteur y Robert Koch anuncian descubrimientos que identifican **causas de enfermedades** como el carbunco y el cólera, y verifican la **teoría microbiana**.
1884
El francés Alphonse Laveran propone que los mosquitos son los portadores del **parásito** causante de la **malaria**.

Lejos del ámbito microscópico, los médicos se enfrentaban a los retos que planteaban los efectos continuados de la industrialización, como el crecimiento urbano y el hacinamiento en malas condiciones higiénicas en ciudades y fábricas. Los patrones de la enfermedad estaban cambiando y proliferaban enfermedades como el cólera, la fiebre tifoidea y la disentería. Se iban estableciendo organizaciones médicas con prácticas y atención reguladas, como el Real Colegio de Cirujanos británico desde 1800, y, en 1808, la Universidad de Francia incluyó entre sus seis facultades la de medicina. Sin embargo, la profesión médica estaba dominada por hombres. En 1847, en EE UU, Elizabeth Blackwell logró matricularse para una licenciatura médica, y otras pioneras no tardaron en seguir su ejemplo.

Salubridad y cirugía

En 1854, la reformadora británica Florence Nightingale y su equipo de enfermeras viajaron a Scutari (Üsküdar, actual Turquía) para atender a los heridos de la guerra de Crimea. En las espantosas condiciones de hacinamiento e insalubridad de los hospitales, morían hasta diez veces más soldados por las infecciones que por las propias heridas, proporción que redujeron drásticamente los esfuerzos de Nightingale. A su regreso a Gran Bretaña, continuó su campaña para lograr cambios, y en 1859 escribió *Notas sobre enfermería*, generalmente reconocido como la génesis de la enfermería moderna.

Otro campo de los avances del siglo XIX fue el de la anestesia. Durante siglos, los gritos de agonía de los pacientes habían limitado lo que podían hacer cirujanos obligados a operar de forma rápida y breve. Las primeras intervenciones bajo el efecto del óxido nitroso, y luego del éter, se realizaron en EE UU en la década de 1840. La técnica fue adoptada pronto en Europa, con el cloroformo como anestésico, y, sin la prisa como factor, los cirujanos tuvieron margen para desarrollar procedimientos más complejos.

Con todo, las infecciones postoperatorias seguían siendo habituales. En la década de 1860, el cirujano británico Joseph Lister comenzó a usar fenol como antiséptico contra los micropatógenos invasores, y aunque logró una reducción drástica de las infecciones, la medicina convencional, en la que el dogma seguía sofocando los avances en la práctica médica, lo rechazó. ■

QUE ENTRE LA SANGRE SANA EN EL HOMBRE ENFERMO

TRANSFUSIÓN Y GRUPOS SANGUÍNEOS

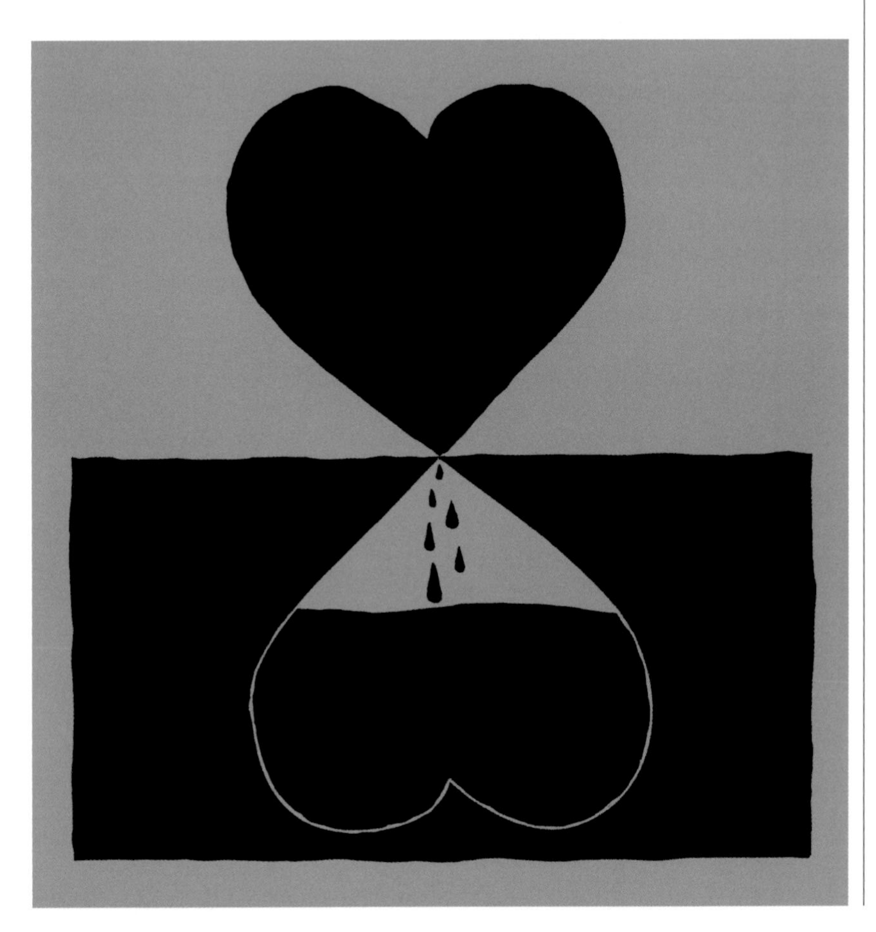

EN CONTEXTO

ANTES

1628 *De motu cordis et sanguinis*, de William Harvey, describe la circulación sanguínea.

1665 Richard Lower transfiere sangre de un perro a otro.

1667 Jean-Baptiste Denis transfiere sangre de una oveja a un hombre joven.

DESPUÉS

1914 Adolph Hustin usa citrato de sodio como anticoagulante.

1916 Oswald Robertson, oficial médico del ejército de EE UU, crea «bancos de sangre» durante la Primera Guerra Mundial.

1939 Karl Landsteiner y Alexander Wiener descubren el sistema de grupos sanguíneos Rh.

En un cuerpo humano adulto hay unos cinco litros de sangre, y perder demasiada produce debilidad, daña los órganos y puede causar la muerte. La hemorragia es una causa frecuente de muerte por heridas y durante siglos lo fue de la de muchas mujeres durante el parto. La transfusión –reemplazar la sangre perdida por la de otra persona, como hizo el obstetra James Blundell en 1829– parecía una solución obvia, pero los medios para practicarla de forma segura no se comprendieron hasta que el médico austriaco Karl Landsteiner descubrió la existencia de tres grupos sanguíneos en 1901.

Primeros experimentos

Aunque mucho se había escrito acerca de los poderes vitales de la san-

Véase también: Sangrías y sanguijuelas 52 ▪ Medicina de campaña 53 ▪ La circulación de la sangre 68–73 ▪ El sistema inmunitario 154–161 ▪ Cirugía de trasplantes 246–253 ▪ Anticuerpos monoclonales 282–283

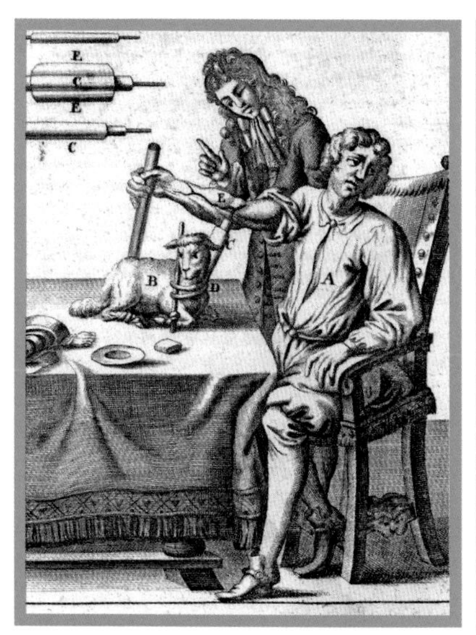

En esta primitiva transfusión de sangre de cordero a un hombre, la sangre pasa de la arteria carótida del cuello del cordero a una vena del brazo del hombre.

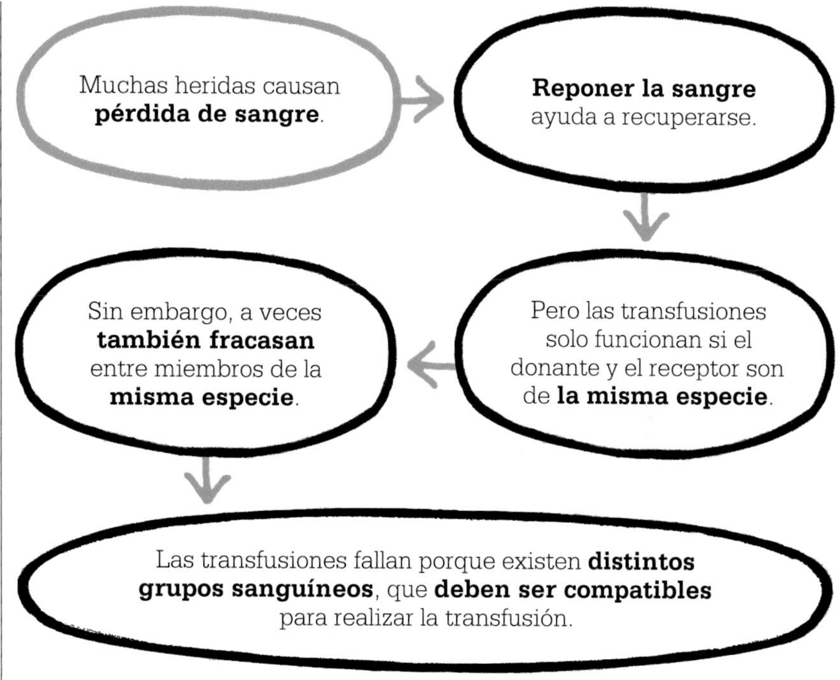

gre, la primera transfusión documentada fue la que llevó a cabo el médico inglés Richard Lower, quien, en 1665, desangró a un perro dejándolo casi exangüe, y a continuación lo revivió introduciéndole sangre de otro. El perro receptor se recuperó, pero el donante murió. Después del experimento de Lower, médicos de Inglaterra y Francia estaban deseosos de ensayar la técnica en humanos. Dado que para el donante sería probablemente fatal, utilizaron sangre de animales. Los resultados no fueron concluyentes y surgieron informes de algunas muertes.

Muchas heridas causan **pérdida de sangre**.
Reponer la sangre ayuda a recuperarse.
Pero las transfusiones solo funcionan si el donante y el receptor son de **la misma especie**.
Sin embargo, a veces **también fracasan** entre miembros de la **misma especie**.
Las transfusiones fallan porque existen **distintos grupos sanguíneos**, que **deben ser compatibles** para realizar la transfusión.

El médico francés Jean-Baptiste Denis fue acusado de asesinato en 1668 tras la muerte de un paciente después de recibir una transfusión de sangre de oveja. Muchos médicos condenaron la práctica, y la Royal Society de Londres la prohibió al año siguiente.

Leacock y Blundell

A principios del siglo XIX, los médicos volvieron a estudiar la posibilidad de las transfusiones en humanos. En 1816, John Henry Leacock, hijo del dueño de una plantación en Barbados, experimentó con perros y gatos en Edimburgo (Escocia), y determinó que el donante y el receptor de una transfusión de sangre tenían que ser de la misma especie. Leacock estableció una circulación cruzada entre dos perros, modificando la tasa del flujo sanguíneo y observando qué ocurría al interrumpir y restablecer la circulación dual. Recomendó también la transfusión humana para tratar hemorragias, pero se desconoce si llegó a practicar alguna.

James Blundell estaba familiarizado con los experimentos de Leacock y los llevó un paso más allá. Descubrió que perros desangrados hasta una «muerte aparente» revivían con las transfusiones de sangre de otros perros. Los intentos de usar sangre humana para reanimar a los perros tuvieron menos éxito: cinco murieron y solo uno se recuperó. »

La sangre de un tipo de animal no puede, sin impunidad, sustituirse [...] en gran cantidad por la de un animal de otro tipo.

James Blundell

Investigaciones fisiológicas y patológicas **(1825)**

Los ensayos de Blundell se diferenciaron también de los de Leacock por la transfusión de sangre venosa, en lugar de arterial, y por el empleo de una jeringa, en lugar de conectar donante y receptor por medio de un conducto. Blundell calculó el tiempo que tardaba la sangre en coagular con su método, y concluyó que no debía permanecer en la jeringa más allá de unos segundos.

De humano a humano

La primera transfusión de sangre de humano a humano documentada se realizó en 1818. Con la ayuda del cirujano Henry Cline, Blundell realizó una transfusión a un paciente con cáncer de estómago, al que inyectó unos 400 ml de sangre de diversos donantes, en pequeñas cantidades, con intervalos de cinco minutos. El paciente mostró una mejoría inicial, pero falleció a los dos días, tal vez porque estuviera próximo a la muerte.

A lo largo de la década siguiente, Blundell y sus colegas practicaron varias transfusiones más, con limitado éxito: solo sobrevivieron cuatro de los diez pacientes tratados. La primera transfusión con éxito, comunicada en *The Lancet* en 1829, fue la de una mujer que se recuperó de una grave hemorragia posparto tras recibir unos 250 ml de sangre, tomada del brazo de su marido en el curso de una intervención de tres horas. Blundell defendía la transfusión solo para casos de extrema gravedad, pues era consciente de los graves riesgos que corrían los pacientes. Otros médicos que practicaron transfusiones informaron también de una proporción desoladora de fracasos. Si bien algunos pacientes respondían positivamente, otros morían a los pocos días.

GRUPO SANGUÍNEO DEL RECEPTOR	GRUPO SANGUÍNEO DEL DONANTE							
	0+	0-	A+	A-	B+	B-	AB+	AB-
0+	💧	💧	×	×	×	×	×	×
0-	×	💧	×	×	×	×	×	×
A+	💧	💧	💧	💧	×	×	×	×
A-	×	💧	×	💧	×	×	×	×
B+	💧	💧	×	×	💧	💧	×	×
B-	×	💧	×	×	×	💧	×	×
AB+	💧	💧	💧	💧	💧	💧	💧	💧
AB-	×	💧	×	💧	×	💧	×	💧

La tabla muestra qué grupos sanguíneos son compatibles. El grupo 0- es el donante universal: puede dar a cualquiera. Las personas 0- solo pueden recibirla de otras personas 0-. Las del grupo AB+ son receptores universales: pueden recibir sangre de cualquiera; y solo pueden donar a AB+.

Clave:
💧 Compatible
× Incompatible

Grupos sanguíneos

Los médicos no comprendieron el motivo de las distintas respuestas a las transfusiones hasta principios del siglo XX. Habían observado que, al mezclar sangre de dos personas

Karl Landsteiner

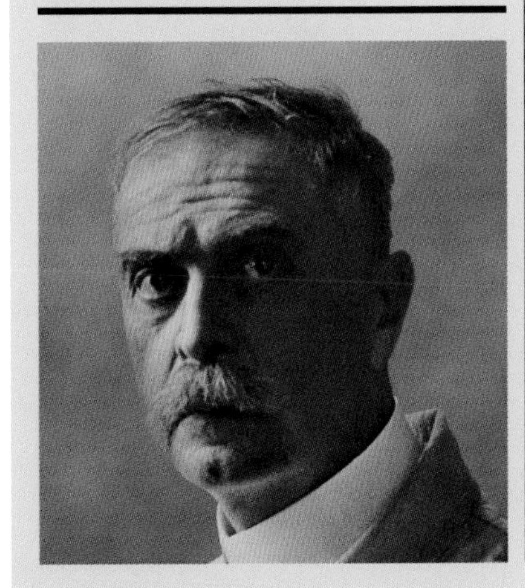

Karl Landsteiner, nacido en Viena en 1868, tenía solo seis años cuando murió su padre, un conocido periodista y editor de prensa. Fue criado por su madre y estudió medicina en la Universidad de Viena, en la cual se licenció en 1891. A continuación pasó cinco años trabajando en laboratorios para profundizar en el conocimiento de la bioquímica, antes de ejercer en el Hospital General de Viena.

En 1896, Landsteiner era asistente del bacteriólogo Max von Gruber en el Instituto de Higiene de Viena, donde estudió la respuesta inmunitaria al suero sanguíneo. Tras descubrir tres grupos sanguíneos en 1901, identificó la bacteria causante de la sífilis, así como el virus de la poliomielitis. En 1930 fue galardonado con el Nobel de fisiología o medicina. A los 75 años, aún en activo, murió por un fallo cardiaco en 1943.

Obra principal

1928 «Sobre las diferencias individuales en la sangre humana».

en el tubo de ensayo, los glóbulos rojos en ocasiones se aglutinaban y formaban grumos. Se consideró que esto era debido a la enfermedad de los pacientes, así que no fue objeto de investigación. En 1900, el médico austriaco Karl Landsteiner decidió observar qué ocurría al combinar sangre de individuos sanos. Tomó muestras de cinco colegas y de sí mismo, y anotó lo que ocurría al mezclarlas.

En los resultados que publicó en 1901, Landsteiner clasificó la sangre humana en tres tipos. Había descubierto que los antígenos –marcadores de proteínas en el exterior de las células– diferían según fuese el tipo de sangre, y que esta se aglutinaba cuando los glóbulos rojos de la sangre donada eran de tipo distinto a los del receptor. Si se introducía sangre de un grupo en el cuerpo de alguien con un grupo sanguíneo incompatible, se desencadenaba una reacción inmunológica: el sistema inmunitario del receptor atacaba los glóbulos ajenos, haciéndolos reventar. La acumulación de restos de glóbulos formaba los grumos que obstruían los vasos sanguíneos del receptor, y podía causar la muerte.

Landsteiner identificó tres grupos sanguíneos: A, B y C (el tipo C fue luego llamado «cero»). En 1902, uno de los alumnos de Landsteiner identificó un cuarto grupo, AB, y en 1939, Landsteiner y Alexander Wiener descubrieron el sistema de grupos sanguíneos Rh (Rhesus). Rh+ (Rh positivo) o Rh- (Rh negativo) indican la presencia o ausencia de una proteína hereditaria en la superficie de los glóbulos rojos que afecta a la compatibilidad sanguínea.

Nuevas posibilidades

A partir de los descubrimientos de Landsteiner las transfusiones de sangre fueron seguras. La primera que tuvo éxito teniendo en cuenta su teoría fue practicada por Reuben Ottenberg, médico y hematólogo del Hospital Monte Sinaí de Nueva York, en 1907. La teoría de Landsteiner despejó el camino a los trasplantes de órganos, que dependen también de la compatibilidad sanguínea entre donante y receptor. ■

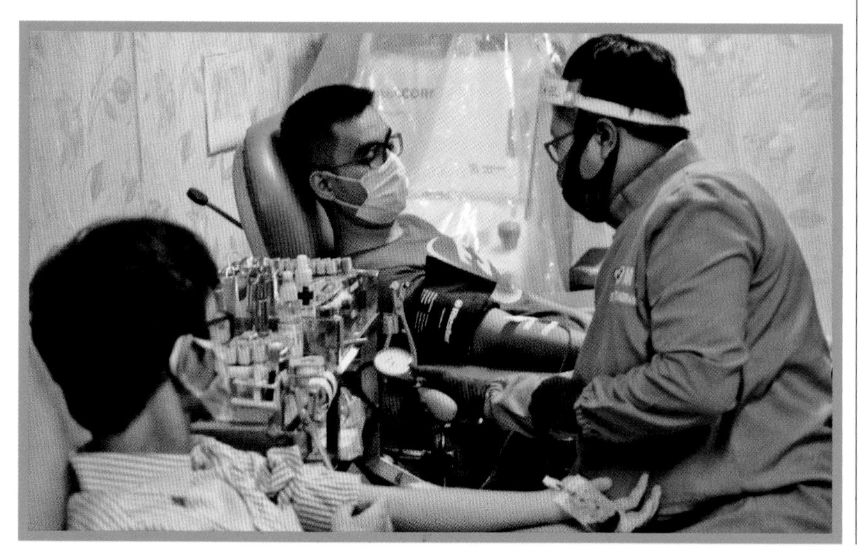

Donantes de sangre en Indonesia durante la pandemia de la COVID-19. El plasma rico en anticuerpos de los que superaron el virus se dio a los pacientes que lo estaban padeciendo.

Bancos de sangre

A partir del trabajo de Landsteiner, otras iniciativas permitieron almacenar sangre para transfusiones. En 1914, el belga Albert Hustin descubrió que pequeñas cantidades de citrato de sodio en la sangre impedían la coagulación; y a los dos años Peyton Rous y Joseph Turner, del Instituto Rockefeller de Nueva York, observaron que se conservaba durante catorce días añadiendo dextrosa al citrato de sodio.

Oswald Robertson, oficial médico del ejército de EEUU, creó en 1916 el primer «banco de sangre». Usando el método de Rous y Turner, montó un suministro de grupos sanguíneos para operar en los campos de batalla de la Primera Guerra Mundial.

El empleado de la Cruz Roja Británica Percy Oliver organizó el primer servicio de donantes de sangre del mundo –un banco de voluntarios– en 1921. La expresión «banco de sangre» fue acuñada por el doctor Bernard Fantus, al establecer uno en el Cook County Hospital de Chicago en 1937.

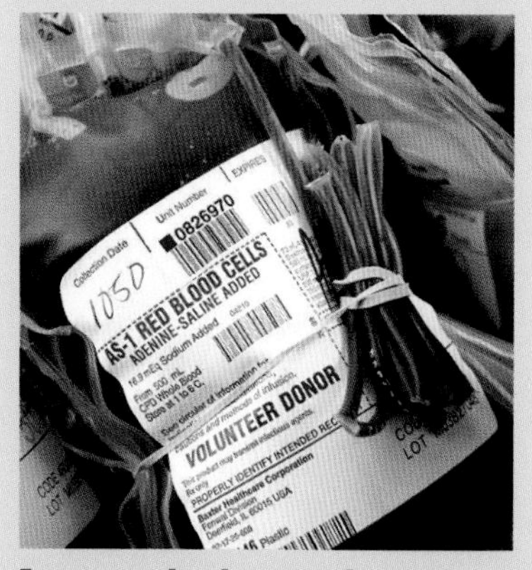

Los actuales bancos de sangre guardan sangre durante varias semanas desde la donación. El plasma puede guardarse hasta tres años.

CALMANTE, APACIGUADORA Y DELICIOSA MAS ALLA DE TODA MEDIDA

ANESTESIA

EN CONTEXTO

ANTES

Siglo VI A. C. En India, el *Susruta Samhita* recomienda cannabis y vino para sedar al paciente durante la cirugía.

Siglo II En China, Hua Tuo usa un anestésico con opio.

***C.* 1275** En la Corona de Aragón, Ramón Llull descubre el éter, al que llama vitriolo dulce.

DESPUÉS

Década de 1940 Para prevenir la fractura espinal al administrar terapia electroconvulsiva (TEC), A. E. Bennett, neuropsiquiatra estadounidense, usa curare, un relajante muscular.

1960–1980 La ketamina y el etomidato sustituyen a barbitúricos anteriores con posibles efectos secundarios cardiacos peligrosos.

Década de 1990 Se extiende el uso del sevoflurano, anestésico inhalado seguro y eficaz.

El empleo de alguna forma de sedación durante las operaciones quirúrgicas tiene varios milenios de antigüedad. Los médicos emplearon varias sustancias narcóticas de origen vegetal, entre ellas la mandrágora, a partir de cuyos efectos el médico griego Dioscórides acuñó el término *anaesthesia* («ausencia de sensación») en el siglo I. Sin embargo, para la mayor parte de los pacientes europeos sometidos a cirugía, hubo escaso alivio eficaz del dolor hasta mediados del siglo XIX. La desgarradora descripción de la novelista británica Fanny Burney de su mastectomía sin anestesia en 1811 –«sufrimiento tan agudo que era apenas soportable»– revela lo espantosas que eran tales operaciones.

A inicios de la década de 1800 surgió en Gran Bretaña un nuevo agente anestésico, sin uso clínico aún. En 1798, al joven químico Humphry Davy –luego conocido por descubrir el cloro y el yodo e inventar la lámpara de Davy– se le encargó estudiar la eficacia del óxido nitroso, o gas de la risa, descubierto por Joseph Priestley 26 años antes. Davy publicó un trabajo donde describía los efectos euforizantes del óxido nitroso y su capacidad para reducir el dolor, propiedad que probó en la encía infectada de su propia muela del juicio. Davy defendió el posible uso del gas en la cirugía. Su asistente, el científico Michael Faraday, estudió también los efectos de inhalar éter, cuyo poder sedante era conocido.

Anestesia recreativa

Las fiestas con gas de la risa y las «juergas de éter» fueron la última moda entre las celebridades de la época victoriana, y hubo muchas en el propio salón de Davy. Los participantes que inhalaban el gas hablaban de sensaciones de júbilo intenso. El lexicógrafo y médico Peter Mark Roget, autor del *Roget's Thesaurus*, describió una sensación de ingravidez y abandono, y el poeta Samuel Taylor Coleridge, la impresión de volver de pasear entre la nieve a una habitación cálida. Sin embargo, el paso del uso lúdico al anestésico quirúrgico no fue inmediato, probablemente debido a la dificultad de controlar la dosis. Faraday informó en 1818 de un participante anestesiado con éter que tardó 24 horas en despertar.

En EE UU, en torno a esa época, estudiantes de medicina y jóvenes intelectuales se entregaron a los mismos pasatiempos de moda entre la alta sociedad londinense. Crawford Long, médico de Jefferson (Georgia), inhalaba éter por las noches en compañía de amigos y observaba los resultados. A la mañana siguiente encontraba moraduras nuevas en su cuerpo, pero no era capaz de recordar cómo se las había hecho, ni el dolor que le pudiera haber causado. Concluyó que el éter sería un agente ex-

Una «esposa regañona» recibe una dosis de gas de la risa (óxido nitroso) en este grabado satírico británico de 1830. En esa época, era conocido sobre todo por la euforia que producía inhalarlo.

Véase también: Cirugía plástica 26–27 ▪ Medicina tradicional china 30–35 ▪ Herbología 36–37 ▪ Los antisépticos en la cirugía 148–151 ▪ Cirugía mínimamente invasiva 298 ▪ Nanomedicina 304 ▪ Robótica y telecirugía 305

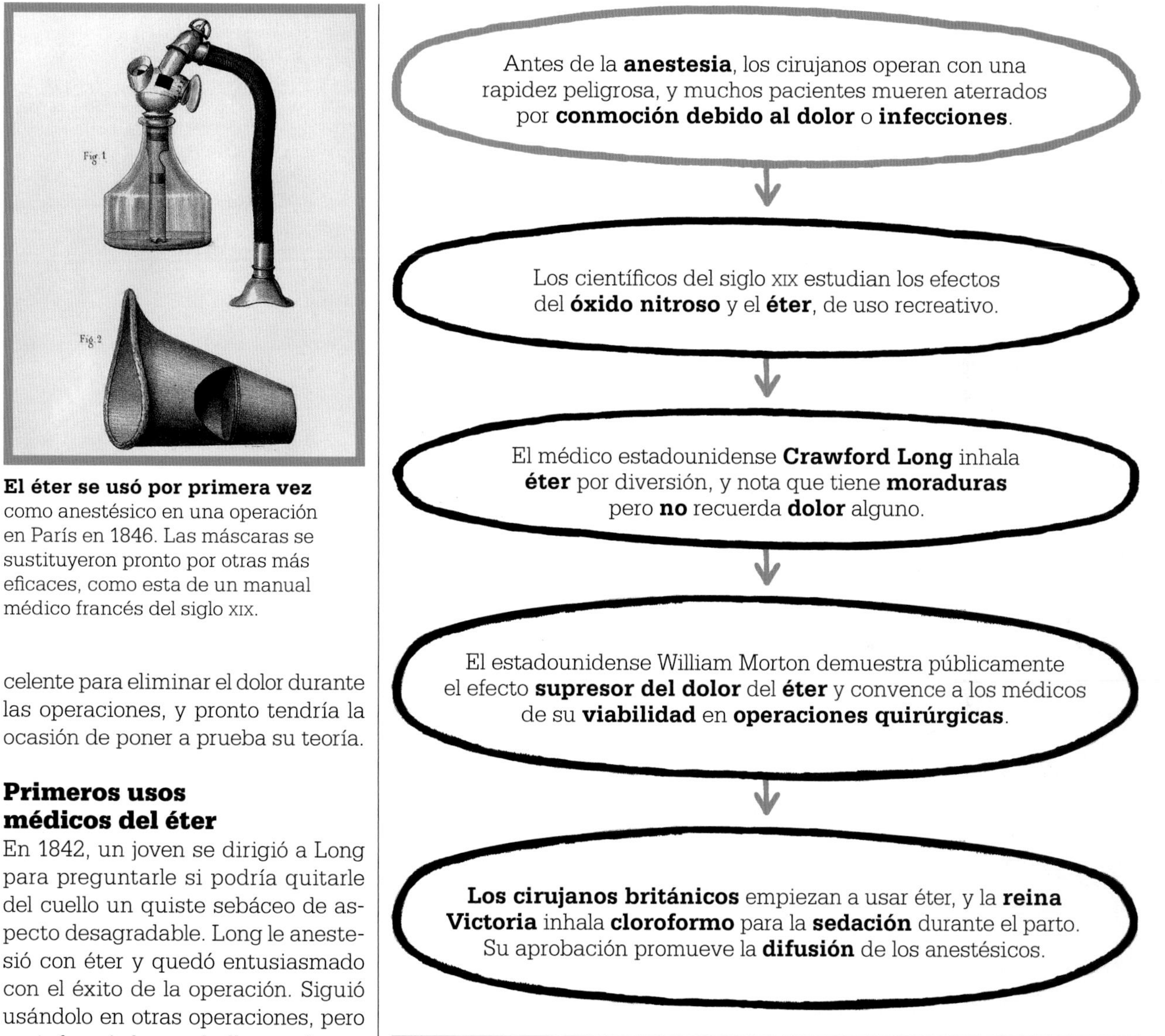

Fig. 1
Fig. 2
Antes de la **anestesia**, los cirujanos operan con una rapidez peligrosa, y muchos pacientes mueren aterrados por **conmoción debido al dolor** o **infecciones**.
Los científicos del siglo XIX estudian los efectos del **óxido nitroso** y el **éter**, de uso recreativo.
El médico estadounidense **Crawford Long** inhala **éter** por diversión, y nota que tiene **moraduras** pero **no** recuerda **dolor** alguno.
El estadounidense William Morton demuestra públicamente el efecto **supresor del dolor** del **éter** y convence a los médicos de su **viabilidad** en **operaciones quirúrgicas**.
Los cirujanos británicos empiezan a usar éter, y la **reina Victoria** inhala **cloroformo** para la **sedación** durante el parto. Su aprobación promueve la **difusión** de los anestésicos.

El éter se usó por primera vez como anestésico en una operación en París en 1846. Las máscaras se sustituyeron pronto por otras más eficaces, como esta de un manual médico francés del siglo XIX.

celente para eliminar el dolor durante las operaciones, y pronto tendría la ocasión de poner a prueba su teoría.

Primeros usos médicos del éter

En 1842, un joven se dirigió a Long para preguntarle si podría quitarle del cuello un quiste sebáceo de aspecto desagradable. Long le anestesió con éter y quedó entusiasmado con el éxito de la operación. Siguió usándolo en otras operaciones, pero no informó de sus hallazgos hasta 1849. Para entonces, otros habían comunicado los efectos de nuevos anestésicos a un público más amplio, y Long perdió el pleito que puso para que lo reconocieran como descubridor de la anestesia con éter.

Horace Wells, dentista poco conocido de Hartford (Connecticut), también reconoció el potencial del óxido nitroso y del éter tras ser testigo de una demostración de sus efectos. Probó el óxido nitroso en su persona, inhalándolo antes de que un colega le extrajera un diente; no experimentó ningún dolor. Él y su socio William T. G. Morton empezaron a usar el gas en su consulta, y, en 1845, Wells se sentía lo bastante seguro como para ofrecer una demostración en la Escuela de Medicina de Harvard.

Un alumno de medicina accedió a que se le extrajera un diente en público. Wells le administró el gas, pero el alumno aulló de dolor en cuanto empezó a operar. Se desconoce si el dolor fue fingido, o si Wells no usó suficiente óxido nitroso. Aquello acabó con su reputación y su carrera. En octubre de 1846, el colega de Wells, Morton, hizo otra demostración, »

Distintos tipos de anestesia

Los anestésicos generales se administran por inhalación, inyección intravenosa o ambas, para sedar el cuerpo entero y dejar inconsciente al paciente mientras dure la operación quirúrgica.

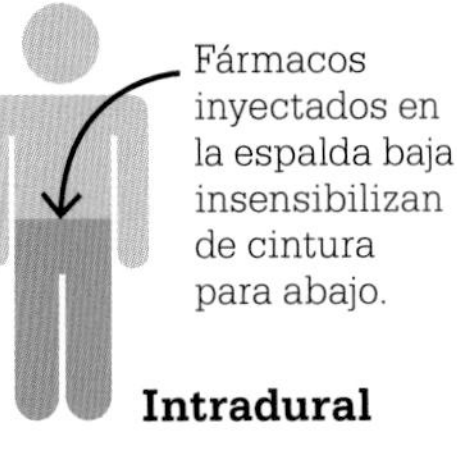

Fármacos inyectados en la espalda baja insensibilizan de cintura para abajo.
Intradural

La anestesia regional insensibiliza partes del cuerpo por inyección de fármacos cerca de los nervios que las comunican con el cerebro, impidiéndoles transmitir señales de dolor.

El bloqueo periférico es frecuente en operaciones del hombro.
Bloqueo periférico
Se inyectan fármacos que insensibilizan de cintura para abajo por un catéter, para repetir dosis.
Epidural

La anestesia local suele utilizarse para operaciones cutáneas o dentales. El anestésico se inyecta en la zona en cuestión para insensibilizarla.

esta vez en el Hospital General de Massachusetts en Boston. Administró éter a un paciente para que el cirujano asistente John Warren pudiera retirarle un tumor del cuello. El paciente permaneció inconsciente durante todo el procedimiento, que Warren completó sin incidentes. Según cuenta la leyenda, Warren se volvió hacia el público y declaró, triunfante: «¡Caballeros, esto no es ninguna estafa!». Esta demostración de analgesia segura y eficaz durante la cirugía tuvo consecuencias.

La lucha por el reconocimiento

Morton estudió medicina en Harvard después de dejar su empleo como dentista con Horace Wells, y fue testigo de las propiedades de alivio del dolor del óxido nitroso mientras trabajaba con Wells. Tras aprender sobre las del éter de su profesor de química Charles Jackson, se preguntó si podría ser igualmente eficaz.

Morton comenzó sus ensayos poco después de completar su formación médica, probando los efectos del éter sobre insectos, peces, su perro y, finalmente, su propia persona. No hay pruebas de que Jackson participara en estos ensayos, aunque es casi seguro que Morton trató el asunto con él. La amplia difusión de la anestesia con éter para uso quirúrgico acabó con la amistad entre Morton y Jackson, de la que pasaron a un enfrentamiento amargo por la primacía en descubrir sus efectos. Se cuenta que ver la lápida de Morton, en la que se leía «Inventor y revelador de la inhalación anestésica», afectó de tal modo a la ya frágil salud mental de Jackson que pasó sus últimos siete años en un manicomio.

Me inclino por considerar la nueva aplicación del éter como el descubrimiento más valioso en la ciencia médica desde la vacunación.

John Snow

***Sobre la inhalación del vapor de éter* (1847)**

Otros agentes anestésicos

Las noticias sobre el uso de la anestesia en EE UU no tardaron en difundirse. En diciembre de 1846, el cirujano escocés Robert Liston fue el primer médico en operar a un paciente anestesiado en Gran Bretaña. Tras amputarle la pierna, exclamó: «¡Este truco yanqui da mil vueltas al mesmerismo! [el uso popular de la hipnosis]». Liston encontró también útil como anestésico el cloroformo. En 1853, el cirujano real John Snow administró cloroformo a la reina Victoria durante el parto del príncipe Leopoldo. La aprobación de la reina (Victoria lo usó en ocho partos, y lo encontró «delicioso más allá de toda medida») acalló las objeciones de algunos médicos escépticos e infundió confianza en la anestesia a un público más amplio.

Al gozar la anestesia de mayor aceptación, los cirujanos empezaron a usar juntos distintos gases –un precedente de la combinación de fármacos de la medicina actual–, en lugar de una dosis potencialmente más tóxica de uno solo. También experimentaron con la anestesia local, aplicada a pequeñas zonas del cuerpo, empleando en un principio un alcaloide procedente de América del Sur, la cocaína.

En 1942, el médico canadiense Harold Griffith descubrió que el curare –veneno que aplicaban algunos pueblos indígenas sudamericanos a la punta de los dardos para cazar– era un relajante muscular eficaz. El hallazgo revolucionó la anestesiología, pues permitía al cirujano acceder de forma segura al tórax y al abdomen. Antes del empleo del curare, los médicos relajaban esas zonas con la aplicación preoperatoria de dosis altas de anestésico general, que causaban un efecto depresor de la respiración y la circulación sanguínea, y un alto número de muertes. Una inyección de curare relajaba los músculos lo suficiente como para insertar un tubo en la tráquea (intubación), y así controlar artificialmente la respiración durante la intervención.

Surge una especialidad

A mediados del siglo XX, la cirugía, cada vez más sofisticada, requería anestesistas hábiles, por lo que la anestesiología se convirtió en una especialidad médica. La tarea del anestesiólogo es elegir los agentes anestésicos adecuados, vigilar al paciente y garantizar que no sienta dolor mientras dure la operación.

El éter fue sustituido hace mucho por otros fármacos modernos, aunque el óxido nitroso se sigue utilizando en operaciones dentales y otras menores. Las operaciones mayores pueden requerir anestesia general, pero hoy se puede insensibilizar zonas extensas sin dejar inconsciente al paciente mediante anestesia local. Innovaciones clave como las máquinas de anestesia, que inducen y mantienen un flujo de anestésico constante, y los monitores controlados por ordenador, que informan de la respiración y el pulso, han vuelto mucho más seguras la anestesia y las operaciones. La nanotecnología y la creciente automatización apuntan a una seguridad y eficacia aún mayores para la anestesiología del futuro. ■

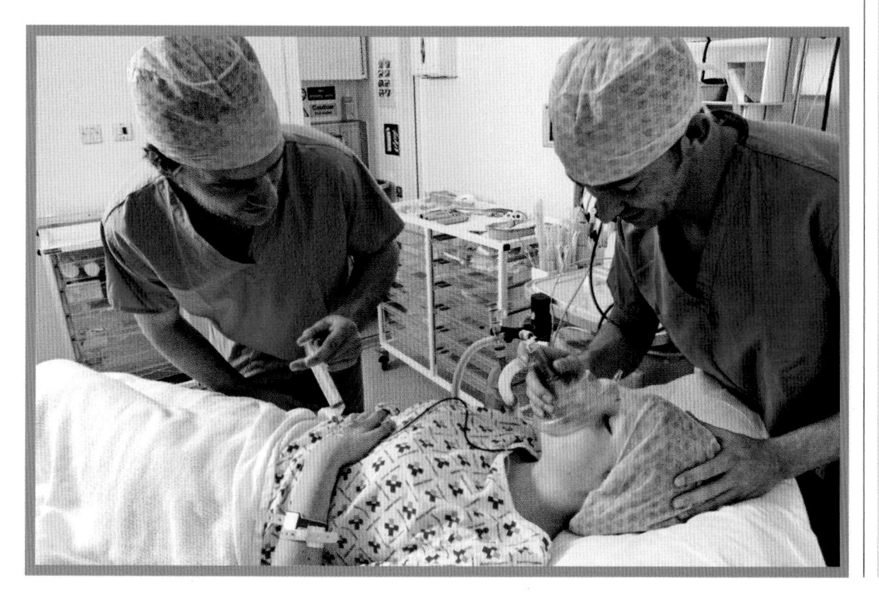

En la anestesia general se administra al paciente una inyección intravenosa que le deja inconsciente, y luego otro fármaco inhalado para inducir o mantener la anestesia.

William T. G. Morton

William Thomas Green Morton nació en 1819 en Charlton (Massachusetts) y fue peón, vendedor y tendero antes de formarse como dentista. Montó una consulta dental con Horace Wells en 1842, y a raíz de su noviazgo con Elizabeth Whitman decidió estudiar medicina. Supo de los efectos del éter en las clases de química de Charles Thomas Jackson.

Un año después del intento fallido de Wells de demostrar los efectos anestésicos del óxido nitroso, Morton realizó la primera demostración con éxito de los del éter, con el resultado de un uso mucho más amplio en la cirugía. Sin embargo, Morton pasó los siguientes 21 años de su vida en pleitos costosos para ser oficialmente reconocido como descubridor de la anestesia por éter, honor concedido al final a Horace Wells y al médico rural de Georgia Crawford Long. Morton murió en 1868 después de sufrir un accidente cerebrovascular.

Obra principal

1847 *Comentarios sobre el método adecuado de administrar éter sulfúrico por inhalación.*

LAVARSE LAS MANOS

HIGIENE

EN CONTEXTO

ANTES

***C.* siglo XIII a. C.** Las leyes bíblicas, atribuidas al profeta Moisés, establecen normas de higiene y purificación religiosa para los israelitas.

***C.* 400 a. C.** Hipócrates afirma la importancia de la higiene.

***C.* 1012** En *El canon de medicina*, Avicena asocia la higiene con una vida de buena salud.

DESPUÉS

1858 Louis Pasteur estudia la fermentación y relaciona las bacterias con la materia orgánica en descomposición.

1865 Joseph Lister usa ácido carbólico (fenol) para limpiar heridas, y comunica más tarde su éxito en *The Lancet*.

Década de 1980 EEUU y Reino Unido publican las primeras directrices de higiene de manos para personal sanitario.

La mención en textos antiguos de baños frecuentes y el afeitado de la cabeza para prevenir parásitos indican que egipcios, griegos y romanos eran conscientes de la importancia de la higiene, pero su papel decisivo para la salud no sería apreciado hasta dos mil años más tarde. La salud pública se resintió por el aumento de la población urbana desde la época medieval, en la que oleadas de peste mataron a millones de personas. En la década de 1840, dos médicos perspicaces –el húngaro Ignaz Semmelweis y el estadounidense Oliver Wendell Holmes– percibieron el vínculo entre la mala higiene y las enfermedades contagiosas.

Una estatua de Semmelweis, erigida junto a la Universidad Médica de Viena con motivo del 200.° aniversario de su nacimiento, con mascarilla durante la pandemia de la COVID-19.

La lucha por salvar vidas

Semmelweis empezó a trabajar como asistente de obstetricia en un hospital universitario vienés en 1846. En esa época muchas mujeres morían por la sepsis (o fiebre) puerperal, una infección de los órganos reproductores, a los pocos días de parir. Esto se atribuía a un «efluvio pútrido» en el aire, al hacinamiento o a la mala dieta y fatiga que trae aparejada la pobreza. La higiene en el hospital, sin embargo, era mínima. Pocos cirujanos se lavaban las manos antes de operar, o entre un paciente y otro.

Semmelweis observó que la tasa de mortalidad era dos o tres veces mayor en una clínica donde médicos y estudiantes de medicina examinaban a las mujeres y asistían en los partos que en otra, donde las asistentes eran comadronas. Vio que, a diferencia de las comadronas, los médicos y alumnos practicaban

Véase también: Hospitales 82–83 ▪ Epidemiología 124–127 ▪ Enfermería y sanidad 128–133 ▪ La teoría microbiana 138–145 ▪ Los antisépticos en la cirugía 148–151 ▪ Pandemias 306–313

autopsias y atendían a menudo a embarazadas justo después de manipular los cadáveres de víctimas de la fiebre puerperal. Y concluyó que así era como se propagaba la enfermedad.

En 1847 Semmelweis implantó un régimen de lavado de manos en una solución de cal clorada a los médicos recién licenciados y alumnos. La tasa de mortalidad de las mujeres a las que atendían se redujo abruptamente, pero no pudo convencer a sus colegas de mayor rango: su superior lo atribuyó a un nuevo sistema de ventilación, no al lavado de manos.

Unos años antes, el joven y brillante médico estadounidense Oliver Wendell Holmes, que fue alumno en Harvard y París, empezó a estudiar la fiebre puerperal tras oír hablar de un médico que había muerto por esta causa una semana después de practicar una autopsia. En su trabajo de 1843 «La contagiosidad de la fiebre puerperal», Holmes expuso las numerosas pruebas que había reunido, caso tras caso, de mujeres que habían contraído la fiebre y muerto cuando las comadronas o los médicos habían atendido antes a otras víctimas, o les habían practicado autopsias, e incluyó relatos de médicos que corroboraban que una higiene estricta había impedido la propagación de la enfermedad. En su conclusión, Holmes establece directrices para los médicos, como la «ablución rigurosa» y el cambio completo de ropa después de las autopsias, así como esperar «algunas semanas» tras todo contacto con pacientes con fiebre puerperal antes de asistir a un parto.

La enfermedad llamada fiebre puerperal es tan contagiosa que a menudo la pasan de paciente a paciente médicos y enfermeras.
Oliver Wendell Holmes
«La contagiosidad de la fiebre puerperal» (1843)

Una lección aprendida al fin

Ni Holmes ni Semmelweis fueron héroes reconocidos en su tiempo. No fue del agrado de sus colegas que dieran a entender que los responsables de la muerte de un número tan grande de mujeres eran médicos con manos sucias. El trabajo de Holmes pasó desapercibido hasta que se reeditó en 1855, y, durante dos décadas, los expertos médicos de Viena se negaron a reconocer lo que Semmelweis había demostrado claramente.

Los avances y conocimientos aportados por microbiólogos como Louis Pasteur, en Francia; Robert Koch, en Alemania; y Joseph Lister, en Gran Bretaña, favorecieron la aceptación de la teoría microbiana y las técnicas antisépticas, y el valor de lavarse las manos fue aceptado al fin. Su importancia es hoy capital para limitar el avance de enfermedades pandémicas altamente contagiosas. ■

Ignaz Semmelweis

Nacido en 1818 en Buda (Imperio austriaco, más tarde parte de Budapest), Ignaz Semmelweis era el quinto de ocho hermanos. Por consejo paterno estudió derecho en la Universidad de Viena en 1837, pero volvió a Hungría para estudiar medicina en 1838 en la Universidad de Pest. Se licenció en 1844 y se especializó en obstetricia. Como asistente de Johann Klein, trabajó en la maternidad del Hospital General de Viena, donde en 1846 estableció el vínculo clave entre higiene y fiebre puerperal. Perdió el puesto en 1848, tras participar en acontecimientos relacionados con el fallido levantamiento nacionalista húngaro. En Pest, al frente de la obstetricia universitaria, Semmelweis siguió aplicando el régimen de lavado de manos. Posteriormente padeció problemas de salud mental e ingresó en un manicomio en 1865, el año en que murió.

Obras principales

1849 «El origen de la fiebre puerperal».
1861 *De la etiología, el concepto y la profilaxis de la fiebre puerperal.*

LA MEDICINA NECESITA HOMBRES Y MUJERES

LAS MUJERES EN LA MEDICINA

EN CONTEXTO

ANTES

1570 Enrique VIII de Inglaterra constituye por decreto la Compañía de Barberos-Cirujanos, que excluye a las mujeres.

1754 Dorothea Erxleben es la primera mujer con una licenciatura médica en Alemania, pero muere a los ocho días de obtenerla.

DESPUÉS

1866 El Colegio Médico para Mujeres de Pensilvania (EE UU) es la primera escuela de medicina en nombrar una decana.

1882 Dolors Aleu es la primera mujer española licenciada en medicina.

1960 Llega la píldora anticonceptiva. El movimiento de liberación de la mujer luchará durante dos décadas por sus derechos sanitarios y sociales.

2019 Las mujeres obtienen el 66 % de las licenciaturas de medicina en España.

En la década de 1840 no se contemplaba que las mujeres asistieran a las escuelas de medicina y se licenciaran. En EE UU, Elizabeth Blackwell se enfrentó a esta situación enviando solicitudes a muchas. Tras incontables rechazos, probó suerte con el Geneva Medical College del estado de Nueva York, que sometió la idea a su alumnado enteramente masculino, suponiendo que la rechazarían. Como broma, sin embargo, todos votaron «sí», y Blackwell pudo iniciar sus estudios en 1847. A los dos años fue la primera mujer en recibir una licenciatura de una escuela de medicina estadounidense, despejando el camino al derecho de las mujeres a ser médicas.

> Si las actuales disposiciones sociales no admiten el libre desarrollo de la mujer, entonces hay que remodelar la sociedad.
>
> **Elizabeth Blackwell**
>
> **Carta a Emily Collins (1848)**

Cerrada a las mujeres

El siglo XIX, repleto de descubrimientos científicos, se consideraba una nueva era de la medicina, pero la profesión seguía vetada a las mujeres. Algunos médicos defendían que la educación superior podía causar una expansión anormal del cerebro de las mujeres; otros, que la visión de la sangre sería demasiado para ellas. En 1862 se decía en el *British Medical Journal*: «Ya es hora de hacer pedazos esta pretensión antinatural y absurda [...] de establecer una clase de médicos femeninos». Mujeres como Blackwell no podían estar menos de acuerdo.

Desafío al sistema

Blackwell dio con una laguna en la Ley de registro médico de 1858, que no prohibía expresamente a las mujeres con licenciaturas médicas extranjeras ejercer en Reino Unido. Poco después se convirtió en la primera mujer oficialmente registrada por el Consejo Médico General (GMC).

De regreso en EE UU, Blackwell abrió en Nueva York una enfermería para mujeres y niños en 1857, y al

Véase también: Obstetricia 76–77 ▪ Hospitales 82–83 ▪ Enfermería y sanidad 128–133 ▪ Control de la natalidad 214–215 ▪ Anticoncepción hormonal 258

Las mujeres **ejercen informalmente la medicina** como curanderas, herboristas y comadronas, pero están **excluidas de los gremios médicos** creados en la Edad Media y el Renacimiento.

En el siglo XIX, algunas mujeres **aprovechan lagunas** legales para poder **acceder a la formación médica**.

Pioneras como Elizabeth Blackwell **se cualifican como médicas** y establecen el concepto de la **igualdad con los hombres** en la medicina.

lado, en 1868, una escuela de medicina para mujeres, que ofrecía una licenciatura de cuatro años, con un nivel de formación clínica superior al de las escuelas para hombres.

Las mujeres británicas pronto siguieron el ejemplo de Blackwell. Elizabeth Garrett-Anderson fue la primera médica del país, tras aprovechar una laguna en la Carta de la Sociedad de Farmacéuticos y obtener una licencia para ejercer la medicina en 1865. Cuatro años más tarde, Sophia Jex-Blake y otras seis mujeres (las Siete de Edimburgo) fueron las primeras alumnas de medicina matriculadas en una universidad británica, al ser aceptadas en la de Edimburgo.

En 1874, Garrett-Anderson, Jex-Blake y Blackwell –de vuelta en Inglaterra– establecieron la Facultad de Medicina para Mujeres de Londres, la primera institución británica que les permitió estudiar y ejercer la medicina. Con ello, el número de médicas fue aumentando regularmente: en 1881 había solo 25 en Reino Unido, pero en 1911 eran ya 495.

Blackwell se jubiló en 1877, pero no dejó de luchar por la reforma de los derechos de las mujeres, la planificación familiar, la ética médica y la medicina preventiva. ▪

Mujeres en clase en el Colegio Médico para Mujeres de Pensilvania (EEUU) en 1911. Fundado en 1850, fue una de las primeras instituciones autorizadas para formar médicas.

Elizabeth Blackwell

Elizabeth Blackwell nació en 1821 en Bristol (Reino Unido) y emigró a EEUU en 1832 con su familia. Esta quedó arruinada al morir su padre cuando ella tenía 17 años, y empezó a trabajar como profesora. La muerte de una amiga movió a Blackwell a cambiar de vocación y decidirse por la medicina.

Emprendedora decidida, Blackwell fue la primera estadounidense en obtener una licenciatura médica en 1849. Siguió luchando contra la discriminación sexual toda su vida, a ambos lados del Atlántico, y trabajando con otras pioneras en la medicina, como Sophia Jex-Blake, Elizabeth Garrett-Anderson, Marie Zakrzewska y Emily Blackwell, su hermana. En 1907, Blackwell quedó incapacitada por una caída por las escaleras. Murió de un derrame cerebral tres años más tarde.

Obras principales

1856 *Llamamiento en defensa de la educación médica de las mujeres.*
1895 *El trabajo pionero de abrir la profesión médica a las mujeres.*

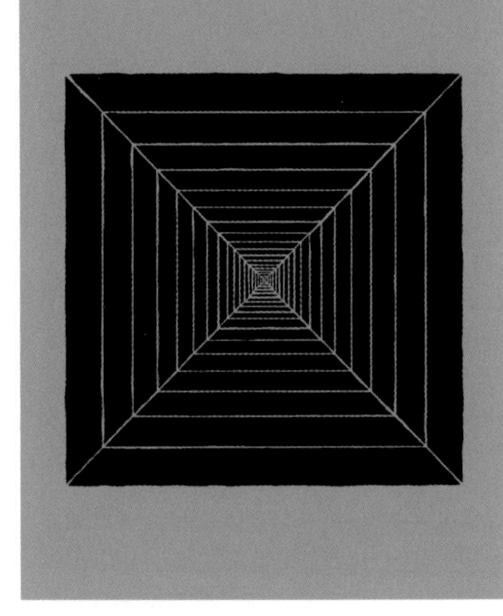

TODA CELULA PROVIENE DE OTRA CELULA

HISTOLOGÍA

EN CONTEXTO

ANTES

Década de 1660 Marcello Malpighi usa una lente de aumento para estudiar embriones de gallina y pulmones de rana.

1676 Antonie van Leeuwenhoek observa células y bacterias con un microscopio hecho por él.

1830 El óptico británico Joseph Jackson Lister presenta el diseño de unas lentes de microscopio compuesto casi libres de distorsión.

DESPUÉS

1873 Camillo Golgi inventa un método de tinción de plata para estudiar las células nerviosas al microscopio.

1931 El físico alemán Ernst Ruska desvela un prototipo de microscopio electrónico.

Década de 1990 El desarrollo de la tomografía de coherencia óptica permite captar imágenes microscópicas de células *in situ*, sin biopsia.

El estudio de la estructura microscópica de los tejidos, o histología, nació en el siglo XVII, cuando los científicos Marcello Malpighi (italiano), Robert Hooke (inglés) y Antonie van Leeuwenhoek (neerlandés) estudiaron tejidos vegetales y animales con microscopios primitivos. La calidad de las lentes, que daban imágenes distorsionadas, limitó los avances por más de un siglo, pero la histología volvió a progresar al mejorar aquellas a partir de 1830.

En 1852, con el *Manual de histología humana* del anatomista suizo Albert von Kölliker –uno de los primeros científicos en comprender que todos los tejidos están compuestos por células y que estas no se dan espontáneamente, sino a partir de otras células–, llegó la mayoría de edad de la histología. Sus estudios situaron la anatomía microscópica

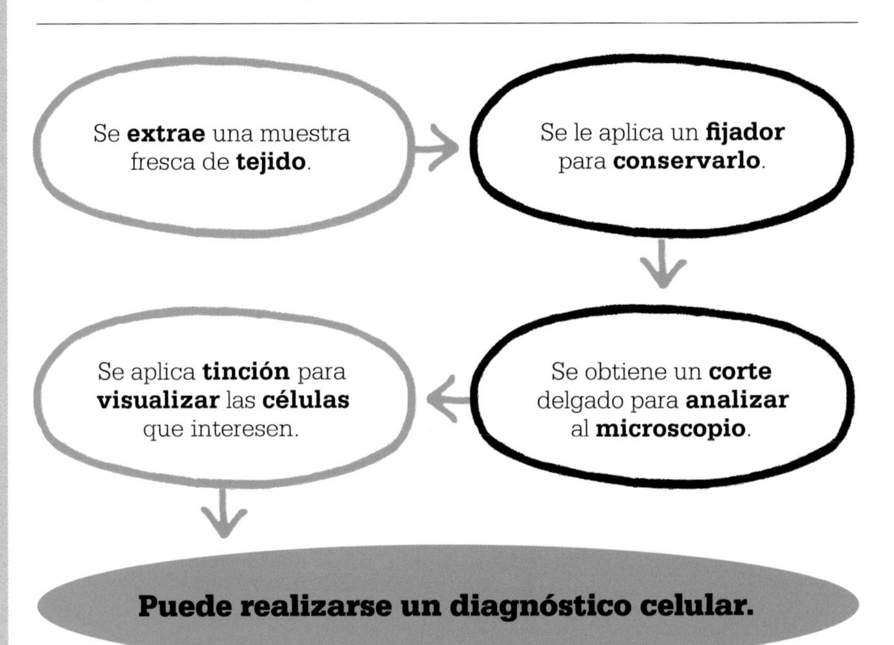

Se **extrae** una muestra fresca de **tejido**.
Se le aplica un **fijador** para **conservarlo**.
Se obtiene un **corte** delgado para **analizar** al **microscopio**.
Se aplica **tinción** para **visualizar** las **células** que interesen.
Puede realizarse un diagnóstico celular.

Véase también: Patología celular 134–135 ▪ El sistema nervioso 190–195 ▪ Detección del cáncer 226–227 ▪ Medicina basada en hechos 276–277 ▪ Nanomedicina 304

en el centro del saber médico y alimentaron los nuevos campos de la histopatología (diagnóstico a nivel celular) y la neurociencia.

Procedimiento perfeccionado

El manual de Kölliker formalizó los procedimientos histológicos, presentando a los científicos las técnicas relativamente nuevas de fijación, corte y tinción para el análisis.

Las muestras de tejido deben fijarse para conservar su estructura e inhibir el crecimiento fúngico y bacteriano. El patólogo danés Adolph Hannover usó ácido crómico como fijador en 1843, lo que le permitió realizar la primera descripción definitiva de una célula cancerosa. Casi cincuenta años después, el patólogo alemán Ferdinand Blum comprobó que el formaldehído (descubierto en 1859) es un fijador excelente, y hoy sigue siendo el más utilizado.

Para permitir que la luz atraviese las muestras, estas deben ser muy delgadas. En 1770, el inventor escocés Alexander Cummings construyó el primer microtomo para obtener cortes lo bastante delgados para usar sobre un portaobjetos. Los ultramicrotomos actuales pueden obtenerlos tan delgados como 30 nanómetros.

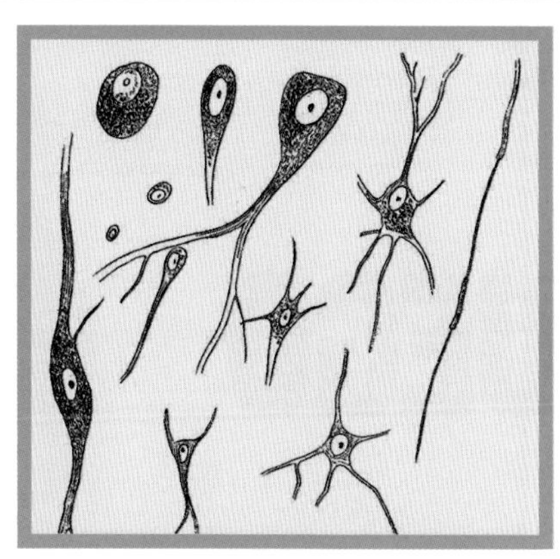

El manual de 1852 de Kölliker, con ilustraciones a mano de células vistas al microscopio, transformó el conocimiento de las estructuras de los tejidos y del sistema nervioso.

La tinción destaca rasgos importantes del tejido y permite diferenciar estructuras celulares, al unirse químicamente a unas sustancias y no a otras. Los avances en los procesos químicos y los tintes sintéticos de mediados del siglo XIX mejoraron los métodos de tinción histológica. En 1858, el anatomista alemán Joseph von Gerlach logró la tinción diferencial del núcleo y el citoplasma de una célula, y en la década de 1880, Kölliker se sirvió de la nueva tinción de plata del biólogo italiano Camillo Golgi para estudiar la estructura de las células nerviosas. La combinación del tinte hematoxilina con el compuesto ácido eosina en la década de 1890 produjo otro tinte para tejidos eficaz que se sigue usando hoy.

Atada a la tecnología

A finales del siglo XIX, la disponibilidad de microscopios fiables, las mejoras en el procesado de las muestras y el trabajo de científicos como Kölliker iniciaron una nueva era de la histología médica. Esta ha seguido avanzando con diversas innovaciones tecnológicas: el microscopio electrónico para analizar estructuras celulares minúsculas; los microscopios de imágenes en 3D; y la tomografía de coherencia óptica, que emplea luz infrarroja para generar imágenes de corte transversal con resolución microscópica. ■

Albert von Kölliker

Rudolph Albert von Kölliker nació en Zúrich (Suiza) en 1817, ciudad donde estudió medicina, interesándose en la embriología. Nombrado profesor de anatomía en Zúrich en 1844, poco después se trasladó a la Universidad de Wurzburgo, en Alemania. Allí se dedicó el resto de su carrera a la enseñanza y la investigación del estudio microscópico de los tejidos.

Entre sus muchos hallazgos, Kölliker propuso que los núcleos celulares contenían la clave de la herencia, fue uno de los primeros en observar cuerpos con células musculares estriadas (luego identificados como mitocondrias) y demostró que las fibras nerviosas eran partes alargadas de células nerviosas. Kölliker continuó investigando hasta poco antes de su muerte, acaecida en 1905.

Obras principales

1852 *Manual de histología humana.*
1861 *Embriología del hombre y los animales superiores.*

TOMARON EL HUMO POR EL FUEGO

EPIDEMIOLOGÍA

EN CONTEXTO

ANTES

***C.* 400 A. C.** Hipócrates trata de explicar la enfermedad por factores ambientales.

1662 El estadístico John Graunt publica su análisis de referencia de datos de mortalidad.

1847 Semmelweis ataja las infecciones en la maternidad donde ejerce con el lavado de manos.

DESPUÉS

1866 La mayor parte de Londres se conecta al alcantarillado diseñado por el ingeniero Joseph Bazalgette.

Década de 1870 Los estudios de Koch indican que organismos específicos causan enfermedades específicas.

1913 La pasteurización resulta eficaz para controlar la propagación de enfermedades.

El cólera es una infección gastrointestinal que hoy sigue siendo un gran problema de salud global en zonas con saneamiento deficiente. Los síntomas incluyen diarrea, náuseas y vómitos, y puede causar una grave deshidratación e incluso la muerte. El estudio sistemático de John Snow sobre la propagación del cólera en el Londres del siglo XIX transformó la comprensión y el estudio de las causas de las enfermedades y cómo se propagan, estableciendo el campo de la epidemiología.

¿Algo en el aire?

La idea de que las enfermedades eran causadas por miasmas, o agentes nocivos en el aire, persistía desde

Véase también: Medicina romana 38–43 ▪ Escuelas médicas y cirugía medievales 50–51 ▪ Anamnesis 80–81 ▪ Anestesia 112–117 ▪ Higiene 118–119 ▪ Enfermería y sanidad 128–133 ▪ La teoría microbiana 138–145 ▪ Pandemias 306–313

En el siglo XIX predomina la creencia de que los **vapores tóxicos** (miasmas) de la putrefacción **propagan la enfermedad**.

Según nuevos análisis de los **datos de mortalidad**, los primeros **síntomas** de las víctimas del cólera son **digestivos**, no respiratorios.

Esto apunta a que la **teoría miasmática es incorrecta**.

El hecho de vivir un grupo de víctimas del cólera cerca de determinada **fuente** indica que el **agua y otros materiales contaminados** propagan la enfermedad.

Las **mejoras en la salud pública** y la higiene **limitan la propagación de la enfermedad**.

hacía siglos. La supuesta corrupción del aire se atribuía a la descomposición de restos orgánicos, las «exhalaciones» de pantanos y ciénagas o los malos vientos que traían aire viciado de otros lugares, dada la coincidencia de los brotes de enfermedades con los meses de verano, cuando los olores de la materia en descomposición eran omnipresentes. Para combatir la propagación de infecciones se tomaron medidas ineficaces, como encender hogueras, con la esperanza de que detuvieran tanto la peste como el cólera.

A mediados del siglo XIX, los malos olores y las enfermedades eran una cuestión de salud pública grave. Las ciudades, en rápida expansión, eran incapaces de disponer adecuadamente de grandes cantidades de desechos humanos e industriales, las calles servían como desagües y las vías de agua, como alcantarillas.

En Gran Bretaña se seguía debatiendo enconadamente sobre las causas de enfermedades como el cólera. Los reformadores sanitarios y de la salud pública Thomas Southwood Smith, Edwin Chadwick y Florence Nightingale, la fundadora de la enfermería moderna, fueron todos firmes defensores de la teoría miasmática. Southwood Smith, médico del London Fever Hospital, estaba convencido del vínculo entre el hacinamiento que soportaban muchos en las ciudades y las enfermedades contagiosas que padecían. Chadwick compartía la opinión de Smith en cuestiones de salud pública y apoyaba esta postura. Para él, los orígenes de las enfermedades no planteaban misterio alguno: se debían a factores ambientales, como el mal saneamiento, que se podían rectificar. También creía que había buenos motivos extrasanitarios para mejorar las condiciones de vida de la población: al fin y al cabo, los enfermos no podían trabajar.

La pérdida anual de vidas por la falta de higiene y la mala ventilación es mayor que la de muertos y heridos en todas las guerras.
Edwin Chadwick

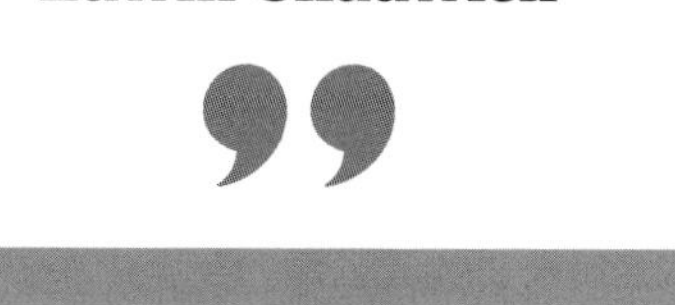

En 1838, Chadwick, con la ayuda de Southwood Smith entre otros, comenzó a trabajar en la redacción de informes para la Comisión de la Ley de Pobres. Southwood Smith defendía la fumigación y mejora de la ventilación en los edificios; otros señalaban la importancia de alejar «ocupaciones molestas» (como los mataderos) de las zonas residenciales, así como de mejorar el drenaje, las alcantarillas y las fosas sépticas para prevenir la difusión de la enfermedad.

El informe de Chadwick *El estado sanitario de la población obrera de Gran Bretaña*, publicado en 1842, detallaba las condiciones de hacinamiento e insalubridad en todo el país. Su denuncia recibió el apoyo » entusiasta de periódicos como *The Times* y estimuló una demanda urgente de cambios.

En 1848, el gobierno estableció el Consejo General de Salud, con Chadwick y Southwood Smith entre sus miembros, para ocuparse del problema. Al desatarse un nuevo brote de cólera en Londres en su primer año de actividad, el Consejo aplicó medidas de emergencia para retirar desechos y limpiar las calles.

Rastrear el contagio

En 1853, Thomas Wakley, editor de *The Lancet*, escribía sobre el cólera: «¿Es un hongo, un insecto, un miasma, una perturbación eléctrica, una falta de ozono? [...] Nada sabemos; estamos perdidos en el mar, entre un remolino de conjeturas». En agosto de 1854 se desató un brote grave de cólera en el barrio del Soho en Londres. Miles de personas contrajeron la enfermedad y al menos 600 murieron. John Snow ejercía la medicina en el Soho en aquel entonces, y empezó a formular sus propias ideas sobre la causa.

Snow ya se había enfrentado al cólera durante un brote que se propagó por el noreste de Inglaterra en 1831, cuando atendió a los afectados que trabajaban en la mina de carbón de Killingworth, cerca de Newcastle upon Tyne. Observó que muchos de los mineros contraían el cólera mientras trabajaban bajo tierra, y preguntándose cómo podía relacionar esto con la teoría miasmática, empezó a sospechar que la transmisión era por otra vía. Esas observaciones pusieron los cimientos de su trabajo posterior.

En septiembre de 1848, Snow intentó rastrear la evolución de un brote en Londres para determinar cómo se propagaba. Descubrió que la primera víctima, un marino mercante, había llegado en barco desde Hamburgo el 22 de septiembre, rápidamente había desarrollado los síntomas del cólera y había muerto. Solo unos días después de la muerte del marino, su habitación fue alquilada a otro hombre, que también contrajo el cólera y murió. Snow consideró esta segunda muerte una prueba convincente de contagio.

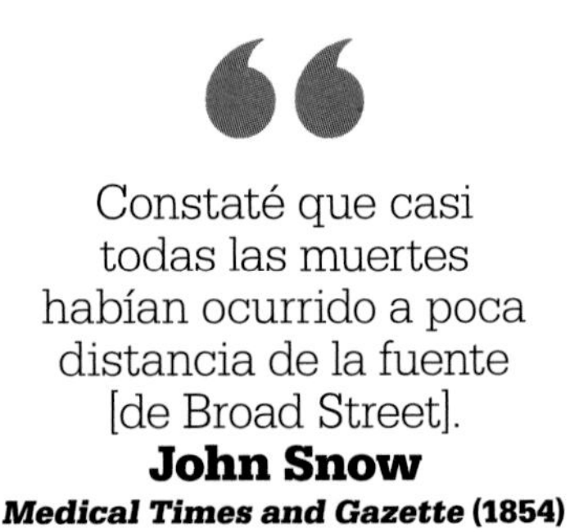

Constaté que casi todas las muertes habían ocurrido a poca distancia de la fuente [de Broad Street].

John Snow

***Medical Times and Gazette* (1854)**

A medida que iban surgiendo nuevos casos, Snow comprobó que los primeros síntomas comunicados por todos los afectados eran digestivos, y esto le pareció un indicio de que la enfermedad se transmitía por alimentos o agua contaminados. Dedujo que de haber sido los miasmas el vector, los primeros síntomas habrían afectado, sin duda, al sistema respiratorio, no al digestivo. Snow sospechaba que la diarrea extrema que caracterizaba la enfermedad podía ser la fuente de la infección. Solo unas gotas que contaminaran el suministro de agua bastarían para propagarla por una comunidad entera.

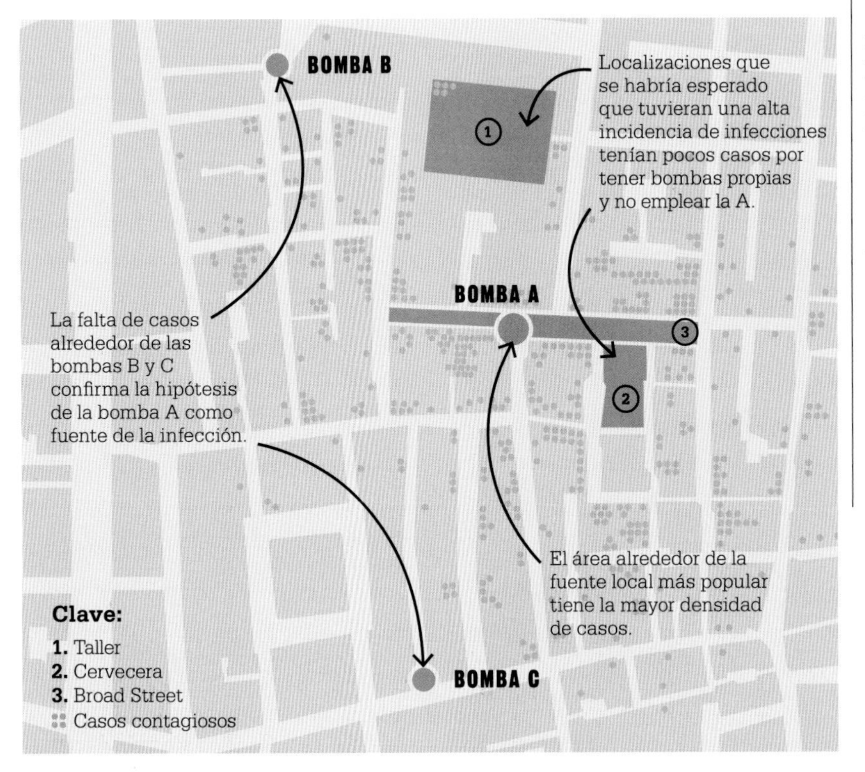
BOMBA B
Localizaciones que se habría esperado que tuvieran una alta incidencia de infecciones tenían pocos casos por tener bombas propias y no emplear la A.
1
BOMBA A
3
2
La falta de casos alrededor de las bombas B y C confirma la hipótesis de la bomba A como fuente de la infección.
El área alrededor de la fuente local más popular tiene la mayor densidad de casos.
Clave:
1. Taller
2. Cervecera
3. Broad Street
Casos contagiosos
BOMBA C

John Snow compiló un mapa de puntos de los casos de cólera para reflejar la distribución de la infección. El nuevo método de mapa estadístico de la enfermedad permitía comparar distintos grupos, y es un componente clave de la epidemiología moderna.

John Snow

John Snow, el mayor de nueve hermanos, nació en York (Reino Unido) en 1813. Su padre trabajaba en una carbonera, y la familia vivía en uno de los barrios más pobres de la ciudad. A los catorce años era aprendiz de un cirujano, y en 1836 fue a Londres a estudiar medicina. Se licenció en 1844 en la Universidad de Londres.

En 1849 publicó sus ideas sobre la transmisión del cólera, contrarias a la teoría miasmática prevaleciente, y respaldó sus afirmaciones con su estudio del brote de 1854 en el Soho. Fue un pionero en el campo de la anestesia, además de en la epidemiología: en 1853 asistió en el nacimiento del príncipe Leopoldo, dando a su madre, la reina Victoria, cloroformo para aliviar el dolor.

Snow era vegetariano y abstemio, y tomó parte en campañas por una sociedad sobria, pero sus problemas de salud pudieron contribuir a su muerte a los 45 años, en 1858.

Obra principal

1849 «Sobre el modo de transmisión del cólera».

En agosto de 1849, Snow publicó un folleto titulado «Sobre el modo de transmisión del cólera», en el que planteaba los argumentos y pruebas en apoyo de su teoría. Citaba el caso de una calle de Londres en la que muchos de los residentes de un lado habían caído víctimas del cólera, mientras que solo lo había contraído una persona de la otra acera. Snow informó de que el agua sucia, vertida en un canal por los habitantes de las primeras casas, llegó hasta el pozo del que sacaban el agua. Creía que para prevenir las epidemias de cólera había que aislar los pozos y conductos de agua potable de las tuberías para los desechos, pero sus ideas no convencieron a muchos médicos.

La fuente de Broad Street

Al propagarse el brote de 1854 en el Soho, Snow creía que la fuente de la infección estaba en el suministro de agua. Tras hablar con los residentes y estudiar información de los registros locales hospitalarios y públicos, marcó cada hogar afectado por el cólera en un mapa de la zona, y vio que los domicilios afectados se centraban en torno a una fuente en Broad Street. Hoy estos mapas que muestran la distribución geográfica de los casos se llaman mapas de puntos. Snow consideró que la fuente era el origen de la epidemia, y en una carta al *Medical Times and Gazette* escribió: «No ha habido ningún brote o prevalencia particular del cólera en esta parte de Londres, salvo entre quienes acostumbraban a beber el agua de la mencionada fuente». Snow llevó sus hallazgos a las autoridades municipales y logró que clausuraran la fuente; poco después el brote llegó a su fin. Luego se supo que la causa del brote eran los pañales usados de un bebé que había contraído el cólera en otra parte, y que se habían tirado en una fosa séptica próxima a la fuente.

Una viñeta satírica de 1866 sobre la contaminación del suministro de agua indica el cambio de la creencia en los miasmas a la noción de organismos específicos causantes de la enfermedad.

Bombas manuales como la de Broad Street no eran las únicas fuentes de agua. Snow investigó la incidencia del cólera en el sur de Londres y la relacionó con las compañías Southwark y Vauxhall, que suministraban agua bombeada mecánicamente de sectores del Támesis contaminados por aguas fecales.

El detallado análisis estadístico de Snow resultó ser un modo convincente de demostrar la correlación entre la calidad del agua en el origen y los casos de cólera. Poco después del fin del brote, Snow presentó sus conclusiones a la Sociedad Médica de Londres, que las rechazó.

Tuvieron que pasar varios años hasta que la teoría microbiana de la enfermedad encontrara aceptación, al demostrarla el químico francés Louis Pasteur. Tristemente, Snow no vio justificada su idea, pues murió en 1858 de un ictus. No sería hasta 1884 cuando Robert Koch identificó el bacilo en forma de bastón *Vibrio cholerae*, causante del cólera. ■

UN HOSPITAL NO DEBE DAÑAR A LOS ENFERMOS

ENFERMERÍA Y SANIDAD

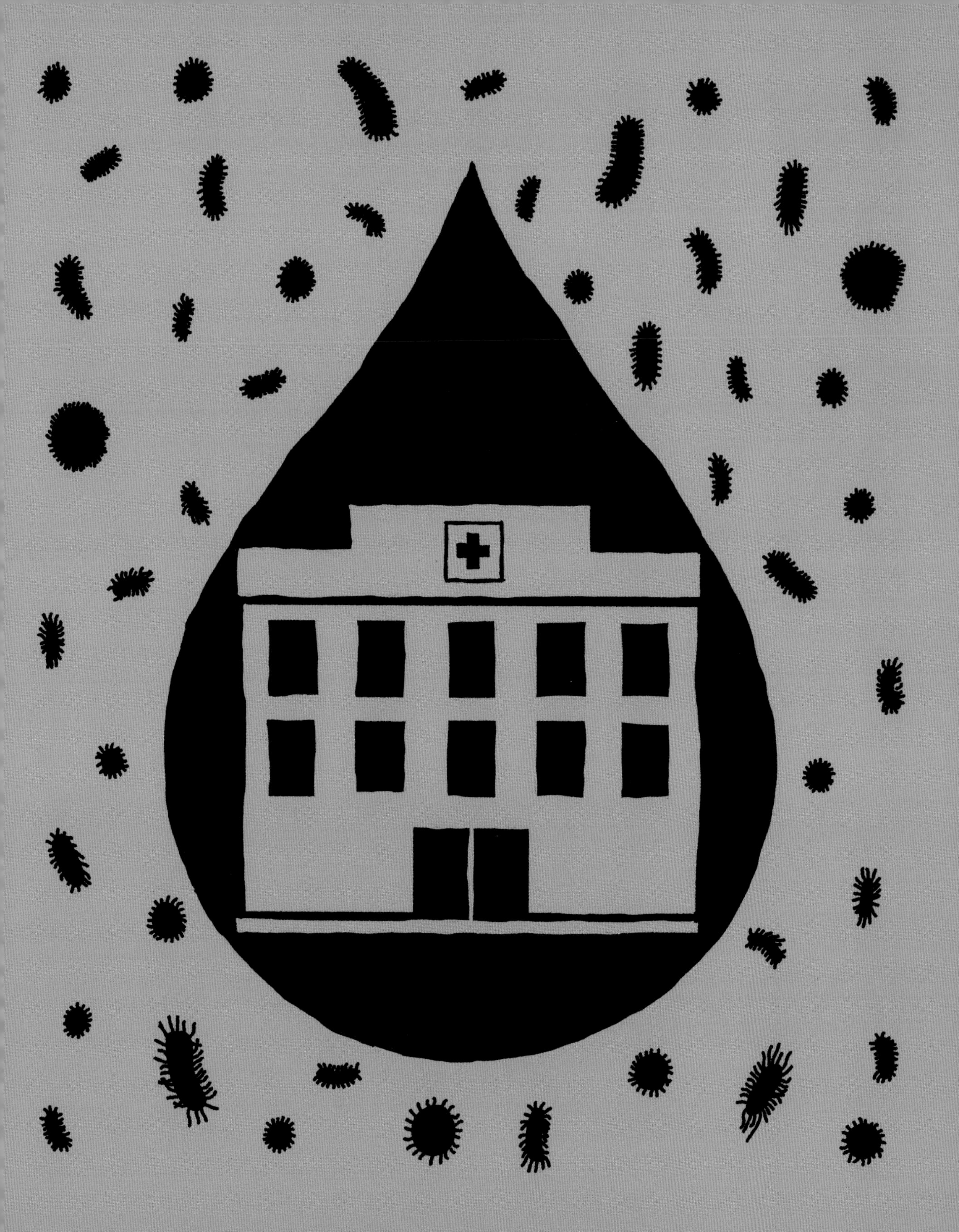

EN CONTEXTO

ANTES

***C.* 390** Se construye el primer hospital general en Roma.

1633 Fundación en Francia de las Hijas de la Caridad, mujeres católicas dedicadas al cuidado de los enfermos pobres.

DESPUÉS

1901 Nueva Zelanda: primer país con un registro estatal que exige formación reglada para ejercer la enfermería.

1916 Se funda en Reino Unido el mayor sindicato de enfermería del mundo, el Royal College of Nursing.

1948 Reino Unido instituye el primer Servicio Nacional de Salud público.

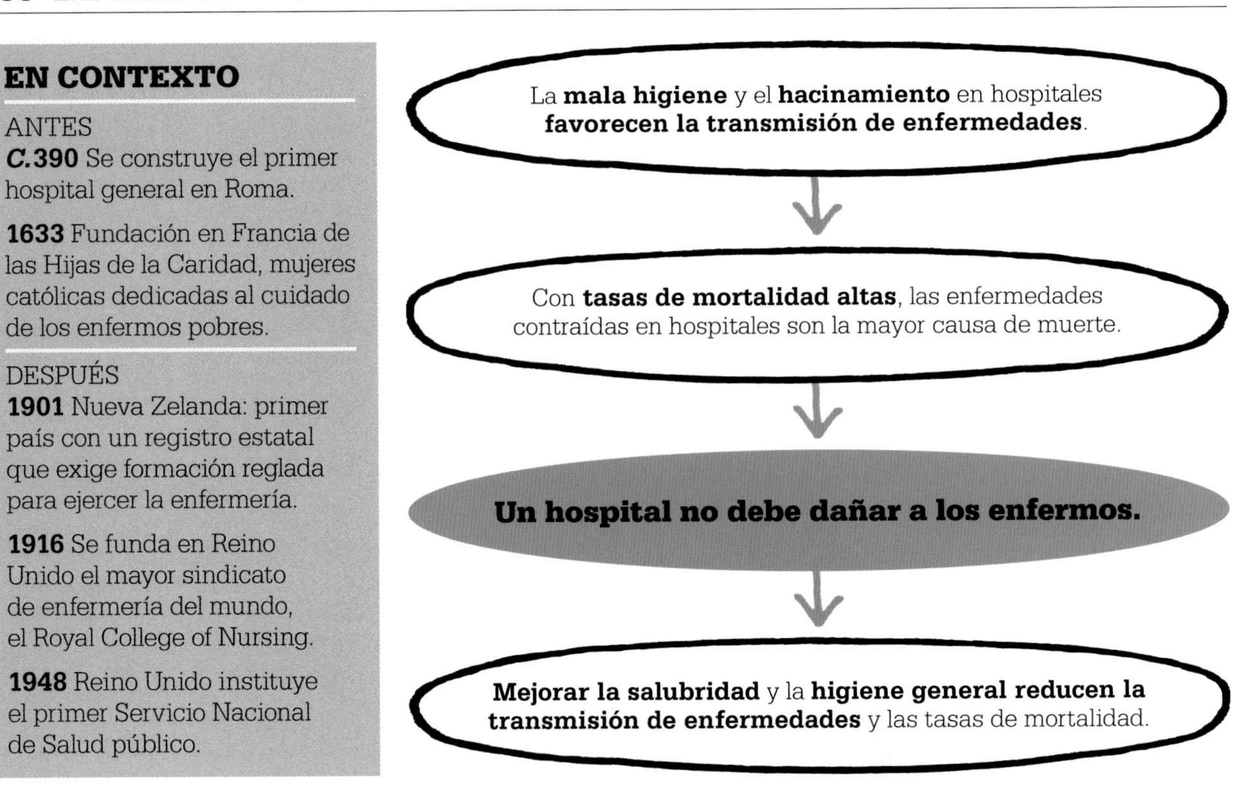

La **mala higiene** y el **hacinamiento** en hospitales **favorecen la transmisión de enfermedades**.
Con **tasas de mortalidad altas**, las enfermedades contraídas en hospitales son la mayor causa de muerte.
Un hospital no debe dañar a los enfermos.
Mejorar la salubridad y la **higiene general reducen la transmisión de enfermedades** y las tasas de mortalidad.

Es imposible precisar los inicios exactos de la enfermería. Cuidar de los enfermos y heridos es una parte natural de la existencia humana, pero durante mucho tiempo estuvo vinculada a las creencias religiosas. En Europa, por ejemplo, estuvo en manos de monjas y monjes de las órdenes religiosas. En el mundo islámico, Rufaida al Aslamia (*c.* 620), considerada la primera enfermera, cuidó de heridos en combate y formó en la higiene a otras mujeres. La historia de la enfermería moderna, sin embargo, comienza con Florence Nightingale, reformadora social incansable que aplicó un enfoque científico a la enfermería y comprendió la necesidad de basar la medicina en la estadística.

A mediados del siglo XIX, la enfermería no se consideraba una ocupación respetable para una mujer educada, y la familia de Nightingale se opuso a que adquiriera experiencia en hospitales. Fue durante un viaje por Europa y Egipto con amigos de la familia cuando Nightingale tuvo ocasión de estudiar los distintos sistemas hospitalarios. A principios de 1850 comenzó a formarse en el Instituto de San Vicente de Paúl en Alejandría (Egipto), y con ello, además de enfermería y su posterior formación en Alemania y Francia, aprendió a observar y organizar. Tras volver a Londres en 1853 asumió el puesto de superintendente de la Institution for Sick Gentlewomen in Distressed Circumstances (Instituto para el Cuidado de Señoras Enfermas en Dificultades), cuyas condiciones no tardó en mejorar, adquiriendo con ello aún mayor experiencia en administración y enfermería.

La dama de la lámpara

En marzo de 1854 comenzó la guerra de Crimea, conflicto bélico que enfrentó al Imperio ruso con los imperios británico, francés y otomano. Las instalaciones médicas británicas fueron duramente criticadas en la prensa por ineficaces e incompetentes. Nightingale, a punto de asumir el puesto de superintendente de enfermería en el King's College Hospital de Londres, fue invitada a supervisar como administradora el despliegue de enfermeras en los hospitales militares británicos. Llegó a Scutari, cerca de Constantinopla (actuales Üsküdar y Estambul, respectivamente), en noviembre de 1854, acompañada de 38 enfermeras y 15 monjas. Se encontró con soldados hacinados sobre el suelo, con escasa ventilación, pocos alimentos, operaciones practicadas en malas condiciones higiénicas, un suministro inadecuado de equipo médico y enfermedades incontroladas como el cólera y el tifus.

En un primer momento, los médicos militares tomaron la presencia de Nightingale y su equipo como

Véase también: Medicina de campaña 53 ▪ Hospitales 82–83 ▪ Higiene 118–119 ▪ Las mujeres en la medicina 120–121 ▪ Epidemiología 124–127 ▪ La teoría microbiana 138–145 ▪ Medicina basada en hechos 276–277

Estaban todos cubiertos de parásitos, grandes piojos por toda la ropa y sus personas [...]. Varios estaban completamente postrados por la fiebre y la disentería.

Henry Bellew
Asistente de cirujano británico, sobre el hospital de Scutari (enero de 1855)

una intrusión y un ataque a su profesionalidad, pero las enfermeras no tardaron en demostrar su valor cuando, a los pocos días de su llegada, la afluencia de soldados heridos en batallas importantes amenazó con desbordar el hospital. Con los fondos aportados por el diario *The Times*, Nightingale compró equipo para el hospital y enroló a las esposas de los soldados para servicios de limpieza y lavandería. Atendió las necesidades físicas de los soldados, y también las psicológicas, ayudándoles a escribir cartas y a distraerse de su situación.

La enfermedad desempeñó un papel determinante en la guerra de Crimea: en el invierno de 1854–1855, 23 000 hombres estaban incapacitados para el combate. La Comisión Sanitaria enviada por el gobierno británico en 1855 para realizar una investigación descubrió que el hospital de Scutari se había construido sobre una cloaca rota, y que los pacientes estaban bebiendo agua contaminada. Con la colaboración de Nightingale, se drenaron y repararon las cloacas, los aseos y baños, y se redujo el hacinamiento en los hospitales. Así empezó a decaer la espantosa tasa de mortalidad, desde el 41 % al llegar Nightingale hasta solo el 2 % hacia el final de la guerra. De vuelta en Gran Bretaña, su experiencia en Crimea movió a Nightingale a hacer campaña para mejorar los saneamientos en todos los hospitales.

Los logros de Nightingale y sus enfermeras en la lucha contra las condiciones miserables en Crimea le reportaron una fama enorme. Fue conocida como la «dama de la lámpara», a raíz de un artículo publicado en *The Times*: «Cuando todos los oficiales médicos se han retirado a pasar la noche, y el silencio y la oscuridad envuelven a los enfermos postrados, se la ve a ella sola, lámpara en mano, durante su ronda solitaria».

Pese a contraer la «fiebre de Crimea», que la debilitaría para el resto de su vida, Nightingale volvió a la guerra de Crimea en 1856, decidida a prevenir en el futuro la pérdida catastrófica de vidas de la que había sido testigo. Con el respaldo de la reina Victoria, convenció al gobierno para que estableciera una comisión real para estudiar las condiciones de salud en el ejército.

Números en imágenes

Como buena estudiante de matemáticas desde la infancia, Nightingale reunió datos y organizó un sistema de registro. Junto con su amigo William Farr, el estadístico más destacado de Reino Unido, y John Sutherland, de la Comisión Sanitaria, emprendió el análisis de las tasas de mortalidad del ejército en los hospitales de Crimea. Determinaron que la principal causa de muerte entre los soldados no era el combate, sino las enfermedades, en muchos casos prevenibles con una higiene adecuada. Los soldados tenían una probabilidad siete veces mayor de morir por infecciones contraídas en los hospitales que por las heridas recibidas en combate.

Nightingale decidió presentar visualmente los datos, «para afectar »

Esta escena del hospital militar de Scutari durante la guerra de Crimea muestra una inspección nocturna de Florence Nightingale, con su célebre lámpara.

por los ojos lo que no conseguimos dar a entender al público por sus oídos a prueba de palabras», y presentó el diagrama de área polar, una variante de gráfico circular. El círculo se dividía en doce cuñas, una por cada mes, mayores o menores según el número de muertes, y con distintos colores asignados a las causas de muerte. Sus diagramas de mortalidad en pacientes influirían en el desarrollo de la epidemiología, la rama de la medicina que se ocupa de la aparición, distribución y control de las enfermedades epidémicas.

La representación gráfica de los datos es hoy la norma, y Nightingale fue una de las primeras en utilizarla para influir en las políticas públicas. El informe de la comisión real basado en sus datos proponía la creación de un departamento estadístico para rastrear las tasas de enfermedad y mortalidad, y así identificar los problemas para responder a tiempo. En 1858, en reconocimiento a su trabajo, Nightingale fue la primera mujer miembro de la Real Sociedad Estadística de Reino Unido. En el curso del Congreso Estadístico Internacional de 1860, propuso reunir las estadísticas de los hospitales para poder comparar los resultados por hospital, región y país, en el primer modelo sistemático de recopilación de datos hospitalarios. También abogó, sin éxito, por que se añadieran preguntas sobre salud al censo de población de 1861 de su país, por considerar que aportaría una perspectiva de enorme valor como fuente de datos para orientar las políticas públicas.

Formar enfermeras

La Escuela de Formación y Hogar de Enfermeras Nightingale, en el Hospital de Santo Tomás de Londres, recibió a las primeras diez alumnas en 1860. Financiada por el Nightingale Fund, un fondo de donaciones públicas establecido durante la estancia de Nightingale en Crimea, la escuela se proponía ofrecer formación práctica al personal de enfermería en hospitales organizados para ese fin. Fue en gran medida la escuela lo que permitió a Nightingale convertir la enfermería en un trabajo respetable y responsable, y sirvió de modelo adoptado en todo el mundo. El Nightingale Fund financió también una escuela de comadronas en el King's College Hospital en 1862.

El manejo sabio y compasivo del paciente es la mejor salvaguarda contra la infección.

Florence Nightingale

***Notas sobre enfermería* (1859)**

Cuando Nightingale publicó *Notas sobre los hospitales* y *Notas sobre enfermería* en 1859, no había un servicio de salud en el Reino Unido, y la atención privada no estaba al alcance de la mayoría. Consciente de la importancia de la higiene diaria para prevenir la propagación de la enfermedad, en *Notas sobre enfermería* se propuso educar al público, tanto en la mejora de las condiciones sanitarias como en el cuidado de los enfermos.

El énfasis de Nightingale en la calidad del saneamiento y la atención sanitaria se extendió a la reforma de los servicios ofrecidos a los miembros más pobres de la sociedad en las casas de trabajo. Estas instituciones prácticamente sin atención médica empleaban a internas sin

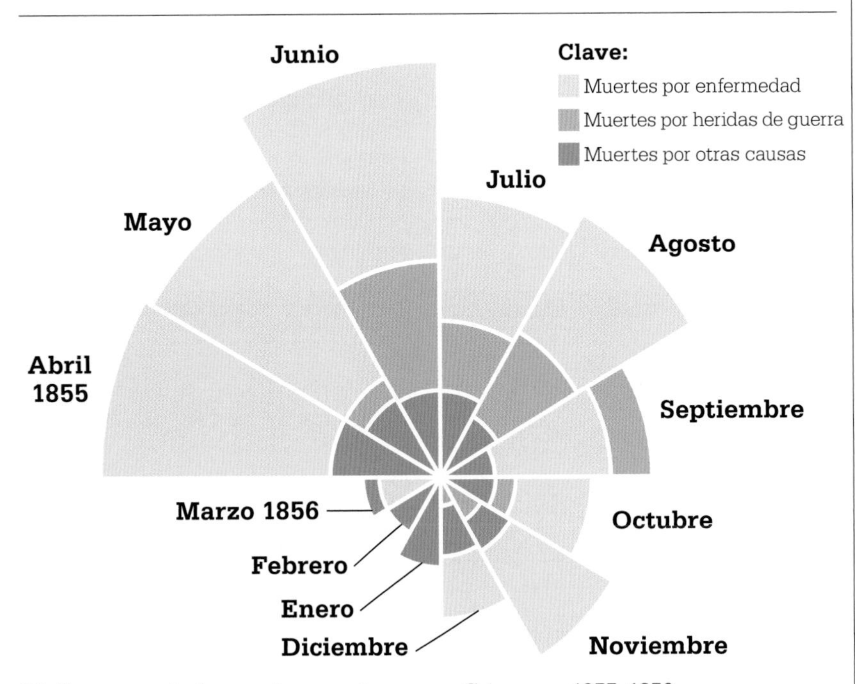

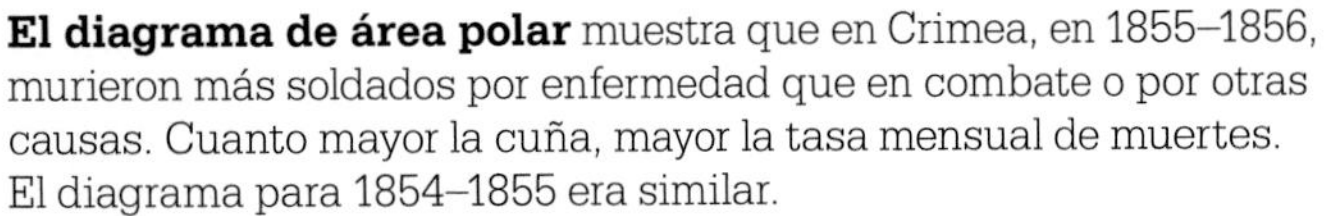

El diagrama de área polar muestra que en Crimea, en 1855–1856, murieron más soldados por enfermedad que en combate o por otras causas. Cuanto mayor la cuña, mayor la tasa mensual de muertes. El diagrama para 1854–1855 era similar.

Florence Nightingale con alumnas de la Escuela de Formación Nightingale en Santo Tomás, fotografiadas en 1866 ante la casa de su cuñado y benefactor sir Harry Verney.

formación como enfermeras. Gracias a la persistencia de Nightingale y a los fondos aportados por el filántropo William Rathbone, la primera enfermería de asilo para pobres donde se emplearon enfermeras capacitadas estuvo en Liverpool, donde, en 1865, doce enfermeras de la escuela de Nightingale trabajaron asistidas por dieciocho aprendices. El sistema sería adoptado gradualmente en otras instituciones.

Campaña por la salud

Nightingale creía que lo ideal era cuidar a los enfermos en casa, y aconsejó a Rathbone crear una escuela de formación y hogar de enfermeras en la Royal Infirmary de Liverpool. Abierta en 1862, la escuela fue la base de un sistema de enfermería de barrio, en el que las enfermeras salían a visitar a los enfermos en sus casas. La mala salud de Nightingale le impidió ejercer como enfermera, pero se mantuvo en campaña incansable, escribiendo miles de cartas y publicando unos 200 libros, informes y folletos. Aconsejó sobre salud en India, donde sus reformas redujeron drásticamente la mortalidad entre los soldados británicos, además de mejorar el saneamiento en las comunidades rurales. Como asesora del gobierno de EE UU durante la guerra de Secesión, inspiró la fundación de la Comisión Sanitaria de EE UU, y fue la mentora de Linda Richards, la primera enfermera profesional del país.

El mayor legado de Florence Nightingale consistió en encaminar la enfermería hacia una profesión moderna en el campo de la medicina. También fue una figura importante en la mejora de la higiene y de los saneamientos públicos, que aumentaron la esperanza de vida de un número ingente de personas. Aunque la ciencia médica haya avanzado enormemente desde ese momento, la concepción práctica y basada en datos de la salud pública de Nightingale no ha perdido relevancia en los servicios de salud actuales. ■

Florence Nightingale

Florence Nightingale nació en 1820 en Florencia (Italia) –de ahí su nombre– durante un viaje de sus padres por Europa. Su padre la educó en historia, filosofía y matemáticas, y desde temprana edad le gustó reunir y organizar datos: usaba listas y tablas para documentar su impresionante colección de conchas.

Pese a la oposición familiar, su vocación de combatir el sufrimiento la llevó a formarse en enfermería. Dirigió un equipo de enfermeras en la guerra de Crimea, y cuando volvió a Reino Unido en 1856 ya era una celebridad. A partir de 1858, a raíz de la enfermedad que contrajo en Crimea, Nightingale, sin apenas salir de casa, empleó su fama para trabajar por la reforma de la atención sanitaria y social. Fue la primera mujer en recibir la Orden del Mérito británica, y sus ideas sobre la práctica de la enfermería siguen presentes hoy en la profesión. Murió en 1910, a los 90 años.

Obras principales

1859 *Notas sobre los hospitales.*
1859 *Notas sobre enfermería.*

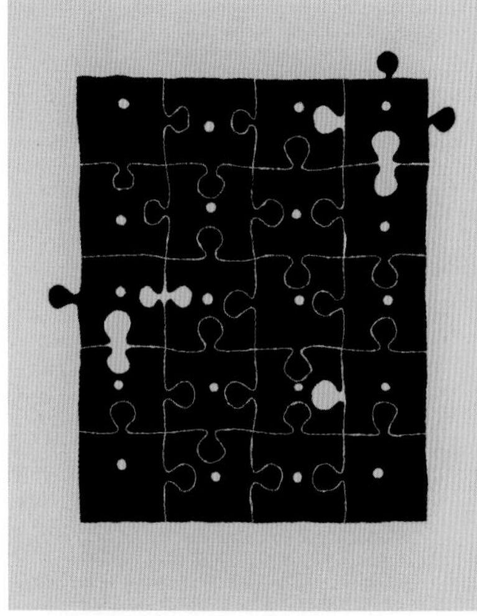

TRASTORNOS A NIVEL CELULAR

PATOLOGÍA CELULAR

EN CONTEXTO

ANTES

1665 En *Micrographia*, Robert Hooke llama *cells* («celdas» o «células») a las unidades microscópicas del corcho.

Década de 1670 El neerlandés Antonie van Leeuwenhoek observa «animálculos» unicelulares.

1838–1839 Los alemanes Matthias Schleiden y Theodor Schwann proponen que las células son los constituyentes básicos de todos los seres vivos.

DESPUÉS

1857 Albert von Kölliker describe las mitocondrias, que liberan energía a la célula.

1909 El ruso Alexander Maximov habla de células troncales (madre) y propone que todas las células sanguíneas proceden de una sola célula precursora.

1998 En EE UU, James Thomson y John Gearhart aíslan y cultivan células madre embrionarias humanas.

El estudio de las enfermedades como manifestación de trastornos celulares, la patología celular, es clave para el diagnóstico y el tratamiento modernos. Este campo debe mucho al patólogo alemán del siglo XIX Rudolf Virchow, para quien la ciencia debía mirar más allá de los órganos y tejidos y examinar las células individuales para hallar las causas de las enfermedades.

En 1855, Virchow popularizó el principio clave de la teoría celular: todas las células proceden de otras células *(omnia cellula e cellula)* por división, idea que planteó por primera vez el fisiólogo polaco-alemán Robert Remak tres años antes. Virchow concluyó que todas las enfermedades surgen a nivel celular; fue el primero en explicar que el cáncer se desarrolla por anomalías celulares, y describió y dio nombre a la leucemia, enfermedad potencialmente fatal en la que la sangre produce demasiados leucocitos (glóbulos blancos). También acuñó los términos «trombo» (masa de sangre coagulada) y «embolia» (obstrucción de una arteria por un trombo), y mostró que un trombo en la pierna puede llegar hasta el pulmón y causar una embolia pulmonar. Su obra *Patología celular basada en la histología fisiológica y patológica* (1858) fue la biblia de los patólogos durante muchos años.

> Debemos esforzarnos por […] desmontar la célula y averiguar qué aporta cada parte a la función celular y cómo fallan las partes en caso de enfermedad.
> **Rudolf Virchow (1898)**

Rápidos avances científicos

Los progresos de Virchow con las células despejaron el camino a otros avances en la comprensión de las enfermedades a fines del siglo XIX y en el XX. Ayudada por tintes más eficaces para los tejidos, la histopatología –el examen microscópico de los tejidos para estudiar las enfermedades– fue un área cada vez más relevante de investigación y diagnóstico.

Un alumno destacado de Virchow, Friedrich von Recklinghausen, estu-

Véase también: Histología 122–123 ▪ Medicamentos dirigidos 198–199 ▪ Detección del cáncer 226–227 ▪ Investigación de células madre 302–303

dió una serie de trastornos óseos y sanguíneos a nivel celular, y otro de sus discípulos, Edwin Klebs, descubrió vínculos entre bacterias y enfermedades infecciosas, además del bacilo de la difteria. En 1901, en otro gran avance, el inmunólogo austriaco Karl Landsteiner identificó los grupos sanguíneos A, B y 0, documentando las diferencias celulares entre ellos.

Las investigaciones del médico griego-estadounidense George Papanicolaou, que identificó células de cáncer cervical (o de útero) en citologías vaginales en la década de 1920, condujeron a las pruebas de raspado masivas a partir de 1950. Desde entonces se desarrollaron pruebas de detección de otros tipos de cáncer, y, con equipo cada vez más avanzado y técnicas nuevas, se ha podido estudiar el ADN, analizar núcleos celulares, descubrir las células madre totipotenciales y comprender mejor las enfermedades de base genética.

Componentes celulares cada vez menores

Hoy, los especialistas usan potentes microscopios electrónicos para evaluar cambios en el tamaño, la forma y el aspecto del núcleo celular que puedan indicar cáncer, precáncer u otras enfermedades. En las muestras de tejidos, estudian la interacción de las células para identificar anomalías.

El diagnóstico no es el único fin, sin embargo. Al estudiar moléculas cada vez más minúsculas, se pueden comprender mejor los procesos patológicos, y la terapia celular –la inserción de células viables para combatir los mecanismos que causan una enfermedad–, podría ofrecer pronto esperanza a quienes padecen trastornos hasta ahora incurables. ▪

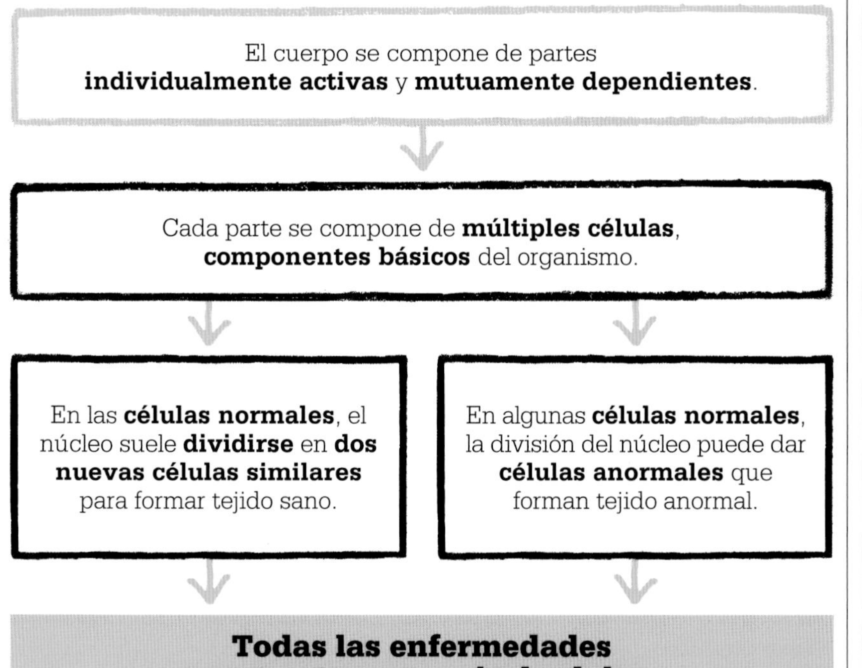

El cuerpo se compone de partes **individualmente activas** y **mutuamente dependientes**.
Cada parte se compone de **múltiples células**, **componentes básicos** del organismo.
En las **células normales**, el núcleo suele **dividirse** en **dos nuevas células similares** para formar tejido sano.
En algunas **células normales**, la división del núcleo puede dar **células anormales** que forman tejido anormal.
Todas las enfermedades son trastornos a nivel celular.

Rudolf Virchow

Virchow nació en Pomerania (hoy día parte de Polonia) en 1821. Se licenció en medicina en la Universidad de Berlín y adquirió muchos conocimientos sobre patología trabajando en el hospital Charité de la ciudad, de la que fue desterrado por tomar parte en la revolución fallida de 1848. Pronto recibió una oferta de la Universidad de Wurzburgo, en Baviera, donde compartió ideas con el histólogo suizo Albert von Kölliker.

En 1855 regresó a Berlín, donde continuó con su trabajo innovador en patología celular, participó en campañas por la salud pública y estableció el sistema de suministro de agua y alcantarillado de la ciudad. Entre 1880 y 1893 fue miembro del Reichstag (parlamento). Tras saltar de un tranvía y romperse el fémur, murió por una infección en 1902.

Obras principales

1854 *Manual de patología especial y terapéutica.*
1858 *Patología celular basada en la histología fisiológica y patológica.*
1863–1867 *Los tumores patológicos.*

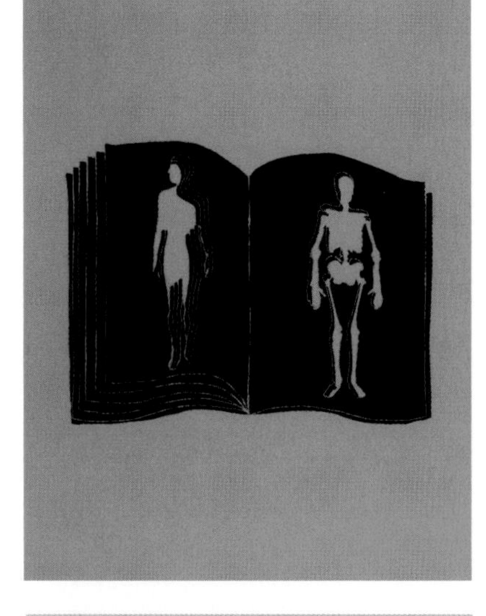

HAGANSE MAESTROS DE LA ANATOMIA

LA *ANATOMÍA DE GRAY*

EN CONTEXTO

ANTES

1543 La publicación de *De humani corporis fabrica*, de Andrés Vesalio, marca el inicio de la anatomía moderna.

Década de 1780 El rápido crecimiento en el número de escuelas médicas en Europa hace aumentar la demanda de cadáveres para la disección; son frecuentes los robos de cuerpos en cementerios.

1828 El anatomista irlandés Jones Quain publica la obra *Elementos de anatomía* en tres volúmenes, obra de referencia en la materia.

1832 La Ley de anatomía británica concede a cirujanos, estudiantes de medicina y anatomistas el derecho a diseccionar cuerpos donados.

DESPUÉS

2015 Se publica la 41.ª edición de *Anatomía de Gray*, la primera en incluir contenido adicional *online*.

El cirujano Henry Gray fue profesor de anatomía en la Facultad de Medicina del Hospital de San Jorge de Londres desde 1853. Quiso crear un libro de texto riguroso y económico para sus alumnos, y contó con la ayuda de su colega Henry Vandyke Carter para las ilustraciones. Publicado en 1858, el tomo de 750 páginas describía el cuerpo humano con gran detalle con el apoyo de 363 imágenes. Titulado originalmente *Anatomía descriptiva y quirúrgica*, y después *Anatomía del cuerpo humano*, desde 1938 continúa editándose como *Anatomía de Gray*.

Un libro de texto pionero

Trabajando codo con codo a lo largo de un año y medio, Gray y Carter practicaron disecciones detalladas de cadáveres no reclamados de hospitales y asilos para pobres. Gray retiraba las sucesivas capas del cuerpo humano con el escalpelo, mientras Carter dibujaba minuciosamente cada tendón, músculo, hueso y tejido. Las ilustraciones, centradas en la forma y función de cada parte, fueron clave para el éxito del libro.

Oportunamente publicado para coincidir con el inicio del año académico, y a un precio menor que los de la competencia, tuvo un éxito inmediato. Por su detalle, precisión y claridad, gozó de una popularidad duradera, y se ha mantenido como la guía más completa de conocimientos anatómicos para los médicos. ■

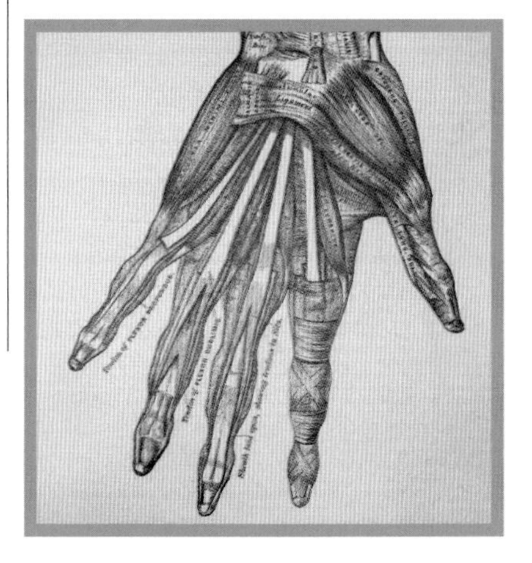

El libro de Gray era único por incluir etiquetas de texto en las ilustraciones y representaciones a tamaño real para una mejor comprensión.

Véase también: Medicina romana 38–43 ▪ Anatomía 60–63 ▪ La circulación de la sangre 68–73 ▪ Fisiología 152–153

HAY QUE REEMPLAZAR EL TEJIDO CICATRIZADO

INJERTOS DE PIEL

EN CONTEXTO

ANTES

1663 El médico inglés Walter Charleton prueba el primer injerto de piel conocido en un perro.

1785 El fisiólogo italiano Giuseppe Baronio estudia los injertos de piel con animales y demuestra que son factibles.

1817 El cirujano británico Astley Cooper practica el primer injerto documentado con éxito en un ser humano.

1869 Jacques-Louis Reverdin practica injertos en pellizco con cortes pequeños de piel.

DESPUÉS

1929 Los cirujanos estadounidenses Vilray Blair y James Brown mejoran las técnicas para realizar injertos de distinto grosor.

1939 El cirujano estadounidense Earl Padgett y el ingeniero George Hood crean un dermatoma mecánico para cosechar grandes injertos precisos de piel.

En 1874, el cirujano alemán Karl Thiersch publicó los resultados de sus experimentos con injertos de piel. Los mejores se obtenían retirando el tejido granular –tejido nuevo formado en la superficie de las heridas– antes de aplicar injertos muy delgados y uniformes tomados del propio paciente (autoinjerto). Esto se había intentado antes empleando piel con todo su grosor, pero fallaba a menudo porque las capas inferiores de grasa y tejidos impedían la formación de nuevos vasos sanguíneos entre la herida y el injerto.

> [Thiersch] poseía no solo la firmeza necesaria del ojo y la mano, sino además una calma soberana.
>
> **Necrológica**
> ***Popular Science Monthly* (1898)**

Éxito del espesor parcial

Cinco años antes, en 1869, el cirujano suizo Jacques-Louis Reverdin había implantado con éxito pequeños injertos de piel, luego llamados «de pellizco», en quemaduras, úlceras y heridas abiertas. Thiersch logró desarrollar este principio con la ayuda de nuevos instrumentos quirúrgicos, que le permitieron aplicar injertos más extensos y delgados hasta entonces imposibles de obtener. Estos tenían mejores tasas de asimilación y supervivencia, dejaban menos tejido cicatrizado en el lugar del injerto y mínimos daños en el sitio donante, permitiendo cosechar tanta piel como era necesaria. Llamada «injerto de espesor parcial», por usar solo parte del grosor de la piel, la técnica de Thiersch transformó los resultados de la cirugía reconstructiva y se convirtió en el procedimiento estándar para reemplazar áreas extensas de piel. ■

Véase también: Cirugía plástica 26–27 ■ Cirugía de trasplantes 246–253 ■ Nanomedicina 304 ■ Trasplantes de cara 315

LA VIDA ESTA A MERCED DE ESTOS CUERPOS MINUSCULOS

LA TEORÍA MICROBIANA

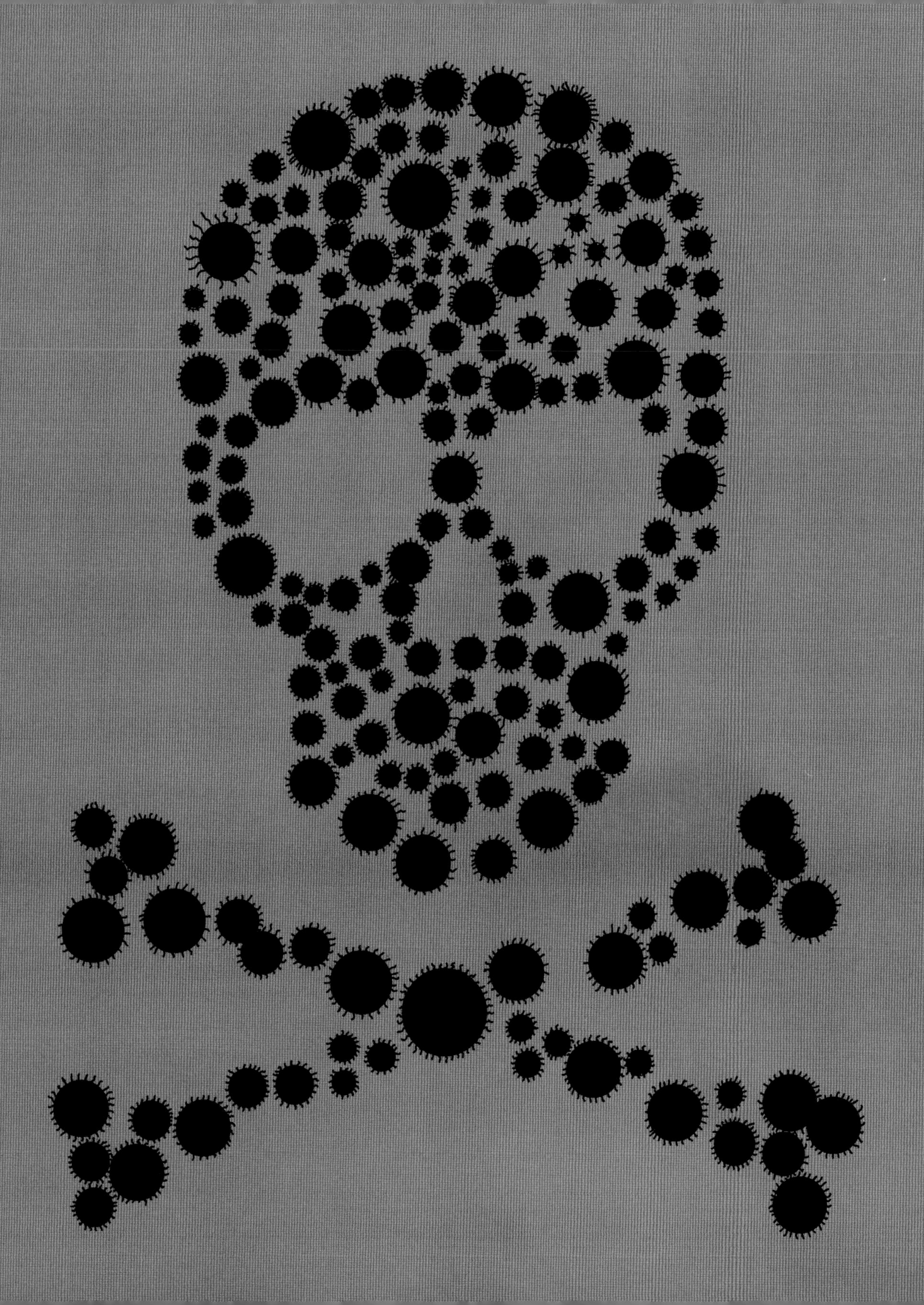

EN CONTEXTO

ANTES

1656 Athanasius Kirchner ve «gusanos» microscópicos en la sangre de víctimas de la peste.

Década de 1670 Antonie van Leeuwenhoek observa «animálculos» al microscopio.

DESPUÉS

1910 Paul Ehrlich desarrolla el Salvarsán, primer fármaco dirigido contra un microbio, la bacteria de la sífilis.

1928 Alexander Fleming descubre la penicilina, primer antibiótico eficaz.

1933 Se identifica el virus aviar H1N1 como causa de la pandemia de gripe de 1918–1919.

2016 El fundador de Facebook, Mark Zuckerberg, y Priscilla Chan lanzan la Iniciativa Chan Zuckerberg para curar, prevenir o tratar todas las enfermedades humanas para finales de este siglo.

Según la teoría microbiana, numerosas enfermedades, de la viruela a la tuberculosis, son causadas por microbios: microorganismos, como las bacterias, generalmente demasiado pequeños para verlos a simple vista. Cada enfermedad está vinculada a un microbio específico; las personas enferman cuando el microbio, o patógeno, entra en el cuerpo y se multiplica, desencadenando los síntomas de la enfermedad.

El químico francés Louis Pasteur publicó su teoría sobre los microbios en 1861, pero fue en la década de 1870 cuando los experimentos de Pasteur y el médico alemán Robert

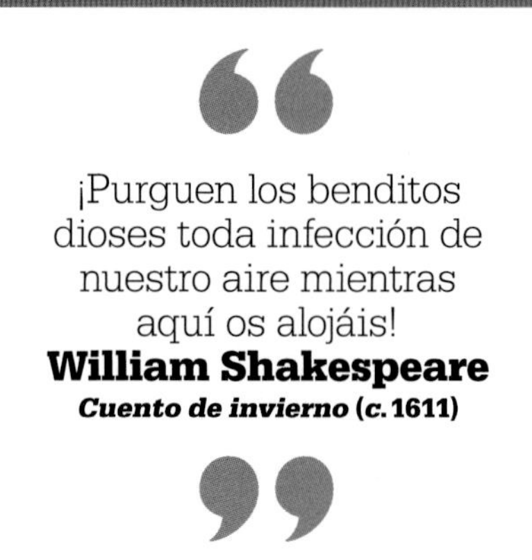

¡Purguen los benditos dioses toda infección de nuestro aire mientras aquí os alojáis!
William Shakespeare
***Cuento de invierno* (c. 1611)**

Koch demostraron la teoría microbiana más allá de toda duda. Desde entonces se han relacionado cientos de enfermedades infecciosas con microbios específicos. Hoy, cuando surge una nueva enfermedad contagiosa, la prioridad de los científicos es identificar al microbio responsable.

Antiguas teorías

Los médicos de la antigüedad, conscientes de que muchas enfermedades son contagiosas, especularon sobre las causas. En India, hace más de 2500 años, los seguidores del jainismo creían que seres minúsculos, los *nigoda*, presentes por todo el universo, causaban enfermedades como la lepra. Durante el siglo I a. C., el polígrafo romano Marco Terencio Varrón aconsejaba a sus lectores tomar precauciones en las proximidades de los pantanos, «pues allí se crían ciertas criaturas minúsculas que los ojos no ven, que flotan en el aire y entran al cuerpo por la nariz y la boca y causan enfermedades graves». Posteriormente, el médico romano Galeno afirmó que la peste se propagaba por «semillas de pestilencia» que transporta el aire y se alojan en el cuerpo.

Durante la Edad Media, dos médicos islámicos testigos de brotes de peste negra en el siglo XIV en Al Ándalus llegaron a conclusiones similares. En su *Kitab al tahsil* («El tratado de la peste»), Ibn Jatima proponía que la peste era propagada por «cuerpos minúsculos». En otro tratado sobre la peste, Ibn al Jatib explicaba cómo tales entidades propagan la enfermedad por contacto entre las personas, y señalaba que los individuos que se mantenían aislados conservaban la salud.

Durante mucho tiempo se creyó que era el propio aire el que propagaba la enfermedad, sobre todo el húmedo de ciénagas y pantanos, llamado miasma («contaminación» en griego antiguo). El arquitecto romano Vitruvio escribió en el siglo I a. C. que era temerario construir una ciudad cerca de un pantano, pues la brisa de la mañana traería los miasmas, junto con el aliento venenoso de sus criaturas, y los pobladores enfermarían. En China, bajo gobierno imperial desde

Los médicos medievales llevaban máscaras de ave con hierbas en el pico para protegerse de los miasmas, considerados hasta bien entrado el siglo XIX la causa de las enfermedades.

Véase también: La vacunación 94–101 ▪ Epidemiología 124–127 ▪ Los antisépticos en la cirugía 148–151 ▪ El sistema inmunitario 154–161 ▪ Bacteriófagos y terapia con fagos 204–205 ▪ Vacunas atenuadas 206–209 ▪ Antibióticos 216–223

Antonie van Leeuwenhoek usa el recién inventado microscopio para ver «animálculos» (microorganismos). La lente única era una cuenta de vidrio entre dos placas metálicas.

el siglo III a. C. en adelante, a los prisioneros y oficiales insubordinados se les exiliaba a las montañas húmedas del sur del país, confiando en que el aire nocivo les haría enfermar y morir.

Pequeños gusanos

El microscopio, inventado por el fabricante de lentes neerlandés Zacharias Janssen hacia 1590, reveló un nuevo mundo de organismos demasiado pequeños para verlos a simple vista. En 1656, en Roma, el sacerdote y estudioso alemán Athanasius Kirchner observó la sangre de víctimas de la peste y vio «pequeños gusanos» que pensó que producían la enfermedad. Quizá vio células sanguíneas, y no la bacteria *Yersinia pestis* causante de la peste, pero no se equivocaba en cuanto a que el origen fueran microorganismos. Planteó su teoría microbiana en 1658 y recomendó protocolos para detener la propagación: aislamiento, cuarentena y quemar la ropa que vistieran las víctimas.

En la década de 1660, el científico neerlandés Antonie van Leeuwenhoek creó un microscopio con una capacidad de 200 aumentos. Descubrió que el agua clara no era clara en absoluto, sino que estaba repleta de pequeñas criaturas, y que estos organismos minúsculos estaban por todas partes. En 1683 vio bacterias retorcerse en la placa dental de su mujer y su hija. Dibujó las formas de las bacterias que vio: redondas (cocos), espirales (espirilos) y en forma de bastón (bacilos). Fue la primera descripción de las bacterias.

Pruebas crecientes

Pese al descubrimiento de las bacterias por Leeuwenhoek, la teoría miasmática siguió siendo influyente hasta principios de la década de 1800, cuando el entomólogo italiano Agostino Bassi comenzó a investigar la muscardina, enfermedad que estaba devastando la industria de los gusanos de seda en Italia y Francia.

En 1835, tras 28 años de estudio intenso, Bassi publicó un trabajo en el que demostraba que la causa de la enfermedad, que era contagiosa, era un hongo parásito microscópico. La *Beauveria bassiana* pasaba de unos gusanos a otros a través del contacto y de los alimentos infectados, y afirmó que los microbios eran la causa de muchas otras enfermedades en plantas, animales y humanos.

A lo largo de las décadas siguientes, la teoría microbiana fue ganando adeptos. En 1847, el obstetra húngaro Ignaz Semmelweis insistió en una higiene estricta en los paritorios, donde la fiebre puerperal afectaba a muchas madres primerizas; sus consejos fueron a menudo ignorados en su época. Semmelweis atribuyó la propagación de la enfermedad a «partículas cadavéricas» transmitidas desde la sala »

> Entonces vi muy claramente que eran pequeñas anguilas o gusanos [...] toda el agua parecía repleta de multitud de animálculos.
>
> **Antonie van Leeuwenhoek**
> **Carta al filósofo natural alemán Henry Oldenburg (1676)**

Louis Pasteur trabajando en el laboratorio (*c.* 1880). Químico antes de dedicarse a la biología, Pasteur fue un experimentador meticuloso y cauto ante el error.

de autopsias hasta las de obstetricia por las manos de los médicos. La obligación de lavarse las manos en una solución de cal clorada redujo drásticamente la tasa de mortalidad.

En 1854 se desató una epidemia de cólera en el barrio londinense del Soho. Al médico británico John Snow no le convencía la teoría miasmática para explicar el brote, pues algunas víctimas estaban concentradas en un área muy reducida, mientras que otras se encontraban dispersas lejos de esta. Tras realizar un estudio detallado, Snow demostró que todas las víctimas, incluidas las más alejadas, habían bebido agua de una fuente particular en el Soho que había sido contaminada por excrementos humanos. Las autoridades municipales no quedaron convencidas por la explicación de Snow, pero de todas formas empezaron a introducir mejoras en el suministro de agua de Londres.

El cólera también se desató en Florencia (Italia) aquel año. El anatomista Filippo Pacini examinó la mucosa intestinal de algunas víctimas y descubrió una bacteria presente en todas: *Vibrio cholerae*. Fue el primer vínculo claro entre un patógeno específico y una enfermedad importante, pero pese a reeditar varias veces sus hallazgos, Pacini fue ignorado por el estamento médico, partidario de la teoría miasmática.

Los experimentos de Pasteur

Semmelweis y Snow habían mostrado que las manos limpias y un buen sistema de desagües podían reducir la propagación de la enfermedad, y cada vez estaba más claro que el aire viciado no era la causa. Unos años después, Louis Pasteur inició una serie de experimentos que demostraron de forma concluyente la teoría microbiana. El interés de Pasteur por los microbios comenzó en la década de 1850, mientras estudiaba la fermentación del vino y la cerveza. Se suponía que la fermentación era una reacción química, pero Pasteur demostró que los responsables eran los microbios redondos de la levadura. Sin embargo, tenía que tratarse de la levadura correcta, pues una de otro tipo que producía ácido láctico estropeaba el vino. Pasteur descubrió que calentar suavemente el vino hasta unos 60 °C mataba la levadura dañina sin perjudicar la buena. La pasteurización es hoy de uso general, no solo en la industria del vino, sino para destruir patógenos potenciales en la leche, el zumo de fruta fresca y otros alimentos.

Pasteur se preguntó cómo aparecían tales microbios en las sustancias. Aún era muy aceptada la idea de generación espontánea, según la cual los gusanos y el moho eran producto de la descomposición de los alimentos. En 1859, Pasteur demostró que los microbios procedían del aire: hirvió caldo de carne en un recipiente de cuello de cisne para impedir la entrada del aire y el caldo se mantuvo claro. Cuando cortó el tubo para permitir que entrara aire, el caldo no tardó en volverse turbio por la multiplicación de los microbios. Había

> En el campo de la observación, el azar solo favorece a la mente preparada.
> **Louis Pasteur (1854)**

dado el paso crucial para demostrar que los microbios del aire podían contaminar y estropear el caldo, lo cual apuntaba a que la enfermedad bien podía propagarse del mismo modo.

Prevención de enfermedades

Unos años después, en 1876, los fabricantes de seda le pidieron a Pasteur que hallara una solución a la pebrina, que estaba matando a los gusanos de seda y devastando la industria de la seda del sur de Francia. Gracias a la lectura del trabajo de Bassi de treinta años antes, rápidamente descubrió al pequeño parásito culpable y recomendó una solución drástica: sacrificar todos los gusanos infectados, destruir todas las moreras de cuyas hojas se alimentaban y empezar de nuevo. Los sederos aceptaron el consejo y la industria sobrevivió.

A estas alturas, Pasteur estaba ya convencido de que los responsables de muchas infecciones eran los microbios, por lo que empezó a estudiar la transmisión de enfermedades entre humanos y animales. En Escocia, el cirujano Joseph Lister había leído el trabajo anterior de Pasteur sobre los microbios; lo cual le permitió comprender que las operaciones quirúrgicas eran mucho más seguras si se limpiaban las heridas y se esterilizaban las vendas para destruir los microbios. Con este procedimiento antiséptico, la tasa de mortalidad entre los pacientes de Lister cayó en dos tercios entre 1865 y 1869.

Verdaderamente no existe en el mundo un individuo a quien la ciencia médica deba más que a usted.

Joseph Lister

Sobre Louis Pasteur, en un discurso ante la Royal Society por el setenta cumpleaños de Pasteur (1892)

La demostración de la teoría microbiana

En 1876, Robert Koch anunció que había identificado los microbios causantes del carbunco, enfermedad del ganado. Extrajo la bacteria *Bacillus anthracis* de la sangre de una oveja que había muerto de carbunco y la dejó multiplicarse en un cultivo alimentario, el líquido ocular de un buey al principio, y luego, un caldo de agar y gelatina. Koch inyectó la bacteria a un ratón, que murió de carbunco. Había demostrado que la bacteria causaba la enfermedad. Pasteur realizó de inmediato sus propios »

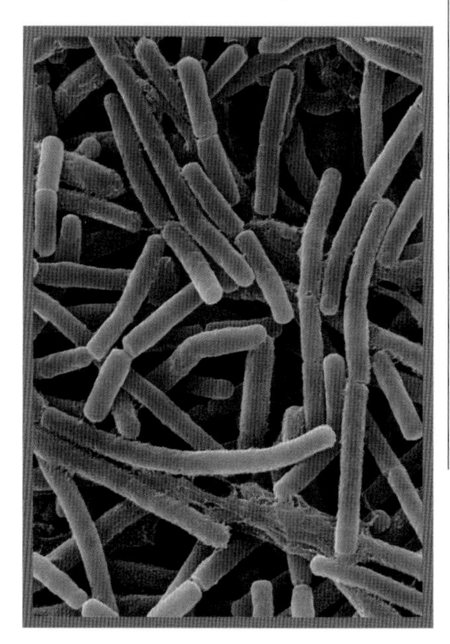

Bacillus anthracis es la bacteria causante del carbunco, enfermedad que produce lesiones cutáneas, dificultad respiratoria, vómitos y *shock* séptico.

Louis Pasteur

Pasteur nació en Dole, en el departamento del Jura (Francia) en 1822. En su infancia prefería el arte a la ciencia, pero a los 21 años asistió a la Escuela Normal Superior de París para formarse como profesor de ciencias. Al año de licenciarse, entregó un trabajo brillante sobre asimetría molecular a la Academia de Ciencias, por el que recibió la Legión de Honor.

En 1854, a los 32 años, fue nombrado decano y profesor de química de la Universidad de Lille, donde varias destilerías locales le pidieron ayuda con el proceso de la fermentación. Esta fue la base de su interés en los microbios y la teoría microbiana. En 1888 ya era mundialmente famoso, y se reunieron fondos para crear el Instituto Pasteur de París para el estudio de microorganismos, enfermedades y vacunas. Al morir en 1895 recibió un funeral de Estado y fue enterrado en la catedral de Notre Dame.

Obras principales

1866 *Estudios sobre el vino.*
1868 *Estudios sobre el vinagre.*
1878 *Los microbios organizados: su papel en la fermentación, la putrefacción y el contagio.*

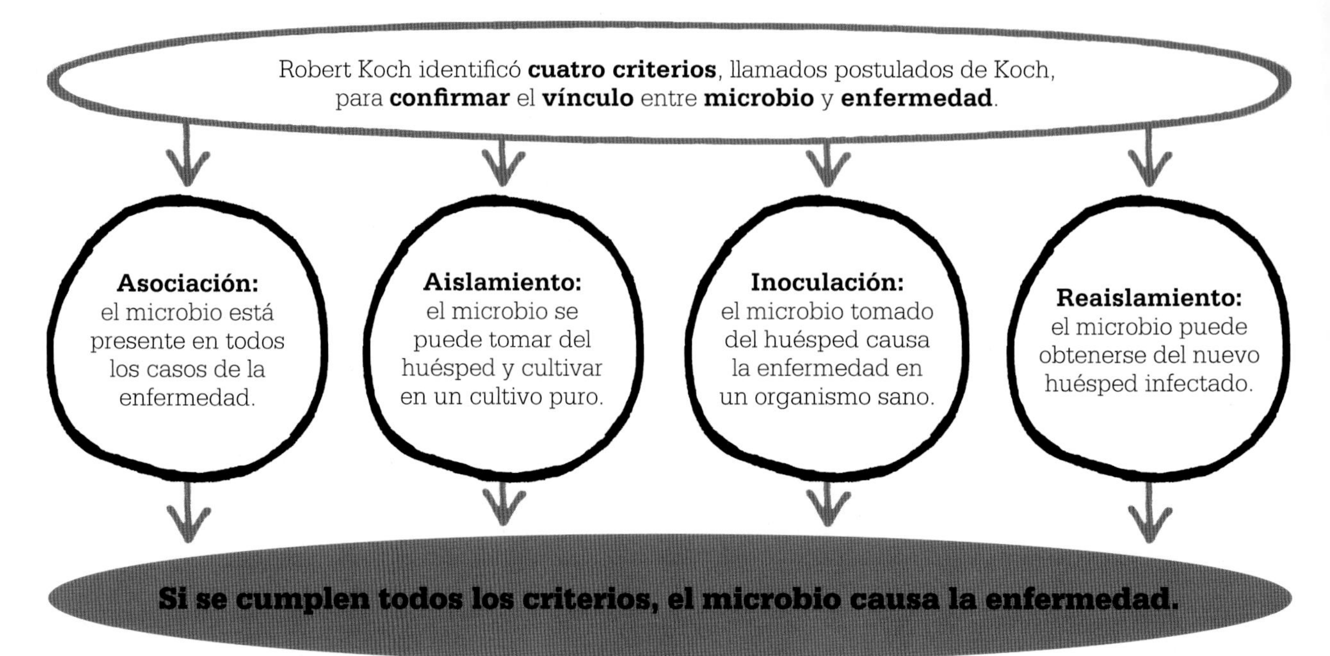

ensayos, que confirmaron el hallazgo de Koch e indicaron también que los microbios podían sobrevivir durante largos periodos en el suelo. Esto demostraba que animales sanos podían contagiarse en un campo antes ocupado por ganado infectado.

Robert Koch identificó **cuatro criterios**, llamados postulados de Koch, para **confirmar** el **vínculo** entre **microbio** y **enfermedad**.
Asociación: el microbio está presente en todos los casos de la enfermedad.
Aislamiento: el microbio se puede tomar del huésped y cultivar en un cultivo puro.
Inoculación: el microbio tomado del huésped causa la enfermedad en un organismo sano.
Reaislamiento: el microbio puede obtenerse del nuevo huésped infectado.
Si se cumplen todos los criterios, el microbio causa la enfermedad.

Pasteur procedió a desarrollar una vacuna contra la enfermedad tras descubrir que aplicar calor a la bacteria producía una forma debilitada del patógeno, aunque lo bastante potente para activar las defensas de las ovejas, sin causar la enfermedad.

Los postulados de Koch

La bacteria causante del carbunco, *Bacillus anthracis*, es un microorganismo alargado visible solo al microscopio. Pasteur y Koch habían demostrado que, pese a su ínfimo tamaño, *Bacillus anthracis* es capaz de matar animales y personas, al multiplicarse en el organismo y liberar una toxina, o interferir en sus funciones. Esto se conoce como infección. No todas las infecciones causadas por un patógeno producen enfermedad, y no todo el mundo responde igual, pero el vínculo estaba claro.

Pasteur había demostrado que los microbios pueden transmitirse por el aire, y él y Koch probaron que estos microbios pueden causar enfermedades. Koch procedió entonces a demostrar la existencia de un ejército de microbios patógenos, responsables de todas las enfermedades infecciosas, y, en la década de 1880, estableció cuatro criterios para confirmar el vínculo al estudiar una enfermedad por primera vez; son los postulados de Koch, que subyacen aún a los criterios más amplios aplicados en la actualidad para determinar las causas de las enfermedades contagiosas.

En 1882, Koch identificó el microbio causante de la tuberculosis –*Mycobacterium tuberculosis*, o bacilo de Koch– que se transmite por microgotas liberadas al aire como aerosol, sobre todo al toser o estornudar. Luego trabajó en la búsqueda del microbio responsable del cólera, visitando Egipto e India para reunir muestras. En 1884 identificó al causante, la bacteria en forma de bastón *Vibrio cholerae*, confirmando el des-

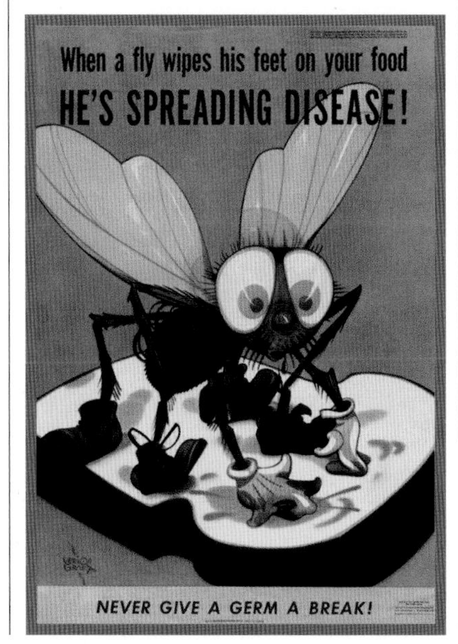

When a fly wipes his feet on your food
HE'S SPREADING DISEASE!
NEVER GIVE A GERM A BREAK!

Cartel de 1944 del gobierno de EE UU sobre la transmisión microbiana. Los brotes de disentería y otras infecciones durante la Segunda Guerra Mundial se relacionaron con las moscas.

cubrimiento de Pacini treinta años antes. Koch llevó sus hallazgos un paso más allá: vinculó la bacteria con el agua contaminada y propuso medidas para impedir su propagación.

Encontrar y destruir

A finales del siglo XIX, muchos científicos buscaban activamente los microbios causantes de enfermedades. Hoy se sabe que el 99 % de los microbios son completamente inofensivos y que muchos, como los presentes en la flora intestinal, son beneficiosos. Se han identificado como patógenos unos 1500, y cada año se descubren más. Los principales patógenos son bacterias, virus, hongos y protozoos (organismos unicelulares responsables de muchas enfermedades, entre ellas, la amebiasis).

La lucha contra las enfermedades cambió desde que se supo que los microbios son los causantes. Las medidas para impedir su propagación, como la higiene, el saneamiento y la cuarentena eran evidentes, y el camino para comprender cómo las vacunas confieren inmunidad quedó despejado. Estos conocimientos favorecieron el desarrollo de antibióticos y antivirales, dirigidos contra microbios específicos, y que detienen la enfermedad en lugar de limitarse a tratar los síntomas.

Desde mediados del siglo XX, nuevas técnicas diagnósticas y avances de la bioquímica siguieron transformando la salud en el mundo desarrollado. Así, en 1900, las principales causas de muerte en EEUU eran enfermedades infecciosas (neumonía, tuberculosis, gripe y enteritis con diarrea), de las que moría el 40 % de los niños menores de cinco años. Un siglo después, las víctimas de estas enfermedades eran muchas menos, y habían sido superadas por las no infecciosas, sobre todo cardiacas. Con todo, las enfermedades infecciosas mataron a diez millones de personas solo en 2017, sobre todo en países en vías de desarrollo, en los que las deficiencias de la nutrición y los saneamientos y el acceso limitado a la atención sanitaria facilitan la proliferación de enfermedades evitables y tratables. En estos países, enfermedades relacionadas con la pobreza, como la diarrea y la malaria, son más letales que las incurables. ■

Algunas vías de entrada de microbios

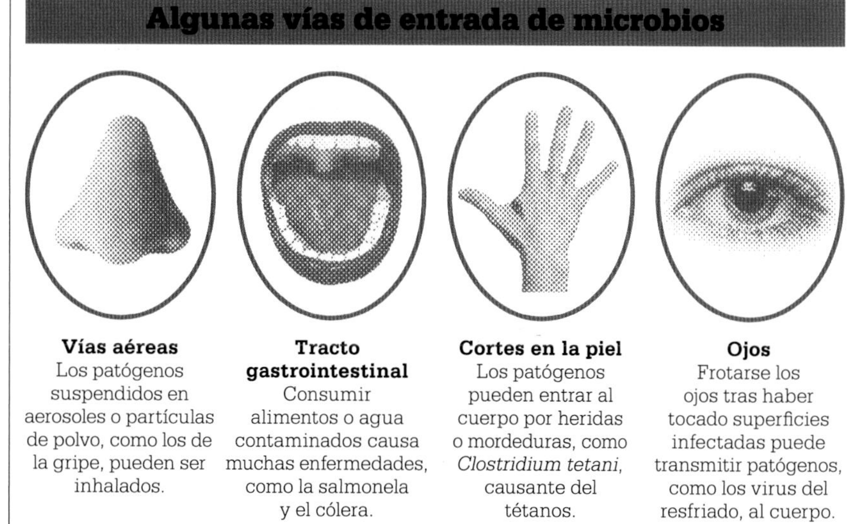

Vías aéreas
Los patógenos suspendidos en aerosoles o partículas de polvo, como los de la gripe, pueden ser inhalados.

Tracto gastrointestinal
Consumir alimentos o agua contaminados causa muchas enfermedades, como la salmonela y el cólera.

Cortes en la piel
Los patógenos pueden entrar al cuerpo por heridas o mordeduras, como *Clostridium tetani*, causante del tétanos.

Ojos
Frotarse los ojos tras haber tocado superficies infectadas puede transmitir patógenos, como los virus del resfriado, al cuerpo.

Robert Koch

Koch nació en Clausthal, en los montes Harz del reino alemán de Hannover, en 1843. Estudió medicina en la Universidad de Gotinga, fue cirujano militar en la guerra franco-prusiana (1870–1871) y oficial médico del distrito de Wollstein (actual Wolsztyn, en Polonia) de 1872 a 1880.

En su propio laboratorio casero, Koch aplicó las ideas de Pasteur al estudio de la bacteria del carbunco. Fue el inicio de una gran rivalidad entre los dos por identificar nuevos microbios y desarrollar vacunas.

Koch demostró que la teoría microbiana de Pasteur explicaba la causa y la transmisión de las enfermedades. Fue nombrado profesor de higiene en la Universidad de Berlín en 1885 y cirujano general en 1890. Por su estudio de la tuberculosis (de la que moría una de cada siete personas en Occidente) fue galardonado con el premio Nobel de fisiología o medicina en 1905. Koch murió en Baden-Baden en 1910.

Obra principal

1878 *Estudios de la etiología de la infección de las heridas.*

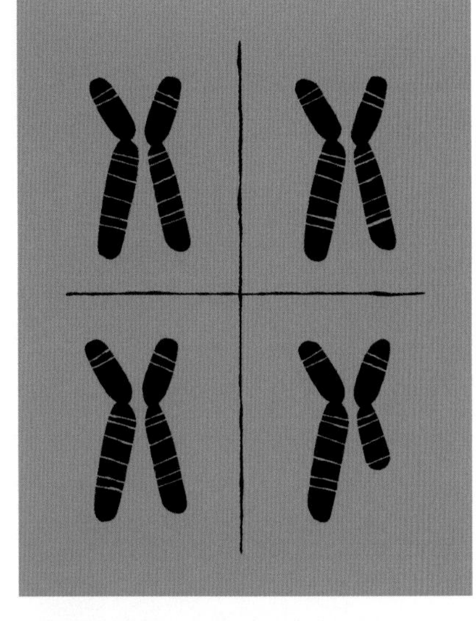

UNA ERRATA GENETICA

HERENCIA Y TRASTORNOS GENÉTICOS

EN CONTEXTO

ANTES

***C.*400 A. C.** Hipócrates propone que los rasgos hereditarios se deben a partículas transmitidas del cuerpo de los padres a la descendencia.

1859 Charles Darwin describe cómo llegan a predominar los rasgos ventajosos en *El origen de las especies.*

DESPUÉS

1879 El biólogo alemán Walther Flemming descubre los cromosomas.

1900 Hugo de Vries, Carl Correns y Erich Tschermak redescubren las leyes de Mendel.

1905 William Bateson acuña el término «genética» para la nueva ciencia de la herencia.

1910 El estadounidense Thomas Hunt Morgan es el primero en localizar un gen en un cromosoma, el gen responsable del color de los ojos en el cromosoma X de la mosca de la fruta.

Con su estudio meticuloso de los guisantes en el huerto de su monasterio, el monje del Imperio austriaco Gregor Mendel puso los cimientos para comprender la herencia. Crió selectivamente miles de plantas entre 1856 y 1863, estudiando rasgos específicos como la altura, el color de las flores y la forma de las semillas. Mostró que tales rasgos no eran el resultado de una mezcla o fusión, sino «factores» (posteriormente llamados genes) heredados de las plantas progenitoras, y que cada factor tenía versiones distintas, hoy llamadas alelos.

La mayoría de los seres vivos, desde los guisantes hasta los humanos, tienen dos conjuntos de genes, uno de cada progenitor, y dos alelos para cada rasgo, y Mendel dedujo tres leyes que gobiernan cómo se transmiten estos alelos. Por la ley de la segregación, los alelos de un rasgo se asignan entre la descendencia al azar, no siguiendo un patrón regular; por la ley de transmisión independiente, los rasgos se heredan independientemente unos de otros: el alelo del color de la flor, por ejemplo, se transmite independientemente del de la forma de la vaina.

La ley de la uniformidad de Mendel establece que un alelo, el dominante, se impone al otro, el recesivo: al cruzar guisantes de flores moradas con guisantes de flores blancas, la generación siguiente tiene las flores moradas. Mendel dedujo que el alelo morado del color de las flores dominaba al alelo blanco recesivo. Para que una planta tenga flores blancas, debe tener dos alelos recesivos, heredados de ambas plantas progenitoras.

Redescubrimiento

Mendel publicó su trabajo en 1865, pero pasó desapercibido hasta 1900, cuando fue redescubierto por

Los rasgos recesivos desaparecen del todo en los híbridos, pero reaparecen sin cambios en la progenie de estos.

Gregor Mendel

***Experimentos sobre híbridos en las plantas* (1865)**

Véase también: Daltonismo 91 ▪ Patología celular 134–135 ▪ Genética y medicina 288–293 ▪ Terapia génica 300

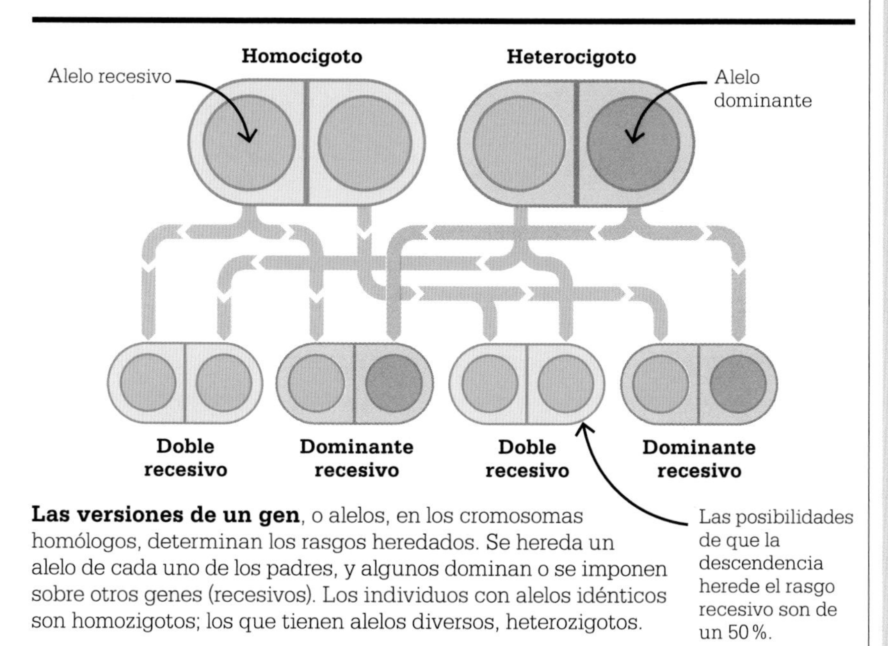

Las versiones de un gen, o alelos, en los cromosomas homólogos, determinan los rasgos heredados. Se hereda un alelo de cada uno de los padres, y algunos dominan o se imponen sobre otros genes (recesivos). Los individuos con alelos idénticos son homozigotos; los que tienen alelos diversos, heterozigotos.

tres botánicos, el neerlandés Hugo de Vries, el alemán Carl Correns y el austriaco Erich Tschermak. En manos de estos sí tuvo un impacto inmediato, y estimuló los estudios del biólogo británico William Bateson, quien publicó, traducido, el trabajo original de Mendel y popularizó sus ideas, estableciendo con ello el campo de la genética.

Trastornos hereditarios

Las ideas originales de Mendel orientaron el conocimiento médico de las enfermedades hereditarias, al explicar por qué se heredan, están ligadas al sexo o se saltan una generación. La enfermedad de Huntington se debe a un alelo mutado dominante que se impone al alelo normal. La fibrosis quística es recesiva, y para darse requiere dos alelos recesivos, uno de cada progenitor.

Algunos trastornos están vinculados al sexo, como la hemofilia, que suele afectar a los hombres; la causa un alelo recesivo del cromosoma X. Los hombres tienen dos cromosomas, XY, el X de la madre y el Y del padre. Si X tiene el alelo de la hemofilia, no lo puede inhibir un alelo dominante, pues Y no tiene este gen. Las mujeres tienen dos cromosomas X, y deben recibir dos alelos recesivos para que les afecte, cosa excepcionalmente rara. Las mujeres afectadas suelen ser portadoras, es decir, pueden transmitir el trastorno a su descendencia, pero no suelen presentar síntomas ellas mismas.

Hoy se sabe que la genética es más compleja de lo que Mendel pudo haber imaginado. Se conocen más de cinco mil trastornos hereditarios, y muchos rasgos dependen no de un solo factor o gen, sino de varios, cientos incluso, trabajando conjuntamente. Algunos alelos no son ni dominantes ni recesivos, sino codominantes (expresados en igual medida). Sin embargo, los guisantes de Mendel pusieron los cimientos de una nueva concepción de la genética y de los trastornos médicos hereditarios. ■

Gregor Mendel

Johann Mendel nació en 1822 en Silesia, entonces parte del Imperio austriaco. Tras destacar en matemáticas y física en la universidad, ingresó en el monasterio de los agustinos de Santo Tomás en Brünn (actual Brno, en la República Checa) en 1843, donde adoptó el nombre Gregor. En 1851, el monasterio lo envió a la Universidad de Viena a continuar sus estudios. Tuvo como maestro al físico austriaco Christian Doppler, y aprendió mucho sobre fisiología de las plantas observándolas al microscopio. Al regresar a Brünn, Mendel emprendió su proyecto sobre la herencia con los guisantes y presentó sus resultados en 1865. Dos años más tarde era el abad del monasterio; sin embargo, siguió dedicando tiempo a la investigación, estudiando las abejas y el clima. En sus últimos años padeció una dolorosa enfermedad renal. Murió en 1884, y, cuando en 1900 se redescubrieron sus ideas, fue reconocido de forma póstuma como el padre de la genética.

Obra principal

1865 *Experimentos sobre híbridos en las plantas.*

ES DE LAS PARTÍCULAS DE DONDE VIENE EL MAL

LOS ANTISÉPTICOS EN LA CIRUGÍA

EN CONTEXTO

ANTES

***C.* 1012** El polímata persa Avicena plantea las primeras ideas de la teoría microbiana.

Década de 1850 Según Pasteur, los microorganismos estropean los alimentos y las bebidas.

1861 Pasteur publica su teoría microbiana.

DESPUÉS

Década de 1880 Robert Koch muestra la eficacia antiséptica de la esterilización al vapor.

Década de 1890 Gustav Neuber adopta la esterilización y los métodos asépticos en su quirófano.

Década de 1940 Los cirujanos combaten la infección con antibióticos que matan a los microorganismos desde dentro del cuerpo.

A mediados del siglo XIX, los quirófanos eran lugares sucios y peligrosos, donde los cirujanos rara vez se lavaban las manos o tomaban precauciones para evitar infectar las heridas de los pacientes. Difícilmente podían mantenerse limpios sin esterilizar instrumentos quirúrgicos de madera o marfil, y las mesas de operaciones no se solían limpiar entre una y otra cirugía. Los delantales sucios de sangre coagulada y su hedor quirúrgico eran motivo de orgullo de los cirujanos.

Gracias a la anestesia, a partir de 1846 los pacientes ya no tenían que permanecer despiertos durante las operaciones, ni someterse a procedimientos en los que –para reducir las posibilidades de muerte por *shock* hemorrágico– se valoraba más la

Véase también: Anestesia 112–117 ▪ Higiene 118–19 ▪ Enfermería y sanidad 128–133 ▪ La teoría microbiana 138–145 ▪ Malaria 162–163 ▪ Antibióticos 216–223

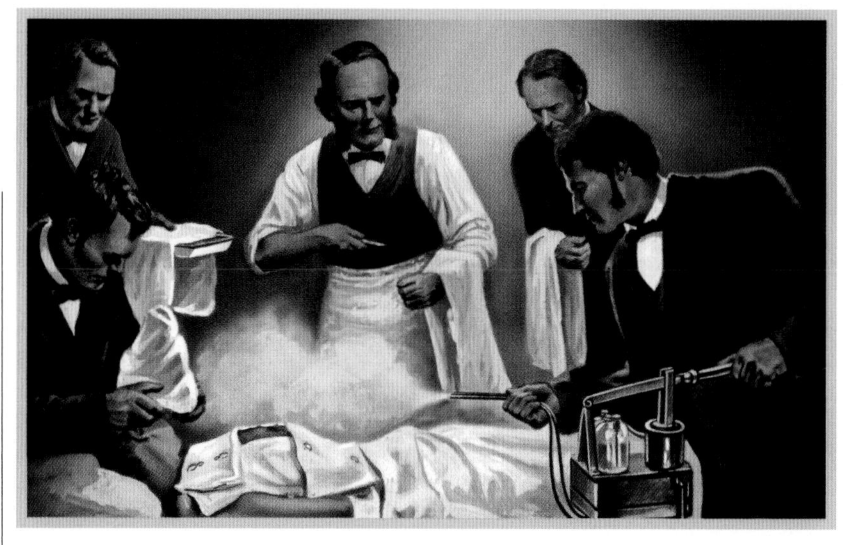

Joseph Lister (centro) dirige a un asistente con un dispensador de vapor carbólico para limpiar las manos del cirujano, los instrumentos y el aire que los rodea.

velocidad que la habilidad. La anestesia le dio a la cirugía, ahora indolora, más tiempo para intervenciones complejas, pero también hubo un gran aumento de muertes por infección, debido a las condiciones nada estériles en que se practicaba.

Los médicos de la época no eran conscientes de la necesidad de evitar que los microorganismos entraran en las heridas abiertas durante la cirugía, y a la mayoría les desconcertaba el elevado número de pacientes que sucumbían a la infección durante el postoperatorio, especialmente en las amputaciones de miembros.

Asesino invisible

Esta era la situación, en 1861, cuando el joven médico británico Joseph Lister empezó a ejercer como cirujano de la Glasgow Royal Infirmary en Escocia. Estaba al frente del pabellón masculino de accidentes, una de las secciones del nuevo edificio quirúrgico, construido con la esperanza de reducir la alta tasa de mortalidad por «enfermedad hospitalaria» (infección de la sangre por microbios, hoy llamada sepsis quirúrgica). Las nuevas instalaciones no hicieron nada por aliviar el problema, y Lister se decidió a averiguar la causa subyacente de las infecciones.

Llegados a este punto, muchos en la profesión médica creían que la enfermedad se propagaba por los efluvios del aire contaminado (miasmas), mientras que otros la atribuían a algo en el cuerpo (contagionismo). Lister propuso que la sepsis se debía a una sustancia suspendida en el aire, como el polvo, pero no pensó que fuera algo vivo hasta que leyó el trabajo del bacteriólogo francés Louis Pasteur en 1865, momento en que empezó a relacionar los microbios con las infecciones quirúrgicas. »

Joseph Lister

Joseph Lister nació en Essex (Reino Unido) en 1827, en una familia cuáquera. Su padre le enseñó a emplear el microscopio, que luego usaría en sus ensayos con tejidos humanos infectados. Tras licenciarse en el University College de Londres en 1852, fue asistente del cirujano edimburgués James Syme. En 1856 se casó con la hija de Syme, Agnes, quien sería también su compañera de laboratorio toda la vida.

Lister ejerció como cirujano en Edimburgo y Glasgow antes de mudarse a Londres en 1877. Fue profesor de cirugía clínica en el King's College Hospital durante 16 años, hasta su jubilación en 1893. Fue distinguido con numerosos honores, entre ellos la Orden del Mérito, y fue el primer cirujano miembro de la Cámara de los Lores, pero llevó una vida retirada. Murió en 1912, y fue enterrado en Londres tras un funeral en la abadía de Westminster.

Obra principal

1867 «Sobre el principio antiséptico en la práctica quirúrgica».

A mediados del siglo XIX, las **operaciones** en Reino Unido se practicaban en **condiciones insalubres**, **sin esterilizar los instrumentos**. **Casi la mitad de los pacientes moría** tras la cirugía.

Joseph Lister postula que si **partículas flotantes** o **microorganismos** estropean alimentos y bebidas, pueden también **infectar** las **heridas** de los **pacientes**.

Lister emplea **vapor antiséptico** y vendajes remojados en antiséptico **durante la cirugía** para **matar** a **estos microorganismos** e impedirles el acceso a las heridas abiertas.

Se reducen las tasas de mortalidad quirúrgica.

Pasteur había descubierto el papel de los microorganismos en la enfermedad al estudiar la fermentación de la cerveza y la leche. Demostró que los alimentos y las bebidas no se estropeaban debido al oxígeno del aire, sino a los microbios, que con tiempo suficiente aparecían y prosperaban en entornos ricos en oxígeno.

Bloquear las bacterias

Inspirado por la teoría microbiana de Pasteur, Lister decidió aplicarla a las infecciones quirúrgicas. Pasteur sugirió que los microorganismos se podrían eliminar por calor, filtración o exposición a sustancias químicas. Inaplicables a las heridas los dos primeros, Lister empezó a experimentar con sustancias químicas sobre tejidos humanos y a observar sus efectos al microscopio. El objetivo era crear una barrera química entre las heridas abiertas y el entorno que impidiera a los microbios entrar en ellas. Más adelante llamaría antiséptico a esta sustancia química.

El ácido carbólico o fenol, que se empleaba para limpiar las alcantarillas más malolientes de Escocia, resultó ser un antiséptico eficaz. Diluido en las heridas infectadas, prevenía el desarrollo de la gangrena, y, en consecuencia, Lister decidió que rociarlo sobre los instrumentos quirúrgicos, las manos del cirujano y los vendajes impediría también eficazmente la transmisión de microbios a la herida del paciente.

En 1865, Lister tuvo ocasión de poner a prueba sus teorías con un muchacho de once años que llegó a la enfermería con una herida abierta, tras haberle pasado una carreta sobre la pierna. Las heridas abiertas en las que el hueso rompe la piel eran a menudo sentencias de muerte en esta época, pues la necesaria cirugía traía como resultado invariable la infección. En la mayoría de los casos, los cirujanos trataban de atajar el riesgo amputando el miembro, lo cual suponía también un gran riesgo de muerte. Lister entablilló la pierna del muchacho y aplicó un vendaje remojado en ácido carbólico. Unos días después, no había signos de infección y el hueso empezaba a sanar. A las cinco semanas recibió el alta, plenamente recuperado.

Lister continuó su trabajo clínico con el ácido carbólico, y en 1867 publicó sus hallazgos en el artículo «Sobre el principio antiséptico en la práctica quirúrgica» en el *British Medical Journal*. Por sus resultados, era una lectura impactante: entre 1865 y 1869, la mortalidad quirúrgica debida a heridas infectadas se redujo en dos tercios en el pabellón masculino de accidentes de Lister.

Superar el escepticismo

Pese a los éxitos de Lister, sus teorías toparon con una oposición inmediata. Para muchos cirujanos, las técnicas de Lister no hacían más que prolongar las operaciones, aumentando con ello las probabilidades de muerte por hemorragia. Tampoco consideraron un avance el sistema antiséptico de Lister, consistente en rociar con aerosol o lavar

Desde el funcionamiento pleno del tratamiento antiséptico [...] el carácter de mis pabellones ha cambiado por completo.

Joseph Lister

Discurso ante la Asociación Médica Británica en Dublín (1867)

Cuando Joseph Lister se hizo cargo del nuevo pabellón masculino de accidentes en la Glasgow Royal Infirmary en Escocia, casi la mitad de los pacientes moría por infección postoperatoria. El método antiséptico implantado por él redujo la tasa de mortalidad al 15 %.

con antiséptico como barrera frente a la infección: el vapor carbólico les irritaba los ojos, y el antiséptico podía dañar los tejidos sanos, además de los infectados.

En 1869, Lister sucedió a su amigo James Syme como profesor de cirugía clínica de la Universidad de Edimburgo, donde siguió trabajando con la teoría microbiana. Fue aclamado por ello durante un ciclo de conferencias en centros quirúrgicos alemanes en 1875, pero muy criticado por lo mismo al año siguiente en EE UU.

No cejó en su empeño y siguió publicando sus hallazgos en artículos para el *British Medical Journal* y *The Lancet*. Sin embargo, escribir no estaba entre sus dones naturales, y su negativa a incluir estadísticas no le atrajo las simpatías de los lectores ni de sus colegas. Además, muchos médicos tenían a Edimburgo por un centro de segunda en cuestión de cirugía, comparado con Londres. Lister tendría que acreditarse en la capital.

La ocasión llegó en 1877 con su nombramiento como profesor de cirugía clínica del King's College Hospital de Londres. Aquí atrajo la atención de la profesión médica con una sutura de plata en la rótula fracturada de un paciente. Empezó por hacer de la fractura única una compuesta, aumentando así en gran medida el riesgo de infección y muerte. Pero las técnicas antisépticas de Lister le permitieron tratar la herida y el paciente se recuperó. Pocos podían argumentar ya que los métodos antisépticos aportaran a la cirugía algo distinto del valor de salvar vidas.

Aprobación real

En 1871, Lister pudo dar aún mayor realce a su reputación con la punción de un gran absceso en la axila de la reina Victoria. Lister había introducido el uso del vapor de ácido carbólico porque supuso que el aire en torno a la mesa de operaciones podía contener también microbios. Durante la intervención, los ojos de la reina fueron rociados por accidente con ese vapor. Por suerte, no tuvo consecuencias, y posteriormente Lister abandonó esta práctica. En 1893, cuando Lister dejó de ejercer como cirujano, sus aportaciones a la seguridad en la práctica quirúrgica eran universalmente aceptadas. Entre los científicos que estudiaron métodos aún más seguros para controlar las infecciones estuvo el bacteriólogo alemán Robert Koch. La asepsia, el sistema de Koch para mantener libre de microbios un entorno quirúrgico, consistente en calor, antisépticos y agua y jabón, fue un avance evolutivo natural a partir de los métodos pioneros de Lister.

Koch demostró que el calor seco y la esterilización por vapor eran tan eficaces como los antisépticos para matar microbios. El médico alemán Gustav Neuber llevó más allá la teoría e introdujo en la cirugía las batas esterilizadas, los guantes de goma y las mascarillas. Poco después llegaron a los quirófanos los suelos y paredes fáciles de desinfectar.

Estas prácticas son aún hoy principios clave de los procedimientos quirúrgicos seguros, siendo de la mayor importancia la esterilización del instrumental y del entorno de operaciones en general. La teoría en la que se basan procede directamente de lo defendido por Lister en la década de 1860: no se debe permitir que los microbios accedan a las heridas durante las operaciones. ■

La operación practicada por Lister a la reina Victoria pudo haber tenido un resultado muy distinto sin antiséptico para prevenir la infección. Tras su éxito, fue nombrado cirujano de la reina en 1878.

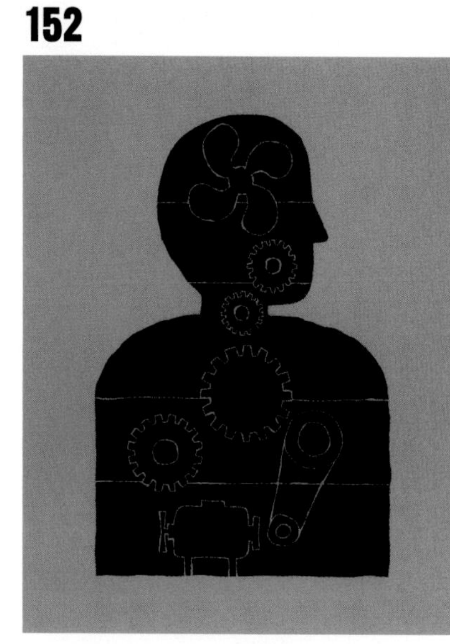

EL CAMPO DE LOS FENOMENOS VITALES

FISIOLOGÍA

EN CONTEXTO

ANTES

Década de 1540 El médico francés Jean Fernel acuña el término «fisiología» para el estudio de las funciones corporales.

1543 *De humani corporis fabrica (De la estructura del cuerpo humano)*, de Andrés Vesalio, revoluciona la enseñanza de la medicina.

1628 *De motu cordis et sanguinis* («Sobre los movimientos del corazón y la sangre»), de William Harvey, transforma la perspectiva científica del cuerpo humano.

DESPUÉS

1891 El fisiólogo ruso Iván Pávlov estudia la respuesta condicionada, haciendo salivar a perros al oír una campana.

1926 Walter B. Cannon acuña el término «homeostasis» para la tendencia de los organismos a mantener la estabilidad.

La fisiología estudia las funciones del organismo, y la anatomía, su estructura. Desde un enfoque defendido por primera vez a mediados del siglo XIX por una serie de médicos alemanes y el francés Claude Bernard, la fisiología se ocupa de los sistemas biológicos de los organismos en los niveles celular, tisular y del cuerpo en su conjunto.

Un enfoque científico

Puede considerarse que la fisiología nació en 1628 con la publicación de los hallazgos de William Harvey sobre la circulación de la sangre, deducidos de experimentos meticulosos. Pero la evolución del enfoque científico de la medicina fue un proceso lento. Recibió un gran impulso de la teoría celular, que concibe los organismos como constituidos por unidades llamadas células, teoría formulada en Alemania por el botánico Matthias Schleiden y el médico Theodor Schwann en 1838–1839. Más tarde, Johannes Müller, Justus von Liebig y Carl Ludwig dotaron a la fisiología de un respaldo experi-

El laboratorio de Justus von Liebig en la Universidad de Giessen (Alemania) fue uno de los primeros construidos con el fin de enseñar e investigar.

Véase también: Anatomía 60–63 ▪ La circulación de la sangre 68–73 ▪ Histología 122–123 ▪ Patología celular 134–135 ▪ La diabetes y su tratamiento 210–213

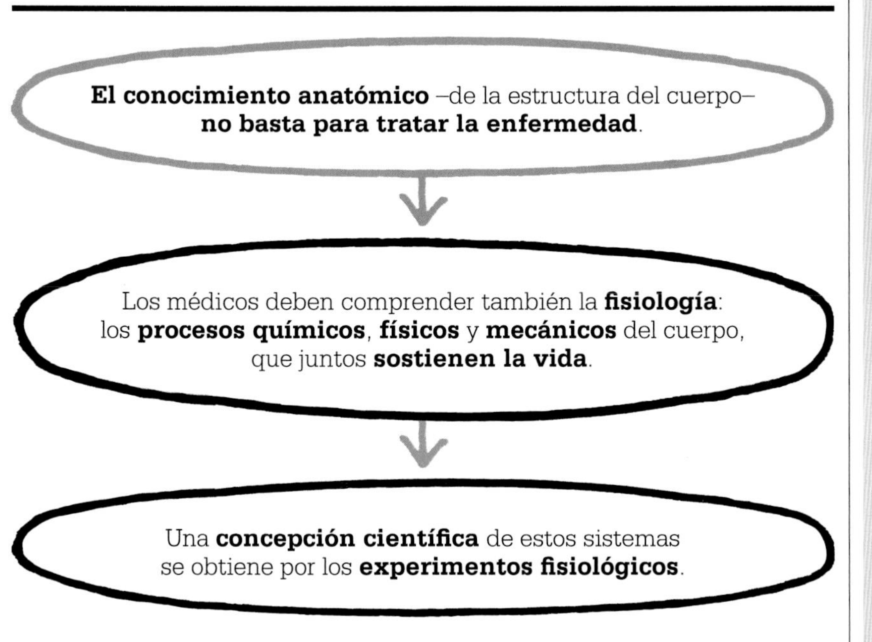

mental sólido. A Müller le interesaba en particular el efecto de los estímulos sobre los órganos sensoriales, e hizo contribuciones importantes sobre el mecanismo nervioso de los actos reflejos. Liebig y Ludwig realizaron mediciones precisas de funciones como la respiración y la presión sanguínea, y análisis químicos de los fluidos corporales.

El conocimiento anatómico –de la estructura del cuerpo– **no basta para tratar la enfermedad**.
Los médicos deben comprender también la **fisiología**: los **procesos químicos**, **físicos** y **mecánicos** del cuerpo, que juntos **sostienen la vida**.
Una **concepción científica** de estos sistemas se obtiene por los **experimentos fisiológicos**.

Medicina experimental

Claude Bernard fue uno de los fundadores de la medicina experimental. Los experimentos en tubos de ensayo le parecían demasiado limitados, y la vivisección (o anatomía animada, como la llamaban entonces), el único método para comprender las facultades complejas de los organismos.

Bernard estudió los efectos en el organismo de tóxicos como el monóxido de carbono, que combinado con la hemoglobina en la sangre inhibe la captación de oxígeno, y analizó cómo el curare ataca los nervios motores, causando parálisis y la muerte, pero sin efecto alguno sobre los nervios sensoriales. También realizó innovadores trabajos sobre el papel del páncreas en la digestión y la función del hígado como almacén de glucógeno, sustancia almidonosa que se degrada en forma de glucosa cuando el cuerpo necesita energía.

Una de las aportaciones más importantes de Bernard fue el concepto de *milieu intérieur*, o medio interno, al describir los mecanismos autorreguladores para mantener dicho medio en equilibrio con un medio externo en constante cambio. Desarrollado en 1865, este concepto describía también la relación entre las células y su entorno como fundamental para la comprensión de la fisiología. En este principio se basó lo que, en la década de 1920, el fisiólogo estadounidense Walter B. Cannon llamaría «homeostasis». Una pequeña región en la parte inferior del cerebro, el hipotálamo, desempeña una función clave en el mantenimiento de la homeostasis. ■

Claude Bernard

Claude Bernard, hijo de un vinatero, nació en Saint-Julien, en el departamento del Ródano (Francia), en 1813. Al dejar la escuela fue aprendiz de farmacéutico, y después se matriculó en la facultad de medicina de la Universidad de París, donde se licenció en 1843. Dos años después, la dote de su matrimonio de conveniencia con Marie Martin le sirvió para financiar sus experimentos médicos, pero ella se separó de él por practicar una vivisección al perro mascota de la familia.

En 1847, Claude Bernard fue nombrado sustituto de François Magendie en el Collège de France de París, a quien sucedió como catedrático en 1855. En 1868 fue nombrado profesor de fisiología general del Museo de Historia Natural del Jardín de plantas y miembro de la Academia Francesa. Murió en París en 1878.

Obras principales

1865 *Introducción al estudio de la medicina experimental.*
1878 *Lecciones sobre los fenómenos de la vida comunes a los animales y las plantas.*

DEFENSA CONTRA INTRUSOS

EL SISTEMA INMUNITARIO

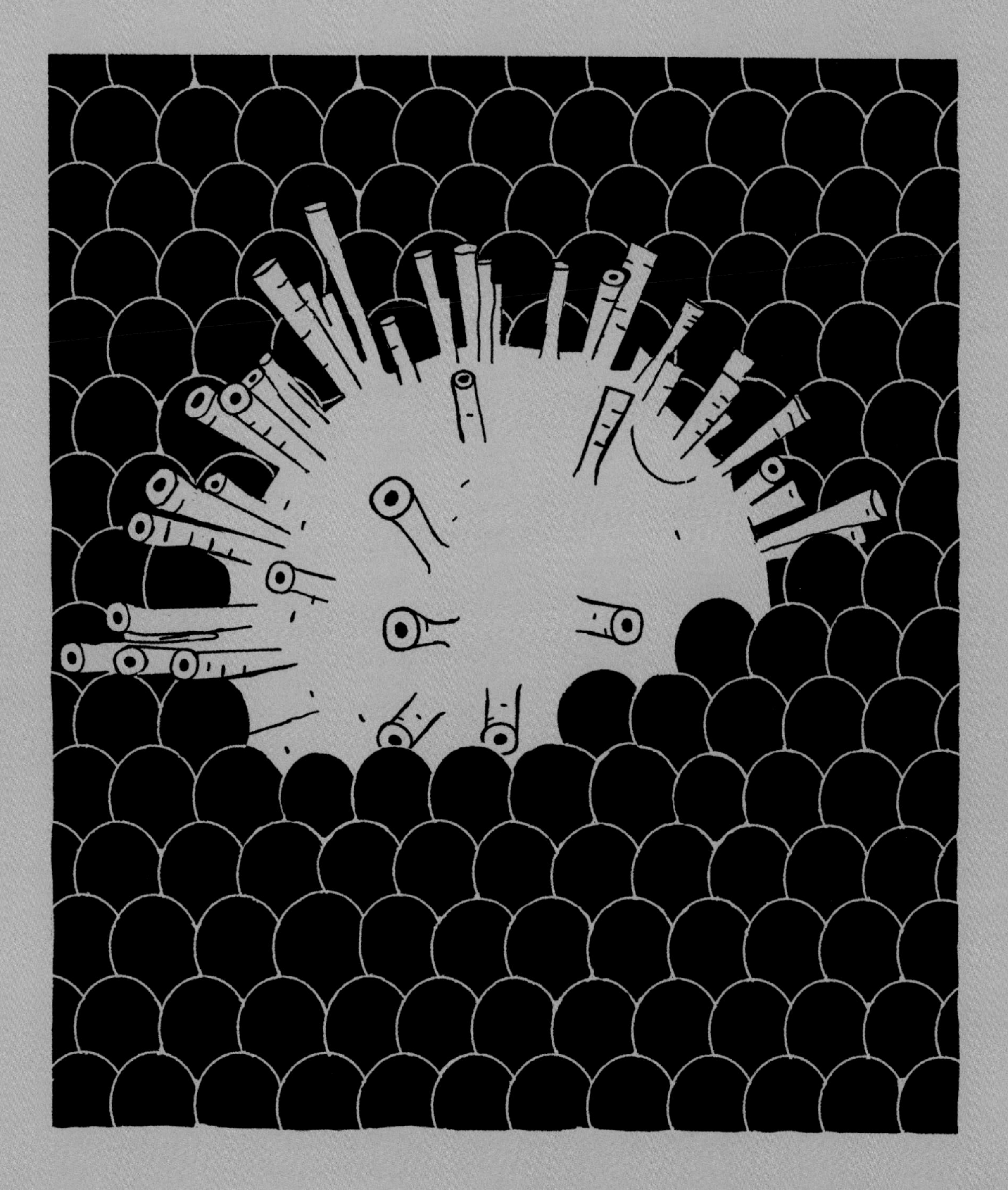

EN CONTEXTO

ANTES

***C.* 900** Al Razi teoriza sobre la inmunidad a la viruela.

1546 Girolamo Fracastoro propone que purificar la sangre genera inmunidad contra la viruela.

1796 La vacuna de Edward Jenner confiere inmunidad a la viruela.

1861 Louis Pasteur publica la teoría microbiana, según la cual las bacterias causan las enfermedades.

DESPUÉS

2016 En EEUU, Matthew Halpert y Vanaja Konduri establecen el papel de las células dendríticas en combinación con los linfocitos T colaboradores.

2018 Premio Nobel para los inmunólogos James P. Allison, estadounidense, y Tasuku Honjo, japonés, por descubrir la terapia contra el cáncer basada en la inhibición de la regulación inmune negativa.

Entre los médicos es antigua la idea de que el cuerpo tiene algún modo de protegerse de la enfermedad. Esa protección acabó llamándose inmunidad, pero su naturaleza seguía siendo un misterio. A partir de la década de 1880, científicos médicos como Iliá Méchnikov, Paul Ehrlich y Frank Macfarlane Burnet desvelaron el sistema inmunitario, una defensa tan compleja que parece casi milagrosa.

El sistema inmunitario defiende el organismo de dos formas principales, por medio de glóbulos blancos (leucocitos) y por medio de un tipo de proteínas, los anticuerpos. Por una parte, está el sistema no específico «innato», listo para la defensa inmediata frente a microbios y otros organismos ajenos; por otra, la inmunidad adquirida (o adaptativa) se activa de modo específico para enfrentarse a nuevas amenazas y conserva la capacidad de ofrecer inmunidad ante las mismas en el futuro. Solo los vertebrados poseen inmunidad adquirida.

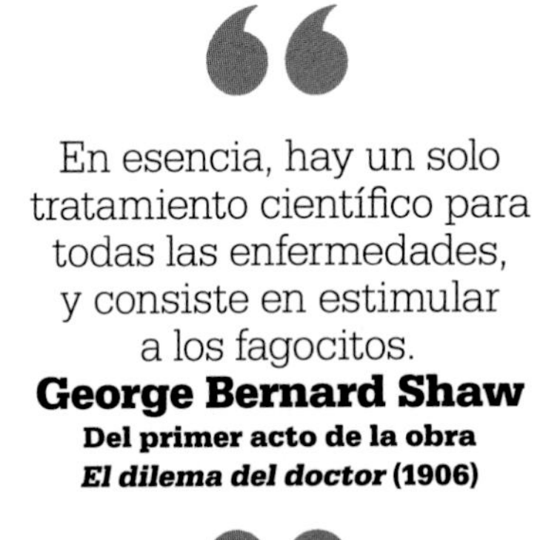

En esencia, hay un solo tratamiento científico para todas las enfermedades, y consiste en estimular a los fagocitos.

George Bernard Shaw
Del primer acto de la obra *El dilema del doctor* (1906)

Gato escaldado

Los médicos sabían que era muy raro tener la viruela dos veces: quienes la padecían parecían inmunes a la reinfección. Algunos lo atribuían a Dios, que protegía a los justos, pero hubo también ideas científicas al respecto. En el siglo IX, el persa Al Razi supuso que las pústulas de la viruela expulsan del cuerpo toda la humedad que necesitaría la enfermedad para volver a prosperar. En el siglo XVI, el italiano Girolamo Fracastoro propuso que la viruela era la purificación final de la sangre menstrual tóxica recibida por el cuerpo al nacer, y creyó que quizá por ello atacaba más a los niños.

Nadie sabía cómo funcionaba la inmunidad, pero desde luego parecía real, y, en consecuencia, para estimularla muchos probaron con la inoculación, o inyección de subproductos de la enfermedad. El éxito del británico Edward Jenner con la vacunación en 1796 situó la inmunidad –contra la viruela– más allá de toda duda.

La vacunación se difundió rápidamente, salvando muchas vidas, pero seguía ignorándose cómo funcionaba. Tampoco se ponían de acuerdo los médicos sobre si la fiebre y la inflamación que solían seguir a la infección dañaban el cuerpo como un fuego destructivo, como creían algunos, o eran parte de las defensas del cuerpo.

Microbios y células

Parte del problema era que nadie sabía siquiera qué causaba las enfermedades hasta que, en la década de 1870, Louis Pasteur y Robert Koch dieron con los minúsculos microbios culpables. Sin embargo, creían que en último término el cuerpo está indefenso frente a ellos. Entonces, en 1882, Iliá Méchnikov, médico ruso instalado en Sicilia, supo que Koch había descubierto la bacteria causante de la tuberculosis.

Méchnikov se preguntaba por qué su esposa había contraído la tuberculosis cuando él parecía inmune. Sabía que los leucocitos se concentran en las infecciones, y que

El médico del futuro será un inmunizador.

Almroth Wright
Discurso inaugural en el Hospital de Santa María de Londres (1905)

Véase también: Medicina romana 38–43 ▪ Medicina islámica 44–49 ▪ La vacunación 94–101 ▪ La teoría microbiana 138–145 ▪ Medicamentos dirigidos 198–199 ▪ Cirugía de trasplantes 246–253 ▪ Linfocitos y sistema linfático 256–257

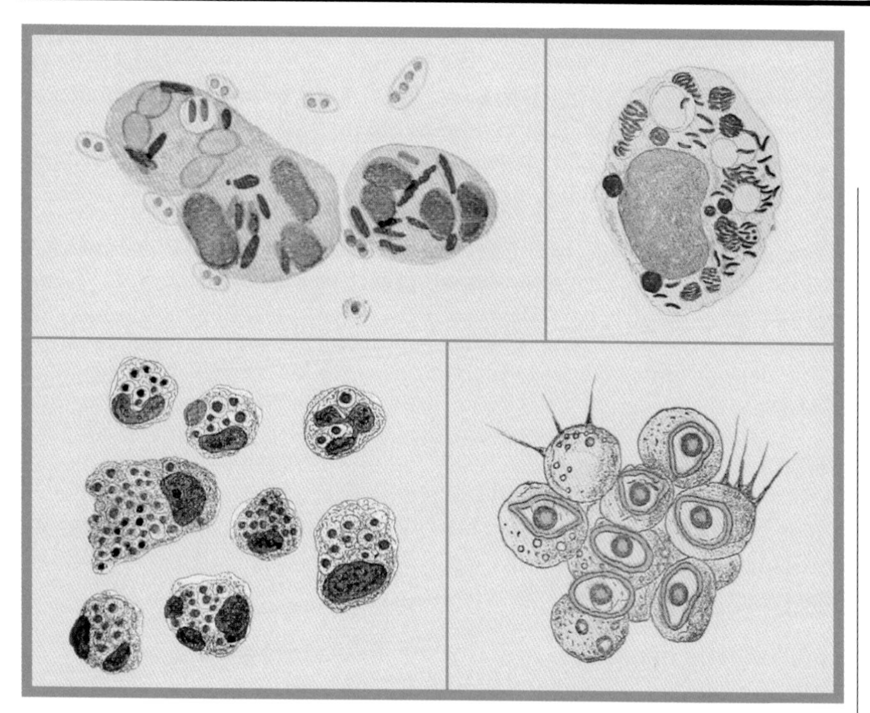

Iliá Méchnikov realizó estos dibujos de la fagocitosis, el proceso en que un tipo de leucocitos, los fagocitos, cambian de forma para envolver y destruir patógenos.

en ocasiones podían observarse microorganismos dentro de los leucocitos. La teoría predominante era que los leucocitos propagaban la enfermedad por el cuerpo, pero Méchnikov se preguntó si la acumulación de estos no sería una señal de que el cuerpo se estaba defendiendo.

Para comprobar su idea, Méchnikov pinchó larvas de estrella de mar en espinas de rosal. Bajo el microscopio, vio que los glóbulos blancos rodeaban las espinas, y no tardó en desarrollar la teoría de que determinados glóbulos blancos envuelven, atacan y destruyen los microbios. Llamó a estas células fagocitos –del griego *phágos* («comilón») y *kýtos* («célula»)– y defendió que, lejos de propagar los microbios, luchaban contra la infección.

Propuso también que la inflamación era parte del sistema inmunitario innato del organismo al llevar fagocitos al lugar de la infección, y distinguió entre fagocitos mayores, llamados macrófagos, y menores, o micrófagos, hoy llamados neutrófilos.

Batalla de creencias

Méchnikov sería galardonado con el Nobel de fisiología o medicina en 1908, pero sus ideas fueron recibidas con escepticismo al principio. Se vio atrapado en una guerra entre los científicos que adoptaron su idea de la inmunidad celular por medio de fagocitos y los que insistían en que la inmunidad es humoral (debida a moléculas de los fluidos corporales). La palabra «humoral» procedía de la idea de que la enfermedad se debía a un desequilibrio entre cuatro tipos de fluidos corporales, o humores. El conflicto enfrentaba al campo humoral, en Alemania, y al celular, en Francia, donde trabajaba ahora Méchnikov, en el Instituto Pasteur, en París.

Por un tiempo, fue en Alemania donde se dieron los mayores avances. En 1890, Emil von Behring, ayudado por el investigador japonés Shibasaburo Kitasato, informó de que el suero sanguíneo de animales infectados por el tétanos o la difteria contiene sustancias químicas o «antitoxinas» que atacan a las toxinas liberadas por las bacterias. También descubrieron que estas antitoxinas servían para inmunizar, o incluso curar, a otro animal. El trabajo de Behring respaldó la idea de que las defensas del cuerpo, al igual que las causas de la enfermedad, son específicas, y desempeñó un papel destacado en el desarrollo de las vacunas.

Mientras, Paul Ehrlich descubría la importancia de los antígenos y anticuerpos. Los antígenos son toda sustancia que provoque una respuesta inmunitaria del organismo. (Más »

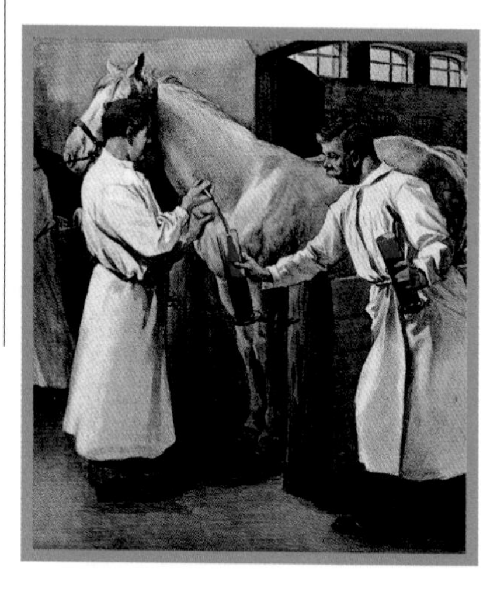

Emil von Behring descubrió que el suero de animales infectados, como los caballos, contenía antitoxinas. La de la difteria se usó en humanos hasta que se creó una vacuna en la década de 1920.

tarde se descubriría que incluían células cancerosas y tejidos extraños, además de microbios.) Los anticuerpos, o inmunoglobulinas, son proteínas capaces de desactivar o debilitar microbios, y cada uno de ellos corresponde a un antígeno particular.

La llave del rompecabezas

En 1900, Ehrlich refinó su teoría de la cadena lateral, que describe cómo antígenos y anticuerpos interactúan de modo análogo a una llave y su cerradura. Los anticuerpos forman receptores, llamados cadenas laterales, en la superficie de los leucocitos. Cuando un antígeno se conecta a su cadena lateral a juego, la célula segrega anticuerpos, que se unen a la toxina y la neutralizan.

Ehrlich propuso desarrollar nuevos fármacos que imitaran a los anticuerpos (que llamó «balas mágicas») para cazar y destruir patógenos (microbios causantes de enfermedad) específicos, y produjo la arsfenamina (Salvarsán), el primer fármaco eficaz contra la sífilis. Aún más importante, la teoría de Ehrlich mostraba cómo la inoculación protege el organismo, al desencadenar la generación de anticuerpos únicos frente a la enfermedad. El resultado fue la búsqueda continua de nuevas vacunas, que hoy es el arma clave para salvar vidas en la lucha contra las enfermedades infecciosas.

Partiendo del trabajo de su compatriota Hans Buchner y de Jules Bordet, científico belga del Instituto Pasteur en París, Ehrlich describió también el sistema del complemento, así llamado por funcionar con el de anticuerpos. Al activarse –a causa de un patógeno, por ejemplo–, se libera una cascada de proteínas (del hígado, sobre todo) al flujo sanguíneo y al fluido que rodea a las células. Estas proteínas rompen la membrana de las células invasoras (lisis), facilitando a los fagocitos ingerirlas, y estimulan la inflamación que atrae a los leucocitos que combaten la infección.

Se había supuesto una división nítida entre la respuesta innata y tosca de las células, como primera línea de defensa, y la astuta inmunidad adquirida dirigida contra microbios específicos, química o «humoral». Sin embargo, el sistema del complemento era innato, o no espe-

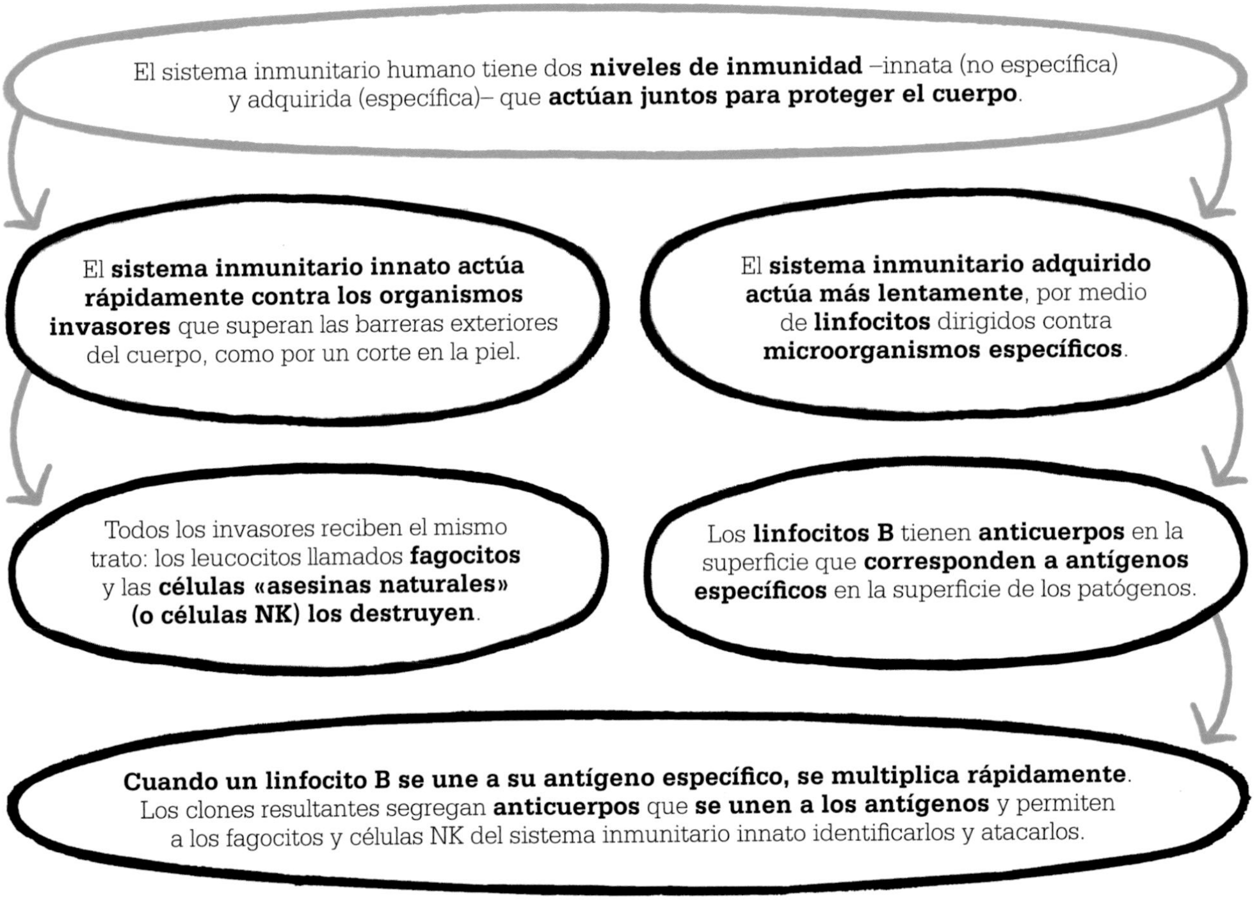

El sistema inmunitario humano tiene dos **niveles de inmunidad** –innata (no específica) y adquirida (específica)– que **actúan juntos para proteger el cuerpo**.

El **sistema inmunitario innato actúa rápidamente contra los organismos invasores** que superan las barreras exteriores del cuerpo, como por un corte en la piel.

Todos los invasores reciben el mismo trato: los leucocitos llamados **fagocitos** y las **células «asesinas naturales» (o células NK) los destruyen**.

El **sistema inmunitario adquirido actúa más lentamente**, por medio de **linfocitos** dirigidos contra **microorganismos específicos**.

Los **linfocitos B** tienen **anticuerpos** en la superficie que **corresponden a antígenos específicos** en la superficie de los patógenos.

Cuando un linfocito B se une a su antígeno específico, se multiplica rápidamente. Los clones resultantes segregan **anticuerpos** que **se unen a los antígenos** y permiten a los fagocitos y células NK del sistema inmunitario innato identificarlos y atacarlos.

Los leucocitos (naranja), en modo de ataque, segregan anticuerpos (blanco) que se unen a los antígenos invasores (azul), debilitándolos o marcándolos para su destrucción.

cífico, y, además, humoral. Por tanto, no había tal división nítida.

A lo largo de las décadas siguientes, el británico Almroth Wright arrojó nuevas dudas sobre la división celular-humoral. Algunas bacterias pueden evadir la fagocitosis, pero Wright demostró que los anticuerpos ayudan a los fagocitos a identificarlas.

Autodefensa

El gran avance llegó en las décadas de 1940 y 1950, cuando los fracasos en la cirugía de trasplantes revelaron que el sistema inmunitario no solo lucha contra los microbios, sino que ayuda también al organismo a reconocer las células extrañas. Todas las células del cuerpo tienen un marcador de identidad, o HLA (antígeno leucocitario humano). El británico Peter Medawar y el australiano Frank Macfarlane Burnet comprendieron que el sistema inmunitario identifica las células extrañas y las combate, y de ahí el rechazo de los trasplantes. Burnet expuso cómo el cuerpo aprende a identificar agentes foráneos: si una sustancia extraña se introduce en una fase embrionaria temprana, sus antígenos son aceptados como propios por el organismo y no se producirán anticuerpos contra ella en la vida posterior del individuo. Así, el organismo identifica activamente lo propio, y ataca lo ajeno, o no propio.

En la perspectiva del sistema inmunitario de Burnet y otros, las células volvieron al centro de la escena, desplazando a la química humoral. Descubrieron que, además de los fagocitos que se tragan a los invasores, el cuerpo está armado con una serie de leucocitos con receptores específicos para identificar y dirigir a los primeros: los linfocitos.

Selección clonal

En 1957, Burnet presentó la novedosa teoría de la selección clonal, sobre una serie de células hoy llamadas linfocitos B (hallados por primera vez en la bolsa de Fabricio, un órgano de las aves). Cada linfocito B se prepara para identificar el antígeno de un invasor específico. Cuando un linfocito B se encuentra con su »

Frank Macfarlane Burnet

Frank Macfarlane Burnet nació en Traralgon (Australia) en 1899. La biología le interesó ya en la infancia, cuando coleccionaba escarabajos. Tras licenciarse en medicina por la Universidad de Melbourne, estudió en Londres y volvió a Melbourne para trabajar en la investigación.

Sus experimentos con virus que atacan bacterias y animales, sobre todo el de la gripe, llevaron a descubrimientos importantes, pero se le conoce sobre todo por sus logros en la inmunología, en particular la teoría de la tolerancia inmunológica adquirida, por la que fue galardonado con el Nobel en 1960, y la de la selección clonal. Posteriormente dio conferencias y escribió sobre biología humana, envejecimiento y cáncer. Murió en 1985.

Obras principales

1940 *Aspectos biológicos de las enfermedades infecciosas.*
1949 *La producción de anticuerpos* (con Frank Fenner).
1959 *Teoría de la selección clonal de la inmunidad adquirida.*
1969 *Inmunología celular.*

antígeno correspondiente, se multiplica rápidamente, creando clones que segregan anticuerpos. Estos se unen a los invasores para que las defensas innatas del cuerpo –como los fagocitos y otro tipo de linfocitos llamados células NK (del inglés, *natural killers,* o «asesinos naturales»)– puedan reconocerlos y atacarlos. En 1958, el inmunólogo australiano Gustav Nossal y el biólogo estadounidense Joshua Lederberg corroboraron a Burnet, mostrando que cada linfocito B produce un solo tipo de anticuerpo.

Rellenar los huecos

En 1959, el inmunólogo británico James Gowans descubrió que los linfocitos migran por el cuerpo y circulan por la sangre y por el sistema linfático. Este es el sistema de drenaje del organismo, que elimina las toxinas y los restos de las primeras escaramuzas entre fagocitos y microbios. El sistema incluye también cientos de ganglios linfáticos, en los cuales un manto de linfocitos comprueba los antígenos presentados por fagocitos en tránsito y otras células.

El mismo año, el australiano de origen francés Jacques Miller descubrió que un grupo de linfocitos migraba del tuétano óseo al timo, justo encima del corazón, para madurar allí. Más tarde se supo que estos linfocitos o células T tienen un papel fundamental en la lucha contra los virus, que esquivan a los linfocitos B.

Aún en 1959, dos químicos, Rodney Porter, en Reino Unido, y Gerald Edelman, en EEUU, descubrieron la estructura molecular en forma de Y de los anticuerpos. En 1975, el inmunólogo alemán Georges Köhler y el argentino César Milstein describieron una técnica para producir anticuerpos monoclonales que (como las «balas mágicas» de Ehrlich) se podían usar contra antígenos específicos, o en pruebas para detectar su presencia.

> Resultará obvio que este intento de tratar cabalmente la producción de anticuerpos topa por todas partes con el obstáculo de la falta de conocimientos.
>
> **Frank Macfarlane Burnet**
> ***La producción de anticuerpos* (1949)**

Pese a estos avances, aún no estaba claro cómo el cuerpo produce una variedad tan asombrosa de anticuerpos, muy superiores en número a los genes que los producen. En 1976, el científico japonés Susumu Tonegawa lo demostró, al reagruparse los genes durante el desarrollo de la célula mientras esta se convierte en un linfocito B productor de anticuerpos.

Colaboradores y supresores

A principios de la década de 1980 se sabía mucho más sobre la colaboración de los linfocitos B y T para ofrecer inmunidad adquirida. Son dos las respuestas fundamentales.

La inmunidad humoral se dirige contra patógenos que circulan libremente por el cuerpo, como las bacterias, principalmente segregando un gran número de anticuerpos. La secuencia empieza con los linfocitos T colaboradores, o T_h, de los que hay uno para cada antígeno. Cuando un linfocito T colaborador se encuentra con su antígeno correspondiente, se une a él y se multiplica, desencadenando la multiplicación de linfocitos B con anticuerpos a juego y su división en células plasmáticas y de memoria. Las células plasmáticas generan

La picadura de insectos como abejas y avispas puede causar una reacción anafiláctica grave en algunas personas.

Hipersensibilidad

A veces, el sistema inmunitario reacciona de forma excesiva, con consecuencias dañinas. Ya en 1902, el francés Charles Richet mostró que la hipersensibilidad –la sobreproducción de anticuerpos en respuesta a un antígeno– podía resultar dañina por causar excesiva inflamación, o algo peor. Las alergias son una reacción de este tipo.

Varios años después, Richet identificó la anafilaxis, reacción alérgica tan extrema que pone en peligro la vida. Por ejemplo, en algunas personas, ingerir frutos secos desata la respuesta inmunitaria hasta causar síntomas como asma y baja presión sanguínea. La anafilaxis puede conducir a la muerte en pocos minutos, y quienes tienen alergias graves llevan siempre un autoinyector de adrenalina, hormona producida en respuesta al estrés que se opone a los efectos de la anafilaxis. Las alergias se tratan también con antihistamínicos o esteroides supresores del sistema inmunitario.

Respuestas inmunitarias

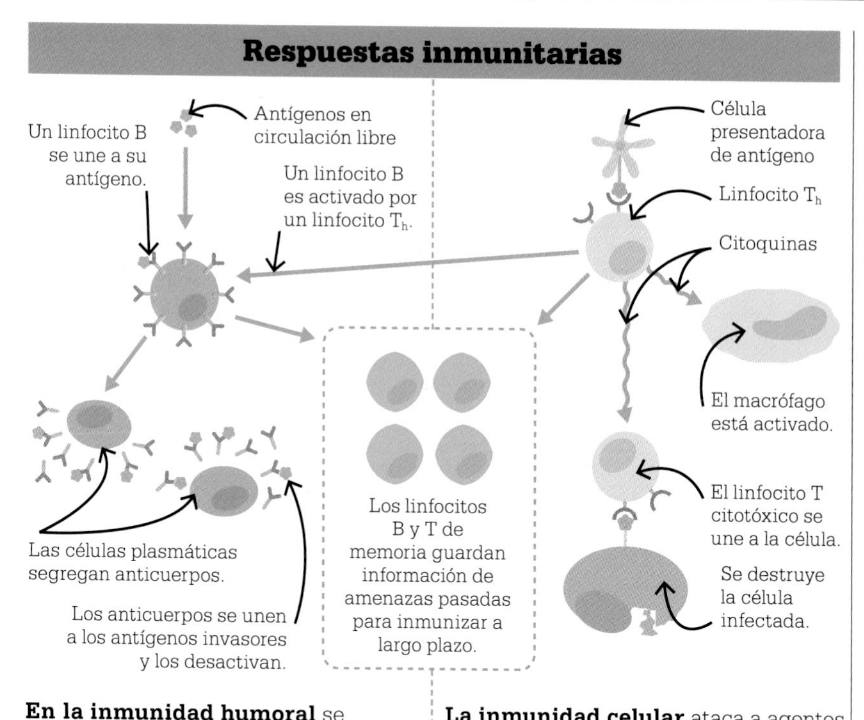
Un linfocito B se une a su antígeno.
Antígenos en circulación libre
Un linfocito B es activado por un linfocito T_h.
Célula presentadora de antígeno
Linfocito T_h
Citoquinas
El macrófago está activado.
Las células plasmáticas segregan anticuerpos.
Los anticuerpos se unen a los antígenos invasores y los desactivan.
Los linfocitos B y T de memoria guardan información de amenazas pasadas para inmunizar a largo plazo.
El linfocito T citotóxico se une a la célula.
Se destruye la célula infectada.

En la inmunidad humoral se producen anticuerpos específicos para destruir a los patógenos extraños. Los linfocitos T_h ayudan a unirse a su antígeno a los linfocitos B, que se multiplican rápidamente para producir células plasmáticas y de memoria.

La inmunidad celular ataca a agentes dentro de las células, como los virus. Un linfocito T_h se expone a un antígeno en la superficie de una célula infectada; las citoquinas liberadas activan los linfocitos T citotóxicos que, con los macrófagos, destruyen las células infectadas.

anticuerpos que se unen al microbio y lo neutralizan, rompen su membrana o lo convierten en blanco para los fagocitos. Las células de memoria guardan información del microbio, de modo que el cuerpo pueda responder rápidamente a nuevas infecciones.

Por otro lado, la inmunidad celular se dirige contra patógenos como los virus, que invaden y se apoderan de las células. Aquí es donde entran en juego los linfocitos T: cuando un virus invade una célula, deja un rastro de antígenos en el exterior. Al dar los linfocitos T_h con estos antígenos, liberan proteínas presentadoras (citoquinas). Estas activan a los linfocitos T citotóxicos (supresores de células), que se unen al marcador de identidad de la célula infectada (complejo mayor de histocompatibilidad, o CMH). Una vez unidos, los linfocitos T citotóxicos inundan la célula infectada con sustancias químicas para suprimirla, con todos sus virus. A veces, los T_h reaccionan en exceso y producen cantidades incontroladas de citoquinas. Estas «tormentas de citoquinas» causan una inflamación tan grave que puede resultar fatal, y son una complicación preocupante en epidemias virales como la de la COVID-19.

Relación entre los sistemas

En 1989, el estadounidense Charles Janeway volvió a centrar la atención en el sistema inmunitario innato al proponer que determinadas células, como los macrófagos (fagocitos grandes) y las células dendríticas (células inmunes minúsculas, abundantes en la piel, las vías aéreas y la mucosa intestinal), tienen receptores especiales que les permiten detectar los patrones moleculares producidos por los patógenos. Estos receptores de tipo *toll* (TLR) distinguen entre patrones moleculares asociados a patógenos (PAMP), indicadores de agentes de la enfermedad y patrones moleculares asociados al daño (DAMP), presentes en células huésped dañadas o moribundas. Los macrófagos y células dendríticas presentan antígenos a los linfocitos T_h, vinculando con ello los sistemas innato y adquirido.

Prevención y cura

Desde que Méchnikov descubrió los fagocitos se han hecho grandes progresos en el conocimiento del sistema inmunitario. Los inmunólogos han revelado un complejo sistema de células y proteínas que cooperan para combatir la enfermedad. Aún falta mucho por descubrir, pero lo aprendido hasta ahora ha revelado el modo en que el cuerpo se defiende ante una gran variedad de microbios. También ha aportado nuevas posibilidades, tanto para la prevención, por medio de vacunas más precisas y otros métodos, como para la cura, por medio de fármacos que cooperan con las defensas del propio organismo. ■

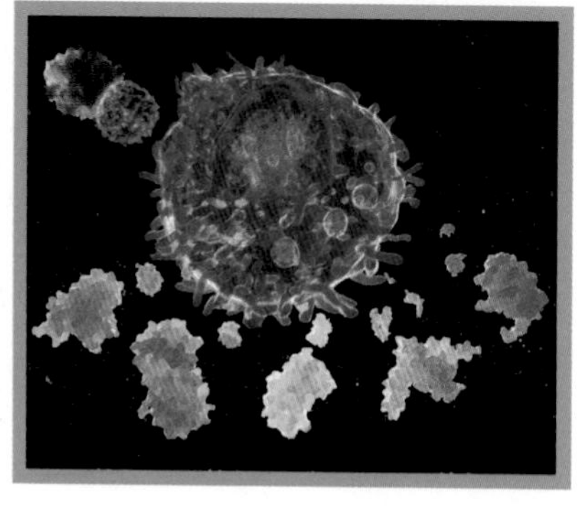

Tras detectar un virus invasor, un linfocito T_h (centro) libera citoquinas (abajo; arriba izda.). Estas son interleucinas, de la familia de citoquinas que incluye a los interferones y quimiocinas.

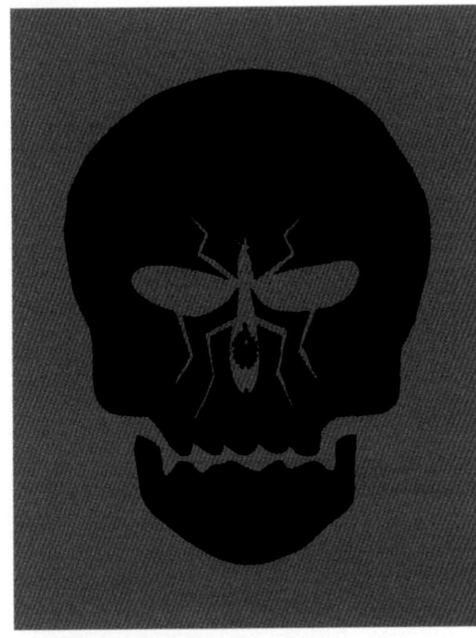

BASTA UNA SOLA PICADURA DE MOSQUITO

MALARIA

EN CONTEXTO

ANTES

Siglo II Los miasmas traen las «semillas de la peste», según el médico romano Galeno.

Década de 1670 Antonie van Leeuwenhoek revela la existencia de los microorganismos.

DESPUÉS

Década de 1940 La cloroquina trata todos los tipos de malaria, pero a partir de la década de 1950 muchas de sus cepas se vuelven resistentes al fármaco.

1955 El primer Programa de Erradicación de la Malaria de la OMS dura hasta 1969; Bill y Melinda Gates renuevan la lucha en 2007.

Década de 1980 Se informa de la primera resistencia importante ante la quinina, muy eficaz contra la malaria.

2015 En EE UU se crean mosquitos genéticamente modificados incapaces de propagar el parásito de la malaria.

Las causas de la malaria y otras enfermedades transmitidas por insectos fueron un misterio en la antigüedad. Durante siglos fue habitual culpar a los miasmas, o efluvios nocivos del aire, idea que refleja la palabra malaria, procedente de la contracción italiana *mal'aria* («mal aire»). En Europa, los miasmas se asociaban con el aire de pantanos y ciénagas, lugares fétidos cuyos habitantes sufrían infecciones frecuentes.

En el siglo XVIII, el médico clínico italiano Giovanni Maria Lancisi propuso que los insectos desempeñaban un papel en la transmisión de la malaria, y finalmente, en la década de 1880, el médico francés Alphonse Laveran identificó el organismo específico responsable, del que eran portadores los mosquitos.

El mosquito vector

En fecha tan temprana como 30 a. C., el estudioso romano Marco Terencio Varrón afirmaba que, en las zonas pantanosas, causaban enfermedades criaturas minúsculas que flotaban en el aire y entraban al cuerpo por la boca y la nariz. La idea tuvo escaso apoyo hasta 1717, cuando Lancisi publicó *De noxiis paludum effluviis* («De los efluvios nocivos de las ciénagas»). Como Varrón, Lancisi creía que organismos minúsculos causaban la malaria, y propuso que los mosquitos la transmitían a los humanos por las picaduras en la piel. Su teoría era correcta, pero no pudo demostrarla.

A mediados del siglo XIX se iba asentando la teoría microbiana de la enfermedad. Louis Pasteur, en Francia, y Joseph Lister, en Reino Unido, habían demostrado que la infección se debía a organismos vivos. En 1880, en Argelia, al examinar una

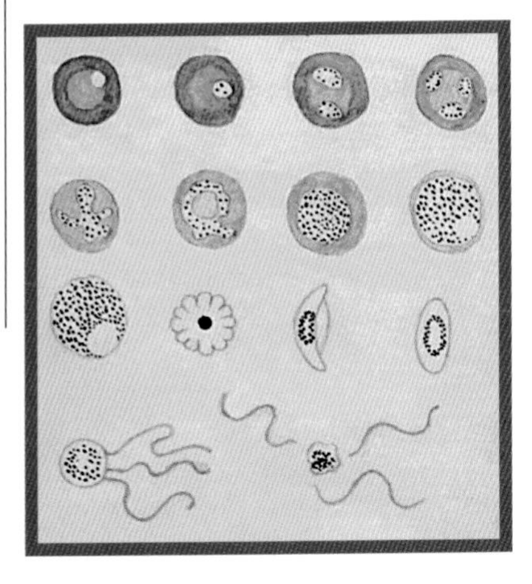

Dibujos de Laveran de las fases vitales del parásito de la malaria (de abajo arriba, según se van desarrollando en la sangre), en el boletín de la Société Médicale des Hôpitaux de París (1881).

Véase también: Medicina griega 28–29 ▪ Medicina romana 38–43 ▪ La teoría microbiana 138–145 ▪ Erradicación global de la enfermedad 286–287

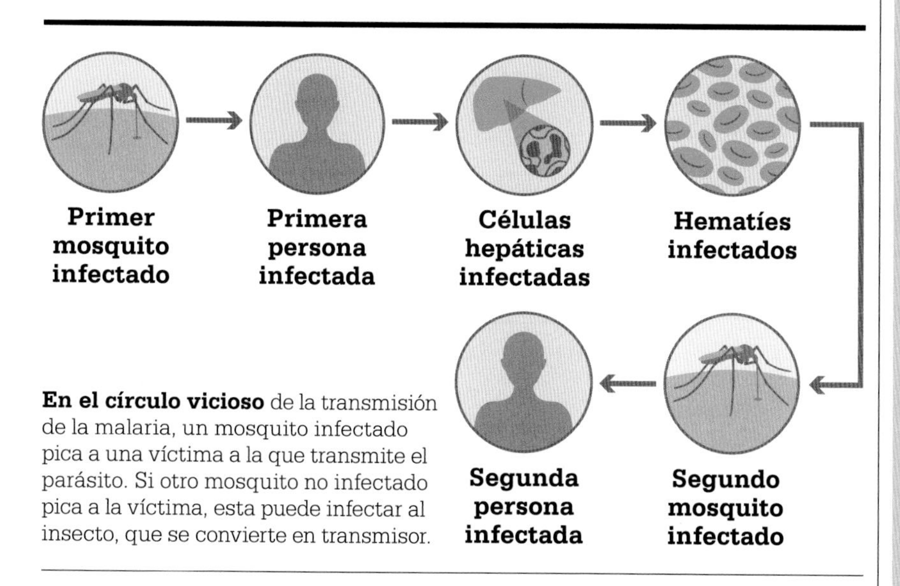

En el círculo vicioso de la transmisión de la malaria, un mosquito infectado pica a una víctima a la que transmite el parásito. Si otro mosquito no infectado pica a la víctima, esta puede infectar al insecto, que se convierte en transmisor.

muestra de sangre de un paciente con malaria con un microscopio potente, Laveran observó cuerpos en forma de luna creciente moviéndose enérgicamente entre los hematíes. Supo que había dado con el parásito causante de la malaria, y lo identificó como un protozoo, no una bacteria, pues estas son mucho más pequeñas y, a diferencia de los protozoos, carecen de núcleo. Al no encontrar el parásito en el aire, el agua ni la tierra de las marismas, empezó a sospechar que los mosquitos eran los portadores, como expuso en su *Tratado sobre las fiebres palúdicas* (1884).

Los científicos que creían que el causante de la malaria era una bacteria se mostraron escépticos. Laveran invitó a Pasteur a examinar el organismo y se convenció al instante. En 1885, los zoólogos italianos Ettore Marchiafava y Angelo Celli clasificaron el parásito en el nuevo género *Plasmodium*. Al final, en 1897, el médico británico Ronald Ross demostró la presencia del parásito en el estómago de un mosquito *Anopheles*.

Hoy se sabe que las hembras de entre treinta y cuarenta especies de mosquitos *Anopheles* portan el parásito *Plasmodium*. Cuando pican para obtener sangre con la que nutrir los huevos, este pasa a la sangre de la víctima; a continuación, infecta el hígado y los hematíes. Los mosquitos no infectados que piquen a la víctima se convierten en portadores del *Plasmodium* (vectores) y propagan la malaria.

La búsqueda de un antídoto

La malaria y otras enfermedades transmitidas por mosquitos (como los virus del Zika, el dengue, la fiebre amarilla y el virus del Nilo Occidental) fueron mortales durante el siglo XX, y siguen causando más de un millón de muertes al año. Hoy hay vacunas eficaces para algunas y se sigue investigando para obtener más. El World Mosquito Program está criando mosquitos para que porten la bacteria inofensiva *Wolbachia*, que afecta a la capacidad de reproducirse de algunos virus de los mosquitos, reduciendo así su transmisión. La búsqueda de un remedio similar para la malaria, sin embargo, continúa. ▪

Alphonse Laveran

Charles Louis Alphonse Laveran nació en París en 1845. Estudió medicina y, ya como médico militar, sirvió en la guerra franco-prusiana de 1870 como cirujano. Una década más tarde, cuando trabajaba en el hospital militar de Constantina (Argelia), Laveran identificó el parásito de la malaria.

Entre 1884 y 1894 fue profesor de higiene militar en el hospital militar Val-de-Grâce de París y luego trabajó en el Instituto Pasteur. Fue miembro de la Academia de Ciencias, distinguido con la Legión de Honor, y miembro de la Royal Society británica. En 1907 fue galardonado con el premio Nobel de fisiología o medicina por el descubrimiento de los protozoos parásitos como agentes de enfermedades infecciosas. Murió en 1922, tras una enfermedad breve no especificada.

Obras principales

1875 *Tratado de enfermedades y epidemias en los ejércitos.*
1881 *Naturaleza parasitaria de los accidentes del paludismo.*
1884 *Tratado sobre las fiebres palúdicas.*

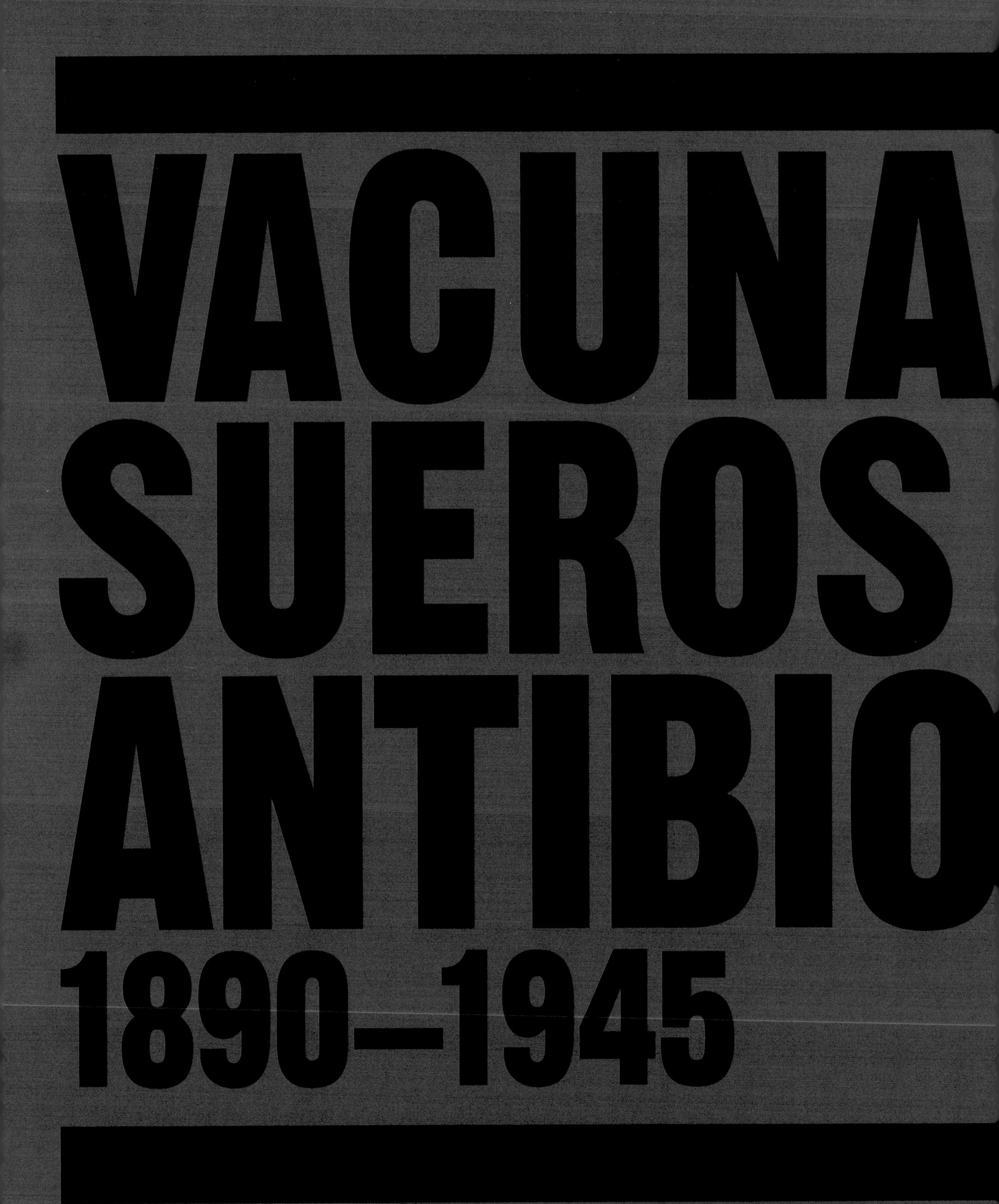
VACUNA
SUEROS
ANTIBIO
1890–1945

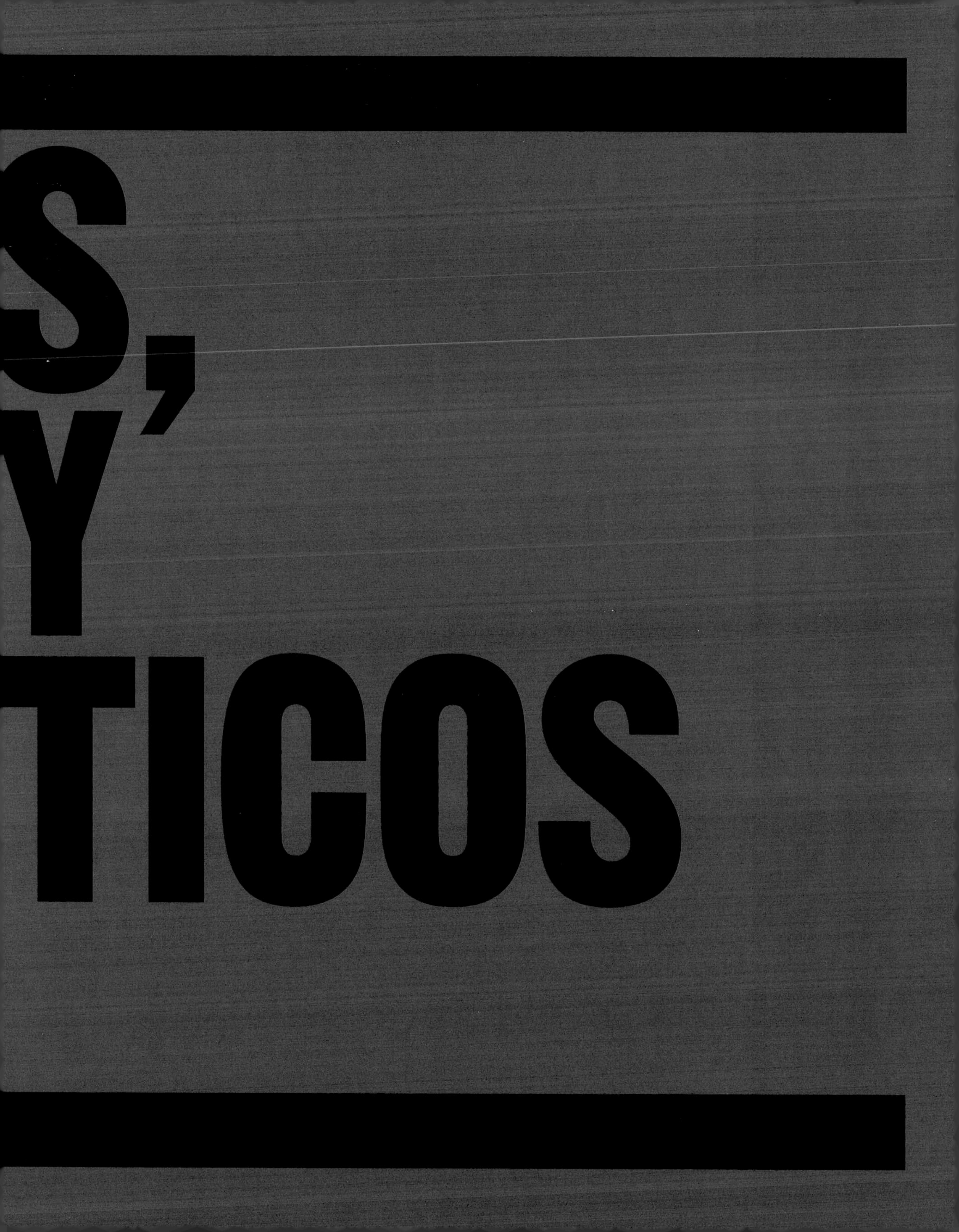
S,
Y
TICOS

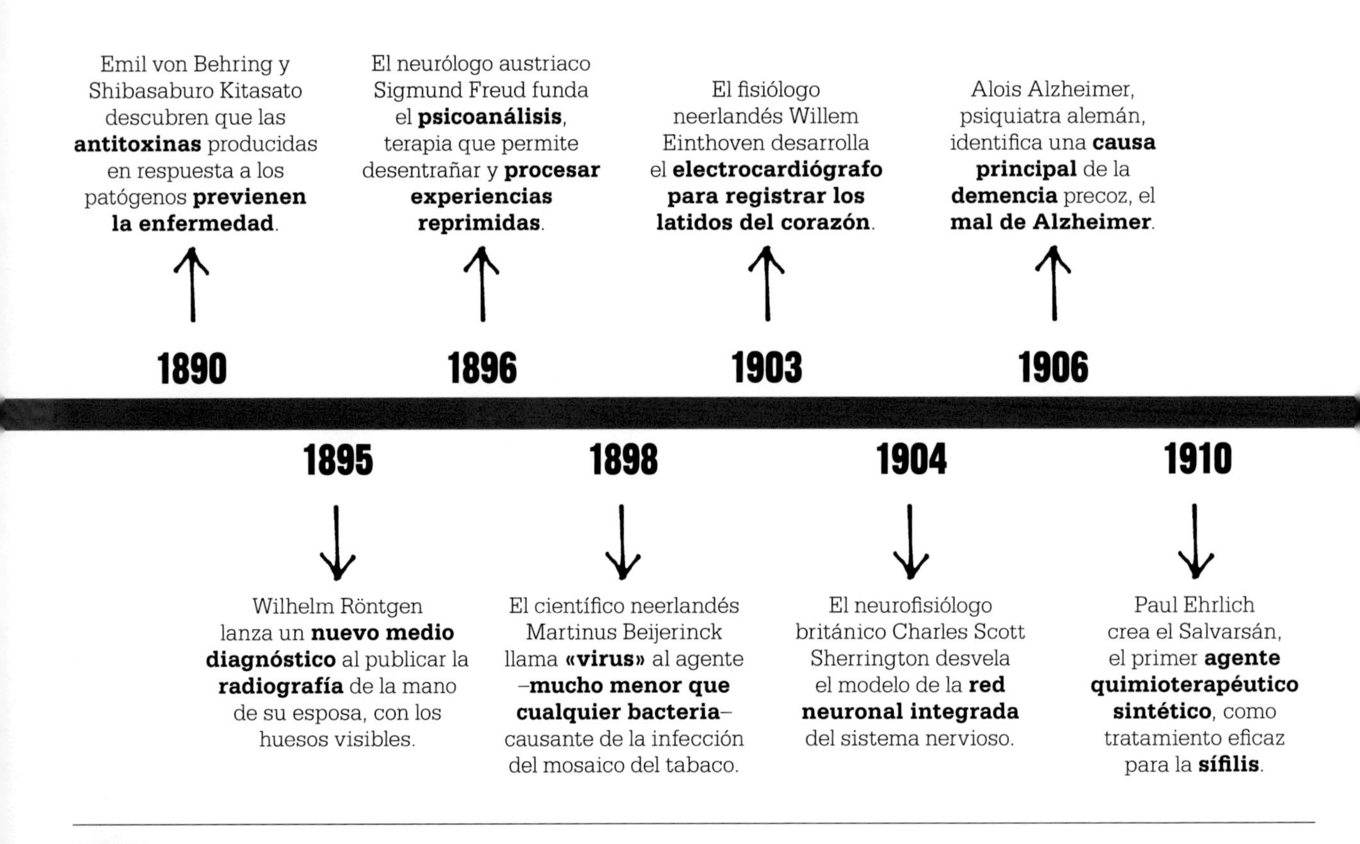

1890
Emil von Behring y Shibasaburo Kitasato descubren que las antitoxinas producidas en respuesta a los patógenos previenen la enfermedad.
1895
Wilhelm Röntgen lanza un nuevo medio diagnóstico al publicar la radiografía de la mano de su esposa, con los huesos visibles.
1896
El neurólogo austriaco Sigmund Freud funda el psicoanálisis, terapia que permite desentrañar y procesar experiencias reprimidas.
1898
El científico neerlandés Martinus Beijerinck llama «virus» al agente –mucho menor que cualquier bacteria– causante de la infección del mosaico del tabaco.
1903
El fisiólogo neerlandés Willem Einthoven desarrolla el electrocardiógrafo para registrar los latidos del corazón.
1904
El neurofisiólogo británico Charles Scott Sherrington desvela el modelo de la red neuronal integrada del sistema nervioso.
1906
Alois Alzheimer, psiquiatra alemán, identifica una causa principal de la demencia precoz, el mal de Alzheimer.
1910
Paul Ehrlich crea el Salvarsán, el primer agente quimioterapéutico sintético, como tratamiento eficaz para la sífilis.

Enfermedades infecciosas como la gripe y la tuberculosis mataban a millones de personas al año en la última década del siglo XIX. En EEUU, la esperanza de vida era de solo 44 años en 1890. Pese a los avances en microscopía y anestesia y al conocimiento de la teoría microbiana y el fundamento celular de la enfermedad, faltaba mucho por descubrir del funcionamiento y las causas de los fallos del organismo. Además, los patógenos responsables de muchas enfermedades eran aún desconocidos. Hacia 1945 ya se habían adquirido nuevas herramientas, tanto para la prevención como para los tratamientos.

Guerra a los patógenos

En 1890, el fisiólogo alemán Emil von Behring y el médico japonés Shibasaburo Kitasato lograron un gran avance en la búsqueda de nuevos medios para combatir los patógenos: descubrieron que el suero sanguíneo de los animales infectados por la difteria contiene una antitoxina que neutraliza las toxinas bacterianas, y que al inyectarla a otro animal curaba la enfermedad. La seroterapia vino a salvar la vida a muchas personas con difteria, aunque continuase la búsqueda de una vacuna para prevenir la infección.

El trabajo de Behring y Kitasato inspiró al científico alemán Paul Ehrlich en su busca de una «bala mágica» contra la enfermedad. Ehrlich observó que algunos tintes químicos se fijan solo a ciertas células patógenas, y supuso que las antitoxinas se comportan igual al atacar patógenos específicos. Tras años de investigación, descubrió que el compuesto sintético arsfenamina reconoce y mata a la bacteria causante de la sífilis, y en 1910 lanzó el primer fármaco quimioterapéutico (Salvarsán) para tratarla.

Prevención y cura

Sucesivamente se fueron encontrando vacunas para enfermedades mortales como el cólera, el tétanos, la tosferina, la peste bubónica y la fiebre amarilla. En 1921, los científicos franceses Albert Calmette y Camille Guérin desarrollaron la primera vacuna viva atenuada (debilitada) contra la tuberculosis (TB), la vacuna BCG. A esta siguió pronto otra del mismo tipo, contra la difteria.

En 1928, el bacteriólogo escocés Alexander Fleming descubrió accidentalmente que el hongo *Penicillium* mata los estafilococos, bacterias causantes de muchas infecciones. Como resultado, la penicilina se convirtió en el primer antibió-

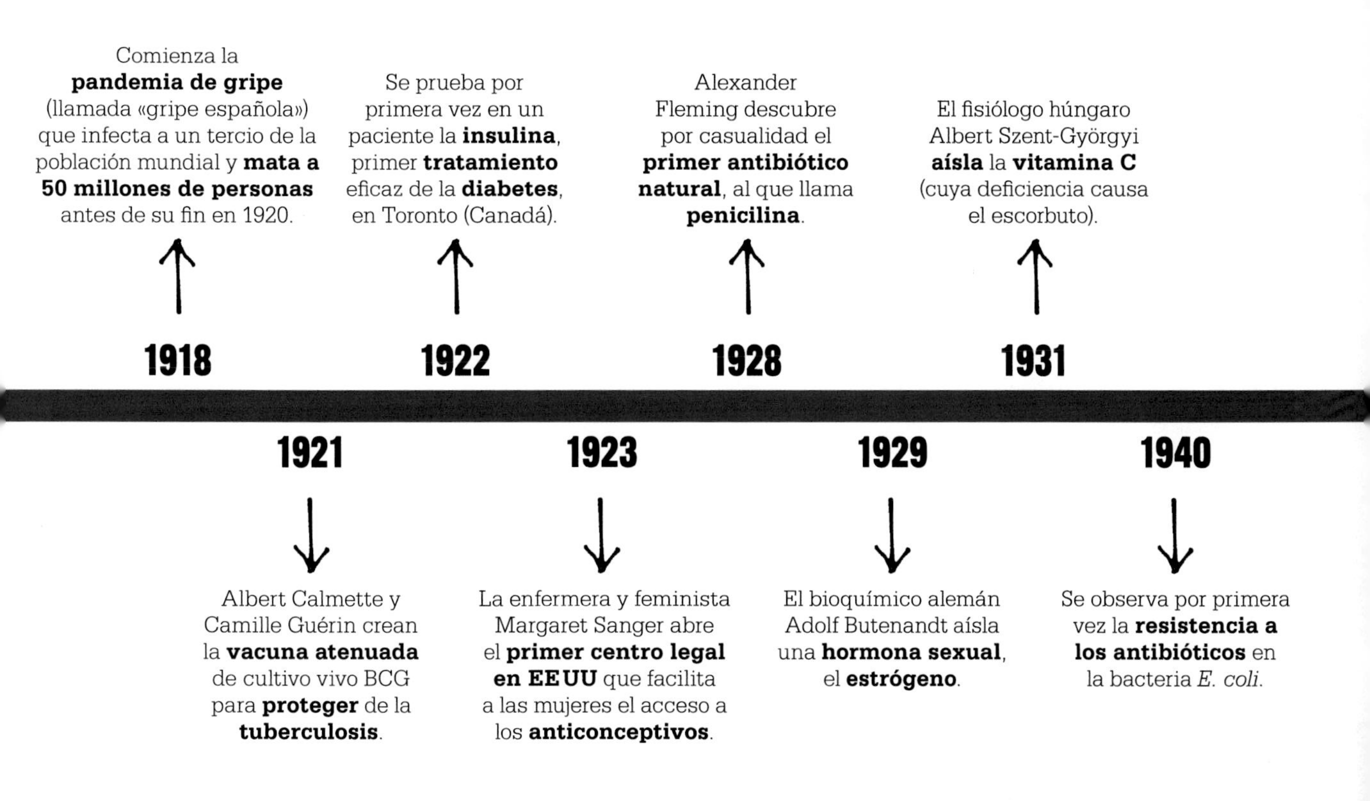

tico de uso terapéutico que se da en la naturaleza. En 1945 se produjeron 6,8 billones de dosis en EE UU, y fue el primero de muchos antibióticos que salvaron millones de vidas.

1918
Comienza la **pandemia de gripe** (llamada «gripe española») que infecta a un tercio de la población mundial y **mata a 50 millones de personas** antes de su fin en 1920.
1921
Albert Calmette y Camille Guérin crean la **vacuna atenuada** de cultivo vivo BCG para **proteger** de la **tuberculosis**.
1922
Se prueba por primera vez en un paciente la **insulina**, primer **tratamiento** eficaz de la **diabetes**, en Toronto (Canadá).
1923
La enfermera y feminista Margaret Sanger abre el **primer centro legal en EE UU** que facilita a las mujeres el acceso a los **anticonceptivos**.
1928
Alexander Fleming descubre por casualidad el **primer antibiótico natural**, al que llama **penicilina**.
1929
El bioquímico alemán Adolf Butenandt aísla una **hormona sexual**, el **estrógeno**.
1931
El fisiólogo húngaro Albert Szent-Györgyi **aísla** la **vitamina C** (cuya deficiencia causa el escorbuto).
1940
Se observa por primera vez la **resistencia a los antibióticos** en la bacteria *E. coli*.

Vacunas y antibióticos aparte, la lucha contra los patógenos carecía a menudo de un objetivo definido, sobre todo en el caso del cáncer. La máquina de rayos X, inventada por el alemán Wilhelm Röntgen en 1895, fue clave para diagnosticar y tratar traumatismos, y muchos médicos usaron los rayos X para atacar tumores cancerosos, pero la radioterapia mataba células sanas, además de las cancerosas. Hasta 1942 no llegó el primer tratamiento químico para el cáncer, el de los farmacólogos estadounidenses Louis Goodman y Alfred Gilman: mostaza nitrogenada inyectada a la sangre para matar células cancerosas. Al año siguiente, el médico griego-estadounidense George Papanicolaou publicó los resultados de sus estudios sobre la detección del cáncer cervical. En la década de 1950, la citología vaginal era una prueba de uso común en EE UU. La batalla contra el cáncer había empezado al fin.

Comprender el cuerpo

A inicios del siglo XX se creía que los órganos se comunicaban entre sí por señales eléctricas transportadas por los nervios. En 1902, los fisiólogos británicos Ernest Starling y William Bayliss demostraron que algunas comunicaciones eran químicas, en forma de secreciones del páncreas al torrente sanguíneo. Nacía así la endocrinología, gracias a la cual se fueron identificando estas sustancias químicas, u hormonas, y las glándulas endocrinas que las producen. Se descubrió que una de ellas, la insulina, regula los niveles de glucosa en sangre, y en 1922 se usó por primera vez en un paciente con diabetes.

La causa de la deficiencia más mortal, la del escorbuto, se conocía desde hacía tiempo. En 1912, el bioquímico estadounidense de origen polaco Casimir Funk describió el papel preventivo de las vitaminas, y a finales de la década de 1940 se conocían todas las esenciales.

Nuevos instrumentos como el electrocardiógrafo y el electroencefalograma favorecieron la rapidez de los diagnósticos. En 1945, la esperanza de vida en EE UU había alcanzado los 65 años, pero la medicina se enfrentaba a nuevos retos: se había detectado la resistencia bacteriana a los antibióticos, y los cambios en el estilo de vida trajeron otros problemas, como la obesidad generalizada y nuevos tipos de cáncer. ■

RESOLVIENDO EL ROMPECABEZAS DEL CANCER

ONCOLOGÍA

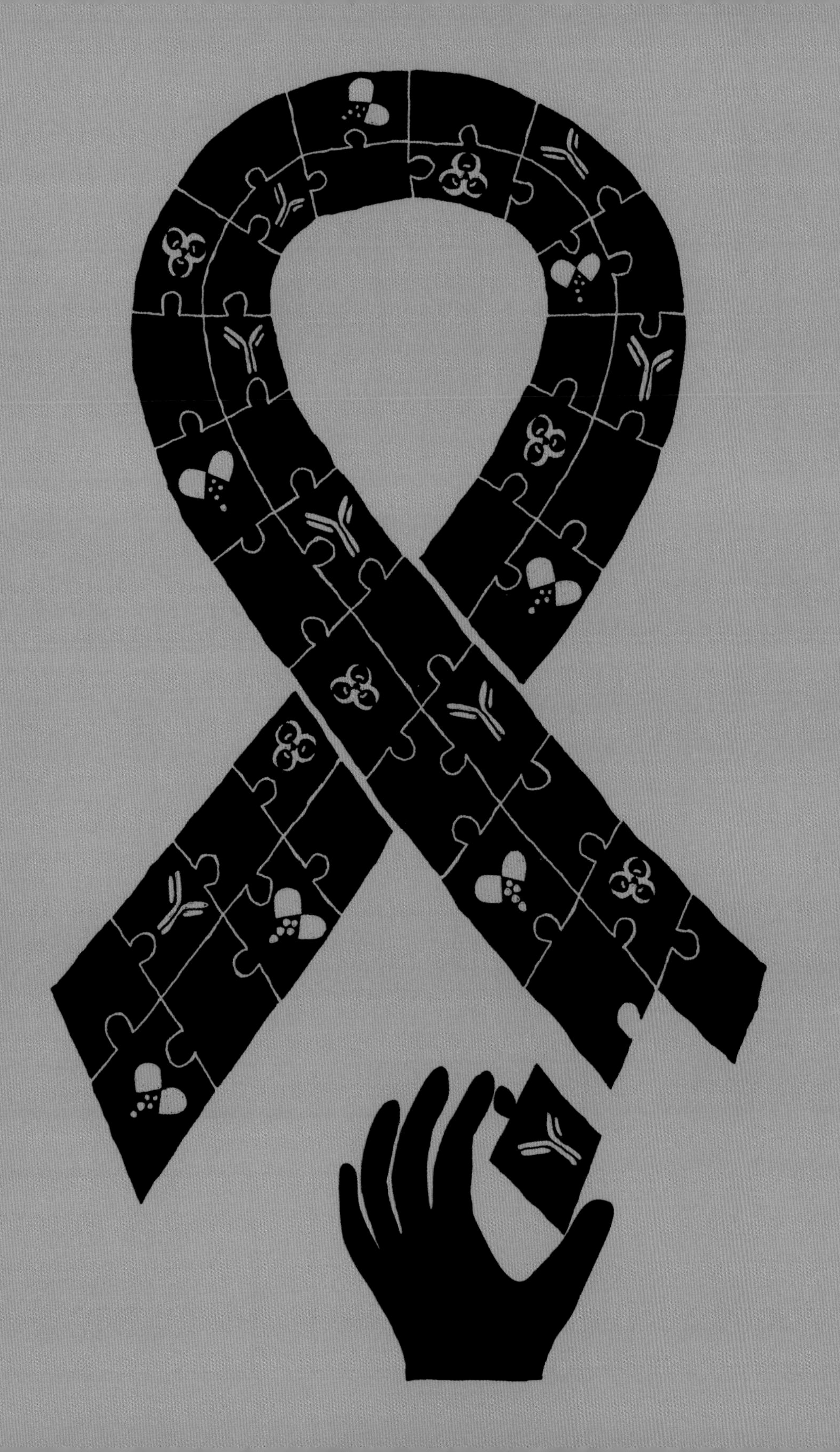

EN CONTEXTO

ANTES

***C.* siglo XVII A. C.** El papiro egipcio de Edwin Smith detalla la cauterización de tumores.

***C.* 1000 D. C.** Abulcasis extirpa con cirugía un tumor de mama.

1871 Campbell de Morgan descubre cómo se extiende el cáncer.

DESPUÉS

1932 Se descubre un modo de medir dosis precisas en la radioterapia.

1947 Sidney Farber usa aminopterina para detener el desarrollo de la leucemia.

1975 César Milstein y Georges Köhler consiguen estimular la producción de anticuerpos del sistema inmunitario.

1976 Harald zur Hausen propone que un virus causa el cáncer de útero.

2002 Se halla un modo de armar a las células T para buscar y destruir células cancerosas.

En 1890, el cirujano estadounidense William Coley quedó profundamente afectado por la experiencia de tratar a una joven con un tumor maligno en la mano. A falta de terapia eficaz, se vio obligado a amputarle el antebrazo, pero, al haberse extendido el cáncer al resto del cuerpo, murió unas semanas después.

Decidido a encontrar un tratamiento alternativo, Coley revisó registros hospitalarios y le intrigó el caso de un paciente tratado años antes por un tumor en el cuello, que había sufrido una infección cutánea postoperatoria grave que casi le costó la vida, cosa frecuente antes de la invención de los antibióticos. Localizó al paciente, averiguó que había superado el cáncer, encontró otros casos similares en los registros y dedujo (erróneamente) que las infecciones bacterianas liberan toxinas que atacan los tumores malignos.

En 1891, Coley inyectó estreptococos vivos a un paciente al que le quedaban solo semanas de vida. Se recuperó plenamente y vivió otros ocho años. Coley continuó experimentando, pero, tras la muerte de varios pacientes por infección, se vio obligado a cambiar bacterias vivas por muertas. Perseveró durante treinta años, tratando a más de un millar de personas y con una tasa elevada de remisiones. Al fin descubrió un vínculo entre administrar las llamadas «toxinas de Coley» y la reducción en el tamaño de los tumores. Sin embargo, su tratamiento no fue

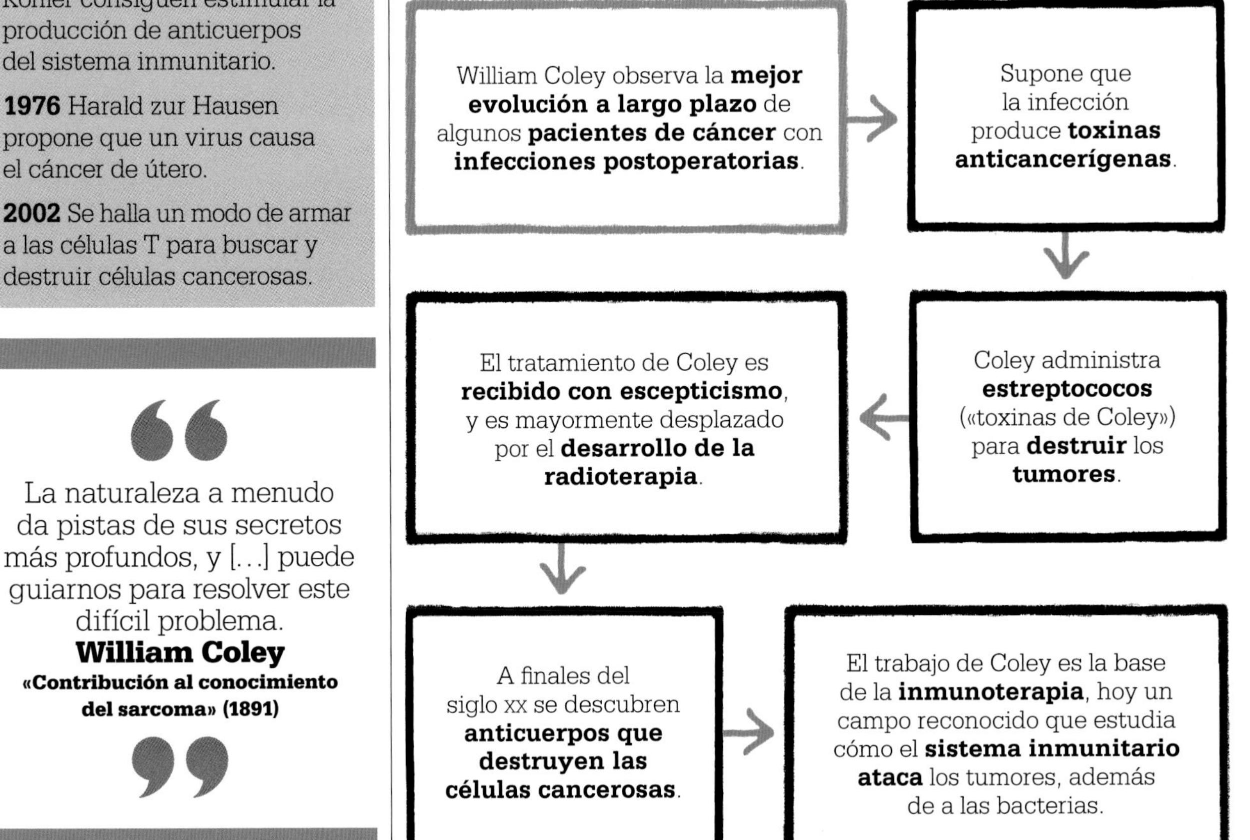

> La naturaleza a menudo da pistas de sus secretos más profundos, y [...] puede guiarnos para resolver este difícil problema.
>
> **William Coley**
> **«Contribución al conocimiento del sarcoma» (1891)**

Véase también: Patología celular 134–135 ▪ El sistema inmunitario 154–161 ▪ Detección del cáncer 226–227 ▪ Ultrasonidos 244 ▪ El interferón 254 ▪ Tabaco y cáncer de pulmón 266–267 ▪ Anticuerpos monoclonales 282–283

aceptado por la medicina establecida: sus métodos fueron cuestionados por la Sociedad Estadounidense contra el Cáncer, y en 1894 la Asociación Médica Estadounidense los llamó «presunto remedio». Al descubrirse la radioterapia, el tratamiento de Cole fue casi abandonado y no llegó a establecerse como terapia.

Sin embargo, Coley dejó un legado: investigaciones recientes indican que algunos tumores son sensibles a la inmunidad reforzada, y cuando el sistema inmunitario ataca a bacterias invasoras, puede atacar también a los tumores. El trabajo de Coley anticipó la inmunoterapia del cáncer, que comenzó a usarse a partir de 1990.

Historia del tratamiento

Los efectos catastróficos del cáncer se conocen al menos desde el antiguo Egipto. Uno de los textos médicos más antiguos, el papiro de Edwin Smith, del siglo XVII a. C., describe el cáncer de mama. Más tarde, en el siglo V a. C., el médico griego Hipócrates mencionó varios tipos de cáncer, y en el siglo I d. C. el médico romano Aulo Celso describió la escisión con cuchillo de tumores de mama. Alrededor del año 1000, el gran cirujano de la edad de oro del islam, Abulcasis (Al Zahrawi), trató la cauterización y extirpación de tumores en su enciclopedia médica *Kitab al tasrif*. La invención de un microscopio práctico en el siglo XVII permitió examinar el cuerpo humano a nivel celular. Otro avance, en 1846, fue la anestesia general, que hizo posible una cirugía mucho más radical e invasiva para buscar y extirpar tumores.

El papiro de Edwin Smith –el texto científico más antiguo conocido que propugna la observación racional de heridas y enfermedades– menciona el cáncer ya en el siglo XVII a. C.

En 1894, el cirujano estadounidense William Halsted fue el pionero de la cirugía radical, emulada por muchos otros. Sin embargo, en su empeño por eliminar todos los tumores secundarios, los cirujanos a menudo retiraban partes de órganos, músculo y hueso. Los pacientes quedaban incapacitados o desfigurados, y, en muchos casos, el cáncer no detectado se había extendido ya. Actualmente, se entiende que sobrevivir al cáncer guarda mayor relación con cuánto se haya extendido este antes de la cirugía que con la cantidad de tejido retirada durante la operación.

A finales del siglo XIX, el cirujano británico Campbell de Morgan, el primero en comprender cabalmente el cáncer, explicó el proceso de »

William Coley

William Coley, el llamado padre de la inmunología del cáncer, nació en Connecticut (EEUU) en 1862. Se licenció en la Escuela de Medicina Harvard en 1888 y trabajó como cirujano residente en el New York Hospital.

Dadas las limitaciones de la cirugía para tratar el cáncer, Coley optó por estimular el sistema inmunitario como alternativa. Las «toxinas de Coley» a base de bacterias se emplearon para tratar formas diversas de cáncer en EEUU y otros países, pero fueron muy criticadas y acabaron cayendo en desuso. Coley murió en 1936. Su aportación a la medicina clínica se conmemora con el Premio William B. Coley, concedido anualmente por el Instituto de Investigación del Cáncer de EEUU por avances en la inmunología de los tumores.

Obras principales

1891 *Contribución al conocimiento del sarcoma.*
1893 «Tratamiento de tumores malignos mediante la inoculación del virus de la erisipela».

la metástasis, la propagación de un tumor primario a través de los ganglios linfáticos hasta otras partes del cuerpo. Lo importante es que De Morgan señaló la relevancia práctica que esto tiene: cuando se descubre un cáncer, debe tratarse inmediatamente, antes de que el tumor se extienda.

Radioterapia

Los rayos X se descubrieron en 1895, y solo un año después, el cirujano estadounidense Emil Grubbe los aplicó al tratamiento de una paciente con cáncer de mama. Aunque entonces no se comprendiera, la radiación inhabilita el ADN que permite la división celular. En la primera década del siglo xx, la radioterapia se usó principalmente para tratar el cáncer de piel. En 1900, el físico sueco Thor Stenbeck usó pequeñas dosis diarias de radiación para curar un cáncer de piel, y el procedimiento fue adoptado por otros. Por desgracia, la radiación también destruye el material genético de las células sanas, un gran problema cuando no era posible aún enfocarla con precisión. También puede causar cáncer, como acabaron comprobando muchos de los primeros radiólogos en su persona, al ignorar el daño de probar la intensidad de la radiación en el brazo antes de tratar a los pacientes. En conjunto, los resultados de los primeros tratamientos radiológicos fueron insatisfactorios, y sus efectos sobre el tejido sano, a menudo resultaron peores que los beneficios.

Las técnicas de radioterapia dirigida evolucionaron a lo largo del siglo xx. Actualmente puede administrarse de forma externa o interna: la primera, con un haz dirigido hacia un tumor; la segunda, por una fuente implantada junto al tumor, o por una fuente líquida inyectada al torrente sanguíneo. Hay varios tipos de administración externa. La radioterapia conformada tridimensional (RTC-3D) emplea la tomografía computarizada (TC) o tomografía axial computarizada (TAC) para obtener un mapa preciso del tumor en 3D. Este se somete a radiación desde varios ángulos, ajustando la dirección e intensidad de los haces. La RTC-3D se desarrolló para adaptar la administración de haces de radiación individuales a la forma de cada tumor. Otra variante conformada es la terapia de protones, en la que las partículas subatómicas de carga positiva sustituyen a los rayos X, que pueden dañar tejidos sanos; los protones reducen la dosis de radiación a los tejidos que rodean el tumor sin dejar de atacarlo.

La radiación era un cuchillo invisible potente, pero, como tal, por mucha que sea la habilidad o la profundidad, en la batalla contra el cáncer, llega hasta donde llega.

Siddhartha Mukherjee
Oncólogo indio-estadounidense (n. en 1970)

Un paciente recibe radioterapia de cobalto-60 para tratar el cáncer. Desarrollada en la década de 1950, es muy utilizada para la radioterapia externa con un haz de rayos gamma.

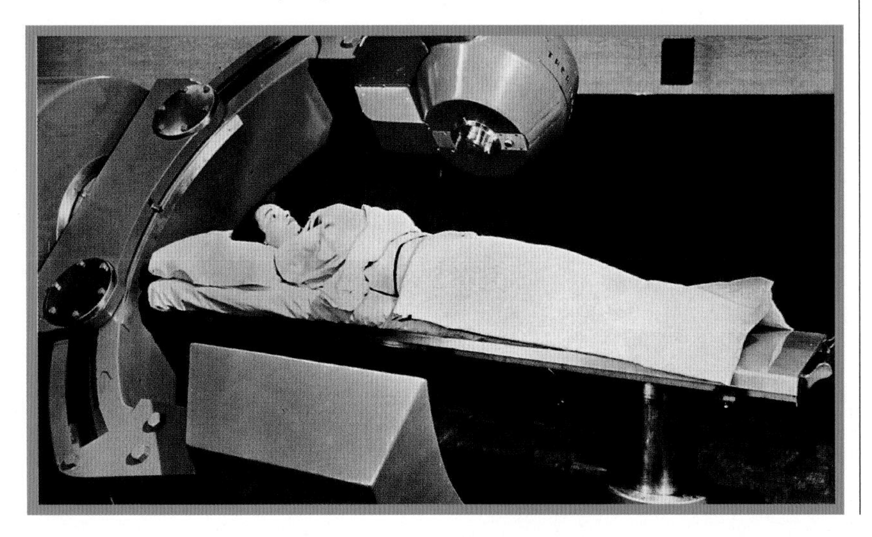

Quimioterapia

A finales de 1942, los investigadores farmacéuticos estadounidenses Louis Goodman y Alfred Gilman experimentaron con los efectos medicinales de la mostaza nitrogenada. Este agente de guerra química se había usado para fabricar gas mostaza, empleado con efectos letales en la Primera Guerra Mundial. Se trata de un compuesto citotóxico, es decir, que daña las células. Goodman y Gilman sabían que destruye los linfocitos (un tipo de glóbulos blancos), y lo administraron por vía intravenosa a pacientes terminales con cáncer de sangre (leucemia) que no habían respondido a la radioterapia. El tratamiento eliminaba temporalmente los linfocitos cancerosos, y, aunque luego regresaban, este fue un gran avance en el tratamiento del cáncer. Desarrollada por el método de prueba y error, la era de la quimioterapia comenzaba.

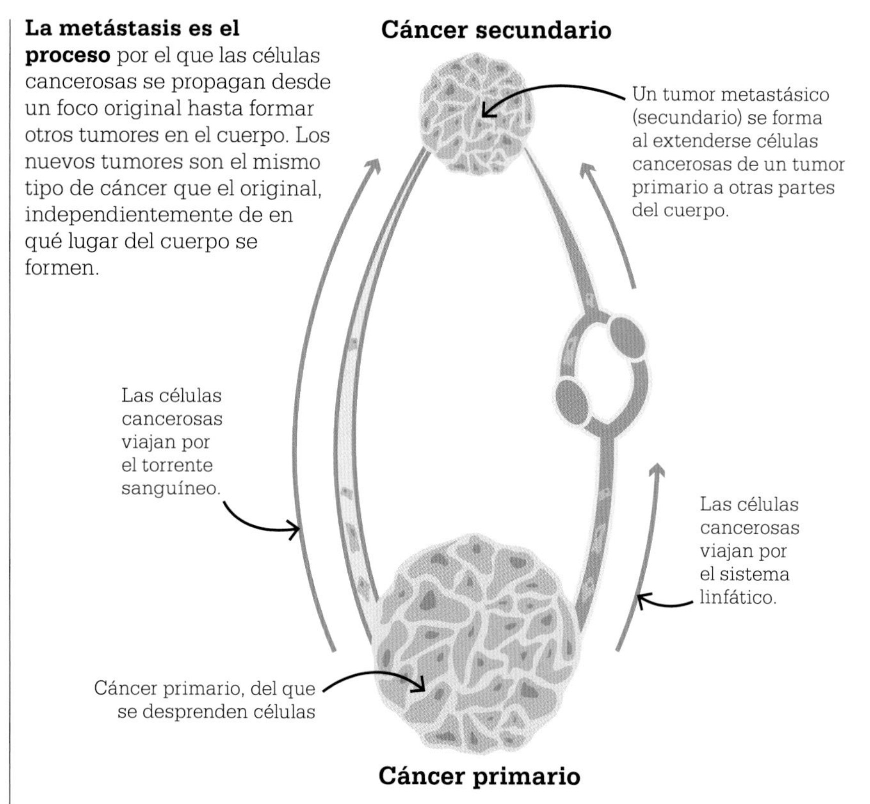

Cáncer secundario
Un tumor metastásico (secundario) se forma al extenderse células cancerosas de un tumor primario a otras partes del cuerpo.
Las células cancerosas viajan por el torrente sanguíneo.
Las células cancerosas viajan por el sistema linfático.
Cáncer primario, del que se desprenden células
Cáncer primario

La metástasis es el proceso por el que las células cancerosas se propagan desde un foco original hasta formar otros tumores en el cuerpo. Los nuevos tumores son el mismo tipo de cáncer que el original, independientemente de en qué lugar del cuerpo se formen.

En la década de 1940, consciente de que el ácido fólico podía tener efectos positivos en pacientes anémicos, el patólogo estadounidense Sidney Farber lo administró a niños con leucemia, pero empeoró su estado y tuvo que cambiar de método. Farber comprendió que, para dividirse rápidamente, las células cancerosas dependen del ácido fólico, y que privadas de este mueren. En uno de los primeros ejemplos de fármacos de diseño (no por descubrimiento accidental), creó dos compuestos sintéticos, la aminopterina y la ametopterina (luego llamada metotrexato), análogos del ácido fólico.

Un compuesto químico análogo tiene una estructura similar a la de otro, pero difiere lo suficiente para interferir en el funcionamiento celular. En 1947, Farber usó la aminopterina para detener con éxito la síntesis del ADN en las células cancerosas, necesaria para su crecimiento y proliferación. Fue el primer paso para dar con un tratamiento eficaz de la leucemia infantil. La aminopterina dejó de usarse en 1956, pero el metotrexato es de uso habitual en la quimioterapia. A principios de la década de 1950, la quimioterapia se consideraba un método experimental para tratar el cáncer; la cirugía y la radiación eran los básicos. Pero esto cambió pronto: la oncóloga afroestadounidense Jane Wright, desde la Fundación de Investigación del Cáncer del Hospital de Harlem en Nueva York, contribuyó a establecer la quimioterapia como tratamiento convencional del cáncer. En 1951, Wright dirigió investigaciones que demostraron que la quimioterapia puede destruir tumores sólidos (masas de tejido anormal). Trató con éxito el cáncer de mama con metotrexato, y experimentó con ajustes del tratamiento en función de los síntomas de cada paciente. En un avance hacia la terapia personalizada, Wright y sus colegas cultivaron tejido de tumores de los pacientes y lo trataron con diversos agentes quimioterapéuticos. El equipo evaluaba los resultados y decidía el tratamiento más eficaz para cada paciente.

Mis planes para el futuro son seguir buscando una cura del cáncer.
Jane Wright
Discurso de aceptación del Merit Award (1952)

Cáncer metastásico

Mientras que la cirugía y la radioterapia se concentran en áreas específicas del cuerpo, los agentes quimioterapéuticos se transportan a células de muchas partes del organismo. Este tipo de terapia resulta útil si el cáncer se ha extendido a partir de un tumor primario. Sin embargo, a principios de la década de 1950 no existía ningún tratamiento eficaz para el cáncer metastásico. Pese al éxito del metotrexato contra la leucemia, no constaba su eficacia frente a los tumores sólidos.

En 1956, los investigadores estadounidenses Min Li y Roy Hertz lograron avances críticos. Li mostró que el metotrexato podía destruir » melanomas (tumores cutáneos) metastásicos, y Hertz lo empleó para curar el coriocarcinoma (cáncer de placenta) metastásico. Estos descubrimientos tuvieron un efecto drástico: en 1962 tenía cura el 80 % de los casos de coriocarcinoma, casi siempre fatal hasta entonces.

El equipo estadounidense de James Holland, Emil (Tom) Frei y Emil Freireich sabía que en el tratamiento de la tuberculosis se usaban varios antibióticos juntos para reducir el riesgo de que las bacterias desarrollen resistencia. En 1965, el equipo consideró que las células cancerosas podían también mutar y volverse resistentes a un solo fármaco, pero que si se empleaba más de uno esto sería menos probable. Con un cóctel de hasta cuatro, incluido el metotrexato, trataron con éxito casos de leucemia linfática y linfoma de Hodgkin, hasta entonces considerados incurables. La técnica, luego conocida como quimioterapia combinada, es hoy la norma.

Vacunación

En 1976, el virólogo alemán Harald zur Hausen mantuvo que los virus desempeñaban un papel en el cáncer cervical o de útero, y antes de una década se había identificado como inductor del mismo al virus del papiloma humano (VPH). A finales de la década de 1980, el inmunólogo australiano Ian Frazer y el virólogo chino Jian Zhou iniciaron los estudios para encontrar una vacuna. Después de 25 años, desarrollaron la vacuna del VPH, disponible en 2006 y hoy ampliamente utilizada para proteger del cáncer cervical y de ano, así como de algunos tipos de cáncer de boca y garganta.

> Se han desarrollado terapias dirigidas que, con una intervención sutil en lugar de fuerza bruta, detienen o bloquean el crecimiento, la división y la extensión de las células cancerosas.
>
> **Nigel Hawkes**
> **Periodista británico (2015)**

A principios del siglo XXI, sobre todo en el mundo desarrollado, la combinación de radioterapia, cirugía, quimioterapia y vacunas había logrado un gran incremento de las tasas de supervivencia para muchos tipos de cáncer como los de mama, pulmón, intestino y próstata. En EE UU, la tasa de mortalidad del cáncer de mama cayó un 39 % entre 1989 y 2015, con tasas de supervivencia aproximadas a los cinco años de un 90 % en EE UU y un 85 % en Europa occidental.

Sin embargo, no todos los tipos de cáncer responden igual, y, para los de páncreas, hígado y algunos de pulmón, las tasas de supervivencia se mantuvieron muy bajas: en 2015 seguían por debajo del 15 % a los cinco años para el de páncreas. Habitualmente, el tratamiento consistía en cirugía, seguida de radioterapia diaria y quimioterapia combinada durante unos meses.

Inmunología

La inmunoterapia del cáncer (inmunooncología) guarda alguna relación con la terapia radical desarrollada por William Coley a fines del siglo XIX, en la que inyectaba bacterias a los pacientes con cáncer. La inmunotera-

Jane Wright

Nacida en 1919 en Connecticut (EE UU), de padre médico, Jane Wright se graduó en el New York Medical College en 1945 y trabajó en el Hospital de Harlem investigando la quimioterapia.

Partidaria de los ensayos clínicos sistemáticos y pionera de la quimioterapia personalizada, a los 33 años Wright dirigió la Fundación para la Investigación del Cáncer paterna en el Hospital de Harlem. Fue cofundadora de la Sociedad Estadounidense de Oncología Clínica en 1964, y miembro de una comisión del presidente Lyndon B. Johnson para asesorar sobre cáncer, enfermedades cardiacas y ataques cerebrales. Como investigadora y cirujana pionera, Wright encabezó delegaciones de oncólogos en Europa, Asia y África, y trató a pacientes en Ghana y Kenia. Murió en 2013.

Obras principales

1957 «Investigación sobre la relación entre la respuesta clínica y tisular a los agentes quimioterapéuticos en el cáncer humano».
1984 «Quimioterapia: pasado, presente y futuro».

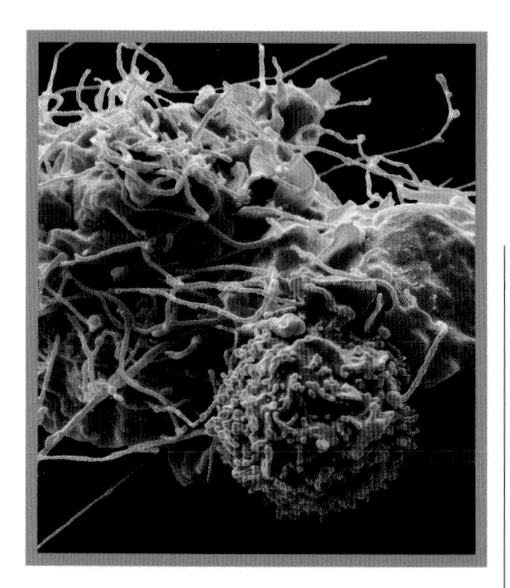

Las células NK (en la imagen, en rosa, atacando a una célula cancerosa) son linfocitos que reconocen y atacan a células infectadas, pero no tienen inmunidad específica.

pia moderna se centra en «educar» y reforzar el sistema inmunitario para que las células NK (un tipo de leucocito) puedan reconocer y atacar a las células cancerosas.

En 1975, dos bioquímicos –el argentino César Milstein y el alemán Georges Köhler– pusieron los cimientos para destruir células cancerosas mediante anticuerpos. Estas moléculas proteicas que fabrican los linfocitos B se unen a moléculas (antígenos) de la superficie de las células objetivo, tales como bacterias, marcándolas para su destrucción por el sistema inmunitario. Milstein y Köhler hallaron un modo de estimular a los linfocitos B para producir un número ilimitado de anticuerpos específicos (monoclonales). El paso siguiente era desarrollarlos para atacar a las células cancerosas, técnica empleada hoy en el diagnóstico y tratamiento de algunos tipos de cáncer.

La búsqueda de una inmunoterapia de mayor alcance ha continuado en el siglo XXI, y gran parte de la investigación actual se centra en los linfocitos T, cuyo papel consiste en viajar por el organismo en busca de células defectuosas a las que destruir. Al entrar en contacto con una infección, el cuerpo fabrica linfocitos T para combatir esa enfermedad específica. Una vez han completado su misión de localizar y destruir, el organismo mantiene algunos en la reserva, por si se repitiera la misma infección. Los linfocitos T son eficaces en la lucha contra las infecciones, pero la dificultad reside en que identifiquen a las células cancerosas como enemigas.

En la década de 1980, el inmunólogo estadounidense James P. Allison y su colega japonés Tasuku Honjo descubrieron el mecanismo que emplean los linfocitos T para reconocer a las células infecciosas, y comprendieron su potencial para reconocer a las células cancerosas. Más adelante, Allison buscó maneras de rearmar a los linfocitos T para destruirlas. En 2002, los investigadores usaron células CAR-T (receptor de antígeno quimérico) para destruir células de cáncer de próstata en un experimento de laboratorio. Tras el éxito de los ensayos clínicos, las células CAR-T se usan hoy para combatir ciertos tipos de leucemia y linfoma. En este tipo de terapia, se toman linfocitos T de la sangre del paciente, se modifican sus receptores para que reconozcan una proteína específica de las células cancerosas y, luego, se devuelven al torrente sanguíneo como células CAR-T. Se están investigando también procedimientos semejantes para tratar los tumores sólidos, aún en una fase relativamente inicial de desarrollo, que suponen una gran innovación en las terapias contra el cáncer. ■

La terapia de células CAR-T es un tratamiento complejo y especializado en el que se extraen y alteran genéticamente linfocitos T del paciente. Una vez modificadas como células CAR-T, son capaces de reconocer y combatir las células cancerosas del organismo.

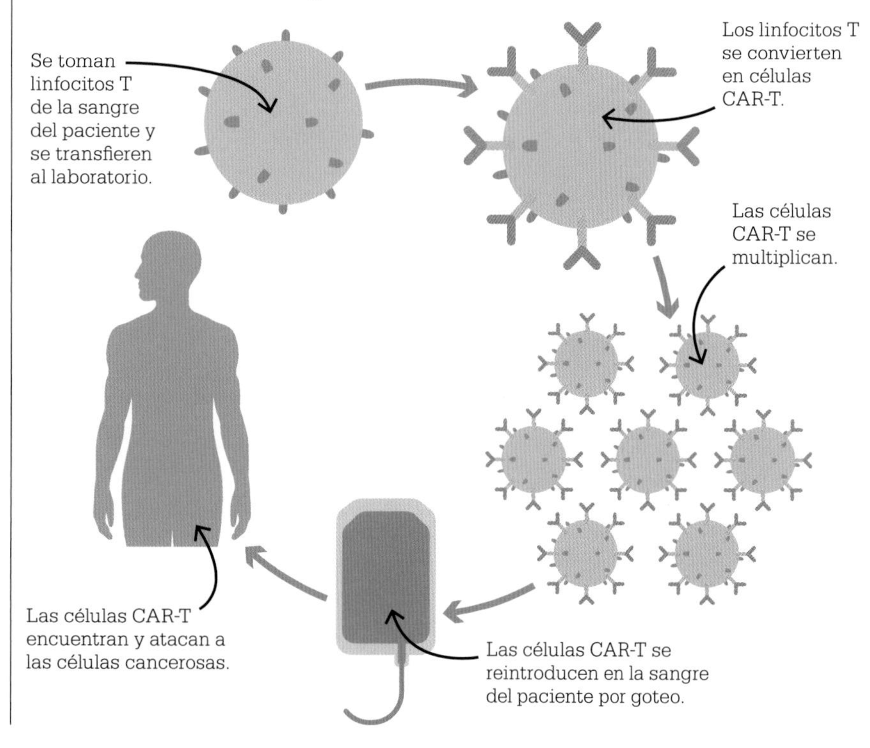
Se toman linfocitos T de la sangre del paciente y se transfieren al laboratorio.
Los linfocitos T se convierten en células CAR-T.
Las células CAR-T se multiplican.
Las células CAR-T se reintroducen en la sangre del paciente por goteo.
Las células CAR-T encuentran y atacan a las células cancerosas.

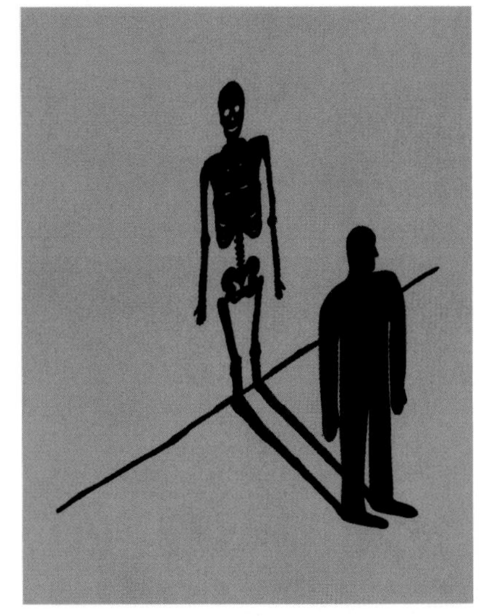

LA SOMBRA OSCURA DE LOS HUESOS

RAYOS X

EN CONTEXTO

ANTES

1800 El astrónomo británico de origen alemán William Herschel descubre la luz infrarroja por su energía calorífica.

1801 El físico alemán Johann Wilhelm Ritter detecta la luz ultravioleta.

DESPUÉS

1905 Elizabeth Fleischman, pionera estadounidense de los rayos X, muere de cáncer por exposición a la radiación.

1971 Radiógrafos en un hospital londinense realizan la primera tomografía computarizada (TC) o tomografía axial computarizada (TAC).

1984 La Food and Drug Administration de EEUU (FDA) aprueba las imágenes por resonancia magnética del cuerpo entero.

2018 Científicos de Nueva Zelanda obtienen la primera radiografía en color en 3D de un humano.

En diciembre de 1895, el físico alemán Wilhelm Röntgen escribió sobre «un nuevo tipo de rayos». Había obtenido las primeras radiografías, entre ellas, una de la mano de su esposa. En todo el mundo se comprendió pronto su potencial para el diagnóstico, y en 1901 Röntgen fue galardonado con el premio Nobel de física.

Los rayos X son un tipo de radiación electromagnética invisible. Cuando atraviesan el cuerpo, los tejidos absorben su energía en distintos grados. Un dispositivo en el lado opuesto del cuerpo detecta las diferencias y obtiene una imagen fotográfica. Los rayos X se usan para diagnosticar fracturas óseas, problemas dentales, escoliosis (curvatura de la columna) y tumores óseos.

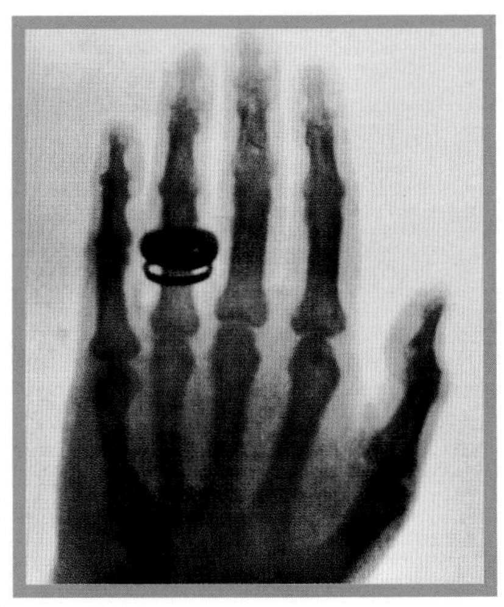

Radiografía de la mano (y el anillo) de la esposa de Röngten, quien, al verla, dijo que había visto su muerte. Hoy se realizan unos 3600 millones de radiografías al año.

Riesgos iniciales

Los peligros de la radiación no se conocían al principio, por lo que varios investigadores y médicos sufrieron quemaduras y pérdida de cabello, y al menos uno murió. En la actualidad, los pacientes se exponen mínimamente a niveles bajos de radiación, y el procedimiento es seguro para la mayoría. A mediados de la década de 1970, los hospitales empezaron a introducir la tomografía computarizada (TC), que obtiene imágenes en 3D con una fuente rotatoria de rayos X y un detector en forma de tubo que rodea el cuerpo. ■

Véase también: El estetoscopio 103 ▪ Histología 122–123 ▪ Ultrasonidos 244 ▪ Cirugía ortopédica 260–265 ▪ IRM e imagen médica 278–281

LOS VIRUS SON SUPERDEPREDADORES

VIROLOGÍA

EN CONTEXTO

ANTES

1880–1885 Robert Koch plantea cuatro postulados para establecer el vínculo entre patógeno y enfermedad.

DESPUÉS

1901 El médico militar estadounidense Walter Reed descubre el virus de la fiebre amarilla en la sangre de un colega. Se aísla por primera vez en 1927.

1980 La OMS declara erradicada la viruela, producida por el *Variola virus*.

2019 Surge en Wuhan (China) el coronavirus SARS-CoV-2 causante de la pandemia mundial de la COVID-19.

2020 Premio Nobel de fisiología o medicina para el científico británico Michael Houghton y los investigadores estadounidenses Harvey Alter y Charles Rice, por el descubrimiento del virus de la hepatitis C.

De los billones de virus que hay en el mundo, unos 220 causan enfermedad en humanos. Hasta mil veces más pequeños que las bacterias, consisten en ADN o ARN en una envoltura de proteína. Son inertes hasta que infectan a otros organismos, y solo pueden replicarse si se adueñan de las células del huésped.

Aislados de la savia del tabaco

El microbiólogo neerlandés Martinus Beijerinck fue el primero en usar el término «virus» en su estudio de 1898 sobre la infección del mosaico del tabaco. Seis años antes, el botánico ruso Dmitri Ivanovski había filtrado a través de porcelana la savia de hojas infectadas para aislar el parásito, pero seguía siendo infecciosa. Concluyó que contenía bacterias menores que cualquier otra conocida, o una toxina bacteriana soluble.

En 1897, Beijerinck realizó experimentos similares, añadiendo un segundo filtro de gelatina. La savia filtrada seguía infectada, pero no pudo cultivarla, y solo se propagaba al inyectarla en las hojas. Concluyó que no era un microbio, sino un nuevo patógeno líquido, al que llamó virus («veneno» en latín).

No tardó en relacionarse a los virus con enfermedades humanas, empezando por el de la fiebre amarilla, descubierto en 1901. En EE UU, en 1929, el científico Francis Holmes mostró que los virus eran partículas discretas, no fluidos, y, en 1935, el virólogo Wendell M. Stanley cristalizó el virus del mosaico del tabaco a partir de hojas infectadas. ■

La verdadera naturaleza de los virus era un completo misterio.

Wendell Meredith Stanley

Discurso del Nobel (1946)

Véase también: La vacunación 94–101 ▪ La teoría microbiana 138–145 ▪ VIH y enfermedades autoinmunes 294–297 ▪ Pandemias 306–313

LOS SUEÑOS SON EL CAMINO REAL AL INCONSCIENTE

EL PSICOANÁLISIS

EN CONTEXTO

ANTES

C. 1012 El médico persa Avicena menciona el inconsciente en *El canon de medicina*, y reconoce que los sentimientos pueden tener efectos físicos.

1758 El médico británico William Battie publica *Tratado sobre la locura* en defensa de un trato sensible a quienes sufren enfermedades mentales.

1817 En *Enciclopedia de las ciencias filosóficas*, el filósofo alemán Georg Wilhelm Friedrich Hegel describe el inconsciente como un «abismo nocturno».

DESPUÉS

1939 El psicoanalista austriaco Heinz Hartmann, analizado por Freud, publica *La psicología del yo y el problema de la adaptación*. Sus ideas se difunden en EE UU, donde dominarán el psicoanálisis durante tres décadas.

1942–1944 Las psicoanalistas Melanie Klein y Anna Freud chocan acerca del desarrollo infantil en varios encuentros de la British Psychoanalytical Society en Londres.

1971 En *Análisis del self*, el psicoanalista austriaco-estadounidense Heinz Kohut rechaza las ideas freudianas sobre el papel del impulso sexual y reconoce la empatía como factor clave en el desarrollo humano, idea adoptada por el psicoanálisis moderno.

La psicología –término derivado del griego antiguo *psykhé* («alma») y *logía* («estudio»)– estaba en su infancia en la década de 1870, cuando el neurólogo austriaco Sigmund Freud estudiaba medicina en Viena. Algunos médicos europeos notables, como Wilhelm Wundt en Alemania, habían comenzado a trabajar en el nuevo campo de la psicología experimental, y estudiaban los sentidos y los nervios para descubrir cómo procesa el cerebro la información. A Freud, en cambio, le interesó más explorar las raíces no físicas de los trastornos mentales, campo al que llamaría más tarde psicoanálisis.

El neurólogo francés Jean-Martin Charcot, que usaba la hipnosis para tratar el trastorno entonces conocido como histeria, fue una influencia temprana clave. En 1885, Freud pasó 19 semanas en París trabajando con Charcot, quien le familiarizó con la idea de que la fuente de los trastornos mentales reside en la mente –el ámbito del pensamiento y la conciencia–, en lugar de en el cerebro físico.

El caso de Anna O

Al volver a Viena, Freud empezó a colaborar con el médico austriaco Josef Breuer, quien se convirtió en su mentor. Se sintió particularmente fascinado por el caso de Anna O, seudónimo de Bertha Pappenheim. Padecía histeria, y entre sus síntomas eran aparentes la parálisis, convulsiones y alucinaciones, que habían desconcertado a otros médicos. Tras una serie de sesiones con Breuer en las que expresó libremente todo pensamiento que le viniera a la mente, había empezado a mejorar. Breuer llamó a esto «cura por la palabra».

Resultó que los síntomas de Anna O habían comenzado durante la larga enfermedad terminal de su padre. La ansiedad que esto le provocó había dado lugar, entre otros síntomas, a una aversión a los líquidos, al parecer resultado del recuerdo reprimido de infancia de un perro bebiendo de su vaso. Era evidente que hablar con Breuer había revelado emociones antes ocultas y recuerdos dolorosos, y que al verbalizarlos se había curado.

Freud escribió sobre Anna O en *Estudios sobre la histeria* (1895), donde proponía que los conflictos reprimidos tienen manifestaciones físicas. Esto le llevó a proponer que había tres niveles de la mente huma-

Conferencia de Jean-Martin Charcot sobre hipnosis en el Hospital de la Salpêtrière (París), con un asistente sujetando a una paciente histérica (copia de un cuadro, de 1887, de André Brouillet).

Véase también: Medicina islámica 44–49 ▪ Salud mental humanitaria 92–93 ▪ El sistema nervioso 190–195 ▪ El litio y el trastorno bipolar 240 ▪ Clorpromazina y antipsicóticos 241 ▪ Terapias cognitivo-conductuales 242–243

La pesadilla (*c.* 1790), del pintor suizo Henry Fuseli, retrata la ansiedad sofocante de un sueño terrorífico. Se cuenta que Freud tenía un grabado de la obra en su sala de espera en Viena.

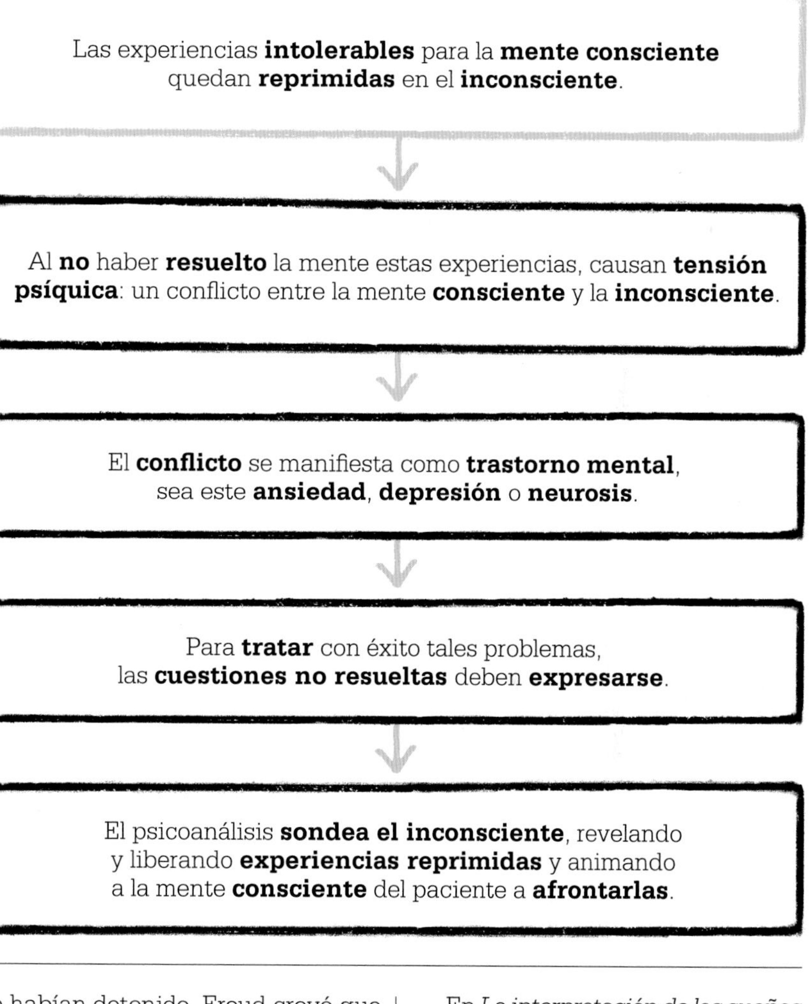

Las experiencias intolerables para la mente consciente quedan reprimidas en el inconsciente.
Al no haber resuelto la mente estas experiencias, causan tensión psíquica: un conflicto entre la mente consciente y la inconsciente.
El conflicto se manifiesta como trastorno mental, sea este ansiedad, depresión o neurosis.
Para tratar con éxito tales problemas, las cuestiones no resueltas deben expresarse.
El psicoanálisis sondea el inconsciente, revelando y liberando experiencias reprimidas y animando a la mente consciente del paciente a afrontarlas.

na: consciente, preconsciente e inconsciente. Para describirlos se suele usar la analogía del iceberg. La punta representa la mente consciente, los pensamientos y sentimientos que conoce y comprende el paciente. Justo debajo está la mente preconsciente, que contiene recuerdos e información a los que es fácil acceder. El nivel más profundo y mayor es el de la mente inconsciente, que Freud concebía como una cámara sellada de emociones reprimidas, deseos primitivos, impulsos violentos y temores.

Profundizar en los sueños

En 1896, tras la muerte de su padre, Freud tuvo varios sueños perturbadores, que escribió y estudió al comenzar su autoanálisis. En uno de ellos, recibía una cuenta de hospital por alguien que había estado cuarenta años antes en el hogar familiar, antes de que Freud naciera. En el sueño, el fantasma de su padre reconocía que se había emborrachado y lo habían detenido. Freud creyó que el sueño indicaba que había algo que su mente inconsciente no le permitía ver en el pasado de su padre, como un abuso sexual u otros vicios ocultos. La relación con su padre había sido difícil. Freud le dijo a su amigo el médico alemán Wilhelm Fliess que su autoanálisis y sus sueños habían revelado los celos hacia su padre y el amor por su madre, lo que más tarde llamaría el complejo de Edipo, por el mito griego en el que Edipo, rey de Tebas, mata a su padre y, sin saberlo, se casa con su madre.

En *La interpretación de los sueños* (1899), Freud planteó la teoría de que las emociones o impulsos reprimidos (a menudo de naturaleza sexual) se expresan o representan en sueños y pesadillas como realización de los deseos. Los sueños, consideró, eran la vía de escape para emociones demasiado poderosas y dolorosas para que la mente consciente las tolere. Se convenció cada vez más de que los acontecimientos traumáticos de la infancia desembocaban en trastornos mentales en la edad adulta, pues tales recuerdos eran reprimidos. »

La concepción de Freud de la mente humana: el iceberg de la mente

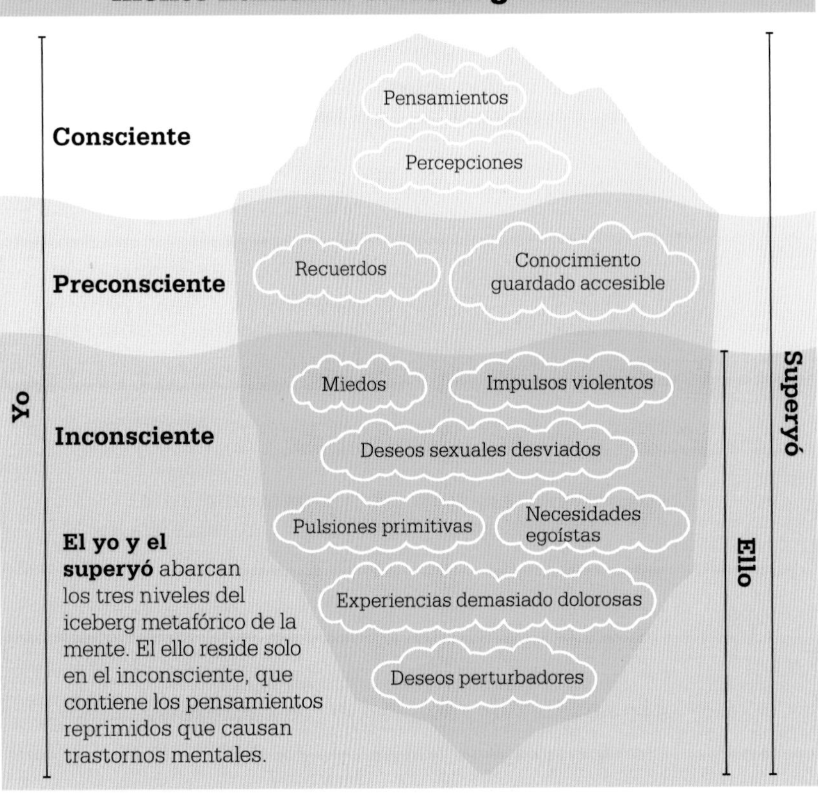

El yo y el superyó abarcan los tres niveles del iceberg metafórico de la mente. El ello reside solo en el inconsciente, que contiene los pensamientos reprimidos que causan trastornos mentales.

Como los pacientes no podían explicar o comprender sentimientos o comportamientos debidos a factores más allá del ámbito consciente, el único camino a la curación residía en sondear el inconsciente, al que los sueños tenían el poder de acceder.

Ello, yo y superyó

En la década de 1920, Freud había ampliado el modelo de la mente inconsciente, consciente y preconsciente para dar cabida a los que consideraba los componentes fundamentales de la personalidad humana –el ello, el yo y el superyó–, desarrollados en distintos momentos de la infancia. En la analogía del iceberg, el ello –el componente más primitivo e instintivo– se encuentra sumergido en el inconsciente, y consiste en rasgos heredados, temores profundos e impulsos agresivos y sexuales. Del ello procede gran parte de lo que ocurre en la mente, sin que lo conozca la mente consciente, aunque ciertas palabras o comportamientos involuntarios –hoy llamados actos fallidos, o deslices freudianos– pueden revelar sus pulsiones ocultas.

El yo, según Freud, es el estrato en el que uno se discierne a sí mismo, y que percibe el mundo exterior e interactúa con él, además de mediar en los conflictos con el mundo interior de la mente. Se desarrolla durante la infancia, y abarca lo consciente, lo preconsciente y lo inconsciente. En la primera infancia, a medida que se desarrolla el yo, se va manifestando el superyó, que abarca también los tres niveles, y controla las pulsiones e impone criterios morales.

Freud proponía que un componente está siempre enfrentado a los otros dos, causando conflictos internos. Habitualmente, cuando entran en conflicto los fines del ello y el superyó, interviene para mediar el yo. Cuando esto ocurre, el yo emplea mecanismos de defensa como la negación y la represión.

El ello es totalmente amoral, el yo se esfuerza por ser moral, y el superyó puede ser hipermoral y [...] volverse cruel.
Sigmund Freud
***El yo y el ello* (1923)**

Instintos y fijaciones

Freud agrupó todos los instintos humanos en dos grupos opuestos: eros, la pulsión de vida hacia la supervivencia personal y de la especie, y tánatos, la pulsión de muerte. Los instintos del eros incluyen el sexo, la sed y el hambre, mientras que el tánatos es destructivo. El instinto del eros, dirigido a la supervivencia, frustra el impulso autodestructivo del tánatos, y este, como resultado, se expresa a menudo en forma de agresión o crueldad hacia otros.

El tánatos está también en conflicto con la libido, la energía psicosexual que alimenta el eros. Según Freud, los impulsos sexuales son un factor clave en el desarrollo infantil, e identificó cinco fases del desarrollo

Lo que el psicoanálisis nos enseña sobre el niño y el adulto es que todos los sufrimientos de la vida posterior suelen ser repeticiones de sufrimientos anteriores.

Melanie Klein

***Amor, culpa y reparación* (1921–1945)**

de la sexualidad durante la infancia –oral, anal, fálica, de latencia y genital–, correspondientes a la fijación con una parte del cuerpo de la madre, y, luego, con partes del propio cuerpo. Freud creía que quienes no logran completar con éxito alguna de estas fases, permanecen fijados en ella en la edad adulta, lo cual da pie a una serie de comportamientos destructivos.

Para sondear en busca del problema del paciente, Freud empleó herramientas como las pruebas de Rorschach (con las que analizaba la percepción de manchas de tinta por el paciente) y la asociación libre verbal, además del análisis de los sueños. Los pacientes se tendían en un diván, mientras Freud, sentado detrás, tomaba notas.

Modificado pero aún influyente

Freud fue una figura dominante en el campo de la psiquiatría mientras vivió, y es justamente celebrado como padre del psicoanálisis. Pero no le faltaron detractores, y muchas de sus teorías se consideran hoy superadas. Las críticas han consistido en negar que sus ideas tuvieran una base científica, en que el psicoanálisis es demasiado largo y caro, y en que el carácter de las sesiones puede dar lugar a un desequilibrio de poder poco saludable entre terapeuta y paciente. El propio Freud se ocupó de problemas en dicha relación, por proyectar el paciente sobre el terapeuta sentimientos hacia los padres, fenómeno que se llamaría transferencia.

Con el tiempo, las teorías de Freud se fueron modificando y hoy existen más de veinte escuelas psicoanalíticas, que suelen ofrecer formación en instituciones separadas de las de otras disciplinas médicas. Este es otro aspecto criticado por sus detractores, críticos con el psicoanálisis por basar sus teorías en la experiencia clínica, en lugar de en ensayos científicos reproducibles. El nuevo campo del neuropsicoanálisis trata de salvar esta brecha recurriendo a la imagen médica del cerebro, pero algunos psiquiatras mantienen sus reservas.

Pese al declive de su práctica, el psicoanálisis sigue atrayendo a un gran número de psicólogos clínicos, y la psiquiatría reconoce el legado de la idea central de Freud, acerca de la importancia del relato vital de los pacientes y el valor de escuchar lo que tienen que contar. ■

El Museo Freud en Hampstead (Londres), en la última residencia de Freud, contiene su diván para el psicoanálisis, conservado en el estudio donde trataba a sus pacientes.

Sigmund Freud

Sigismund (luego Sigmund) Freud nació en 1856 en una familia judía en Freiberg, Moravia (actual Příbor, en la República Checa), y fue criado en Leipzig y Viena. Tras estudiar medicina en la Universidad de Viena, Freud pasó un periodo formativo en París. A su regreso trabajó con Josef Breuer en el tratamiento de la histeria y abrió una consulta privada para pacientes con trastornos nerviosos. En 1886 se casó con Martha Bernays, con la que tuvo seis hijos.

En 1897, Freud inició un intenso autoanálisis, la base de su libro sobre los sueños. Fue nombrado profesor de neuropatología de la Universidad de Viena en 1902, y en 1910 fundó la Asociación Psicoanalítica Internacional. En 1938 huyó de Austria, recién anexionada por la Alemania nazi, y se estableció en Londres. Murió de cáncer en 1939.

Obras principales

1899–1900 *La interpretación de los sueños.*
1904 *Psicopatología de la vida cotidiana.*
1923 *El yo y el ello.*

DEBE DE SER UN REFLEJO QUIMICO

HORMONAS Y ENDOCRINOLOGÍA

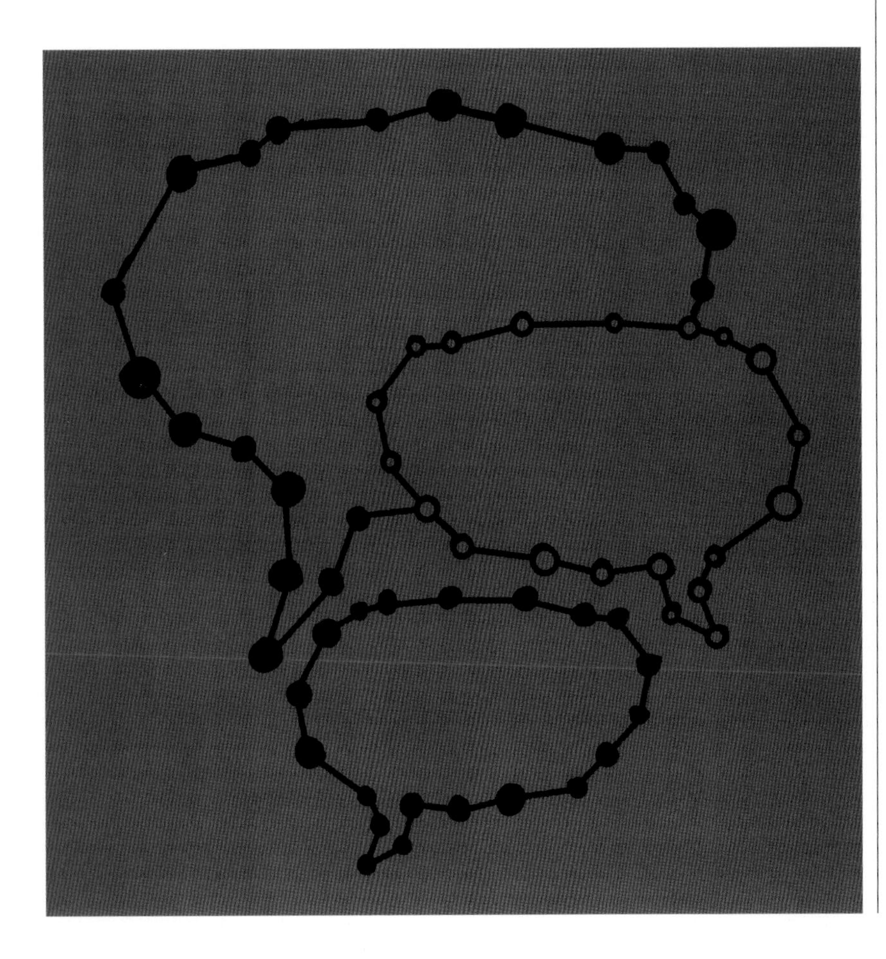

EN CONTEXTO

ANTES

1865 Claude Bernard prueba que el cuerpo crea y descompone sustancias químicas complejas.

1894 El fisiólogo británico Edward Sharpey-Schafer demuestra la existencia de la adrenalina y acuña el término «endocrino».

DESPUÉS

1920 Los científicos estadounidenses Herbert McLean Evans y Joseph Long identifican la hormona humana del crecimiento.

1923 Premio Nobel de fisiología o medicina para Frederick Banting y John Macleod por descubrir la insulina.

La endocrinología se ocupa de los mensajeros químicos del organismo, las hormonas. Fabricadas por células especializadas, la mayoría están localizadas en las glándulas endocrinas: el hipotálamo, los testículos, los ovarios y las glándulas tiroides, paratiroides, pituitaria, suprarrenal y pineal. Al recorrer el organismo principalmente por el torrente sanguíneo, las hormonas de una glándula endocrina estimulan otras para ajustar el nivel de hormonas que producen o llevar instrucciones a los órganos y tejidos. Así, regulan casi todos los órganos, procesos y funciones del cuerpo, incluido el crecimiento de músculos y huesos, la fecundidad, el apetito, el metabolismo y el ritmo cardiaco.

Hasta 1902 se creía que los órganos solo se comunicaban entre sí por medio de señales eléctricas transmitidas por los nervios. Ese año, el fisiólogo británico Ernest Starling y su

Véase también: El sistema nervioso 190–195 ▪ La diabetes y su tratamiento 210–213 ▪ Esteroides y cortisona 236–239 ▪ Anticoncepción hormonal 258

cuñado William Bayliss realizaron un experimento en el University College de Londres (UCL) que demostró más allá de toda duda que los órganos se comunican por medio de mensajeros químicos, además de por el sistema nervioso. Su hallazgo puso en marcha el campo de la endocrinología.

Las **glándulas** del **sistema endocrino segregan hormonas** que regulan varias funciones del organismo.
La **secreción** de hormonas la **desencadenan** factores como la **concentración** de **sustancias químicas** en la sangre, respuestas a **otras hormonas** y señales del **sistema nervioso**.
Las hormonas generalmente **viajan por el torrente sanguíneo** hacia sus **células objetivo**, activándolas para que **respondan del modo deseado**.
Bucles de realimentación **controlan el nivel de hormonas** en la sangre, **aumentando o reduciendo** su **secreción**.

Primeros indicios

Experimentos pioneros en el siglo XIX apuntaron a la existencia de las hormonas y dieron pistas sobre sus funciones. Los estudios de Claude Bernard sobre el funcionamiento del hígado en 1848 establecieron por primera vez el concepto de secreción interna, la capacidad de un órgano para fabricar una sustancia y liberarla directamente al torrente sanguíneo. En 1849, intrigado por los cambios físicos y de comportamiento producto de la castración, el fisiólogo alemán Arnold Berthold retiró los testículos a cuatro pollitos y observó que no desarrollaban características masculinas tales como crestas, lóbulos o interés por las gallinas. Luego trasplantó los testículos de un gallo al abdomen de dos aves castradas, y halló que estas sí desarrollaban dichas características masculinas.

La teoría imperante era que el desarrollo sexual era controlado por el sistema nervioso, pero al diseccionar los pollos, Berthold comprobó que los testículos trasplantados se habían conectado por nuevos vasos sanguíneos, sin conexión nerviosa alguna. Fuese cual fuese el »

Ernest Starling

Nacido en 1866 en Londres, Starling estudió medicina en la Escuela de Medicina del Guy's Hospital, y empezó a trabajar como profesor asistente de fisiología en 1887. En 1890, el visionario e impaciente Starling inició una asociación fructífera para toda la vida con el cauto y metódico fisiólogo William Bayliss en el University College de Londres. Bayliss se casó con la hermana de Starling, Gertrude, en 1893. Además de su trabajo con Bayliss sobre el sistema endocrino, Starling hizo aportaciones relevantes a la comprensión del mecanismo regulador del funcionamiento cardiaco.

Miembro de la Royal Society desde 1899, y comprometido con la mejora de la educación médica, Starling participó en la Comisión Real de formación universitaria de 1910. Murió en 1927 durante un crucero por el Caribe y fue enterrado en Kingston (Jamaica).

Obras principales

1902 «El mecanismo de la secreción pancreática».
1905 «Sobre la correlación química de las funciones corporales».

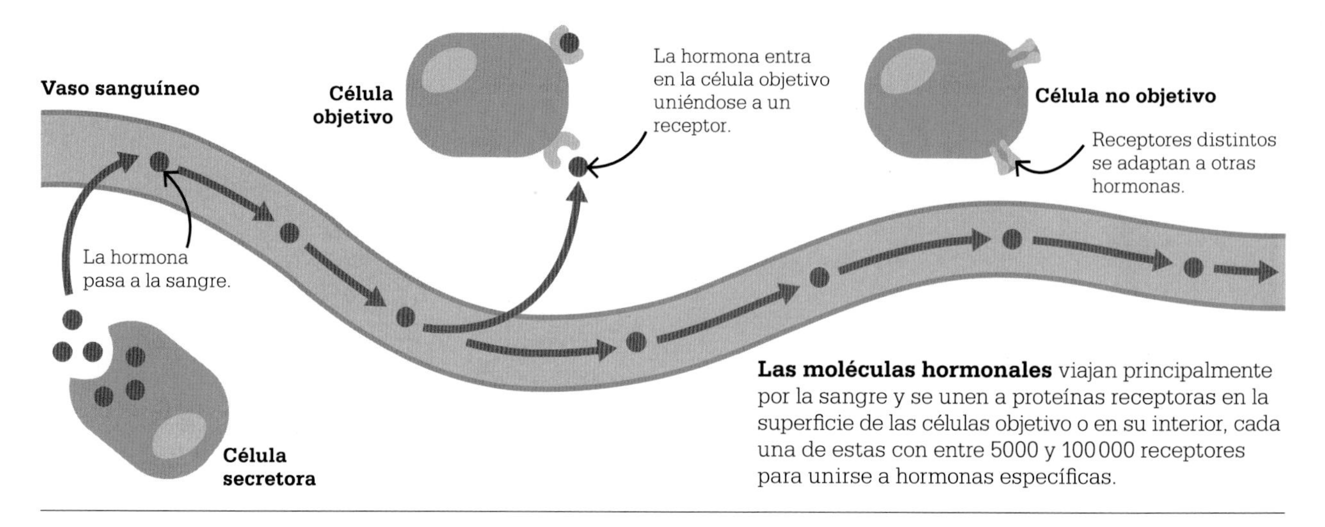

Vaso sanguíneo
Célula objetivo
La hormona entra en la célula objetivo uniéndose a un receptor.
Célula no objetivo
Receptores distintos se adaptan a otras hormonas.
La hormona pasa a la sangre.
Célula secretora

Las moléculas hormonales viajan principalmente por la sangre y se unen a proteínas receptoras en la superficie de las células objetivo o en su interior, cada una de estas con entre 5000 y 100 000 receptores para unirse a hormonas específicas.

desencadenante del desarrollo sexual, viajaba por el torrente sanguíneo. Pese a los estudios de Berthold, la creencia en los nervios como única vía de los mensajes en el organismo persistió.

En 1889, el neurólogo francés de 72 años Charles-Édouard Brown-Séquard informó a la Academia de Ciencias de Francia de que se había inyectado un preparado de venas, semen y otros fluidos de los testículos de perros y cobayas, y había observado una clara mejoría en su fuerza, resistencia y capacidad de concentración. Atribuyó esto a un efecto sobre el sistema nervioso, y sugirió que podrían usarse extractos similares para rejuvenecer a los hombres.

Al año siguiente, Brown-Séquard informó de que Augusta Brown, médica norteamericana que trabajaba en París, había inyectado a varias mujeres jugo filtrado de ovarios de cobaya, con aparentes efectos beneficiosos para la histeria, los trastornos uterinos y el envejecimiento. Esta información no se pudo validar, pero despertó el interés en la idea de que las secreciones internas de los órganos pudieran tener funciones importantes y aplicaciones terapéuticas.

El descubrimiento de la naturaleza de estas sustancias [químicas] nos permitirá [...] lograr el control absoluto de las funciones del cuerpo humano.

Ernest Starling
Conferencia crooniana (1905)

Señales químicas

En el UCL, a fines de la década de 1890, Starling y Bayliss estaban estudiando la fisiología del intestino delgado. Tras haber sido los primeros en describir la peristalsis (las contracciones musculares que impulsan el alimento digerido por el intestino), empezaron a analizar la influencia del sistema nervioso en la digestión.

Sabían que el páncreas segrega fluidos digestivos cuando los alimentos ya se hallan en el intestino. En 1888, el fisiólogo ruso Iván Pávlov había afirmado que estas secreciones pancreáticas eran controladas por señales nerviosas que viajaban desde el intestino delgado al cerebro y, luego, al páncreas. En 1902, con el fin de poner esto a prueba, Starling y Bayliss retiraron minuciosamente todos los nervios conectados al páncreas de un perro anestesiado. Al introducir ácido en el intestino delgado, el páncreas seguía segregando fluidos digestivos, lo que implicaba que las secreciones no eran controladas por señales nerviosas.

Para demostrar su hipótesis de que algún factor liberado por el intestino al torrente sanguíneo activaba las secreciones del páncreas, Starling y Bayliss inyectaron una solución de material intestinal y ácido en una vena. Tardaron pocos segundos en detectar secreciones del páncreas, lo cual demostraba que el vínculo desencadenante entre el intestino delgado y el páncreas era un mensajero químico, y no algo transmitido por el sistema nervioso.

La primera hormona

En una conferencia en el Real Colegio de Médicos en 1905, Starling usó el nuevo término *hormone*, del verbo griego *ormao* («incitar» o «estimular»), para este tipo de sustancia, y llamó secretina a la que había hallado. El experimento de 1902 probaba que, al recibir jugos gástricos procedentes del estómago, el intestino delgado libera secretina al torrente sanguíneo, y esta luego estimula el páncreas para que secrete bicarbonato, que neutraliza el fluido ácido del intestino.

El descubrimiento de la secretina dio pie a la identificación de nuevas hormonas: la insulina, segregada por el páncreas para regular el nivel de glucosa en la sangre, fue aislada por el científico canadiense Frederick Banting y el fisiólogo escocés John Macleod en 1921; el estrógeno, hormona sexual, fue identificado en 1929 por el bioquímico alemán Adolf Butenandt, y también, independientemente, por el bioquímico estadounidense Edward Doisy, seguido de la progesterona, en 1934, y la testosterona y el estradiol, en 1935. En total, se han identificado hasta la fecha más de 50 hormonas humanas.

Nuevas terapias

Tras aislar la secretina, Starling y Bayliss descubrieron que era un estimulante universal: la secretina de una especie estimulaba el páncreas de cualquier otra. Esto indicaba la posibilidad de usar hormonas de animales como terapia para trastornos endocrinos intratables. Las farmacéuticas no tardaron en explorar estas nuevas oportunidades a medida que se identificaban nuevas hormonas.

No queremos alarmar a las mujeres, pero tampoco darles una confianza infundada.

Gillian Reeves

Epidemióloga del cáncer británica, sobre los riesgos de la TSH (2019)

Solo dos años después de que Banting y Macleod aislaran la insulina, la farmacéutica estadounidense Eli Lilly comercializó el primer preparado de insulina, Iletin, para la diabetes. A mediados de la década de 1930 estuvieron disponibles también los estrógenos orales e inyectables para tratar la menstruación irregular y los síntomas de la menopausia.

La demanda de terapias a base de hormonas sintetizadas a partir de productos de origen animal, caras y en cantidades limitadas, no tardó en superar a la oferta, y los científicos comenzaron a estudiar los procesos bioquímicos que permitirían la síntesis de hormonas a mayor escala.

En 1926, el bioquímico británico Charles Harington logró la primera síntesis química de una hormona, la tiroxina (aislada originalmente por el químico estadounidense Edward Kendall en 1914). Este paso importante hacia la producción de hormonas en masa ayudó también a mejorar la eficacia de hormonas como la insulina. Las primeras preparaciones, obtenidas de páncreas de caballo, eran de potencia muy variable y requerían varias inyecciones diarias. En la década de 1930, el añadido de cinc prolongó la acción de la insulina hasta unas 24 horas.

Desarrollos modernos

El progreso en la síntesis de hormonas permitió nuevas aplicaciones. La píldora anticonceptiva, a base de progesterona y estrógenos sintéticos, llegó en 1960, y fue un punto de inflexión en la disponibilidad y comercialización de productos hormonales manufacturados de uso general. El empleo del estrógeno sintético para la terapia de sustitución hormonal (TSH) también alcanzó una gran popularidad en la década de 1960, puesto que ayudaba a contrarrestar síntomas menopáusicos debilitantes como los sofocos y la osteoporosis.

Micrografía de luz polarizada de la hormona sexual femenina progesterona. Segregada por los ovarios tras la liberación de un óvulo, prepara la pared del útero para el embarazo.

A finales de la década de 1970, los avances de la biotecnología permitieron obtener hormonas humanas por ingeniería genética. Las nuevas técnicas de corte y empalme *(splicing)* de ADN permitieron modificar genéticamente bacterias comunes (habitualmente *Escherichia coli*) para producir hormonas como la insulina en el laboratorio.

La investigación sigue ampliando el conocimiento de las hormonas, y estudios recientes han empezado a cuestionar la seguridad de algunos tratamientos hormonales al registrarse efectos secundarios que van desde la fatiga hasta el cáncer. Así, en 2002, estudios que vinculaban la TSH con un mayor riesgo de cáncer de mama e ictus indicaron que deben sopesarse los riesgos y beneficios de alterar los niveles hormonales. Los efectos adversos de algunos fármacos sobre el equilibrio hormonal son otro campo activo de investigación. ■

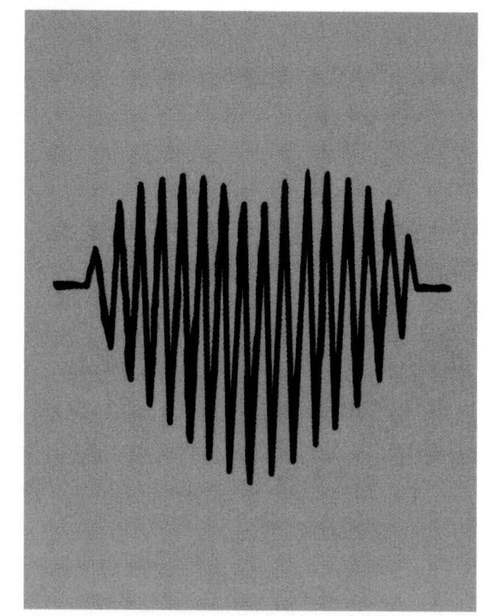

LAS CORRIENTES DE LA ACCION DEL CORAZON

ELECTROCARDIOGRAFÍA

EN CONTEXTO

ANTES

Década de 1780 El físico italiano Luigi Galvani induce respuestas eléctricas en músculos de animales y llama al fenómeno «electricidad animal».

1887 Augustus D. Waller mide la actividad eléctrica cardiaca con una máquina basada en el electrómetro capilar del físico francés Gabriel Lippmann.

DESPUÉS

1909 El físico británico Thomas Lewis descubre la fibrilación auricular, causa frecuente de arritmia, usando un electrocardiógrafo primitivo.

1932 El cardiólogo neoyorquino Albert Hyman inventa un dispositivo para reanimar un corazón detenido al que llama marcapasos artificial.

1958 En Suecia, el cirujano cardiaco Åke Senning implanta el primer marcapasos cardiaco, diseño del ingeniero y antes médico Rune Elmqvist.

En el mundo antiguo, los médicos escuchaban el cuerpo en busca de signos de enfermedad. El corazón tenía un pulso reconocible, claramente audible unos dos milenios después gracias al estetoscopio, inventado en Francia por René Laënnec en 1816. En 1903, el fisiólogo neerlandés Willem Einthoven dio un paso adelante crucial en la observación del corazón con la introducción del primer electrocardiógrafo viable.

Los electrocardiógrafos registran el patrón del pulso cardiaco al detectar (por medio de electrodos) las señales eléctricas que produce el corazón, un procedimiento llamado electrocardiograma (ECG).

Los experimentos con animales del físico italiano Carlo Matteucci, en 1842, mostraron que cada latido del corazón se acompaña de una corriente eléctrica, por lo que en las décadas siguientes, los científicos buscaron

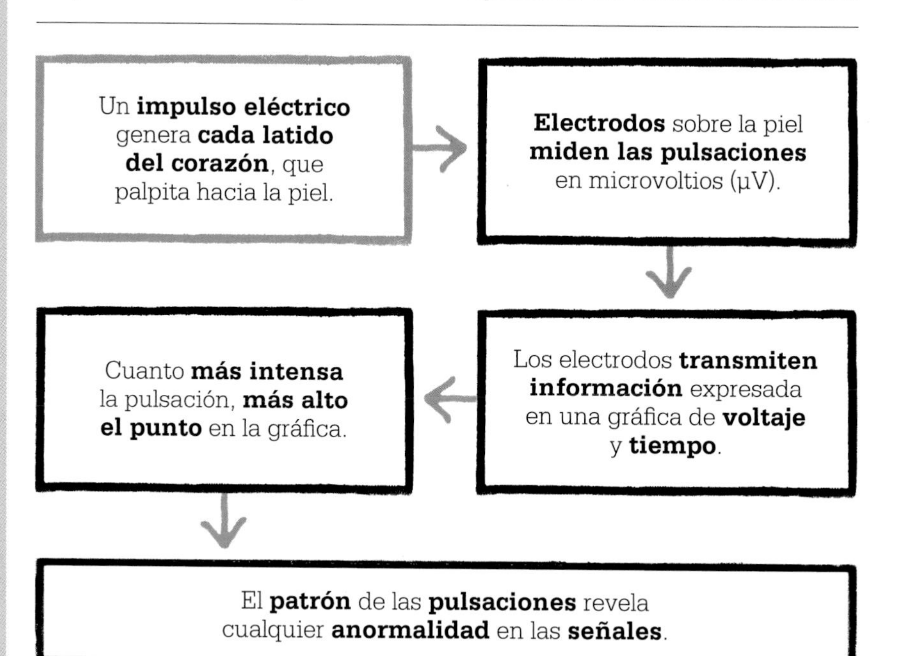

Un impulso eléctrico genera cada latido del corazón, que palpita hacia la piel.
Electrodos sobre la piel miden las pulsaciones en microvoltios (μV).
Los electrodos transmiten información expresada en una gráfica de voltaje y tiempo.
Cuanto más intensa la pulsación, más alto el punto en la gráfica.
El patrón de las pulsaciones revela cualquier anormalidad en las señales.

Véase también: Medicina tradicional china 30–35 ▪ La circulación de la sangre 68–73 ▪ El estetoscopio 103 ▪ Cirugía de trasplantes 246–253 ▪ Marcapasos 255

Manejar este electrocardiógrafo de 1911 requería cinco personas. En vez de utilizar electrodos, el paciente sumergía las extremidades en suero salino como conductor eléctrico.

maneras de registrar esta actividad. Einthoven se interesó por el asunto al ver al fisiólogo británico Augustus D. Waller en una demostración de un ingenio que detectaba las corrientes del corazón por cómo movían el mercurio en un pequeño tubo de vidrio.

Refinar las máquinas

En 1903, Einthoven desarrolló un galvanómetro de cuerda sensible: la corriente eléctrica del corazón pasaba por un alambre delgado entre dos electroimanes, el alambre (o cuerda) se movía y la sombra proyectada se registraba en papel fotográfico móvil. El modelo de Einthoven daba lecturas más precisas que el de Waller y reducía los electrodos de cinco a tres, en cada brazo y la pierna izquierda, formando lo que luego se llamaría triángulo de Einthoven. Los primeros electrocardiógrafos eran grandes y engorrosos, pero con los años se modificaron y redujeron hasta llegar a los dispositivos portátiles actuales que mantienen un registro digital del corazón a lo largo de días o semanas. El número de electrodos de un ECG estándar se ha elevado a diez –seis en el pecho y uno en cada extremidad–, para ofrecer doce mediciones de la actividad cardiaca a partir de distintas combinaciones de electrodos.

Desde la primera máquina de Einthoven, el uso del ECG ha sido constante. Aunque hayan surgido muchos nuevos tratamientos –como los betabloqueadores (fármacos para reducir el ritmo cardiaco), marcapasos (dispositivos para regular las contracciones cardiacas), trasplantes de corazón y la cirugía de baipás coronario y sustitución valvular–, el ECG sigue teniendo un papel clave en el diagnóstico temprano de las enfermedades coronarias, la causa más frecuente de mortalidad en el mundo. ▪

Willem Einthoven

Willem Einthoven nació en 1860 en la isla de Java (Indias Orientales Neerlandesas, actual Indonesia). Perdió a su padre cuando tenía seis años, y en 1870 la familia fue a vivir a Utrecht (Países Bajos), donde se formó como médico.

En 1886 fue nombrado profesor de fisiología en la Universidad de Leiden, donde en un principio estudió las ilusiones ópticas y la respuesta eléctrica del ojo a la luz, pero después se dedicó a construir una máquina para registrar la actividad eléctrica del corazón. Tras desarrollar el electrocardiógrafo, describió cómo se expresan diversos trastornos cardiacos en un ECG, y mantuvo correspondencia regular con el físico británico Thomas Lewis, quien trabajó en sus aplicaciones clínicas. En 1924 fue galardonado con el premio Nobel de fisiología o medicina. Murió en 1927.

Obras principales

1906 «El telecardiograma».
1912 «Las diferentes formas del electrocardiograma humano y su significado».

HILOS DE DESTELLOS Y CHISPAS EN MOVIMIENTO

EL SISTEMA NERVIOSO

EN CONTEXTO

ANTES

***C.* 1600 A. C.** El papiro de Edwin Smith describe el impacto de las lesiones de médula espinal.

1791 Luigi Galvani muestra que la pata de una rana responde al estímulo eléctrico.

1863 Otto Deiters describe el axón y las dendritas de una neurona.

1872 Jean-Martin Charcot publica su obra pionera *Lecciones sobre las enfermedades del sistema nervioso.*

DESPUÉS

1914 Henry Dale encuentra el neurotransmisor responsable de la comunicación química entre neuronas.

1967 La levodopa se convierte en el primer fármaco eficaz para la enfermedad de Parkinson.

1993 Se localiza por primera vez en un cromosoma humano un gen asociado a una enfermedad, la de Huntington.

En una serie de conferencias en la Universidad de Yale, en 1904, el neurofisiólogo británico Charles Scott Sherrington ofreció la primera exposición extensa del sistema nervioso humano. Publicado dos años más tarde en *La acción integradora del sistema nervioso*, este estudio resolvía varias cuestiones acerca del funcionamiento del sistema nervioso, e influyó directamente en el desarrollo de la cirugía cerebral y el tratamiento de los trastornos neurológicos.

Mensajería muscular

Tres ideas de Sherrington eran especialmente novedosas. En primer lugar, los músculos no se limitan a recibir instrucciones de los nervios que los comunican con la médula espinal (que transmite mensajes desde el cerebro y hasta este), sino que también envían al cerebro información sobre la posición y el tono musculares. El cuerpo necesita esta información, a la que llamó propiocepción, para controlar el movimiento y la postura.

Ya en 1626, el filósofo y científico francés René Descartes había observado la inervación recíproca –el modo en que la activación de un músculo influye en la actividad de otros–, pero no fue hasta la década de 1890 cuando Sherrington demostró cómo funciona el proceso. La «ley de Sherrington» establecía que para toda contracción de un músculo, hay una relajación correspondiente del músculo opuesto. Al flexionar, por ejemplo, el brazo por el codo, se contrae el bíceps (doblando el brazo) mientras se inhibe el tríceps (que se relaja para permitir el movimiento).

En 1897, Sherrington acuñó el término «sinapsis» para el punto de encuentro entre dos células nerviosas, o neuronas. Aunque no podía observarlas al no disponer de microscopios avanzados, creía que estas uniones existían porque los reflejos (respuestas motoras involuntarias) no eran tan rápidos como deberían ser si consistieran en la mera conducción de impulsos a lo largo de fibras nerviosas continuas. Explicó cómo las neuronas se comunican por medio de señales eléctricas, que recorren filamentos (axones) que se extienden a partir de la neurona y que transmiten mensajeros químicos (neurotransmisores) a las neuronas vecinas por la sinapsis.

Observaciones antiguas

Ya en el antiguo Egipto, el papiro de Edwin Smith reflejó cómo las lesiones cerebrales están asociadas a cambios en el funcionamiento de otras

Se comprende que el sistema nervioso **gobierna** las **funciones corporales**, **reacciones**, **pensamiento** y **emociones**.

→

Se determina que la neurona es la **unidad básica del sistema nervioso**.

→

Charles Scott Sherrington muestra que las **neuronas se comunican por pulsos** eléctricos y **sustancias químicas a través de sinapsis**, como **parte de una red neuronal integrada**.

←

La **red neuronal integrada** constituye un **nuevo enfoque** para comprender el sistema nervioso.

←

Este enfoque **transforma** la **imagen** y **cirugía** del **cerebro** y la **farmacología** de los trastornos neurológicos.

Véase también: Histología 122–123 ▪ La enfermedad de Alzheimer 196–197 ▪ Electroencefalografía 224–225 ▪ IRM e imagen médica 278–281

partes del cuerpo, y describe los pliegues exteriores del cerebro y el fluido incoloro que lo rodea, el líquido cefalorraquídeo (LCR), que ofrece protección física e inmunitaria.

Combinando la observación con la filosofía, los antiguos griegos fueron los primeros en tratar de ofrecer una descripción del sistema nervioso. En el siglo IV a.C, Hipócrates fue el pionero de la concepción del cerebro como asiento de la cognición, el pensamiento, las sensaciones y la emoción. En el siglo III a.C., Herófilo comprendió el papel combinado del cerebro y la médula espinal en lo que hoy llamamos el sistema nervioso central (SNC), que reúne información del resto del cuerpo y del entorno exterior, y que controla el movimiento, las sensaciones, el pensamiento, la memoria y el habla. Identificó seis de los nervios o pares craneales, y también los nervios periféricos que comunican el cerebro y la médula espinal con el resto de los órganos, músculos, extremidades y piel del cuerpo.

Al diseccionar cerebros de animales en el siglo II, el médico romano Galeno de Pérgamo determinó que los nervios que dirigen las funciones motoras, y los correspondientes a los sentidos, son controlados por partes diferentes del SNC. Esto apuntaba a la existencia del sistema nervioso autónomo, que conecta el SNC al corazón, los pulmones, el estómago, la vejiga y los órganos sexuales, y que regula funciones involuntarias como la respiración, al margen de que seamos conscientes de ellas.

> El cerebro es un mundo que consta de numerosos continentes inexplorados y grandes extensiones de territorio desconocido.
>
> **Santiago Ramón y Cajal**
> **Neurocientífico español (1852–1934)**

Conocimiento ampliado

Hay constancia de intentos tempranos de tratar trastornos neurológicos. Así, en Al Ándalus en el año 1000, Abulcasis operó a pacientes con hidrocefalia (exceso de líquido cefalorraquídeo en el cerebro) y lesiones del cráneo y la columna, pero los avances en el conocimiento del sistema nervioso fueron escasos hasta recuperarse la práctica de las disecciones humanas en el siglo XVI.

En 1543, el anatomista flamenco Andrés Vesalio publicó *De humani* »

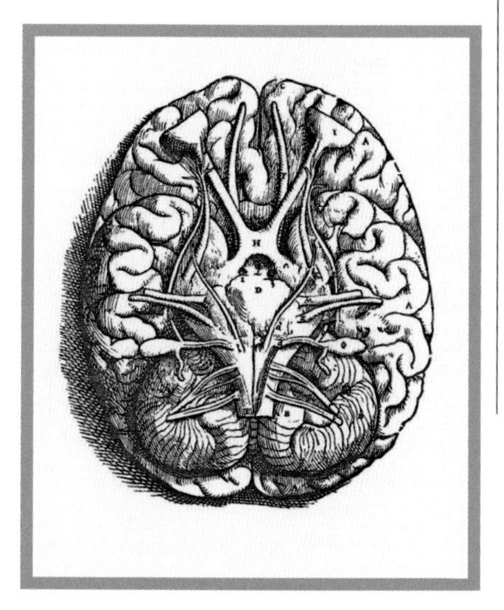

De humani corporis fabrica representó las regiones del cerebro y los nervios craneales (desde abajo en la imagen) que salen del telencéfalo y el tronco cerebral.

Charles Scott Sherrington

Nacido en Londres en 1857, Charles Scott Sherrington estudió medicina en la Universidad de Cambridge y decidió dedicarse a los estudios neurológicos tras asistir a una conferencia sobre el tema en 1881. Un año bajo la tutela del microbiólogo alemán Robert Koch en la Universidad de Berlín le aportó conocimientos sólidos de fisiología e histología.

Entre 1892 y 1913 realizó sus influyentes estudios sobre reacciones reflejas, conexiones nerviosas de los músculos y comunicación entre neuronas, mientras enseñaba en las universidades de Londres y Liverpool. En 1932, siendo tutor en la Universidad de Oxford, compartió el Nobel de fisiología o medicina con Edgar Adrian por el trabajo de ambos sobre el funcionamiento neuronal. Tres de los alumnos de Sherrington en Oxford serían laureados con el Nobel. Se jubiló de Oxford en 1936, y murió por un fallo cardiaco en 1952.

Obras principales

1906 *La acción integradora del sistema nervioso.*
1940 *Hombre vs. naturaleza.*

corporis fabrica (De la estructura del cuerpo humano), con descripciones minuciosas del cerebro humano basadas en la disección de cadáveres. Esta obra transformó los conocimientos anatómicos y la práctica médica. La información neurológica que contenía fue más tarde ampliada por el médico inglés Thomas Willis, quien elucidó el cerebro y los nervios craneales y espinales, ofreciendo explicaciones sobre su funcionamiento, a principios del siglo XVII.

En 1791, el físico y médico italiano Luigi Galvani publicó la descripción de un avance relevante: su observación de que las patas de una rana muerta se mueven al aplicarles una chispa. El hallazgo de la bioelectricidad fue la primera indicación de que los nervios funcionan a base de impulsos eléctricos y de que la estimulación eléctrica de los nervios causa la contracción de los músculos.

Comprender la enfermedad

La comprensión de la estructura cerebral y el funcionamiento del sistema nervioso aportó a los científicos nuevos medios para estudiar los trastornos neurológicos y psicológicos. En 1817, el cirujano británico James Parkinson describió los síntomas de seis personas que padecían «parálisis agitante», luego llamada párkinson. Aunque creyó erróneamente que se debía a lesiones en la médula espinal cervical, su enfoque sistemático y analítico fue importante.

El cerebro parece una carretera para la acción nerviosa en tránsito hacia el animal motor.

Charles S. Sherrington

***El cerebro y sus mecanismos* (1933)**

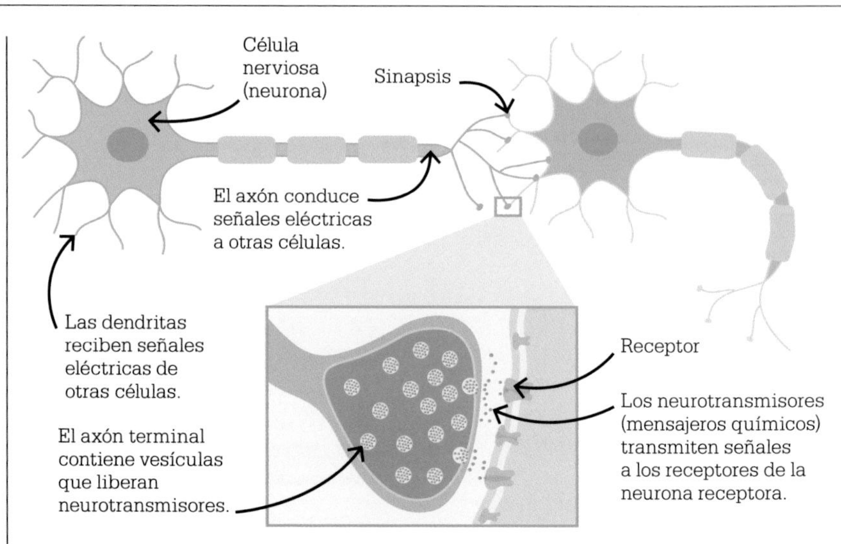
Célula nerviosa (neurona)
Sinapsis
El axón conduce señales eléctricas a otras células.
Las dendritas reciben señales eléctricas de otras células.
El axón terminal contiene vesículas que liberan neurotransmisores.
Receptor
Los neurotransmisores (mensajeros químicos) transmiten señales a los receptores de la neurona receptora.

Las señales nerviosas recorren las neuronas en forma eléctrica, pero pasan químicamente de una a otra –o a las células de músculos y glándulas– por uniones sinápticas. Los trastornos neurológicos pueden deberse a perturbaciones de esta comunicación por infecciones virales, drogas, envejecimiento o factores genéticos.

El párkinson fue una de las enfermedades estudiadas entre 1868 y 1891 por el neurólogo clínico francés Jean-Martin Charcot, quien describió también la esclerosis múltiple (EM), que daña la capa que rodea y aísla las células nerviosas del cerebro y la médula espinal. Los tres signos de la EM que observó serían conocidos como tríada de Charcot. La psiquiatría moderna también le debe mucho a Charcot, probablemente más conocido por el empleo de la hipnosis para estudiar los síntomas de la histeria mientras enseñaba en la escuela de la Salpêtrière en París.

La era del microscopio

A inicios del siglo XIX, microscopios acromáticos de mejor calidad dieron lugar al nuevo campo de la histología –el estudio microscópico de células y tejidos–, que condujo a varias revelaciones neurológicas. El anatomista checo Johann Purkinje fue el primero en describir una neurona, en 1837, y en detallar neuronas de mayor tamaño, hoy llamadas células de Purkinje, con extensiones filamentosas y ramificadas en el cerebelo. En 1863, el anatomista alemán Otto Deiters describió estas extensiones (luego llamadas dendritas), que transmiten mensajes a las neuronas, e identificó también los axones, fibras delgadas que transmiten mensajes desde las neuronas.

A inicios de la década de 1860, el anatomista francés Paul Broca demostró que distintas partes del cerebro se encargan de funciones específicas. Tras realizar autopsias de pacientes fallecidos recientemente, descubrió que la afasia (incapacidad para comprender y formular el lenguaje) estaba relacionada con lesiones en una parte del lóbulo frontal cerebral (luego llamada área de Broca).

En la década de 1870, el biólogo y neuroanatomista pionero italiano Camillo Golgi describió con detalle la médula espinal, el bulbo olfativo, el cerebelo y el hipocampo. En 1873 inventó una técnica de tinción con ni-

Principales neurotransmisores del organismo	
Neurotransmisor	**Función**
Acetilcolina	Este neurotransmisor controla todo el movimiento corporal al activar los músculos. En el cerebro tiene un papel en la memoria, el aprendizaje y la atención.
Dopamina	Ligado al sistema de recompensa cerebral, produce sensaciones de placer, afectando al ánimo y a la motivación. También influye en el movimiento y el habla.
Ácido gamma-aminobutírico (GABA)	Bloquea o inhibe las señales cerebrales, reduciendo la actividad del sistema nervioso para permitir procesos como el sueño o la regulación de la ansiedad.
Glutamato	Neurotransmisor predominante en el cerebro y el sistema nervioso central, estimula la actividad cerebral y es crítico para el aprendizaje y la memoria.
Glicina	Usada principalmente por las neuronas del tronco cerebral y la médula espinal, ayuda a procesar la información motora y sensorial.
Noradrenalina (o norepinefrina)	Como parte de la reacción de lucha o huida del organismo, se libera a la sangre como hormona del estrés. Regula procesos cerebrales normales, como las emociones, el aprendizaje y la atención.
Serotonina	Regula muchos procesos del organismo e influye en el estado de ánimo, el apetito y la memoria. También desempeña un papel en la respuesta al dolor.

trato de plata que revelaba con mayor claridad la estructura intrincada de las neuronas al microscopio, un segundo gran avance tecnológico.

Golgi propuso que el cerebro se compone de una sola red, o retículo, de fibras nerviosas, a través de las cuales pasan sin impedimento las señales. Esta teoría reticular fue puesta en entredicho por el neurocientífico español Santiago Ramón y Cajal, quien defendió que el sistema nervioso está formado por muchas células individuales, pero interconectadas. La teoría de Cajal acabó conociéndose como doctrina de la neurona y, apoyada por Sherrington, se demostró correcta en la década de 1950, cuando los nuevos microscopios electrónicos pudieron mostrar las conexiones entre las células.

Avances posteriores

En el siglo xx, muchos de los hallazgos se basaron en la descripción pionera de Sherrington de las vías neurales. En 1914, el fisiólogo británico Henry Dale observó el efecto de la acetilcolina sobre las neuronas. El farmacólogo alemán Otto Loewi confirmó su papel como neurotransmisor en 1926, y hasta la fecha se han identificado más de 200 neurotransmisores.

En 1924, el psiquiatra alemán Hans Berger realizó el primer electroencefalograma (EEG) humano. El registro de la actividad cerebral mediante la detección de las señales eléctricas producidas por las neuronas permitió al fisiólogo británico Edgar Adrian realizar estudios detallados del funcionamiento cerebral en la década de 1930.

En 1952, dos científicos británicos, Alan Hodgkin y Andrew Huxley, publicaron su estudio del sistema nervioso del calamar. El hoy conocido modelo Hodgkin-Huxley mostró cómo se generan las señales eléctricas en las neuronas.

Para entonces se había producido ya el tercer gran salto tecnológico, la invención del microscopio electrónico, que permitió a los científicos examinar elementos mucho menores del sistema nervioso, entre ellos las sinapsis, descritas, pero nunca observadas, por Sherrington.

Nuevas tecnologías como la imagen por resonancia magnética (IRM) y la tomografía computarizada (TC) siguen ampliando las aplicaciones de los hallazgos originales de Sherrington, facilitando hoy el estudio del comportamiento, las funciones cerebrales, la eficacia de los fármacos para los trastornos neurológicos, la cirugía cerebral, y las causas y efectos de enfermedades como la epilepsia y el alzhéimer. ■

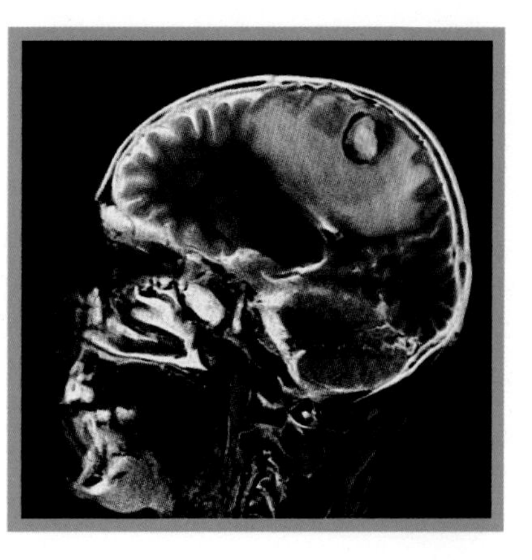

La imagen por resonancia magnética (IRM) obtiene imágenes detalladas del cerebro con fines diagnósticos, como detectar la demencia, tumores, lesiones, ictus o problemas del desarrollo.

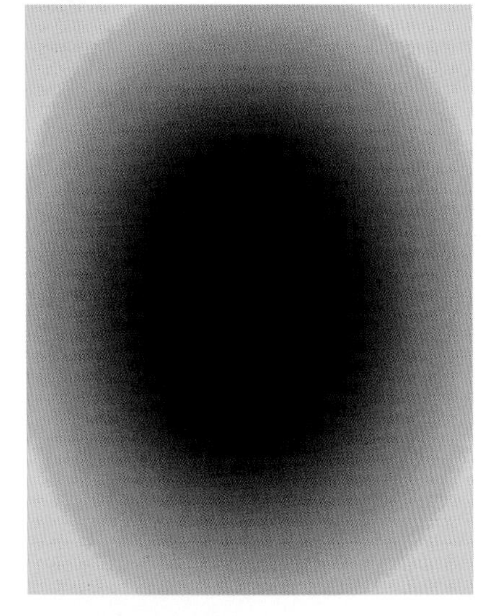

UNA ENFERMEDAD ESPECÍFICA DE LA CORTEZA CEREBRAL

LA ENFERMEDAD DE ALZHEIMER

EN CONTEXTO

ANTES

Siglo VI A.C. El filósofo griego Pitágoras de Samos describe el declive mental y físico en la vejez.

1797 Philippe Pinel usa el término *démence* (del latín *demens*, «privado de razón») para el declive gradual de las funciones cerebrales.

1835 El médico británico James Cowles Prichard llama «demencia senil» a un estado caracterizado por el olvido de las impresiones recientes en los ancianos.

DESPUÉS

1984 Los bioquímicos estadounidenses George Glenner y Caine Wong aíslan la proteína beta-amiloide, que forma placas en el cerebro de los pacientes de alzhéimer.

1993 La tacrina es el primer inhibidor de la colinesterasa para el alzhéimer, pero se retira del uso general en 2013 por motivos de seguridad.

La demencia no es una enfermedad, sino un término general que cubre trastornos asociados al declive de las funciones cerebrales, como la pérdida de memoria, de capacidades físicas y sociales y de capacidad intelectual. Las causas pueden ser muchas, como el abuso crónico del alcohol, los ictus (que a menudo causan demencia vascular por el daño en los vasos sanguíneos cerebrales), la enfermedad de Creutzfeldt-Jakob (un trastorno cerebral fatal), y la enfermedad de Alzheimer, trastorno neurodegenerativo irreversible y en último término fatal que supone dos tercios de los casos de demencia.

Demencia precoz

Como otras causas de la demencia, el alzhéimer, o enfermedad de Alzheimer, suele afectar a los ancianos, pero también es la forma más común de demencia precoz entre los menores de 65 años. Fue identificada como causa específica de demencia por el psiquiatra alemán Alois Alzheimer, quien en 1906 dio una conferencia sobre «una enfermedad específica de la corteza cerebral», basada en el estudio de Auguste Deter, paciente de un hospital psiquiátrico de Frankfurt. Alzheimer había empezado a observar a Deter en 1901 (cuando tenía 51 años), por sus problemas de memoria y lenguaje, además de desorientación y alucinaciones. Sus síntomas se correspondían con los de la demencia, pero Alzheimer le había diagnosticado demencia presenil, dada su edad poco avanzada. Tras la muerte de Deter en 1906, Alzheimer solicitó y obtuvo permiso para realizar una au-

Placa formada por la proteína beta-amiloide en el cerebro, característica de la enfermedad de Alzheimer. Las masas de placa (naranja en la imagen) bloquean las sinapsis entre neuronas (azul).

Véase también: Salud mental humanitaria 92–93 ▪ Herencia y trastornos genéticos 146–147 ▪ El sistema nervioso 190–195 ▪ IRM e imagen médica 278–281 ▪ Genética y medicina 288–293 ▪ Investigación de células madre 302–303

Cómo progresa el alzhéimer

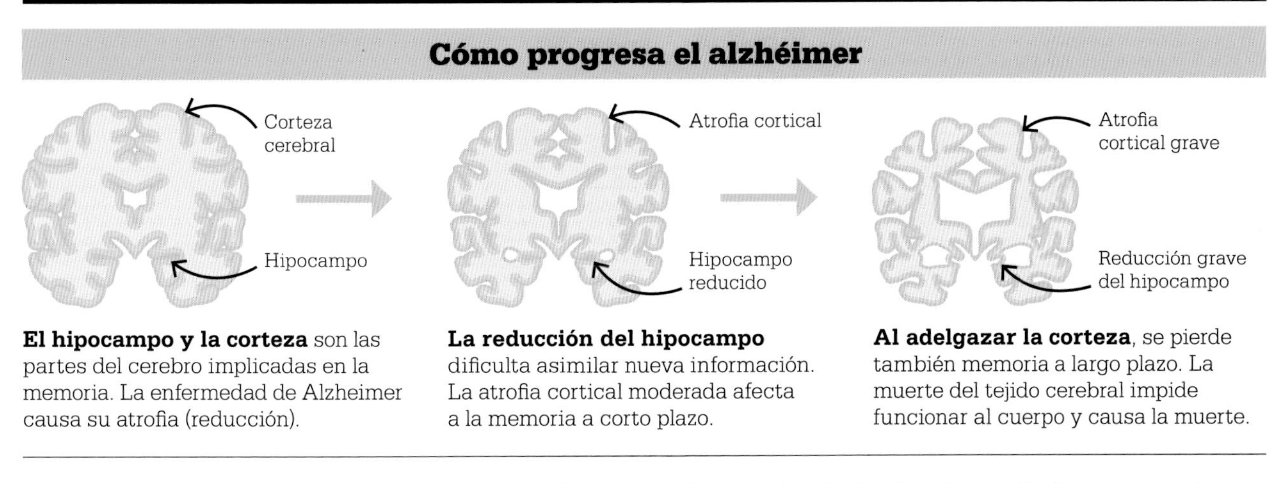

El hipocampo y la corteza son las partes del cerebro implicadas en la memoria. La enfermedad de Alzheimer causa su atrofia (reducción).

La reducción del hipocampo dificulta asimilar nueva información. La atrofia cortical moderada afecta a la memoria a corto plazo.

Al adelgazar la corteza, se pierde también memoria a largo plazo. La muerte del tejido cerebral impide funcionar al cuerpo y causa la muerte.

topsia del cerebro. Observó una atrofia extendida de la corteza cerebral, la parte responsable de la memoria, el lenguaje y el pensamiento en general. Al examinar cortes delgados de tejido cerebral al microscopio, encontró depósitos insolubles de proteínas, o placas, y fibrillas de proteína entrelazadas (ovillos neurofibrilares) que impiden el paso a los impulsos eléctricos entre las neuronas. No fue el primero en verlas, pero sí era la primera vez que se observaban en alguien tan joven como Deter. Hoy, los médicos buscan estas placas y ovillos en imágenes cerebrales para diagnosticar la enfermedad de Alzheimer.

Un problema creciente

Como otras formas de demencia, la incidencia del alzhéimer ha aumentado junto con la mayor esperanza de vida. En todo el mundo hay unos 50 millones de personas con demencia, que incluyen entre el 5 y el 8 % de las mayores de 60 años. Actualmente no existe cura para el alzhéimer, aunque los fármacos inhibidores de la colinesterasa pueden aliviar los síntomas al elevar los niveles de acetilcolina, sustancia química que ayuda a la transmisión de mensajes de unas neuronas a otras.

Las causas del alzhéimer no se comprenden aún. Se cree que las formas precoces pueden ser resultado de una mutación genética, y que las tardías se deberían a una combinación de factores genéticos, de estilo de vida y ambientales que desencadenan cambios cerebrales a lo largo de décadas. Una dieta sana, ejercicio y estimulación mental pueden reducir el riesgo de alzhéimer, pero las pruebas de ello son escasas. ▪

Alois Alzheimer

Alois Alzheimer nació en Markbreit, en Baviera (Alemania), en 1864. Destacó en ciencias en la escuela, y estudió medicina en Berlín, Tubinga y Wurzburgo. Tras licenciarse en 1887, trabajó en el hospital psiquiátrico estatal de Frankfurt, donde estudió psiquiatría y neuropatología y comenzó a estudiar la corteza cerebral.

En 1903 se convirtió en asistente de Emil Kraepelin, psiquiatra de la escuela de medicina de Múnich. Alzheimer describió la demencia de Auguste Deter en 1906; el año siguiente publicó su conferencia, y Kraepelin dio el nombre de Alzheimer a la enfermedad en la edición de 1910 de su libro de texto *Compendio de psiquiatría*.

En 1913, en camino para ocupar la cátedra de psicología de la Universidad Friedrich-Wilhelm de Berlín, Alzheimer contrajo una infección de la que nunca se recuperó plenamente. Murió en 1915, a los 51 años.

Obra principal

1907 «Sobre una enfermedad específica de la corteza cerebral».

BALAS MAGICAS

MEDICAMENTOS DIRIGIDOS

EN CONTEXTO

ANTES

1530 Paracelso usa mercurio para tratar la sífilis.

1856 William Henry Perkin descubre la mauveína, el primer tinte orgánico sintético.

1882 Iliá Méchnikov descubre los macrófagos.

1890 Emil von Behring y Shibasaburo Kitasato descubren la primera antitoxina.

DESPUÉS

1932 La farmacéutica alemana Bayer desarrolla el Prontosil (sulfonamida), el primer bactericida de acción amplia.

1943 Se prescribe la penicilina, el primer antibiótico que se da en la naturaleza desarrollado como fármaco, para tratar la sífilis, para la cual se convierte en terapia estándar.

Década de 1970 Se lanza el tamoxifeno como terapia dirigida para el cáncer.

En los albores del siglo xx, el científico alemán Paul Ehrlich ingenió un nuevo modo de tratar la enfermedad con fármacos químicos, los llamados «balas mágicas», compuestos formulados para atacar a los microbios causantes de las enfermedades sin dañar el cuerpo.

La idea se le ocurrió mientras investigaba los tintes sintéticos descubiertos en 1856 por el joven estudiante de química británico William Henry Perkin. A Ehrlich le fascinaba el modo en que algunos tintes, en particular el azul de metileno, teñían muy llamativamente los tejidos animales y no otros, permitiendo diferenciar células en el laboratorio. Para él estaba claro que había alguna relación entre la estructura química de los tintes y la de las células vivas, y se convenció de que la de los fármacos, para que fueran eficaces, debía corresponder a la de los organismos a los que iban dirigidos.

En 1890, el fisiólogo alemán Emil von Behring y el médico japonés Shibasaburo Kitasato descubrieron que las antitoxinas fabricadas por el organismo como respuesta a un patógeno prevenían las enfermedades. Ehrlich teorizó que las antitoxinas implicadas en esta respuesta inmunitaria eran receptores químicos, o cadenas laterales unidas a las células, al igual que las estructuras observadas en los tintes. Creyó que estas cadenas laterales (anticuerpos) encajaban exactamente en las cadenas laterales de los patógenos, como una llave en una cerradura. Si lograba encontrar un tinte con la cadena lateral exacta, tendría su bala mágica.

La sífilis como objetivo

En 1905, los científicos alemanes Erich Hoffmann y Fritz Schaudinn, trabajando juntos en Berlín, identificaron la bacteria *Treponema pallidum* responsable de la sífilis, que

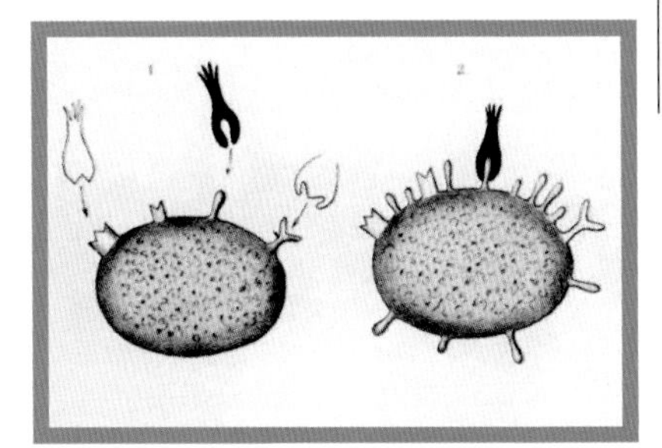

Ilustración de Ehrlich de la teoría de la cadena lateral, de su conferencia crooniana en 1900: las células del cuerpo forman receptores específicos para una toxina particular, con la que se enlazan.

Véase también: Farmacia 54–59 ▪ Oncología 168–175 ▪ Bacteriófagos y terapia con fagos 204–205 ▪ Antibióticos 216–223 ▪ Anticuerpos monoclonales 282–283

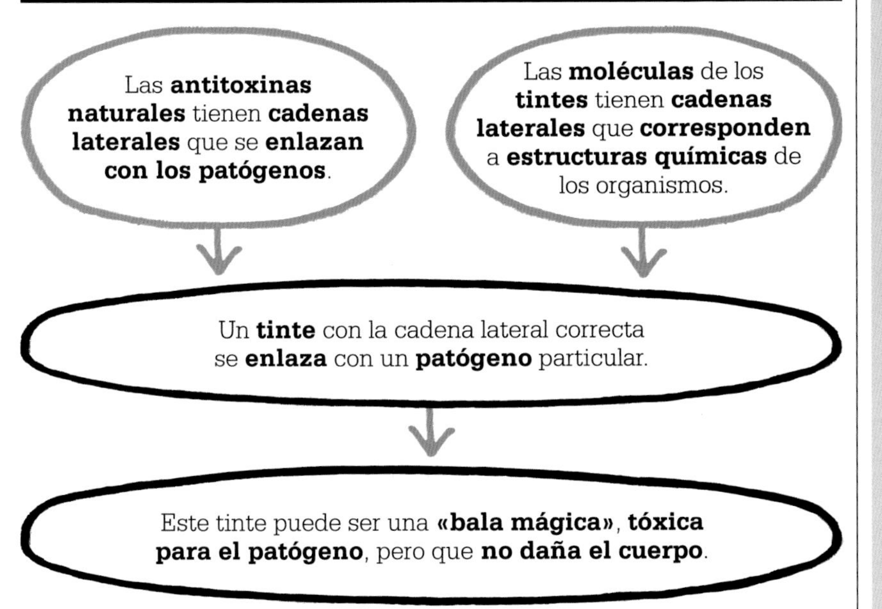

llevaba siglos arruinando vidas. Ehrlich decidió hacer de ella su primer objetivo.

Las **antitoxinas naturales** tienen **cadenas laterales** que se **enlazan con los patógenos**.
Las **moléculas** de los **tintes** tienen **cadenas laterales** que **corresponden** a **estructuras químicas** de los organismos.
Un **tinte** con la cadena lateral correcta se **enlaza** con un **patógeno** particular.
Este tinte puede ser una **«bala mágica»**, **tóxica para el patógeno**, pero que **no daña el cuerpo**.

En los laboratorios de la empresa química Hoechst, Ehrlich y su equipo comenzaron con un tinte sintetizado a partir de un compuesto del arsénico, el atoxilo. Probaron cientos de variantes en busca de una correspondencia exacta, y en 1907 la encontraron: la arsfenamina, a la que llamaron compuesto 606. Lo ensayaron en pacientes en las fases terminales de la sífilis y varios se recuperaron por completo. Los ensayos clínicos pronto demostraron que el 606, comercializado como Salvarsán, tenía la máxima eficacia en las fases tempranas de la enfermedad. Se empezó a fabricar en 1910 y, al acabar el año, se producían casi 14 000 ampollas diarias.

Si bien el Salvarsán fue el primer tratamiento eficaz contra la sífilis, era difícil administrarlo con seguridad, y si no se conservaba en condiciones, los efectos secundarios podían ser devastadores. En 1912, el laboratorio de Ehrlich desarrolló una versión menos tóxica, el Neosalvarsán. Aunque no se hubiera cumplido el sueño de Ehrlich de encontrar una bala química mágica para tratar todas las enfermedades, este avance inmunológico dejó establecido el concepto de la quimioterapia, además de suponer el inicio de una industria farmacéutica global y ser un estímulo para la invención de incontables fármacos. ■

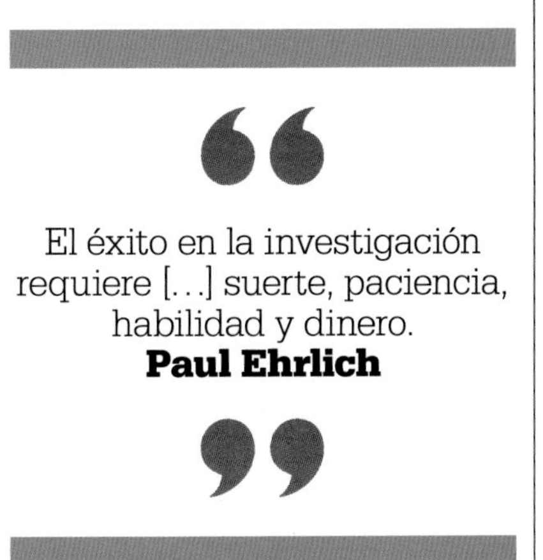

El éxito en la investigación requiere […] suerte, paciencia, habilidad y dinero.
Paul Ehrlich

Paul Ehrlich

Paul Ehrlich nació en 1854 en Strehlen (Silesia, en la actual Polonia). Después de estudiar medicina investigó cómo tiñen los tintes los tejidos animales. Su trabajo sobre la clasificación de tintes y la tinción de tejidos puso los cimientos de la ciencia de la hematología.

En 1890, Ehrlich se unió a Robert Koch en el Instituto de Enfermedades Infecciosas para centrarse en la inmunología. A lo largo de los siguientes veinte años demostró que el cuerpo fabrica anticuerpos a la medida de microbios específicos, gracias a estructuras químicas que se enlazan con estos. Fue galardonado por ello con el premio Nobel de fisiología o medicina en 1908, junto con Iliá Méchnikov, por el hallazgo de los macrófagos. El Salvarsán se comercializó en 1910, pero la polémica a la que dio lugar afectó a la salud de Ehrlich. Murió de un ataque al corazón en 1915.

Obras principales

1900 Conferencia crooniana: «Sobre inmunidad con especial énfasis en la vida celular».
1906 *Las tareas de la quimioterapia.*

SUSTANCIAS DESCONOCIDAS ESENCIALES PARA LA VIDA

LAS VITAMINAS Y LA DIETA

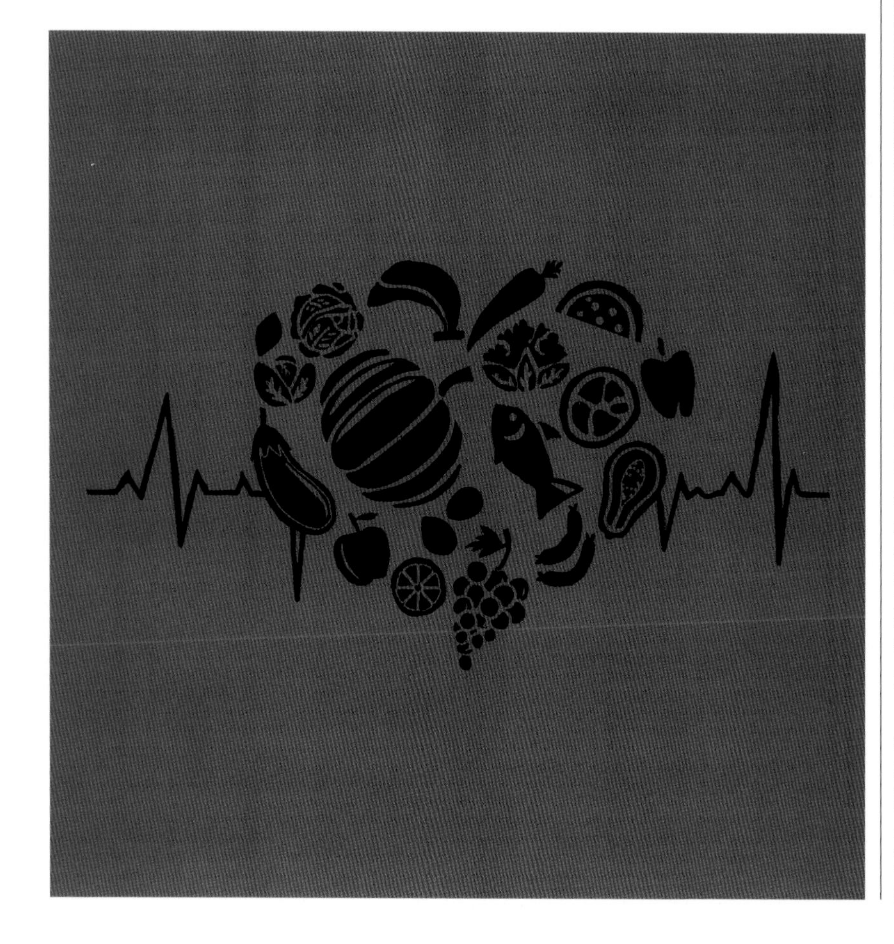

EN CONTEXTO

ANTES

***C.* 1500 A. C.** Los antiguos egipcios saben que ciertos elementos tratan la ceguera nocturna, o nictalopía.

1747 James Lind demuestra la eficacia de los cítricos contra el escorbuto.

1881 El bioquímico ruso Nikolái Lunin propone que algunos alimentos contienen «sustancias desconocidas esenciales para la vida».

DESPUÉS

1929 Premio Nobel de fisiología o medicina para Christiaan Eijkman y Frederick Hopkins por su trabajo con las vitaminas.

1931 Albert Szent-Györgyi sospecha que el ácido hexurónico (luego llamado ascórbico) es la vitamina C; más tarde se confirma su eficacia contra el escorbuto.

Las vitaminas son nutrientes esenciales que todo animal necesita en pequeñas cantidades para mantenerse sano. El cuerpo humano necesita trece, todas las cuales deben obtenerse de la dieta, al no poder producirlas el organismo. En combinación con otros nutrientes, las vitaminas garantizan el buen funcionamiento de las células. Si falta alguna de ellas, sobrevienen trastornos o enfermedades, en algunos casos fatales.

Pese a su importancia, el hallazgo de las vitaminas es relativamente reciente. El bioquímico de origen polaco Casimir Funk acuñó el término «vitamina» en 1912, al publicar su hipótesis de que deficiencias como el raquitismo, la pelagra y el beriberi se

Véase también: Medicina ayurvédica 22–25 ▪ Medicina tradicional china 30–35 ▪ La prevención del escorbuto 84–85 ▪ La teoría microbiana 138–145 ▪ Fisiología 152–153 ▪ Medicina basada en hechos 276–277

debían a una carencia de sustancias vitales en la dieta. Al principio creyó que estas sustancias eran todas aminas (compuestos esenciales para la formación, el crecimiento y el metabolismo de las células humanas), pero posteriormente se descubrió que la mayoría no lo son. El trabajo de Funk transformó los conocimientos acerca de la dieta e inició una nueva era de la ciencia de la nutrición.

Se **observan propiedades beneficiosas** de **alimentos** como los cítricos.
Los estudios indican que **no todas las enfermedades** se deben a **infecciones** o **toxinas**.
Se aíslan factores específicos (**vitaminas y otros nutrientes** cuya falta causa enfermedades)...
... y se usan para **prevenir trastornos alimenticios**.

Causas mal comprendidas

Hasta los estudios de Funk a principios del siglo XX, no se había demostrado la existencia de las vitaminas, y eran comunes las enfermedades relacionadas con la nutrición que no parecían tener tratamiento eficaz, como el raquitismo. Irónicamente, la revolución en el pensamiento médico iniciada por el descubrimiento de los microbios por el químico francés Louis Pasteur en la década de 1860 pudo afectar negativamente al hallazgo de curas para estas enfermedades, al suponerse que la mayoría se debían a infecciones, y no considerar una dieta pobre como causa. Una excepción fue el escorbuto, que se podía tratar incluyendo cítricos en la dieta, aunque hasta 1931 el fisiólogo húngaro Albert Szent-Györgyi no aisló la vitamina C, que prevenía la enfermedad.

La búsqueda de una cura

Los intentos de Funk por aislar las sustancias de los alimentos que afectan a la salud se inspiraron en el trabajo de otros investigadores, como el médico neerlandés afincado en Indonesia Christiaan Eijkman. En la década de 1890, Eijkman tenía el encargo de encontrar una cura para el beriberi, frecuente en el Sudeste asiático y que causaba un sufrimiento enorme, con síntomas como la pérdida drástica de peso, hinchazón y parálisis de las extremidades y daños cerebrales, resultando a menudo en la muerte.

Eijkman descubrió el vínculo entre la dieta y el beriberi por accidente, en 1897, al observar que los pollos alimentados con arroz blanco contraían el beriberi, pero no tardaban en recuperarse en cuanto volvían a alimentarse de restos de comida. Concluyó que al arroz blanco le faltaba un ingrediente esencial, al que llamó «factor antiberiberi». Posteriormente, su colega Adolphe Vorderman realizó experimentos controlados con presos de varias cárceles, dándoles a comer a algunos arroz blanco y a otros arroz integral, lo cual demostró que el factor antiberiberi estaba presente en el salvado y el germen.

Aislar las vitaminas

El factor antiberiberi fue identificado por el investigador japonés Umetaro Suzuki, quien, en 1911, describió un nutriente (al que llamó ácido abérico), que había extraído del salvado del arroz y administró como cura a pacientes con beriberi. El artículo tuvo poca difusión, pero luego se descubrió que había identificado la tiamina, o vitamina B_1. En 1912, el bioquímico británico Frederick Gowland Hopkins propuso que algunos alimentos contenían «factores accesorios» que necesita el organismo, además de las proteínas, carbohidratos, grasas »

El aporte de proteínas y energía no garantiza por sí solo la nutrición normal.
Frederick Gowland Hopkins
***Journal of Physiology* (1912)**

Tabla de vitaminas

	Compuesto químico	Principales fuentes	Trastorno asociado
A	Retinol	Pescado azul, aceite de hígado de pescado, hígado, lácteos	Ceguera nocturna
*B_1	Tiamina	Granos integrales, carne	Beriberi
*B_2	Riboflavina	Lácteos, carne, verduras de hoja verde	Inflamación de la lengua
*B_3	Niacina	Carne, pescado, granos integrales	Pelagra
*B_5	Ácido pantoténico	Carne, granos integrales	Parestesia de la piel
*B_6	Piridoxina	Carne, verduras	Anemia
*B_7	Biotina	Carne, huevos, frutos secos, semillas	Dermatitis
*B_9	Ácido fólico	Verduras de hoja, legumbres	Anemia, defectos de nacimiento
*B_{12}	Cobalamina	Carne, pescado, lácteos	Anemia
*C	Ácido ascórbico	Cítricos	Escorbuto
D	Calciferol	Aceites de pescado, lácteos	Raquitismo
E	Tocoferol	Aceites vegetales no refinados, frutos secos, semillas	Anemia leve
K	Filoquinona	Verduras de hoja	Sangrado excesivo

*Vitaminas hidrosolubles

y minerales. También en 1912, Funk presentó los resultados de estudios realizados después de leer el trabajo anterior de Eijkman sobre el beriberi.

Funk alimentó a palomas con arroz blanco y comprobó que enfermaban, pero al recibir un extracto del salvado se recuperaban pronto. Comprendió que alguna sustancia química en los extractos, aunque fuera en cantidad minúscula, era necesaria para la salud. Si bien su estructura química (la vitamina B_1) no fue descrita hasta 1936, Funk había identificado la existencia de las vitaminas.

Poco después, en 1913, mientras estudiaba las necesidades nutritivas de los animales, el bioquímico estadounidense Elmer Verner McCollum identificó una sustancia a la que llamó factor liposoluble A (luego llamada vitamina A), a falta del cual las ratas de laboratorio morían.

Combatir los trastornos dietéticos

Al establecer la nutrición como ciencia experimental, la obra de Funk despejó el camino a la investigación de curas para enfermedades como el raquitismo, azote de poblaciones enteras en el siglo XIX e inicios del XX, y causante de una mortalidad infantil elevada, sobre todo en las nuevas urbes industriales.

El raquitismo es una enfermedad ósea cuyas consecuencias son huesos blandos y débiles, crecimiento atrofiado y deformidades del esqueleto en niños de corta edad. Los médicos no habían logrado dar con una cura, y la dieta no fue tenida en cuenta hasta que el bioquímico británico Edward Mellenby experimentó con la dieta en perros entre 1918 y 1921. Inspirado por el trabajo de Funk y McCollum, Mellenby comprobó que los cachorros alimentados solo con gachas de avena desarrollaban el raquitismo, pero se recuperaban con una dieta rica en aceite de hígado de bacalao o sebo. Había demostrado más allá de toda duda que esta enfermedad se debía a una deficiencia alimentaria.

Mellenby explicó que, a falta de «factores alimentarios accesorios» (que hoy sabemos son vitaminas), el ácido fítico presente en la avena impide absorber el calcio y el fósforo necesarios para un crecimiento óseo sano. La vitamina D del pescado (y la leche, los huevos y el sebo), en cambio, facilita dicha absorción. Su trabajo cambió tan drásticamente las actitudes hacia la prevención del raquitismo que, a principios de la década de 1930, la enfermedad se consideró erradicada en Londres.

La pelagra, cuyos síntomas incluyen dermatitis, diarrea, llagas bucales y demencia, afectó a tres millones de estadounidenses entre 1906 y 1940, causando 100 000 muertes en zonas en las que el maíz era el cultivo predominante. A principios del siglo XX, los científicos suponían que el maíz era portador de la enfer-

Todas las deficiencias se pueden prevenir con una dieta completa.

Casimir Funk

***Journal of State Medicine* (1912)**

medad o contenía alguna sustancia tóxica. Sin embargo, la pelagra no era una enfermedad común en Mesoamérica, donde el maíz era un alimento básico desde hacía siglos.

En 1914, el gobierno de EEUU encargó encontrar una cura al médico Joseph Goldberger. Al observar una mayor incidencia de la pelagra entre personas con una dieta pobre, realizó pruebas con una serie de suplementos, y concluyó que una dieta que contuviera carne, leche, huevos y legumbres –o pequeñas cantidades de levadura de cerveza– prevenía la pelagra. El vínculo con las vitaminas se confirmó finalmente en 1937, cuando el bioquímico estadounidense Conrad Elvehjem demostró que la niacina (vitamina B_3) curaba la enfermedad.

Llenar los huecos

Entre 1920 y 1948 se identificaron las vitaminas E y K y otras siete del grupo B, con lo cual el total ascendió a trece, todas esenciales para el funcionamiento del organismo. Las vitaminas de la F a la J, y de la L a la Z son no esenciales, y han recibido nuevas denominaciones o se han reclasificado, por no ser verdaderas vitaminas o por no haber sido científicamente reconocidas.

Las pruebas del contenido vitamínico de los alimentos en la década de 1940 mostraron a los nutricionistas los componentes de una dieta equilibrada para prevenir deficiencias.

De las trece esenciales, las ocho del grupo B y la C son hidrosolubles, y por tanto son excretadas con facilidad y requieren un aporte dietético regular. Las vitaminas A, D, E y K son liposolubles y se almacenan en el organismo.

Las vitaminas funcionan de muchas y diversas formas, y sus funciones y acciones en el organismo se siguen investigando, pues muchas de ellas siguen sin estar claras. Los científicos saben, por ejemplo, que el ojo necesita un tipo de vitamina A para que sus conos y bastones puedan detectar la luz, y que su carencia causa deterioro en la visión y, en último término, ceguera; pero está aún por determinar que la vitamina A pueda proteger de trastornos oculares concretos, como las cataratas y la degeneración macular asociada a la edad.

Síntesis de las vitaminas

El desarrollo de la ciencia de la nutrición en la década de 1920 estimuló los intentos de sintetizar las vitaminas. En 1933, el químico británico Norman Haworth fue el primero en elaborar una vitamina –la C–, y en la década de 1940 se había desarrollado una nueva industria de las vitaminas. Al principio se usaron para tratar deficiencias alimentarias, y, luego, la producción en masa permitió popularizarlas como suplemento dietético. Hoy es posible reproducirlas todas a partir de materiales vegetales, animales o por síntesis. Así, la vitamina C puede obtenerse de los cítricos, pero es más económico sintetizarla a partir de cetoácidos. Con los nuevos estudios sobre su asimilación por el organismo se han incluido aditivos a los suplementos para favorecerla. ■

Casimir Funk

Kasimierz (luego Casimir) Funk nació en 1884 en Varsovia (Zarato de Polonia). Tras estudiar química en la Universidad de Berna, trabajó en el Instituto Pasteur de París y el Instituto Lister de Londres, donde llevó a cabo su trabajo pionero sobre las vitaminas, estudiando el beriberi, la pelagra, el escorbuto y el raquitismo.

Se trasladó a Nueva York en 1915. Patrocinado por la Fundación Rockefeller, volvió a Varsovia en 1923, antes de fundar el laboratorio Casa Biochemica en París cuatro años después. Como judío, no era seguro para él permanecer en Francia tras el estallido de la Segunda Guerra Mundial, por lo que volvió a Nueva York, donde estableció la Fundación Funk para la Investigación Médica. Además de su trabajo con las vitaminas, estudió las hormonas animales y la bioquímica del cáncer, la diabetes y las úlceras. Murió en Nueva York en 1967.

Obras principales

1912 «Etiología de las enfermedades carenciales».
1913 «Estudios sobre la pelagra».
1914 *Las vitaminas.*

UN MICROBIO ANTAGONISTA INVISIBLE

BACTERIÓFAGOS Y TERAPIA CON FAGOS

EN CONTEXTO

ANTES

1854 El anatomista italiano Filippo Pacini describe el bacilo causante del cólera.

1892 Dmitri Ivanovski descubre agentes infecciosos menores que las bacterias; en 1898 Martinus Beijerinck los llama «virus».

DESPUÉS

1952 Los estadounidenses Alfred Hershey y Martha Chase usan fagos para identificar el ADN como base del material genético.

2002 Se aprueba en EE UU el adalimumab, basado en anticuerpos creados por fagos, para tratar la artritis reumatoide.

2017 En Londres se trata con fagos una infección bacteriana en un paciente de quince años tras un trasplante doble de pulmón.

2019 La FDA de EE UU aprueba el primer ensayo clínico de una terapia intravenosa basada en bacteriófagos.

Los bacteriófagos son virus que infectan bacterias. Se estima que hay unos 10 millones de billones de billones de ellos en el mundo, aproximadamente el doble que de bacterias. El microbiólogo francocanadiense Félix d'Hérelle los describió en 1917, y comprendió su potencial para tratar enfermedades bacterianas, en la llamada terapia con fagos.

Áreas muertas

El microbiólogo británico Frederick William Twort fue el primero en dar con los bacteriófagos en 1915. Al tratar de cultivar virus *Vaccinia* para la vacuna de la viruela, hallaba constantemente áreas transparentes, restos de bacterias muertas. Especuló que un virus podía estar matando a las bacterias, pero la Primera Guerra Mundial interrumpió sus estudios. Ese año, D'Hérelle trabajaba en Túnez para el Instituto Pasteur de París cuando hizo un hallazgo similar al de Twort, al cultivar un bacilo para las plagas de langosta. De regreso en París, en 1917, observó áreas similares en un cultivo de bacilos de la disentería. Estaba claro que algo atacaba a las bacterias, y D'Hérelle creyó que era un virus, al que llamó bacteriófago (comedor de bacterias).

¿Cura milagrosa?

Durante algún tiempo, nadie sabía con certeza qué eran los bacteriófagos. D'Hérelle creía que eran microbios, y otros pensaban que era una sustancia química, pero D'Herelle comprendió las posibilidades médicas de estos: si mataban bacterias, ¿no servirían para tratar enfermedades bacterianas? En 1919, tras probarlos en su persona, D'Hérelle trató con éxito a varios pacientes con disentería en París, y repitió el éxito con tratamientos para epidemias de cólera en India y peste en Indochina.

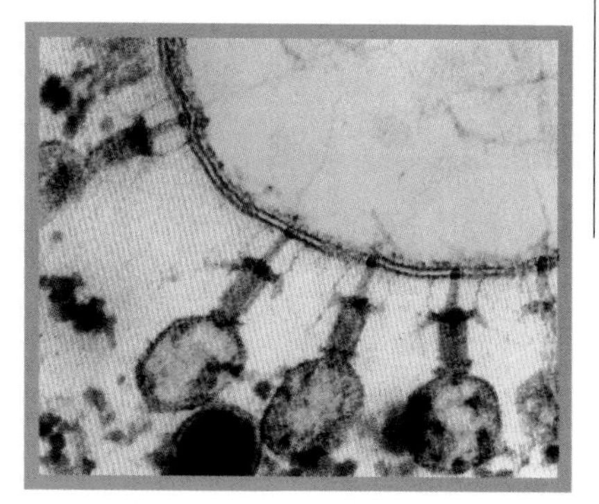

Fagos T2 de enterobacteria atacan una bacteria *E. coli*, en una micrografía electrónica. Las fibras de la cola inyectan material genético, que puede replicarse en la célula o quedar latente.

Véase también: Epidemiología 124–127 ▪ La teoría microbiana 138–145 ▪ El sistema inmunitario 154–161 ▪ Virología 177 ▪ Antibióticos 216–223

Ventajas y desventajas de la terapia con fagos

Ventajas	Desventajas
Los fagos destruyen bacterias dañinas; estas pueden adquirir resistencia a los antibióticos.	Algunas bacterias pueden volverse resistentes a los fagos.
Los fagos son eficaces contra bacterias tratables y resistentes a los antibióticos.	Al apoderarse de una célula bacteriana, un fago puede adquirir ADN dañino.
A diferencia de los antibióticos, los fagos tienen pocos efectos adversos en bacterias beneficiosas y en el medio ambiente.	Dar con el fago o cóctel exacto para tratar eficazmente una enfermedad es un proceso largo y difícil.
Al multiplicarse naturalmente los fagos durante el tratamiento, puede bastar una sola dosis.	Es necesario seguir investigando para determinar qué fagos usar y en qué dosis son seguros y eficaces.

Hubo una explosión momentánea de planes para la terapia con fagos, que según D'Hérelle, dependía de un cóctel de fagos para atacar a las bacterias, para el caso de que se volvieran resistentes a alguno.

Otros científicos no lograron repetir los éxitos de D'Hérelle y se propagaron las dudas acerca de la eficacia de la terapia. Con la llegada de los antibióticos en la década de 1940, el entusiasmo por los fagos remitió. En la Unión Soviética (URSS), sin embargo, en la década anterior, el microbiólogo Georgi Eliava había promovido su uso. D'Hérelle acudió a trabajar con él, pero se vio obligado a huir del país en 1937, cuando Eliava fue declarado enemigo del pueblo y ejecutado. En la URSS, sin acceso a los antibióticos de Occidente, se usó la terapia con fagos como arma clave contra las infecciones bacterianas, y aún conserva su popularidad en Rusia.

Redescubrimiento de los fagos

A fines de la década de 1930 empezó a ser de conocimiento general la enorme importancia biológica, si no médica, de los fagos. En manos del famoso Grupo de Fagos establecido por científicos en Cold Spring Harbor (EE UU) en 1940, fueron clave para descubrir la estructura del ADN. En 1952, Alfred Hershey y Martha Chase los usaron para demostrar que el ADN es la base del material genético.

Se han descubierto dos maneras en que los fagos se apoderan de las células bacterianas. En ambos casos, las fibras de la cola del fago se fijan a la pared celular y la perforan para inyectar su genoma de doble hélice de ADN. En el ciclo lítico, el fago emplea los recursos de la célula para replicarse repetidamente hasta provocar su ruptura. En el ciclo lisogénico, en cambio, el ADN permanece inactivo dentro de la célula, replicándose en las divisiones celulares sin dañar al anfitrión.

Con la resistencia a los antibióticos desarrollada por las bacterias, ha revivido el entusiasmo por la terapia con fagos, y hoy hay muchos ensayos en marcha. Entre sus beneficios está la rápida tasa de replicación y la capacidad para atacar bacterias específicas. También sirven para detectar patógenos y crear anticuerpos útiles contra enfermedades como el reumatismo y los trastornos gastrointestinales. ■

Félix d'Hérelle

Félix d'Hérelle nació en 1873 en París (Francia), donde se formó. Con 24 años se trasladó a Canadá, donde comenzó su interés por la microbiología. En gran medida autodidacta, trabajó en Guatemala y luego en México, donde descubrió una bacteria que infecta a la langosta. Al trabajar con ella en Túnez para el Instituto Pasteur, observó que algo mataba las bacterias.

Ya en el Instituto Pasteur en París siguió estudiando el asunto e identificó por primera vez los bacteriófagos. De allí se trasladó a Leiden (Países Bajos) y luego a Alejandría (Egipto). Fue profesor en la Universidad de Yale (EE UU) y trabajó en la URSS antes de volver a París en 1938 para desarrollar la terapia con fagos.

Pese a muchas nominaciones para el Nobel, nunca le fue concedido. Siguió trabajando hasta su muerte en 1949.

Obras principales

1917 «Sobre un microbio invisible antagonista del bacilo de la disentería».
1921 *Papel de los bacteriófagos en la inmunidad.*
1924 *Comportamiento de los bacteriófagos.*

UNA FORMA DEBILITADA DEL MICROBIO

VACUNAS ATENUADAS

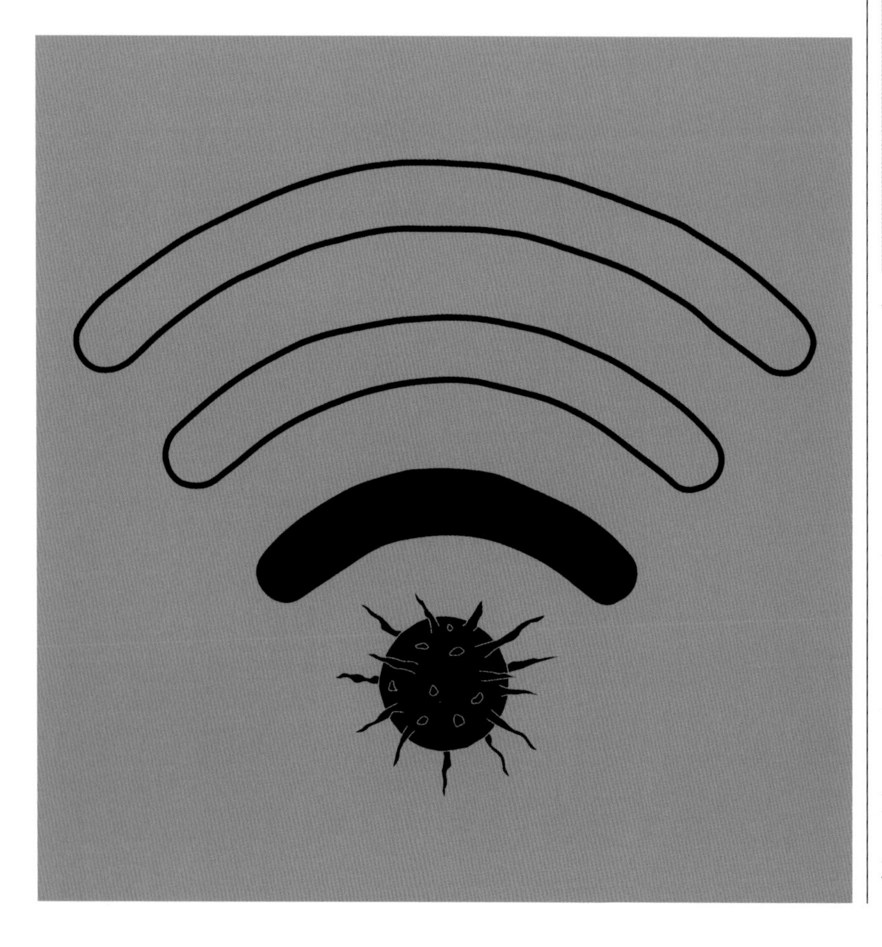

EN CONTEXTO

ANTES

1796 Edward Jenner prueba la primera vacuna, contra la viruela.

1881 Louis Pasteur inmuniza contra el carbunco a aves y ganado.

1885 Pasteur crea la primera vacuna de la rabia.

DESPUÉS

1937 El virólogo Max Thieller crea en EE UU la vacuna 17D de la fiebre amarilla.

1953 El virólogo Jonas Salk anuncia el hallazgo de una vacuna contra la poliomielitis.

1954 El médico Thomas C. Peebles identifica y aísla el virus del sarampión. John F. Enders crea una vacuna en 1963, mejorada en 1968 por Maurice Hilleman.

1981 Se aprueba en EE UU una vacuna derivada de plasma para la hepatitis B.

Tras el éxito de Louis Pasteur en la década de 1880 con el hallazgo de vacunas para el carbunco del ganado y la rabia en humanos, el interés por las mismas creció rápidamente. Muchos científicos emprendieron la búsqueda de nuevas vacunas, animados por la idea de que la vacunación podía librar un día al mundo de muchas enfermedades.

La búsqueda, más difícil y peligrosa de lo imaginado, trajo pérdidas terribles y el enorme heroísmo de científicos y de muchos voluntarios dispuestos a servir de cobayas en los ensayos. Hubo que hallar métodos nuevos para crear vacunas y mejorar su eficacia, pero gradualmente se fueron encontrando vacunas

Véase también: La vacunación 94–101 ▪ La teoría microbiana 138–145 ▪ El sistema inmunitario 154–161 ▪ Erradicación global de la enfermedad 286–287 ▪ VIH y enfermedades autoinmunes 294–297 ▪ Pandemias 306–313

Donde la juventud
se torna pálida,
espectral, y muere.

John Keats
Poeta británico, fallecido a causa de la tuberculosis a los 25 años, en *Oda a un ruiseñor* (1819)

para muchas enfermedades mortales, como el cólera, la difteria, el tétanos, la tosferina y la peste bubónica. La más destacable, la vacuna BCG creada por los franceses Albert Calmette y Camille Guérin en 1921, salvó millones de vidas de la tuberculosis (TB).

Nuevos métodos

Hoy, muchos investigadores buscan material genético para crear nuevas vacunas, pero en la década de 1880 trataban de desarrollarlas a partir de los propios patógenos, o de las sustancias químicas tóxicas que segregaban. Edward Jenner empleó un pariente menos peligroso, la viruela de las vacas, para su vacuna de la viruela, y Pasteur atenuó el patógeno del carbunco para la suya. La dificultad con estas vacunas «vivas» consistía en privar al patógeno de la capacidad de hacer enfermar al paciente, sin debilitarlo tanto que no pudiera activar su sistema inmunitario.

En 1888, el bacteriólogo francés Émile Roux y su asistente de origen suizo Alexandre Yersin hallaron que los daños que causa la bacteria de la difteria se deben, en parte, a las toxinas que segrega. En Alemania, en 1890, Emil von Behring y su colega japonés Shibasaburo Kitasato probaron en experimentos con animales que el organismo se vuelve inmune a la difteria desarrollando antitoxinas. Tras obtener algunas de estas antitoxinas a partir de suero sanguíneo, elaboraron un antisuero que servía como cura de la difteria. La seroterapia fue el primer tratamiento eficaz para esta enfermedad, y previno decenas de miles de muertes hasta el desarrollo de una vacuna en la década de 1920.

Vacunas muertas

La investigación de una vacuna para el cólera la encabezó el bacteriólogo ucraniano Waldemar Haffkine, que ingenió un método que empezaba por el «pasaje»: hacer pasar el patógeno por una serie de animales, como palomas, para darle la forma adecuada. Con algunas vacunas, la idea era debilitarlo, pero el objetivo de Haffkine era aumentar su virulencia para garantizar que activase el sistema inmunitario humano. Luego «mataba» el patógeno por ebullición para impedir que causara la enfermedad. En 1892, Haffkine se arriesgó a probar la vacuna en su persona.

La vacuna de Haffkine fue recibida con escepticismo al principio, pese a otra demostración de su eficacia por parte del reportero del *New York Herald* Aubrey Stanhope. Tras habérsele inyectado la vacuna recién desarrollada, Stanhope viajó a Hamburgo (Alemania), sumida en una epidemia de cólera. Durmió entre pacientes del cólera e incluso bebió la misma agua que ellos, y sobrevivió sin sufrir daño. Al año siguiente Haffkine fue a India, donde había una necesidad desesperada de alguna respuesta al cólera. Como con la seroterapia, hubo reveses, pero la vacuna del cólera de Haffkine salvó cientos de miles de vidas indias. Otros científicos, entre ellos el bacteriólogo británico Almroth Wright, siguieron »

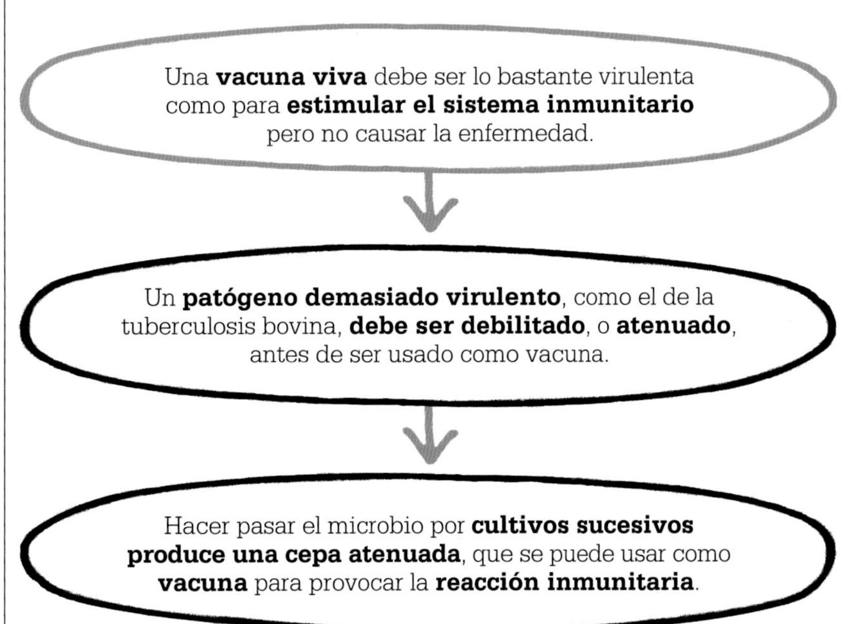
Una **vacuna viva** debe ser lo bastante virulenta como para **estimular el sistema inmunitario** pero no causar la enfermedad.
Un **patógeno demasiado virulento**, como el de la tuberculosis bovina, **debe ser debilitado**, o **atenuado**, antes de ser usado como vacuna.
Hacer pasar el microbio por **cultivos sucesivos produce una cepa atenuada**, que se puede usar como **vacuna** para provocar la **reacción inmunitaria**.

su ejemplo, y en 1896 se produjo una vacuna de la fiebre tifoidea a partir del patógeno muerto. Como Haffkine, Wright probó la vacuna en sí mismo y, pese a desagradables efectos secundarios al principio, funcionó. El ejército británico entero fue vacunado de la fiebre tifoidea al comienzo de la Primera Guerra Mundial.

La creación de la BCG

Quizá el avance más importante en la búsqueda de nuevas vacunas fue la de la TB, conocida como BCG (bacilo de Calmette-Guérin) en honor de sus creadores.

En la década de 1890 se intentó obtener de las vacas una vacuna para la TB, como había hecho Jenner para la viruela. Pero la tuberculosis bovina resultó ser demasiado virulenta para los humanos, y un ensayo en Italia acabó en desastre. Por otro lado, las bacterias de TB eliminadas por ebullición o tratamiento químico no producían efecto alguno en el sistema inmunitario humano. Calmette y Guérin sabían que tenían que usar un microbio vivo, pero lo bastante debilitado para que fuera seguro.

Emplearon una cepa de *Mycobacterium bovis* (TB bovina) obtenida de la leche de una vaca infectada. En 1908, Calmette y Guérin empezaron a cultivar la bacteria en el laboratorio en glicerina y patatas, añadiendo bilis de buey para evitar que formara aglomeraciones. Cada tres semanas, retiraban las bacterias e iniciaban un nuevo cultivo, y con cada uno las bacterias iban perdiendo virulencia. Era un proceso lento, y pasaron cinco años hasta que estuvieron listos para ensayar la vacuna en vacas.

> Juntos de corazón y mente en la prevención de la tuberculosis por la vacuna BCG.
> **Placa conmemorativa de Calmette y Guérin**
> **Instituto Pasteur, París**

Los ensayos fueron interrumpidos por la Primera Guerra Mundial, pero los cultivos continuaron a lo largo de esta. Pasados once años y 239 subcultivos, Calmette y Guérin habían obtenido la BCG, una forma atenuada de la bacteria de la TB bovina. No causaba la enfermedad a los animales inyectados, pero sí provocaba la respuesta inmunitaria. En 1921, Calmette decidió probar la BCG en el bebé de una mujer que había muerto de TB después de dar a luz. La vacuna lo volvió inmune a la enfermedad.

Vacunas más seguras

En 1930 se había vacunado con éxito a miles de niños en Francia con la BCG. Con todo, aún se temía que la bacteria revirtiera a una forma más virulenta y causara la enfermedad a los vacunados, y el mismo año el temor pareció confirmarse: tras vacunar a 250 bebés con la BCG en un hospital de Lübeck (Alemania), 73 murieron de tuberculosis y 135 enfermaron, pero se recuperaron.

La investigación subsiguiente concluyó que la BCG no había sido la causa; la vacuna había sido contaminada con bacterias de TB virulentas, y dos médicos fueron a prisión. Se tardó décadas en recuperar la confianza en la BCG, pero hoy es reconocida como una de las más seguras. Mientras, otros científicos del Instituto Pasteur donde trabajaban

Albert Calmette

Albert Calmette nació en Niza (Francia) en 1863, y se formó como médico en París. Siendo aún estudiante, pasó un tiempo en Hong Kong aprendiendo sobre medicina tropical, y después de licenciarse trabajó en el Congo Francés y en Terranova (Canadá). Cuando el Instituto Pasteur abrió un centro en Indochina (en el actual Vietnam), Calmette fue su director, y organizó campañas de vacunación contra la viruela y la rabia. Al enfermar, se vio obligado a regresar a Francia, continuó con sus estudios sobre el veneno de las serpientes y creó uno de los primeros antídotos con éxito.

En 1895, Calmette fue nombrado director del nuevo Instituto Pasteur en Lille, y fue aquí donde se le unió Camille Guérin, con quien creó la BCG. Aunque la vacuna BCG resultara no ser la causa, quedó afectado por el desastre de Lübeck, y murió poco después, en 1933.

Obra principal

1920 *La infección bacilar y la tuberculosis.*

Cartel de 1917 del Ministerio de Sanidad francés, animando a los padres a proteger a sus hijos de la tuberculosis con vacunas BCG gratuitas.

Calmette y Guérin estaban ingeniando un modo nuevo de crear una vacuna, esta vez para la difteria. La seroterapia salvaba la vida a quienes contraían la enfermedad, pero una vacuna impediría que muchos más la contrajeran. En 1923, el veterinario francés Gaston Ramon observó que el formol neutraliza la toxina segregada por la difteria, y, en Reino Unido, los inmunólogos Alexander Glenny y Barbara Hopkins descubrieron que el formaldehído tenía el mismo efecto.

Ya en 1913, Behring había creado una vacuna para la difteria combinando la toxina que provoca la reacción inmunitaria con una antitoxina para evitar que causara daño, pero este sistema toxina-antitoxina (TA) fallaba a menudo, como ocurrió en Dallas (EE UU) en 1919, causando la muerte a diez niños vacunados. La toxina neutralizada de Ramon y Glenny, o toxoide, era también capaz de provocar la reacción inmunitaria, pero era mucho más segura.

Adyuvantes

Ramon y Glenny descubrieron también que ciertas sustancias, llamadas adyuvantes, aumentan el efecto de las vacunas, aunque no se comprendía bien cómo. El adyuvante de Ramon fue la tapioca, y el de Glenny, el alumbre, una sal de aluminio que hoy es el adyuvante más usado. La vacuna combinada de la difteria (toxoide con adyuvante) era tan eficaz que, a los cinco años, ya se usaba en todo el mundo. En Nueva York, en 1922, la tasa anual de mortalidad por difteria era de 22/100 000; en 1938 era de 1/100 000. La inmunidad aportada por la vacuna no siempre dura toda la vida, pero con refuerzos ocasionales resulta muy eficaz, y hoy esta enfermedad raras veces es mortal.

La búsqueda continúa

En 1930, los investigadores contaban con tres métodos principales para crear vacunas: usar una forma viva atenuada del patógeno (como para la viruela y la BCG); organismos muertos (como para la fiebre tifoidea, el cólera, la peste y la tosferina); y toxinas neutralizadas, o toxoides (como para la difteria y el tétanos). Las vacunaciones no fueron nunca a prueba de todo fallo, pero salvaron cientos de millones de vidas y, en los países desarrollados, la experiencia de las principales enfermedades empezó a pasar al ámbito del recuerdo.

Desde la década de 1980, la ingeniería genética ha dado vacunas de subunidades y conjugadas contra enfermedades como el virus del papiloma humano (VPH) y la hepatitis. Hoy se están desarrollando vacunas de ADN, en las que un tramo de ADN con la secuencia del antígeno del patógeno desencadena la respuesta inmunitaria. Como pone de manifiesto la pandemia de la COVID-19, la búsqueda de nuevas vacunas es hoy tan urgente como fue siempre. ■

Tipos de vacuna

Los virus o bacterias vivas se atenúan para hacer vacunas vivas.

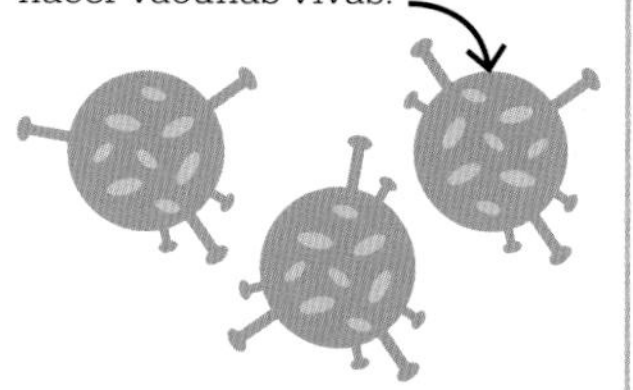

Las vacunas vivas atenuadas como la BCG contienen microbios vivos. En personas sanas, crean una inmunidad sólida y duradera.

Eliminar los microbios con química o calor los hace seguros para vacunas.

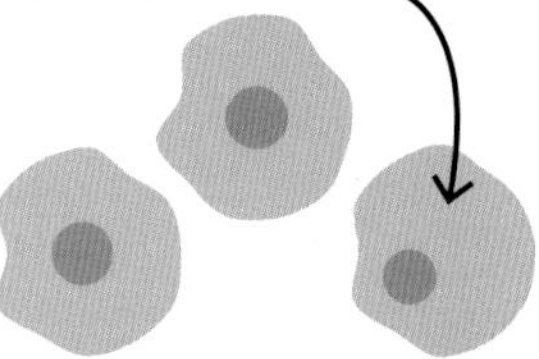

Las vacunas de patógenos enteros inactivados como la de la polio usan bacterias o virus muertos. Mantener la inmunidad puede requerir esfuerzos.

Las toxinas se retiran de las bacterias o virus y se neutralizan.

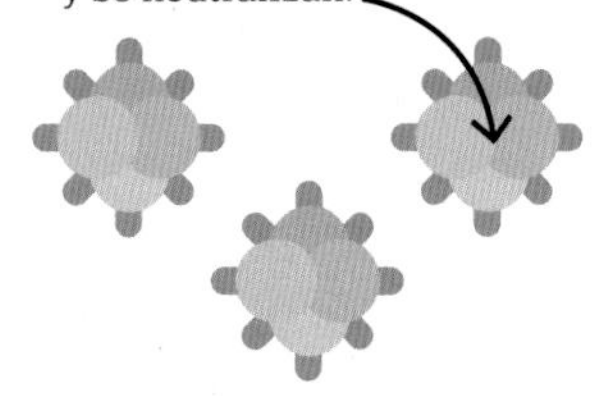

Vacunas toxoides como la del tétanos emplean toxinas inactivadas (toxoides). Se dirigen a la parte patógena (las toxinas), no al microbio entero.

Se usan partes específicas del microbio, como azúcares o proteínas.

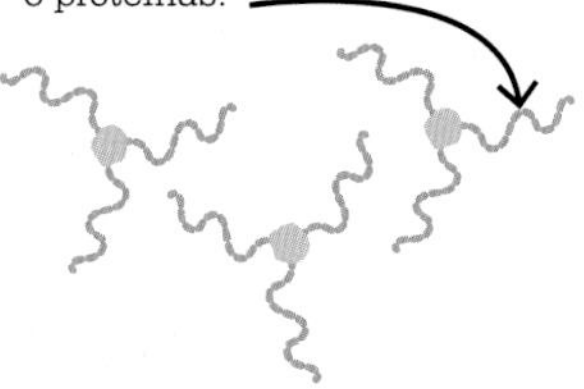

Las vacunas de subunidades y conjugadas como la del VPH usan partes de un organismo que estimulan la respuesta inmunitaria (como los antígenos).

IMITAR LA ACCION DEL PANCREAS

LA DIABETES Y SU TRATAMIENTO

EN CONTEXTO

ANTES

1776 Matthew Dobson confirma el exceso de azúcar en la sangre y orina de los diabéticos.

1869 Paul Langerhans descubre cúmulos de células –islotes de Langerhans– en el páncreas.

1889 Joseph von Mering y Oskar Minkowski confirman el vínculo entre el páncreas y la diabetes.

DESPUÉS

1955 El bioquímico británico Frederick Sanger determina la estructura molecular de la insulina.

1963 La insulina se convierte en la primera proteína humana aislada en el laboratorio.

1985 El lanzamiento de la pluma de insulina en Dinamarca permite su autoadministración a los diabéticos.

Cuando descubrió la causa de la diabetes en 1920, Frederick Banting resolvió un misterio médico que tenía perplejos a los médicos desde hacía siglos. La mención más antigua conocida de lo que se cree era diabetes –una referencia a orinar con frecuencia– se conserva en el antiguo papiro egipcio de Ebers (*c.* 1550 a. C.).

Relatos más detallados del trastorno aparecieron durante la edad de oro de la medicina islámica, en los siglos IX–XI. Avicena y otros describieron la orina dulce, el apetito anormal, la gangrena y la disfunción sexual asociados a la diabetes, y el examen del color, olor y sabor de la orina

Véase también: Hormonas y endocrinología 184–187 ▪ Genética y medicina 288–293 ▪ VIH y enfermedades autoinmunes 294–297

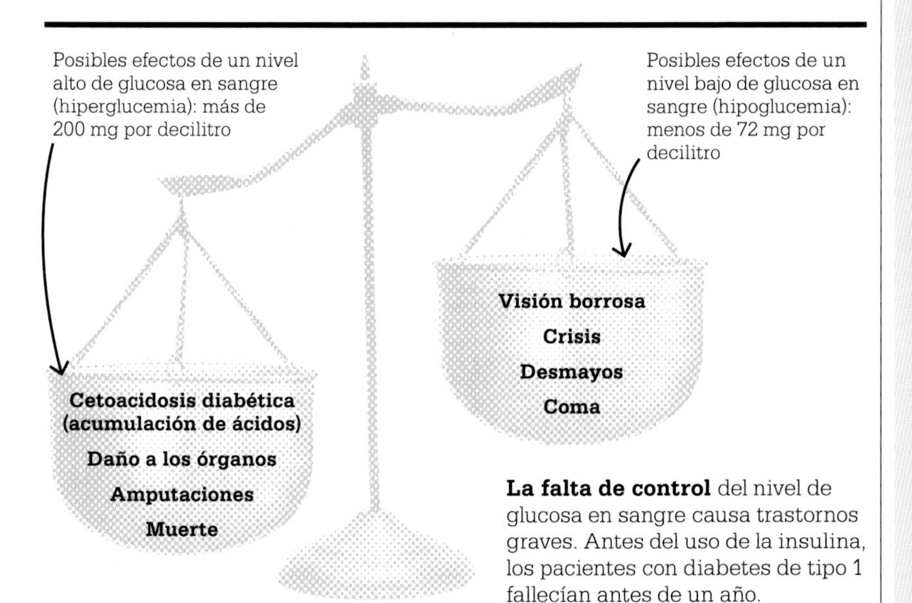

La falta de control del nivel de glucosa en sangre causa trastornos graves. Antes del uso de la insulina, los pacientes con diabetes de tipo 1 fallecían antes de un año.

fueron un medio diagnóstico habitual. En 1776, el médico británico Matthew Dobson publicó un trabajo en el que afirmaba que la orina dulce se debía al exceso de azúcar (glucosa) en la orina y la sangre. También vio que la diabetes era fatal en algunos casos pero no en otros, lo cual fue el primer indicio de que había dos tipos de diabetes, el 1 y el 2.

El papel del páncreas

A mediados del siglo XIX, el químico y médico francés Apollinaire Bouchardat desarrolló tratamientos para la diabetes. Recomendó reducir la ingesta de féculas y azúcar, insistió en la importancia del ejercicio y fue de los primeros en relacionar la diabetes con problemas del páncreas, idea apoyada por experimentos con perros. En 1889, los médicos alemanes Joseph von Mering y Oskar Minkowski observaron que los perros desarrollaban los síntomas cuando se les retiraba el páncreas.

La naturaleza exacta del vínculo entre el páncreas y la diabetes no se conocía aún. Veinte años antes, el estudiante de medicina alemán Paul Langerhans había descubierto cúmulos de células en el páncreas cuya función desconocía. En 1901, el patólogo estadounidense Eugene Opie relacionó los daños en estas células (hoy llamadas islotes pancreáticos o de Langerhans) con la diabetes. En 1910, el fisiólogo británico Edward Sharpey-Schafer propuso que la diabetes se desarrolla cuando la producción de una sustancia elaborada por las células beta en los islotes pancreáticos es deficiente; la llamó insulina (del latín *insula*, «isla»), y luego fue identificada como una hormona peptídica.

En 1920, el médico y científico canadiense Frederick Banting comprendió que las secreciones pancreáticas podían contener la clave para tratar los síntomas de la diabetes. Presentó sus ideas a un experto escocés en el metabolismo de los hidratos de carbono, John Macleod. Este consideró las ideas de Banting dignas de mayor investigación, y »

Frederick Banting

Nacido en 1891 en Alliston (Ontario, Canadá), Banting era el hijo menor de una familia de granjeros. Se licenció en medicina en la Universidad de Toronto en 1916 y fue oficial médico de batallón en la Primera Guerra Mundial.

Volvió a Canadá en 1919 y abrió una consulta quirúrgica en London (Ontario), sin dejar de dar clases y conferencias. Fue mientras preparaba una conferencia sobre la función del páncreas cuando comenzó a investigar la relación entre este y la diabetes.

En 1923 obtuvo el premio Nobel de fisiología o medicina por su trabajo con la diabetes, y fue nombrado director del departamento de investigación médica Banting y Best de la Universidad de Toronto. Al estallar la Segunda Guerra Mundial en 1939, Banting se volvió a alistar en el Royal Canadian Army Medical Corps. Murió en 1941 en un accidente de avión en Terranova.

Obra principal

1922 «Extractos de páncreas para el tratamiento de la diabetes mellitus».

Persona no diabética
Persona con diabetes tipo 1
Las células beta del páncreas controlan la glucosa en la sangre.
Las células beta producen insulina para regular la glucosa.
La insulina lleva glucosa de la sangre a las células del organismo, y el excedente, al hígado, para almacenarla.
La glucosa aporta energía a las células y a la actividad cerebral.
Las células inmunes destruyen las células beta del páncreas.
No se produce insulina.
La mayor parte de la glucosa se queda en la sangre. Parte pasa por los riñones a la orina.
Debe añadirse insulina a la sangre para que la glucosa llegue a las células.

La insulina no me pertenece a mí, pertenece al mundo.
Frederick Banting
Sobre la venta de la patente de la insulina (1923)

puso a su disposición un laboratorio en la Universidad de Toronto y le facilitó un asistente, Charles Best.

El descubrimiento de la insulina

En mayo de 1921, Banting y Best comenzaron a realizar experimentos con perros, extirpando el páncreas a algunos y ligando el conducto pancreático a otros. Los primeros desarrollaron la diabetes, como se esperaba, mientras que los perros a los que se practicó la ligadura no la padecieron. Las células pancreáticas que producían secreciones digestivas degeneraron en estos últimos, pero los islotes de Langerhans no sufrieron daño. Estaba claro que los islotes pancreáticos producían las secreciones que evitaban el desarrollo de la diabetes.

Banting y Best querían extraer y aislar estas secreciones, pero era difícil mantener con vida a los perros el tiempo suficiente para completar los ensayos. Después de numerosos reveses, que resultaron en la muerte de varios perros, lograron mantener vivo a un perro gravemente diabético con inyecciones de un extracto obtenido del páncreas con el conducto ligado, al que llamaron isletina. El siguiente desafío consistía en producir extracto suficiente para obtener un tratamiento práctico para la diabetes.

Conscientes de que depender de los perros sería un freno a la investigación, Banting y Best recurrieron a los páncreas de vacas obtenidas de un matadero local. Lograron extraer una sustancia que contenía una cantidad mayor del ingrediente activo y se la inyectaron a uno de los perros de laboratorio a los que habían extirpado el páncreas. El nivel de glucosa en la sangre del perro bajó considerablemente.

Ensayos en humanos

A finales de 1921, Macleod invitó a James Collip, un bioquímico experto, para ayudar a purificar el extracto pancreático de Banting y Best y realizar ensayos clínicos en humanos. El 11 de enero de 1922 se inyectó el extracto a Leonard Thompson, paciente diabético de 14 años que se encontraba próximo a la muerte en el Hospital General de Toronto. El primer ensayo fue decepcionante, pero se repitió unas dos semanas después con una versión más pura del extracto, con resultados mucho mejores: la glucosa en la sangre de

Thompson volvió a niveles normales, y sus otros síntomas remitieron.

En mayo de 1922, en representación del equipo en la conferencia anual de la Asociación de Médicos Estadounidense, Macleod leyó el trabajo «Los efectos producidos en la diabetes por extractos del páncreas», que contenía la primera mención de la insulina. Fue ovacionado en pie por los asistentes.

El triunfo de un tratamiento eficaz para la diabetes fue enturbiado por la rivalidad. En opinión de Banting, tal logro se debió a su idea y a sus experimentos y los de Best, mientras que otros consideraban que no habrían tenido éxito sin la ayuda de Macleod y Collip. El comité del Nobel otorgó conjuntamente en 1923 el premio de fisiología o medicina a Banting y Macleod. Banting compartió el dinero que ganó con Best y Macleod, el suyo con Collip.

Manufactura de la insulina

La insulina no era una cura para la diabetes, pero sí un tratamiento extremadamente eficaz con potencial para salvar millones de vidas. Banting, Best y Collip tenían los derechos de la patente de la insulina, pero los vendieron a la Universidad de Toronto por un dólar. Sin embargo, producir cantidad suficiente de insulina para su comercialización no era tarea fácil, y la universidad permitió acometerla a la empresa farmacéutica estadounidense Eli Lilly.

Los científicos de Eli Lilly comenzaron a trabajar con la insulina en junio de 1922, pero encontraron difícil aumentar el rendimiento de los páncreas de cerdo que utilizaban, u obtener regularmente insulina de la máxima calidad. La farmacéutica comenzó a enviar insulina a la recién inaugurada clínica de diabetes del Hospital General de Toronto, pero su potencia era tan variable que los médicos tenían que estar constantemente prevenidos ante los síntomas de hipoglucemia (falta de glucosa en la sangre) debidos al exceso de insulina. Estos incluían sudores, mareo, cansancio e incluso desmayos.

Hacia el final de aquel año, el químico principal de Lilly, George Walden, consiguió un avance importante con el método de extracción por precipitación isoeléctrica, que producía una insulina mucho más pura y eficaz que cualquiera obtenida antes. Resuelto el problema de la producción, la empresa pudo acumular grandes reservas de insulina.

Nuevos avances

A lo largo de las décadas siguientes, los investigadores siguieron introduciendo mejoras en la producción y entrega de la insulina, lograron determinar su estructura en la década de 1950 e identificaron la localización exacta del gen de la insulina en el ADN humano.

En 1977 se empalmó con éxito un gen de insulina de rata en el ADN de una bacteria, que produjo entonces insulina de rata. En 1978 se produjo la primera insulina humana empleando bacterias *E. coli* genéticamente modificadas. Fue el primer fármaco genéticamente modificado de uso humano, bajo la marca Humulin, elaborado por Eli Lilly en 1982. Actualmente, la mayoría de las personas con diabetes dependen de insulina producida de este modo. ■

Tipos de diabetes

Hay dos tipos de diabetes. La de tipo 1 se debe a la incapacidad del cuerpo de producir insulina por atacar de forma errónea el sistema inmunitario a las células del páncreas que la segregan. Puede tratarse, pero no curarse, administrando dosis artificiales de insulina. Las personas con diabetes de tipo 2 producen insulina, pero en cantidad insuficiente, o no pueden usarla de forma eficaz. La de tipo 2 es, con mucho, la más común. Suele diagnosticarse en mayores de treinta años, pero su frecuencia está aumentando en grupos de menor edad.

La investigación sobre por qué se desarrolla la diabetes de tipo 2 continúa, pero el estilo de vida parece influir. La obesidad, por ejemplo, es un factor de riesgo conocido. Si el ejercicio y la dieta sana no consiguen resultados, los médicos suelen prescribir la insulina. Los diabéticos de tipo 1 y 2 que la emplean deben medir su glucosa en la sangre varias veces al día para evitar niveles excesivamente bajos.

Producción de insulina en la Alemania de posguerra a partir de tejidos pancreáticos animales. Antes de esta, los diabéticos tenían que controlar el trastorno solo por medio de la dieta.

NINGUNA MUJER ES LIBRE SI NO ES DUEÑA DE SU PROPIO CUERPO

CONTROL DE LA NATALIDAD

EN CONTEXTO

ANTES

1484 El papa Inocencio VIII aprueba matar a las «brujas» que proporcionen remedios anticonceptivos a las mujeres.

1855 El químico e ingeniero Charles Goodyear fabrica condones de caucho vulcanizado.

1873 En EE UU, la Ley Comstock prohíbe la distribución de anticonceptivos.

DESPUÉS

1942 Se forma la Planned Parenthood Federation of America.

1960 El gobierno de EE UU aprueba el primer anticonceptivo oral, luego llamado «la píldora».

1973 En EE UU, el Tribunal Supremo dictamina que la mujer tiene derecho al aborto.

2012 La ONU declara que el acceso al control de la natalidad es un derecho humano esencial.

Los **embarazos no deseados** pueden suponer **mala salud, abortos peligrosos** y hasta la **muerte**.

Eliminar las barreras al control de la natalidad permite a las mujeres tener control sobre su **salud y sus vidas**.

Un control de natalidad seguro y accesible hace libre y dueña de su cuerpo a la mujer.

Para la enfermera y feminista estadounidense Margaret Sanger, el control de la natalidad es un derecho fundamental de las mujeres. Al trabajar en el suburbio neoyorquino del Lower East Side, conocía la devastación que causaban los embarazos no deseados entre las inmigrantes pobres. A menudo llamaban a Sanger a las casas de mujeres donde personas sin formación, con instrumentos no esterilizados, practicaban abortos clandestinos peligrosos. Allí descubrió que muchas de estas mujeres carecían de los conocimientos básicos de su propio sistema reproductor, y algunas le preguntaban por «el secreto» para limitar el tamaño de su familia.

Obstáculos legales

En EE UU, la Ley Comstock de 1873 declaraba «obscenos» los anticonceptivos y toda publicación al respecto, así como ilegal su distribución. Sanger hizo del desafío a esta ley su misión, y suministró anticonceptivos a tantas mujeres como pudo. Creía que tenían derecho a controlar cuándo quedaban embarazadas, y que la anticoncepción era un primer paso esencial para poner fin al ciclo de la pobreza que las oprimía. Sin control sobre el tamaño de la familia, ten-

Véase también: Obstetricia 76–77 ▪ Las mujeres en la medicina 120–121 ▪ Anticoncepción hormonal 258 ▪ Fecundación *in vitro* 284–285

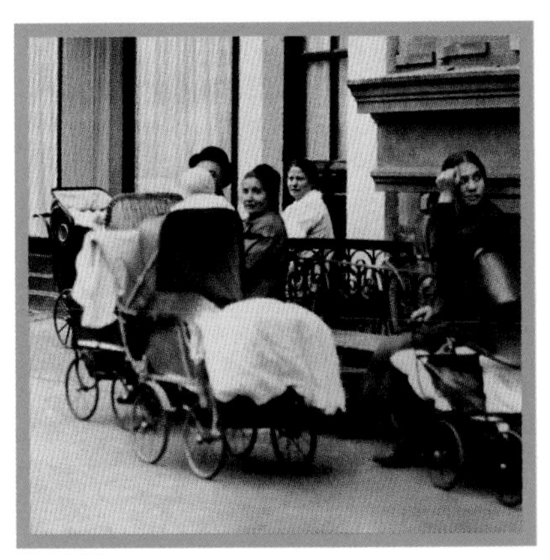

Mujeres esperando en el exterior de la primera clínica de control de la natalidad de Margaret Sanger en Brooklyn, Nueva York, en 1916. Fue cerrada por el gobierno a los diez días de su apertura.

drían que luchar siempre por salir adelante, no tendrían medios para su educación y el número de abortos ilegales peligrosos no dejaría de crecer.

En 1914, Sanger lanzó *The Woman Rebel*, publicación feminista que defendió el acceso a los anticonceptivos para todas las mujeres y acuñó la expresión «control de la natalidad». Acusada de violar la ley, Sanger huyó a Reino Unido, pero volvió un año después. Los cargos le fueron retirados, después de haberse ganado la simpatía de la opinión pública tras la muerte de su hija de cinco años.

En 1916, Sanger pasó treinta días en prisión por abrir una clínica de control de la natalidad en Brooklyn (Nueva York). El tribunal dictaminó que los médicos podían prescribir anticonceptivos por motivos médicos. Para explotar esta laguna legal, en 1923 Sanger abrió el Birth Control Clinical Research Bureau (Oficina de investigación clínica para el control de la natalidad), con personal médico femenino. La organización pasó a formar parte más tarde de la Planned Parenthood Federation of America (Federación Estadounidense de Planificación Familiar), el vehículo de Sanger a lo largo de los siguientes treinta años para llevar el control de la natalidad a la población de EEUU.

La lucha por la reforma

Sanger logró muchas victorias en la campaña por cambiar la ley. En 1936, Nueva York, Connecticut y Vermont fueron los primeros estados en legalizar la prescripción de anticonceptivos por los médicos de familia; y en 1971 se eliminó la referencia a los anticonceptivos de la Ley Comstock.

Para entonces, el anticonceptivo oral conocido como «la píldora» estaba ampliamente disponible. Sanger, que siempre estuvo frustrada por el escaso número de anticonceptivos accesibles, había sido la punta de lanza del desarrollo de la píldora, con el apoyo económico de Katharine McCormick y los conocimientos del biólogo Gregory Pincus. La aprobación de la píldora en 1960 por el gobierno de EEUU supuso su triunfo en la lucha por el control de la propia fecundidad para las mujeres estadounidenses. ■

Nuestras leyes obligan a las mujeres al celibato [...] o al aborto [...]. Ambos son perjudiciales para la salud, según autoridades médicas eminentes.
Margaret Sanger

”

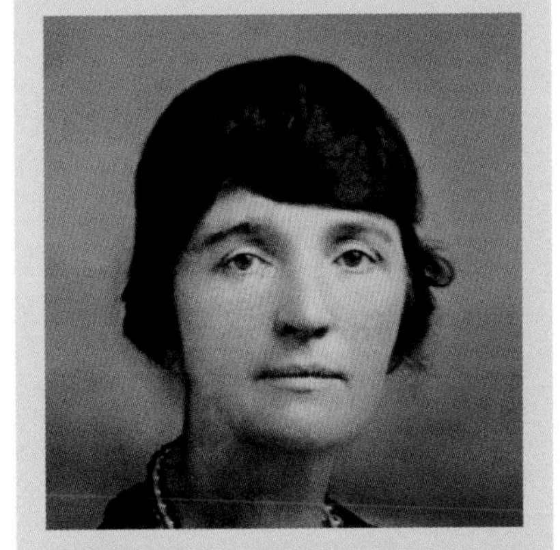

Margaret Sanger

Margaret Higgins nació en Corning (Nueva York), en 1879, en una familia irlandesa de clase obrera de once hijos. Su padre, progresista, apoyaba el sufragio femenino. En 1902, tras formarse como enfermera, se casó con el arquitecto William Sanger. La pareja hizo campaña por varias causas, y Margaret ingresó en el Comité de Mujeres del Partido Socialista de Nueva York y en Trabajadores Industriales del Mundo.

Sanger se enfrentó toda su vida adulta a las leyes contra el control de la natalidad. También era partidaria entusiasta de la eugenesia, cuyo objetivo era reducir las poblaciones «indeseables» con el control de la natalidad y la esterilización forzosos. No apoyó la eugenesia basada en criterios de raza o clase, pero esto dañó su reputación. Murió en 1966.

Obras principales

1914 «Limitaciones familiares».
1916 *Lo que toda chica debería saber.*
1931 *Mi lucha por el control de la natalidad.*

MOHO MARAVILLOSO QUE SALVA VIDAS

ANTIBIÓTICOS

EN CONTEXTO

ANTES

1640 El farmacéutico inglés John Parkington aconseja usar mohos para tratar heridas.

1907 Paul Ehrlich descubre la arsfenamina, comercializada luego como Salvarsán, primer antimicrobiano sintético.

DESPUÉS

1941 Comienza la producción en masa de la penicilina, después de que Howard Florey, Ernst Chain y Norman Heatley traten con ella a un paciente con septicemia.

1948 B. Duggar descubre la primera tetraciclina, antibiótico obtenido de una muestra de tierra.

1960 La empresa farmacéutica británica Beecham lanza la meticilina, antibiótico para patógenos resistentes a la penicilina.

2017 La OMS publica una lista de patógenos prioritarios para la investigación en antibióticos.

Antes del siglo xx no hubo tratamientos eficaces para las infecciones bacterianas, tales como la neumonía, la tuberculosis, la diarrea, la fiebre reumática y las infecciones urinarias, ni para otras de transmisión sexual, como la sífilis y la gonorrea. En 1928, todo esto cambió gracias al trabajo del bacteriólogo escocés Alexander Fleming, empleado en el Hospital de Santa María de Londres. Fleming estaba experimentando con la bacteria *Staphylococcus* –causante de enfermedades como la septicemia (infección de la sangre) y las intoxicaciones alimentarias–, cuando se produjo un error que resultó ser un gran avance médico.

El primer antibiótico

A su regreso de unas vacaciones, Fleming vio que un moho había contaminado el cultivo de una de sus placas de Petri. Al observarlo más de cerca, comprobó que el moho había despejado de bacterias un anillo a su alrededor. El moho era el hongo *Penicillium notatum*, hoy denominado *P. chrysogenum*. Por azar, había descubierto el primer fármaco antibiótico natural que se iba a producir para uso terapéutico y que transformaría el mundo de la medicina. Lo llamó

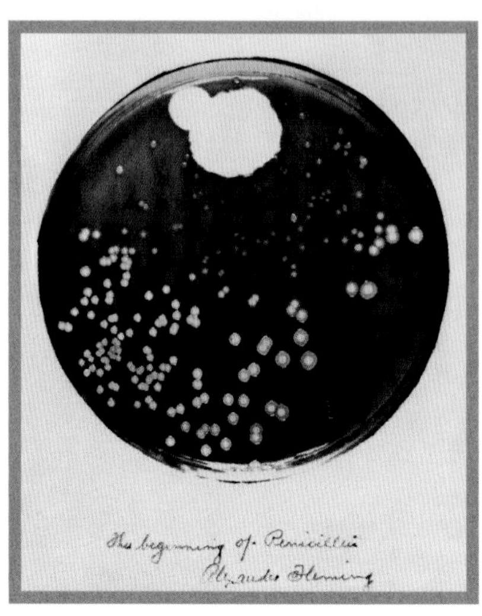

El cultivo original de *Penicillium notatum* de Alexander Fleming dio lugar al gran avance del descubrimiento de los antibióticos, un punto de inflexión en la historia de la medicina.

inicialmente *mould juice* («zumo de moho»), pero a partir de 1929 usó el término penicilina.

Fleming demostró que la penicilina mataba algunos tipos de bacterias, pero no otros. Los científicos dividen las bacterias en dos categorías: grampositivas y gramnegativas. En 1884, el bacteriólogo danés Hans Christian Gram había creado

Alexander Fleming

Fleming nació en Ayrshire (Escocia) en 1881. En 1906 se licenció en la Escuela Médica del Hospital de Santa María en Londres, en cuyo departamento de investigación fue asistente de Almroth Wright, pionero de la inmunología y la terapia con vacunas.

En el Cuerpo Médico del Ejército Real durante la Primera Guerra Mundial fue testigo de la sepsis en los heridos. Al volver al Hospital de Santa María, descubrió la primera lisozima, enzima antibacteriana de las lágrimas y la saliva. Fleming se mostró modesto acerca de su papel en el descubrimiento de la penicilina, pero fue nombrado caballero por su trabajo en 1944. En 1945 aceptó el Nobel de fisiología o medicina, junto con Florey y Chain, y en 1947, la Medalla al Mérito de EEUU. Murió en 1955.

Obras principales

1922 «Sobre un elemento bacteriolítico notable que se encuentra en tejidos y secreciones».
1929 «Sobre la acción antibacteriana de los cultivos de un *Penicillium*».

Véase también: Epidemiología 124–127 ▪ Enfermería y sanidad 128–133 ▪ Patología celular 134–135 ▪ La teoría microbiana 138–145 ▪ El sistema inmunitario 154–161 ▪ Malaria 162–163 ▪ Medicamentos dirigidos 198–199 ▪ Pandemias 306–313

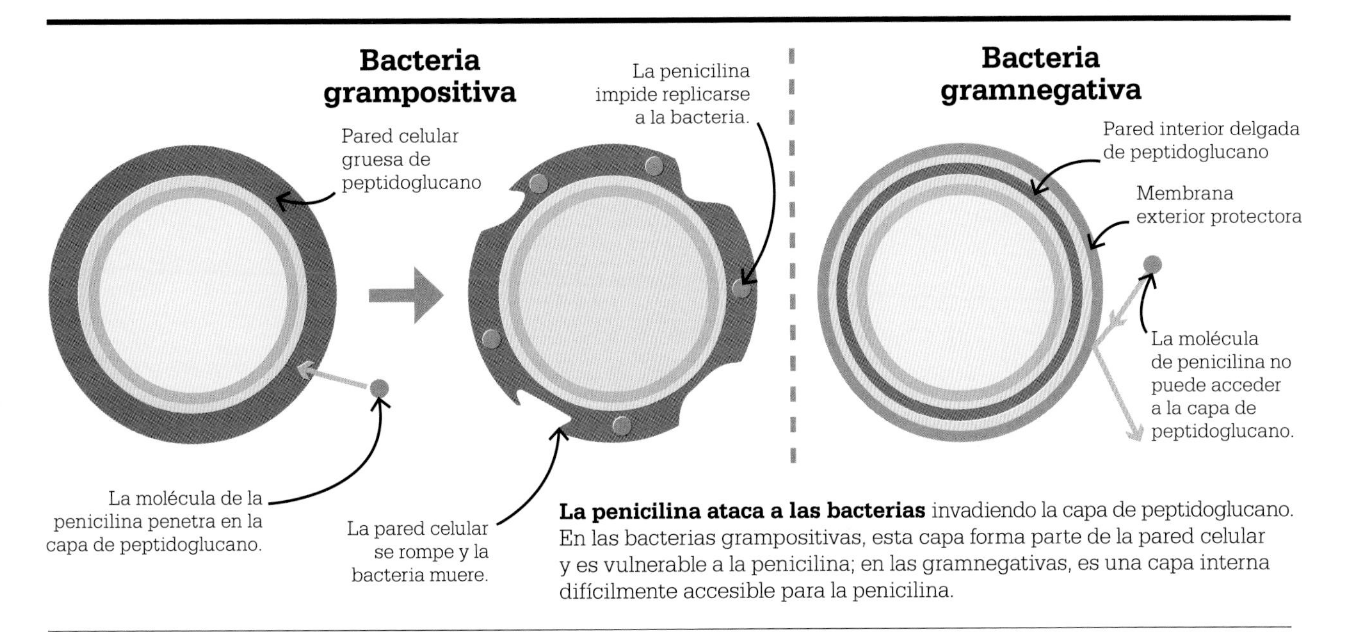

Bacteria grampositiva
Pared celular gruesa de peptidoglucano
La penicilina impide replicarse a la bacteria.
Bacteria gramnegativa
Pared interior delgada de peptidoglucano
Membrana exterior protectora
La molécula de penicilina no puede acceder a la capa de peptidoglucano.
La molécula de la penicilina penetra en la capa de peptidoglucano.
La pared celular se rompe y la bacteria muere.

La penicilina ataca a las bacterias invadiendo la capa de peptidoglucano. En las bacterias grampositivas, esta capa forma parte de la pared celular y es vulnerable a la penicilina; en las gramnegativas, es una capa interna difícilmente accesible para la penicilina.

un método de tinción que separaba las bacterias con membrana exterior alrededor de la célula de las que no la tenían. La técnica sigue siendo ampliamente utilizada por los microbiólogos: las bacterias sin membrana (grampositivas) retienen el tinte morado, visible al microscopio; las que tienen membrana (gramnegativas) no retienen el color.

Fleming mostró que la penicilina afectaba a las bacterias grampositivas, incluidas las responsables de la neumonía, la meningitis y la difteria. También eliminaba la bacteria gramnegativa de la gonorrea, pero no a las causantes de la fiebre tifoidea o paratifoidea. En 1929, Fleming publicó sus hallazgos, que despertaron escaso interés.

Producción en masa

La idea de desarrollar la penicilina como antibiótico permaneció latente hasta 1938, cuando el patólogo australiano Howard Florey reunió a un equipo de bioquímicos en la Escuela de Patología Dunn de la Universidad de Oxford. En el equipo figuraban Ernst Chain, refugiado judío alemán, y Norman Heatley y Edward Abraham, ambos británicos. El desafío era formidable: producir penicilina era un proceso muy lento, el moho contenía solo una parte por cada dos millones de penicilina, inestable y de difícil manejo. Pero Heatley ingenió un modo de separarla de las impurezas y devolverla al agua para procesarla con mayor facilidad. A principios de 1941, realizaron los primeros ensayos clínicos con Albert Alexander, que sufría septicemia aguda en la cara. Como nadie sabía cuánta penicilina administrar, ni la duración necesaria del tratamiento, procedieron por ensayo y error. Le administraron una infusión intravenosa del antibiótico. A las 24 horas, su fiebre se había reducido y la infección remitió. Sin embargo, el equipo de Florey tenía acceso a un suministro reducido de penicilina, que se agotó a los cinco días. El paciente recayó y murió.

> A veces uno encuentra lo que no estaba buscando.
> **Alexander Fleming**

Florey sabía que harían falta cantidades mucho mayores de moho *Penicillium*, y a pesar de que preparó cultivos en matraces de laboratorio, bacinillas y tiestos de cerámica, la producción seguía siendo lenta.

En plena Segunda Guerra Mundial había una gran necesidad de penicilina, pero la industria farmacéutica británica estaba trabajando a pleno rendimiento en otros fármacos. Florey y Heatley fueron a EEUU a pedir ayuda. A fines de 1941, el Departamento de Agricultura de EEUU había organizado la producción en »

La estructura de la penicilina

En 1945, al emplear la cristalografía de rayos X para descubrir la estructura molecular del hongo de la penicilina, la bioquímica británica Dorothy Hodgkin observó un anillo de beta-lactama en el núcleo molecular, consistente en un átomo de nitrógeno y tres de carbono. Era un descubrimiento vital, pues a dicho anillo debe la penicilina su eficacia.

La pared exterior de una bacteria grampositiva consiste en capas de peptidoglucano unidas por enlaces cruzados de proteínas. En presencia de penicilina durante la división celular bacteriana, los anillos de beta-lactama se unen a los enlaces cruzados durante su construcción, impidiendo completar la división. La pared celular bacteriana se debilita, revienta por la presión osmótica y la célula muere.

En 1964, Hodgkin recibió el Nobel de química por su trabajo sobre la estructura de las sustancias bioquímicas.

En reconocimiento a su trabajo sobre la estructura de la penicilina, Dorothy Hodgkin ingresó en la Royal Society en 1947.

masa del antibiótico. Un año después, fue tratada con éxito una mujer con septicemia por estreptococos. La producción de penicilina se incrementó de modo exponencial, fabricándose 21 000 millones de unidades en 1943 y 6,8 billones en 1945, que salvaron miles de vidas. También en 1945, la bioquímica británica Dorothy Hodgkin descubrió la estructura molecular de la penicilina, lo cual permitió la síntesis química del fármaco. Con ello, los científicos pudieron alterar la estructura química de la penicilina para crear antibióticos derivados que sirvieran para un espectro más amplio de infecciones.

De natural a sintética

Durante siglos se sabía que ciertas sustancias curaban enfermedades. En el antiguo Egipto, el pan enmohecido se aplicaba a las heridas infectadas, y los tratamientos con moho se emplearon en muchas otras culturas, entre ellas las antiguas Grecia, Roma, China y la Europa medieval. Aunque en todo este tiempo no se supiera, se trataba de tratamientos antibióticos en todo salvo el nombre. Los experimentos con las propiedades antibacterianas del moho fueron tomando impulso en el siglo XIX. En 1871, el fisiólogo británico John Sanderson observó que las esporas de *Penicillium* impedían el crecimiento bacteriano. El mismo año, el cirujano británico Joseph Lister observó los efectos antibacterianos de un moho sobre el tejido humano. En 1897, el médico francés Ernst Duchesne usó el *Penicillium notatum* para curar la fiebre tifoidea en cobayas.

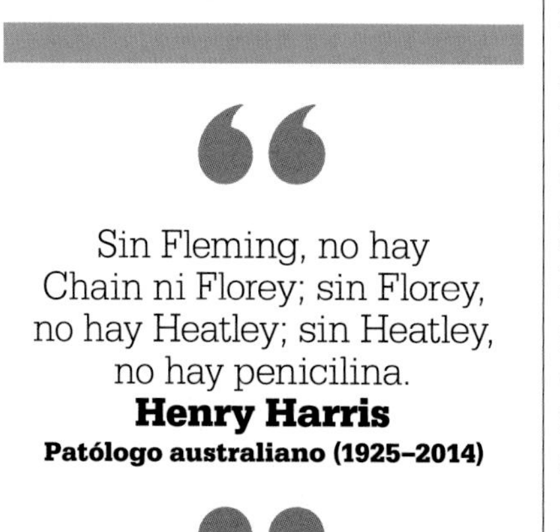

Sin Fleming, no hay Chain ni Florey; sin Florey, no hay Heatley; sin Heatley, no hay penicilina.
Henry Harris
Patólogo australiano (1925–2014)

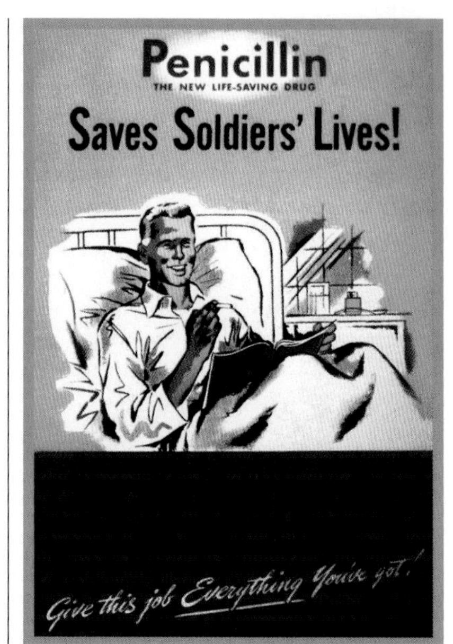

Un cartel de la Segunda Guerra Mundial dirigido a los médicos. El gobierno de EE UU ordenó a veinte empresas producir en masa la penicilina, que fue objeto de una promoción intensa.

En 1900, el científico alemán Paul Ehrlich emprendió la búsqueda de una «bala mágica» capaz de reconocer y destruir todos los patógenos, sin causar daño a las células sanas. Había observado que determinados tintes teñían algunas células bacterianas pero no otras. Un ejemplo era el azul de metileno, que teñía el parásito unicelular *Plasmodium*, causante de la malaria.

Ehrlich se propuso hallar una cura para la sífilis, enfermedad de transmisión sexual. Su asistente japonés Sahachiro Hata ensayó una serie de compuestos sintéticos del arsénico y

La primera regla para enredar con inteligencia es guardar todas las piezas.
Paul Ehrlich

comprobó que uno, la arsfenamina, era capaz de identificar y destruir la bacteria *Treponema pallidum* responsable de la enfermedad. Ehrlich lo comercializó como el fármaco Salvarsán en 1910. Sin embargo, provocaba desagradables efectos secundarios, y la iglesia ortodoxa rusa lo condenó, argumentando que la sífilis era un castigo divino contra la inmoralidad. En 1912, Ehrlich presentó la versión mejorada, Neosalvarsán, que se convirtió en el tratamiento estándar de la sífilis. La arsfenamina fue el primer agente antimicrobiano sintético, pero al ser un compuesto del arsénico, el Neosalvarsán seguía teniendo efectos secundarios y era difícil de almacenar. En la década de 1940, la penicilina se convirtió en el nuevo tratamiento de la sífilis por considerarse una alternativa más segura.

Nuevos antibióticos

Hoy, los bacteriólogos comprenden que la penicilina es un bactericida, es decir, destruye directamente bacterias, pero como descubrió Fleming, no es eficaz contra todos los tipos de bacteria. Con el tiempo, se desarrollaron nuevas variedades de antibióticos que operan de otro modo.

Las décadas de 1950 y 1960 fueron una era dorada para el descubrimiento de antibióticos, y muchas empresas farmacéuticas emprendieron la búsqueda de microorganismos aprovechables para producir nuevos fármacos. En 1968 se habían descubierto doce nuevos grupos de antibióticos, y hasta la fecha se conocen más de veinte.

Los antibióticos atacan a las bacterias de tres maneras principales. La primera, de la que la penicilina es un ejemplo, consiste en impedir la síntesis de la pared celular del patógeno (p. 219). La vancomicina, producida a partir de la bacteria *Streptomyces orientalis* y disponible ya en 1958, es otro antibiótico que funciona de este modo. Fue eficaz contra la mayoría de los patógenos grampositivos, incluidas bacterias resistentes a la penicilina. Fue eclipsada por fármacos con menos efectos secundarios, pero volvió a usarse a raíz de la aparición de bacterias más resistentes a los antibióticos en la década de 1980.

El segundo modo en que los antibióticos atacan a las bacterias es mediante la inhibición de la producción de proteínas esenciales, impidiendo la multiplicación celular. El primer antibiótico con este efecto fue la estreptomicina, que se extrajo de la bacteria *Streptomyces griseus*, en muestras de tierra obtenidas en 1943 por el estudiante de microbiología estadounidense Albert Schatz. Fue eficaz contra infecciones bacterianas, entre ellas la tuberculosis.

Las tetraciclinas son otro grupo de antibióticos que funcionan como inhibidores de proteínas. En 1948, Benjamin Duggar, especialista en biología vegetal, identificó la bacteria *Streptomyces aureofaciens* en una muestra de tierra de Misuri (EE UU). A partir de esta se aisló la clortetraciclina, el primer antibiótico de esta familia extensa. Comercializado como Aureomycin, se empleó para tratar infecciones en animales y en humanos. Los microbiólogos desarrollaron otras tetraciclinas en la década de 1950, y se han usado muchas para tratar trastornos diversos, como el acné, infecciones respiratorias, »

Las hormigas podadoras cultivan en las hojas un hongo que produce la bacteria *Pseudonocardia* (visible como polvo blanco). Algunos científicos creen que esta podría servir para desarrollar un nuevo tipo de antibiótico humano.

Se trata la **infección bacteriana** de un paciente con **antibióticos**.
Los antibióticos **destruyen** la mayoría de las bacterias, pero un **pequeño número sobrevive** gracias a la **resistencia** existente a los antibióticos.
La **cepa resistente** de la bacteria se **multiplica** en el primer paciente y puede **pasar** por contacto e **infectar** a otra persona.
El nuevo paciente toma antibióticos, pero estos **no destruyen** la bacteria ya del todo resistente.

úlceras de estómago, clamidia y la enfermedad de Lyme. También se emplean contra los protozoos parásitos *Plasmodium* causantes de la malaria. A diferencia de algunos antibióticos, las tetraciclinas funcionan tanto con bacterias gramnegativas como con grampositivas.

Las tetraciclinas inhiben la síntesis de proteínas penetrando en el patógeno e impidiendo el enlace de moléculas clave con sus ribosomas (pequeñas estructuras celulares, u orgánulos). Los ribosomas fabrican las proteínas que construyen y rigen el funcionamiento de la célula, y al detenerse este proceso, impiden la multiplicación de la célula.

Casi la mitad de las tetraciclinas se usan en la cría de ganado, administrándose a cerdos, vacas y otros animales de cría intensiva para prevenir infecciones gastrointestinales y aumentar la producción de carne y lácteos, al estimular el crecimiento. Su uso excesivo en la ganadería es la causa probable de la mayor resistencia desarrollada por muchos patógenos, y hoy las tetraciclinas ya no son tan eficaces, ni en animales ni en humanos.

Otro tipo de antibióticos, las quinolonas, emplean el tercer método de ataque, impedir la reproducción del material genético de las bacterias para que no puedan multiplicarse. Entre estas se incluyen los ciprofloxacinos, introducidos a finales de la década de 1980, que dañan el ADN de las células patógenas contra las que se dirigen. Estos antibióticos tratan infecciones óseas y articulares, fiebre tifoidea, diarrea e infecciones respiratorias y urinarias.

El auge de las superbacterias

La bacteria *Staphylococcus aureus* (SA), descubierta por el científico alemán Friedrich Rosenbach en 1884, es la causante de infecciones como la septicemia, las enfermedades respiratorias y las intoxicaciones alimentarias. Los científicos estiman que antes de 1941 moría el 82 % de los infectados con SA. Sin embargo, con la introducción de los antibióticos, comenzó una «carrera armamentista» entre los bacteriólogos, que crean nuevos fármacos, y los patógenos, que desarrollan resistencia a estos.

Las bacterias se reproducen muy rápidamente, lo cual acelera también el ritmo de las mutaciones y su evolución. Chain y Abraham, dos miembros del equipo de investigación de Florey, observaron por primera vez la resistencia a la penicilina de la bacteria *Escherichia coli* en 1940, antes siquiera de comenzar la producción del fármaco. *E. coli* puede ser inofensiva, pero ciertas cepas (variantes genéticas) causan intoxicaciones alimentarias e infecciones gastrointestinales. La resistencia a la penicilina era ya más común a fines de la década de 1940. En las dos décadas siguientes se desarrollaron antibióticos alterna-

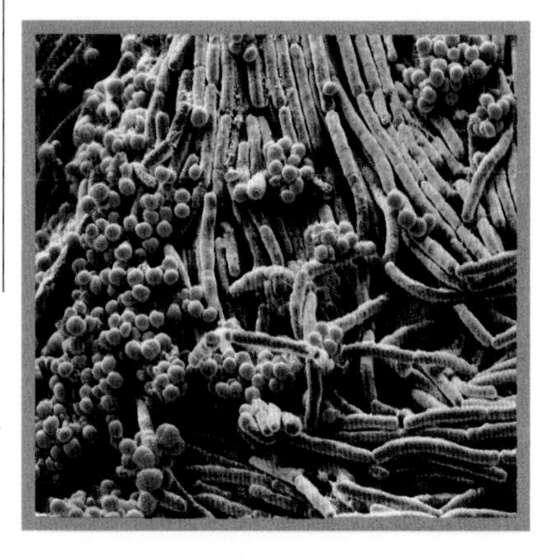

La bacteria de la imagen se obtuvo del dorso de un teléfono móvil, que ofrece un criadero óptimo gracias a su calor. Entre las bacterias identificadas en teléfonos están *E. coli* y la superbacteria SARM.

tivos, la vancomicina y la meticilina, para tratar de derrotar a las cepas resistentes, pero la SA resistente a la meticilina (SARM) apareció ya a inicios de la década de 1960, y hoy está clasificada como superbacteria.

Estas superbacterias son resistentes a los antibióticos y más virulentas que sus predecesoras. Un ejemplo es *Pseudomonas aeruginosa*, presente en las heridas por quemaduras. A principios del siglo XXI se describieron nuevas categorías de cepas patógenas, extremadamente resistentes (XDR), y totalmente resistentes (TDR) a los fármacos.

Un problema de salud global

Las superbacterias son una amenaza grave para la humanidad. Los tratamientos de la tuberculosis se han visto comprometidos al desarrollar la bacteria *Mycobacterium tuberculosis* resistencia tanto a la isoniazida como a la rifampicina, que eran dos de los antibióticos más potentes contra esta enfermedad. El cólera (causado por la bacteria *Vibrio cholerae*) también se ha vuelto más difícil de tratar, tras haber desarrollado resistencia en Asia y América del Sur. La Organización Mundial de la Salud (OMS) ha identificado la resistencia a los antibióticos como uno de los mayores riesgos para la salud global y la seguridad alimentaria, y amenaza con revertir muchos de los logros de la medicina moderna. Hoy es más difícil tratar la neumonía, la tuberculosis, las intoxicaciones alimentarias y la gonorrea, al haber perdido eficacia los antibióticos indicados. Incluso procedimientos estándar, como las cesáreas y los trasplantes de órganos, se han vuelto más peligrosos por la pérdida de eficacia de los antibióticos utilizados para las infecciones postoperatorias. Cada año en EEUU, las infecciones por bacterias u hongos resistentes a los antibióticos afectan a 2,8 millones de personas, y más de 35000 mueren por esta causa.

El mundo se dirige a una era postantibióticos, en la que infecciones y heridas menores que son tratables desde hace décadas podrán volver a matar.

Keiji Fukada

Subdirector general de la Organización Mundial de la Salud (2010–2016)

Resistencia a antibióticos comunes

El creciente mal uso de antibióticos ha generado la resistencia bacteriana ante fármacos antes eficaces. Solo en EEUU, en 2018 se recetaron unos 259 millones. El mercado global de antibióticos se valoró en unos 45000 millones de dólares en 2018, y se espera que alcance los 62000 millones en 2026.

Antibiótico	Lanzamiento	Primera resistencia identificada
Penicilina	1941	1942
Vancomicina	1958	1988
Meticilina	1960	1960
Azitromicina	1980	2011
Ciprofloxacino	1987	2007
Daptomicina	2003	2004
Ceftazidima-avibactam	2015	2015

Mal uso de los antibióticos

Si bien la resistencia a los antibióticos es un proceso natural, su uso inadecuado lo ha acelerado. Este mal uso se da de dos formas principales: por un lado, se recetan antibióticos en exceso, a menudo para infecciones virales para las que resultan ineficaces, y, añadido a esto, los pacientes a menudo no completan el tratamiento con antibióticos, lo cual permite a las bacterias sobrevivir y adquirir inmunidad; por otro lado, hay una inadecuada administración a los animales. En 1950, bromatólogos estadounidenses descubrieron que añadir antibióticos al pienso del ganado aceleraba su crecimiento, probablemente por afectar a la flora intestinal. Como los fármacos eran más baratos que los suplementos tradicionales, muchos ganaderos adoptaron la práctica.

En 2001, el grupo Union of Concerned Scientists estimó que alrededor del 90 % del uso de antibióticos en EEUU correspondía a fines no terapéuticos relacionados con la producción de alimentos. Hoy, la OMS hace campaña en contra de administrar antibióticos a animales sanos, ya sea para prevenir enfermedades o para estimular el crecimiento.

La necesidad de antibióticos puede minimizarse con normas básicas de higiene, como lavarse las manos, que reducen la propagación de bacterias. Los antibióticos han salvado millones de vidas, pero los microbiólogos se enfrentan hoy al desafío de encontrar nuevos modelos eficaces para combatir la infección. ■

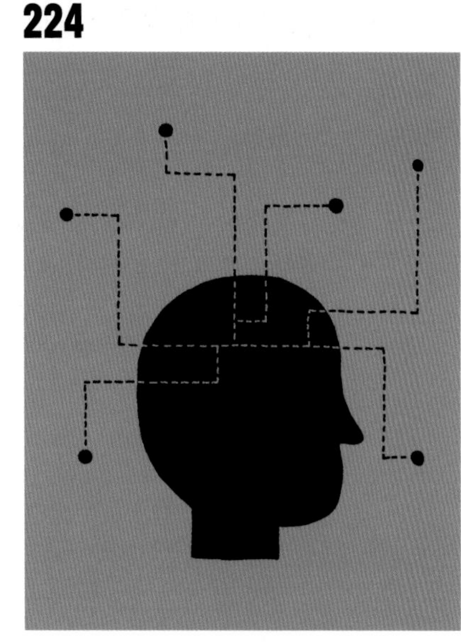

NUEVAS VENTANAS AL CEREBRO

ELECTROENCEFALOGRAFÍA

EN CONTEXTO

ANTES

1875 El médico Richard Caton observa la actividad eléctrica en cerebros expuestos de un mono y un conejo.

1912 El fisiólogo Vladímir Pravdich-Neminsky publica el primer EEG animal.

1924 Hans Berger registra su primer EEG, de un niño sometido a neurocirugía.

DESPUÉS

1936 Abre como centro de investigación el primer laboratorio de EEG en el Hospital General de Massachusetts, en Boston (EE UU).

1953 Los neurofisiólogos Eugene Aserinsky y Nathaniel Kleitman demuestran el vínculo entre el sueño REM y soñar.

1992 El neurocientífico Kenneth Kwong usa la imagen por resonancia magnética funcional (IRMf) para estudiar el cerebro humano.

En 1935, el neurofisiólogo británico William Grey Walter diagnosticó un tumor cerebral a un paciente con un electroencefalograma (EEG). Esta técnica, que mide la actividad eléctrica (ondas cerebrales) del cerebro humano, la había usado ya el neuropsiquiatra alemán Hans Berger en la década de 1920. Walter mejoró la tecnología para detectar un rango mayor de ondas, permitiendo usar la electroencefalografía como herramienta diagnóstica.

El cerebro contiene miles de millones de neuronas en una red vasta y compleja. Se comunican unas con otras en las uniones llamadas sinapsis, y toda actividad en una sinapsis crea un impulso eléctrico. El voltaje en una sinapsis es demasiado pequeño para que lo detecte un electrodo, pero, cuando se activan simultáneamente miles de neuronas –cosa habi-

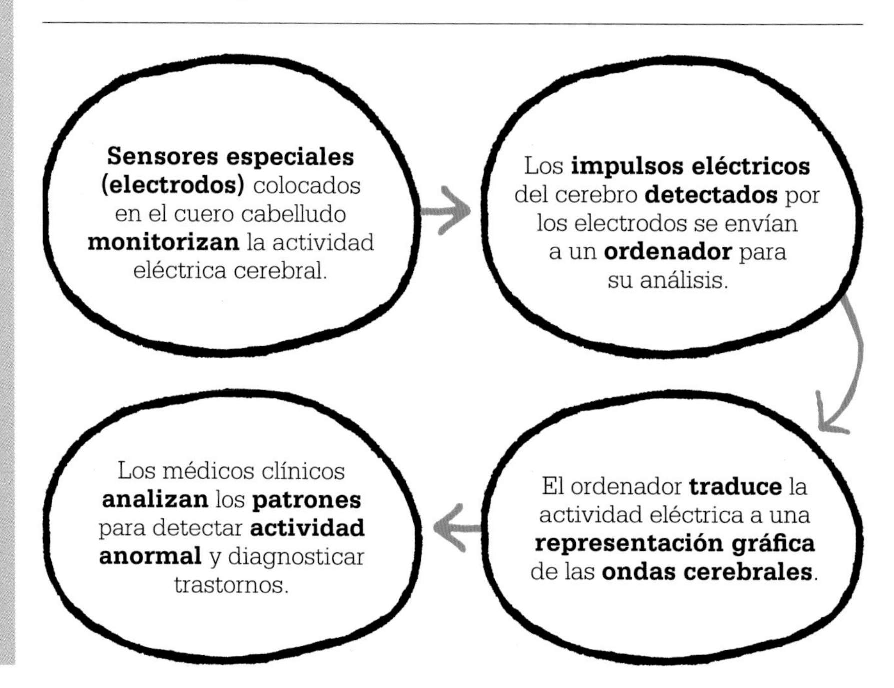

Sensores especiales (electrodos) colocados en el cuero cabelludo **monitorizan** la actividad eléctrica cerebral.
Los **impulsos eléctricos** del cerebro **detectados** por los electrodos se envían a un **ordenador** para su análisis.
El ordenador **traduce** la actividad eléctrica a una **representación gráfica** de las **ondas cerebrales**.
Los médicos clínicos **analizan** los **patrones** para detectar **actividad anormal** y diagnosticar trastornos.

Véase también: Rayos X 176 ▪ El sistema nervioso 190–195 ▪ La enfermedad de Alzheimer 196–197 ▪ Ultrasonidos 244 ▪ IRM e imagen médica 278–281

William Grey Walter

William Grey Walter nació en 1910 en Kansas City (EE UU), y se mudó a Reino Unido a los cinco años. Se licenció en ciencias naturales por la Universidad de Cambridge. Fascinado por el trabajo de Hans Berger con la EEG, Walter trabajó con el neurólogo británico Frederick Golla en el Hospital Maudsley de Londres, utilizando equipo de EEG de construcción propia. En 1939 se trasladó al Instituto de Neurología Burden, en Bristol, donde llevó a cabo su trabajo más famoso como pionero de la cibernética construyendo robots electrónicos. Los llamó «tortugas» por su forma y movimientos lentos, y los usó para mostrar cómo un número reducido de instrucciones da lugar a comportamientos complejos, lo cual creía aplicable al cerebro humano.

En 1970, Walter sufrió un accidente de motocicleta al tratar de esquivar a un caballo. Pasó tres semanas en coma y perdió la visión en un ojo. Murió en 1977.

Obras principales

1950 «Una imitación de la vida».
1951 «Una máquina que aprende».
1953 *El cerebro viviente.*

tual en el cerebro humano–, generan un campo eléctrico lo bastante potente para que los electrodos puedan medirlo. En sus experimentos, Walter colocaba dispositivos detectores (electrodos) alrededor de la cabeza de los pacientes para registrar la actividad eléctrica cerebral. Sus máquinas diferenciaban una gama de señales cerebrales que reflejaban estados de conciencia diversos, expresados en ondas de mayor o menor frecuencia. El gran avance de Walter fue descubrir la correlación entre perturbaciones en las ondas delta y presencia de tumores o epilepsia.

Rangos de frecuencias

Aunque es mucho lo que aún no se comprende de los impulsos eléctricos cerebrales, los neurofisiólogos reconocen hoy cinco rangos de frecuencias principales. Las ondas delta, de muy baja frecuencia, predominan durante el sueño profundo. Las ondas theta se dan cuando el cerebro está despierto pero relajado, en piloto automático o soñando despierto. Las ondas de mayor frecuencia, alfa, se dan en momentos de reposo, como la meditación o la reflexión. Las ondas beta son características de una mente alerta o que está prestando atención. Por último, las ondas gamma, de máxima frecuencia, están vinculadas a momentos de máxima concentración.

Las técnicas de electroencefalografía han ganado en sofisticación desde que Walter desarrolló su modelo, pero los principios básicos son los mismos: los electrodos colocados sobre el cuero cabelludo detectan señales eléctricas cuando las neuronas del cerebro se envían señales unas a otras. Estas se registran y el neurólogo analiza los resultados. El EEG se usa sobre todo para diagnosticar y controlar la epilepsia, así como tumores, encefalitis (inflamación cerebral), ictus, demencia y trastornos del sueño. Es una técnica no invasiva y totalmente segura.

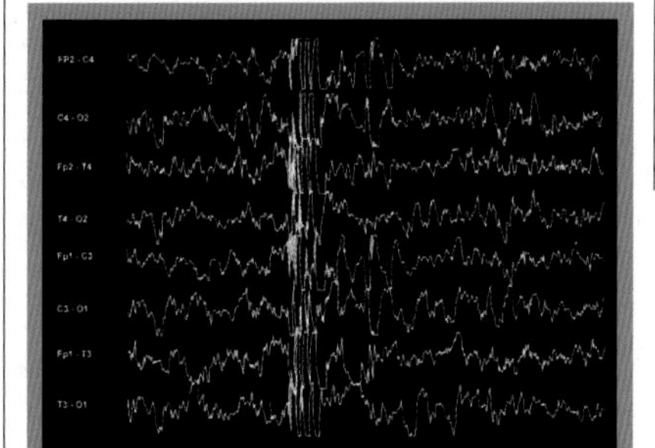

Escaneos alternativos

Hoy se dispone de otras herramientas de análisis de la salud del cerebro humano, aunque no midan directamente la actividad eléctrica. La tomografía por emisión de positrones (PET) mide la actividad metabólica cerebral, y la imagen por resonancia magnética funcional (IRMf) registra cambios en el flujo sanguíneo. El EEG es la única técnica capaz de medir cambios extremadamente rápidos de la actividad eléctrica cerebral, con una precisión de un milisegundo o menos. La desventaja es que los electrodos colocados sobre la cabeza no siempre son capaces de identificar con precisión las fuentes de la actividad eléctrica de partes profundas del cerebro. ■

Este EEG muestra las ondas cerebrales caóticas de un paciente durante un ataque epiléptico. Con frecuencia recurrentes, los ataques se deben a un aumento repentino de la actividad eléctrica cerebral.

LA ENFERMEDAD SILENCIOSA PUEDE DETECTARSE PRONTO

DETECCIÓN DEL CÁNCER

EN CONTEXTO

ANTES

1908 El ginecólogo austriaco Walther Schauenstein nota diferencias observables entre un cérvix sano y otro que es o será canceroso.

1927 Aurel Babeş afirma que puede detectarse el cáncer a partir de células del cérvix.

1930 El patólogo austriaco Walter Schiller traza la progresión del cáncer desde células a lesiones y promueve las pruebas sistemáticas.

DESPUÉS

1963 Un ensayo en Nueva York halla que las mamografías reducen la mortalidad por cáncer de mama en un 30 %.

1988 Comienza en Reino Unido el primer programa masivo de detección precoz del cáncer de mama para mujeres entre 50 y 70 años.

2020 La OMS propone una estrategia global para eliminar el cáncer de cuello de útero en 2030.

El **diagnóstico precoz** del cáncer es vital para la **eficacia del tratamiento**.

La **detección** entre la población aparentemente sana puede identificar personas **asintomáticas** con **potencial** para **desarrollar cáncer**.

La **detección precoz** puede revelar signos tempranos de **cáncer**, como **células precancerosas**.

Si se detectan **células anormales**, pueden **eliminarse** antes de que se vuelvan cancerosas.

Se estima que el cáncer causa casi diez millones de muertes anuales en el mundo. Esta cifra sería muy superior si los científicos no hubieran encontrado maneras de identificar determinados tipos de cáncer antes de que se desarrollen. La más eficaz es la detección precoz: las pruebas realizadas a individuos aparentemente sanos que tienen la enfermedad pero no muestran síntomas.

El primer programa masivo de detección precoz, iniciado en EE UU en la década de 1950, empleó un frotis introducido en 1943 para identificar casos de cáncer de cérvix o cuello de útero, el cuarto más común entre las mujeres. La prevención depende de la detección precoz de anormalidades celulares (lesiones precancerosas) que pueden desarrollarse plenamente como cáncer.

En la década de 1920, el médico griego-estadounidense George Papanicolaou y el ginecólogo rumano Aurel Babeş, crearon pruebas citológicas basadas en muestras tomadas del cuello de útero. Independientemente el uno del otro, identificaron las diferencias observables entre células sanas y cancerosas. Babeş, estable-

Véase también: Patología celular 134–135 ▪ Oncología 168–175 ▪ Tabaco y cáncer de pulmón 266–267 ▪ Investigación de células madre 302–303

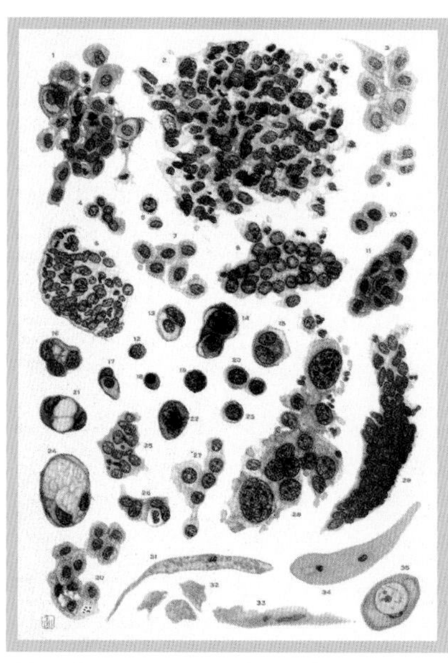

El *Atlas de citología exfoliativa* de George Papanicolaou, destinado a formar en su método de detección precoz, usaba ilustraciones para ayudar a identificar cambios celulares.

ció que las células malignas venían precedidas a menudo por una fase precancerosa detectable; la prueba de Papanicolaou (citología vaginal), que se convirtió en el procedimiento estándar para la detección del cáncer de cérvix a partir de 1943, redujo considerablemente la mortalidad.

Detección con éxito

La citología vaginal demostró que la detección precoz era clave para salvar vidas y estimuló el desarrollo de pruebas para otros tipos de cáncer, como el de mama y el colorrectal, desarrolladas a finales de la década de 1960.

La mamografía –prueba de rayos X que detecta tumores demasiado pequeños para ver o palpar– se convirtió en procedimiento estándar. Desde 2000 se ha mejorado con tecnología de imagen digital 3D, que permite analizar el tejido mamario por capas. El cáncer colorrectal es uno de los más tratables si se detecta a tiempo. Exploraciones como la colonoscopia, sigmoidoscopia (examen del colon sigmoide) y el test de sangre oculta en heces (TSOH) han demostrado su eficacia, y se estima que con la detección precoz puede evitarse el 60 % de las muertes por cáncer colorrectal.

Resultados variables

El éxito de la detección precoz no es total. El cáncer de próstata es el segundo más común en los hombres, y desde la década de 1990 se ha podido detectar con la prueba de antígeno prostático específico (PSA). Los niveles anormales en sangre de este antígeno pueden indicar la presencia de cáncer, pero este puede deberse también a otros factores. No hay pruebas de reducción de la mortalidad desde la introducción de la PSA, y varios países la han abandonado.

Para contar con pruebas eficaces es clave equilibrar las ventajas de los programas de detección con los costes y riesgos (tales como falsos positivos). Se sigue investigando para desarrollar nuevas pruebas y determinar las estrategias más eficaces. ■

No hay que temer a la mamografía. No es una enemiga, sino una amiga.

Kate Jackson

Actriz estadounidense (n. en 1948)

George Papanicolaou

George Papanicolaou nació en Eubea (Grecia) en 1883. Estudió medicina en la Universidad de Atenas, y en 1913 emigró con su esposa Mary a EEUU. Trabajó en el Departamento de Patología de la Universidad de Nueva York y en el Departamento de Anatomía del Centro Médico de la Universidad de Cornell, donde trabajó también su esposa.

Desde 1920 estudió los cambios en la estructura de las células del útero, realizando la primera prueba a su esposa. A este siguió otro estudio que reveló las primeras células cancerosas obtenidas por frotis. Sus primeros hallazgos habían despertado poco interés, pero la publicación de estos resultados en 1943 tuvo buena acogida, y la prueba de Papanicolaou fue ampliamente adoptada. En 1961 se mudó a Florida para dirigir el Instituto del Cáncer en Miami, pero murió de un ataque cardiaco solo tres meses después, en 1962.

Obras principales

1943 *Diagnóstico de cáncer uterino mediante frotis vaginal.*
1954 *Atlas de citología exfoliativa.*

SALUD G
1945–1970

LOBAL

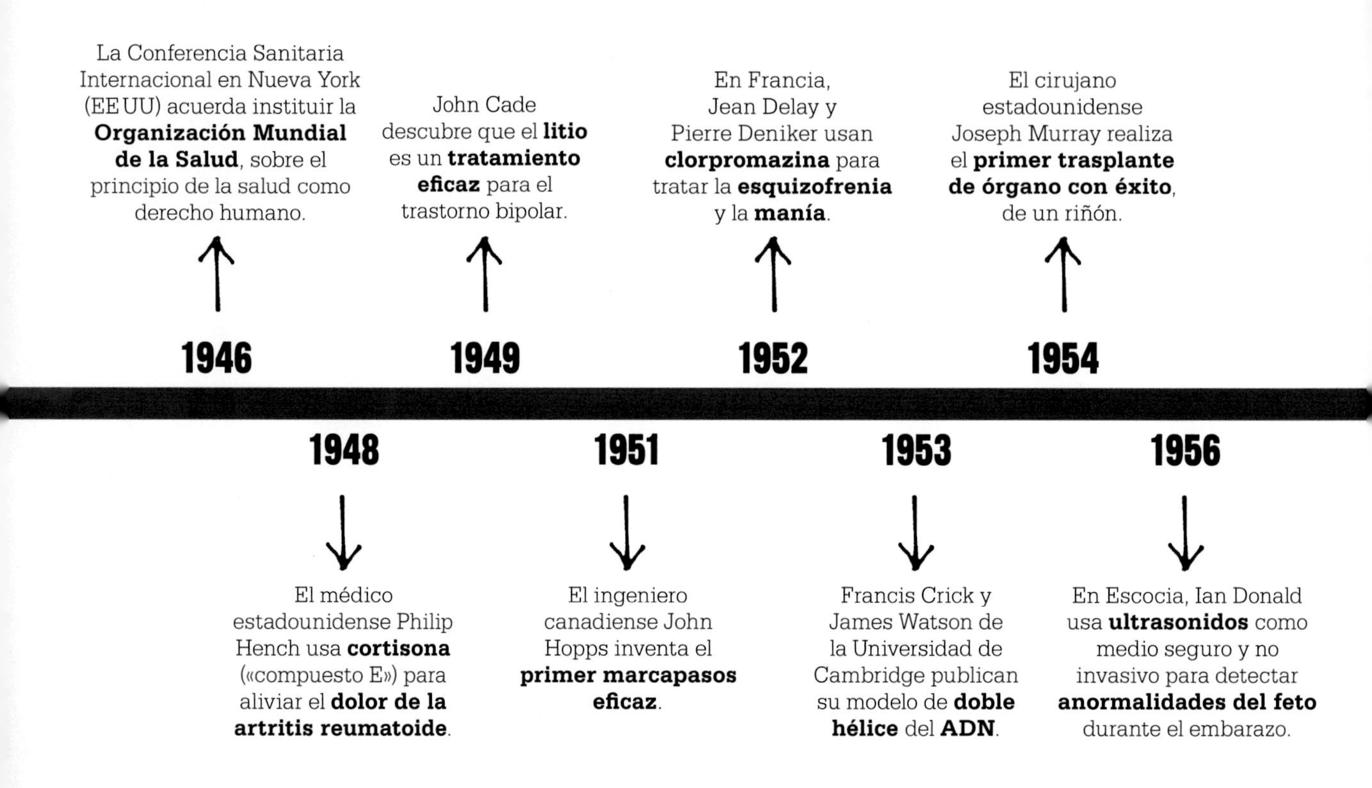

1946
La Conferencia Sanitaria Internacional en Nueva York (EE UU) acuerda instituir la **Organización Mundial de la Salud**, sobre el principio de la salud como derecho humano.
1948
El médico estadounidense Philip Hench usa **cortisona** («compuesto E») para aliviar el **dolor de la artritis reumatoide**.
1949
John Cade descubre que el **litio** es un **tratamiento eficaz** para el trastorno bipolar.
1951
El ingeniero canadiense John Hopps inventa el **primer marcapasos eficaz**.
1952
En Francia, Jean Delay y Pierre Deniker usan **clorpromazina** para tratar la **esquizofrenia** y la **manía**.
1953
Francis Crick y James Watson de la Universidad de Cambridge publican su modelo de **doble hélice** del **ADN**.
1954
El cirujano estadounidense Joseph Murray realiza el **primer trasplante de órgano con éxito**, de un riñón.
1956
En Escocia, Ian Donald usa **ultrasonidos** como medio seguro y no invasivo para detectar **anormalidades del feto** durante el embarazo.

El 7 de abril de 1948 se fundó la Organización Mundial de la Salud (OMS), con una visión de la salud universal basada en la idea de cuidados de la mayor calidad posible y al alcance de todos. En las décadas siguientes se mejoraron o salvaron millones de vidas gracias al desarrollo de nuevos fármacos, los avances en genética, inmunología y ortopedia, la revolución en las técnicas de trasplante de órganos y las nuevas formas de tratar los trastornos mentales.

Curar la mente

La guerra había dejado enfermedades, heridas y trastornos psicológicos como la depresión en millones de combatientes y civiles. El psicólogo estadounidense B.F. Skinner creía que puede condicionarse a los seres humanos para modificar comportamientos y respuestas emocionales previamente aprendidos, y así actuar de modo más adecuado. Desde la década de 1940 formuló la terapia conductual, que influyó en el desarrollo de las terapias cognitivo-conductuales en la década de 1960.

Otros tratamientos psiquiátricos se basaron en fármacos. En 1949, el psiquiatra australiano John Cade descubrió que el litio –usado hasta entonces para tratar la gota– era eficaz para el trastorno bipolar. De modo análogo, la clorpromazina tenía originalmente otro uso, como anestésico, y en 1952 se usó con éxito para tratar la esquizofrenia y la manía.

Cambiar vidas

La vida de quienes padecían trastornos físicos a largo plazo también mejoró en la posguerra. Los fallos renales eran intratables y ponían en peligro la vida hasta 1945, cuando el médico neerlandés Willem Kolff usó con éxito la máquina de diálisis para filtrar materiales tóxicos y el exceso de fluidos de la sangre de un paciente. Las técnicas de diálisis mejoraron en los años siguientes, pero los pacientes tenían que seguir conectados a una máquina durante periodos largos.

En 1952, el cirujano francés Jean Hamburger trasplantó un riñón sano de una madre a su hijo. Sin embargo, el parentesco de donante y receptor fue insuficiente: el cuerpo del niño rechazó el órgano, y murió poco después. El primer trasplante de órgano con éxito (de un riñón) fue entre gemelos idénticos, en EE UU en 1954.

El mayor obstáculo para la cirugía de trasplantes es encontrar donantes adecuados. El cirujano sudafricano Christiaan Barnard realizó

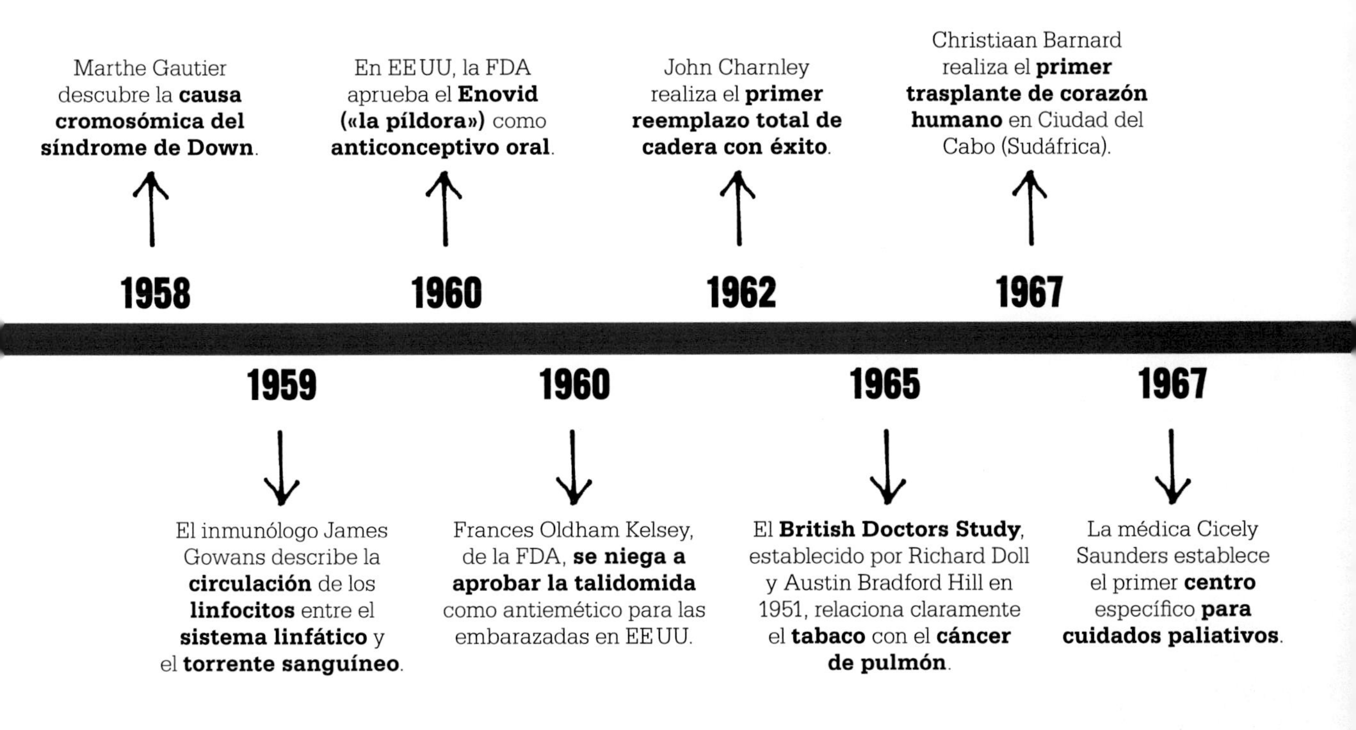

el primer trasplante de corazón con éxito en 1967, pero hasta la década de 1980 no se aprobó un inmunosupresor eficaz –la ciclosporina– para reducir el riesgo de rechazo.

Marthe Gautier descubre la causa cromosómica del síndrome de Down.
1958
En EE UU, la FDA aprueba el Enovid («la píldora») como anticonceptivo oral.
1960
John Charnley realiza el primer reemplazo total de cadera con éxito.
1962
Christiaan Barnard realiza el primer trasplante de corazón humano en Ciudad del Cabo (Sudáfrica).
1967
1959
El inmunólogo James Gowans describe la circulación de los linfocitos entre el sistema linfático y el torrente sanguíneo.
1960
Frances Oldham Kelsey, de la FDA, se niega a aprobar la talidomida como antiemético para las embarazadas en EE UU.
1965
El British Doctors Study, establecido por Richard Doll y Austin Bradford Hill en 1951, relaciona claramente el tabaco con el cáncer de pulmón.
1967
La médica Cicely Saunders establece el primer centro específico para cuidados paliativos.

Comprender el organismo

A lo largo de la década de 1950 se fueron desvelando un número mayor de misterios del cuerpo humano. En genética, la estructura del ADN se descubrió en 1953, y en 1956, científicos de la Universidad de Lund (Suecia) determinaron que los humanos tienen 46 cromosomas, dispuestos en 26 pares. En 1958, la investigadora francesa Marthe Gautier descubrió que el síndrome de Down se debía a tener tres copias del cromosoma 21 en lugar de dos.

James Gowans, médico británico, hizo una gran aportación al conocimiento del sistema inmunitario en 1959 al demostrar que los linfocitos (un tipo de leucocitos) no desaparecen, sino que viajan por el sistema linfático y producen anticuerpos, una parte fundamental de la respuesta inmunitaria. Los avances no se limitaron al nivel celular. En ortopedia, el cirujano británico John Charnley practicó un reemplazo total de cadera en 1962, y el cirujano canadiense Frank Gunston realizó el primer reemplazo total de rodilla en 1968. En obstetricia, los ultrasonidos –un nuevo método no invasivo para ver el interior del cuerpo sin usar rayos X– se convirtieron en la técnica predilecta para examinar a las mujeres embarazadas.

Para las que preferían evitar el embarazo, el anticonceptivo oral, o «píldora», transformó las vidas de millones de mujeres tras aprobarse su uso en 1960. Más allá de lo médico, este avance dio alas al movimiento por la liberación de las mujeres y contribuyó al auge de las campañas contraculturales de la década de 1960 en Occidente.

Cautela necesaria

Aunque los nuevos tratamientos y fármacos suelen mejorar vidas, hay siempre un elemento de riesgo, y son fundamentales los ensayos concienzudos. En 1961 se supo que la talidomida –fármaco disponible en algunos países para aliviar las náuseas del embarazo– había causado defectos de nacimiento a unos diez mil niños en todo el mundo. Un año antes, no convencida de que fuera segura, la farmacóloga Frances Oldham Kelsey de la Food and Drug Administration (FDA) se había negado a autorizar su uso en EE UU, salvando con ello muchas vidas. ■

DEFENDEMOS EL DERECHO DE TODOS A LA SALUD

LA ORGANIZACIÓN MUNDIAL DE LA SALUD

EN CONTEXTO

ANTES

1902 Se funda la Organización Panamericana de la Salud, primera agencia internacional de salud.

1923 Se establece el Organismo de Salud de la Liga de Naciones.

DESPUÉS

1974 La OMS lanza su programa de inmunización para seis enfermedades: sarampión, tétanos, tosferina, difteria, poliomielitis y tuberculosis.

1980 La viruela es la primera enfermedad humana erradicada en todo el mundo.

1988 Iniciativa de Erradicación Mundial de la Poliomielitis de la OMS; en 2020, los casos en todo el mundo se han reducido en un 99 %.

2018 Primera conferencia global de la OMS sobre contaminación atmosférica, cambio climático y salud.

El concepto de un organismo especializado responsable de la salud pública internacional fue planteado por primera vez por el médico chino Szeming Sze en 1945. Destinado en EE UU como asistente del ministro de Asuntos Exteriores chino Tse-ven Soong, este le pidió que asistiera a la Conferencia de las Naciones Unidas sobre Organización Internacional el 25 de abril de 1945 en San Francisco. Los delegados de EE UU y Reino Unido habían manifestado que la salud no figuraría en el programa, pero Sze, con el apoyo del brasileño Geraldo de Paula Souza y el noruego Karl Evang, publicaron

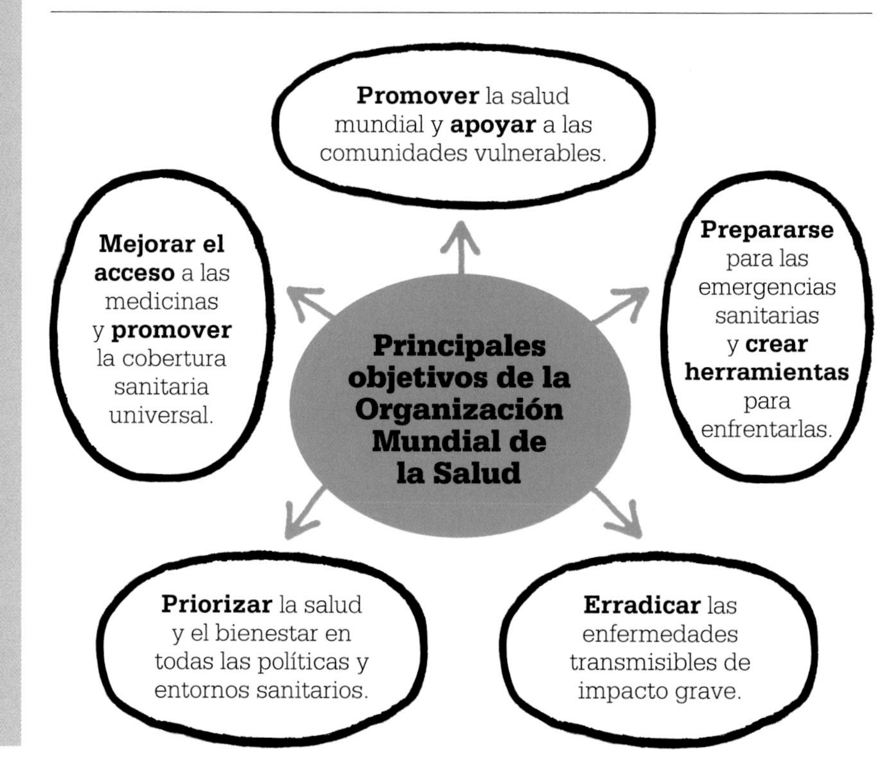

Promover la salud mundial y apoyar a las comunidades vulnerables.
Mejorar el acceso a las medicinas y promover la cobertura sanitaria universal.
Prepararse para las emergencias sanitarias y crear herramientas para enfrentarlas.
Principales objetivos de la Organización Mundial de la Salud
Priorizar la salud y el bienestar en todas las políticas y entornos sanitarios.
Erradicar las enfermedades transmisibles de impacto grave.

Véase también: La vacunación 94–101 ▪ La teoría microbiana 138–145 ▪ Malaria 162–163 ▪ Erradicación global de la enfermedad 286–287 ▪ Pandemias 306–313

una declaración llamando a establecer una organización internacional de la salud. Recibió un apoyo abrumador, y un año más tarde la Conferencia Sanitaria Internacional en Nueva York aprobó la constitución de la Organización Mundial de la Salud (OMS).

Organizaciones anteriores

Para Sze, la OMS representaba un nuevo enfoque de la salud internacional para engendrar una era de cooperación global de posguerra. Hubo intentos anteriores de cooperación sanitaria entre países en Europa, ya en el siglo XIX: en 1851 tuvo lugar una Conferencia Sanitaria Internacional en Francia para dar una respuesta colectiva a los brotes de cólera, que mataban a miles de personas, pero las diferencias políticas lo impidieron hasta 1892, cuando se acordaron al fin medidas conjuntas.

A inicios del siglo XX surgieron a ambos lados del Atlántico nuevas agencias internacionales de salud, como la Organización Panamericana de la Salud en 1902, la Oficina Internacional de Higiene Pública europea en 1907, y la Organización de Salud de la Liga de Naciones en 1923. Estas trabajaron sobre todo en el control y erradicación de enfermedades (viruela y tifus) y en implantar cuarentenas en caso necesario.

La OMS inició formalmente su labor el 7 de abril de 1948. Heredó las tareas y recursos de las organizaciones anteriores, con un mandato amplio para el objetivo de promover «el mejor estado de salud posible» para todos los pueblos. Con un presupuesto de 5 millones de dólares aportado por los 55 Estados miembros, comenzó por ocuparse de brotes de malaria, tuberculosis y enfermedades venéreas, desarrollar estrategias contra la lepra y el tracoma y estudiar modos de mejorar la salud infantil.

La OMS hoy

En 2020, la OMS contaba con 194 Estados miembros y un presupuesto de 3420 millones de euros. Entre sus cometidos clave están el establecer directrices de salud pública global y normativas sanitarias, la educación sanitaria, campañas masivas de vacunación y reunir datos globales sobre problemas sanitarios. Su logro más destacado hasta la fecha ha sido la erradicación de la viruela.

Para responder a la pandemia de la COVID-19 desatada en 2020, la OMS ha actuado como centro de información mundial sobre esta enfermedad respiratoria mortal, ofreciendo asesoramiento práctico a los gobiernos, informes al día sobre estudios científicos y noticias sobre la propagación del virus, incluidas cifras mundiales de mortalidad.

La fundación de la OMS se conmemora cada 7 de abril como Día Mundial de la Salud, con el fin de concienciar sobre la importancia de la salud global. ■

> La salud es un estado de completo bienestar físico, mental y social, y no solamente la ausencia de afecciones o enfermedades.
> **Constitución de la OMS**

Szeming Sze

Nacido en Tientsin (China) en 1908, Szeming Sze fue hijo del embajador chino en Reino Unido y más tarde en EE UU. Se formó en el Winchester College y en la Universidad de Cambridge, donde estudió química y medicina.

Sze trabajó como interno en el Hospital de Santo Tomás de Londres, pero regresó a China en 1934 para dedicar su vida al servicio público. Durante la Segunda Guerra Mundial trabajó en EE UU en el programa de Préstamo y Arriendo para prestar ayuda militar al gobierno chino. Figura clave en el establecimiento de la OMS en 1945, Sze ingresó después en la recién formada Organización de las Naciones Unidas en 1948, de la que fue director médico desde 1954 hasta su jubilación en 1968. Murió en 1998.

Obras principales

1982 *Los orígenes de la Organización Mundial de la Salud: una memoria personal (1945–1948).*
1986 *La Organización Mundial de la Salud: una memoria personal (1948–1968).*

EL RIÑON ARTIFICIAL PUEDE SALVAR UNA VIDA

DIÁLISIS

EN CONTEXTO

ANTES

1861 El químico Thomas Graham aplica el término «diálisis» al proceso para extraer urea de la orina.

1913 En EEUU, los doctores John Abel, B. B. Turner y Leonard Rowntree prueban en animales su máquina de diálisis renal.

1923 El médico Georg Ganter introduce la diálisis peritoneal, que usa la membrana del abdomen (peritoneo) como filtro.

DESPUÉS

1950 En EEUU, Ruth Tucker es la primera persona en recibir con éxito un trasplante de riñón.

1960 El médico Belding Scribner desarrolla un dispositivo para el acceso permanente a las venas para diálisis repetidas.

1962 En EEUU, un equipo dirigido por el médico Fred Boen desarrolla el primer dispositivo para la diálisis peritoneal domiciliaria automatizada.

La insuficiencia renal aguda y crónica es un trastorno grave y potencialmente mortal. La función de los riñones es eliminar el exceso de sales, fluidos y materiales de desecho del cuerpo, que se acumulan en la sangre si fallan los riñones. Hasta finales del siglo XIX y principios del XX se sabía poco de los problemas de riñón, y no hubo tratamientos eficaces hasta la década de 1940, cuando el dializador del médico neerlandés Willem Kolff filtró con éxito las toxinas y el exceso de fluidos de la sangre de una paciente.

En la diálisis, la sangre del cuerpo pasa por fibras huecas delgadas que filtran el exceso de sal y los productos de desecho a una solución de diálisis que fluye en dirección opuesta. La sangre filtrada vuelve luego al cuerpo.

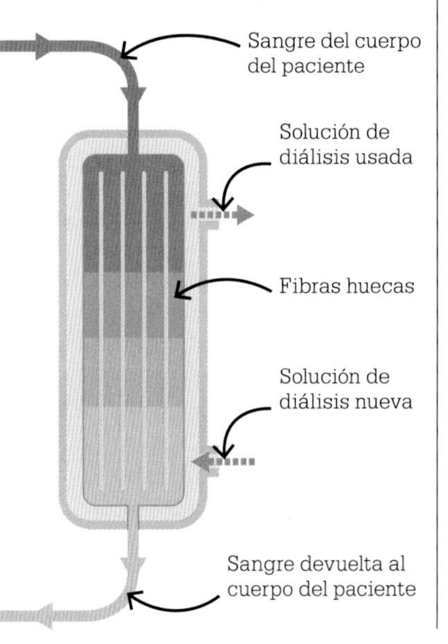

El médico alemán Georg Haas había intentado las primeras diálisis en la década de 1920 con varias máquinas diseñadas por él. El anticoagulante escogido en un principio fue la hirudina de la saliva de las sanguijuelas, que causaba reacciones alérgicas. Luego usó heparina, que se da naturalmente en humanos y se sigue usando en la actualidad, pero las diálisis eran demasiado breves para tener efectos terapéuticos, por lo que ninguno de sus pacientes sobrevivió.

La máquina de Kolff

El avance llegó en 1945, cuando Kolff practicó una diálisis de una semana a una paciente de 67 años con fallo renal agudo, usando un riñón artificial (o dializador) de tambor rotatorio, el precursor de las máquinas de diálisis actuales. Lo construyó con materiales fáciles de obtener, como listones de cama de madera para el tambor, envoltura de salchichas

Véase también: La circulación de la sangre 68–73 ▪ Cirugía científica 88–89 ▪ Transfusión y grupos sanguíneos 108–111 ▪ Fisiología 152–153 ▪ Cirugía de trasplantes 246–253

semipermeable de celofán para los tubos y un motor eléctrico.

Durante el tratamiento, la sangre de la paciente, con la heparina añadida como anticoagulante, pasaba por los tubos de celofán, envueltos en el tambor de madera, que rotaba a través de una solución de electrolito (dialisato) en un depósito. Al girar el tambor, la sangre se filtraba por difusión: las pequeñas moléculas de las toxinas pasaban a través de los tubos semipermeables desde el fluido más concentrado, la sangre, al menos concentrado dialisato, hasta alcanzar el equilibrio. La sangre filtrada, que conservaba las moléculas mayores de proteínas y células sanguíneas, fluía entonces de regreso al cuerpo.

Refinamiento posterior

La máquina de Kolff fue adaptada y mejorada en el Hospital Peter Bent Brigham de Boston (EE UU). El nuevo riñón artificial Kolff-Brigham fue enviado a 22 hospitales por todo el mundo, y se usó en la guerra de Corea (1950–1953) para tratar a soldados con fallos renales postraumáticos. Las máquinas posteriores emplearon la ultrafiltración, propuesta por primera vez por el médico sueco Nils Alwall en 1947, que retira más fluido excedente de la sangre gracias a las distintas presiones de la sangre y el dialisato.

> Si veo una posibilidad, no dudo en probar algo que la mayoría de las personas no intentaría.
>
> **Willem Kolff**
>
> **Entrevista tras recibir el premio Russ de bioingeniería (2003)**

Otra mejora, en 1964, fue el primer dializador de fibra hueca, aún el más común hoy en día. Emplea unas 10 000 membranas huecas del tamaño de un capilar para crear una superficie mayor, que permite un filtrado más eficiente de la sangre.

Diálisis moderna

La hemodiálisis, o filtrado de la sangre con un dializador, sigue siendo la forma más común de diálisis renal, pero para unos 300 000 pacientes renales en todo el mundo, la diálisis peritoneal es una alternativa viable. En este procedimiento domiciliario, la solución de diálisis fluye por un catéter al abdomen, cuya membrana, el peritoneo, filtra los productos de desecho de la sangre, extraídos luego del cuerpo. El paciente repite el procedimiento entre cuatro y seis veces al día, o una máquina lo realiza durante el sueño.

El reto hoy ya no consiste en la tecnología creada por Kolff, sino en el número de pacientes con insuficiencia renal. Más de dos millones de personas en todo el mundo se someten a diálisis (de las que 90 000 reciben un trasplante de riñón), pero se calcula que son solo la décima parte de los que la necesitan; el resto carece de acceso o de medios económicos para el tratamiento. ■

Willem Kolff

Willem «Pim» Kolff nació en 1911 en Leiden (Países Bajos). Estudió medicina en su ciudad natal; como estudiante de posgrado en la Universidad de Groninga se interesó en las posibilidades de la máquina de diálisis. Después de la invasión de Países Bajos por la Alemania nazi en 1940, fundó el primer banco de sangre de Europa en La Haya, que luego trasladó a un hospital en Kampen. Allí desarrolló su primera máquina de diálisis en 1943. Dos años después, la usó por primera vez para salvar la vida de una mujer encarcelada por colaborar con los alemanes.

Kolff se mudó a EE UU en 1950 y se dedicó a los trastornos cardiovasculares y al desarrollo de un corazón artificial. En 1985 ingresó en el Salón de la Fama de Inventores de EE UU, y trabajó hasta su jubilación, en 1997. Kolff murió de un fallo cardiaco en 2009.

Obras principales

1943 «El riñón artificial: un dializador de gran superficie».
1965 «Primera experiencia clínica con un riñón artificial».

EL ANTIDOTO DRASTICO DE LA NATURALEZA

ESTEROIDES Y CORTISONA

EN CONTEXTO

ANTES

1563–1564 El anatomista Bartolomeo Eustachi describe las glándulas suprarrenales.

1855 El médico Thomas Addison describe un trastorno (luego llamado enfermedad de Addison) que se da cuando las glándulas suprarrenales no producen la suficiente hormona cortisol.

Década de 1930 Investigadores en EE UU y Suiza comienzan a aislar las hormonas suprarrenales.

DESPUÉS

1955 La Schering Corporation de EE UU sintetiza la prednisona, nuevo corticosteroide más seguro para tratar enfermedades inflamatorias.

2020 La OMS aprueba los resultados positivos de los ensayos clínicos en Reino Unido para utilizar el corticosteroide dexametasona para tratar síntomas graves de la COVID-19.

La artritis reumatoide es una condición autoinmune que se da cuando el sistema inmunitario del organismo ataca por error células sanas que envuelven las articulaciones, causando inflamación e hinchazón. Descrita por primera vez en 1800 y nombrada en 1859, era mal comprendida, y prácticamente no había medios para aliviar el dolor, hasta que el médico estadounidense Philip Hench empezó a estudiar el trastorno en la década de 1930.

En 1948, el descubrimiento de que el cortisol –hormona producida en la corteza suprarrenal (la parte exterior de la glándula suprarrenal

Véase también: Patología celular 134–135 ▪ El sistema inmunitario 154–161 ▪ Hormonas y endocrinología 184–187 ▪ Cirugía de trasplantes 246–253 ▪ Anticuerpos monoclonales 282–283 ▪ Genética y medicina 288–293

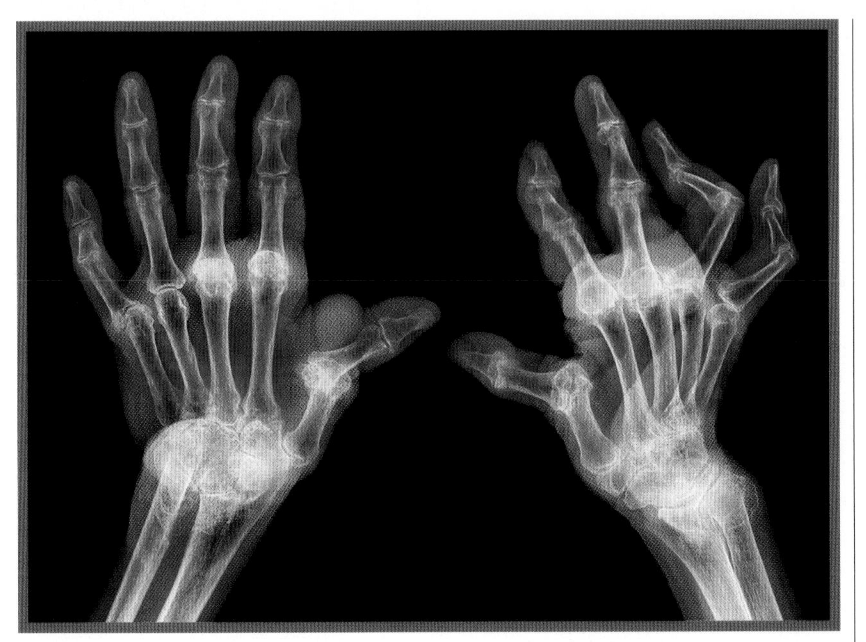

La artritis reumatoide puede producir deformidades graves e incapacitantes en las manos. Afecta sobre todo a la cápsula (sinovia) que envuelve las articulaciones, causando una hinchazón dolorosa.

sobre cada riñón)– aliviaba el trastorno condujo a los primeros tratamientos eficaces y despejó el camino al desarrollo de una nueva clase de fármacos antiinflamatorios, los corticosteroides o esteroides. Hench, su colega Edward Kendall y el investigador suizo Tadeus Reichstein fueron galardonados con el Nobel de fisiología o medicina en 1950 por su trabajo.

La ictericia da una pista

A mediados del siglo XIX, el médico británico Alfred Garrod puso los cimientos para el estudio de la artritis reumatoide al distinguirla de la gota, debida a un exceso de ácido úrico en la sangre. Garrod observó que esto no era de ningún modo evidente en ningún tipo de artritis.

En la década de 1920, la mayoría de los casos de artritis reumatoide se atribuían a infecciones. Esto no convencía a Hench, quien en 1929, al frente del departamento de enfermedades reumáticas de la Clínica Mayo en Minnesota, observó que la artritis reumatoide de un paciente remitió al día siguiente de desarrollar ictericia; el dolor artrítico se mantuvo reducido durante varios meses después de recuperarse de la ictericia. Observó efectos similares en otros pacientes artríticos con ictericia.

En 1938, Hench contaba con estudios de más de treinta casos en los que la ictericia había aliviado por un tiempo los síntomas artríticos, y otros factores, especialmente el embarazo, producían el mismo alivio. Consciente de que la concentración de hormonas esteroides en la sangre es superior a la normal en dichos estados, Hench supuso que un esteroide natural podía ser la causa del efecto. Trastornos alérgicos como el asma, la rinitis alérgica y las intolerancias »

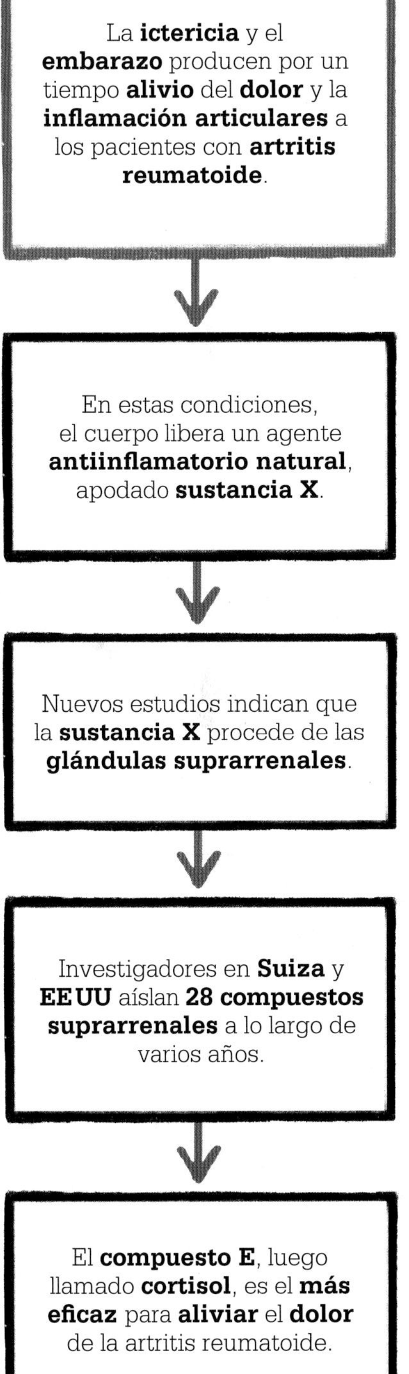

La **ictericia** y el **embarazo** producen por un tiempo **alivio** del **dolor** y la **inflamación articulares** a los pacientes con **artritis reumatoide**.
En estas condiciones, el cuerpo libera un agente **antiinflamatorio natural**, apodado **sustancia X**.
Nuevos estudios indican que la **sustancia X** procede de las **glándulas suprarrenales**.
Investigadores en **Suiza** y **EEUU** aíslan **28 compuestos suprarrenales** a lo largo de varios años.
El **compuesto E**, luego llamado **cortisol**, es el **más eficaz** para **aliviar** el **dolor** de la artritis reumatoide.

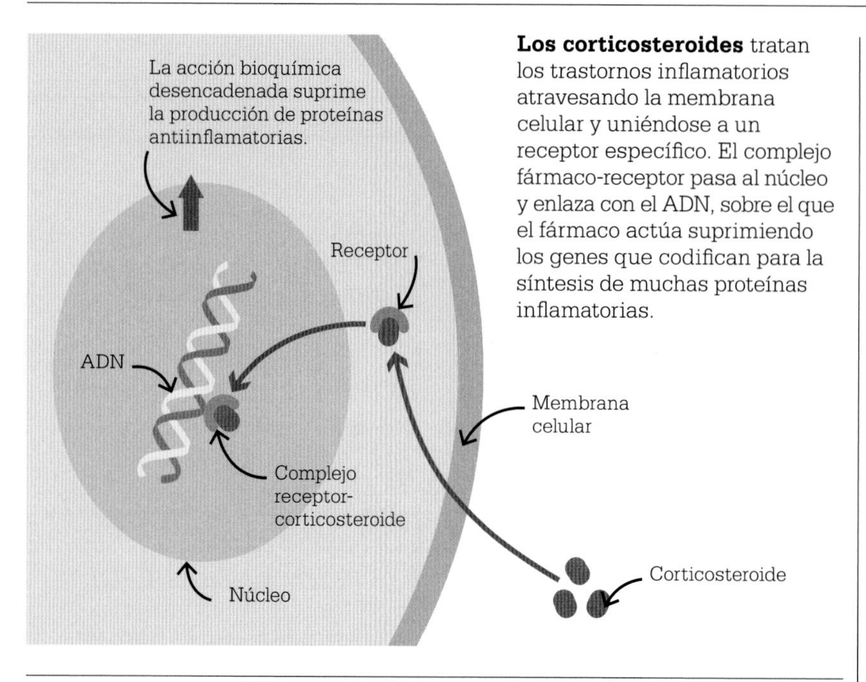

Los corticosteroides tratan los trastornos inflamatorios atravesando la membrana celular y uniéndose a un receptor específico. El complejo fármaco-receptor pasa al núcleo y enlaza con el ADN, sobre el que el fármaco actúa suprimiendo los genes que codifican para la síntesis de muchas proteínas inflamatorias.

alimentarias también mejoraban con la ictericia o el embarazo, lo cual apuntaba a que en tales casos la misma hormona era la responsable.

La búsqueda de la sustancia X

En colaboración con Kendall, profesor de química fisiológica en la Clínica Mayo, Hench comenzó a investigar la posibilidad de que las glándulas suprarrenales fueran la fuente de la hormona, a la que llamó sustancia X. Kendall era uno de los investigadores estadounidenses que, en la década de 1930, había estudiado la cortina, extracto de la corteza suprarrenal que contiene una mezcla de hormonas con una actividad biológica importante. En 1940, la Clínica Mayo, otros laboratorios estadounidenses y el laboratorio de Basilea donde trabajaba Reichstein habían aislado 28 compuestos; en 1941, Hench y Kendall estaban convencidos de que uno de estos –al que llamó compuesto E– era el que buscaban.

La Segunda Guerra Mundial detuvo momentáneamente los estudios. Hench fue nombrado jefe del Servicio Médico y director del Centro de Reumatismo del Hospital General del Ejército y la Marina. Informes infundados de que los pilotos de la Luftwaffe alemana podían volar a gran altitud gracias a inyecciones de extracto suprarrenal convencieron al gobierno estadounidense de la conveniencia de aportar más fondos a la investigación de las hormonas suprarrenales. Acabada la guerra, Kendall colaboró con Lewis Sackett de la farmacéutica Merck para producir mayores cantidades del compuesto E, y Hench obtuvo suficiente para usarlo en sus estudios sobre artritis reumatoide.

Éxito inmediato

El primer sujeto escogido por Hench fue la señora Gardner, de 29 años. Durante cinco años había padecido una artritis reumatoide tan grave que estaba limitada a una silla de ruedas, y llevaba casi dos meses ingresada en la Clínica Mayo. Hench le administró dosis diarias de compuesto E en 1948, y, antes de dos días, Gardner notó una reducción considerable del dolor articular; a los tres días caminaba con una cojera leve; y a los cuatro días de iniciar el tratamiento, pasó tres horas haciendo compras. A lo largo de los meses siguientes, otros trece pacientes, todos con síntomas tan graves como los de Gardner, fueron tratados con el compuesto E y experimentaron el mismo alivio. Cuando Hench informó de los resultados a sus colegas en una reunión en abril de 1949, estos, en pie, le ovacionaron. El premio Nobel, que recibieron un año después Hench, Kendall y Reichstein, nunca se había concedido con tanta rapidez.

Efectos secundarios potenciales

Las noticias del compuesto E, al que Hench llamó cortisona (el compuesto en estado natural fue llamado más tarde cortisol), se difundieron con rapidez. En *The New York Times*, entre otros periódicos, lo celebraron como cura milagrosa, y los pacientes con artritis reumatoide reclamaban a los médicos que se la recetaran. Pero el propio Hench nunca había afirmado que fuera una solución perfecta, y pronto comprendió que la cortisona no era una cura, pues al retirar el tratamiento, los pacientes siempre recaían. En un trabajo de 1950, escribió que su empleo debería considerarse un «procedimiento de investigación»,

> [La cortisona] es cara y tiene efectos secundarios potencialmente peligrosos.
> ***The Lancet***
> **Editorial (1955)**

y le preocupaban también los efectos adversos. Los corticosteroides, como la cortisona, imitan los efectos de las hormonas que producen naturalmente las glándulas suprarrenales. En el organismo, el cortisol natural interviene en la conversión de proteínas en hidratos de carbono, y en la regulación del nivel de sales. En forma de fármaco antiinflamatorio cortisona, sin embargo, la dosis prescrita es mucho mayor que la cantidad normalmente presente en el cuerpo, lo cual produce desequilibrios que pueden dar lugar a efectos secundarios peligrosos, como edema (hinchazón), hipertensión, osteoporosis y trastornos psiquiátricos. Estos se pusieron de manifiesto en la señora Gardner y otros pacientes de uso prolongado de cortisona en dosis altas. En adelante, Hench se negó a recetar cortisona a pacientes especialmente susceptibles a tales efectos secundarios.

El ascenso de los corticosteroides

El uso de la cortisona como tratamiento para la artritis reumatoide se redujo a finales de la década de 1950, a medida que aparecían fármacos con menos efectos secundarios, como los nuevos antiinflamatorios no esteroideos (AINE). Para entonces, los investigadores ya habían identificado el potencial de la cortisona y los corticosteroides para tratar otros trastornos. En 1950, cuatro estudios diferentes habían descrito efectos beneficiosos para tratar afecciones como el asma, la conjuntivitis y trastornos como el lupus. Para estas, los efectos secundarios son menos problemáticos, pues requieren dosis mucho más bajas que en el tratamiento de la artritis reumatoide.

Desde la década de 1950, los potentes efectos de los corticosteroides sintéticos han transformado la reumatología, la dermatología, la gastroenterología, la oftalmología y la medicina respiratoria, y han demostrado ser eficaces para trastornos como la hepatitis y la soriasis. También son útiles durante los trasplantes de órganos, pues al suprimir la respuesta inmunitaria, reducen el riesgo de rechazo por el organismo. ■

Usos actuales de los corticosteroides

Corticosteroide	Tratamiento
Betametasona	Dermatitis severa (enfermedades de la piel)
Budesonida	Asma, rinitis alérgica, hepatitis autoinmune
Dexametasona	Crup, edema macular, inflamación articular y de tejidos blandos
Hidrocortisona	Dermatitis del pañal, eccema y otras inflamaciones leves de la piel, asma aguda severa, enfermedad de Addison, enfermedad inflamatoria intestinal severa
Metilprednisolona	Inflamación articular, trastornos inflamatorios y alérgicos, trasplantes de órganos, recaídas de esclerosis múltiple
Prednisolona	Enfermedad pulmonar obstructiva crónica, crup severo, asma aguda de leve a moderada, colitis ulcerosa, enfermedad de Crohn, lupus sistémico, leucemia aguda
Acetónido de triamcinolona	Rinitis alérgica, inflamación articular y de tejidos blandos

Philip Hench

Philip Showalter Hench nació en 1896, y se crio en Pittsburgh (Pensilvania). Se alistó en el Cuerpo Médico del Ejército de EE UU en 1917, y en 1920 se doctoró por la Universidad de Pittsburgh. En 1923 empezó a trabajar en la Clínica Mayo, cuyo departamento de enfermedades reumáticas dirigió en 1926. Se casó en 1927 y tuvo cuatro hijos.

Miembro fundador de la Asociación Estadounidense de Reumatismo, fue su presidente en 1940 y 1941. Sirvió en puestos médicos destacados durante la Segunda Guerra Mundial. De regreso a la Clínica Mayo, fue profesor de medicina desde 1947. Se jubiló en 1957 y murió de neumonía durante unas vacaciones en Jamaica en 1965.

Obras principales

1938 «Efecto de la ictericia espontánea sobre la artritis reumatoide».
1950 «Efectos del acetato de cortisona y la ACTH hipofisaria sobre la artritis reumatoide, la fiebre reumática y algunas otras afecciones» (con Edward Kendall, Charles H. Slocumb y otros).

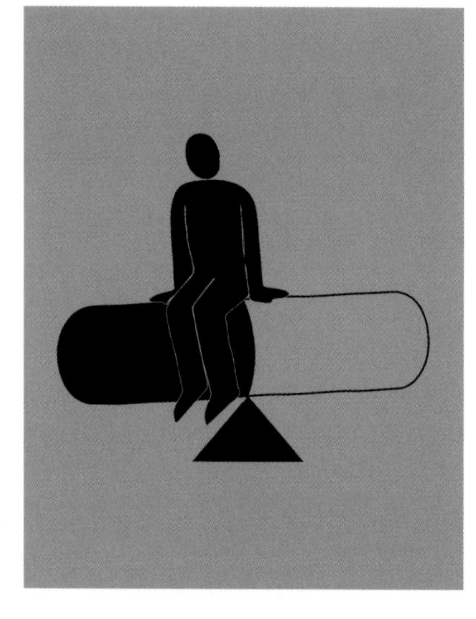

EL EFECTO CALMANTE

EL LITIO Y EL TRASTORNO BIPOLAR

EN CONTEXTO

ANTES

1871 En EE UU, el neurólogo William Hammond usa sales de litio para tratar la manía.

1894 El psiquiatra danés Frederik Lange propone tratar la «depresión melancólica» con litio.

DESPUÉS

1963 En ensayos realizados en el Hospital Hellingly de Sussex (Reino Unido), Ronald Maggs descubre el «valor durante el síndrome maniaco agudo» del litio.

1970 Mogens Schou publica un artículo sobre el efecto preventivo del litio para el trastorno bipolar del ánimo.

1970 La Food and Drug Administration de EE UU aprueba el litio para tratar la manía aguda; es el 50.° país en hacerlo.

1995 Los estabilizadores del ánimo ofrecen una alternativa al litio.

El psiquiatra australiano John Cade logró un avance al tratar el trastorno bipolar con litio en 1949. Tras observar en las autopsias que los cerebros de pacientes bipolares revelaban síntomas físicos como coágulos, creyó que el trastorno podía tener una causa orgánica. En su hipótesis, el paciente bipolar maniaco sufre una intoxicación debida al exceso de una sustancia determinada en el organismo, y un déficit de la misma causa la fase melancólica.

Teoría de las cobayas

Al inyectar orina de pacientes bipolares en cobayas, Cade descubrió que la de los pacientes maniacos era más letal para estas que la de los no bipolares. Añadir litio (antes empleado para tratar la gota) a la orina la volvía menos tóxica, y en grandes dosis, el litio volvía pasivas a las cobayas. Cade supuso que el litio podía apaciguar también a los pacientes bipolares, se lo administró a diez de ellos, y observó mejorías muy claras. Sus hallazgos, publicados en 1949, no fueron muy reconocidos, pero el trabajo con el litio continuó, y fue adoptado como medicación para la manía en varios países europeos a partir de 1960.

El psiquiatra danés Mogens Schou publicó estudios en 1970 que mostraban la eficacia del litio para tratar la bipolaridad. Aceptado en EE UU en 1970, el litio es la principal medicación usada hoy para el trastorno bipolar. ■

La bipolaridad puede tratarse con medicación, terapias habladas como la cognitivo-conductual y la modificación de hábitos y estilos de vida, como una dieta mejorada y ejercicio regular.

Véase también: Farmacia 54–59 ▪ Salud mental humanitaria 92–93 ▪ El sistema nervioso 190–195 ▪ Clorpromazina y antipsicóticos 241

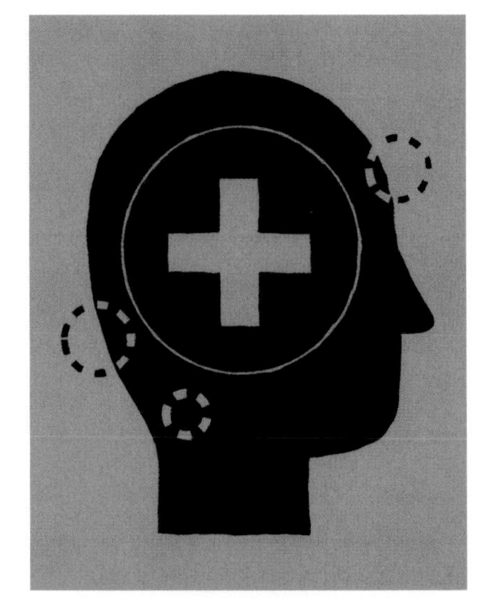

UNA PENICILINA PSIQUICA

CLORPROMAZINA Y ANTIPSICÓTICOS

EN CONTEXTO

ANTES

1920 En EE UU, el farmacólogo David Macht acuña el término «psicofarmacología» para describir los fármacos con efectos neuromusculares.

1949 John Cade descubre la eficacia del litio para tratar a pacientes bipolares.

DESPUÉS

1958 En el primer congreso del Collegium Internationale Neuro-Psychopharmacologicum (CINP), farmacólogos, psiquiatras y psicólogos informan sobre metodología de investigación, eficacia terapéutica y efectos secundarios, así como necesidades clínicas.

Década de 1960 En EE UU, ensayos a gran escala con clorpromazina demuestran la eficacia de los antipsicóticos para tratar diversos síntomas de la esquizofrenia.

En la década de 1940, el cirujano francés Henri Laborit propuso a la empresa farmacéutica Rhône-Poulenc desarrollar un antihistamínico con efectos sobre el sistema nervioso central, para usar el efecto sedante como anestésico antes de la cirugía. El fármaco, producido en 1950, fue la clorpromazina.

Dos psiquiatras franceses del Hospital de Santa Ana de París, Jean Delay y Pierre Deniker, empezaron a usar la clorpromazina para tratar a internos con manía o esquizofrenia en 1952, y fue eficaz para controlar la agitación o sobreexcitación. Se clasificó como tranquilizante o neuroléptico, y posteriormente se llamó «antipsicótico».

El primer antipsicótico del mundo

Tras el gran éxito del psiquiatra canadiense Heinz Lehman en la realización de pequeños ensayos, la clorpromazina empezó a utilizarse en EE UU a partir de 1954. En la década de 1960 ya se recetaba habitualmente en Europa y EE UU a pacientes con esquizofrenia y trastorno bipolar. El fármaco bloquea los receptores de dopamina del cerebro, reduciendo así la transmisión de mensajes entre las neuronas, y aliviando síntomas psicóticos como los delirios y alucinaciones. Redujo también la dependencia de tratamientos como la terapia electroconvulsiva.

Aunque desde entonces se han desarrollado nuevos antipsicóticos, ninguno ha superado el éxito de la clorpromazina, hoy reconocida como primer antipsicótico del mundo. ■

No podía creer que una simple pastilla pudiera afectar a los síntomas psicóticos.

Heinz Lehmann

***Recuerdos de la historia de la neuropsicofarmacología* (1994)**

Véase también: Farmacia 54–59 ▪ La aspirina 86–87 ▪ El litio y el trastorno bipolar 240 ▪ Terapias cognitivo-conductuales 242–243

CAMBIAR LA FORMA DE PENSAR

TERAPIAS COGNITIVO-CONDUCTUALES

EN CONTEXTO

ANTES

1897 Pávlov describe los principios del condicionamiento clásico.

1913 John Watson propone una nueva filosofía psicológica, que llama «conductismo».

1924 La psicóloga Mary Cover Jones recibe el apodo de «madre de la terapia de conducta» por su estudio de la desensibilización de un muchacho llamado Peter.

DESPUÉS

1955 El psicólogo Albert Ellis lanza la terapia cognitiva, basada en enfrentarse a las creencias irracionales.

1962 La médica australiana Claire Weekes publica *Autoayuda para tus nervios*, éxito de ventas sobre el tratamiento de la ansiedad con TCC.

1967 Aaron Beck publica su modelo cognitivo para explicar la depresión.

En la década de 1940, la necesidad de terapias eficaces a corto plazo para tratar la ansiedad y la depresión entre las tropas que volvían de la Segunda Guerra Mundial se combinó con avances en el estudio de la conducta, dando lugar a un nuevo enfoque de los trastornos psicológicos: la terapia de la conducta. Los conductistas rechazaron el enfoque psicoanalítico más introspectivo y subjetivo de Sigmund Freud, centrado en el inconsciente, y defendieron que factores externos mensurables, como los acontecimientos y el entorno, influían más en el comportamiento y las emociones. En 1953, el pionero de esta teoría, el psicólogo estadounidense B. F. Skinner, había formulado una ciencia de la conducta que hoy anima gran parte de la práctica psicoterapéutica moderna y que condujo al desarrollo de las terapias cognitivo-conductuales (TCC).

Condicionar la conducta

Las teorías de Skinner se basaron en los estudios del fisiólogo ruso Iván Pávlov y el psicólogo estadounidense John Watson. Los experimentos de Pávlov con perros en la década de

En la **teoría conductista**, las **respuestas** positivas o negativas repetidas a los comportamientos condicionan los actos y emociones futuros.

En la **teoría cognitiva**, el modo de **percibir**, **interpretar** y **atribuir significado** a los acontecimientos influye en la conducta y las emociones.

Modificar la **conducta** y **cambiar** los **patrones de pensamiento** a través de **terapias cognitivo-conductuales** permite **regular las emociones** y resolver problemas psicológicos.

Véase también: Salud mental humanitaria 92–93 ▪ El psicoanálisis 178–183 ▪ El sistema nervioso 190–195 ▪ El litio y el trastorno bipolar 240 ▪ Clorpromazina y antipsicóticos 241

1890 mostraron que las respuestas pueden aprenderse a través del condicionamiento clásico: tocar repetidamente una campana (un estímulo no relacionado) justo antes de alimentar a los perros enseñó a estos a salivar con el sonido de la campana por sí solo. Watson propuso más tarde que el condicionamiento podía explicar toda la psicología humana.

En 1938, Skinner teorizó que si todas las conductas y respuestas emocionales son aprendidas (condicionadas), pueden reaprenderse conductas adecuadas. Este reaprendizaje (o condicionamiento operante) consiste en refuerzos positivos o negativos para dar forma a la conducta, recompensando pequeños progresos hacia el comportamiento deseado y desincentivando el no deseado.

Revolución cognitiva

En la década de 1960, el interés en cómo el pensamiento (el proceso de la cognición) afecta a las emociones y la conducta llevó a reevaluar el trabajo de Skinner, así como a una segunda ola de terapias psicológicas. Según los terapeutas cognitivos, como el psiquiatra estadounidense Aaron Beck, las respuestas condicionadas manejadas por Skinner no podían explicar o controlar todos los comportamientos, y el pensamiento dañino o confuso debía desempeñar también un papel. Identificar y evaluar estas percepciones o pensamientos negativos –y luego corregirlos para que reflejen la realidad, en lugar de una perspectiva distorsionada o disfuncional de la misma– fue la base del enfoque cognitivo de Beck.

Al combinar las teorías conductista y cognitiva, los terapeutas desarrollaron la práctica de las terapias cognitivo-conductuales. El estudio y la corrección de las conductas visibles y la evaluación y reprogramación del pensamiento consciente fueron ganando apoyo, a medida que nuevos estudios mostraban repetidamente la eficacia de este enfoque combinado.

Una tercera ola

En la década de 1990, una tercera ola amplió el campo de las TCC. Centradas en cambiar la relación de la persona con sus pensamientos y emociones en vez del contenido de estos, estas incluyen las terapias de atención o conciencia plena *(mindfulness)*, visualización y aceptación.

Las TCC siguen evolucionando y, al igual que los esfuerzos de Skinner por desarrollar la psicoterapia y la psicología como ciencia, se basan en experimentos científicos y el estudio de casos clínicos para obtener resultados medibles y datos cuantificables. El énfasis de Skinner en el refuerzo como medio para lograr cambios en la conducta también tuvo un impacto duradero. ▪

> “La recuperación permanente reside en la capacidad del paciente para saber aceptar el pánico hasta no temerlo ya.
> **Claire Weekes (1977)**”

B. F. Skinner

Burrhus Frederick Skinner nació en 1904 en Pensilvania (EE UU). En un principio quiso ser escritor, pero se interesó en el estudio científico del comportamiento humano al leer sobre los estudios de Iván Pávlov y John Watson. Inspirado por estos, se propuso demostrar que es el entorno el que controla la conducta, y no los procesos mentales subjetivos o el libre albedrío.

Como profesor de psicología en la Universidad de Harvard, entre 1948 y 1974 Skinner llevó a cabo experimentos sobre conducta usando inventos como la caja de Skinner, que contenía palancas que operaban ratas o palomas para recibir comida o agua. Los experimentos demostraron que la conducta se puede modificar y reforzar por el proceso que llamó condicionamiento operante, y sus estudios influyeron en el enfoque de la psicología y la educación. Murió de leucemia en 1990.

Obras principales

1938 *La conducta de los organismos.*
1953 *Ciencia y conducta humana.*
1957 *Conducta verbal.*

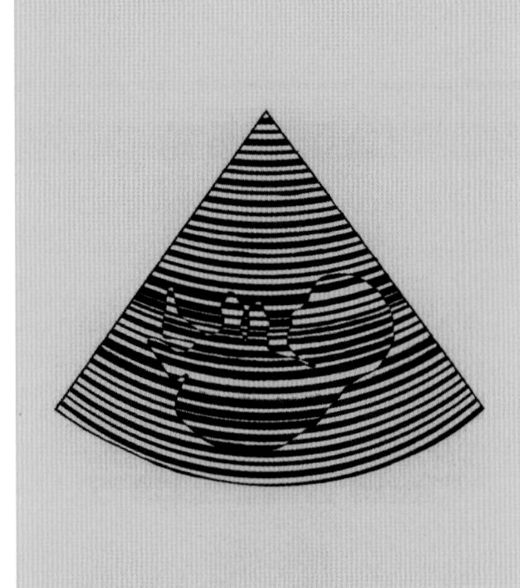

UNA NUEVA DIMENSION DIAGNOSTICA

ULTRASONIDOS

EN CONTEXTO

ANTES

1794 El sacerdote y científico italiano Lazzaro Spallanzani descubre que los murciélagos utilizan la ecolocalización (detección de ondas sonoras) para navegar entre los objetos.

1917 El médico francés Paul Langevin y sus colegas desarrollan el sónar para detectar submarinos durante la Primera Guerra Mundial.

DESPUÉS

1975 Una empresa sonográfica médica en EEUU desarrolla el transductor lineal, que produce las primeras imágenes obstétricas claras en tiempo real.

1986 En Japón, Kazunori Baba capta con ultrasonidos la primera imagen 3D de un feto.

2019 El proyecto iFind en Londres obtiene la ecografía más clara de un feto hasta la fecha con ultrasonidos guiados por ordenador.

El médico británico Ian Donald de la Universidad de Glasgow (Escocia) fue el primero en usar la tecnología de ultrasonidos en la obstetricia. En 1956, con el ingeniero Tom Brown y el obstetra John McVicar, construyó el primer escáner diagnóstico que usó ultrasonidos con éxito.

Los ultrasonidos –ondas sonoras de alta frecuencia fuera del espectro auditivo humano– permiten a los médicos obtener información clave del feto. Denominada también sonografía médica, es no invasiva y más segura que los rayos X, que exponen al feto a la radiación. Un transductor envía los ultrasonidos al cuerpo, detecta los ecos que vuelven, y un ordenador los convierte en imágenes.

> Toda técnica nueva resulta más atractiva si puede demostrar su utilidad clínica sin causar daño.
>
> **Ian Donald**

Novedades diagnósticas

Ian Donald no fue el primero en usar ultrasonidos para el diagnóstico: en 1942, el neurólogo austriaco Karl Dussik y su hermano Friedrich intentaron localizar tumores cerebrales midiendo la transmisión de un haz de ultrasonidos a través del cráneo. Otros pioneros fueron el estadounidense George Ludwig, quien los usó para detectar cálculos biliares en animales a finales de la década de 1940; y el médico británico John Wild, quien desarrolló el primer escáner de contacto manual con ayuda del ingeniero eléctrico John Reid en 1951. En 1953, el cardiólogo sueco Inge Edler y el médico alemán Hellmuth Hertz obtuvieron el primer ecocardiograma con éxito, usando ultrasonidos para estudiar el corazón. ■

Véase también: Obstetricia 76–77 ▪ Rayos X 176 ▪ Electrocardiografía 188–189 ▪ Electroencefalografía 224–225 ▪ IRM e imagen médica 278–281

TODAS LAS CELULAS TENIAN 47 CROMOSOMAS

CROMOSOMAS Y SÍNDROME DE DOWN

EN CONTEXTO

ANTES

1866 El británico John Langdon Down describe el síndrome hoy nombrado en su honor.

1879 Walther Flemming, biólogo alemán, descubre los cromosomas de los vertebrados.

1956 El sueco Albert Levan y el estadounidense Joe Hin Tjio descubren que los humanos tienen 46 cromosomas.

DESPUÉS

1999 El Proyecto Genoma Humano para determinar todos los genes del cuerpo humano revela el primer código genético completo de un cromosoma (el 22).

2000 Se secuencia el cromosoma 21, asociado al síndrome de Down.

2013 Investigadores en EE UU hallan la posible relación entre el síndrome de Down y niveles bajos de una proteína particular en las células cerebrales.

En 1958, Marthe Gautier, investigadora pediátrica francesa en París, descubrió la causa del síndrome de Down al examinar diapositivas en un laboratorio hospitalario: los niños con síndrome de Down tenían tres copias del cromosoma 21 en lugar de dos.

Dos años antes, genetistas de la Universidad de Lund (Suecia) habían descubierto que la mayoría de las personas tiene 23 pares de cromosomas (46 en total) en casi todas las células, uno de cada par heredado de la madre, y el otro, del padre. Los espermatozoides y óvulos, en cambio, tienen un solo conjunto de 23 cromosomas. Cuando un espermatozoide fecunda un óvulo, este se convierte en una célula con 23 pares de cromosomas.

Trisomía

En la actualidad se sabe que la trisomía (una tercera copia de un cromosoma) puede darse durante la meiosis, la producción de gametos (ovocitos o espermatozoides) en los órganos reproductores. Sucede en cualquier cromosoma; sin embargo, la trisomía 21, causa del síndrome de Down, es la más común, afectando a un nacimiento de cada mil. El resultado son rasgos físicos característicos, tales como un perfil más plano del rostro, bajo tono muscular y dificultades de aprendizaje de leves a moderadas. El síndrome de Edwards, causa de defectos cardiacos, se debe a la trisomía 18, y afecta a uno de cada seis mil bebés. ■

El actor español Pablo Pineda, protagonista de la película *Yo, también*, es el primer licenciado universitario con síndrome de Down en Europa.

Véase también: Herencia y trastornos genéticos 146–147 ▪ Genética y medicina 288–293 ▪ El Proyecto Genoma Humano 299 ▪ Terapia génica 300

LA MUERTE HECHA VIDA

CIRUGÍA DE TRASPLANTES

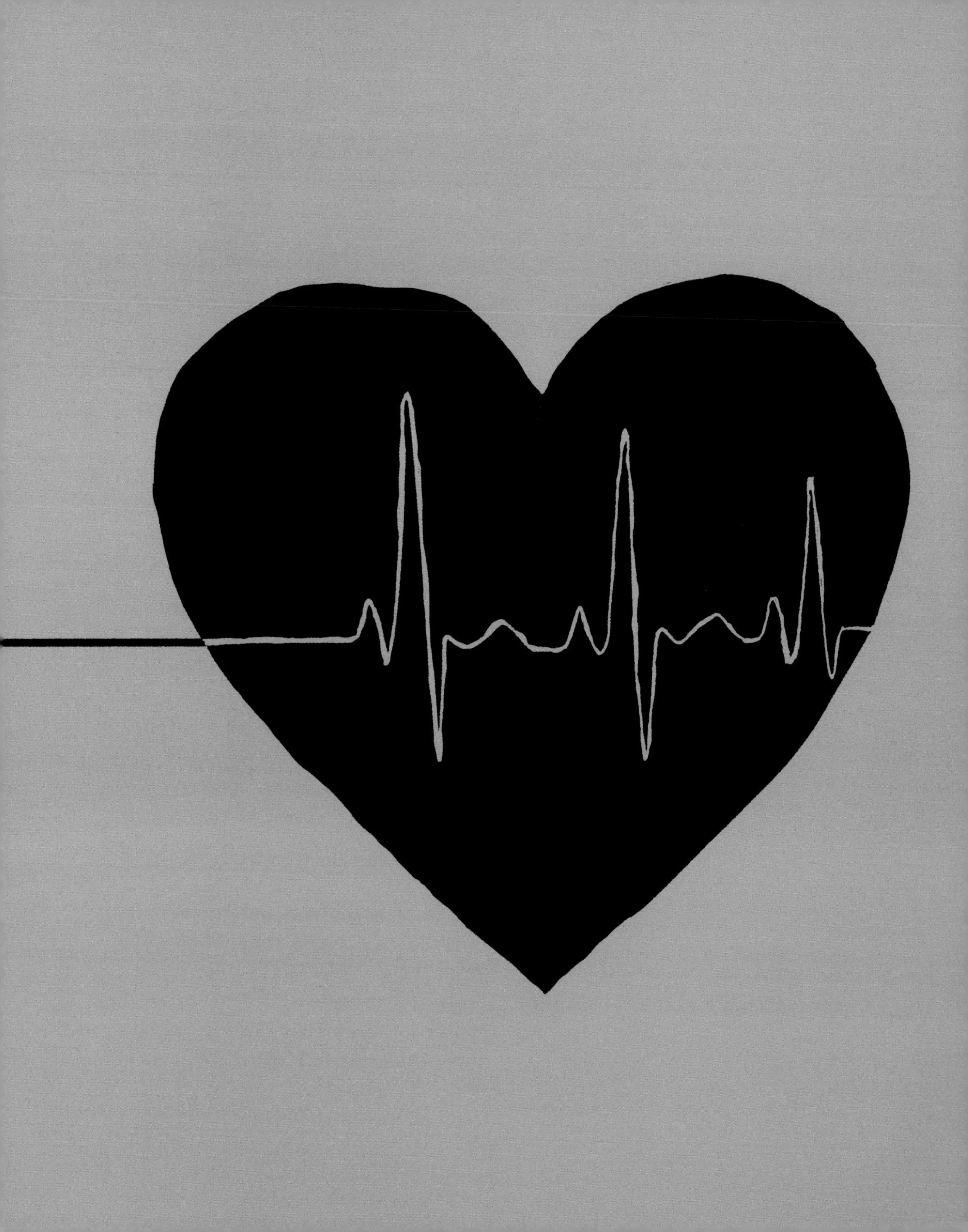

EN CONTEXTO

ANTES

1668 En Países Bajos, Job van Meekeren practica el primer injerto óseo con éxito.

1838 Richard Kissam trasplanta una córnea de cerdo a un joven, que recupera la vista durante un tiempo.

DESPUÉS

1979 España aprueba legislación que presupone el consentimiento a la donación de órganos al morir; es el primer país con un modelo que requiere el rechazo expreso.

1998 El cirujano francés Jean-Michel Dubernard practica el primer trasplante de mano.

2002 En EEUU se crían cerdos clonados (con ingeniería genética destinada a reducir las posibilidades de rechazo) para estudiar el trasplante de órganos de animales a humanos.

2008 El cirujano francés Laurent Lantieri anuncia el primer trasplante de cara.

La cirugía de trasplantes –el reemplazo de partes dañadas o disfuncionales del cuerpo por otras sanas– constituye uno de los logros más asombrosos de la medicina moderna. En 1954, un trasplante de riñón con éxito inició el camino, y, solo trece años después, el primer trasplante de corazón humano fue celebrado como la cima de la cirugía de trasplantes. Desde entonces, los trasplantes de corazón, riñón, pulmón e hígado han salvado cientos de miles de vidas. Mientras que para los pacientes se trata de un gran acontecimiento, para muchos cirujanos ha pasado a ser un procedimiento habitual.

Primeros experimentos

Los cirujanos no consideraron la posibilidad de los trasplantes de órganos hasta el descubrimiento, a mediados del siglo XIX, de la anestesia general, que permitió operar sin causar un dolor intolerable o espasmos musculares.

A comienzos del siglo XX empezaron a realizarse trasplantes en animales. En 1902, el cirujano húngaro Emerich Ullmann practicó el primer autotrasplante de riñón a un perro, al que extrajo el riñón del abdomen y lo trasladó al cuello, reconectándolo por medio de tubos de latón. El joven cirujano francés Alexis Carrel realizó operaciones similares, llegando a trasplantar el corazón de un perro a su propio cuello.

Los experimentos de Carrel le llevaron a inventar las técnicas de microsutura usadas más adelante para reconectar vasos sanguíneos cortados en los trasplantes humanos. En 1894, Carrel fue testigo del apuñalamiento del presidente francés Sadi Carnot, y quedó profundamente afectado por la incapacidad de los cirujanos para salvarle la vida por no poder reparar una arteria dañada. Decidido a evitar tales tragedias en el futuro, Carrel pasó meses aprendiendo a coser con agujas minúsculas con la mejor bordadora de Lyon, madame Leroidier. La sutura de Carrel sigue empleándose en los trasplantes hoy.

Éxito y fracaso

En 1905, el oftalmólogo austriaco Eduard Zirm trasplantó con éxito las córneas de un muchacho de once años al trabajador agrícola checo Alois Glogar, que había quedado ciego por un accidente con cal. Los efectos de la operación fueron duraderos: Glogar volvió al trabajo a los

La sutura de Carrel es un modo simple pero ingenioso de unir los vasos sanguíneos de un órgano nuevo a los del receptor. En 1912, Carrel fue galardonado con el premio Nobel de fisiología o medicina por su método.

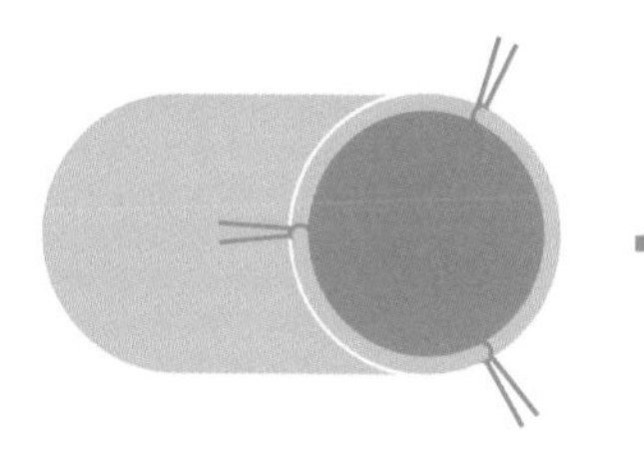

Los extremos de los vasos sanguíneos se ponen en contacto y se unen por medio de tres puntos equidistantes alrededor de la circunferencia de la sección.

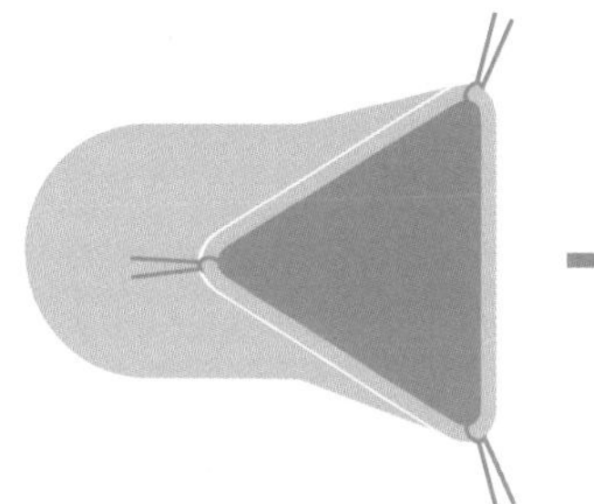

Tirando levemente de los puntos, la circunferencia del vaso sanguíneo adquiere una forma triangular.

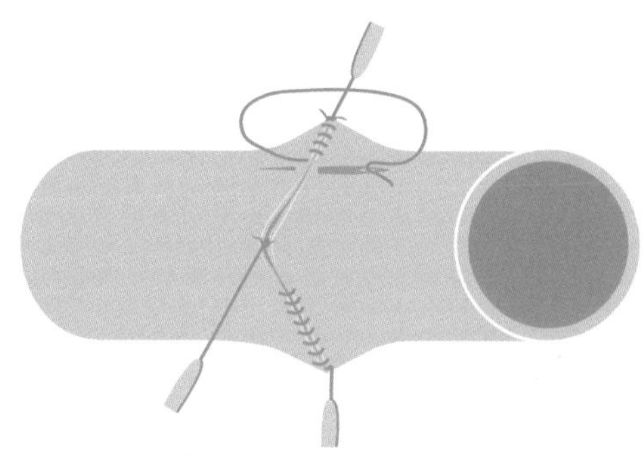

Los dos lados rectos son más fáciles de coser sin necesidad de fórceps para mantener el tejido en su lugar, evitando así el riesgo de rotura o magulladura.

Véase también: Transfusión y grupos sanguíneos 108–111 ▪ Anestesia 112–117 ▪ Injertos de piel 137 ▪ El sistema inmunitario 154–161 ▪ Electrocardiografía 188–189 ▪ Diálisis 234–235 ▪ Medicina regenerativa 314 ▪ Trasplantes de cara 315

Es el don de
la vida misma.
Dick Cheney
46.° vicepresidente de EEUU (2001–2009), sobre su trasplante de corazón

tres meses de la cirugía, y conservó la vista el resto de su vida. Carrel y otros cirujanos pensaron que el trasplante de órganos en humanos era solo cuestión de tiempo. Sin embargo, cada vez que se intentaba trasplantar órganos de un perro a otro el receptor moría a las pocas semanas, aunque la operación pareciera haber sido un éxito en principio. En la década de 1940, muchos cirujanos poseían las habilidades necesarias para realizar trasplantes en humanos, pero todos los intentos acababan en la muerte del paciente.

En 1935, Alexis Carrel (dcha.) colaboró con el aviador Charles Lindbergh (izda.) para diseñar una bomba de perfusión, precursora del baipás cardiopulmonar usado en operaciones a corazón abierto.

Conocimientos nuevos

Los estudios sobre trasplantes de piel durante la Segunda Guerra Mundial ayudaron a arrojar luz sobre el problema. En la guerra, muchos pilotos de bombarderos sufrieron quemaduras terribles, y los injertos de piel de donantes no tenían éxito. Para averiguar el porqué, el biólogo británico Peter Medawar realizó experimentos con conejos, en los que observó que el cuerpo rechaza activamente la piel ajena. Al igual que contra las infecciones, el organismo desarrolla anticuerpos contra los trasplantes. En un principio parece aceptarlos, pero va creando anticuerpos frente al invasor, y en pocas semanas el sistema inmunitario empieza a atacarlo.

Medawar descubrió luego que el rechazo no se daba en los injertos de piel entre gemelos idénticos, ni entre vacas, que debido al alto grado de consanguinidad tienen la misma tolerancia inmunológica que los gemelos. Los trasplantes tenían escasas posibilidades de éxito mientras el rechazo siguiera siendo un obstáculo, pero los cirujanos, empeñados en salvar vidas, se aferraron a la esperanza de encontrar donantes estrechamente emparentados para que los pacientes pudieran sobrevivir gracias a dicha tolerancia inmunológica. Mientras, en 1945, el médico e inventor neerlandés Willem Kolff construyó el primer riñón artificial o dializador, un filtro mecánico »

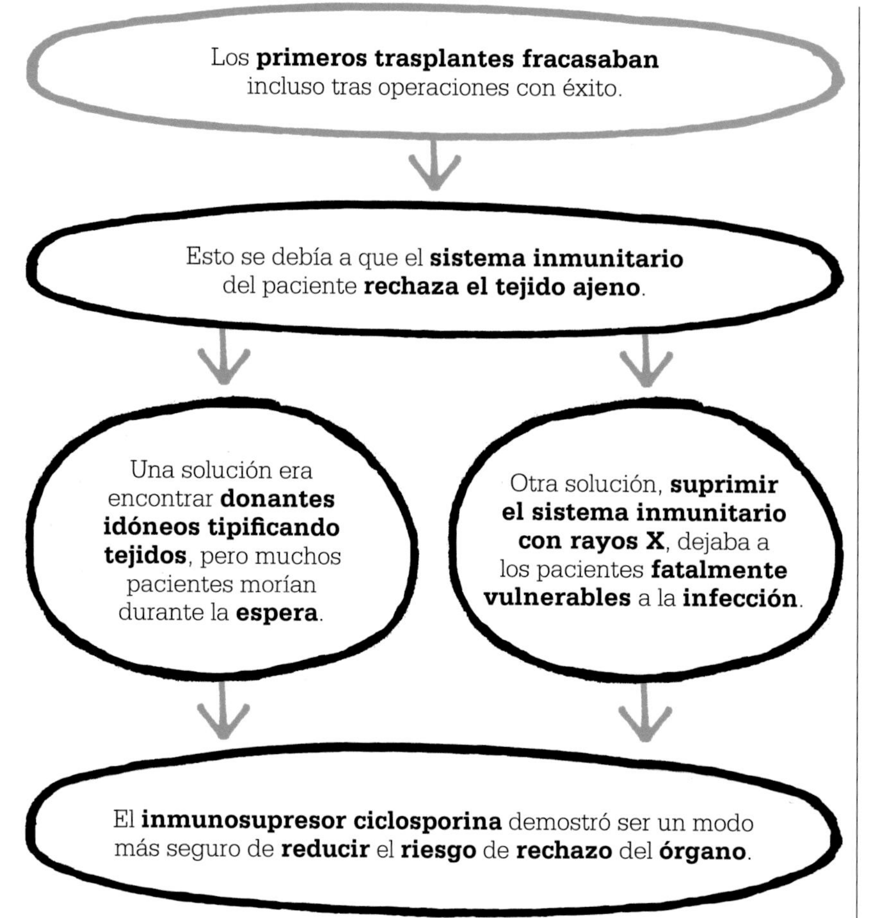

Los primeros trasplantes fracasaban incluso tras operaciones con éxito.
Esto se debía a que el sistema inmunitario del paciente rechaza el tejido ajeno.
Una solución era encontrar donantes idóneos tipificando tejidos, pero muchos pacientes morían durante la espera.
Otra solución, suprimir el sistema inmunitario con rayos X, dejaba a los pacientes fatalmente vulnerables a la infección.
El inmunosupresor ciclosporina demostró ser un modo más seguro de reducir el riesgo de rechazo del órgano.

que realizaba la tarea de los riñones dañados durante un tiempo para que estos pudieran recuperarse. Los médicos se preguntaron si la diálisis podría mantener vivo al paciente durante un trasplante de riñón. En 1952, en un hospital parisino, el cirujano francés Jean Hamburger trasplantó el riñón de una madre a su hijo, cuyo único riñón estaba dañado por una caída, usando la diálisis para mantener al niño con vida durante la operación. El parentesco entre donante y receptor no podía ser más estrecho (salvo entre gemelos idénticos), y en un principio la operación parecía haber sido un éxito. Antes de dos semanas, sin embargo, el riñón fue rechazado y el niño murió.

Dos años más tarde, en un hospital de Boston (EE UU), Joseph Murray practicó el primer trasplante de órgano con éxito del mundo: implantó un riñón de Ronald Herrick a su gemelo idéntico Richard. Este sobrevivió otros ocho años, durante los cuales se casó y tuvo hijos. Murió de un fallo cardiaco, mientras el riñón donado continuaba funcionando.

Inspirados por el éxito de Murray, otros cirujanos se animaron a practicar trasplantes de riñón; sin embargo, casi todos los pacientes murieron debido al rechazo. Solo tenían éxito los trasplantes entre gemelos idénticos, y los médicos estaban desesperados por encontrar una solución.

Los trasplantes de riñón hoy parecen rutina, pero el primero fue como el vuelo de Lindbergh sobre el océano.
Joseph Murray
***The New York Times* (1990)**

Superar el rechazo

Con el fin de reducir las probabilidades del rechazo de los órganos, los cirujanos de trasplantes bombardearon a los pacientes con rayos X para suprimir la actividad del sistema inmunitario. Pero esto debilitaba hasta tal punto las defensas del organismo que hasta la infección más leve les hacía enfermar gravemente. El hematólogo estadounidense William Dameshek propuso emplear el fármaco inmunosupresor 6-mercaptopurina (6-MP), que impide multiplicarse a las células cancerígenas interfiriendo en sus procesos químicos. Esperaba que el fármaco ralentizara la proliferación de los leucocitos del sistema inmunitario, que reconocen los tejidos ajenos, reduciendo así el riesgo de rechazo del órgano.

A principios de la década de 1960, el médico británico Roy Calne probó la idea en perros, a los que tras practicar trasplantes de órganos administró azatioprina, un fármaco similar a la 6-MP. Funcionó tan bien con una perra llamada Lollipop que Calne decidió recetarla a pacientes humanos de trasplantes, pero solo algunos sobrevivieron.

Se logró un gran avance en 1963, cuando el estadounidense Thomas

Starzl dio azatioprina a sus pacientes inmediatamente después del trasplante. Si parecía que el cuerpo iba a rechazar el corazón trasplantado, les administraba también una dosis enorme de esteroides, supresores del sistema inmunitario. La combinación de azatioprina y esteroides mejoró considerablemente las probabilidades de sobrevivir de los pacientes.

Por esa época, bioquímicos de la farmacéutica suiza Sandoz estudiaban muestras de tierra con hongos como posible fuente de antibióticos. En una muestra de Noruega encontraron el hongo *Tolypocladium inflatum*, del que extrajeron la ciclosporina, un inmunosupresor con pocos efectos secundarios tóxicos. A principios de la década de 1980 se aprobó su uso, y el fármaco revolucionó la cirugía de los trasplantes al reducir el riesgo de rechazo y prevenir las infecciones.

Los científicos también encontraron el modo de identificar donantes adecuados, gracias a las proteínas del exterior de las células llamadas antígenos leucocitarios humanos (HLA), que funcionan como un pasaporte químico. A partir del patrón de HLA de la célula, el sistema inmunitario reconoce al instante si las células son propias o ajenas, y en el último caso, las rechaza. Salvo algunos gemelos idénticos, no hay dos personas que tengan el mismo perfil de HLA, pero algunos son más semejantes entre sí que otros, y esto es más probable entre parientes consanguíneos que entre personas no emparentadas. Los análisis de sangre de donantes potenciales pueden revelar su proximidad a los HLA de un paciente, y cuanto mayor sea esta, menor es la probabilidad de rechazo del órgano. Esto se conoce como tipificación de tejidos.

Los pacientes con trasplantes a los que he tratado se han convertido en miembros de una especie de familia extensa.
Thomas Starzl
***The New York Times* (2009)**

Trasplantes de hígado

Al volverse más habituales los trasplantes de riñón en la década de 1960, los cirujanos exploraron la posibilidad de los de hígado y corazón. El hígado es mucho mayor y más complejo que el riñón, y no había máquina que pudiera sustituirlo durante una operación. Además, un hígado entero solo puede proceder de un donante fallecido, y es susceptible a la falta de riego sanguíneo: es necesario extraerlo del cuerpo antes de transcurridos quince minutos desde la muerte del donante.

En 1963, Thomas Starzl en EEUU y Roy Calne en Reino Unido intentaron los primeros trasplantes de hígado en pacientes cuya muerte de otro modo era segura. Los pacientes sobrevivieron a la operación, pero rechazaron el nuevo hígado y murieron. Este patrón se mantuvo durante los siguientes veinte años, en los que murieron tres de cada cuatro receptores de trasplantes de hígado antes de un año. La llegada de la ciclosporina, en 1983, cambió este estado de cosas, y actualmente sobreviven durante al menos un año nueve de cada diez pacientes, y muchos recuperan plenamente la salud. »

Christiaan Barnard

Christiaan Barnard, hijo de un predicador pobre, nació en Beaufort West (Sudáfrica) en 1922. Decidió ser cirujano del corazón a raíz de la muerte de un hermano de cinco años por un fallo cardiaco. Barnard fue mundialmente famoso en 1967, al trasplantar un corazón humano en Ciudad del Cabo.

Barnard llevó a cabo luego trasplantes «auxiliares», que consistían en colocar un corazón sano junto al corazón enfermo del paciente. También fue pionero en el empleo de los corazones de mono para mantener vivos a los pacientes a la espera del donante adecuado. Abandonó la cirugía cardiaca a los 61 años a causa de la artritis reumatoide que le afectaba a las manos. Más tarde escribió una novela y dos autobiografías, y creó la Fundación Christiaan Barnard destinada a ayudar a niños desfavorecidos. Barnard murió en 2001, a los 78 años.

Obras principales

1970 *Una vida.*
1993 *El segundo corazón.*
1996 *El donante.*

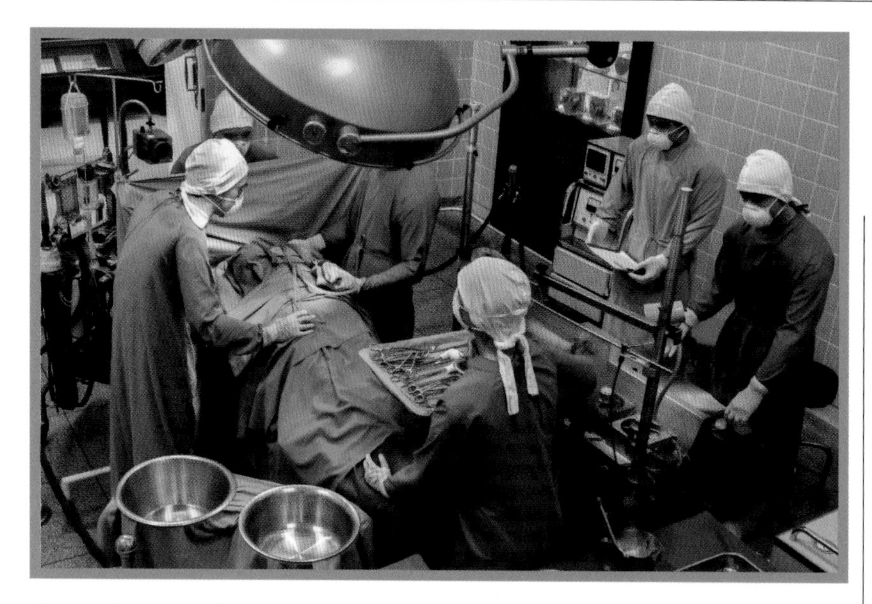

Esta recreación del primer trasplante de corazón para conmemorar su 50.° aniversario, de 2017, se exhibe en el museo del Hospital Groote Schuur de Ciudad del Cabo (Sudáfrica).

Trasplantes de corazón

El desafío definitivo para la cirugía de trasplantes era el trasplante de corazón. A principios de la década de 1950, el científico ruso Vladímir Démijov lo practicó en perros, pero con resultados irregulares. Era difícil extraer el corazón e implantar otro nuevo sin que los perros murieran. A finales de la década, el cirujano Norman Shumway de la Universidad de Stanford (EE UU) descubrió que podía detener el latido y el flujo de la sangre del corazón, simplemente enfriándolo en agua helada. También inventó y mejoró un corazón artificial para bombear la sangre hasta que el nuevo corazón funcionara. Junto con el cirujano cardiaco pionero Richard Lower, Shumway practicó con cadáveres, extirpando y volviendo a introducir el corazón.

Después de practicar con perros durante varios años, Shumway decidió que había llegado el momento de intentar trasplantar un corazón humano, pese al riesgo considerable de rechazo. Mientras esperaba hasta contar con un donante y receptor adecuados, se le adelantó el cirujano sudafricano Christiaan Barnard. Empleando las técnicas de Shumway y Lower, Barnard practicó el primer trasplante de corazón humano el 3 de diciembre de 1967, en el Hospital Groote Schuur de Ciudad del Cabo. Su paciente era Louis Washkansky, comerciante de ultramarinos de 54 años, y el corazón era de una mujer joven que había muerto atropellada al cruzar la calle. La operación fue un éxito: el nuevo corazón de Washkansky comenzó a latir, y durante unos días todo parecía ir bien. Sin embargo, su sistema inmunitario estaba muy debilitado por los fármacos administrados para prevenir el rechazo del nuevo órgano, y murió de neumonía a los 18 días de la operación. Con todo, había comenzado la era de los trasplantes de corazón, y con la llegada de la ciclosporina, la tasa de éxitos se disparó.

Donantes escasos

Los trasplantes de corazón están limitados por la escasez de donantes. Casi la mitad de los riñones trasplantados proceden de donantes vivos, seleccionados cuidadosamente por su compatibilidad, y en muchos casos donados voluntariamente por parientes del paciente. Los corazones, en cambio, solo pueden ser de donantes que hayan muerto, y algunos pacientes mueren a la espera de donante. El corazón de un donante puede quedar disponible en un lugar lejos del paciente, o en un momento no favorable. Obtener y transportar el corazón, y preparar la operación, es una carrera contra el reloj. Privado de oxígeno, el tejido cardiaco

Trasplantes dobles de corazón y pulmón

Muchos pacientes que necesitan un trasplante de corazón también tienen dañados los pulmones. Cuando el trasplante de corazón empezó a parecer factible, los cirujanos consideraron los trasplantes combinados de corazón y pulmón. En 1968, al año del primer trasplante de corazón, el estadounidense Denton Cooley practicó a un bebé de dos meses el primero de corazón y pulmón. Solo sobrevivió 14 horas, y se abandonó la idea hasta 1981, cuando Bruce Reitz, de la Universidad de Stanford, decidió intentarlo de nuevo, dadas las mayores probabilidades de éxito gracias a la ciclosporina, recién aprobada. Fue un éxito, y su paciente Mary Gohlke, de 45 años, vivió otros cinco años.

Hoy día, casi la mitad de los pacientes de estos trasplantes sobrevive al menos cinco años. Sin embargo, la escasez de donantes y el deterioro rápido del tejido pulmonar tras la muerte del donante limitan el número de operaciones.

Es infinitamente mejor trasplantar un corazón que enterrarlo y que lo devoren los gusanos.
Christiaan Barnard
Revista *Time* (1969)

La lista de órganos y tejidos que se pueden trasplantar está creciendo. Recientemente se han añadido los de las manos y la cara. Hasta ahora se han practicado solo unos pocos cientos de trasplantes de manos y de cara en el mundo.

Los trasplantes de cara son especialmente complejos por los diversos tejidos implicados.

Un 50 % de los pacientes con pulmones trasplantados sigue con vida a los cinco años.

Pueden obtenerse porciones de hígado, páncreas o intestino de donantes vivos.

Los donantes de córnea no tienen que ser compatibles como los de órganos.

Un 72 % de los pacientes de trasplantes de corazón vive al menos cinco años, y algunos, más de treinta.

Los trasplantes de mano aportan una movilidad imposible con miembros artificiales.

Los riñones pueden ser de donantes vivos, además de fallecidos.

Pueden trasplantarse tejidos, como la piel en víctimas de quemaduras.

empieza a deteriorarse entre cuatro y seis horas después de extraerse del donante.

Corazones eléctricos

El corazón artificial total (TAH), alimentado por una batería eléctrica, podría ser la respuesta a la escasez de donantes. En la década de 1960, Domingo Liotta, cardiólogo argentino que trabajaba en EE UU, y el cirujano estadounidense O. H. «Bud» Frazier probaron la tecnología TAH en el Instituto del Corazón de Texas, en Houston. A estos primeros corazones artificiales se les llamaba puentes, pues su cometido era mantener vivo al paciente hasta que se encontrara un donante, y tenían una bomba de aire extracorpórea al costado del paciente.

En 1969, el cirujano cardiaco estadounidense Denton Cooley, que había realizado ya 29 trasplantes, tuvo que ocuparse de Haskell Karp, que iba a morir en pocos días por no disponer de un donante. Cooley le implantó un TAH. Se obtuvo el corazón de un donante a los dos días y medio, pero Karp murió debido a una infección poco después de recibir el nuevo corazón natural. Algunos cirujanos condenaron a Cooley por implantar un dispositivo que no consideraban listo para su uso en humanos. Pero otros pacientes también rechazaron sus corazones nuevos y murieron, por lo que otros cirujanos se preguntaron si el corazón eléctrico podía ser la respuesta, y no ya como mero puente.

En EE UU, varios pacientes moribundos recibieron un corazón eléctrico, el Jarvik-7, a principios de la década de 1980, y uno de ellos sobrevivió durante dos años. El interés por los corazones eléctricos disminuyó al mejorar mucho la tasa de supervivencia de los trasplantes con corazones de donantes gracias a la ciclosporina, pero revivió al agudizarse la escasez de donantes en el siglo XXI, en parte porque la tecnología TAH permitía a los pacientes con fallo cardiaco terminal esperar a un trasplante durante más tiempo.

Los corazones eléctricos no han podido sustituir a largo plazo los corazones enfermos, como se esperó en un principio. La mayoría de los cirujanos cardiacos cree que corazones creados en el laboratorio a partir de células madre, y otros órganos clonados, revolucionarán los trasplantes, aunque esto no sea inminente. Mientras tanto, los trasplantes de riñón, hígado y corazón siguen salvando decenas de miles de vidas al año, y se cuentan entre los logros más extraordinarios alcanzados en la medicina. ■

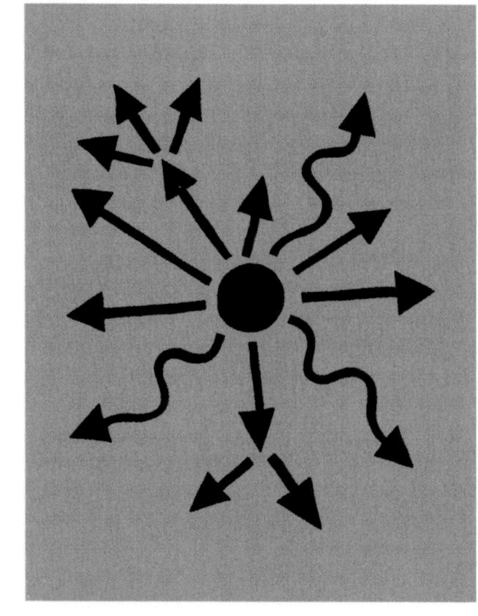

UNA MOLECULA PROMETEDORA PERO REBELDE

EL INTERFERÓN

EN CONTEXTO

ANTES

1796 Edward Jenner practica las primeras inoculaciones eficaces contra el virus de la viruela.

1882 Iliá Méchnikov descubre los fagocitos, células, entre ellas los macrófagos (glóbulos blancos mayores), que atacan, envuelven y destruyen los patógenos.

1931 El físico alemán Ernst Ruska inventa el microscopio electrónico, que permite estudiar con detalle los virus y sus efectos en el cuerpo.

DESPUÉS

1959 Jacques Miller descubre los linfocitos T, esenciales en la respuesta inmune a los virus; más tarde se descubre que producen el interferón gamma.

2016 En EE UU, Matthew Halpert y Vanaja Konduri determinan el papel de las células dendríticas que, junto con los macrófagos, producen el interferón alfa.

El interferón –así llamado por interferir con las infecciones– es una de las proteínas de la clase de las citoquinas, y parte de las defensas naturales del cuerpo contra los virus. Alick Isaacs y Jean Lindenmann, virólogos del Instituto Nacional para la Investigación Médica de Reino Unido, lo describieron en 1957.

Los virus se propagan secuestrando células. Las células infectadas liberan interferones para ralentizar la replicación celular, limitar el progreso del virus y bloquear futuras infecciones. Los interferones pasan también a las células sanas, alertándolas del daño y limitando su replicación. Hay tres tipos principales de interferón –alfa, beta y gamma– con papeles ligeramente distintos.

Hubo grandes expectativas iniciales acerca del potencial del interferón para crear fármacos antivirales contra el cáncer, porque interfieren en el crecimiento celular. En la década de 1960, el científico finlandés Kari Cantell descubrió que los leucocitos infectados con el virus Sendai producen interferón alfa. En 1980, la ingeniería genética del gen de este permitió la producción en masa de interferón alfa y otros en un laboratorio suizo.

> En la ciencia, como en el mundo del espectáculo, en realidad no hay éxitos instantáneos.
>
> **Mike Edelhart y Jean Lindenmann**
> ***Interferon* (1981)**

En estudios con animales, la capacidad supresora del cáncer del interferón parecía prometedora, pero los pacientes sufrieron efectos secundarios graves, entre ellos síntomas como los de la gripe, náuseas y depresión severa. En dosis bajas, sin embargo, el interferón se sigue usando para varios tipos de cáncer, hepatitis y esclerosis múltiple. ■

Véase también: La vacunación 94–101 ▪ El sistema inmunitario 154–161 ▪ Virología 177 ▪ Antibióticos 216–223 ▪ VIH y enfermedades autoinmunes 294–297

UNA SENSACION PARA EL PACIENTE

MARCAPASOS

EN CONTEXTO

ANTES

1887 Augustus D. Waller mide la actividad eléctrica que precede a cada latido.

1903 El electrocardiógrafo de Willem Einthoven mide la actividad cardiaca y muestra una lectura, el electrocardiograma (ECG).

1928 Los australianos Mark Lidwill y Edgar Booth reaniman el corazón de un recién nacido con una aguja conectada a una fuente eléctrica.

DESPUÉS

Década de 1990 Los marcapasos con microprocesadores se adaptan automáticamente a las necesidades del paciente.

2012 Los cirujanos del Hospital Homolka, en Praga, implantan un marcapasos inalámbrico minúsculo.

2019 Científicos de EE UU y China inventan un marcapasos sin batería, alimentado por el latido del corazón.

El corazón humano late más de dos mil millones de veces en una vida media, por lo general con gran regularidad. Los de unos tres millones de personas en el mundo, sin embargo, dependen del estímulo de un marcapasos.

De voluminoso a minúsculo

En 1951, el ingeniero canadiense John Hopps desarrolló el primer marcapasos eficaz, externo, voluminoso, conectado a la red eléctrica y montado en un carrito empujado por el paciente. Siete años después, gracias a la invención de baterías pequeñas y transistores para controlar la señal, el ingeniero sueco Rune Elmqvist y el cirujano cardiaco Åke Senning crearon uno implantable en el pecho.

Else-Marie Larsson convenció a ambos de probar el dispositivo en su marido moribundo Arne. Falto de tiempo, Elmqvist moldeó los componentes a partir de resina en una taza de plástico, y Senning lo implantó el 8 de octubre de 1958. Hubo que reemplazarlo a la mañana siguiente, pero el segundo modelo funcionó perfectamente. A Larsson le implantaron otros 25 marcapasos a lo largo de los siguientes 43 años, y murió a los 86.

Los marcapasos de ritmo variable controlados por el paciente llegaron en 1960, y las baterías de litio, de 1972, supusieron ampliar su duración de unos dos años hasta los diez. Innovaciones recientes son los marcapasos del tamaño de un comprimido, y sensores que varían el ritmo automáticamente según la actividad corporal. ■

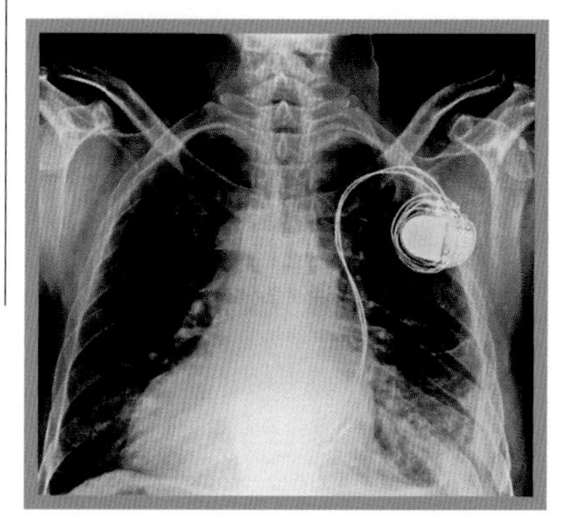

Esta radiografía muestra un marcapasos implantado bajo la clavícula. El cable hasta el ventrículo derecho transmite un pulso eléctrico al corazón.

Véase también: La circulación de la sangre 68–73 ■ El estetoscopio 103 ■ Electrocardiografía 188–189 ■ Cirugía de trasplantes 246–253

EL CENTRO DE NUESTRA RESPUESTA INMUNE

LINFOCITOS Y SISTEMA LINFÁTICO

EN CONTEXTO

ANTES

1651 Jean Pecquet describe la función del conducto torácico (el vaso linfático principal).

1652 Thomas Bartholin muestra que los vasos linfáticos se extienden por el cuerpo, y acuña el término «linfática».

1701 El anatomista neerlandés Frederik Ruysch describe la circulación linfática.

1770 William Hewson identifica minúsculas células redondas, después llamadas linfocitos.

1784 El anatomista italiano Paolo Mascagni describe cómo el sistema linfático drena los espacios entre células y acaba en los ganglios linfáticos.

DESPUÉS

1959 El científico francés Jacques Miller descubre los linfocitos T.

1980 Se determina el modo en que los linfocitos T y B confieren la inmunidad adaptativa.

El sistema linfático es el principal sistema de drenaje circulatorio del cuerpo, y una defensa clave contra la infección. El fluido linfático de sus muchos vasos retira toxinas y otros desechos, mientras que los linfocitos (un tipo de glóbulo blanco) identifican y combaten los patógenos que entran en el sistema. En 1959, el médico británico James Gowans descubrió que los linfocitos circulan entre el sistema linfático y la sangre, un paso crucial para comprender su papel central y la circulación linfática en el sistema inmunitario del organismo.

El sistema linfático incluye órganos clave –como el timo, el tuétano y el bazo– en los cuales se producen y maduran los linfocitos. La activación de los linfocitos tiene lugar en los ganglios linfáticos, donde detectan los antígenos.

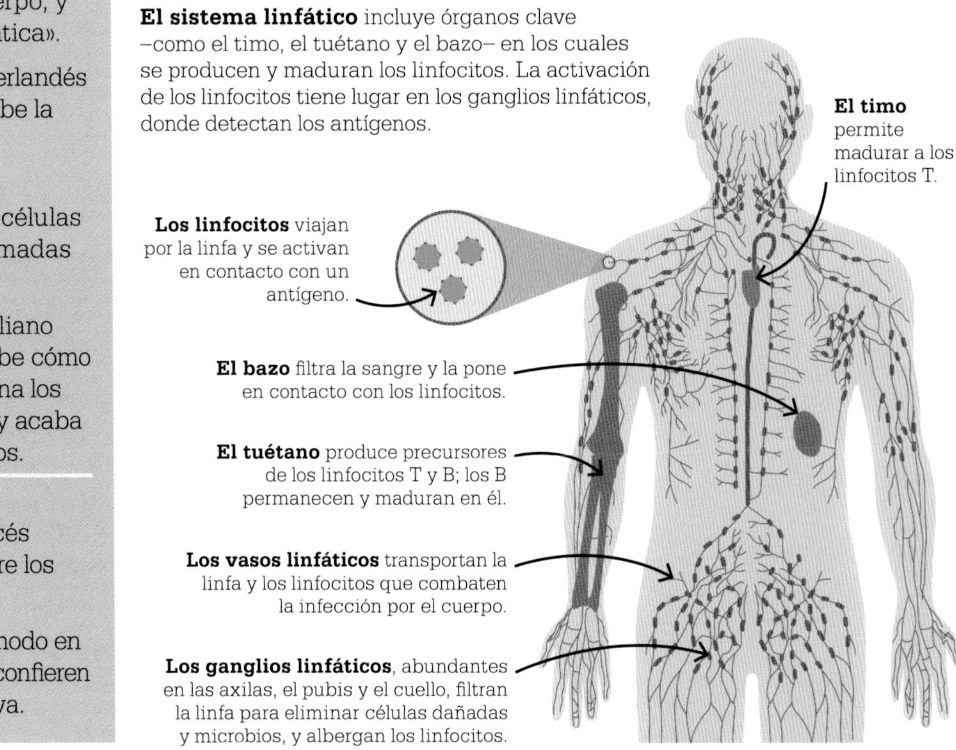

El timo permite madurar a los linfocitos T.
Los linfocitos viajan por la linfa y se activan en contacto con un antígeno.
El bazo filtra la sangre y la pone en contacto con los linfocitos.
El tuétano produce precursores de los linfocitos T y B; los B permanecen y maduran en él.
Los vasos linfáticos transportan la linfa y los linfocitos que combaten la infección por el cuerpo.
Los ganglios linfáticos, abundantes en las axilas, el pubis y el cuello, filtran la linfa para eliminar células dañadas y microbios, y albergan los linfocitos.

Véase también: La circulación de la sangre 68–73 ▪ La vacunación 94–101 ▪ El sistema inmunitario 154–161 ▪ Oncología 168–175 ▪ Medicamentos dirigidos 198–199 ▪ Anticuerpos monoclonales 282–283

El trabajo de Gowans ha enriquecido a la sociedad y a la humanidad en su conjunto.

Andrew Copson
Director ejecutivo de Humanists UK (n. en 1980)

Conocimiento anterior

El médico griego Hipócrates describió ganglios linfáticos (pequeñas glándulas donde se acumulan los linfocitos) en el siglo v a. C., y Galeno de Pérgamo escribió sobre vasos linfáticos en el siglo ii. No fue hasta la década de 1650 cuando el médico danés Thomas Bartholin y el científico sueco Olaus Rudbeck descubrieron independientemente que el sistema linfático se extiende por todo el cuerpo. A lo largo de los siglos siguientes, los científicos comprendieron gradualmente el funcionamiento y la circulación del sistema.

Un sistema vital

Una vez ha llevado nutrientes y oxígeno a las células del cuerpo, la sangre se lleva desechos de las células en el plasma sanguíneo. La mayor parte de este permanece en el torrente sanguíneo, pero una parte, junto con otros fluidos, pasa a los tejidos del organismo, desde los cuales drena a los vasos linfáticos como linfa.

La linfa es un fluido transparente, como el plasma sanguíneo. Recorre el cuerpo lentamente, retirando productos de desecho de las células, y vuelve al torrente sanguíneo. Por el sistema hay unos 600 ganglios, llenos de tejido en forma de red que filtra la linfa, atrapando microbios y toxinas. La linfa transporta también linfocitos, leucocitos minúsculos presentes en lugares como el bazo y los ganglios linfáticos, y descritos por primera vez en 1770 por el cirujano británico William Hewson, aunque no se comprendiera su función. Los linfocitos se detectaron en las reacciones inflamatorias y enfermedades bacterianas, pero hasta el descubrimiento de James Gowans se supuso que eran células de vida breve, pues parecían desaparecer de la sangre.

El avance aportado por Gowans fue mostrar que los linfocitos no desaparecen, sino que los absorbe el sistema linfático, circulan por los tejidos y ganglios linfáticos, y vuelven a la sangre. Lejos de tener una vida corta, pueden vivir hasta quince años, volviendo a circular continuamente las mismas células. Gowans mantuvo que los linfocitos transportan los anticuerpos por el cuerpo al circular por los tejidos. Mostró que los linfocitos reaccionan con los antígenos (moléculas en la superficie de los patógenos) para instigar la respuesta inmune, y hoy se reconocen como las células fundamentales del sistema inmunitario adaptativo. ■

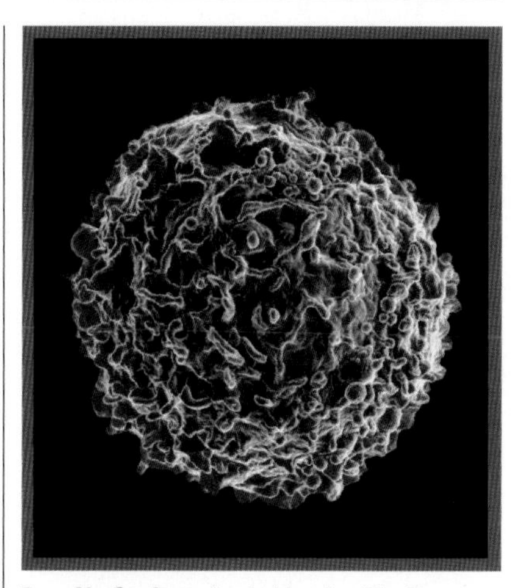

Los linfocitos, incluidos los T y B, son leucocitos que recuerdan y responden a invasores específicos. Los linfocitos B (en la imagen) liberan anticuerpos contra un antígeno particular.

James Gowans

James Gowans nació en Sheffield (Reino Unido) en 1924. Se licenció en medicina en 1947 en el King's College de Londres después de acudir como voluntario al recién liberado campo de concentración de Bergen-Belsen al final de la Segunda Guerra Mundial. En la Universidad de Oxford, de 1955 a 1960, fue miembro investigador médico del Exeter College, donde realizó su trabajo pionero sobre la recirculación de los linfocitos.

Por su trabajo sobre el sistema linfático, Gowans ingresó en 1963 en la Royal Society, de la que fue profesor investigador durante quince años; y de 1977 a 1987 fue director del Consejo de Investigación Médica de Reino Unido. En 1989 fue el primer secretario general del Programa Científico Fronteras Humanas, con sede en Estrasburgo (Francia). Fue nombrado caballero en 1982, y murió en 2020.

Obras principales

1959 «La recirculación de linfocitos de la sangre a la linfa en ratas».
1995 *El misterioso linfocito.*
2008 *Origen y funciones de los linfocitos.*

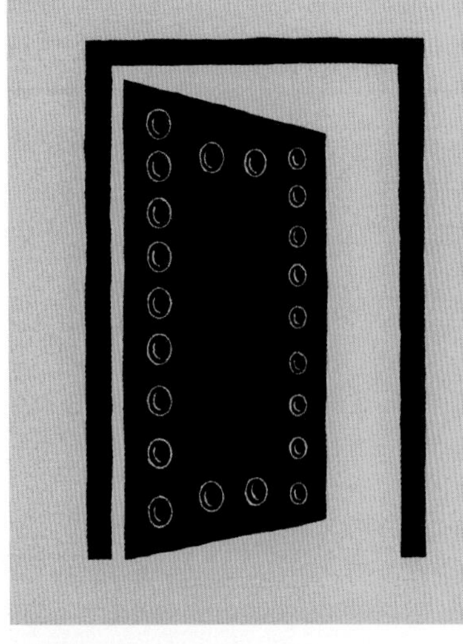

EL PODER DE DECIDIR

ANTICONCEPCIÓN HORMONAL

EN CONTEXTO

ANTES

Década de 1920 George W. Corner determina el papel de la progesterona y los estrógenos en el ciclo reproductivo femenino.

Década de 1930 Científicos de Europa y EE UU aíslan la progesterona y el estrógeno.

DESPUÉS

1965 Unos 6,5 millones de mujeres en EE UU usan la píldora; en 2019, son 151 millones en todo el mundo.

1968 Una encíclica del papa Pablo VI prohíbe los anticonceptivos a los católicos.

1999 La FDA aprueba la píldora anticonceptiva de emergencia, que impide el embarazo hasta 72 horas después del coito.

2014 En EE UU, *Bloomberg Businessweek* afirma que un tercio de los incrementos salariales de las mujeres pueden atribuirse a la píldora.

A mediados del siglo xx, los dos anticonceptivos más comunes eran los preservativos y los diafragmas, pero los fundamentos científicos de la anticoncepción hormonal se comprendían desde la década de 1920. En 1951, en EE UU, el biólogo Gregory Pincus asumió el reto de la activista del control de la natalidad Margaret Sanger de desarrollar un anticonceptivo hormonal en forma de píldora. Mientras tanto, el químico Carl Djerassi, empleado de la farmacéutica Syntex en Ciudad de México, sintetizó la noretisterona, versión artificial de la progesterona, la hormona sexual femenina.

Pincus sabía que los niveles altos de progesterona inhibían la ovulación en animales de laboratorio. En 1953, con el ginecólogo John Rocks, ensayó un comprimido anticonceptivo femenino. Debido a las leyes contra el control de la natalidad y la oposición de la Iglesia católica, trasladaron los ensayos a Puerto Rico, territorio de EE UU, en 1955. El fármaco usado, Enovid, contenía diez veces más estrógeno y progesterona que la píldora actual. Las 200 voluntarias no conocían sus posibles efectos secundarios, como mareo, náuseas, dolor de cabeza y coágulos.

En 1960, la Food and Drug Administration aprobó el Enovid como anticonceptivo oral, pese a los efectos secundarios de niveles tan altos de hormonas (reducidos a la mitad en 1961). Gracias al trabajo de Pincus y Djerassi, a ambos se les conoce como padres de la píldora. ■

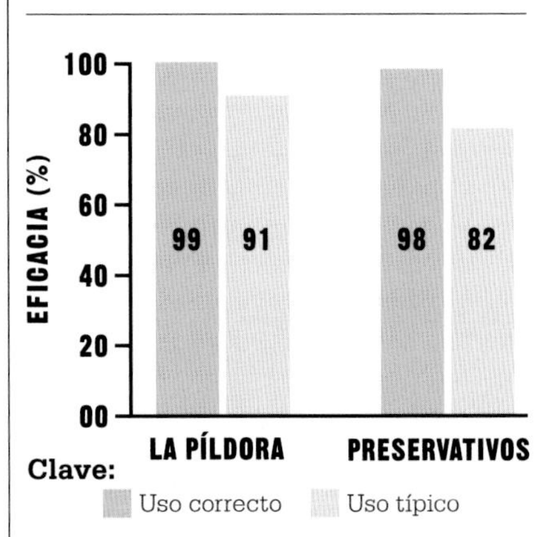

Hay solo un 1 % de diferencia entre la eficacia de los preservativos y la píldora si se utilizan correctamente, pero el uso típico da como resultado una diferencia del 9 %.

Véase también: Las mujeres en la medicina 120–121 ▪ Hormonas y endocrinología 184–187 ▪ Control de la natalidad 214–215 ▪ La FDA y la talidomida 259

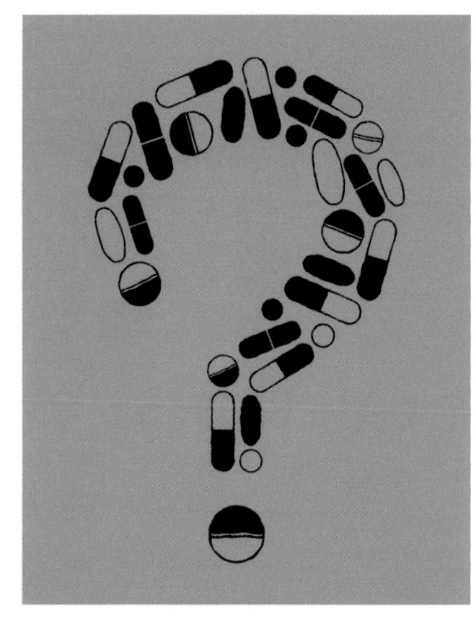

PEDIR GARANTIAS DE LA SEGURIDAD

LA FDA Y LA TALIDOMIDA

EN CONTEXTO

ANTES

1848 Se aprueba en EE UU la Ley de importación de fármacos para impedir la entrada de fármacos adulterados.

1875 La Ley de venta de alimentos y fármacos de Reino Unido trata de impedir la adulteración con ingredientes dañinos.

1930 En EE UU, la Food, Drug and Insecticide Administration se convierte en la Food and Drug Administration (FDA).

DESPUÉS

1962 El Congreso de EE UU autoriza a la FDA a establecer criterios generales para el ensayo y aprobación de fármacos.

2001 La Directiva de Ensayos Clínicos regula estos en toda la UE.

2018 En EE UU se aprueba una nueva ley que permite a los pacientes terminales acceder a fármacos experimentales sin la aprobación de la FDA.

En 1937, más de cien ciudadanos estadounidenses, muchos de ellos niños, sufrieron una muerte dolorosa tras tomar un medicamento nuevo, el elixir sulfanilamida. Se había sometido a pruebas de sabor y aspecto, pero no había obligación de ensayar su toxicidad. La sulfanilamida en sí es segura y eficaz, pero el dietilenglicol en el que iba disuelta es altamente tóxico. La indignación pública desatada condujo a la redacción de la Ley de alimentos, medicamentos y cosméticos de 1938, que establecía el mecanismo de control para fármacos en EE UU, al exigir la demostración de que los nuevos medicamentos son seguros y permitir al gobierno inspeccionar las fábricas.

El equipo de la Food and Drug Administration (FDA), responsable de aprobar nuevos fármacos, incluía a la farmacóloga Frances Oldham Kelsey, estudiante de doctorado entonces. En 1960, la FDA le encargó revisar la talidomida, eficaz para reducir las náuseas de las embarazadas. Había sido aprobada ya en cuarenta países, pero Kelsey la rechazó, alegando que no se habían evaluado sus posibles efectos sobre el feto.

El excepcional dictamen [de Kelsey] ha impedido una gran tragedia [...] en Estados Unidos.

John F. Kennedy

35.° presidente de EE UU (1961–1963)

En 1961 se publicaron informes en Alemania y Reino Unido sobre bebés con graves defectos de nacimiento de madres que habían tomado talidomida, que atravesaba la placenta y causaba las deformidades. Había al menos diez mil niños afectados en el mundo, la mitad de los cuales murieron a los pocos meses de nacer, pero solo 17 de ellos en EE UU. ■

Véase también: Farmacia 54–59 ▪ Las mujeres en la medicina 120–121 ▪ Esteroides y cortisona 236–239 ▪ Medicina basada en hechos 276–277

DEVOLVER LA FUNCION

CIRUGÍA ORTOPÉDICA

EN CONTEXTO

ANTES

1650 a. C. Los antiguos egipcios entablillan huesos fracturados.

***C.* 1000 d. C.** Abulcasis compila la enciclopedia médica *Kitab al tasrif*, que describe en detalle la práctica ortopédica.

1896 Se usan rayos X para evaluar daños óseos, un año después de su descubrimiento por Wilhelm Röntgen.

DESPUÉS

1968 Frank Gunston realiza el primer reemplazo de rodilla con éxito.

1986 El ingeniero biomédico japonés Kazunori Baba inventa el ultrasonido 3D, que permite obtener imágenes detalladas de los huesos.

Década de 1990 Se introducen las prótesis de rodilla y cadera asistidos por robot.

El reemplazo total de cadera realizado en 1962 en el Hospital Wrightington, en Wigan (Reino Unido), fue un hito de la cirugía ortopédica del siglo xx. El procedimiento, creado por el cirujano ortopédico británico John Charnley, es hoy una de las intervenciones de cirugía mayor más habituales.

La osteoartritis de la articulación de la cadera incapacita a un 10 % estimado de los mayores de 60 años, y el roce de la cabeza del fémur contra el acetábulo de la pelvis produce un dolor insoportable. Los intentos anteriores de realizar el procedimiento usaron materiales diversos, desde el acero al vidrio, pero ninguno había logrado un éxito completo.

Tras muchos años de investigación y varios intentos fallidos, Charnley usó una pieza de aleación de cobalto y cromo con una bola acoplada al fémur, y un acetábulo de polietileno de alta densidad. Esto permitía el movimiento del fémur con un rozamiento mínimo, y por tanto, con un desgaste inapreciable. Tras cinco años reemplazando articulaciones, Charnley declaró seguro el procedimiento, y otros cirujanos lo replicaron. En 2019 se realizaban más de 300 000 reemplazos totales de cadera al año solo en EE UU. El trabajo de Charnley inició también el desarrollo de las técnicas de reemplazo de otras articulaciones.

Se puso el carro delante de los bueyes; se ha fabricado y usado la articulación artificial, y ahora tratamos de averiguar cómo y por qué falla.

John Charnley

***The Journal of Bone and Joint Surgery* (1956)**

Reparación osteomuscular

La cirugía ortopédica repara huesos rotos y tejidos blandos asociados (ligamentos, tendones y cartílago); corrige deformaciones esqueléticas como la escoliosis (curvatura de la columna); reconstruye o reemplaza articulaciones dañadas (artroplastia); extrae tumores óseos; y trata una serie de trastornos óseos de otro tipo. La palabra ortopedia, del griego *orthós* («recto») y *pais* («niño») fue acuñada por el médico francés Nicolas Andry en 1741, y se refiere a uno de los fines originales de la disciplina, enderezar la columna y miembros torcidos en los niños. Hasta la década de 1890, este campo se ocupaba sobre todo de corregir deformi-

Esta pintura de la tumba de Ipuy, en Luxor (Egipto), del reinado de Ramsés II en el siglo xiii a. C., muestra a un médico fijando un hombro dislocado con un método que se sigue utilizando hoy.

Véase también: Medicina egipcia antigua 20–21 ▪ Medicina islámica 44–49 ▪ Medicina de campaña 53 ▪ Cirugía científica 88–89 ▪ Rayos X 176 ▪ Ultrasonidos 244 ▪ Cirugía mínimamente invasiva 298 ▪ Robótica y telecirugía 305

El tiempo, los **deportes** de alto impacto, la artrosis o las fracturas **desgastan** o **dañan** la **articulación de la cadera**.

→

El **daño** a la articulación de la cadera **causa hinchazón**, rigidez, **dolor** y **movilidad reducida**.

→

La **dificultad de dar con materiales** que el cuerpo no rechace, duraderos y que devuelvan la movilidad natural **impiden el progreso para hallar una cura**.

↓

Se **intentan operaciones de reemplazo de cadera** en las décadas de 1940 y 1950, **sin lograr** un **éxito completo**.

←

Un **reemplazo total de cadera** realizado por John Charnley en 1962 con **nuevos materiales reduce la fricción y aumenta la durabilidad**.

dades esqueléticas de la infancia y recomponer huesos rotos.

Práctica antigua

El origen de la ortopedia es mucho más antiguo que el nombre, pues muchas civilizaciones antiguas desarrollaron maneras de tratar lesiones ortopédicas. El papiro de Edwin Smith, escrito en el antiguo Egipto hacia el siglo XVII a. C., describe el uso de tablillas acolchadas de corteza de palmera, sujetas sobre miembros rotos con vendajes de lino. En la antigua Grecia, Hipócrates (*c.* 460 a. C.–*c.* 375 a. C.) se refirió a la práctica de envolver miembros rotos con vendajes empapados en cera y resina.

Durante la edad de oro del islam, en Córdoba (Al Ándalus), el cirujano Abulcasis (936–1013 d. C.) operó lesiones de columna y fracturas de cráneo. En Francia, Guido de Cauliaco, autor del tratado quirúrgico *Chirurgia magna* (1363), usó poleas para tratar las fracturas.

Si bien los progresos de la cirugía ortopédica fueron escasos durante siglos, la práctica de componer huesos –a cargo por lo general de autodidactas sin educación médica formal– quedó establecida en muchas partes del mundo. En China y Japón, fue un arte tradicional (llamado *die-da* y *sekkotsu*, respectivamente) asociado a las escuelas de artes marciales, en las que los practicantes refinaron las técnicas para tratar lesiones sufridas en el entrenamiento y el combate. Uno de los componedores de huesos más famosos de Gran Bretaña fue Sarah Mapp, apodada «Crazy Sally», que ejerció el oficio en Epsom y Londres a inicios del siglo XVIII.

Pioneros modernos

En 1876, Hugh Owen Thomas, hijo de un renombrado componedor de huesos galés, describió su revolucionaria férula de rodilla y cadera en *Diseases of the Hip, Knee, and Ankle Joints*. Esta empleaba una vara de acero y cintas de cuero para estabilizar la fractura y permitir que el hueso sanara. Su sobrino Robert Jones, director de ortopedia militar, defendió su uso durante la Primera Guerra Mundial, y la férula de Thomas redujo la mortalidad por fracturas compuestas del »

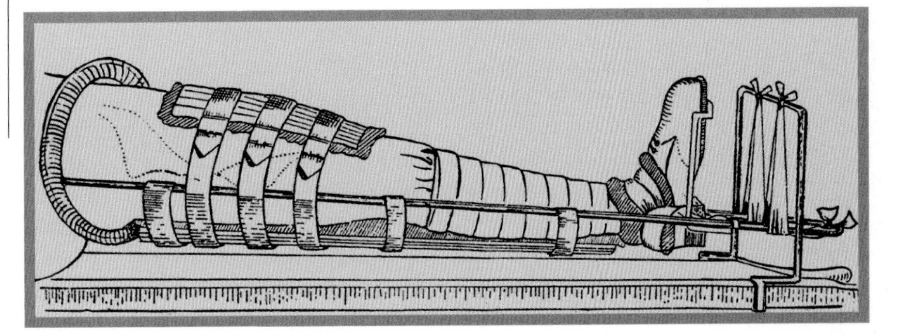

La férula de Hugh Owen Thomas transformó los resultados de las fracturas compuestas al adoptarse durante la Primera Guerra Mundial. Antes, el tratamiento habitual era la amputación.

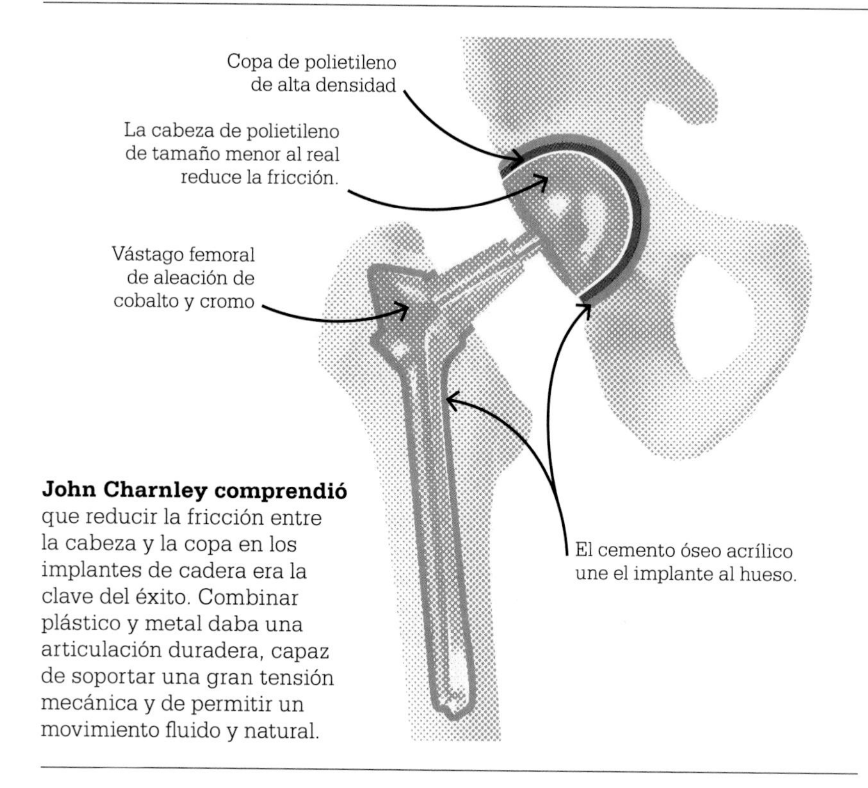

John Charnley comprendió que reducir la fricción entre la cabeza y la copa en los implantes de cadera era la clave del éxito. Combinar plástico y metal daba una articulación duradera, capaz de soportar una gran tensión mecánica y de permitir un movimiento fluido y natural.

fémur de más del 80 % a menos del 20 %. Otras de sus innovaciones fueron el collar de Thomas (un collarín para las lesiones del cuello), el test de Thomas (para las deformidades de la cadera) y el tacón de Thomas (calzado infantil corrector de los pies planos).

También importante fue el hallazgo, por el cirujano militar neerlandés Anthonius Mathijsen en 1851, de que los vendajes remojados en agua y yeso se endurecían en pocos minutos, y se podían usar como moldes para inmovilizar fracturas. En 1896, la máquina de rayos X, recién inventada, sirvió para mostrar la localización de una bala alojada en la muñeca de un chico de doce años. Las radiografías tendrían un papel creciente en la ortopedia a lo largo del siglo XX.

En los inicios de la Segunda Guerra Mundial, en 1939, el cirujano alemán Gerhard Küntscher introdujo la varilla o clavo intramedular, acoplada a la cavidad central del fémur fracturado para sujetarlo mientras sanaba el hueso. Esta permitió a los pacientes –no solo a los soldados alemanes– recuperar pronto la movilidad. La técnica, con refinamientos sucesivos desde entonces, se sigue empleando para fracturas de fémur y tibia.

En la década de 1950, el cirujano estadounidense Paul Harrington usó otro tipo de implante metálico, un sistema de ganchos unidos a una varilla de acero, utilizado para enderezar la curvatura de la columna. La técnica fue sustituida por el sistema de doble varilla Cotrel-Dubousset en la década de 1980. A partir de 1950, el cirujano ruso Gavriil Ilizárov creó una fijación (hoy llamada aparato de Ilizárov) aplicada a los huesos de las extremidades para corregir deformaciones angulares, rectificar diferencias de longitud en las piernas y reparar huesos no sanados en moldes de escayola.

Los avances revolucionarios de John Charnley en la cirugía del reemplazo de cadera a principios de la década de 1960 no tardaron en animar al cirujano canadiense Frank Gunston a resolver el reto de crear una articulación artificial para la rodilla. Esta resultaba aún más compleja, pues la rodilla tiene tres partes: cóndilo femoral, parte superior de la tibia y rótula. El cirujano alemán Themistocles Gluck había realizado el primer intento con un implante de marfil en 1860, pero los esfuerzos por reproducir una rodilla que funcionara como una articulación sana fracasaron hasta 1968, cuando Gunston recurrió a los mismos materiales usados para el reemplazo de cadera por Charnley.

Gunston acopló un componente curvo de aleación de cobalto y cromo al extremo del fémur, articulado sobre una plataforma de polietileno unida a la tibia, para replicar la flexión y la extensión naturales de la rodilla. Actualmente los cirujanos realizan unos 600 000 reemplazos totales de rodilla al año en EE UU. Los diseños han evolucionado desde la primera intervención de Gunston, pero los materiales empleados son similares.

La ortopedia hoy

El de la ortopedia moderna es un ámbito extenso, y sigue ampliándose ante nuevos retos, como la creciente esperanza de vida, las cam-

Sir John era un perfeccionista [...] no estaba satisfecho hasta que un instrumento hacía exactamente lo que había concebido.

Maureen Abraham
Enfermera quirúrgica británica

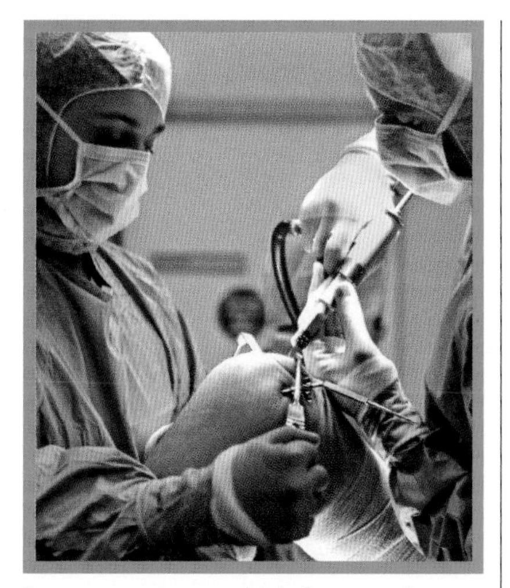

Los avances tecnológicos recientes han traído una nueva era de operaciones ortopédicas mínimamente invasivas, como la artroscopia de rodilla.

biantes demandas ocupacionales y la evolución de los estilos de vida. El trabajo de Charnley en el reemplazo de articulaciones ha conservado su importancia ante factores como el envejecimiento de la población y los niveles crecientes de obesidad en el mundo, que aumentan la incidencia de trastornos osteomusculares como la artrosis. Según una predicción de 2013 de la Organización Mundial de la Salud, 130 millones de personas padecerán artrosis en el mundo en 2050. Esta afecta sobre todo a rodillas, caderas y la columna por el desgaste del cartílago. Si bien los andadores y otros dispositivos contribuyen a la movilidad, y la medicina paliativa alivia el dolor, el reemplazo articular es a menudo la única solución eficaz.

Las fracturas óseas son una de las principales áreas que requieren tratamiento, pues solo en EE UU afectan a más de 6 millones de personas. Las de muñeca son las más frecuentes entre los menores de 75 años, y entre los mayores de 75, las de cadera. Las fracturas se siguen tratando con métodos similares a los empleados en la antigüedad: se restringe el movimiento del hueso roto, por medio del entablillado o escayolado. Nuevas investigaciones y avances en la tecnología médica siguen refinando los procedimientos para que los huesos sanen con mayor rapidez.

Innovación continua

La invención del ultrasonido 3D en 1986 permitió obtener imágenes de los huesos y articulaciones por medios no invasivos, una ventaja para el diagnóstico y el tratamiento que ha favorecido también la mejora de la formación en ortopedia. El desarrollo de la laparoscopia y la navegación asistida por ordenador han permitido completar muchas intervenciones de modo menos invasivo.

La laparoscopia ha sido un avance sobre todo para la oncología ortopédica, especialidad que se ocupa de los tumores cancerosos en huesos y tejidos blandos adyacentes. En el pasado, la amputación solía ser el tratamiento recomendado para el cáncer óseo maligno, pero gracias al progreso de la laparoscopia, junto con la quimioterapia y la radioterapia, esto puede evitarse hoy en muchos casos.

La investigación para refinar las técnicas de reemplazo articular ha continuado desde el trabajo de Charnley en la década de 1960. Se han ensayado distintos metales, cerámicas y plásticos, y la resuperficialización, que deja a los pacientes con una proporción mayor de hueso original que el reemplazo total, es hoy otra opción.

Se están estudiando los trasplantes de cartílago y el uso de tejidos cultivados a partir de células madre para sustituir tendones y ligamentos dañados en las articulaciones. Muchos de los principios mecánicos y fines del tratamiento de la cirugía ortopédica no han variado a lo largo de los siglos, pero es mucho lo que ha avanzado este campo desde los primeros entablillados de corteza. ■

Con su talento para la ingeniería, rediseñó la naturaleza.
Lady Jill Charnley
Sobre su marido, John Charnley

John Charnley

John Charnley nació en Bury (Reino Unido) en 1911. Fue oficial médico del ejército británico en la Segunda Guerra Mundial, y acabada esta se interesó en el efecto de la compresión en las fracturas y la lubricación de las articulaciones artificiales.

Sabía que, para lograr articulaciones ortopédicas funcionales, era fundamental la colaboración con los ingenieros mecánicos. En 1958 estableció un centro de cirugía de cadera en el Hospital Wrightington, en Wigan. Tras experimentar sin éxito con teflón para la copa de la pelvis, desde 1962 usó polietileno. Se esforzó durante muchos años por mejorar los reemplazos de cadera, y contribuyó a reducir las infecciones postoperatorias, por lo cual fue distinguido con la prestigiosa Medalla Lister en 1975. Murió en 1982.

Obras principales

1950 *El tratamiento cerrado de las fracturas comunes.*
1979 *Artroplastia de baja fricción en la cadera.*

FUMAR MATA

TABACO Y CÁNCER DE PULMÓN

EN CONTEXTO

ANTES

1761 Giovanni Battista Morgagni reconoce el cáncer de pulmón como enfermedad.

1929 El alemán Fritz Lickint publica las estadísticas que vinculan cáncer de pulmón y fumar tabaco.

1952–1954 Un estudio en EE UU con 188 000 hombres fumadores concluye que tienen mayores probabilidades de morir de cáncer de pulmón o enfermedades cardiacas que los no fumadores.

DESPUÉS

1966 Aparecen advertencias sanitarias en los paquetes de tabaco en EE UU.

1986 El Centro Internacional de Investigaciones sobre el Cáncer concluye que los fumadores pasivos tienen mayor riesgo de cáncer.

2015 La FDA estadounidense aprueba la primera inmunoterapia para el cáncer de pulmón.

Datos de 2018 de la Organización Mundial de la Salud indican que el cáncer de pulmón es el más común en el mundo, con 2,1 millones de diagnósticos y 1,76 millones de muertes, el 22 % de la mortalidad global por cáncer. Fumar tabaco causa el 80 % de dichas muertes. Durante décadas, las tabacaleras, que negaron el vínculo entre tabaco y cáncer de pulmón, financiaron y publicaron estudios que apoyaban su postura y contrataron estadísticos para oponerse a todas las pruebas en contra.

El British Doctors Study

En 1951, los epidemiólogos británicos Richard Doll y Austin Bradford Hill emprendieron el British Doctors Study para determinar la solidez del vínculo entre fumar y el cáncer de pulmón. La mayoría de los hombres británicos eran fumadores entonces, y también la mayoría de los médicos (la proporción de fumadoras entre las mujeres alcanzó el máximo del 45 % a mediados de la década de 1960). Doll y Hill entrevistaron a más de 40 000 médicos sobre su hábito de fumar, y hubo estudios de seguimiento hasta 2001.

Ya en 1965, el estudio mostraba claramente que los fumadores tienen mayor riesgo de contraer cáncer de pulmón y otras enfermedades que los no fumadores. Quienes habían empezado a fumar antes de la Segunda Guerra Mundial perdían, de media, diez años de vida. Hill aplicó a los datos nueve criterios (los criterios de Bradford Hill) para asegurar que la correlación fuera lo bastante sólida frente a la oposición de las tabacaleras.

Desencadenante del cáncer

La exposición ambiental y ocupacional al gas radón, el amianto y la contaminación atmosférica causan

El progreso del conocimiento [...] no nos da la libertad para ignorar el conocimiento que ya tenemos.

Austin Bradford Hill

«Medio ambiente y enfermedad: ¿asociación o causalidad?» (1965)

Véase también: Medicina del trabajo 78–79 ▪ Epidemiología 124–127 ▪ Patología celular 134–135 ▪ El sistema inmunitario 154–161 ▪ Oncología 168–175

Los criterios de Bradford Hill

Establecidos en 1965, estos criterios identifican nueve principios que considerar al buscar la causa de una enfermedad. Aunque la genética y la biología molecular han aportado nuevas herramientas de investigación, tales criterios se siguen usando.

Principio	Pregunta
1. Fuerza	¿Cuán fuerte es el vínculo entre causa y efecto?
2. Consistencia	¿Han dado otros estudios resultados similares?
3. Especificidad	¿Hay otras enfermedades presentes?
4. Temporalidad	¿Precede la causa al efecto?
5. Gradiente biológico	¿Incrementa el efecto la mayor exposición?
6. Plausibilidad	¿Es creíble la relación entre la causa y el efecto?
7. Coherencia	¿Encajan las pruebas de laboratorio con los datos epidemiológicos?
8. Experimento	¿Alteran la enfermedad las intervenciones experimentales?
9. Analogía	¿Se ha establecido una relación causa-efecto lo bastante sólida para aceptar pruebas menos sólidas de una relación de causa-efecto similar?

cáncer de pulmón, y el 8 % de los casos son hereditarios, por mutaciones de los cromosomas 5, 6 o 15. La mayoría, sin embargo, se debe al tabaco. Este contiene un cóctel de partículas y otros cancerígenos que activan los oncogenes (genes con capacidad para desarrollar cáncer), que impulsan la proliferación de células anormales, o desactivan los genes supresores de tumores.

La inflamación pulmonar también favorece el cáncer de pulmón: el enfisema y la bronquitis se deben a las partículas que entran en las vías aéreas, y dificultan a los pulmones la eliminación de tales sustancias irritantes, aumentando la probabilidad de contraer cáncer.

Tratar el cáncer de pulmón

La terapia del cáncer de pulmón ha mejorado drásticamente desde que el cirujano estadounidense Evarts Graham realizó la primera neumonectomía (extirpación del pulmón) con éxito en 1933. La radioterapia se introdujo como tratamiento en la década de 1940, y en la de 1970, la quimioterapia. El tratamiento moderno consiste en una combinación de ambas, a menudo después de la cirugía, pero los resultados siguen siendo pobres por lo general.

Un desarrollo reciente en la búsqueda de un tratamiento eficaz para el cáncer de pulmón es la terapia TRAIL, o CD253, una citoquina, o proteína segregada por las células en cantidades minúsculas que se une a determinadas células cancerígenas y las destruye. La TRAIL no daña los tejidos sanos y puede administrarse por goteo intravenoso, pero los oncólogos han descubierto que las células cancerígenas se vuelven resistentes rápidamente. Los ensayos continúan, sin embargo, con la esperanza de encontrar nuevos tratamientos eficaces para muchos tipos de cáncer. ■

Legislación antitabaco

Las campañas sobre los peligros del tabaco y las intervenciones del gobierno, como subir los impuestos sobre el tabaco y prohibir la publicidad o fumar en espacios públicos, resultan eficaces para reducir la incidencia del cáncer de pulmón. En Reino Unido se prohibió la publicidad en televisión en 1965, toda publicidad en 2005 y fumar en espacios públicos cerrados en 2006. El consumo de tabaco ha caído, y con él, la incidencia del cáncer de pulmón.

En muchas partes del mundo, el consumo se mantiene, y en algunos países aumenta, entre ellos China, Brasil, Rusia e India. En China se aprobó en 2015 una ley que prohíbe fumar en restaurantes, oficinas, centros comerciales y el transporte público. En EEUU la legislación varía de un estado a otro, pero la conciencia del peligro de fumar es elevada, y el hábito y la incidencia del cáncer de pulmón han disminuido en el país en su conjunto.

En Calcuta, los niños participan en los actos del Día Mundial sin Tabaco, celebrado cada año el 31 de mayo.

AYUDAR A VIVIR HASTA MORIR

CUIDADOS PALIATIVOS

EN CONTEXTO

ANTES

1843 Jeanne Garnier funda un centro para el cuidado de los moribundos en Lyon (Francia).

1879 Se funda el primer hospicio de Australia, el Hogar de los Incurables, en un convento de Adelaida.

1899 Abre en Nueva York el hospicio de Santa Rosa para pacientes con cáncer incurable.

1905 Las Hermanas de la Caridad fundan el Hospicio de San José en Hackney (Londres).

DESPUÉS

1976 Balfour Mount (Montreal, Canadá) acoge la primera conferencia norteamericana sobre cuidados paliativos.

1987 Reino Unido, Nueva Zelanda y Australia reconocen los cuidados paliativos como subespecialidad de la medicina general.

1990 Un informe de la OMS afirma la importancia del «control del dolor [...] y de los problemas psicológicos, sociales y espirituales».

El concepto de cuidados paliativos –el apoyo especializado a los enfermos terminales– fue introducido por la enfermera, trabajadora social y médica británica Cicely Saunders. En 1967, Saunders fundó el primer centro destinado a este fin específico, el Hospicio de San Cristóbal, en Londres. Saunders defendía el trato compasivo, respetuoso y digno a los moribundos y el acceso a los analgésicos que alivien su dolor, fundamentos éticos que la llevaron a formular la teoría del dolor total: la noción de que el dolor físico

Véase también: Medicina ayurvédica 22–25 ▪ Herbología 36–37 ▪ Hospitales 82–83 ▪ Anestesia 112–117

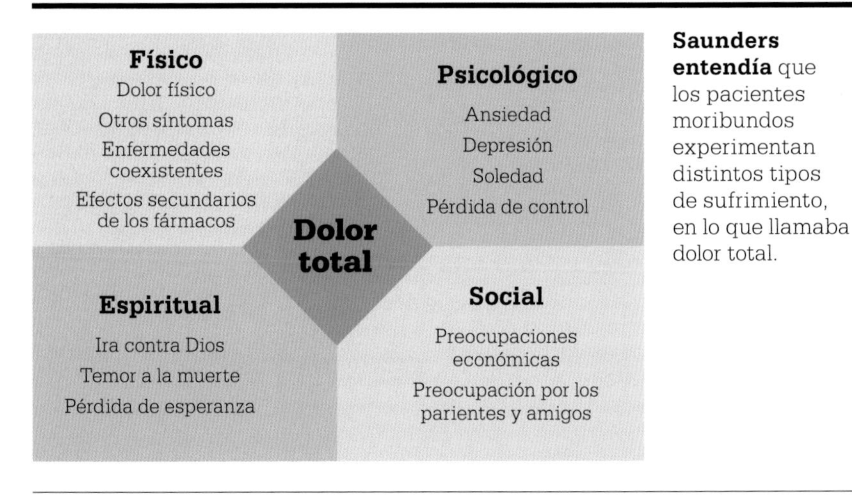

Saunders entendía que los pacientes moribundos experimentan distintos tipos de sufrimiento, en lo que llamaba dolor total.

del paciente es uno de los aspectos de un sufrimiento constituido por elementos emocionales, sociales y espirituales. Tras abrir el hospicio, Saunders abogó por escuchar a todos los pacientes terminales individualmente, y por ofrecerles tratamiento médico a medida y cuidados holísticos a cargo de un equipo de especialistas hasta el momento de morir.

Saunders desarrolló sus ideas durante una época de grandes cambios en la sanidad británica. El Servicio Nacional de Salud (NHS), fundado en 1948, ofreció atención médica gratuita a toda la población. Sin embargo, en sus inicios, era escasa la atención sanitaria para los enfermos terminales, quienes, por lo general, pasaban sus últimas horas en el hospital, donde se les administraban medicamentos genéricos para el dolor.

Cambios en la práctica

Tener a un médico presente junto al lecho de muerte de los pacientes es un fenómeno moderno, pues históricamente los médicos se centraron en curar enfermedades y no tanto en la ayuda a los enfermos terminales. En la Europa medieval, la muerte temprana por enfermedad o desastres fue cosa habitual, y en muchos casos rápida, pero, a fines del siglo XIX, los avances médicos y científicos habían prolongado la vida de la población. Una vida más larga aumenta las probabilidades de una muerte más lenta por enfermedades como el cáncer, y la posibilidad de un periodo prolongado de dolor y sufrimiento. Con ello, la presencia de un médico, armado de una dosis prudente de opio o láudano (una tintura de opio), se volvió tan importante como la del sacerdote.

A principios del siglo XX, los médicos estaban aún lejos de desarrollar un proceso para identificar las necesidades analgésicas de los moribundos. Por lo general se les administraba morfina, repitiendo la dosis solo cuando habían pasado los efectos de la anterior, y los pacientes sufrían el pavor constante ante la próxima oleada de dolor.

Otro motivo de ansiedad para los pacientes moribundos era el aislamiento. La mayoría, si tenía la opción, prefería morir en casa, pero solo los ricos podían permitirse tener un médico presente. A partir de 1948, los hospitales del NHS fueron el lugar donde moría la mayoría de los enfermos terminales en Reino Unido. »

Cicely Saunders

Cicely Saunders, la mayor de tres hermanos, nació en 1918 en Hertfordshire (Reino Unido). Estudió política y filosofía en Oxford, se formó como enfermera durante la Segunda Guerra Mundial y luego como trabajadora social hospitalaria.

Concibió sus primeras ideas sobre cuidado de los moribundos al ocuparse en 1948 del refugiado polaco David Tasma, quien antes de morir le propuso abrir un hogar para moribundos, y le dejó en herencia fondos para ello. En 1967, diez años después de formarse como médica, Saunders abrió el San Cristóbal en Londres.

En 1989 recibió la Orden del Mérito. Murió en el San Cristóbal en 2005, y desde entonces sus obras sobre cuidados paliativos se han traducido a muchos idiomas.

Obras principales

1959 «Tratamiento del dolor en el cáncer terminal».
1970 «Una aproximación individual al tratamiento del dolor».
1979 «La naturaleza y el tratamiento del dolor terminal y el concepto de hospital de cuidados paliativos».

Había también un número reducido de hospicios que atendían a las necesidades de los moribundos, pero en estos prevalecían tradiciones antiguas de índole religiosa, y el suyo era un ámbito casi totalmente separado del del NHS. Hubo hospicios con prácticas innovadoras para el cuidado de los enfermos terminales, pero la atención que ofrecían no era completa y no estaba regulada.

Gestionar el dolor

Saunders se propuso cambiar este estado de cosas para los moribundos. Mientras trabajaba como enfermera voluntaria en el Hospital de San Lucas en Londres, se había familiarizado con las teorías de su fundador, el doctor Howard Barrett, quien estableció la práctica de administrar analgésicos regularmente para prevenir el dolor recurrente, y no solo cuando pasara el efecto de la última dosis. Saunders adoptó la práctica tras formarse como médica y trabajar en el londinense Hospicio de San José. Al comprobar que muchos pacientes se sentían abandonados por sus médicos en sus momentos finales, decidió que estos debían ser solo una parte de un equipo encargado de proporcionar cuidados holísticos y analgésicos hasta la muerte del paciente. Guiada por la idea de que el dolor constante requiere un control constante, Saunders descubrió que al aliviar la ansiedad del paciente causada por el dolor, este a menudo remitía antes, eliminando la necesidad de analgesia a largo plazo. También estableció un sistema para identificar niveles de dolor –leve, moderado e intenso–, cada uno de los cuales requería un tratamiento distinto, en lugar de un solo medicamento para todo, como la morfina.

Esto contribuyó a la teoría del dolor total de Saunders, según la cual este lo conformaban el sufrimiento físico, psicológico, social y espiritual, y cada paciente debía ser tratado de manera individual. Saunders mantenía que los médicos debían escuchar a los pacientes al describir su dolor para comprender sus necesidades, que el dolor es un síndrome y que requiere la misma atención que la enfermedad subyacente que lo causa.

Los estudios de Saunders culminaron en la apertura del Hospicio de San Cristóbal, cuyo personal combinaba la analgesia especializada con el cuidado holístico a la medida de las necesidades de cada paciente, considerando también las de los parientes y amigos visitantes. En 1970, este hospicio había logrado reconocimiento suficiente para recibir apoyo económico del NHS, y para servir como modelo para varios de los nuevos hospicios que surgían por todo el país.

Importas porque eres tú, e importas hasta el último momento de tu vida.
Cicely Saunders

El movimiento se difunde

En la década de 1970, el cuidado de los moribundos fue un asunto médico que tratar, tanto en Reino Unido como en otros países. En 1972, el gobierno británico organizó en Londres el simposio sobre el cuidado de los moribundos Care of the Dying, en el que se puso de relieve el estado desorganizado e inadecuado de la administración de los cuidados paliativos.

La **expectativa del dolor** causa **ansiedad** a los pacientes terminales.
La ansiedad **hace aumentar el dolor** experimentado.
La analgesia a tiempo **reduce la ansiedad, y por tanto, el dolor**.
El dolor requiere la misma atención que la enfermedad que lo causa.

Fue el médico canadiense Balfour Mount quien acuñó la expresión «cuidados paliativos», a mediados de la década de 1970. Partidario de las ideas de Saunders, Mount prefería evitar el término *hospice*, que en el francés de Quebec alude más bien a la atención de niños pobres o huérfanos. Incluso Saunders aceptó la nueva expresión (aunque en un principio no le gustó), y Mount abrió el primer pabellón de cuidados paliativos en Quebec en 1975. Estaba inspirado en San Cristóbal, pero adoptaba también ideas de Elisabeth Kübler-

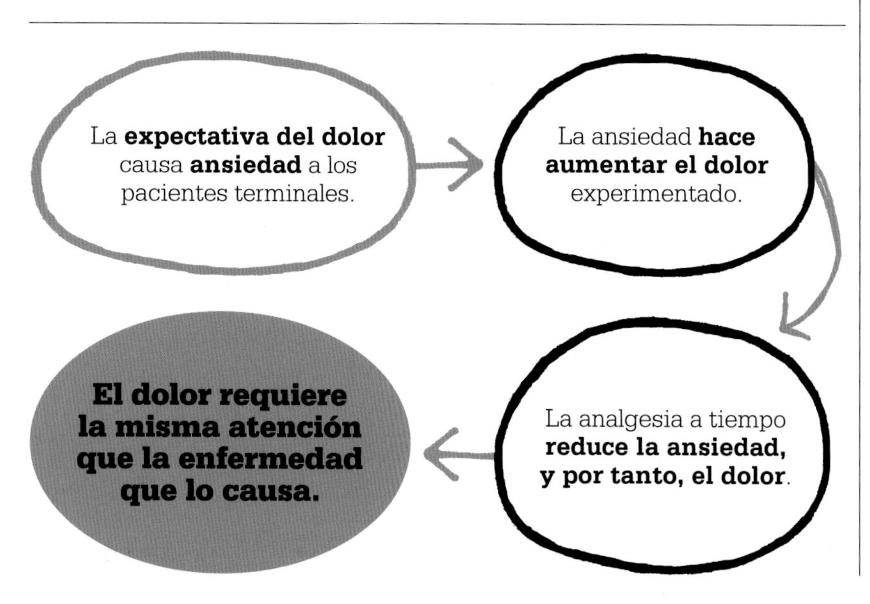

El personal del San Cristóbal en Londres no solo atiende a las necesidades físicas de los pacientes terminales, sino que se implica en sus vidas y les reconforta.

Ross, psiquiatra que instaba al personal médico a tratar con el máximo respeto a los enfermos terminales.

La tendencia se difundió por todo el mundo, y, en 1987, Australia, Nueva Zelanda y Reino Unido establecieron los cuidados paliativos como campo médico especializado. Ese año, el oncólogo Declan Walsh desarrolló el primer programa de cuidados paliativos de EE UU en el Centro del Cáncer Cleveland, en Ohio, para atender a las necesidades de pacientes con enfermedades incurables no cubiertas por los centros sanitarios existentes.

Cuidados modernos

Los cuidados paliativos se consideran hoy una rama propia de la medicina en muchos países, practicada generalmente por equipos interdisciplinares formados por médicos, enfermeras, asistentes sociales y capellanes. La medicina paliativa se centra en el alivio del dolor en pacientes con enfermedades potencialmente mortales. Hoy día suele asumirse que el dolor se manifiesta de formas interrelacionadas pero distintas, conforme a la teoría del dolor total de Saunders.

Las distintas formas del dolor experimentado por los pacientes terminales se definen como físicas; psicosociales o interpersonales; emocionales o psicológicas; y espirituales o existenciales. A los pacientes se les pide que describan su dolor a los profesionales médicos, y estos lo evalúan basándose en exámenes y conversaciones sobre el historial y la situación del paciente. A las conclusiones se les aplican herramientas de evaluación de la intensidad del dolor, establecidas por autoridades como la OMS.

Lejos de los analgésicos prescritos para todo en el siglo XIX, los medicamentos paliativos suelen consistir en un cóctel complejo de fármacos, que incluye analgésicos (opiáceos y no opiáceos) y adyuvantes (fármacos no analgésicos, pero útiles para el tratamiento del dolor), como antidepresivos, relajantes musculares y ansiolíticos, que forman parte de los programas holísticos. Tales programas de alivio del sufrimiento, junto con una amplia red de centros de cuidados paliativos, son el fundamento del legado médico de Saunders.

Los cuidados paliativos benefician no solo a los pacientes y sus familias, sino al resto de los servicios médicos, que pueden dedicar todos sus recursos a otros aspectos vitales del trabajo médico. A causa del envejecimiento de la población global, la necesidad de cuidados paliativos no deja de crecer, estimándose en unos 40 millones el número de pacientes al año. Sin embargo, queda un largo camino por recorrer, pues según lo declarado por la OMS en 2020, solo el 14 % de quienes necesitan tales cuidados los reciben. ■

El concepto del «dolor total» y la observación de que debe considerarse al paciente y su familia como unidad a cuidar [...] conforman el legado duradero de Cicely.
Balfour Mount

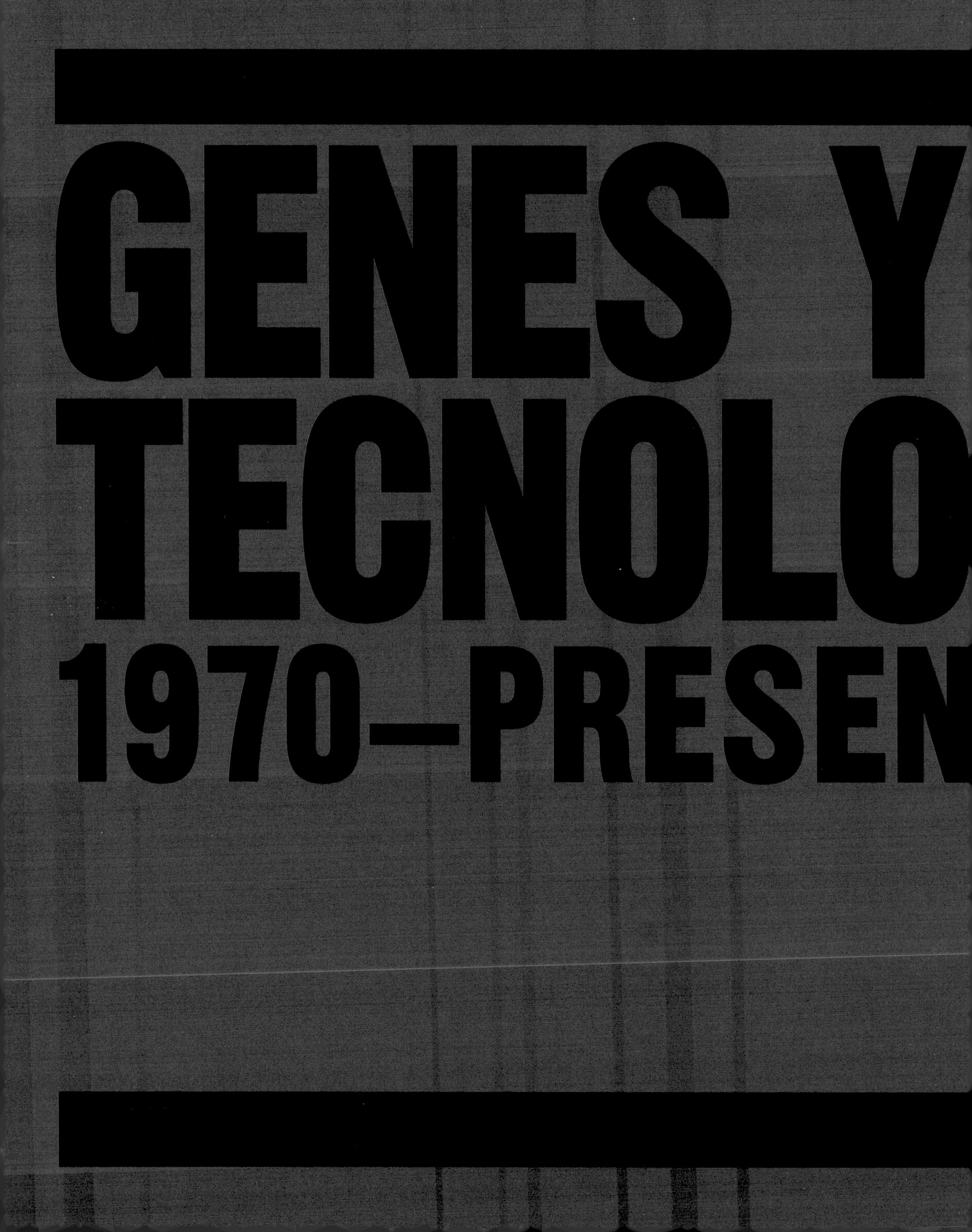
GENES Y
TECNOLO
1970–PRESEN

GIA
TE

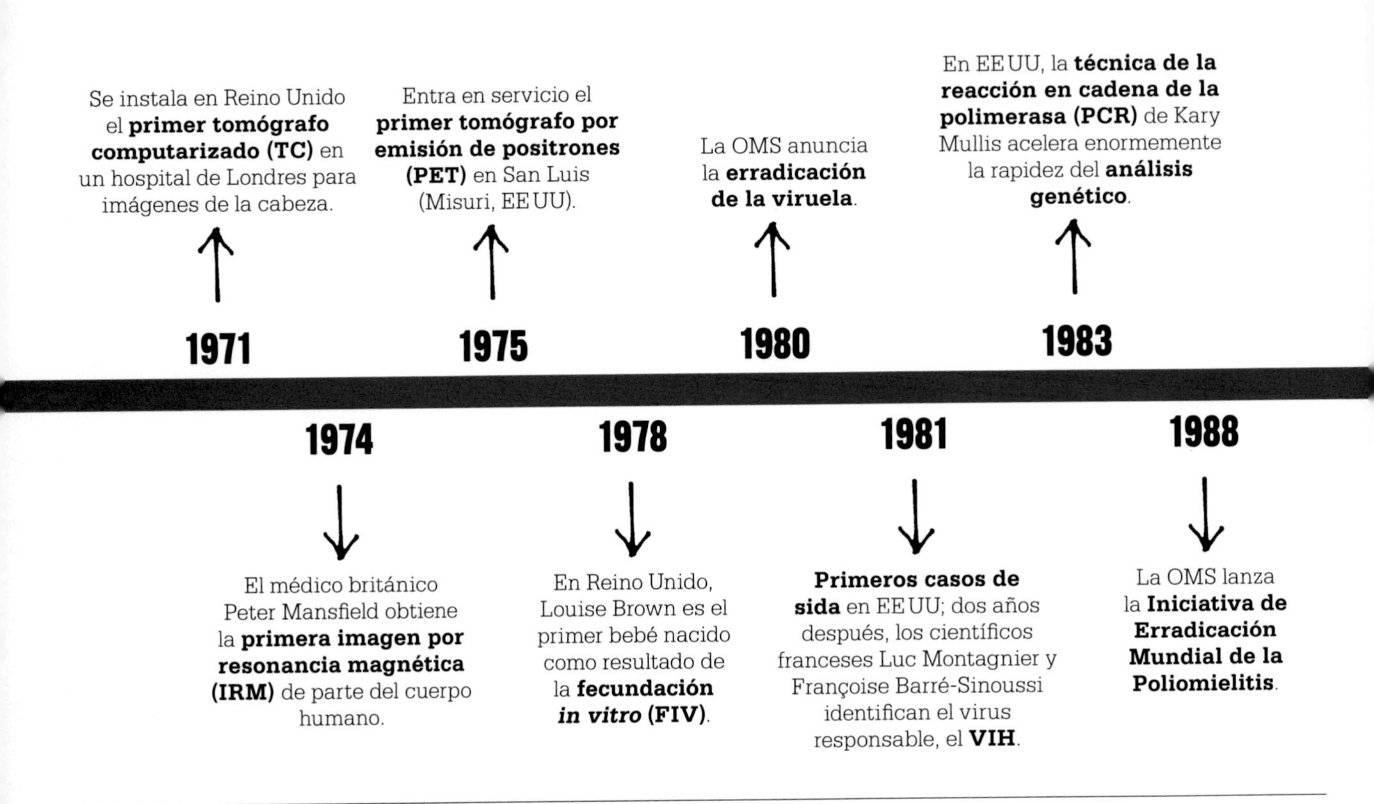

Se instala en Reino Unido el **primer tomógrafo computarizado (TC)** en un hospital de Londres para imágenes de la cabeza.
1971
Entra en servicio el **primer tomógrafo por emisión de positrones (PET)** en San Luis (Misuri, EE UU).
1975
La OMS anuncia la **erradicación de la viruela**.
1980
En EE UU, la **técnica de la reacción en cadena de la polimerasa (PCR)** de Kary Mullis acelera enormemente la rapidez del **análisis genético**.
1983
1974
El médico británico Peter Mansfield obtiene la **primera imagen por resonancia magnética (IRM)** de parte del cuerpo humano.
1978
En Reino Unido, Louise Brown es el primer bebé nacido como resultado de la **fecundación *in vitro* (FIV)**.
1981
Primeros casos de sida en EE UU; dos años después, los científicos franceses Luc Montagnier y Françoise Barré-Sinoussi identifican el virus responsable, el **VIH**.
1988
La OMS lanza la **Iniciativa de Erradicación Mundial de la Poliomielitis**.

Los enormes avances en biología, genética e inmunología han cambiado el paisaje de la medicina desde la década de 1970. Técnicas antes limitadas al ámbito de la ciencia ficción, como clonar células, analizar y modificar el ADN, y cultivar tejidos orgánicos ya son realidad, y han transformado diagnósticos y tratamientos.

Las décadas siguientes plantearon también desafíos no previstos: en 1970 nadie podría haber predicho la muerte de más de 30 millones de personas por un virus llamado VIH, ni el nivel y rapidez con los que las bacterias causantes de algunas infecciones –entre ellas la neumonía y la tuberculosis– se volverían resistentes a los antibióticos.

Muchos avances se debieron a la revolución tecnológica. El desarrollo de herramientas diagnósticas como la tomografía computarizada (TC), la imagen por resonancia magnética (IRM) y la tomografía por emisión de positrones (PET) ha permitido a los médicos ver el interior del cuerpo con un detalle asombroso. Los procedimientos laparoscópicos mínimamente invasivos han vuelto más seguras muchas operaciones, y la tecnología láser las ha facilitado. La robótica y la telecirugía han permitido operar incluso a miles de kilómetros del paciente. En un futuro no muy lejano, la nanomedicina –el diagnóstico y tratamiento de la enfermedad a nivel molecular– podría hacer posible trabajar sobre células individuales.

Derrotar la enfermedad

La Organización Mundial de la Salud (OMS) ha liderado esfuerzos internacionales por erradicar algunas de las enfermedades infecciosas más mortales. En 1980 declaró erradicada la viruela, y en 1988 promovió la Iniciativa de Erradicación Mundial de la Poliomielitis. En 2020, esta enfermedad potencialmente fatal era endémica en solo dos países (Afganistán y Pakistán), y continúan varias campañas para erradicar el paludismo, transmitido por mosquitos, que, en 2018, afectó a 228 millones de personas y causó 405 000 muertes.

Entre tanto, surgieron nuevas enfermedades: el VIH, causante del sida (síndrome de inmunodeficiencia adquirida) se descubrió en 1983, cuando ya se propagaba rápidamente. Posteriormente, los fármacos retrovirales detuvieron el desarrollo del sida, pero aún no se le ha encontrado cura. En 2018, casi 38 millones de personas vivían con la infección del VIH, dos tercios de ellas en África. El peligro de las enfermedades in-

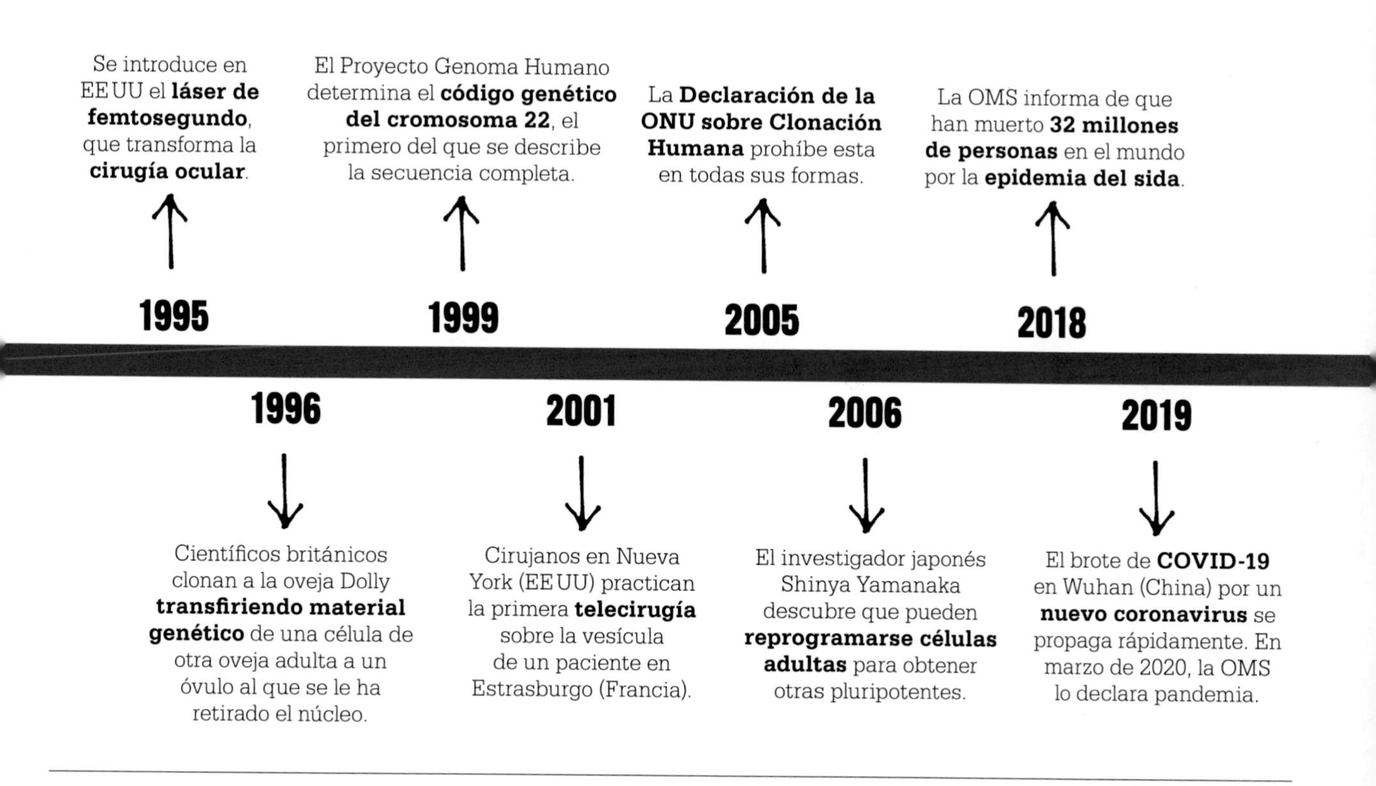

Se introduce en EE UU el láser de femtosegundo, que transforma la cirugía ocular.
1995
El Proyecto Genoma Humano determina el código genético del cromosoma 22, el primero del que se describe la secuencia completa.
1999
La Declaración de la ONU sobre Clonación Humana prohíbe esta en todas sus formas.
2005
La OMS informa de que han muerto 32 millones de personas en el mundo por la epidemia del sida.
2018
1996
Científicos británicos clonan a la oveja Dolly transfiriendo material genético de una célula de otra oveja adulta a un óvulo al que se le ha retirado el núcleo.
2001
Cirujanos en Nueva York (EE UU) practican la primera telecirugía sobre la vesícula de un paciente en Estrasburgo (Francia).
2006
El investigador japonés Shinya Yamanaka descubre que pueden reprogramarse células adultas para obtener otras pluripotentes.
2019
El brote de COVID-19 en Wuhan (China) por un nuevo coronavirus se propaga rápidamente. En marzo de 2020, la OMS lo declara pandemia.

fecciosas se puso de manifiesto con el virus SARS-CoV-2, causante de la pandemia de la COVID-19. Quince meses después de su aparición en Wuhan (China) en diciembre de 2019, solo había siete países sin casos confirmados.

Transformar la medicina

Tratamientos nuevos han mejorado o salvado millones de vidas en las últimas décadas. En 1975, los inmunólogos César Milstein y Georges Köhler lograron obtener un número ilimitado de copias idénticas de anticuerpos, idóneos para muchos tratamientos. Los anticuerpos monoclonales previenen el rechazo de órganos trasplantados, transportan fármacos o radiación hasta células particulares, y combaten enfermedades autoinmunes como la artritis reumatoide. Otro avance, en 1978, ofreció una solución a la infertilidad. La fecundación *in vitro* (FIV), en la que se fecundan ovocitos con espermatozoides en el laboratorio y se implantan como embriones en el útero, hizo posibles más de 8 millones de nacimientos durante los siguientes cuarenta años.

Los avances de la microcirugía y los inmunosupresores han ampliado también las posibilidades de la cirugía de trasplantes. El primer trasplante completo de cara fue una hazaña compleja, que se llevó a cabo en Francia en 2008.

Algunos de los mayores logros se deben al progreso de la genética desde que el bioquímico británico Frederick Sanger desarrolló un método para secuenciar el ADN. Su trabajo despejó el camino al Proyecto Genoma Humano para cartografiar todos los genes humanos, identificar los vinculados a enfermedades específicas y hacer posible la edición del genoma.

Las técnicas revolucionarias plantean dilemas éticos. Especialmente controvertida es la terapia génica, consistente en introducir ADN sano en células con ADN defectuoso, con potencial para poner fin a una serie de enfermedades genéticas. Sus críticos denuncian que podría abusarse de tales técnicas para «mejorar» a la humanidad. El uso de células madre embrionarias para cultivar tejidos en la medicina regenerativa también ha topado con objeciones.

Nunca ha sido más urgente sopesar los reparos éticos y el deseo de salvar y mejorar vidas, pues la investigación de las células madre y la edición del genoma podrían transformar la salud tanto como lo hicieron la anestesia, los antibióticos y las vacunas. ■

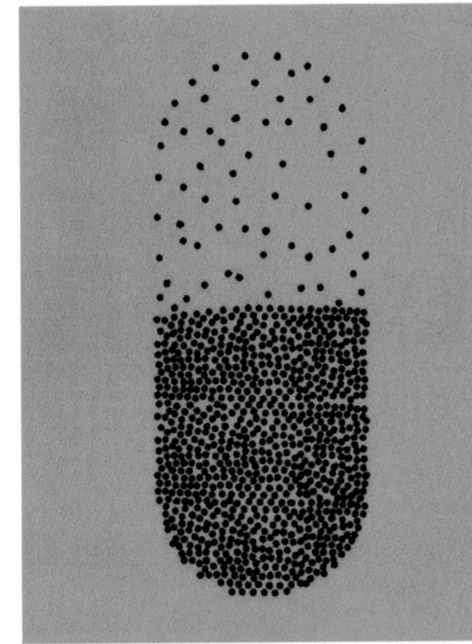

ALEATORIZAR HASTA QUE DUELA

MEDICINA BASADA EN HECHOS

EN CONTEXTO

ANTES

***C.* 1643** El médico flamenco Jan Baptista van Helmont propone un ensayo clínico aleatorio para determinar la eficacia de las sangrías.

1863 En EE UU, el médico Austin Flint ofrece a trece pacientes un placebo para comparar sus efectos con los de un tratamiento activo.

1943 El Consejo de Investigación Médica británico realiza la primera prueba de doble ciego (en la que ni sujetos ni investigadores saben quién recibe un tratamiento dado).

DESPUÉS

1981 Una serie de artículos de epidemiólogos clínicos de la Universidad McMaster, en Canadá, orientan a los médicos para evaluar la literatura médica.

1990 El médico Gordon Guyatt de la Universidad McMaster usa por primera vez la expresión *«evidence-based medicine»* (medicina basada en pruebas).

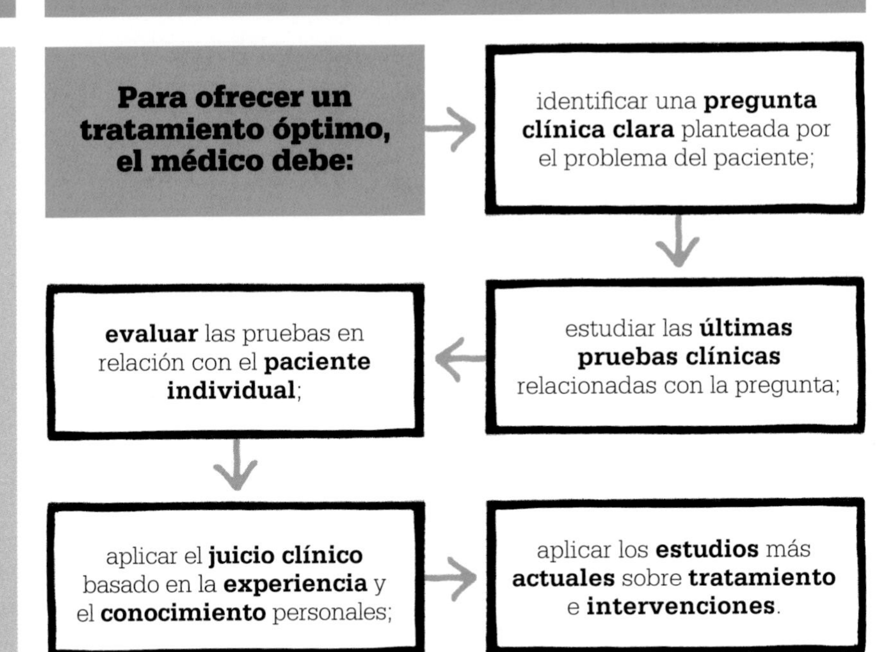

Para ofrecer un tratamiento óptimo, el médico debe:
identificar una pregunta clínica clara planteada por el problema del paciente;
estudiar las últimas pruebas clínicas relacionadas con la pregunta;
evaluar las pruebas en relación con el paciente individual;
aplicar el juicio clínico basado en la experiencia y el conocimiento personales;
aplicar los estudios más actuales sobre tratamiento e intervenciones.

La medicina basada en la evidencia, o pruebas (MBE), emplea los mejores y más actuales estudios para obtener respuestas a preguntas médicas, y ofrece a los médicos clínicos y pacientes las pruebas necesarias para tomar decisiones informadas sobre el tratamiento.

Un aspecto central de la MBE son los ensayos clínicos aleatorios (ECA), que miden la eficacia de una o más intervenciones distribuyéndolas al azar (para evitar el sesgo) entre grupos similares de personas, antes de comparar y medir los resultados. En 1972, el epidemiólogo Archie Cochrane destacó el valor de los ECA y el peligro de los tratamientos ineficaces en su influyente *Efectividad y eficiencia*.

En 1747, el cirujano naval escocés James Lind fue el pionero de los ECA al escoger a doce marineros enfermos de escorbuto similarmente avanzado, asegurarse de que habían tenido

Véase también: Nosología 74–75 ▪ Anamnesis 80–81 ▪ La prevención del escorbuto 84–85 ▪ Epidemiología 124–127 ▪ Las vitaminas y la dieta 200–203

No todas las pruebas de la medicina basada en la evidencia tienen igual valor. Las más valiosas son las procedentes de revisiones sistemáticas que evalúan y sintetizan los resultados de ensayos clínicos aleatorios de diseño meticuloso.

Revisiones sistemáticas de distintos ensayos clínicos aleatorios

Ensayos clínicos aleatorios en los que uno o más grupos de personas escogidas al azar reciben un tratamiento, y otros grupos no

Estudios de cohorte de un gran número de personas a lo largo de un periodo largo, para determinar efectos a largo plazo

Estudios caso-control (comparación de casos con un grupo de control) con un número relativamente reducido de personas

Opinión de expertos

las mismas condiciones de vida y dieta diaria, y dividirlos en seis parejas. Cada pareja recibió tratamientos diarios distintos, como agua de mar, vinagre, sidra o dos naranjas y un limón. Los cítricos dieron el mejor resultado, seguidos por la sidra, lo que indicaba que dosis diarias de vitamina C curan el escorbuto.

Nuevos ensayos y estudios

Los ensayos clínicos continuaron en el siglo XIX, por lo general a cargo de practicantes individuales. En el siglo XX, organismos nacionales como el Consejo de Investigación Médica de Reino Unido (MRC), fundado en 1913, coordinaron la investigación, aportaron fondos y mejoraron la calidad y fiabilidad de los ensayos.

Cochrane, miembro más tarde del MRC, realizó su primer ECA en Salónica (Grecia), como prisionero de guerra durante la Segunda Guerra Mundial. Para averiguar qué suplemento vitamínico podía ser útil para tratar edemas en el tobillo (hinchazón por retención de fluidos), un mal común en el campo de prisioneros, administró dosis diarias de levadura (vitaminas B) a seis de los afectados, y vitamina C a otros seis. La eficacia de la levadura persuadió a sus captores para dar a todos los prisioneros levadura a diario y mejorar su salud.

Acabada la guerra, Cochrane trabajó en una unidad de investigación del MRC en Gales que estudió la neumoconiosis que contraían los mineros por inhalar polvo de carbón. En este estudio y otros posteriores, prestó mucha atención a la exactitud y estandarización de los datos reunidos, así como a su reproducibilidad.

Recurso mundial

Cochrane defendió la mejora de las pruebas científicas para validar intervenciones médicas. En 1993 se fundó la Colaboración Cochrane (hoy llamada simplemente Cochrane) para reunir y difundir reseñas de ensayos clínicos. Hoy opera en 43 países y ayuda a los profesionales sanitarios a tomar decisiones clínicas basadas en las mejores pruebas disponibles. ■

Archibald Cochrane

Hijo de fabricantes de *tweed*, Archibald (Archie) Cochrane nació en 1909 en Galashiels (Escocia). Se licenció en el King's College de Cambridge en 1930 y se doctoró en el University College Hospital de Londres en 1938, tras servir como voluntario en una unidad de ambulancias en la guerra civil española de 1936 a 1937. Durante la Segunda Guerra Mundial sirvió en el Cuerpo Médico del Ejército Real, hasta su captura e internamiento.

En 1948 ingresó en la Unidad de Investigación de la Neumoconiosis del MRC en Gales. La dejó para ocupar un puesto de profesor en la Welsh National School of Medicine en 1960, y en 1969 fue director de una nueva unidad de epidemiología del MRC en Cardiff, donde realizó varios ECA innovadores.

Cochrane fue también un jardinero paisajista premiado, y coleccionista de arte moderno. Aquejado de cáncer en sus años finales, murió en 1988 a los 79 años.

Obra principal

1972 *Efectividad y eficiencia: reflexiones al azar sobre los servicios sanitarios.*

VER EL INTERIOR DEL CUERPO

IRM E IMAGEN MÉDICA

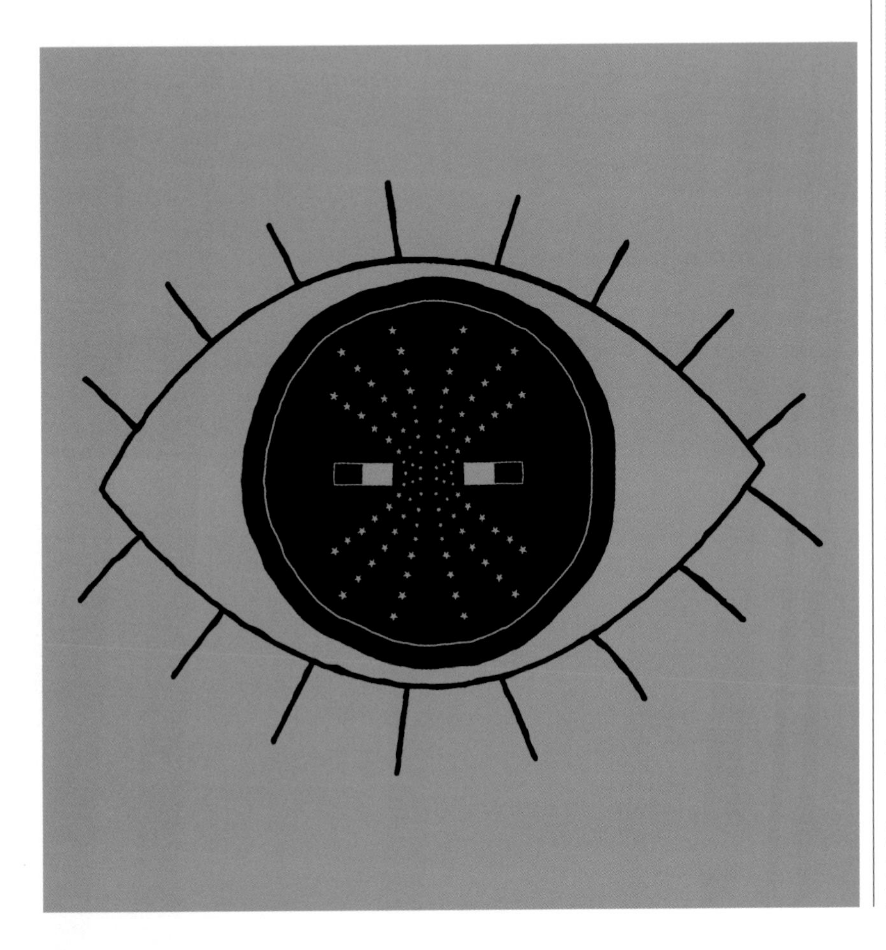

EN CONTEXTO

ANTES

1938 El polaco-estadounidense Isidor Rabi descubre la resonancia magnética nuclear.

1951 Robert Gabillard detecta el origen de las ondas de radio de los núcleos atómicos usando campos magnéticos variables.

1956 David Kuhl construye un rastreador de isótopos radiactivos en el cuerpo humano.

DESPUÉS

1975 Primera demostración de un escáner PET en la Universidad Washington en San Luis (EEUU).

1977 Peter Mansfield inventa la técnica eco-planar para acelerar la producción de imágenes IRM.

2018 Científicos neozelandeses obtienen las primeras radiografías 3D en color.

La imagen médica permite ver el interior del cuerpo para diagnosticar y tratar enfermedades. Emplea técnicas diversas, como los rayos X, los ultrasonidos, la imagen por resonancia magnética (IRM), la tomografía computarizada (TC) y la tomografía por emisión de positrones (PET). Mientras que los rayos X se utilizan desde finales del siglo XIX, la mayoría de las otras técnicas se desarrollaron entre las décadas de 1960 y 1970, y permiten distinguir unos tejidos blandos de otros, facilitando la detección de lesiones, tumores y otras anormalidades.

Experimentos físicos

La IRM se basa en el principio de la resonancia magnética nuclear

Véase también: Oncología 168–175 ▪ Rayos X 176 ▪ El sistema nervioso 190–195 ▪ Detección del cáncer 226–227 ▪ Ultrasonidos 244 ▪ Nanomedicina 304

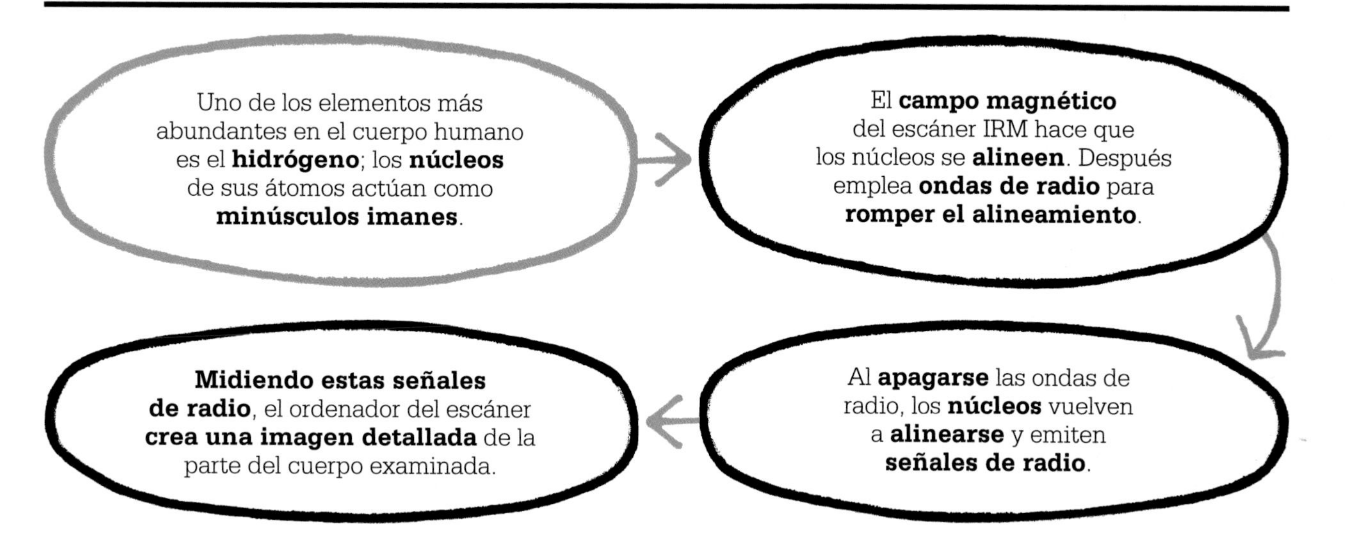

Uno de los elementos más abundantes en el cuerpo humano es el **hidrógeno**; los **núcleos** de sus átomos actúan como **minúsculos imanes**.
El **campo magnético** del escáner IRM hace que los núcleos se **alineen**. Después emplea **ondas de radio** para **romper el alineamiento**.
Al **apagarse** las ondas de radio, los **núcleos** vuelven a **alinearse** y emiten **señales de radio**.
Midiendo estas señales de radio, el ordenador del escáner **crea una imagen detallada** de la parte del cuerpo examinada.

(RMN), la emisión de energía por los núcleos atómicos del hidrógeno afectados por un campo magnético. Medir esta energía revela la estructura química de la materia.

La técnica de la RMN se había empleado para analizar muestras químicas desde 1945. El químico Paul Lauterbur y el médico Raymond Damadian en EEUU, y el físico británico Peter Mansfield conocían bien la técnica cuando, en 1969, Damadian planteó la hipótesis de que la RMN podría usarse para distinguir las células cancerosas de las sanas. Se basaba en que las células cancerosas destacarían al contener mayor cantidad de agua, y por tanto, más átomos de hidrógeno. Dos años más tarde, lo demostró en experimentos con ratas muertas.

En 1972, Lauterbur, que trabajaba entonces en la Universidad Stony Brook, mostró que podían obtenerse imágenes nítidas introduciendo gradientes en los campos magnéticos de la RMN. Esto permitía determinar la situación de cada átomo en relación con los demás, e identificar diferencias en las señales de la resonancia con mayor precisión. (La idea fue propuesta por primera vez por dos físicos independientemente, Robert Gabillard, en Francia, y Hermann Carr, en EEUU, pero no había tenido consecuencias.) Lauterbur probó »

Paul Lauterbur

Paul Lauterbur nació en 1929 en Sidney (Ohio, EEUU). En la adolescencia, su entusiasmo por la química era tal que construyó su propio laboratorio en casa de sus padres. Obtuvo el doctorado por la Universidad de Pittsburgh en 1962, y enseñó química en la Universidad de Stony Brook (Nueva York) de 1963 a 1985.

Lauterbur llevaba unos años trabajando con la tecnología RMN, pero no pensó en usarla para obtener imágenes de órganos humanos hasta 1971. La revelación le llegó mientras comía una hamburguesa en una cafetería de Pittsburgh; rápidamente esbozó el modelo de la técnica de la IRM en una servilleta, y luego fue refinando la idea.

En 2003, Lauterbur y Peter Mansfield compartieron el premio Nobel de fisiología o medicina por su trabajo en la IRM. Lauterbur murió en 2007.

Obra principal

1973 «Formación de imágenes por interacción local inducida; ejemplos basados en resonancia magnética nuclear».

la técnica con el contenido de dos tubos de ensayo, uno con agua, y otro con agua pesada (cuyos átomos tienen un neutrón además de un protón, de donde el adjetivo «pesada»). El agua normal y el agua pesada tenían distinto aspecto; era la primera vez que una imagen mostraba esto. Lauterbur aplicó también la técnica a una almeja encontrada por su hija, y mostró claramente la estructura de sus tejidos. Estaba convencido de que este método de imagen serviría para distinguir unos tejidos humanos de otros sin dañar al paciente.

Las primeras imágenes del cuerpo

En 1974, Mansfield obtuvo la primera IRM de una parte del cuerpo humano, imágenes transversales de un dedo. Sin embargo, se tardaba hasta 23 minutos en obtenerlas, y para acelerar el proceso desarrolló la técnica eco-planar, que producía múltiples ecos RMN a partir de una sola excitación de los protones. Esto permitía obtener una imagen entera por resonancia magnética en una fracción de segundo. La ventaja de esta técnica es que podía representar procesos fisiológicos rápidos, como la respiración y el ritmo cardiaco.

Obtuvimos imágenes bastante buenas [...] según avanzaba la década de 1980, la calidad fue cada vez más aceptable para nuestros colegas clínicos.
Peter Mansfield

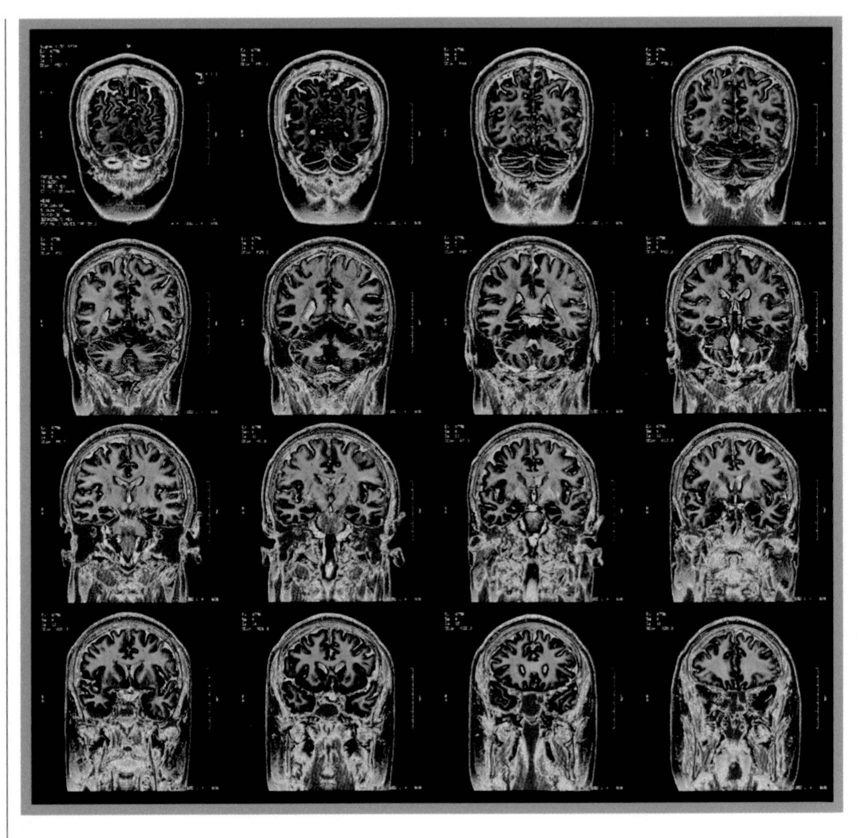

La IRM permite a los médicos ver el cerebro en cortes de 1-4 mm. El falso color se puede añadir para resaltar determinados rasgos.

Mansfield usó la imagen eco-planar en su prototipo de escáner, que empezó a usarse experimentalmente en 1978. En EE UU, Damadian desveló el primer escáner de IRM de cuerpo entero en mayo de 1977. La Food and Drug Administration (FDA) de EE UU aprobó su uso en 1984.

La gran ventaja de la IRM es que ofrece imágenes extremadamente detalladas. Se emplea para el examen no invasivo del cerebro y la médula espinal, de huesos, articulaciones, mamas, vasos sanguíneos y del corazón y otros órganos. Una desventaja es el coste del escáner, que puede alcanzar los 1,6 millones de euros, pero aun así había más de 50 000 escáneres IRM en servicio en 2018, con la mayor concentración en Japón: 55 por millón de personas. Los escáneres con potentes imanes 3T (tesla) producen imágenes de muy alta calidad de los detalles más minúsculos de los sistemas osteomuscular y nervioso, y se están construyendo máquinas cada vez más potentes, que ofrecerán imágenes aún más detalladas en menos tiempo.

Escaneos TC

El ingeniero eléctrico británico Godfrey Hounsfield y el médico estadounidense Allan MacLeod Cormack desarrollaron la tomografía computarizada o TC –también denominada TAC (tomografía axial computarizada)– para el diagnóstico médico. El primer escáner de Hounsfield, en 1968, tardó nueve días en captar una imagen tridimensional (3D) completa del cerebro de un cerdo muerto. Más tarde redujo el tiempo

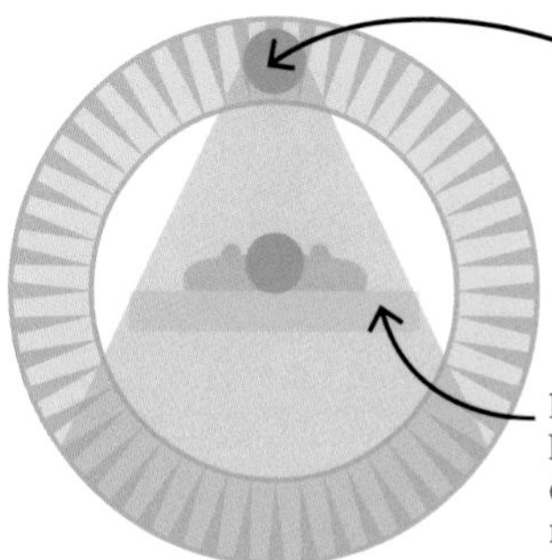
La fuente de rayos X rota alrededor del paciente.
La cama avanza lentamente por el escáner mientras rota el tubo.

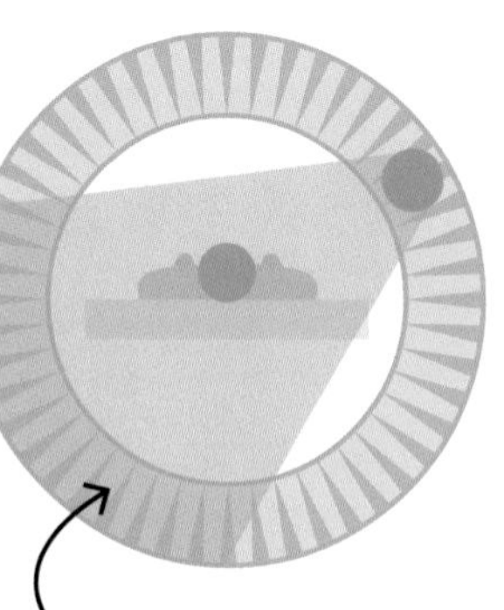
Detectores de rayos X envían imágenes al ordenador, que crea la imagen 3D.

La TC toma una serie de imágenes de rayos X desde distintos ángulos con el paciente tendido. El proceso tarda 10-20 minutos.

a nueve horas, utilizando rayos X. El dispositivo funcionaba disparando rayos gamma mientras rotaba alrededor del cerebro, de grado en grado, obteniendo miles de imágenes transversales. Un programa de ordenador reunía luego estos cortes (la palabra tomografía deriva del griego *tomei*, «corte») para componer la imagen 3D.

La primera máquina de TC para la cabeza se instaló en el Hospital Atkinson Morley de Londres en 1971, y la primera imagen obtenida fue de un tumor en el lóbulo frontal de un paciente. El primer escáner TC de cuerpo entero empezó a operar en 1976.

Las imágenes TC se usan para detectar tumores y fracturas óseas, y para observar cambios en enfermedades como el cáncer. Aunque la maquinaria es mucho más sofisticada que en la década de 1970, y mucho más rápida y silenciosa que la de la IRM, las imágenes de órganos y tejidos blandos no son tan claras. Es importante destacar que la radiación de la TC puede ser hasta mil veces superior a la de los rayos X tradicionales. Sigue siendo baja, pero la radiación se acumula si se escanea el cuerpo repetidamente, aumentando con ello el riesgo del paciente de desarrollar cáncer.

Escaneos PET

La tomografía por emisión de positrones (PET) puede revelar cambios bioquímicos en los tejidos a nivel celular, a diferencia de las imágenes de la TC o IRM. El paciente ingiere o recibe una inyección de un marcador radiactivo, que al acumularse en zonas del cuerpo con mayor actividad química muestra posibles indicios de enfermedad. El marcador emite partículas subatómicas llamadas positrones, que chocan con electrones en el tejido examinado y producen rayos gamma. Un anillo de receptores en el escáner en forma de rosquilla detecta estos rayos y un ordenador los plantea como imagen 3D de las concentraciones del marcador.

La tecnología PET arrancó en EEUU en 1956, cuando el científico David Kuhl desarrolló un fotoescáner basado en el trabajo del físico Benedict Cassen. Sobre la base de la PET moderna, crea imágenes a partir de la radiactividad detectada en el cuerpo. Su desarrollo continuó en las décadas de 1960 y 1970, y el primer escáner de cuerpo entero clínicamente práctico, PET (III), se usó para examinar a pacientes en 1975. La imagen combinada PET–TC se beneficia del gran detalle que ofrece la TC para crear imágenes 3D de nitidez aún mayor. También es posible combinar las imágenes PET–IRM.

La tomografía PET se usa para monitorizar el cáncer, planificar la cirugía y diagnosticar y tratar trastornos neurológicos, como la enfermedad de Parkinson, la demencia y la epilepsia. Sin embargo, no sirve para las mujeres embarazadas –la radiación emitida por el marcador es potencialmente dañina para el feto– ni para algunos diabéticos, por combinarse el marcador con glucosa. ■

Un médico busca actividad química indicio de cáncer en un escaneo PET. Suele usarse fluorodesoxiglucosa como marcador, pues las células cancerosas absorben la glucosa más rápidamente.

ANTICUERPOS A LA CARTA

ANTICUERPOS MONOCLONALES

EN CONTEXTO

ANTES

1882 Iliá Méchnikov descubre leucocitos comedores de bacterias, los fagocitos.

1890 Emil von Behring y Shibasaburo Kitasato describen las antitoxinas, anticuerpos del suero sanguíneo que combaten las toxinas bacterianas.

1906 Paul Ehrlich propone la idea de las «balas mágicas», fármacos que imitan a los anticuerpos.

1957 Frank Macfarlane Burnet propone la teoría de la selección clonal.

DESPUÉS

1981 Primer paciente con cáncer tratado con anticuerpos monoclonales.

1982 Se crean anticuerpos monoclonales para determinar el grupo sanguíneo.

1997 El virólogo polaco Hilary Kroprowski crea el primer fármaco a base de anticuerpos monoclonales para tratar el cáncer.

Los anticuerpos monoclonales (mAbs) son copias idénticas e ilimitadas del mismo anticuerpo producidas artificialmente, obtenidas en 1975 por dos inmunólogos, el argentino César Milstein y el alemán Georges Köhler. Se siguen investigando, pero han demostrado ya su utilidad en muchos campos, en nuevos fármacos y en pruebas diagnósticas, desde tratamientos innovadores del cáncer hasta la identificación del grupo sanguíneo. Los anticuerpos son proteínas que el organismo dirige contra células ajenas, como los microbios. Hay millones de tipos, cada uno a la medida de su antígeno específico, que neutralizan o identifican como objetivo del ataque de las células inmunitarias.

Paul Ehrlich acuñó el término «anticuerpos» en 1891, y describió cómo interactúan con los antígenos, como una llave y su cerradura. En la década de 1960, los científicos sabían que los fabrican los leucocitos llamados células o linfocitos B, portador cada uno de su propio anticuerpo. La presencia del antígeno correspondiente desencadena la clonación de

Las células plasmáticas responden a **los patógenos** con una **mezcla de anticuerpos**.

Las células de **mieloma** se multiplican **sin límite**.

Al fusionar una célula de mieloma con otra plasmática cuando produce **un tipo de anticuerpo**, se crea un **hibridoma**.

El **hibridoma se multiplica** y produce un **suministro ilimitado** de ese anticuerpo particular.

Véase también: La vacunación 94–101 ▪ Patología celular 134–135 ▪ El sistema inmunitario 154–161 ▪ Oncología 168–175 ▪ Medicamentos dirigidos 198–199

Experimentos en la Estación Espacial Internacional tratan de obtener una forma cristalina de un anticuerpo monoclonal usado para tratar el cáncer, para que sea inyectado en lugar de intravenoso.

los linfocitos B, que producen múltiples copias de células plasmáticas y liberan una marea de anticuerpos. El proceso se llama policlonal, porque las células plasmáticas producen más de un tipo de anticuerpo.

El control de las células inmunitarias

El avance de Milstein y Köhler consistió en crear copias ilimitadas de mAbs con células creadas en el laboratorio, los hibridomas, obtenidos por la fusión artificial de células plasmáticas y de mieloma (células plasmáticas anormales causantes del cáncer), preparadas para producir el anticuerpo deseado. Las células plasmáticas son de vida breve, mientras que las de mieloma se reproducen indefinidamente. Al fusionarlas, Milstein y Köhler crearon una fuente del anticuerpo elegido que se multiplica infinitamente. La intención original de Milstein fue obtener anticuerpos para la investigación, pero él y Köhler comprendieron enseguida que los mAbs podían ser una «bala mágica» a la medida para cualquier enfermedad.

Utilidad creciente

Los mAbs no se han convertido en una mágica panacea, pero no dejan de encontrarse nuevos usos: hallan armas biológicas; detectan la hormona HCG en las pruebas de embarazo; previenen el rechazo de los órganos bloqueando la respuesta inmune al identificar el grupo sanguíneo; identifican coágulos y células cancerosas; y, en el tratamiento del cáncer, transportan fármacos o radiación hasta las células objetivo.

Los mAbs combaten también enfermedades autoinmunes como la artritis reumatoide, y se está trabajando en nuevos fármacos para la malaria, la gripe y el VIH basados en estos anticuerpos. En 2020 se hallaron varios que parecen neutralizar el virus de la COVID-19 en cultivos celulares. ■

César Milstein

César Milstein (Bahía Blanca, Argentina, 1927) estudió en la Universidad de Buenos Aires; después de completar el doctorado fue invitado a unirse al departamento de bioquímica de la Universidad de Cambridge (Reino Unido). La principal área de interés de Milstein era la de las defensas del organismo, y dedicó la mayor parte de su carrera a estudiar los anticuerpos.

En Cambridge colaboró con el bioquímico Frederick Sanger (laureado en dos ocasiones con el Nobel), y luego con Georges Köhler, con quien llevó a cabo su trabajo innovador sobre anticuerpos monoclonales. Al no patentar su descubrimiento, Milstein y Köhler no pudieron beneficiarse económicamente, pero en 1984 recibieron el Nobel de fisiología o medicina. Milstein contribuyó luego al desarrollo de la ingeniería de anticuerpos. Murió en 2002.

Obras principales

1973 «Fusión de dos células de mieloma productoras de inmunoglobulinas».
1975 «Cultivos continuos de células fusionadas que secretan anticuerpos de especificidad predefinida».

LA NATURALEZA NO PODÍA, ASÍ QUE LO HICIMOS NOSOTROS

FECUNDACIÓN *IN VITRO*

EN CONTEXTO

ANTES

1959 Min Chueh Chang, empleado en la Worcester Foundation (EE UU), prueba con «conejos probeta» que la FIV es posible con óvulos de mamíferos.

1969 Robert Edwards fecunda un ovocito fuera del cuerpo.

1973 Un equipo de la Universidad de Monash en Australia logra la primera FIV humana, pero acaba en aborto.

DESPUÉS

1979 Nace el primer bebé varón por FIV en Escocia, tras el tratamiento de Robert Edwards y Patrick Steptoe.

1981 La Universidad de Monash anuncia el nacimiento de nueve bebés tras la FIV.

1992 Nace el primer bebé por ICSI en Bélgica.

2018 Llegan a los 8 millones los niños nacidos en todo el mundo por FIV y otros medios de reproducción asistida.

El 25 de julio de 1978, el mundo médico celebró el nacimiento de Louise Brown, el primer bebé nacido por fecundación *in vitro* (FIV). Los pioneros del acontecimiento fueron el científico británico Robert Edwards y el ginecólogo Patrick Steptoe.

El concepto de la FIV no era nuevo. Samuel Schenk, embriólogo austriaco, la intentó con óvulos de conejo en 1878, y comprobó que la división celular podía tener lugar por la unión de un espermatozoide y un óvulo fuera del cuerpo. En 1934, el médico estadounidense Gregory Pincus anunció el embarazo por FIV de un conejo hembra, pero la fecundación tuvo lugar probablemente *in vivo* («en el cuerpo») y no *in vitro* («en vidrio», fuera del cuerpo). Después de demostrar en 1951 que los espermatozoides deben alcanzar una fase de madurez determinada antes de fecundar un óvulo, el científico estadounidense de origen chino Min Chueh Chang impregnó por FIV a un conejo hembra en 1959.

En esta imagen de 1968, Purdy pasa a Edwards una placa con óvulos humanos fecundados *in vitro*. El Consejo de Investigación Médica británico se negó a financiar el proyecto por motivos éticos.

Fecundación humana

En 1968, Edwards formó equipo con Steptoe, uno de los primeros expertos en laparoscopia, técnica para obtener óvulos sin cirugía abdominal. Muchas pacientes de Steptoe en Oldham (Lancashire, Reino Unido), donaron óvulos para la investigación. Con la ayuda de la embrióloga Jean Purdy, el equipo consiguió la fecundación de óvulos y la división celular en una placa de Petri, pero el objetivo principal, implantar con éxito un embrión en el útero de una mujer, se les resistía.

Una pareja británica, John y Lesley Brown, recurrió a Edwards y Steptoe en 1976. Llevaban nueve años tratando de lograr el embarazo, sin éxito debido al bloqueo de

Véase también: Obstetricia 76–77 ▪ Herencia y trastornos genéticos 146–147 ▪ Control de la natalidad 214–215 ▪ Ultrasonidos 244 ▪ Genética y medicina 288–293 ▪ Cirugía mínimamente invasiva 298

Fases del tratamiento de la FIV

1. La madre toma fármacos estimulantes de la fertilidad para producir óvulos. Se obtienen óvulos maduros de los ovarios y una muestra de semen del padre.

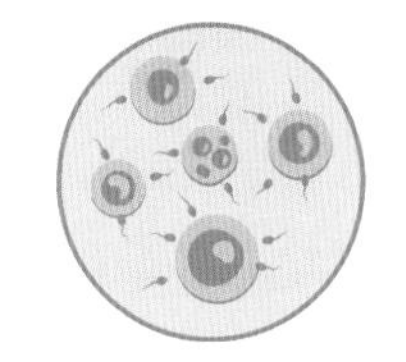

2. Los óvulos y espermatozoides se mezclan en una placa de Petri y se dejan varias horas en una incubadora para la fecundación.

3. Los óvulos fecundados se monitorizan de cerca al comenzar a dividirse. Cada uno se convierte en embrión, una bola de células hueca.

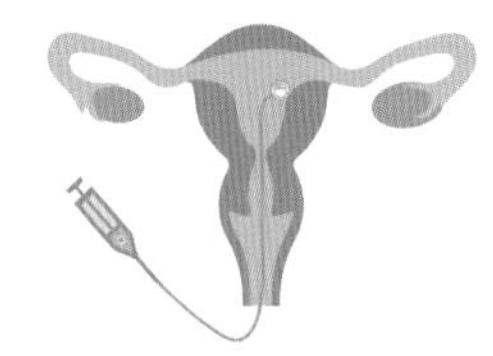

4. Transcurridos varios días, el embrión escogido se implanta en el útero de la madre. Si se hace con éxito, es probable que el resultado sea un bebé.

las trompas de Falopio. En noviembre de 1977, haciendo coincidir el proceso con la ovulación de Lesley Brown, Edwards y Steptoe obtuvieron uno de sus óvulos y lo añadieron a una placa de Petri con el esperma de su marido. Bajo la observación atenta de Purdy, el óvulo fecundado comenzó a dividirse. A los dos días y medio, transfirieron el embrión de ocho células resultante al útero de Lesley Brown. Y, a los nueve meses, nació Louise Brown.

Aunque aquello fuera todo un hito de la medicina, este nacimiento no fue universalmente celebrado. Muchos se oponían a la idea de un «bebé probeta» por considerarlo algo antinatural. Sin embargo, su actitud comenzó a cambiar a medida que nacían más niños sanos gracias a la FIV. Cuando Edwards aceptó el premio Nobel por su trabajo pionero en 2010, ya había más de 4,5 millones de bebés FIV.

La FIV hoy

La evolución de las técnicas de reproducción asistida continúa, junto con los motivos para someterse al tratamiento, al que recurren cada vez más parejas, mujeres solteras y madres de alquiler. En la mayoría de los ciclos actuales, la madre recibe fármacos que estimulan la fertilidad para que maduren múltiples óvulos, y así obtener uno o más embriones viables. Los no utilizados, como los óvulos y espermatozoides, pueden congelarse para ciclos posteriores. La inyección intracitoplasmática de espermatozoides (ICSI), en la que se inyecta un espermatozoide en el óvulo, es un tratamiento común para la infertilidad masculina. Tras la feroz oposición inicial, la FIV es hoy en día más segura, eficaz y popular que nunca. ■

Robert Edwards

Robert Edwards (Yorkshire, Inglaterra, 1925) sirvió en el ejército durante la Segunda Guerra Mundial. Estudió ciencia agrícola y, después zoología, en la Universidad de Gales en Bangor. En 1951 estudió inseminación artificial y embriones de ratones para su tesis doctoral sobre genética en la Universidad de Edimburgo.

En Cambridge, a partir de 1963, Edwards se propuso obtener óvulos y fecundarlos *in vitro*, pero no lo logró hasta conocer a Patrick Steptoe en 1968. Después del nacimiento de Louise Brown, ambos establecieron la primera clínica de FIV en Bourn Hall, cerca de Cambridge, en 1980. Edwards fue galardonado con el Nobel en 2010, y con la Orden del Imperio Británico en 2011. Murió en 2013.

Obras principales

1980 *Cuestión de vida.*
2001 «El difícil camino hacia la fertilización *in vitro* humana».
2005 «Ética y filosofía moral en el inicio de la FIV, diagnóstico preimplantacional y células madre».

VICTORIA SOBRE LA VIRUELA

ERRADICACIÓN GLOBAL DE LA ENFERMEDAD

EN CONTEXTO

ANTES

1796 Edward Jenner prueba la eficacia de la viruela bovina como vacuna para la viruela.

1909 La Fundación Rockefeller lanza una campaña para erradicar la anquilostomiasis.

1927 Fred Soper inicia programas para erradicar la fiebre amarilla y la malaria.

1955 La OMS inicia el Programa Mundial de Erradicación del Paludismo.

DESPUÉS

1988 La OMS lanza la Iniciativa de Erradicación Mundial de la Poliomielitis tras reunirse la Asamblea Mundial de la Salud.

2011 La peste bovina es la segunda enfermedad erradicada por completo.

2020 La Comisión Regional de Certificación de África declara eliminada de África la polio salvaje.

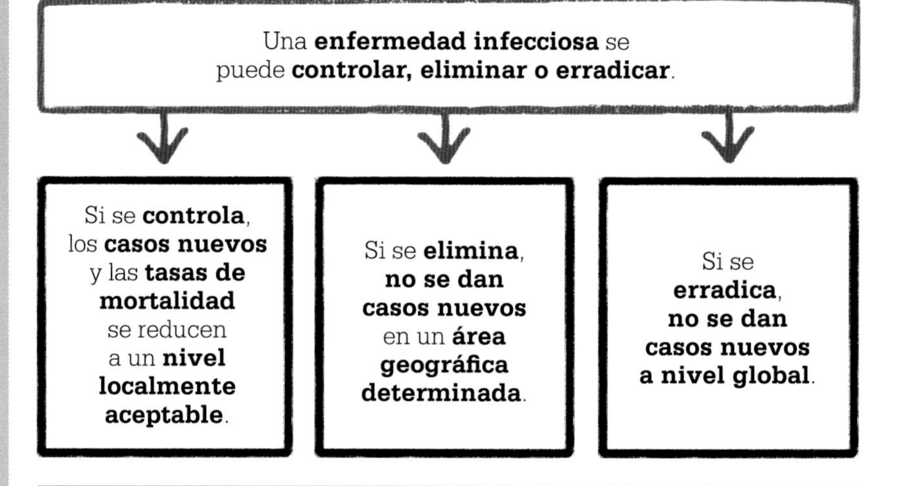

Una enfermedad infecciosa se puede controlar, eliminar o erradicar.
Si se controla, los casos nuevos y las tasas de mortalidad se reducen a un nivel localmente aceptable.
Si se elimina, no se dan casos nuevos en un área geográfica determinada.
Si se erradica, no se dan casos nuevos a nivel global.

El 8 de mayo de 1980, la Organización Mundial de la Salud (OMS) declaró erradicada la viruela, la primera enfermedad importante, y la única humana hasta la fecha, que se ha conseguido derrotar. Durante siglos la viruela fue un gran azote que causaba la muerte de millones de personas al año, y en la década de 1950 aún infectaba a más de 50 millones de personas al año.

El médico británico Edward Jenner descubrió una vacuna en 1796, y la mortalidad se fue reduciendo lentamente a medida que se generalizaban las vacunas. Estas, además de inmunizar a los individuos, pueden proteger a comunidades enteras: cuantas más personas se vacunen e inmunicen, a menos puede infectar el virus, y menos se propaga la enfermedad.

Sin embargo, debido a la contaminación por accidente que tuvo lugar con otros patógenos, como el de la sífilis, la oposición a los programas de vacunación masiva fue intensa. En la década de 1890, la técnica del médico británico Sydney Copeman de almacenar las vacunas en glicerina mejoró enormemente la seguridad, y la confianza en las vacunas creció. En 1953 se

Véase también: La vacunación 94–101 ▪ Epidemiología 124–127 ▪ Malaria 162–163 ▪ La Organización Mundial de la Salud 232–233 ▪ Pandemias 306–313

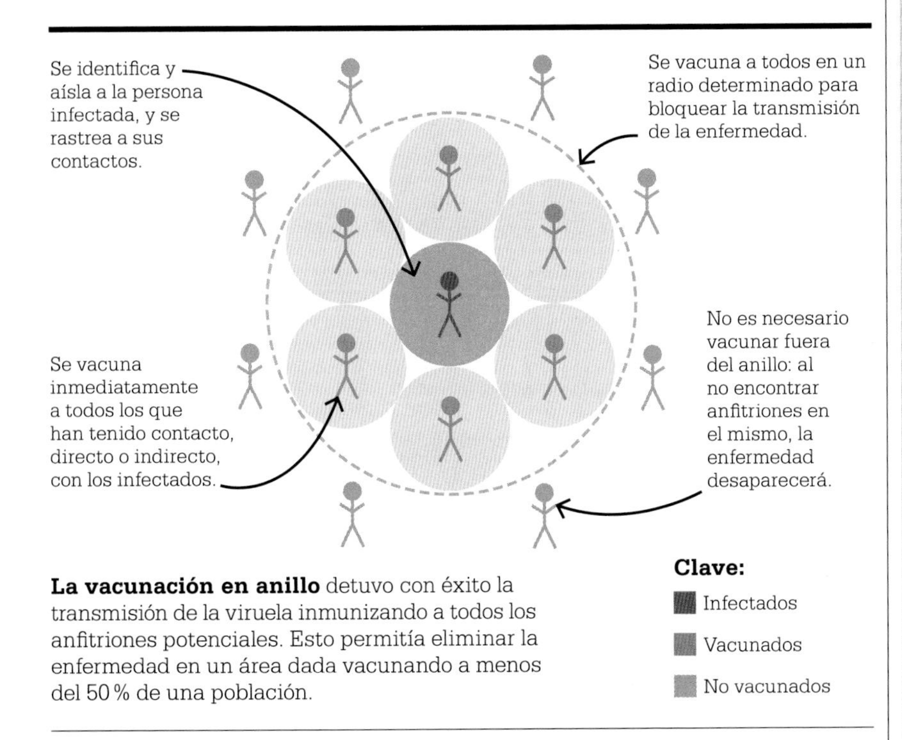

Se identifica y aísla a la persona infectada, y se rastrea a sus contactos.
Se vacuna a todos en un radio determinado para bloquear la transmisión de la enfermedad.
Se vacuna inmediatamente a todos los que han tenido contacto, directo o indirecto, con los infectados.
No es necesario vacunar fuera del anillo: al no encontrar anfitriones en el mismo, la enfermedad desaparecerá.
Clave:
Infectados
Vacunados
No vacunados

La vacunación en anillo detuvo con éxito la transmisión de la viruela inmunizando a todos los anfitriones potenciales. Esto permitía eliminar la enfermedad en un área dada vacunando a menos del 50 % de una población.

había eliminado la viruela de Europa y EE UU.

En condiciones cálidas, las vacunas se deterioraban en pocos días, y no era fácil extender los programas de vacunación a las zonas tropicales. Sin embargo, dos grandes innovaciones contribuyeron a la lucha contra la viruela. Primero, el científico británico Leslie Collier consiguió liofilizar la vacuna, que pudo guardarse en polvo hasta seis meses, incluso con temperaturas altas; después, el microbiólogo estadounidense Benjamin Rubin inventó la aguja bifurcada, que permitía aplicar la vacuna sencilla y directamente sobre la piel.

El camino a la erradicación

En 1967, la OMS lanzó el Programa de Erradicación de la Viruela en América del Sur, Asia y África. Fue clave para su éxito la estrategia de anillo, consistente en contener los brotes en zonas determinadas, o anillos de inmunidad, para impedir la transmisión. Se aislaba a los infectados, y se rastreaba y vacunaba a todos los contactos potenciales. Si esto fallaba, se vacunaba a todos en un radio dado, evitando así los programas de vacunación masiva.

En 1975, una niña de tres años de Bangladés fue la última en contraer de forma natural la variante extrema de la viruela; en 1977 se identificó el último caso de una variante menor en Somalia. En ambos casos se empleó la estrategia del anillo y se ganó la batalla contra la viruela.

Hasta hoy, la única enfermedad animal erradicada, en 2011, es la peste bovina. El éxito con la viruela movió a la OMS a extender el programa de inmunización global a otras enfermedades prevenibles por vacunas, como el sarampión, el tétanos, la difteria y la tosferina. Se espera poder erradicar pronto la poliomielitis y la dracunculiasis. ▪

Guerra a los vectores

Los primeros esfuerzos de erradicación serios fueron las campañas del epidemiólogo Fred Soper de la Fundación Rockefeller en EE UU. No consistieron en vacunas, sino en atacar a los vectores de la enfermedad: gusanos, moscas y mosquitos parásitos que transmiten enfermedades a los humanos.

Las tres enfermedades prioritarias eran la fiebre amarilla, la anquilostomiasis y el paludismo. Tuvieron un éxito considerable al tratar de eliminar los vectores, pero causaron polémica a finales de la década de 1950 por el uso generalizado de pesticidas como el DDT, que suponían un riesgo grave para la salud humana y el medio ambiente.

La OMS estima que, en la actualidad, más del 17 % de las enfermedades infecciosas son transmitidas por vectores y causan 700 000 muertes al año en el mundo. El esfuerzo por erradicar la malaria, una de las amenazas clave para la salud pública, incluye hoy programas genéticos para impedir criar a los mosquitos.

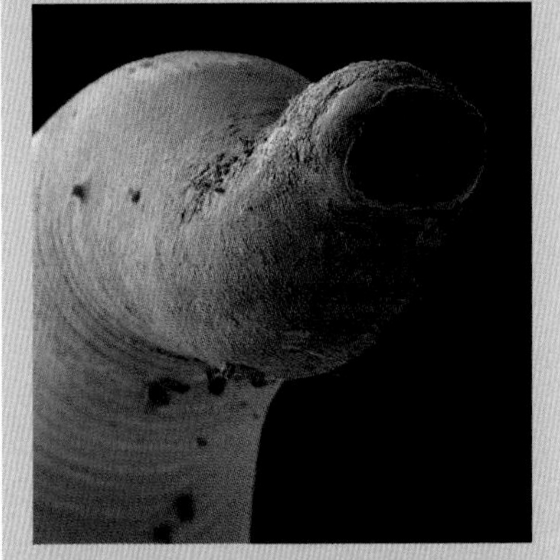

Esta especie de nematodo parásito, *Ancylostoma duodenale*, es uno de los vectores más comunes de la anquilostomiasis en humanos.

NUESTRO DESTINO ESTA EN NUESTROS GENES

GENÉTICA Y MEDICINA

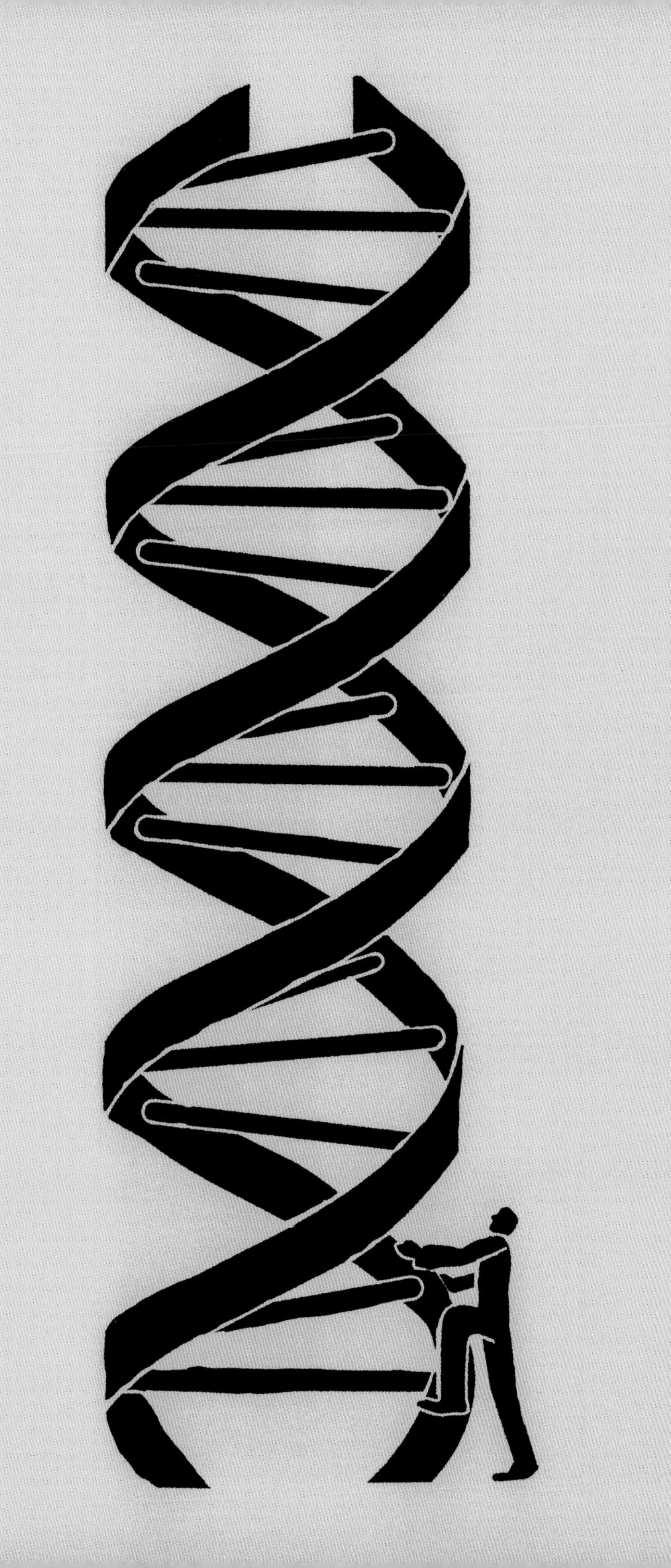

EN CONTEXTO

ANTES

1842 El botánico suizo Carl Wilhelm von Nägeli descubre los cromosomas en las plantas.

1865 Gregor Mendel describe las leyes de la herencia tras sus experimentos con guisantes.

1869 Friedrich Miescher, fisiólogo suizo, descubre la molécula del ADN, aun sin comprender su función.

1879 Walther Flemming observa filamentos, luego llamados cromosomas, en las células de vertebrados al dividirse las células.

DESPUÉS

1999 Se completa la secuencia del cromosoma 22.

2003 El Proyecto Genoma Humano determina la secuencia de todos los genes humanos.

En 1983, el bioquímico estadounidense Kary Mullis inventó un modo de clonar rápidamente segmentos cortos de ADN (ácido desoxirribonucleico), las moléculas con instrucciones genéticas contenidas en los cromosomas del núcleo de las células. La técnica, llamada reacción en cadena de la polimerasa (PCR), fue refinada posteriormente por su compatriota Randall Saiki. Este desarrollo revolucionó el estudio de la genética, e inició áreas nuevas de la investigación y del diagnóstico médicos. La PCR se usa para detectar mutaciones hereditarias causantes de muchos trastornos graves, entre ellos la enfermedad de Huntington, la fibrosis quística y la anemia de células falciformes.

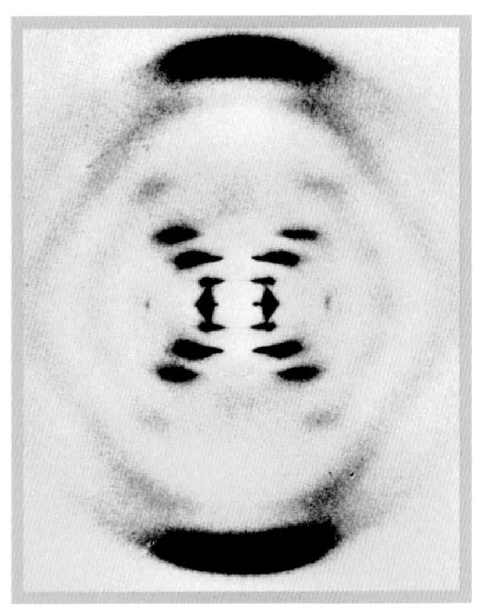

La primera imagen de una hebra de ADN, la Fotografía 51, reveló su estructura por primera vez. La forma de X demuestra la estructura de doble hélice del ADN.

Conocimiento creciente

El desarrollo de la PCR se benefició de avances enormes en el campo de la genética desde principios de la década de 1940. En 1944, un equipo de químicos estadounidenses dirigido por Oswald Avery, del Instituto Rockefeller de Nueva York, reconoció el papel del ADN cromosómico en la herencia (el principio transformador). Hasta entonces, se había supuesto que eran proteínas en los cromosomas las responsables de la transmisión de los rasgos hereditarios.

La comprensión de la genética avanzó rápidamente entre los científicos. A principios de la década de 1950, el bioquímico de origen austriaco Erwin Chargaff demostró que la composición del ADN varía de una a otra especie, y, en 1952, la química británica Rosalind Franklin (en colaboración con el físico Maurice Wilkins) fotografió el ADN por primera vez. Al año siguiente, dos biólogos moleculares, el estadounidense James Watson y el británico Francis Crick, construyeron el modelo de la estructura del ADN en el laboratorio Cavendish de Cambridge (Reino

James Watson (izda.) y Francis Crick con su modelo del ADN, de varillas metálicas en espiral en torno a un soporte, basado en la investigación disponible hasta entonces.

Véase también: Herencia y trastornos genéticos 146–147 ▪ La enfermedad de Alzheimer 196–197 ▪ Cromosomas y síndrome de Down 245 ▪ Fecundación *in vitro* 284–285 ▪ El Proyecto Genoma Humano 299 ▪ Terapia génica 300

Unido), como dos filamentos conectados en una doble hélice. Watson descubrió luego la estructura de pares de las cuatro bases químicas que forman los «peldaños» de la molécula del ADN: la guanina siempre se empareja con la citosina, y la adenina, con la timina. En 1962, Watson, Crick y Wilkins fueron galardonados con el premio Nobel de fisiología o medicina por su trabajo con los ácidos nucleicos y sobre cómo portan la información.

Cartografía del ADN

El bioquímico británico Frederick Sanger invirtió quince años en tratar de descubrir un modo rápido de revelar la secuencia de bases en un filamento de ADN. En 1977, él y su equipo publicaron el método que lleva su nombre, que usa reacciones químicas para secuenciar hasta 500 pares de bases por reacción. Fue el inicio de una revolución en la cartografía del ADN, y la técnica actual de la pirosecuenciación lee hasta 20 millones de pares de bases por reacción.

El secuenciado ha ayudado a identificar los genes responsables de determinadas enfermedades, entre ellas la de Huntington, hereditaria, que causa la degradación progresiva de las células nerviosas del cerebro. Los síntomas comienzan con un declive de la coordinación y progresan hasta los problemas con el lenguaje y la demencia. Conocida al menos desde la época medieval, no fue descrita en detalle hasta 1872 por el médico estadounidense George Huntington. En 1979, la Fundación de Enfermedades Hereditarias comenzó a analizar el ADN de 18 000 personas en dos pueblos venezolanos con una incidencia muy elevada de Huntington. Se descubrió la posición aproximada (un marcador genético) del gen responsable, y, en 1993, la posición exacta. Esto permitió desarrollar la primera prueba genética presintomática de la enfermedad de Huntington.

Nuevas posibilidades médicas

La invención de la PCR por Kary Mullis, en 1983, permitió un análisis más fácil y preciso del ADN, que favoreció enormemente el diagnóstico de enfermedades. La PCR, descrita como un fotocopiado molecular, »

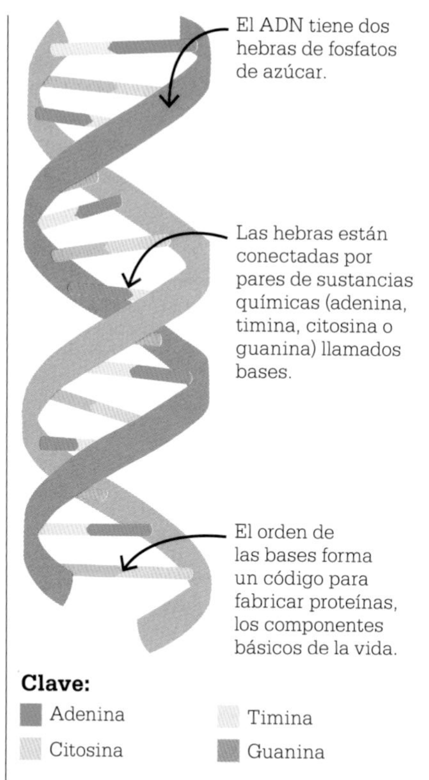
El ADN tiene dos hebras de fosfatos de azúcar.
Las hebras están conectadas por pares de sustancias químicas (adenina, timina, citosina o guanina) llamados bases.
El orden de las bases forma un código para fabricar proteínas, los componentes básicos de la vida.
Clave:
Adenina
Timina
Citosina
Guanina

La molécula del ADN que constituye nuestros genes parece una escalera espiral, o doble hélice. Cada filamento de ADN contiene una secuencia única (código) de información genética.

Kary Mullis

Nacido en las estribaciones de la cordillera Azul en Carolina del Norte (EEUU) en 1944, el adolescente Mullis se interesó en la química construyendo cohetes caseros de combustible sólido. Tras doctorarse en bioquímica por la Universidad de California en Berkeley en 1973, pasó un tiempo escribiendo ciencia ficción antes de ocupar puestos de investigación en varias universidades.

En 1979 empezó a trabajar para la empresa biotecnológica Cetus, en California, donde inventó la técnica PCR, que le valió el premio Nobel de química en 1993. Mullis inventó luego una tinta sensible a la luz ultravioleta, y trabajó como asesor sobre química de ácidos nucleicos.

Algunas de sus opiniones fueron controvertidas: cuestionó las pruebas del cambio climático y del agujero de la capa de ozono, y puso en duda el vínculo entre VIH y sida. Murió en 2019.

Obra principal

1986 «Amplificación enzimática específica de ADN *in vitro*: la reacción en cadena de la polimerasa».

consiste en calentar una muestra de ADN para que se divida en dos hebras o filamentos únicos; una enzima (la polimerasa *Taq*) construye dos filamentos nuevos, usando como plantilla el par original; luego, de cada filamento se obtienen dos copias nuevas en un termociclador. Si se repite el proceso 12 veces, habrá 2^{12} veces más ADN que al comienzo: más de 4000 filamentos. Repetido 30 veces, habrá 2^{30} filamentos (más de mil millones). La duplicación por PCR acelera la detección de virus y bacterias, el diagnóstico de los trastornos genéticos y la técnica de huella genética usada para relacionar pruebas biológicas con los sospechosos en las investigaciones forenses.

La PCR hizo físicamente posible el Proyecto Genoma Humano. Entre 1990 y 2003, los investigadores cartografiaron casi todos los pares de bases que constituyen el ADN humano, unos 3000 millones en total, en una empresa científica gigantesca. Los médicos clínicos utilizan la PCR para la tipificación de tejidos, para asignar donantes a receptores de los trasplantes de órganos y para el diagnóstico temprano de cánceres sanguíneos como la leucemia y los linfomas.

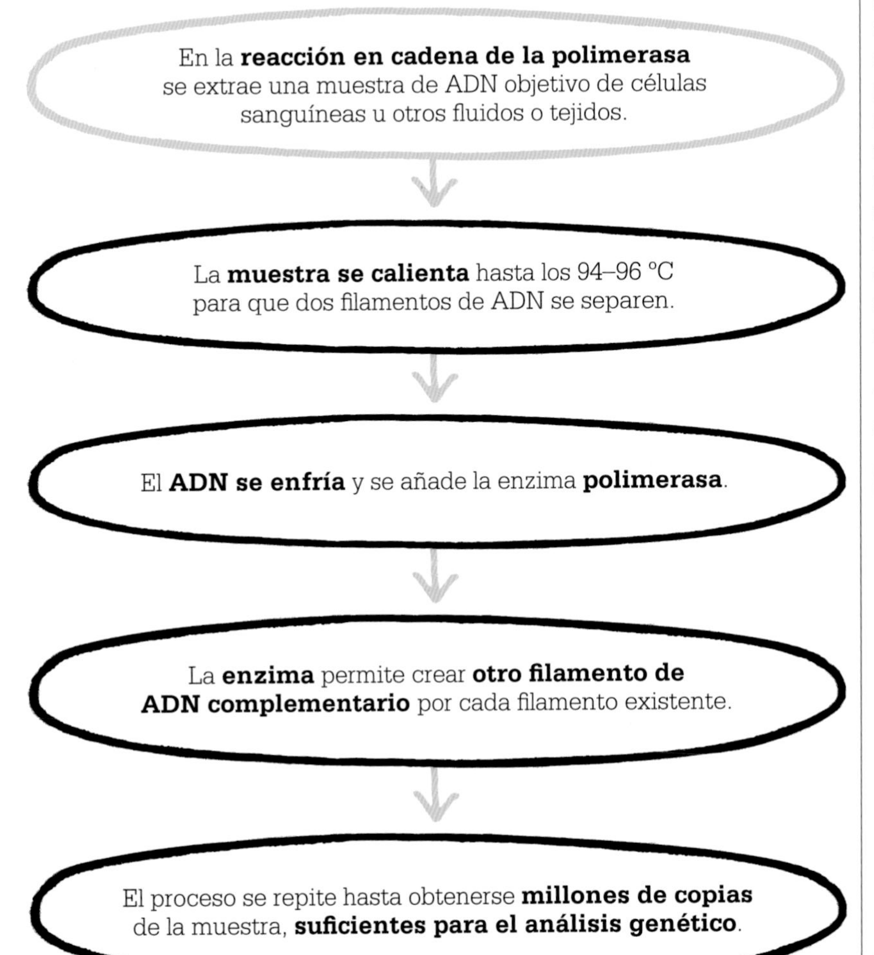

En la **reacción en cadena de la polimerasa** se extrae una muestra de ADN objetivo de células sanguíneas u otros fluidos o tejidos.
La **muestra se calienta** hasta los 94–96 °C para que dos filamentos de ADN se separen.
El **ADN se enfría** y se añade la enzima **polimerasa**.
La **enzima** permite crear **otro filamento de ADN complementario** por cada filamento existente.
El proceso se repite hasta obtenerse **millones de copias** de la muestra, **suficientes para el análisis genético**.

Diagnóstico prenatal

La PCR ha facilitado los diagnósticos de muchos trastornos genéticos graves, antes incluso del parto. En 1989, el genetista británico Alan Handyside introdujo el diagnóstico genético preimplantacional (DGP). Handyside y los médicos clínicos Elena Kontogianni y Robert Winston usaron la técnica con éxito en el Hospital Hammersmith de Londres en 1990. Los padres con un riesgo alto de tener hijos con enfermedades hereditarias hoy pueden optar por la FIV con análisis genético, con el fin de implantar en el útero solo embriones sin mutaciones genéticas. Casi 600 trastornos genéticos se pueden detectar hoy gracias al DGP, entre ellos la fibrosis quística y la anemia de células falciformes. En los embarazos sin FIV puede realizarse un diagnóstico genético prenatal de un embrión en el útero obteniendo células de la placenta o del feto. Si se detectan mutaciones genéticas, los padres y profesionales médicos pueden considerar las opciones. En el futuro, posiblemente se corregirán algunos trastornos hereditarios antes del nacimiento.

El DGP sirve también para detectar en los embriones el cáncer hereditario de mama y ovario. La mayoría

Comenzando con una sola molécula del material genético ADN, la PCR genera 100 000 millones de moléculas similares en una tarde.

Kary Mullis

***Scientific American* (1990)**

Un empleado médico en Japón con un hisopo nasofaríngeo para una prueba PCR de la COVID-19, que identifica los genes del virus.

de estos no son heredados, pero en 1994 y 1995 los científicos identificaron los dos genes (*BRCA1* y *BRCA2*) responsables de sus formas hereditarias. Las mujeres con mutaciones en estos genes tienen una probabilidad de entre el 50 y el 85 % de desarrollar cáncer de mama, y de entre el 15 y el 50 % de desarrollar cáncer de ovario. Los hombres con estas mutaciones tienen un riesgo mayor de cáncer de próstata y de mama. Una mutación en el gen *BRCA2* aumenta también las probabilidades de cáncer de piel, esófago, estómago, páncreas y vía biliar (colangiocarcinoma).

Lucha contra los virus

En 1986, mientras trabajaba en la Universidad de California en San Francisco, el bioquímico chileno Pablo Valenzuela aplicó la ingeniería genética al desarrollo de la primera vacuna recombinante (que estimula las células del sistema inmunitario) para proteger a los niños de la hepatitis B. Este virus, identificado por el genetista estadounidense Baruch Blumberg en 1965, ataca al hígado, causa cirrosis y cáncer hepático, y es una de las mayores causas de muerte en el mundo. Según la OMS, unos 2000 millones de personas se han infectado con hepatitis B en el mundo, y unos 257 millones tienen infección crónica. Además, unas 700 000 personas mueren de hepatitis cada año. La forma más común de transmisión es de madre infectada al bebé al nacer.

Valenzuela aisló la parte no infecciosa del virus que fabrica el antígeno de superficie HbsAg y la introdujo en células de levadura. Al multiplicarse estas, produjeron muchas copias del antígeno, que luego se usaron en la vacuna. Esta incita al sistema inmunitario del bebé a producir su propia protección contra la enfermedad.

La búsqueda continúa

Se han realizado grandes avances en la comprensión de la relación entre genética y salud, pero falta aún mucho por conocer. Al menos un 70 % de los casos de alzhéimer se creen heredados, pero no se comprende plenamente el mecanismo de la herencia. Sin embargo, se ha relacionado el alzhéimer precoz con mutaciones de tres genes, en los cromosomas 1, 14 y 21, que causan la producción de proteínas anormales.

También se sabe que la mayoría de los casos de alzhéimer de inicio tardío están relacionados con el gen *APOE* (apolipoproteína E) del cromosoma 19, implicado en la producción de una proteína que transporta el colesterol y otras grasas en la sangre. Hay tres formas, o alelos, del *APOE*, una de los cuales, el *APOE4*, aumenta el riesgo de desarrollar la enfermedad. Un 25 % de las personas tiene una copia de este alelo, y un 2–3 %, dos copias; pero algunas personas con el *APOE4* nunca desarrollan la enfermedad, y muchas de las que la desarrollan no lo tienen.

Determinar y comprender las variantes genéticas del alzhéimer de inicio precoz y tardío puede ser el primer paso para desarrollar un tratamiento para casos con base genética. Mientras que los fármacos actuales solo mitigan los síntomas en vez de curar, la investigación genética podría conducir a la detección más precoz y a tratamientos que ralenticen, o incluso detengan, la aparición del alzhéimer y otros trastornos. ■

La genómica es [...] una ciencia emocionante con potencial para mejoras enormes en la prevención, la protección de la salud y sus resultados.

Sally Davies
Directora General de Salud Pública de Reino Unido

ESTE ES UN PROBLEMA DE TODOS

VIH Y ENFERMEDADES AUTOINMUNES

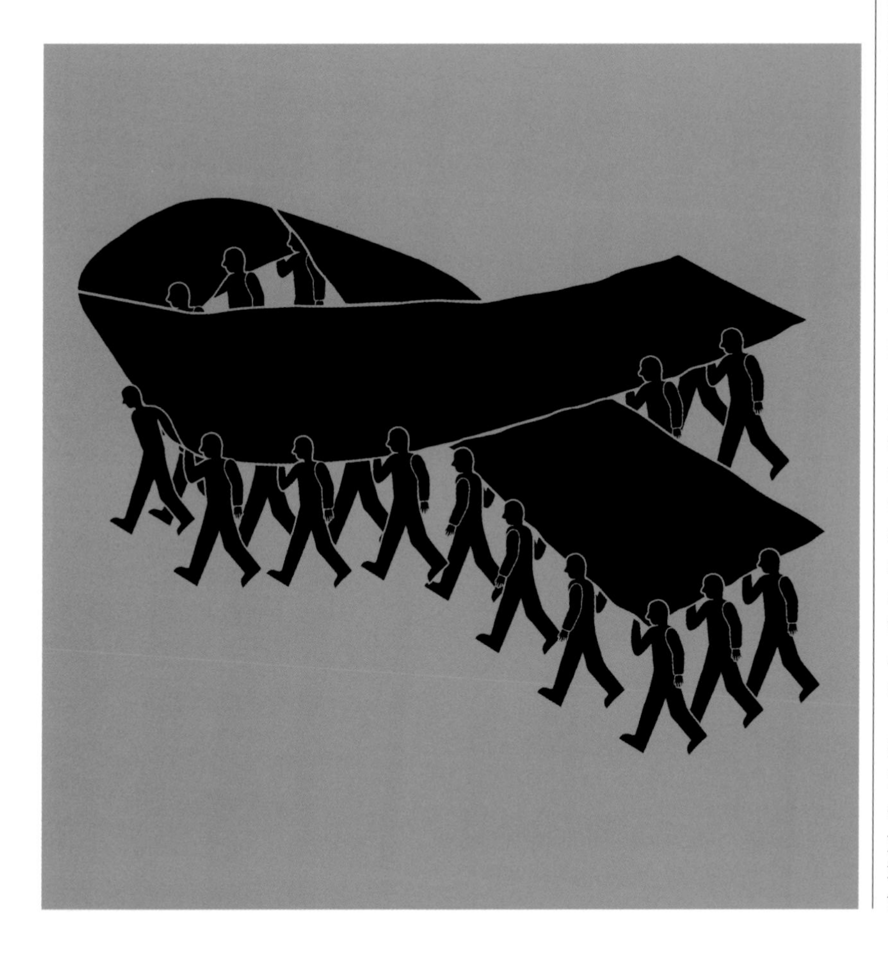

EN CONTEXTO

ANTES

Década de 1950 Los experimentos del investigador médico estadounidense Noel Rose demuestran la noción, hasta entonces rechazada, de la autoinmunidad.

1974 En Reino Unido, Gian Franco Bottazzo y Deborah Doniach descubren que la diabetes de tipo 1 es autoinmune.

1981 Primeros casos de sida entre miembros antes sanos de la comunidad gay en California y Nueva York.

DESPUÉS

1996 Se introduce la terapia antirretroviralde gran actividad (TARGA) para tratar el VIH.

2018 Nueva Zelanda es el primer país del mundo en financiar la PPrE (profilaxis preexposición) para prevenir el VIH en personas de alto riesgo.

En mayo de 1983, los virólogos franceses Luc Montagnier y Françoise Barré-Sinoussi anunciaron en la revista *Science* su descubrimiento del virus causante del sida (síndrome de inmunodeficiencia adquirida). Se trataba de un retrovirus, o virus con ARN como material genético –en lugar del habitual ADN–, que convierte el ARN en ADN, que luego integra en el ADN de la célula anfitriona para replicarlo.

El sida había matado ya a más de 500 personas en EEUU, y al acabar 1983 ya había superado el millar. El equipo francés aisló el virus de un paciente con ganglios linfáticos inflamados y cansancio físico, los síntomas clásicos del sida. Montagnier

Véase también: Epidemiología 124–127 ▪ El sistema inmunitario 154–161 ▪ Virología 177 ▪ El sistema nervioso 190–195 ▪ La diabetes y su tratamiento 210–213 ▪ Esteroides y cortisona 236–239

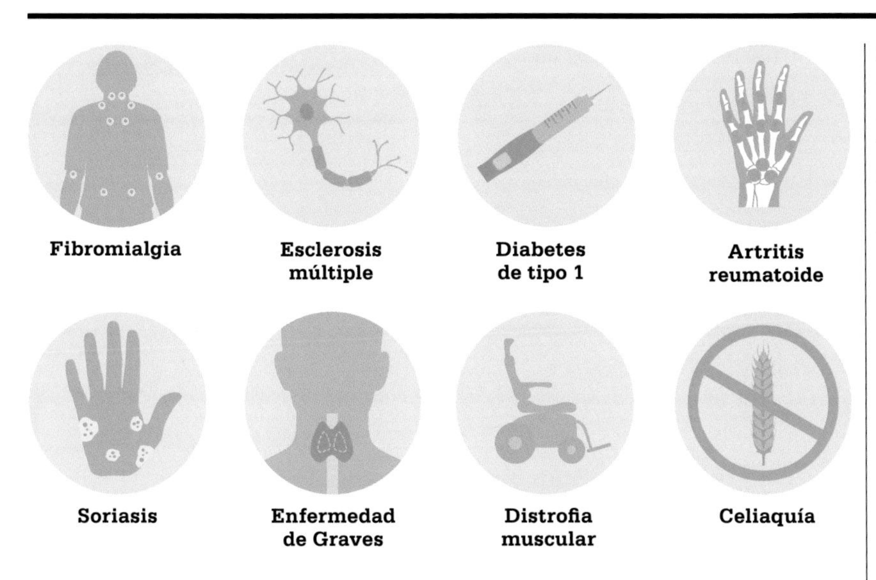

Existen más de ochenta enfermedades autoinmunes conocidas, y la mayoría solo se pueden controlar, no curar. Muchas se caracterizan por periodos alternos de brote y remisión.

y Barré-Sinoussi lo llamaron virus de linfadenopatía asociada (VLA), pero tres años más tarde recibió el nuevo nombre VIH (virus de la inmunodeficiencia humana). El hallazgo desveló el misterio de uno de los trastornos inmunitarios más mortíferos conocidos.

Respuestas anormales

Los trastornos inmunitarios –en los que falla la producción natural de anticuerpos para combatir la infección– presentan algunos de los problemas más intratables de la medicina. Incluyen muchas enfermedades crónicas y mortales, cuyos desencadenantes y patogénesis (desarrollo en el organismo) solo se van comprendiendo lentamente.

Hay dos categorías principales de trastornos inmunitarios: los que causan hiperactividad del sistema inmunitario y los que causan deficiencia inmunitaria. La primera puede hacer que el organismo reaccione de forma excesiva ante sustancias inofensivas en el entorno (respuesta alérgica) o ataque y dañe los propios tejidos y órganos (respuesta autoinmune). La inmunodeficiencia reduce la capacidad del organismo para combatir la infección y la enfermedad, como en el caso del sida.

Enfermedades autoinmunes

El concepto de autoinmunidad –en la que los anticuerpos producidos por el organismo para combatir la enfermedad atacan al propio organismo– fue postulado por primera vez en 1901 por Alexandre Besredka, del Instituto Pasteur de París. Sus ideas fueron rechazadas, y hasta mediados del siglo xx los científicos no empezaron a aceptar la premisa de las enfermedades autoinmunes y a comprender algunos de sus mecanismos.

Muchas enfermedades comunes se consideran autoinmunes, como la diabetes de tipo 1, la artritis reumatoide, la enfermedad inflamatoria intestinal, el lupus y la soriasis. La esclerosis múltiple (EM) –que afecta a 2,3 millones de personas en el mundo y produce síntomas como cansancio, mala coordinación y problemas de movilidad– fue identificada como autoinmune en la década de 1960. Los neurólogos saben que es, al menos en parte, consecuencia del ataque del sistema inmunitario a las células (oligodendrocitos) productoras de mielina, una proteína grasa que envuelve las neuronas en una vaina protectora.

La enfermedad de Graves, otro trastorno autoinmune, interfiere en la glándula tiroides, reguladora del metabolismo. El sistema inmunitario produce anticuerpos llamados TSI que se unen a los receptores de las células tiroideas, los «puertos» de las hormonas estimulantes de la tiroides (TSH). Al unirse a estos, engañan a la tiroides para que produzca niveles elevados y dañinos de la hormona, causando insomnio, desgaste muscular, taquicardia, intolerancia al calor y visión doble.

Durante muchos años, los médicos reconocieron las enfermedades autoinmunes sin conocer la causa. El británico Samuel Gee describió »

> El desafío del sida se puede superar si trabajamos juntos como comunidad global.
> **Foro Económico Mundial (1997)**

los síntomas de la celiaquía, trastorno activado por la ingesta de gluten, en 1887, pero su fundamento autoinmune no se comprendió hasta 1971. En los celíacos, el organismo desencadena una respuesta inmune que ataca las vellosidades que recubren el interior del intestino delgado, reduciendo la capacidad para absorber los nutrientes. Esto puede causar problemas de crecimiento en la infancia y aumenta el riesgo de enfermedad de las arterias coronarias y cáncer colorrectal en adultos.

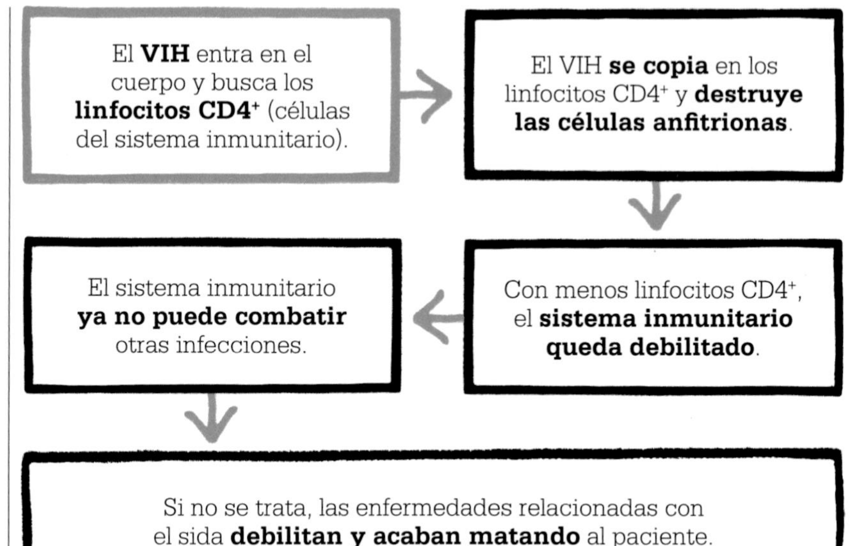

El **VIH** entra en el cuerpo y busca los **linfocitos CD4⁺** (células del sistema inmunitario).
El VIH **se copia** en los linfocitos CD4⁺ y **destruye las células anfitrionas**.
Con menos linfocitos CD4⁺, el **sistema inmunitario queda debilitado**.
El sistema inmunitario **ya no puede combatir** otras infecciones.
Si no se trata, las enfermedades relacionadas con el sida **debilitan y acaban matando** al paciente.

VIH y sida

Hay dos categorías de inmunodeficiencias: los trastornos primarios, que son hereditarios, y los secundarios, debidos a factores ambientales. Se cree que el VIH, el retrovirus causante del sida, se originó en primates no humanos en África occidental, saltando a los humanos a principios del siglo XX tras el contacto con sangre infectada, en un proceso llamado zoonosis. En 1983, Montagnier y Barré-Sinoussi descubrieron que el virus atacaba y destruía los linfocitos T colaboradores del organismo (también llamados linfocitos T $CD4^+$), un tipo de glóbulo blanco. Las personas sanas tienen un recuento celular de células T colaboradoras de entre 500 y 1500 por mm^3; el de las personas con VIH es inferior a 500 por mm^3, y, por debajo de 200 por mm^3, el sistema inmunitario queda gravemente debilitado, con un alto riesgo de infección por bacterias y virus.

Sin tratamiento, las personas con VIH difícilmente sobreviven más de diez años, y, en muchos casos, aún menos. En los primeros años de la epidemia, se reconocía como enfermedad de las personas con VIH avanzado el sarcoma de Kaposi, causado por un virus (HHV-8). De las que no desarrollan el sarcoma, muchas son portadoras del virus, pero aquellas con el sistema inmunitario debilitado pueden desarrollar cáncer. El virus ataca a las instrucciones genéticas que controlan el crecimiento celular, con tumores y lesiones cutáneas como resultado.

La propagación del sida

El VIH se transmite de persona a persona por determinados fluidos corporales como la sangre, el semen y la leche materna. Muchos de los primeros casos se dieron entre hombres homosexuales, lo que dio a entender que el sida les afectaba solo a ellos. La desinformación al respecto hizo que incluso se describiera como «peste gay», y tendió a limitar el conocimiento del VIH en otros sectores de la población que lo consideraron irrelevante. Sin embargo, en 1984, los científicos confirmaron que las mujeres podían contraer la enfermedad por contacto sexual con hombres VIH positivos, y que esta se transmitía también entre quienes consumían drogas compartiendo agujas.

La historia nos juzgará sin duda […] si no respondemos con toda la energía y los recursos que podamos […] en la lucha contra el sida.
Nelson Mandela

El VIH ha mostrado el camino a seguir en la ciencia. No se puede estar aislado en el laboratorio. Hay que trabajar con otros.
Françoise Barré-Sinoussi

La propagación del VIH fue alarmante. En 1985 se conocían solo algo más de 20 000 casos, la gran mayoría en EE UU; en 1999, la OMS estimaba que había ya 33 millones de afectados. Para entonces, las enfermedades relacionadas con el sida se habían convertido en la cuarta mayor causa de muerte en el mundo (la mayor en África), y habían causado la muerte a 14 millones de personas desde el comienzo de la epidemia. En 2018, la OMS anunció que, desde el inicio, 74,9 millones de personas se habían infectado y 32 millones habían muerto a causa de enfermedades relacionadas con el sida. En 2019, 38 millones de personas tenían el VIH (entre ellas 1,8 millones de niños), y dos tercios de los afectados vivían en el África subsahariana.

Supresión del virus

Hoy, muchas de las personas VIH positivas reciben terapia antirretroviral (TAR), que permite vivir una vida más larga, con mejor salud, y reduce el riesgo de transmisión. En 1996 se introdujo la terapia antirretroviral de gran actividad (TARGA), el tratamiento más eficaz hasta la fecha. Esta emplea una combinación de fármacos antirretrovirales (ARV) que funcionan cada uno de modo distinto, atacando al VIH en fases diferentes de su ciclo vital: los inhibidores de entrada le impiden entrar en los linfocitos CD4$^+$; los nucleosídicos y los no nucleosídicos de la transcriptasa inversa imposibilitan al VIH convertir el ARN en el ADN necesario para multiplicarse; los inhibidores de la integrasa privan al VIH insertar su ADN en el cromosoma de los linfocitos CD4$^+$; y los inhibidores de la proteasa no dejan madurar al virus. Con una combinación de fármacos de al menos dos de dichas clases, la TARGA reduce el problema de la resistencia a los fármacos, y ha resultado muy eficaz para suprimir el VIH en los portadores, reduciendo la carga vírica y la transmisibilidad del virus.

Como otros trastornos inmunitarios, el sida no ha sido derrotado, pero la investigación sobre las enfermedades inmunes y su desarrollo en el organismo está avanzando mucho. Algún día, los médicos podrán tratar los síntomas, controlar el progreso de estas enfermedades debilitantes e incluso ofrecer curas eficaces. ■

Hombres en una marcha del Orgullo Gay en Nueva York, en 1983, exigiendo investigación médica del sida. En julio de 1983, el Congreso aprobó fondos para ello, denegados el año anterior.

Françoise Barré-Sinoussi

A Barré-Sinoussi (París, Francia, 1947) le fascinaba la naturaleza de niña. Consideró dedicarse a la medicina, pero optó finalmente por estudiar biología en la Universidad de París, a la vez que trabajaba en el Instituto Pasteur, como voluntaria en un principio. Después de doctorarse con un estudio sobre los retrovirus y la leucemia en 1974, trabajó en el laboratorio del virólogo Luc Montagnier, con quien descubrió el VIH en 1983 y compartió el premio Nobel de fisiología o medicina en 2008.

Barré-Sinoussi pasó más de treinta años tratando de encontrar una cura para el sida. En 1996 pasó a dirigir la Unidad de Biología de los Retrovirus del Instituto Pasteur, y, de 2012 a 2014, la Sociedad Internacional del Sida. En 2013 fue nombrada Gran Oficial de la Legión de Honor, una de las mayores distinciones de Francia.

Obra principal

1983 «Aislamiento de un retrovirus linfotrópico T de un paciente con riesgo de sida».

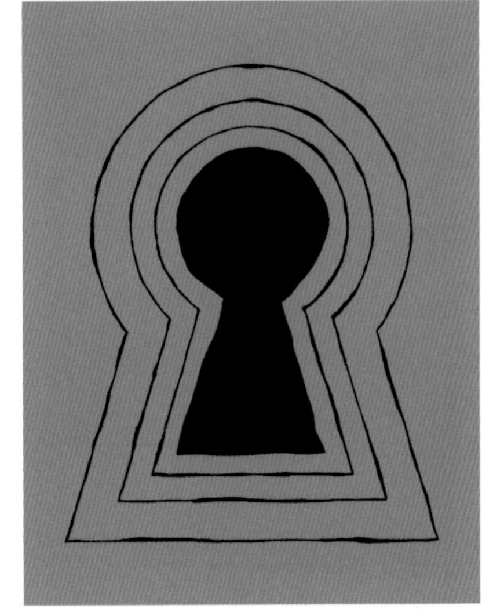

UNA REVOLUCION POR EL OJO DE UNA CERRADURA

CIRUGÍA MÍNIMAMENTE INVASIVA

EN CONTEXTO

ANTES

1805 Philipp Bozzini, cirujano militar alemán, inventa el primer endoscopio para ver el interior del cuerpo; el conductor de luz es una vela en un tubo de cuero.

1901 El cirujano alemán Georg Kelling inserta un cistoscopio en la pared abdominal de un perro, tras bombearle gas al estómago para impedir la hemorragia.

1936 El ginecólogo suizo P. F. Boesch cauteriza las trompas de Falopio con una corriente eléctrica en la primera esterilización laparoscópica.

DESPUÉS

1997 Se utiliza en EE UU la laparoscopia para circunvalar grandes vasos sanguíneos dañados del abdomen y el pubis (baipás aortofemoral).

2005 La FDA de EE UU aprueba el sistema robótico Da Vinci para la histerectomía laparoscópica.

Los primeros procedimientos laparoscópicos mínimamente invasivos datan de principios del siglo xx, pero el hito llegó en 1981, con la primera apendicectomía (extracción del apéndice) laparoscópica del ginecólogo alemán Kurt Semm. Considerados en un principio poco éticos y peligrosos, tales procedimientos gozan de una aceptación creciente desde mediados de la década de 1980, y hoy incluyen no solo cirugía laparoscópica (abdominal), sino también articular (artroscópica) y torácica (toracoscópica).

En 1910, el cirujano sueco Hans Jacobaeus describió la primera laparoscopia diagnóstica, realizada insertando un cistoscopio por la pared abdominal del paciente. Reconocía los riesgos de la técnica, pero también su potencial. En EE UU, el internista John Ruddock la popularizó en la década de 1930, cuando se practicaron las primeras laparoscopias quirúrgicas, pero los progresos fueron lentos.

En la década de 1980, avances tecnológicos como la imagen videoscópica 3D mejoraron la seguridad y la precisión de la técnica. Hoy es empleada en la mayor parte de la cirugía abdominal, y la laparoscopia asistida por robot es habitual en áreas como la urología.

La laparoscopia es […] una técnica muy perfeccionada […] que ha revolucionado la ginecología.

Hans Troidl

Presidente del Congreso Internacional de Cirugía Endoscópica de 1988

La laparoscopia tiene varias ventajas comparada con la cirugía abierta: requiere una única incisión de solo 5–15 mm; causa menos dolor y hemorragia; suele bastar la anestesia local; y el paciente se recupera rápidamente. ■

Véase también: Cirugía científica 88–89 ▪ Anestesia 112–117 ▪ Cirugía ortopédica 260–265 ▪ Robótica y telecirugía 305

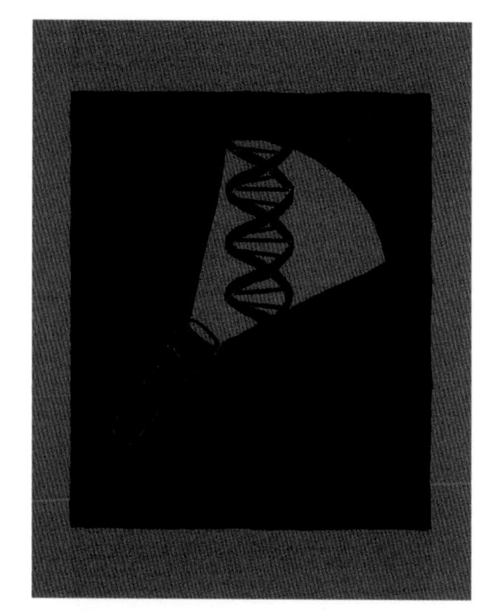

EL PRIMER VISTAZO A NUESTRO PROPIO LIBRO DE INSTRUCCIONES

EL PROYECTO GENOMA HUMANO

EN CONTEXTO

ANTES

1953 Francis Crick y James Watson descubren la estructura química del ADN.

1988 James Wyngaarden, director de los Institutos Nacionales de Salud de EE UU, invita a expertos para planificar el Proyecto Genoma Humano.

DESPUÉS

2005 La Declaración de la ONU sobre Clonación Humana prohíbe todas las formas de esta.

2013 El Tribunal Supremo de EE UU dictamina que el ADN natural no puede patentarse.

2015 El Proyecto 1000 Genomas, colaboración internacional para secuenciar los genes de mil personas, ofrece un catálogo extenso de la variabilidad genética humana.

2018 Se clonan en China dos hembras de macaco cangrejero por TNCS, en su primer uso con éxito en primates.

Un genoma es el conjunto completo de instrucciones genéticas de un organismo, en forma química como ADN. En 1990 comenzó el Proyecto Genoma Humano (PGH) para secuenciar el ADN humano. En 2003 se había completado la región genéticamente activa del genoma, el 92,1 %, permitiendo identificar genes vinculados a enfermedades y estudiar cómo la ingeniería genética podía modificarlos para prevenir la enfermedad.

Mientras avanzaba el PGH, el equipo de Ian Wilmut en el Instituto Roslin de Escocia investigaba una técnica de clonación, la transferencia nuclear de células somáticas (TNCS), que transfiere material genético de una célula somática (madura) a un óvulo al que se le ha retirado el núcleo. En 1996 se insertó el núcleo de una célula de la ubre de una oveja en el óvulo no fecundado de otra, creando con ello a Dolly, réplica de la donante. Esto despejó el camino a la clonación terapéutica y a tratar la enfermedad con células del propio paciente.

Aunque tanto el Proyecto Genoma Humano como la TNCS han abierto campos nuevos a la investigación, también han generado inquietudes sociales, éticas y legales acerca de quién tiene acceso a los datos genómicos y el riesgo de discriminación contra los portadores de mutaciones genéticas. ■

La oveja Dolly, el primer mamífero clonado con éxito, fue cultivada como embrión en el laboratorio, y transferida luego a una madre gestante.

Véase también: Oncología 168–175 ▪ Fecundación *in vitro* 284–285 ▪ Genética y medicina 288–293 ▪ Terapia génica 300 ▪ Investigación de células madre 302–303

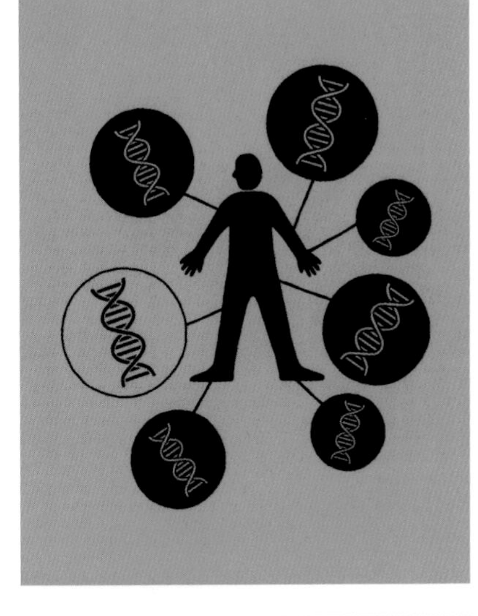

ARREGLAR UN GEN ESTROPEADO

TERAPIA GÉNICA

EN CONTEXTO

ANTES

1972 Los científicos estadounidenses Theodore Friedmann y Richard Roblin proponen usar ADN sano para reemplazar al defectuoso en quienes sufren trastornos genéticos.

1984 Se vuelve posible crear un sistema de vector retroviral para la transferencia genética, explotando la capacidad natural de los virus para insertar genes ajenos en el cromosoma de las células.

DESPUÉS

2003 Varios países detienen los ensayos clínicos de terapia genómica, tras desarrollar leucemia dos pacientes con SCID en un ensayo en Francia.

2011 Se desarrolla el método TALEN de edición genética, de gran precisión.

2015 En Reino Unido se usa la edición genómica para tratar a dos bebés con leucemia.

La terapia génica consiste en introducir ADN sano en células con ADN defectuoso como cura. En 1990, el genetista estadounidense William French Anderson la usó por primera vez para tratar a una niña con inmunodeficiencia combinada grave (SCID), carente de la enzima necesaria (adenosina desaminasa, o ADA) para fabricar los leucocitos que combaten las infecciones. Había solo tres opciones disponibles hasta entonces: inyecciones de enzimas, que no siempre daban resultado; un trasplante de médula ósea de un donante compatible; o el aislamiento en un entorno aséptico artificial.

El equipo de Anderson extrajo leucocitos de la sangre de la niña, les insertó el gen ADA con un vector viral, y devolvió los leucocitos modificados a la sangre. A los seis meses, el recuento de leucocitos de la niña había vuelto a niveles normales. La técnica era prometedora, pero, al no situar el ADN nuevo en su lugar natural en el genoma del anfitrión, podía perturbar las funciones celulares, por lo que algunos pacientes desarrollaron leucemia. Más tarde, los genetistas lograron introducir el ADN en el lugar correcto, y también la edición genómica *in vivo*. Esto abre la perspectiva de curar diversos trastornos genéticos, pero plantea la cuestión de qué constituye una discapacidad, así como la de los posibles abusos de la edición genómica para «mejorar» la raza humana. Por ahora, la terapia génica sigue siendo arriesgada, y se usa solo si no existe otra cura. ■

Antes de la terapia génica, la vida de los niños con SCID era muy limitada. El «niño burbuja» David Vetter, nacido en 1971, vivió doce años en una burbuja estéril.

Véase también: El sistema inmunitario 154–161 ▪ Genética y medicina 288–293 ▪ Investigación de células madre 302–303

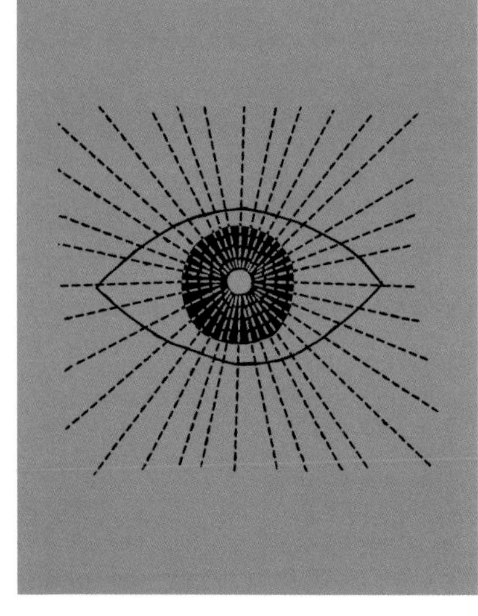

EL PODER DE LA LUZ

CIRUGÍA LÁSER OCULAR

EN CONTEXTO

ANTES

1961 En EE UU, Charles Campbell usa un láser para eliminar un tumor de retina, y Leon Goldman para tratar un melanoma.

1967 El cirujano ocular Charles Kelman y el ingeniero esloveno Anton Banko inventan la facoemulsificación, que fragmenta las cataratas con ultrasonidos.

1988 En EE UU, Marguerite McDonald practica la primera cirugía láser de corrección de la visión.

1989 El cirujano ocular Gholam Peyman inventa el LASIK (queratomileusis láser *in situ*).

DESPUÉS

2001 Se aprueba el uso del láser de femtosegundo para uso en la cirugía láser en EE UU.

2008 Un equipo de cirujanos húngaros dirigido por Zoltan Nagy usa con éxito la cirugía de catarata asistida con láser de femtosegundo.

El láser sirve como bisturí en numerosas áreas de la medicina –entre ellas la oftalmología– para reparar la retina y corregir la visión. El desarrollo de la tecnología láser de femtosegundo en 1995–1997, por los ingenieros biomédicos estadounidenses Tibor Juhasz y Ron Kurtz, volvió más segura, precisa y predecible la cirugía láser ocular.

La técnica LASIK se usa desde mediados de la década de 1990 para tratar la hipermetropía y la miopía. La operación consistía originalmente en exponer la córnea con la hoja de precisión de un microqueratomo y luego darle forma con láser, pero cada vez se usa más el láser de femtosegundo para ambos pasos. Este láser ultrarrápido emite pulsos muy cortos de luz que separan el tejido ocular, y abren incisiones increíblemente precisas sin necesidad de bisturí.

El láser de femtosegundo está transformando también el tratamiento de las cataratas, opacidades que se forman en el cristalino y causan pérdida de visión. Se practican unos 30 millones de operaciones de cataratas al año en el mundo, pero las no tratadas siguen siendo la principal causa de ceguera. En la cirugía de catarata asistida con láser de femtosegundo, el láser realiza incisiones minúsculas en la córnea, y luego una abertura circular en la cápsula que rodea el cristalino. A continuación se fragmenta y aspira la catarata y se implanta un cristalino artificial. Las incisiones en la córnea sanan de forma natural. ■

> Poder restaurar la visión es la recompensa definitiva.
> **Patricia Bath**
> **Cirujana ocular estadounidense (1942–2019)**

Véase también: Cirugía científica 88–89 ▪ Ultrasonidos 244 ▪ Cirugía mínimamente invasiva 298 ▪ Robótica y telecirugía 305

ESPERANZA DE NUEVAS TERAPIAS

INVESTIGACIÓN DE CÉLULAS MADRE

EN CONTEXTO

ANTES

1961 Los canadienses Ernest McCulloch y James Till hallan las células madre en ratones.

1962 El investigador británico John Gurdon despeja el camino a la clonación, al demostrar que la especialización celular puede revertirse y al crear un organismo utilizando el núcleo de una célula madura.

1995 James Thomson aísla células madre embrionarias de mono Rhesus.

1996 La oveja Dolly es el primer mamífero clonado a partir de una célula especializada de un animal adulto.

DESPUÉS

2006 Shinya Yamanaka reprograma células especializadas y las vuelve pluripotentes.

2010 Primer tratamiento derivado de células madre embrionarias de un paciente con lesión de médula espinal en EE UU.

En 1998, el biólogo celular estadounidense James Thomson y su equipo en Wisconsin aislaron células madre embrionarias (ESC) de embriones donados para la experimentación, un paso gigantesco que permitía crear casi cualquier tipo de célula del cuerpo. Las células madre son las células no especializadas que dan lugar a todas las especializadas. Tras la división celular, cada célula hija puede ser otra célula madre o convertirse en uno de los más de doscientos tipos de células especializadas. Las ESC son pluripotentes: pueden programarse para convertirse en casi cualquier célula especializada, y tienen por tanto un valor enorme para la investigación. En cambio, la mayoría de las células madre adultas son multipotentes: dan lugar a células de otro tipo, pero –a diferencia de las pluripotentes– de una variedad limitada.

El único uso clínico de células madre adultas comenzó en la década de 1960, antes del descubrimiento de Thomson, al practicar los on-

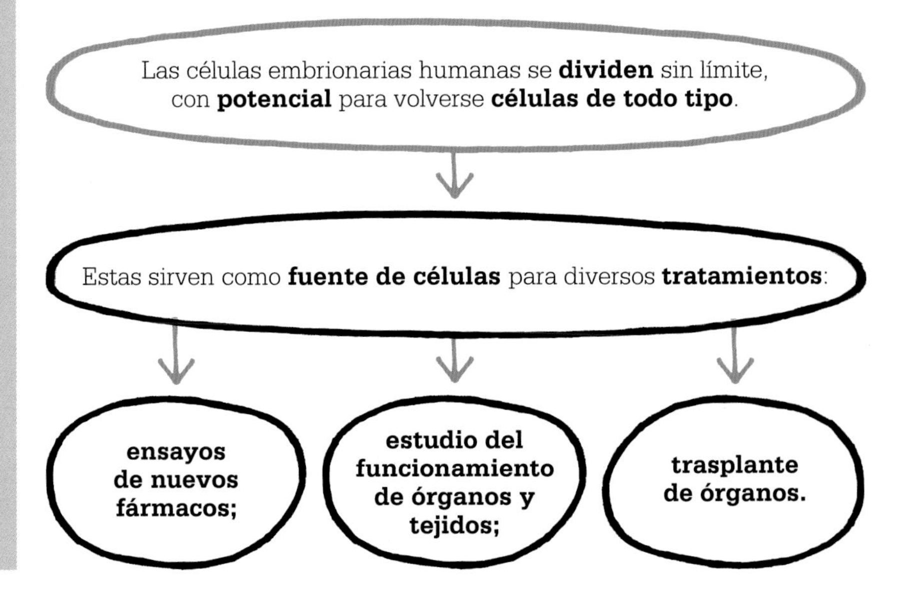

Véase también: Patología celular 134–135 ▪ Herencia y trastornos genéticos 146–147 ▪ El sistema inmunitario 154–161 ▪ Oncología 168–175 ▪ Cirugía de trasplantes 246–253 ▪ Fecundación *in vitro* 284–285 ▪ Medicina regenerativa 314

cólogos trasplantes de médula ósea para curar diversos cánceres sanguíneos. Para ello se extraen células madre hematopoyéticas (CMH, precursoras de todas las células sanguíneas) de la médula de la pelvis del paciente o de un donante compatible, se guardan mientras dosis altas de radiación erradican toda célula cancerosa de la médula, y después se inyectan las CMH en la sangre.

Un procedimiento controvertido

Thomson usaba solo embriones de donantes que ya no los querían para tener hijos. La Food and Drug Administration de EE UU dio el visto bueno al proyecto, pero la Iglesia católica se opuso. En 2001, el presidente George W. Bush prohibió crear nuevos linajes celulares, medida levantada en parte por su sucesor Barack Obama.

La investigación en células madre sigue siendo polémica. Los embriones de los que se extraen células ya no pueden desarrollarse, y quienes se oponen a la investigación insisten en que los embriones tienen derecho a la vida. Mientras se debate sobre en qué fase puede atribuirse categoría humana a un embrión, otros creen un deber moral desarrollar tratamientos para obtener la cura de enfermedades terminales y trastornos debilitadores o degenerativos.

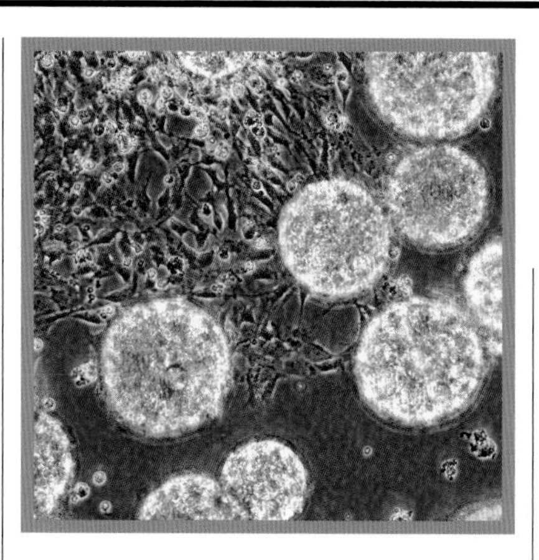

Fotomicrografía de células madre (en rosa) durante la mitosis, o división celular. Al dirigir el proceso, los científicos pueden obtener células especializadas de un tipo particular.

Desarrollo de la ciencia

En 2006, el investigador japonés Shinya Yamanaka logró alterar genéticamente células madre multipotentes y convertirlas en pluripotentes, lo que posibilitó tomar células madre de otras partes del cuerpo, no solo embriones, y reprogramarlas para producir el tipo de células requerido. Los científicos no han determinado aún si estas células tienen el mismo potencial que las ESC, y se siguen usando ambas en la investigación.

En la mitosis (división en dos células hijas) de las células madre pluripotentes, una de las células hijas puede ser de un tipo más especializado. El proceso se repite, especializándose más las células con cada división hasta alcanzar la madurez. Para su uso terapéutico, los científicos deben convertir primero las células madre en células del tipo deseado. El proceso, llamado diferenciación dirigida, permite cultivar tipos de células y tejidos –como músculo cardiaco, cerebral y de retina– y recubrir órganos sintéticos para evitar su rechazo por el organismo. Las células madre reprogramadas se usan también en ensayos clínicos para tratar trastornos cardiacos, neurológicos, retinopatías y la diabetes de tipo 1. ■

James Thomson

James Thomson (Chicago, 1958) se licenció en biofísica en la Universidad de Illinois y se doctoró en la Universidad de Pensilvania en medicina veterinaria y en biología molecular.

Fue director de patología del Centro Regional (hoy Nacional) de Investigación de Primates de Wisconsin, tras realizar estudios clave sobre el desarrollo de las células madre en monos Rhesus. El siguiente paso era el trabajo con embriones humanos, que condujo al gran avance de 1998. En 2007 describió cómo convertir células cutáneas humanas en pluripotentes, muy semejantes a las células madre embrionarias, pero con el potencial de evitar las controversias éticas acerca del empleo de embriones humanos en investigación.

Obras principales

1998 «Líneas de células madre embrionarias derivadas de blastocistos».
2007 «Líneas de células madre pluripotentes inducidas derivadas de células somáticas humanas».

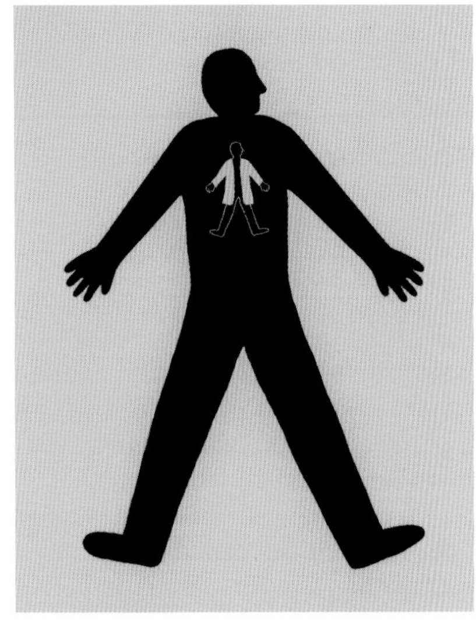

LO PEQUEÑO ES MEJOR

NANOMEDICINA

EN CONTEXTO

ANTES

1959 Richard Feynman escribe sobre un futuro en el que se podrá crear estructuras a nivel molecular.

1980 El físico ruso Alexei Ekimov descubre la fluorescencia de los nanocristales, llamados puntos cuánticos en 1988.

1992 K. Eric Drexler concibe máquinas moleculares en su libro *Nanosystems*.

1993 Moungi Bawendi, químico estadounidense, halla un modo de fabricar puntos cuánticos artificialmente.

1998 Se ensayan por primera vez puntos cuánticos en lugar de tintes tradicionales para la imagen biológica.

DESPUÉS

2011 La nanotecnóloga danesa Karen Martinez construye un nanotubo para ensayar la respuesta interna de las células a nuevos fármacos.

La nanomedicina usa materiales a escala atómica para monitorizar, reparar, construir y controlar los sistemas orgánicos. Las nanoestructuras miden menos de 100 nanómetros (nm) en al menos una dimensión (una hoja de papel mide unos 100 000 nm de grosor). La nanotecnología se usa desde hace años en campos como el envasado de alimentos o la electrónica, pero su concepto médico no se normalizó hasta 1999, cuando el nanotecnólogo Robert Freitas publicó el primer volumen de *Nanomedicine*.

Puntos cuánticos

Los nanocientíficos están explorando aplicaciones médicas, como el estudio de los puntos cuánticos (*quantum dots*, QD) como biomarcadores para diagnóstico y tratamiento. Los QD son nanopartículas, cristales semiconductores de menos de 20 nm de ancho. Son sensibles a la luz, y, al ser excitados por ciertas longitudes de onda, emiten fotones. Los QD mayores emiten luz roja o naranja, y los menores, azul o verde. La mayoría se fabrican a partir de sustancias tóxicas, como el sulfuro de cinc, por lo que deben recubrirse con polímeros para proteger al organismo. Dicho recubrimiento imita a los receptores de las células del organismo para unirse a los QD. Los QD recubiertos sirven como biomarcadores de células objetivo, como las cancerosas, antes de que se manifiesten síntomas. Se está trabajando también para usar los QD para transportar fármacos a las células objetivo, evitando dañar células sanas. ■

Hemos avanzado mucho más de lo que habría predicho hace solo unos años, cuando la investigación parecía ciencia ficción.
Karen Martinez (2011)

Véase también: El sistema inmunitario 154–161 ▪ Oncología 168–175 ▪ Genética y medicina 288–293 ▪ Terapia génica 300 ▪ Investigación de células madre 302–303

LAS BARRERAS DEL ESPACIO Y LA DISTANCIA HAN CAIDO

ROBÓTICA Y TELECIRUGÍA

EN CONTEXTO

ANTES

1984 Cirujanos de Vancouver (Canadá) usan un soporte robótico («Arthrobot») para recolocar la pierna de un paciente en una operación.

1994 En EE UU, la FDA (Food and Drug Administration) aprueba el uso de AESOP, primer operador de cámara robótico para la cirugía laparoscópica.

1995 Se desvela un prototipo del sistema ZEUS en EE UU.

1998 Primer baipás asistido por robot en Alemania, con el sistema Da Vinci de EE UU.

2000 Stephen Colvin, cirujano estadounidense, repara la válvula cardiaca de un paciente usando telecirugía.

DESPUÉS

2018 Cirujanos de Cleveland (EE UU) realizan el primer trasplante renal robótico a través de un solo puerto, practicando una sola incisión abdominal.

En 2001, el cirujano francés Jacques Marescaux y su equipo practicaron desde Nueva York (EE UU) la primera telecirugía a larga distancia a una paciente en Estrasburgo (Francia), a la cual, guiando los brazos de un robot médico ZEUS, extirparon la vesícula biliar con cirugía mínimamente invasiva.

El trabajo con robots médicos comenzó en la década de 1980. En Reino Unido, el ingeniero de robótica médica Brian Davies desarrolló un robot (PROBOT) con algunas funciones autónomas, que fue usado en un ensayo clínico en 1991 para una operación de próstata. En EE UU, pronto le siguió AESOP, capaz de manejar un endoscopio durante la cirugía. En 1998, el sistema ZEUS practicó el primer baipás coronario robótico. Más tarde, cuando lo empleó Marescaux, ZEUS estaba equipado para manejar 28 instrumentos quirúrgicos distintos.

Existen tres tipos de sistemas de cirugía robótica. Los robots de control compartido estabilizan la mano del cirujano y manipulan instrumentos, pero no actúan de forma autónoma. Robots telequirúrgicos como ZEUS se controlan desde una consola remota: los brazos robóticos funcionan como bisturí, tijeras, pinzas y operadores de cámara. En los robots más autónomos, el cirujano introduce los datos, y el robot realiza los movimientos controlados necesarios. Actualmente se limitan a operaciones sencillas, pero, en el futuro, sofisticados cirujanos robóticos autónomos serán capaces de practicar operaciones complejas. ■

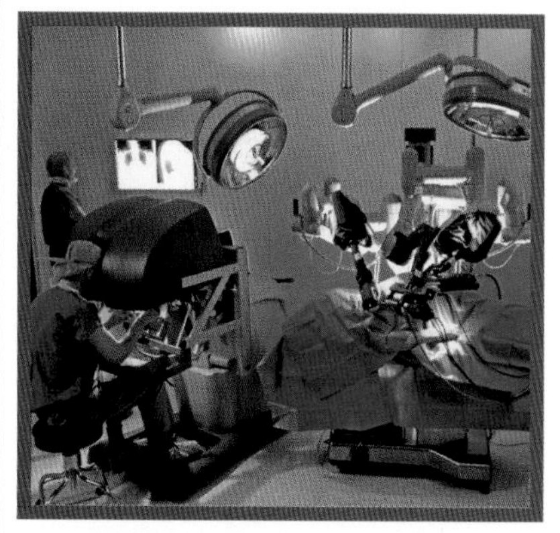

Un cirujano utiliza el sistema telequirúrgico Da Vinci en una operación cardiaca. Estos robots asisten en más de 200 000 operaciones al año.

Véase también: Cirugía plástica 26–27 ▪ Cirugía de trasplantes 246–253 ▪ Cirugía ortopédica 260–265 ▪ IRM e imagen médica 278–281

EL ENEMIGO NUMERO UNO DE LA SALUD PUBLICA

PANDEMIAS

EN CONTEXTO

ANTES

189 La peste antonina mata a un cuarto de la población del Imperio romano.

1347 La peste negra llega a Europa desde Asia por las rutas comerciales marítimas.

***C.* 1500** En América Central y del Sur, los exploradores europeos introducen enfermedades que matan al 90 % de la población indígena.

1918 Empieza la gran pandemia de gripe, que mata a unos 50 millones de personas en dos años.

1981 Comienza a propagarse el VIH; en 2018 habían muerto 32 millones de personas.

DESPUÉS

2013 Un brote del virus del Ébola en África occidental genera el temor a una pandemia.

2019 Surge la COVID-19 en Wuhan (China) y se extiende por el mundo; se declara pandemia en marzo de 2020.

Las pandemias son brotes de enfermedades infecciosas que se propagan por muchos países. Algunas se difunden rápidamente pero no son muy dañinas, como la gripe A (H1N1) de 2009. Otras son más lentas, pero muy peligrosas, como el Ébola; y algunas se propagan rápidamente y hacen enfermar de gravedad a muchos de los infectados. La de la COVID-19 es de este tipo.

La pandemia de gripe de 1918-1919 se desató antes de que acabara la Primera Guerra Mundial, y mató a 50 millones de personas. Como la COVID-19, estaba causada por un virus, hoy identificado como una cepa mortífera del virus de la gripe H1N1. Uno de los grandes hallazgos del siglo que separa estos dos brotes es que, para que haya una pandemia, basta una mutación minúscula al azar en un virus, en particular de un virus de la gripe o coronavirus, como el de la COVID-19. La mutación oculta la identidad del virus, y el cuerpo humano queda indefenso. Hoy, la proximidad entre humanos y animales hace muy probable la transmisión de tales virus mutantes.

Las pandemias son amenazas globales complejas que ponen a prueba los límites de la conducta de individuos y gobiernos. Los epidemiólogos han avanzado mucho en la comprensión de cómo se propaga una epidemia desde un área dada a muchos países (punto en que pasa a ser una pandemia), y los expertos ofrecen protocolos de medidas detallados. Sin embargo, la única arma de eficacia demostrada frente a tales brotes son las vacunas. En 2005 –más de ochenta años después de iniciarse aquella pandemia de gripe de 1918-1919–, el virólogo estadounidense Jeffery Taubenberger reveló la estructura genómica completa del virus, que permitió reconstruirlo y analizarlo. Fue un hito en el empeño científico por determinar la naturaleza exacta de un virus mutante, y aportar los datos necesarios para crear rápidamente una vacuna.

Enfermeras con mascarilla de la Cruz Roja Americana: poco ha cambiado desde 1918 la respuesta médica a una pandemia.

En los primeros tiempos de la humanidad, las enfermedades infecciosas debieron de ser raras. Los cazadores-recolectores vivían demasiado dispersos para que los microbios se propagaran con éxito, no

> Los cuerpos se abandonaban en casas vacías, y no había quien les diera entierro cristiano.
>
> **Samuel Pepys**
> **Diarista inglés (1633–1703), sobre la gran peste de 1665–1666**

Véase también: Escuelas médicas y cirugía medievales 50–51 ▪ La vacunación 94–101 ▪ Epidemiología 124–127 ▪ La teoría microbiana 138–145 ▪ Virología 177 ▪ Erradicación global de la enfermedad 286–287

pasaban cerca de las mismas fuentes de agua el tiempo suficiente para contaminarlas y no criaban los animales que hoy albergan microbios. La difusión de la agricultura y la ganadería alimentó a una población en expansión, pero la estrecha proximidad entre personas, y de estas con los animales, propició que prosperasen las enfermedades infecciosas.

Criaderos

Los animales domésticos comparten microbios con los humanos. La tuberculosis (TB), la viruela y el sarampión proceden del ganado bovino, y el resfriado común, posiblemente de las aves. Pollos o cerdos pudieron transmitir la gripe a los humanos, o quizá a la inversa. Con la intensificación de la ganadería, la contaminación fecal del agua favoreció enfermedades como el cólera, la fiebre tifoidea o la hepatitis, y el agua para regar cultivos ofrecía criaderos a los parásitos causantes del paludismo y la esquistosomiasis.

Con el embate de cada infección, los supervivientes adquirían resistencia. La inmunidad a corto plazo a muchas enfermedades pasaba de madres a hijos, durante el embarazo o por la leche materna; pero, con el crecimiento de las poblaciones y las migraciones, nuevas oleadas de epidemias recorrieron el globo. En el año 189 se desató la peste antonina (probablemente viruela), durante la que morían unas dos mil personas al día en Roma. Hacia 1300, la peste negra (peste bubónica) barrió Asia y África, culminando entre 1347 y 1351, cuando al menos 25 millones de personas fallecieron solo en Europa, exterminando aldeas enteras.

Ha habido tantas pestes como guerras y, sin embargo, pestes y guerras cogen a la gente siempre desprevenida.
Albert Camus
***La peste* (1947)**

Las poblaciones son más vulnerables a infecciones al entrar en contacto con otras poblaciones desconocidas. En los siglos XVI y XVII, los colonos europeos llevaron a América la viruela y la gripe porcina, que devastaron a los pueblos indígenas, nunca antes expuestos a estas enfermedades, y carentes por tanto de inmunidad natural.

La gran gripe

En 1918 se desató una pandemia de gripe que pudo empezar en las trincheras de la Primera Guerra Mundial, en las que millones de soldados estaban hacinados con cerdos como provisión de carne. El virus, que pudo volverse más virulento al pasar de unos soldados a otros, se conoce como «gripe española», por haber sido la prensa de la España neutral la primera que informó sin censura, pero en realidad hubo casos por casi todo el mundo más o menos a la vez. Nadie podía identificar la causa de la pandemia. Se creyó que era una bacteria, y no un virus, hasta la invención del microscopio electrónico en 1931. Hasta 1933, cuando Wilson Smith, Christopher Andrewes y Patrick »

Algunos hospitales tenían «porches de neumonía», con la esperanza de que el aire fresco redujera el contagio.

Gripe mortal

La pandemia de gripe de 1918 se propagó con rapidez devastadora por un mundo ya asolado por la guerra, infectando a un tercio de la población mundial. Esta enfermedad no se parecía nada a la gripe invernal. Los más afectados sufrían un dolor agudo, violentos ataques de tos y hemorragias en la piel, ojos y oídos. La inflamación pulmonar privaba de oxígeno a la sangre, dando a la piel un tono azulado, un trastorno llamado cianosis. En cuestión de horas o días en el mejor de los casos, el fluido llenaba los pulmones y mataba por ahogamiento. Hoy esto se conoce como síndrome de dificultad respiratoria aguda (SDRA), pero entonces los médicos lo llamaron «neumonía atípica».

A diferencia de la mayoría de las cepas de gripe, peligrosas para niños y ancianos, la de 1918 afectaba más a personas entre los veinte y cuarenta años. Al ir adquiriendo inmunidad un número mayor de personas, el virus no podía transmitirse, y la pandemia acabó en 1920.

Laidlaw, del Instituto Nacional para la Investigación Médica de Londres, infectaron a hurones deliberadamente con la gripe, no se demostró que era un virus: un patógeno casi invisible que se puede filtrar, pero no cultivar en una placa como las bacterias.

Muchos pensaron que la pandemia no se repetiría, pero con soldados hacinados en barracones al inicio de la Segunda Guerra Mundial en 1939, se temió un nuevo brote. En EE UU, Thomas Francis y Jonas Salk, miembros de la Comisión sobre la Gripe, desarrollaron la primera vacuna contra la gripe, con la que se inmunizó a las tropas de EE UU. Lo que no sabían era que las vacunas de la gripe solo funcionan contra la cepa para la que se han preparado. La suya se basaba en las cepas existentes en la década de 1930; así, cuando en 1947 apareció una nueva mutación, la vacuna resultó inútil. Por suerte, la epidemia de gripe de 1947 no fue virulenta.

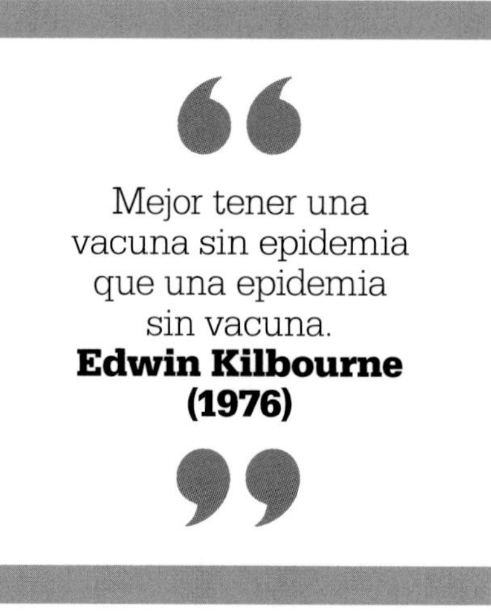

Mejor tener una vacuna sin epidemia que una epidemia sin vacuna.
Edwin Kilbourne (1976)

El virus camaleónico

Pronto se descubrió que el virus de la gripe (o influenza) es más variable de lo que nadie había imaginado. Los hay de varios tipos. El tipo C, con síntomas como los del resfriado, es el más benigno. El tipo B es el agente de la acostumbrada gripe estacional, que puede ser severa, pero solo pasa de humano a humano. El más peligroso es el A, una gripe aviar que puede volverse capaz de pasar a los humanos, por medio de un animal anfitrión, como el cerdo, o directamente de las aves. Cuando lo hace, la resistencia de los humanos es tan escasa que la posibilidad de otra pandemia es alta.

En 1955, los estadounidenses Heinz Fraenkel-Conrat y Robley Williams hallaron que los virus pueden ser filamentos únicos de ARN en una envoltura (cápside). El material genético en las células humanas es ADN de doble hélice, como habían descubierto James Watson y Francis Crick en 1953. Tanto los de la gripe como los coronavirus son virus de ARN.

Identidad cambiante

Cuando se copia el ADN, lo hace casi perfectamente. En virus de ARN como los coronavirus y los de la gripe, en cambio, los errores son frecuentes. Esto crea problemas a los sistemas inmunitarios, que identifican los virus por la correspondencia de anticuerpos y antígenos (marcadores) en la cápside del virus. Si el error del ARN cambia la cápside lo suficiente, los anticuerpos no lo reconocen y el virus entra en el organismo sin ser detectado.

Esta deriva antigénica, como se conoce, es la razón por la que la gripe regresa una y otra vez. Enfermedades víricas como el sarampión suelen contraerse una sola vez, pues tras el primer ataque, el cuerpo queda armado con anticuerpos. Pero los virus de la gripe rara vez son los mismos, y los anticuerpos creados tras la gripe invernal de un año no identifican la versión del año siguiente. Aun así, son lo bastante reconocibles para que las defensas del organismo acaben derrotándolos, y por eso la gripe estacional es más bien leve para la mayoría

La **actividad humana** pone en **contacto estrecho** a personas y **animales**.

El contacto prolongado con animales hace más probable que **virus** con **mutaciones pasen** de los **animales** a las **personas**.

Los humanos **pueden no tener resistencia** a los virus mutantes, que se **multiplican en el cuerpo** y **causan enfermedades peligrosas**.

Al **multiplicarse en un anfitrión humano**, un virus mutante puede **pasar** de persona a persona **rápidamente**.

Con la **conectividad global** y los **viajes aéreos**, un virus se propaga por el mundo en cuestión de horas, **dando como resultado una pandemia**.

Cómo mutan los virus

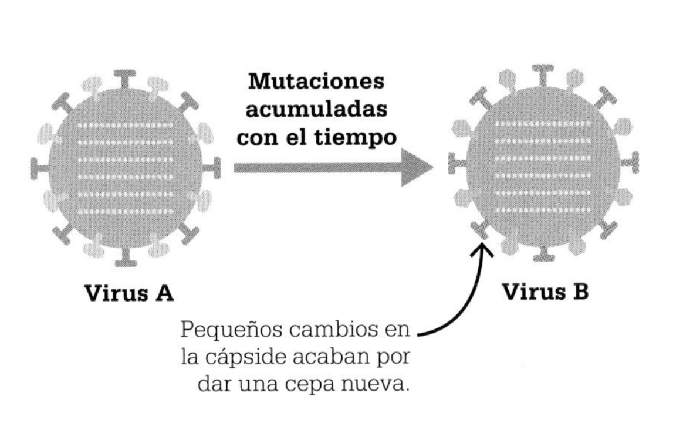

Al copiarse un virus de la gripe, las mutaciones causan cambios en los antígenos hemaglutinina (H) y la neuraminidasa (N) superficial. El proceso crea las cepas invernales, contra las que la mayoría de las personas tiene alguna inmunidad.

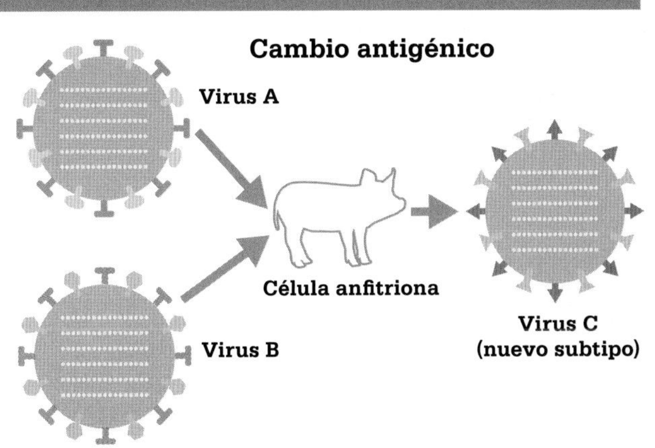

Al infectar dos virus distintos la misma célula en un anfitrión (como un cerdo), forman un subtipo del todo nuevo, que puede pasar de una especie a otra y contagiarse rápidamente en poblaciones sin inmunidad.

de las personas. En 1955, el virólogo australiano Frank Macfarlane Burnet afirmó que podían darse cambios más radicales si distintos virus de la gripe colonizan la misma célula y sus genes intercambian segmentos. Si el intercambio afecta a los genes que codifican para la cápside, los antígenos pueden volverse completamente irreconocibles, dejando a la persona con poca o ninguna protección frente al nuevo virus. Este cambio drástico se llama cambio antigénico, o viral.

Dos años más tarde, en 1957, llegó la pandemia de la gripe asiática, que se propagó amplia y rápidamente, y las vacunas no tenían efecto alguno. Los síntomas eran leves para la mayoría, pero murieron más de dos millones de personas. A lo largo de la década siguiente, virólogos como Christopher Andrewes y el investigador médico estadounidense Edwin Kilbourne mostraron que este virus había pasado por un cambio antigénico del tipo descrito por Burnet.

Espículas de identidad

Al microscopio electrónico, en la cápside del virus de la gripe se aprecian minúsculas espículas de la proteína hemaglutinina (H) y la enzima neuraminidasa (N). Las espículas H se unen a las células anfitrionas para que el virus las invada, y las espículas N disuelven la pared celular para abrir al virus una vía de escape. Lo decisivo es que ambas son antígenos que permiten al organismo anfitrión identificar el virus. Andrewes y Kilbourne mostraron que, en el virus de la gripe aviar, tanto H como N habían cambiado, y llamaron H1N1 a la gripe de 1918 y H2N2 a la gripe asiática. Desde entonces, los científicos han descubierto 16 versiones de H y 9 de N, que se dan en distintas combinaciones.

Lo que no se sabía es qué había vuelto tan mortífero el virus H1N1 de 1918. En 1951, el microbiólogo sueco Johan Hultin obtuvo permiso para excavar el enterramiento de Brevig Mission, en Alaska, donde 72 de los 80 habitantes, en su mayoría inuits, habían muerto de la gripe en 1918. El suelo congelado conserva bien los cuerpos, y Hultin extrajo una muestra de tejido pulmonar, pero la tecnología de la época no permitió obtener mucha información.

En 1997, Taubenberger, empleado en el Instituto de Patología de las Fuerzas Armadas de EE UU, describió un análisis parcial del virus de 1918 basado en un fragmento del tejido pulmonar de un militar estadounidense víctima de la enfermedad. Hultin vio este trabajo, volvió a Brevig Mission y obtuvo una muestra del cuerpo de una joven inuit, a la que llamó «Lucy».

El asesino revive

En 2005, a partir de la muestra de Hultin, Taubenberger y su colega Ann Reid desentrañaron al fin el genoma del virus H1N1 de 1918, y lo hicieron tan completamente que el mismo año el microbiólogo estadounidense Terrence Tumpey logró crear una versión viva. El virus revivido está a buen recaudo en los Centros para el Control y la Prevención de Enfermedades.

Los estudios del virus resucitado por Tumpey demostraron que se originó en aves y no en cerdos, y sus espículas H eran semejantes a las del virus de la gripe aviar de 2005. Aún no se comprende por qué un virus »

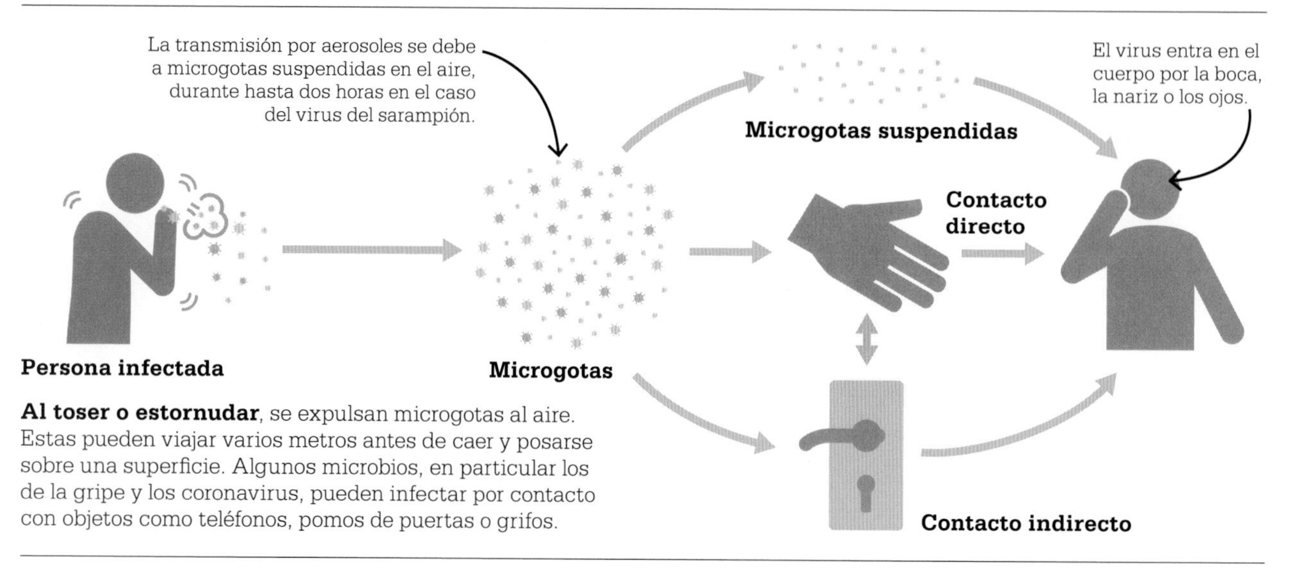

La transmisión por aerosoles se debe a microgotas suspendidas en el aire, durante hasta dos horas en el caso del virus del sarampión.
Microgotas suspendidas
El virus entra en el cuerpo por la boca, la nariz o los ojos.
Contacto directo
Persona infectada
Microgotas
Contacto indirecto

Al toser o estornudar, se expulsan microgotas al aire. Estas pueden viajar varios metros antes de caer y posarse sobre una superficie. Algunos microbios, en particular los de la gripe y los coronavirus, pueden infectar por contacto con objetos como teléfonos, pomos de puertas o grifos.

mutante de la gripe es letal y otro no, pero Tumpey y sus colegas concluyeron que no es un solo componente genético del virus de 1918 lo que lo vuelve tan mortífero, sino una combinación particular de genes de esa cepa. Con todo, conocer mejor cómo funcionan los virus ayuda a obtener antes una vacuna cada vez que surja una mutación nueva y peligrosa.

Los coronavirus

Apenas se empezaban a comprender los virus de la gripe cuando emergieron los coronavirus, identificados por primera vez en pollos en la década de 1930, y así nombrados por la viróloga escocesa June Almeida en 1967, al observarlos con un microscopio electrónico. La corona del nombre hace referencia a las proyecciones bulbosas que rodean estos virus.

En 2003, cuando trabajaba en Hanoi (Vietnam), el médico italiano Carlo Urbani se dio cuenta de que un paciente admitido en el hospital no tenía la gripe, como se pensó, sino una nueva enfermedad, hoy llamada síndrome respiratorio agudo grave (SARS), por el modo en que ataca a los pulmones. La OMS hizo pública la alerta enseguida, y se aisló a los afectados, identificados ya tan lejos como en Canadá. La provincia de Guangdong (China), foco del brote epidémico, fue sometida a una gran operación sanitaria pública, y el SARS fue controlado en menos de un año. El virus fue identificado como coronavirus, y se rastreó hasta hallarlo en animales en Guangdong, como la civeta enmascarada y los tejones turón, empleados en la medicina china.

Los coronavirus son muy numerosos. La mayoría circulan entre animales como cerdos, camellos, murciélagos y gatos. Se conocen siete que saltan a los humanos y causan enfermedad, en lo que se conoce como *spillover* («desbordamiento» o «derrame»). En cuatro de estos, los síntomas son leves, pero los otros tres pueden ser fatales. El SARS apareció en 2002; le siguió el síndrome respiratorio de Oriente Medio (MERS) en 2012, probablemente transmitido por camellos; y más tarde el de la COVID-19, identificado en 2019.

> Hemos dado la señal de alarma alto y claro.
> **Tedros Adhanom Ghebreyesus**
> **Director general de la OMS desde 2017**

Enfermedades zoonóticas

La urbanización, la deforestación y la agricultura y la ganadería intensivas crean entornos favorables al desarrollo de las enfermedades virales. A medida que la humanidad va perturbando ecosistemas, entra en contacto cada vez más próximo con animales y se expone a más patógenos zoonóticos, o microbios transmisibles de los vertebrados a los humanos. Unas tres cuartas partes de las nuevas enfermedades infecciosas proceden de la vida salvaje, y la probabilidad de mutaciones causantes de pandemias letales es un peligro creciente.

Además de las gripes y las enfermedades por coronavirus, han surgido en los trópicos varias enfermedades causadas por virus, como el virus del Ébola, el de Lassa, el del dengue, el del Nilo Occidental, los Hantavirus y el VIH. Algunas son mutaciones del todo nuevas, pero otras empezaron a circular a causa

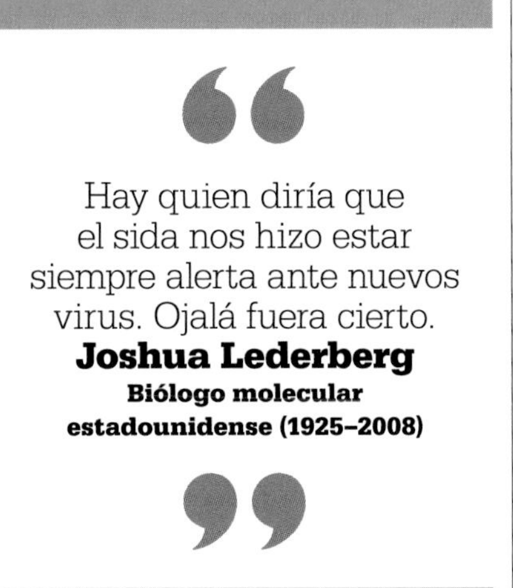

Hay quien diría que el sida nos hizo estar siempre alerta ante nuevos virus. Ojalá fuera cierto.

Joshua Lederberg
Biólogo molecular estadounidense (1925–2008)

de la actividad humana. El virus de la COVID-19 procede probablemente de murciélagos, expulsados de sus hábitats y que viven en mayor proximidad con los humanos y otros animales.

Aunque hoy se sepa que los responsables de las pandemias son virus mutantes, no hay modo de saber cuándo surgirá uno, ni cuán letal será. Sin embargo, al estudiar de cerca los brotes del pasado, los epidemiólogos pueden establecer lo lejos y rápido que se propagan, y esto les ha dado las herramientas para predecir el desarrollo de una enfermedad una vez ha llegado a una fase determinada.

La OMS estableció un programa en seis fases para guiar la respuesta global a una pandemia. Las primeras tres fases consisten en monitorizar los virus que circulan entre los animales e identificar los que puedan suponer una amenaza a los humanos, o que ya hayan mutado e infectado a humanos. Una vez detectado el contagio entre humanos a nivel comunitario y luego nacional (fases 4–5), son necesarias medidas de contención locales y nacionales, que culminan en la declaración de una pandemia (fase 6), una vez que se ha informado del contagio entre humanos en al menos dos regiones de la OMS.

Si se detecta pronto una enfermedad emergente, se puede aislar a las víctimas y portadores antes de que la espiral sea incontrolable. Esto fue lo que ocurrió con el SARS en 2003, pero no con la COVID-19. Si se desata una pandemia, los científicos esperan que recorra el globo en dos o tres oleadas, que pueden estar separadas por hasta cuatro meses, pero que alcanzan picos locales pasadas unas cinco semanas.

Limitar la propagación

La globalización y los viajes aéreos han aumentado el riesgo de pandemias. En la época de la peste negra, un brote tardaba años en extenderse por el globo. El de la COVID-19 empezó en Wuhan (China) a fines de 2019, y en marzo de 2020 ya se habían dado casos en al menos 140 países. Los nuevos conocimientos sobre los virus mejoran las posibilidades de dar con vacunas, pero, por muy rápido que se consigan, estas no estarán disponibles hasta bastante después de la primera ola. Los antivirales pueden mitigar los síntomas en algunos casos, y los antibióticos pueden tratar infecciones secundarias. Muchos hospitales están bien equipados para asistir a enfermos graves, pero las medidas más eficaces para hacer frente a una pandemia no han cambiado: limitar el contagio de la enfermedad e impedir que otros se infecten.

Ante la amenaza de una pandemia de gripe aviar en 2005, el Servicio Nacional de Salud británico se dirigió así al público: «Dado que el suministro de vacunas y fármacos antivirales será probablemente limitado [...] otras intervenciones sociales o de salud pública pueden ser las únicas contramedidas para detener la propagación de la enfermedad. Medidas como lavarse las manos y limitar los desplazamientos y las concentraciones masivas de personas pueden ralentizar la difusión del virus». La COVID-19 demostró que así era. ■

La *piazza* del Duomo, en Milán, desierta en marzo de 2020 tras el confinamiento decretado por el gobierno italiano por la COVID-19. Limitar los desplazamientos y cerrar negocios y escuelas ayudó a frenar el contagio.

REPROGRAMAR UNA CELULA

MEDICINA REGENERATIVA

EN CONTEXTO

ANTES

1962 El biólogo británico John Gurdon demuestra que puede reprogramarse el material genético de células maduras.

1981 Martin Evans y Matt Kaufman, biólogos de la Universidad de Cambridge, cultivan con éxito células madre embrionarias de ratones.

2003 El ingeniero biomédico Thomas Boland modifica una impresora de inyección para disponer capas sucesivas de células, paso crucial para imprimir tejidos complejos.

DESPUÉS

2012 Investigadores alemanes curan heridas en ratones con tejido cutáneo bioimpreso.

2019 Investigadores de la Universidad de Tel Aviv (Israel) imprimen un corazón 3D en miniatura con células humanas, el primero de su clase con células sanguíneas, vasos y cámaras.

El trasplante de órganos topa con la escasez de órganos disponibles y el problema del rechazo. La ciencia relativamente nueva de la regeneración de células y tejidos humanos aspira a superar tales obstáculos y despejar el camino al cultivo de órganos por encargo.

En 2006, el investigador japonés Shinya Yamanaka descubrió que las células madre multipotentes (que pueden convertirse en los diversos tipos de células especializadas de un órgano determinado) pueden reprogramarse como pluripotentes (capaces de convertirse en cualquier tipo de célula). Yamanaka logró invertir el desarrollo de las células multipotentes, devolviéndolas al estado de células inmaduras capaces de formar células diversas del organismo.

En 2015, en la Universidad Heriot-Watt, en Edimburgo (Escocia), se aplicaron las técnicas de Yamanaka a un proceso de impresión 3D para imprimir con células madre humanas obtenidas de tejidos del propio donante, un avance hacia el cultivo de tejidos en el laboratorio con fines más amplios, tanto en trasplantes como en investigación farmacéutica.

En 2109, en Brasil, se reprogramaron células sanguíneas humanas para formar organoides hepáticos, «mini-hígados» que imitan las funciones de un hígado normal, como almacenar vitaminas, producir enzimas y segregar bilis. Hasta ahora solo se han producido hígados en miniatura, pero la técnica podría servir para obtener órganos enteros para trasplantes. ■

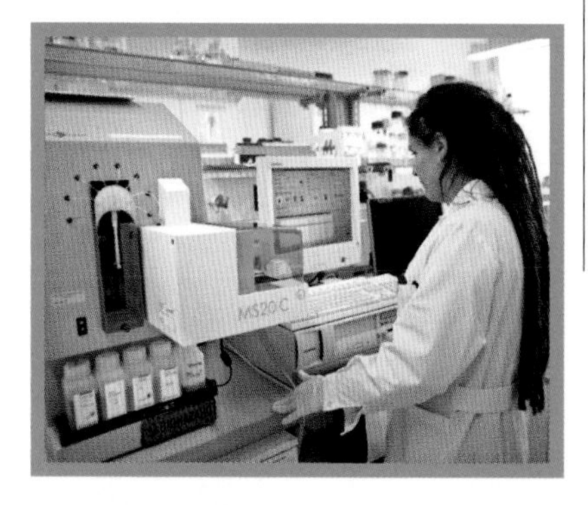

Esta bioimpresora de la Universidad de Ciencias Aplicadas de Zúrich imprime tejidos humanos 3D, madurados luego en un cultivo celular.

Véase también: Patología celular 134–135 ■ Cirugía de trasplantes 246–253 ■ Genética y medicina 288–293 ■ Investigación de células madre 302–303

ESTA ES MI NUEVA CARA

TRASPLANTES DE CARA

EN CONTEXTO

ANTES

1597 El cirujano italiano Gaspare Tagliacozzi describe injertos de piel para reparar narices cortadas en duelos.

1804 El físico italiano Giuseppe Baronio descubre que los injertos pequeños sobreviven sin riego sanguíneo mientras se fijan.

1874 Usando injertos delgados y extensos, el cirujano alemán Karl Thiersch trata por primera vez grandes quemaduras.

1944 Los cirujanos plásticos neozelandeses Harold Gillies y Archibald McIndoe desarrollan técnicas clave de injerto de piel.

DESPUÉS

2011 El cirujano belga Phillip Blondeel practica el primer trasplante de cara usando impresión 3D.

2017 El cirujano Frank Papay practica el primer trasplante de cara con realidad aumentada en la Clínica Cleveland (EE UU).

La cirugía plástica es un arte antiguo, del que hay constancia en Egipto alrededor de 1600 a. C. El desarrollo de la microcirugía en la década de 1970 permitió reconectar la piel y partes del organismo con nervios y vasos sanguíneos mediante operaciones complejas. En 1994 se reconectó y devolvió la cara a una niña de nueve años en India, lo cual animó a los cirujanos a intentar trasplantes de cara.

Trasplantes

En 2005, el francés Bernard Devauchelle practicó el primer trasplante parcial de cara a una mujer. Otro cirujano plástico francés, Laurent Lantieri, afirmó haber realizado el primer trasplante completo de cara a un hombre de treinta años en 2008. En España se realizaron dos trasplantes faciales en 2009, y uno más completo que el de Lantieri en 2010. Hasta 2020, Lantieri ha realizado 8 de los 42 trasplantes de cara hechos en el mundo, entre ellos una segunda operación al paciente de 2008, tras el rechazo del primer trasplante en 2018.

> La cara ayuda a comprender quiénes somos y de dónde venimos.
> **Royal College of Surgeons (2004)**

Los trasplantes usan la «transferencia libre» de tejidos, en la que se corta el riego sanguíneo al tejido del donante y se reconecta al del receptor. La impresión 3D crea modelos del donante y el receptor para los cirujanos. En EE UU, en 2017, se emplearon visualizaciones de ordenador de realidad aumentada para guiar los trasplantes faciales. Aún no hay garantía de éxito a largo plazo, y los inmunosupresores para prevenir el rechazo aumentan el riesgo de infecciones peligrosas. ■

Véase también: Cirugía plástica 26–27 ▪ Injertos de piel 137 ▪ El sistema inmunitario 154–161 ▪ Cirugía de trasplantes 246–253 ▪ Medicina regenerativa 314

BIOGRAF

IAS

BIOGRAFIAS

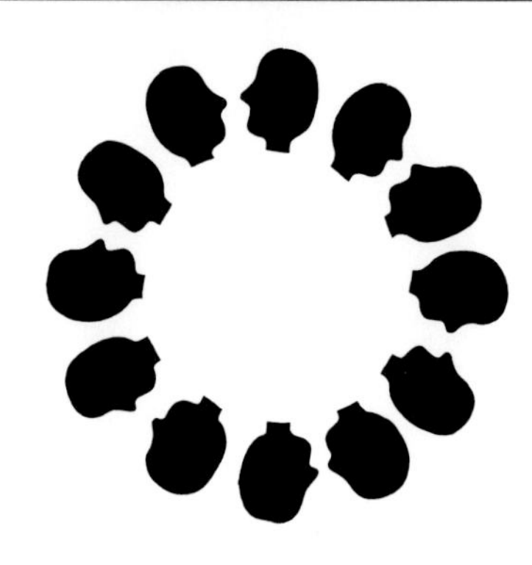

Además de las personas ya reseñadas en este libro, muchas otras han aportado avances fundamentales para la ciencia médica. Las páginas siguientes incluyen algunas figuras que también desempeñaron un papel vital en la mejora de la salud humana. Ya sean científicos, médicos o pacientes, han influido (o aún influyen) en la práctica de la medicina, en las tecnologías médicas o en el conocimiento de cómo está constituido y cómo funciona el cuerpo humano. Algunas de esas personas alcanzaron fama en vida, aunque apenas sean conocidas fuera de su especialidad. Otras contribuyeron sin saberlo o de forma póstuma, como donantes de órganos o tejidos o como sujetos de estudio, o bien destacaron por sus influyentes obras o su defensa de reformas sanitarias de las que aún nos beneficiamos hoy.

AMMAR AL MAWSILI
c. 996–*c.* 1020

El innovador oftalmólogo Ammar al Mawsili nació en Mosul, en el actual Irak, y vivió en Egipto. Su único texto conocido, sobre enfermedades oculares, describe el primer uso de la jeringuilla en operaciones de cataratas. Su método, consistente en retirarlas por succión con una aguja delgada y hueca, se convirtió en práctica establecida entre los oculistas islámicos.
Véase también: Medicina islámica 44–49

HILDEGARDA DE BINGEN
1098–1179

Hildegarda de Bingen, de familia noble, ingresó a los catorce años en el convento de Disibodenberg (Alemania), del que acabaría siendo priora. Combinó un profundo conocimiento teórico y práctico de la herbología en dos textos clave: *Physica*, que describe las propiedades de plantas y minerales, y *Causae et curae*, que expone las causas y los cuidados de trastornos y heridas. En 2012, más de 800 años después de su muerte, fue canonizada y nombrada doctora de la Iglesia, título con el que solo han sido distinguidas cuatro mujeres.
Véase también: Herbología 36–37 ▪ Escuelas médicas y cirugía medievales 50–51 ▪ Farmacia 54–59

MIGUEL SERVET
1511–1553

Científico y teólogo reformista español nacido en Villanueva de Sigena (Aragón), Servet pronto marchó a Lyon y París, donde estudió medicina. Además de por la teología, se interesó por muchas ciencias, entre ellas, la medicina y la anatomía. Tras realizar disecciones de corazón, fue el primero en describir la circulación pulmonar. Curiosamente, lo hizo en su obra teológica *Christianismi restitutio (Restitución del cristianismo)*, donde niega la idea de la Trinidad, por lo cual fue perseguido por la Inquisición y por los protestantes. Calvino lo condenó por hereje y lo hizo ejecutar en la hoguera, en Ginebra.
Véase también: La circulación de la sangre 68–73

GERÓNIMO FABRICIO
1537–1619

A menudo celebrado como «padre de la embriología», Fabricio fue un maestro muy influyente de cirugía y anatomía de la Universidad de Padua (Italia). Por medio de la disección de animales, estudió la formación del feto y determinó la estructura de los intestinos, del estómago y del esófago; describió la fisura cerebral entre los lóbulos frontal y temporal; y descubrió las válvulas en el interior de las venas. En 1594 diseñó el primer quirófano público para disecciones, que transformó la enseñanza de la anatomía.
Véase también: Anatomía 60–63 ▪ La circulación de la sangre 68–73 ▪ Cirugía científica 88–89 ▪ Fisiología 152–153

NICHOLAS CULPEPER
1616–1654

Botánico, herborista, médico y político radical, Culpeper es conocido sobre todo por su compendio sistemático de la herbología *The English*

physitian (o *The complete herbal*) de 1653, obra que se sigue imprimiendo hoy día y que popularizó la botánica astrológica, o la creencia en que las propiedades medicinales de las plantas están vinculadas a los movimientos de los astros. Reformador contrario a las sangrías, Culpeper creía que la medicina debía basarse en la razón y no en la tradición, y estar disponible para todos, no solo para los ricos.
Véase también: Herbología 36–37 ▪ Obstetricia 76–77

STEPHEN HALES
1677–1761

Al párroco británico Stephen Hales le fascinó la biología al asistir a las clases del químico italiano Giovanni Francisco Vigani en la Universidad de Cambridge. Aunque aficionado, fue considerado uno de los mejores fisiólogos de su tiempo: el primero en medir la presión sanguínea y en describir la función de las válvulas aórtica y mitral. En 1733 publicó muchos de sus descubrimientos en *Haemastaticks*. En la tercera edición de esta obra, de 1740, Hales defendió que la electricidad desempeña un papel en el control del movimiento muscular, mucho antes de que lo pudiera demostrar Luigi Galvani en 1791.
Véase también: La circulación de la sangre 68–73 ▪ El sistema nervioso 190–195

JAMES BARRY
c. 1789–1865

Como las mujeres tenían vedado el acceso a la educación superior, Margaret Bulkley, de origen irlandés, se disfrazó de hombre y tomó el nombre de James Barry para matricularse en la Universidad de Edimburgo (Escocia). En 1813 empezó a trabajar como cirujano del ejército británico, viajó extensamente y alcanzó el rango de general. Además de tratar a soldados y sus familias, hizo campaña por mejorar la sanidad y las condiciones de esclavos, prisioneros y leprosos, y practicó una de las primeras cesáreas de las que hay noticia. En 1857 fue enviada a Canadá como inspector general de hospitales militares.
Véase también: Medicina de campaña 53 ▪ Obstetricia 76–77 ▪ Las mujeres en la medicina 120–121 ▪ Enfermería y sanidad 128–133

THOMAS WAKLEY
1795–1862

Tras dirigir un consultorio médico en Londres varios años, el cirujano británico Thomas Wakley se dedicó al periodismo. En 1823 fundó *The Lancet*, con el fin principal de denunciar el nepotismo, secretismo e incompetencia de la profesión médica. También hizo campaña contra muchas injusticias sociales, como las flagelaciones, los abusos en asilos para pobres y la adulteración de alimentos. En 1835, elegido miembro del Parlamento, fue el principal responsable de la Ley médica de 1859, que exigía el registro médico de los profesionales de la salud.
Véase también: Cirugía científica 88–89 ▪ Epidemiología 124–127

KARL VON ROKITANSKY
1804–1878

El patólogo pionero Rokitansky contribuyó a hacer de la Escuela de Viena (Austria) un centro de excelencia médica, y de la anatomía patológica –el estudio de los tejidos y órganos para el diagnóstico de enfermedades–, una ciencia médica. Su vasta experiencia práctica, obtenida en más de 30 000 autopsias, se refleja en su *Manual de anatomía patológica*, publicado entre 1842 y 1846. Al ligar los síntomas de enfermedad con las anormalidades observadas en las autopsias, Rokitansky hizo avanzar el conocimiento de cómo puede fallar el organismo.
Véase también: Anatomía 60–63 ▪ Patología celular 134–135

CAMPBELL DE MORGAN
1811–1876

Tras más de treinta años de observaciones en el Hospital de Middlesex de Londres, el cirujano británico Campbell de Morgan describió, entre 1871 y 1874, cómo el cáncer comienza localmente y luego se extiende, primero a los ganglios linfáticos, y luego a otras partes. Su explicación de la metástasis puso fin a un debate de décadas acerca del origen generalizado o focalizado del cáncer. Insistió en la importancia de tratarlo pronto, y advirtió de que los pacientes a menudo no muestran signos al principio.
Véase también: Oncología 168–175 ▪ Detección del cáncer 226–227

JEAN HENRY DUNANT
1828–1910

Mientras visitaba Italia en 1859, el empresario suizo Jean Henry Dunant fue testigo de las sangrientas secuelas de la batalla de Solferino. Horrorizado por el trato dispensado a los heridos, luchó por crear un organismo neutral para asistir a los heridos en el campo de batalla. Su trabajo condujo a la fundación del Comité Internacional de la Cruz Roja, en 1863, y a la primera Convención de Ginebra, en 1864, la cual decretó que los heridos y prisioneros de guerra debían recibir

el mejor tratamiento posible, al margen de su nacionalidad, y que debía garantizarse la seguridad del personal médico en el campo de batalla.
Véase también: Medicina de campaña 53 ▪ Triaje 90

JOHN MARSHALL HARLAN
1833–1911

En 1905, el juez del Tribunal Supremo de EEUU John Marshall Harlan emitió el veredicto histórico del caso Jacobson contra Massachusetts, que afirma el derecho del Estado a imponer programas de vacunación obligatoria. Un brote de viruela en Massachusetts amenazaba gravemente la salud pública, pero el sacerdote Henning Jacobson argumentó que la vacunación violaba su libertad personal. El dictamen del Tribunal Supremo establecía que la salud pública prevalece sobre la libertad individual.
Véase también: La vacunación 94–101 ▪ Erradicación global de la enfermedad 286–287

SANTIAGO RAMÓN Y CAJAL
1852–1934

Nacido en Petilla de Aragón (Navarra), Ramón y Cajal se especializó en histología y anatomía patológica. Con su «doctrina de la neurona» reveló que las células nerviosas son independientes y se relacionan por contacto, no por fusión entre sí, como se creía hasta entonces. Obtuvo cátedras en Valencia, Barcelona y Madrid, y fue un incansable investigador que aportó innumerables e importantes avances de la neurobiología moderna. Además, refinó la técnica de tinción de Camillo Golgi, con quien compartió el Nobel de fisiología o medicina en 1906. Su obra magna es *Textura del sistema nervioso del hombre y los vertebrados* (1894–1904). Sus intereses abarcaban también el dibujo, la fotografía y la literatura.
Véase también: El sistema nervioso 190–195

DOLORS ALEU I RIERA
1857–1913

Nacida en Barcelona, Dolors Aleu fue la primera mujer española licenciada, en su caso, en medicina. Tras doctorarse en 1882 con un expediente brillante, cofundó la Academia para la Ilustración de la Mujer, donde dio clases de higiene doméstica. Ejerció como ginecóloga y pediatra durante casi tres décadas y fue autora de textos divulgativos para mejorar la calidad de vida de las mujeres.
Véase también: Higiene 118–119 ▪ Las mujeres en la medicina 120–121 ▪ Control de la natalidad 214–215

THEODOR BOVERI
1862–1915

En 1914, el biólogo alemán Theodor Boveri publicó *Sobre el origen de los tumores malignos*, fundamento de posteriores estudios sobre el cáncer. En él explicaba que el cáncer está causado por defectos cromosómicos y que los tumores surgen de células individuales. Su trabajo pionero sobre los cromosomas demostró también el papel de la herencia en la susceptibilidad al cáncer.
Véase también: Patología celular 134–135 ▪ Oncología 168–175

HARVEY CUSHING
1869–1939

El neurocirujano pionero estadounidense Harvey Cushing desarrolló muchas de las técnicas que redujeron las tasas de mortalidad durante la neurocirugía y después de esta. Principal maestro mundial en este campo a principios del siglo XX, enseñó y practicó en las universidades Johns Hopkins, Harvard y Yale. Cushing fue el experto más destacado en el diagnóstico y tratamiento de tumores cerebrales, así como una autoridad en la glándula pituitaria, al identificar la enfermedad que lleva su nombre.
Véase también: Oncología 168–175 ▪ Hormonas y endocrinología 184–187

ALFRED ADLER
1870–1937

El psiquiatra austriaco Alfred Adler, primer psicólogo en insistir en la necesidad de comprender a los individuos en su contexto social, fundó el campo de la psicología individual. Atribuyó el complejo de inferioridad a factores como la baja categoría social, la falta de cuidados en la infancia o la incapacidad física, y defendió una terapia destinada a reforzar la autoestima. Sus ideas fueron especialmente influyentes en la psicología infantil y educativa.
Véase también: El psicoanálisis 178–183 ▪ Terapias cognitivo-conductuales 242–243

OSWALDO CRUZ
1872–1917

El epidemiólogo brasileño Oswaldo Cruz estudió bacteriología en el Instituto Pasteur en París (Francia). En 1902 fue director general del Instituto Seroterapéutico Federal en Río de Janeiro, al que dotó de categoría internacional. Desde su puesto como director general de Salud Pública de Brasil a partir de 1903, Cruz dirigió varias campañas con éxito contra la

fiebre amarilla, la peste bubónica y la malaria, además de instituir un programa de vacunación para la viruela.
Véase también: La vacunación 94–101

ANTÓNIO EGAS MONIZ
1874–1955

En 1927, el neurólogo portugués António Egas Moniz desarrolló la técnica de imagen de la angiografía cerebral, inyectando tintes que bloqueaban la radiación a las arterias cerebrales, y revelando luego las anormalidades con rayos X. También diseñó la lobotomía para tratar la psicosis aislando el lóbulo frontal. Le fue concedido por ello el premio Nobel de fisiología o medicina en 1949, pero la lobotomía cayó en desuso debido a sus graves efectos secundarios.
Véase también: Salud mental humanitaria 92–93 ▪ IRM e imagen médica 278–281

CARL GUSTAV JUNG
1875–1961

El psiquiatra suizo Carl Gustav Jung, fundador de la psicología analítica, colaboró estrechamente con el psicoanalista alemán Sigmund Freud entre 1907 y 1912, pero se alejó progresivamente de este por lo que juzgó un énfasis excesivo en la sexualidad para el desarrollo personal. Jung introdujo los conceptos de personalidad introvertida y extrovertida, los arquetipos y el poder del inconsciente, y definió cuatro funciones mentales que afectan a la personalidad: sentir, pensar, percibir e intuir.
Véase también: El psicoanálisis 178–183 ▪ Terapias cognitivo-conductuales 242–243

UGO CERLETTI
1877–1963

El neurólogo italiano Ugo Cerletti desarrolló la terapia electroconvulsiva (TEC) tras observar un proceso similar para anestesiar a los cerdos antes de la matanza. El tratamiento consiste en aplicar una corriente eléctrica al cerebro para inducir una convulsión breve, con el fin de tratar trastornos mentales que no responden a otras terapias. Cerletti comenzó a aplicar la TEC a pacientes de la Policlínica Humberto I de Roma en 1938, y sigue usándose para cuadros de depresión grave que no responden a otros tratamientos.
Véase también: El litio y el trastorno bipolar 240

HAROLD GILLIES
1882–1960

Gillies, el llamado «padre de la cirugía plástica», nació en Nueva Zelanda, pero se formó como cirujano en Reino Unido. Testigo de las espantosas heridas faciales sufridas por los soldados en Francia durante la Primera Guerra Mundial, volvió a Reino Unido y convenció a las autoridades para establecer el Queen's Hospital en Sidcup (Londres), el primero del mundo dedicado a la reconstrucción facial. Allí diseñó nuevas técnicas de injerto de piel para tratar a los desfigurados por balas y metralla.
Véase también: Cirugía plástica 26–27 ▪ Injertos de piel 137 ▪ Trasplantes de cara 315

WILLIAM AUGUSTUS HINTON
1883–1959

Hijo de esclavos emancipados, Hinton superó el racismo y la pobreza para convertirse en un patólogo de primera fila y el primer profesor afroamericano de la Universidad de Harvard. En 1927 creó una prueba diagnóstica de la sífilis cuya precisión redujo drásticamente el número de falsos positivos de las pruebas anteriores. En 1934, el Servicio de Salud Pública de EE UU adoptó la prueba, y Hinton fue el primer afroamericano en publicar un manual médico, *La sífilis y su tratamiento*.
Véase también: La teoría microbiana 138–145 ▪ Antibióticos 216–223

LINUS PAULING
1901–1994

Prolífico autor e investigador estadounidense, Pauling recibió dos premios Nobel, de química y de la paz. En 1949 fue el primero en postular el concepto de enfermedad molecular, al mostrar que el trastorno hereditario de la anemia de células falciformes se debe a la presencia de hemoproteínas anormales en los glóbulos rojos. Fue el inicio de la genética molecular, al demostrar que las propiedades específicas de las proteínas se heredan, y supuso un estímulo para la investigación genómica moderna.
Véase también: Herencia y trastornos genéticos 146–147 ▪ Genética y medicina 288–293

CHARLES RICHARD DREW
1904–1950

Pionero afroamericano de la conservación de la sangre para transfusiones, Drew se dedicó a esta área tras obtener una beca de posgrado para estudiar en la Universidad de Columbia en Nueva York. Desarrolló un método para procesar y conservar el plasma sanguíneo –sangre sin

células–, mucho más duradero que la sangre entera. En 1940, al frente del programa «Blood for Britain» de la Segunda Guerra Mundial, inició un proceso de obtención, almacenamiento, análisis y transporte de plasma de EE UU a Reino Unido para paliar la escasez de sangre para transfusiones. Fue nombrado director del Banco de Sangre de la Cruz Roja Americana en 1941, pero dimitió en protesta por la segregación de la sangre con criterios raciales.
Véase también: Transfusión y grupos sanguíneos 108–111

SEVERO OCHOA
1905–1993

Nacido en Luarca (Asturias), el español Severo Ochoa se licenció en medicina en 1928, y se dedicó a la investigación. Al inicio de la Guerra Civil en España, él y su mujer marcharon a Alemania, Reino Unido y, en 1940, EE UU (en 1956, se nacionalizó estadounidense). Destacan sus importantes contribuciones en bioquímica y biología molecular. Su síntesis del ácido ribonucleico (ARN) le valió obtener el premio Nobel de fisiología o medicina, junto con su discípulo Arthur Kornberg, en 1959. Sus hallazgos fueron decisivos para descifrar el código genético, la biosíntesis intracelular de las proteínas y los aspectos fundamentales de la biología de los virus.
Véase también: Virología 177 ▪ Genética y medicina 288–293

HENRIETTA LACKS
1920–1951

En 1951, Henrietta Lacks se sometió a una biopsia en el Hospital Johns Hopkins, en Baltimore (Maryland) y se le diagnosticó un cáncer cervical. Se enviaron células suyas al patólogo George Gey, cuyos estudios requerían células tumorales vivas. Gey solo lograba mantenerlas vivas durante un tiempo breve, pero las de Lacks se dividían rápidamente, y vivían lo suficiente como para examinarlas en mayor profundidad. Estas células «inmortales», llamadas HeLa, se han usado en muchos proyectos de investigación, desde el desarrollo de la vacuna de la polio hasta el estudio del sida. Lacks murió meses después de su diagnóstico, pero su linaje celular sobrevive, y sigue contribuyendo al progreso de la ciencia médica.
Véase también: Oncología 168–175 ▪ Detección del cáncer 226–227

PETER SAFAR
1924–2003

El austriaco Peter Safar, de ascendencia checa y con antepasados judíos, sobrevivió al régimen nazi en Viena durante la guerra, y en 1949 emigró a EE UU, donde se formó como cirujano en la Universidad de Yale. En 1958, como anestesiólogo jefe del Hospital Johns Hopkins, en Baltimore (Maryland), desarrolló la reanimación cardiopulmonar (RCP). Para enseñar a abrir una vía aérea y la respiración boca a boca, convenció a una empresa de muñecas noruega para diseñar y producir maniquíes, de los que se han usado varias versiones para aprender la técnica desde entonces.
Véase también: Triaje 90

JAMES BLACK
1924–2010

El farmacólogo escocés James Black se interesó en cómo las hormonas afectan a la presión sanguínea, en particular en la angina de pecho. Con niveles bajos de oxígeno en la sangre, la adrenalina y otras hormonas aumentan el ritmo cardiaco, causando dolor si la circulación no se mantiene a la par. A partir de 1958, mientras trabajaba como químico para la farmacéutica ICI, Black buscó el modo de romper el ciclo. Seis años después, ICI lanzó el betabloqueador propranolol, usado aún hoy para reducir la hipertensión. Contribuyó también a desarrollar fármacos para prevenir algunos cánceres y tratar úlceras pépticas, y ganó el Nobel de fisiología o medicina en 1988.
Véase también: Hormonas y endocrinología 184–187

EVA KLEIN
n. en 1925

Inspirada por Marie Curie, Eva Klein (de soltera, Fischer) estudió medicina en la Universidad de Budapest, donde se ocultó de los nazis durante la ocupación. Dejó Hungría en 1947 para trabajar en el Instituto Karolinska de Estocolmo (Suecia). A principios de la década de 1970, su equipo descubrió un nuevo tipo de leucocitos, las células NK, una parte vital del sistema inmunitario, ya que eliminan rápidamente células infectadas por virus e identifican células cancerosas. Klein desarrolló linajes celulares derivados de biopsias de linfoma de Burkitt.
Véase también: El sistema inmunitario 154–161 ▪ Oncología 168–175

DOLORES «DEE» O'HARA
n. en 1935

Tras trabajar como enfermera quirúrgica en Oregón (EE UU), O'Hara se alistó en la Fuerza Aérea, y en 1959 fue asignada al Proyecto Mercury, el primer programa espacial tripulado de EE UU, en Cabo Ca-

ñaveral (Florida). Allí desarrolló la enfermería espacial para la NASA, realizando los exámenes físicos prevuelo y posvuelo de los astronautas de las misiones Mercury, Gemini y Apolo para determinar su aptitud para participar en ellas y los efectos sobre el cuerpo humano.
Véase también: Enfermería y sanidad 128–133

GRAEME CLARK
n. en 1935

Hijo de padre sordo, el otorrinolaringólogo australiano Graeme Clark comenzó a estudiar la posibilidad de crear un implante auditivo electrónico a mediados de la década de 1960. En 1978 insertó a un paciente en Melbourne el primer implante coclear, que convierte el sonido en impulsos eléctricos que estimulan el nervio auditivo y envían mensajes al cerebro. El dispositivo de Clark ha mejorado la audición de miles de personas con sordera profunda.
Véase también: El sistema nervioso 190–195

ROBERT BARTLETT
n. en 1939

En la década de 1960, el cirujano torácico estadounidense «Bob» Bartlett desarrolló una máquina de oxigenación por membrana extracorpórea (ECMO), como soporte vital para pacientes cuyo corazón y pulmones no aportan oxígeno suficiente. En 1975 tuvo su primer éxito con un neonato, al salvar la vida a la recién nacida «Baby Esperanza», que sufría graves dificultades respiratorias; pasados tres días, se recuperó plenamente. La ECMO es hoy una herramienta habitual para pacientes con trastornos potencialmente letales, como ataques cardiacos o enfermedades pulmonares graves.
Véase también: Cirugía de trasplantes 246–253

HIDEOKI OGAWA
n. en 1941

En 1993, el inmunólogo y dermatólogo japonés Hideoki Ogawa afirmó que el trastorno crónico de la dermatitis atópica (eccema) se debe a un defecto en la permeabilidad de la piel y a anormalidades del sistema inmunitario. Esto último se sabía, pero la teoría del defecto en la función barrera ayudó a los médicos clínicos a comprender este trastorno aún incurable, que afecta a más del 10 % de los niños y hasta al 3 % de los adultos.
Véase también: Patología celular 134–135 ▪ El sistema inmunitario 154–161

DENIS MUKWEGE
n. en 1955

Considerado el mayor experto del mundo en la reparación de lesiones por violación, el ginecólogo congoleño Denis Mukwege se formó como pediatra, ginecólogo y obstetra antes de dedicarse a ayudar a mujeres víctimas de la violencia sexual. En 1999 fundó el Hospital de Panzi, en Bukavu (República Democrática del Congo), que ha tratado a más de 85000 mujeres con daños ginecológicos y trauma, el 60 % de ellas víctimas de violencia sexual como arma de guerra. En 2012 denunció ante las Naciones Unidas la violación como estrategia bélica, y en 2016 creó la Fundación Mukwege para abogar por el fin de la violencia sexual en tiempo de guerra. En 2018 fue galardonado con el Nobel de la paz, junto con la activista iraquí yazidí Nadia Murad, quien sobrevivió a una violación de este tipo a manos de Estado Islámico en 2014.
Véase también: La Organización Mundial de la Salud 232–233

FIONA WOOD
n. en 1958

La cirujana plástica australiana de origen británico Fiona Wood inventó y patentó el aerosol de células de piel en 1999. El tratamiento consiste en tomar una biopsia de piel sana y disolver las células con una enzima, obteniéndose una solución que se rocía sobre la piel dañada. La técnica permite una más rápida regeneración, con menos cicatrices. Aunque no se habían completado del todo los ensayos clínicos, Wood empleó el método con éxito para tratar a víctimas de los atentados terroristas en Bali en 2002, y desde entonces se ha aprobado su uso en varios países.
Véase también: Injertos de piel 137 ▪ Medicina regenerativa 314

JOANNA WARDLAW
n. en 1958

La neuróloga clínica escocesa Joanna Wardlaw estableció el Centro de Investigación de Imágenes Cerebrales en Edimburgo en 1997, y en 2020 ya era una referencia internacional como centro de la neuroimagen, con uno de los mayores grupos de radiólogos académicos de Europa. Autoridad mundial en neuroimagen, envejecimiento cerebral y prevención, diagnóstico y tratamiento de ictus, ha realizado estudios pioneros sobre los ictus menores y la demencia causados por daños a los vasos sanguíneos más pequeños del cerebro.
Véase también: La enfermedad de Alzheimer 196–197 ▪ IRM e imagen médica 278–281

GLOSARIO

En este glosario, los términos definidos en otra entrada se identifican en *cursiva*.

ADN (ácido desoxirribonucleico) Molécula delgada y alargada en forma de doble hélice que constituye los *cromosomas* presentes en casi todas las *células* del organismo. Contiene el material hereditario en forma de *genes*.

analgesia Alivio o reducción del dolor.

anatomía (1) Estructura del organismo. (2) Estudio de dicha estructura por medio de la disección. Véase también *histología*.

antibiótico Fármaco empleado para eliminar o inhibir el crecimiento de *bacterias*, generalmente las causantes de *infección*.

anticuerpo *Proteína* producida en el organismo por *leucocitos*, para marcar partículas o *antígenos* ajenos y estimular la respuesta inmune. Véase *inmunidad*.

antígeno Sustancia ajena al organismo que lo estimula para producir *anticuerpos* y la respuesta inmune. Véase *inmunidad*.

antiséptico Sustancia química antimicrobiana aplicada a la piel o a heridas para eliminar *microbios* causantes de *infección*.

antitoxina *Anticuerpo* que combate una *toxina*, o agente tóxico.

ARN (ácido ribonucleico) Molécula que descodifica las instrucciones del *ADN* para fabricar *proteínas*, o que transporta ella misma instrucciones genéticas.

autopsia Examen de un cadáver para determinar la causa de la muerte y/o la naturaleza de la enfermedad.

bacteria *Microorganismo* unicelular carente de núcleo y de orgánulos con membrana, solo visible al microscopio.

bilis (1) Fluido amarillento o verdoso producido por el hígado y que ayuda a la digestión de las grasas en el intestino delgado. (2) La «bilis amarilla» y la «bilis negra» son dos de los cuatro *humores* de la medicina antigua y medieval.

biopsia Obtención de una muestra de *tejido* o fluido para su análisis.

cáncer Enfermedad debida a la proliferación anormal e incontrolada de *células* en los *tejidos*.

célula La menor unidad funcional del organismo. Además de constituir los *tejidos* y *órganos*, las células captan nutrientes, combaten agentes invasores y contienen material genético. El cuerpo humano contiene 35–40 billones de células de al menos 200 tipos distintos.

células madre *Células* no especializadas a partir de las cuales se generan todas las especializadas. Las células madre aportan células nuevas al organismo para crecer y reemplazar células dañadas.

cirugía láser Cirugía practicada con un haz de luz láser, por ejemplo, para dar forma a la córnea y mejorar la visión.

cirugía mínimamente invasiva Cirugía practicada a través de incisiones muy pequeñas, usando instrumental especializado como el *laparoscopio* y el *endoscopio*.

citoquina Pequeña *proteína* segregada por una *célula* específica del *sistema inmunitario* que tiene efectos sobre otras células.

congénito Describe una anormalidad o trastorno físico presente desde el nacimiento y que obedece a factores genéticos.

contagioso Describe una enfermedad *infecciosa* que se propaga por contacto directo o indirecto.

coronavirus Tipo común de *virus* que causa *infección* de la vía respiratoria superior en humanos y animales.

cromosoma Estructura compuesta de *ADN* y *proteína* que contiene la información genética de las *células* (en forma de *genes*); normalmente, las células humanas tienen 23 pares de cromosomas.

cuidados paliativos Alivio del dolor y otros síntomas que causan sufrimiento para mejorar la calidad de vida de pacientes con enfermedades mortales, y por lo general incurables.

diagnóstico Identificación de una enfermedad a partir de sus síntomas (lo que describe la persona) y sus signos (lo que se observa).

ecografía Imagen de un feto, *órgano* o *tejido*, obtenida al hacer pasar sonidos de alta frecuencia (ultrasonidos) por el cuerpo y analizar los ecos reflejados.

endoscopio Instrumento de exploración visual que se inserta en el cuerpo por un orificio o incisión quirúrgica.

enfermedad autoinmune Enfermedad caracterizada por el ataque del *sistema inmunitario* del organismo a los *tejidos* sanos.

enzima Molécula, por lo general una *proteína*, que actúa como catalizador para acelerar reacciones químicas del organismo.

epidemia Brote de una enfermedad *contagiosa* con una tasa de incidencia mucho mayor de lo habitual, y que, a diferencia de la *pandemia*, se limita a una región concreta.

epidemiología Estudio de la frecuencia relativa de las enfermedades en distintos grupos humanos y su motivo.

esteroides Clase de compuestos químicos que incluye algunas *hormonas*, como la testosterona, y los fármacos antiinflamatorios.

farmacología Estudio de los fármacos y sus efectos sobre el organismo.

fisiología Estudio de los procesos biológicos a todos los niveles (desde las *células* hasta los sistemas del organismo), así como de la interacción entre unos y otros.

gen Unidad funcional y básica de la herencia, transmitida a la descendencia como segmento de *ADN* con instrucciones codificadas para un rasgo particular.

genoma humano Conjunto completo de los *genes* de un ser humano; hay aproximadamente unos 20 000 genes en total.

glándula Conjunto de *células* u *órgano* que produce una sustancia química con una función específica en el organismo, como una *hormona* o *enzima*.

glóbulo blanco Véase *leucocito*.

glóbulo rojo Véase *hematíe*.

hematíe Tipo más común de *célula* sanguínea, que contiene hemoglobina, la *proteína* que transporta el oxígeno suministrado a los *tejidos* por el *sistema circulatorio*.

histología Estudio de la estructura microscópica de *células*, *tejidos* y *órganos*.

homeostasis Proceso de mantenimiento de un entorno interno estable en el organismo.

hormona Sustancia química producida en una *glándula* endocrina para controlar un proceso o actividad del organismo.

humores En la medicina antigua, los cuatro principales fluidos y sus temperamentos relacionados (sangre/sanguíneo, *bilis* amarilla/colérico, *bilis* negra/melancólico y flema/flemático). Los médicos creían que la buena salud dependía del equilibrio de tales humores.

imagen por resonancia magnética (IRM) Técnica de escaneo computarizado que emplea un campo magnético potente y pulsos de radio para visualizar cortes 2D del cuerpo, que luego combina para formar una imagen 3D.

imagen por resonancia magnética funcional (fMRI) Técnica de *imagen por resonancia magnética* que mide la actividad cerebral detectando cambios en el flujo sanguíneo.

implante Componente o dispositivo insertado quirúrgicamente en el cuerpo. Puede ser orgánico (por ejemplo, *médula ósea*), mecánico (reemplazo de cadera), electrónico (marcapasos) o una combinación de los tres.

infección Enfermedad causada por *microbios* invasores, como *bacterias*, *virus* u organismos semejantes.

inflamación Respuesta inmune del organismo a daños como una herida, una *infección* o *toxinas*. Véase *inmunidad*.

inmunidad Capacidad del organismo para resistir o combatir una *infección* o *toxina* particular gracias a la actividad de *anticuerpos* o *leucocitos*.

inmunización Adquisición de resistencia al ataque de los *microbios* causantes de una enfermedad *infecciosa*, generalmente por *inoculación*.

inmunosupresor Fármaco que reduce la actividad del *sistema inmunitario*, por ejemplo, para evitar el rechazo de un *órgano* trasplantado.

inmunoterapia Tratamiento de una enfermedad, habitualmente *cáncer*, con sustancias que estimulan la respuesta inmune del organismo. Véase *inmunidad*.

inoculación En la *inmunización*, la introducción de *microbios* causantes de enfermedad en forma atenuada en el organismo para estimular la producción de *anticuerpos* que aporten resistencia futura contra la enfermedad.

insulina *Hormona* que regula el nivel de glucosa en la sangre. Su falta causa la diabetes de tipo 1; la incapacidad del organismo para metabolizarla puede tener como consecuencia la diabetes de tipo 2.

laparoscopia Tipo de *cirugía mínimamente invasiva* para examinar *órganos* del abdomen.

leucocito *Célula* sanguínea incolora que forma parte del *sistema inmunitario* del organismo.

linfa Fluido excedente que se acumula en los *tejidos* al circular la sangre por el cuerpo; contiene *leucocitos*.

linfocito *Leucocito* que protege de la *infección*, por ejemplo, produciendo *anticuerpos*.

médula espinal Haz de *nervios* que recorre la columna vertebral desde el cerebro.

médula ósea Materia orgánica blanda en las cavidades de los huesos; hay médula amarilla (o tuétano) y roja (productora de las células sanguíneas).

metabolismo Procesos bioquímicos de las *células* necesarios para la vida: algunos convierten nutrientes en energía; otros usan dicha energía para producir las *proteínas* que forman los *tejidos*.

metástasis Extensión de *células cancerosas* desde el *tumor* primario donde se originaron hasta otras partes del cuerpo.

microbio/microorganismo Organismo unicelular solo visible al microscopio, como las *bacterias*, los *virus* y otros. Si es de carácter patógeno, se llama también germen.

nervio Haz de *células* nerviosas (neuronas) con envoltura que transporta impulsos eléctricos entre el cerebro, la *médula espinal* y los *tejidos* del organismo.

obstetricia Campo de la medicina que se ocupa de los cuidados de las mujeres durante el embarazo y el parto.

oftalmología Estudio y tratamiento de los trastornos y las enfermedades de los ojos.

oncología Rama de la medicina que se ocupa del *cáncer*.

órgano Parte del cuerpo con una función específica, como, por ejemplo, el corazón, el cerebro, el hígado o los pulmones.

ortopedia Estudio y tratamiento de los huesos, articulaciones y músculos del sistema osteomuscular.

pandemia Brote de una enfermedad *contagiosa* que afecta a las poblaciones de múltiples países.

parásito Organismo que vive sobre o dentro de otro ser vivo, al cual causa daño.

patógeno *Microbio* u organismo que origina y desarrolla una enfermedad o un trastorno.

patología Estudio de la enfermedad y sus causas, mecanismos y efectos sobre el organismo.

penicilina *Antibiótico*, o grupo de antibióticos, producido naturalmente por ciertos tipos de moho azul, aunque actualmente suele ser sintético.

plasma Parte líquida de la sangre en la que se encuentran en suspensión las *células* sanguíneas. También transporta *proteínas*, *anticuerpos* y *hormonas* a distintas células del organismo.

presión sanguínea Presión ejercida sobre las paredes de los vasos sanguíneos por la sangre al bombearla el corazón por el cuerpo. Se mide para estimar la salud cardiovascular y para el *diagnóstico* de la enfermedad.

proteína Molécula de gran tamaño compuesta por cadenas de aminoácidos. Las proteínas son los elementos constituyentes del organismo, necesarios para la estructura, función y regulación de *tejidos* y *órganos*.

psicoterapia Terapia hablada para tratar trastornos mentales por medios psicológicos, en lugar de fisiológicos. Es un término general que engloba prácticas muy diversas, desde el psicoanálisis hasta las terapias cognitivo-conductuales (TCC), para superar problemas.

pulso (1) Ritmo al que late el corazón, reflejado en la expansión y contracción de las arterias al recorrerlas la sangre. (2) Medición *diagnóstica* de dicha expansión y contracción por minuto.

quimioterapia Tratamiento a base de fármacos que identifican y eliminan *células cancerosas*.

radiografía Imagen fotográfica o digital del interior del cuerpo obtenida por rayos X, una forma de radiación electromagnética que atraviesa los *tejidos* blandos.

radioterapia Tratamiento de una enfermedad, especialmente el *cáncer*, por medio de rayos X localizados u otro tipo de radiación.

sangría Extracción de sangre de un paciente para tratar una enfermedad, usada hoy para determinados trastornos que causan un exceso de hierro en la sangre.

sistema circulatorio Conjunto formado por el corazón y los vasos sanguíneos, que mueve continuamente la sangre por el cuerpo.

sistema de grupos sanguíneos Definido por la presencia o ausencia de determinados *anticuerpos* y *antígenos* en la sangre, que puede formar coágulos o grumos al mezclarse con sangre de otro grupo. Entre los más de 30 sistemas, los dos más importantes son el AB0 y el Rhesus (Rh).

sistema endocrino Conjunto de *glándulas* y *células* que fabrican y controlan los mensajeros químicos del organismo, las *hormonas*.

sistema inmunitario Red defensiva natural del organismo que protege de la *infección* y la enfermedad.

sistema linfático Red extensa de *tejidos* y pequeños *órganos* que drenan la *linfa* de los *tejidos* del organismo a la sangre y transportan los *leucocitos* que combaten la *infección* por todo el cuerpo.

sistema nervioso Sistema conformado por el cerebro, la *médula espinal* y los *nervios*, que recibe estímulos y transmite instrucciones al resto del cuerpo.

sistema nervioso central (SNC) La parte del *sistema nervioso* consistente en el cerebro y la *médula espinal* y que controla la actividad corporal.

sistema respiratorio Conjunto de las vías aéreas, los pulmones y los vasos implicados en la respiración, que transporta oxígeno al *sistema circulatorio* y expulsa dióxido de carbono del organismo.

tejido Conjunto de *células* semejantes que realizan la misma función, como en el tejido muscular, capaz de contraerse.

tipificación de tejidos Identificación de *antígenos* en el *tejido* de un donante y un receptor antes de procedimientos como el trasplante de *órganos*, con el fin de minimizar la posibilidad de rechazo debido a diferencias antigénicas.

tomografía computarizada (TC) Técnica de imagen a base de rayos X de baja intensidad para registrar cortes delgados 2D del cuerpo, después combinados para formar imágenes 3D. También llamada tomografía axial computarizada (TAC).

tomografía por emisión de positrones (PET) Técnica de imagen que rastrea marcadores radiactivos inyectados al cuerpo para detectar cambios *metabólicos* que indiquen la presencia de una enfermedad en los *órganos* o *tejidos*.

toxina Sustancia tóxica, sobre todo las producidas por determinadas *bacterias*, plantas y animales.

tumor Crecimiento anormal de *células* que puede ser maligno (*canceroso*) y extenderse por el cuerpo, o benigno (no canceroso), sin tendencia a extenderse.

vacuna Preparado que contiene una forma atenuada o muerta de *virus*, *bacterias* o *toxinas patógenos* para estimular la respuesta inmune del organismo sin causar la enfermedad. Véase *inmunidad*.

vacunación Administración de una *vacuna* para *inmunizar* contra una enfermedad.

vector Organismo que transmite una enfermedad, como un *virus*, una *bacteria* o algunas especies de mosquitos que transmiten la malaria.

virus Uno de los tipos de *microbios* dañinos más pequeños, que consiste en material genético en una envoltura protectora y solo puede multiplicarse invadiendo *células* vivas.

INDICE

Los números en **negrita** remiten a las entradas principales.

D

L

M

N

O

P Q

R

S

T U

V

W

Y Z

AUTORIA DE LAS CITAS

MEDICINA ANTIGUA Y MEDIEVAL

18 Mircea Eliade, historiador de las religiones rumano
20 Herodoto, historiador griego
22 *Ashtanga Hridayam*, siglo v a. C.
26 Gaspare Tagliacozzi, cirujano italiano
28 Hipócrates, médico griego
30 Eu Yan Sang, empresa de medicina tradicional china
36 Hipócrates
38 Galeno, médico romano
44 Avicena (Ibn Sina), médico persa
50 Guy de Chauliac, cirujano francés
52 Apodo de François Broussais, médico francés defensor de las sangrías
53 Emil Geist, profesor estadounidense de cirujía ortopédica
54 Paracelso, médico suizo
60 William Harvey, médico inglés

EL CUERPO CIENTÍFICO

68 William Harvey
74 Proverbio irlandés
76 Eucharius Rösslin, médico alemán
78 Bernardino Ramazzini, médico italiano
80 Herman Boerhaave, médico neerlandés
82 Florence Nightingale, enfermera y estadística británica
84 Richard Hawkins, marinero inglés
86 Edward Stone, clérigo británico
88 James Paget, cirujano británico
90 Dominique-Jean Larrey, cirujano militar francés
91 John Dalton, químico y meteorólogo británico
92 Marqués de Sade, aristócrata y filósofo francés
94 PublicHealth.org, sitio web estadounidense de salud pública
102 Samuel Hahnemann, médico alemán
103 René Laënnec, médico francés

CÉLULAS Y MICROBIOS

108 Andreas Libavius, químico y médico alemán
112 Reina Victoria
118 Sitio web del Servicio Nacional de Salud británico
120 Elizabeth Blackwell, médica británica
122 Rudolf Virchow, patólogo alemán
124 Steven Johnson, *El mapa fantasma* (2006)
128 Florence Nightingale
134 Rudolf Virchow
136 William Smellie, obstetra escocés
137 Louis Ollier, cirujano francés
138 Louis Pasteur, químico francés
146 Genetic Disorders UK, organización benéfica
148 Joseph Lister, médico británico
152 Wilhelm Wundt, fisiólogo alemán
154 Élie Metchnikoff, médico ruso
162 Sitio web del Servicio Nacional de Salud británico

VACUNAS, SUEROS Y ANTIBIÓTICOS

168 *The Oncologist* (2013)
176 Wilhelm Röntgen, médico alemán
177 Claus Wilke y Sara Sawyer, virólogas estadounidenses
178 Sigmund Freud, neurólogo austríaco
184 Ernest Starling, fisiólogo británico
188 Willem Einthoven, fisiólogo neerlandés
190 Charles Scott Sherrington, neurofisiólogo británico
196 Alois Alzheimer, psiquiatra alemán
198 Paul Ehrlich, científico alemán
200 Nikolai Lunin, bioquímico ruso
204 Félix d'Hérelle, microbiólogo franco-canadiense
206 Departamento de Salud de EEUU
210 Frederick Banting, médico canadiense, y Ernest Starling, fisiólogo británico
214 Margaret Sanger, enfermera y feminista estadounidense
216 Revista *Time* (1944)
224 Steven Rose, neurólogo británico
226 Chris Groves, director británico de la detección del cáncer de intestino

SALUD GLOBAL

232 Sitio web de la Organización Mundial de la Salud
234 Willem Kolff, médico neerlandés
236 Philip Hench, médico estadouniense
240 John Cade, psiquiatra australiano
241 *The British Medical Journal* (2007)
242 Sitio web del Servicio Nacional de Salud británico
244 Ian Donald, médico británico
245 Marthe Gautier, pediatra e investigadora francesa
246 Joshua D. Mezrich, cirujano de trasplantes estadounidense
254 Toine Pieters, *Interferón: La ciencia y la venta de una droga milagrosa* (2012)
255 Arne Larsson, ingeniero sueco y primer paciente al que se implantó un marcapasos
256 Sitio web de la Biblioteca Bodleiana, Universidad de Oxford (Reino Unido)
258 Letty Cottin Pogrebin, escritora estadounidense
259 Frances Oldham Kelsey, farmacóloga estadounidense de origen canadiense
260 Anil Gambhir, cirujano en el Hospital Wrightington (Reino Unido)
266 Eslogan de una campaña del gobierno británico contra el tabaco
268 Cicely Saunders, enfermera, médica y filósofa británica

GENES Y TECNOLOGÍA

276 Archibald Cochrane, médico escocés
278 Sitio web de Fermilab, laboratorio de física de partículas estadounidense
282 *BMC Biotechnology* (2011)
284 Patrick Steptoe, ginecólogo británico
286 Tedros Adhanom Ghebreyesus, director general de la Organización Mundial de la Salud
288 James Watson, biólogo molecular estadounidense
294 Bill Clinton, 42.° presidente de EEUU
298 *The Palgrave Handbook of the History of Surgery* (2017)
299 Francis Collins, genetista estadounidense
300 Theodore Friedmann, investigador estadounidense
301 Melinda Rose y Hank Hogan, escritores estadounidenses
302 EuroStemCell, proyecto de la Unión Europea para la investigación de las células madre
304 Alpharmaxim, agencia de comunicación británica especializada en temas de salud
305 Jacques Marescaux, cirujano francés
306 Liam Donaldson, asesor médico jefe de Reino Unido (1998–2010)
314 EuroStemCell
315 Jérôme Hamon, paciente francés de un trasplante de cara

AGRADECIMIENTOS

Dorling Kindersley desea dar las gracias a Debra Wolter, Ankita Gupta y Arushi Mathur por el apoyo editorial; Alexandra Black por la corrección de pruebas; Helen Peters por el índice; Stuti Tiwari por su ayuda en el diseño; al maquetista sénior Harish Aggarwal; a las editoras de cubiertas Priyanka Sharma y Saloni Singh; y a la asistente de iconografía Vagisha Pushp.

CRÉDITOS FOTOGRÁFICOS

Los editores agradecen a las siguientes personas e instituciones el permiso para reproducir sus imágenes:

(Clave: a-arriba; b-abajo; c-centro; e-extremo; i-izquierda; d-derecha; s-superior)

19 Alamy Stock Photo: Prisma Archivo (bi). **Getty Images:** Mira Oberman / AFP (sd). **20 Alamy Stock Photo:** William Arthur (bd). **21 SuperStock:** DeAgostini (sd). **23 Alamy Stock Photo:** Dinodia Photos RM (sd). **25 akg-images:** Gerard Degeorge (si). **27 Alamy Stock Photo:** Photo Researchers / Science History Images (si). **29 Alamy Stock Photo:** Fine Art Images / Heritage Images (bd); Photo12 / Archives Snark (si). **34 Alamy Stock Photo:** Science History Images (si); View Stock (bd). **37 Getty Images:** DEA / A. Dagli Orti (bc); **Science Photo Library:** Middle Temple Library (si). **41 Alamy Stock Photo:** PhotoStock-Israel (bi). **42 Alamy Stock Photo:** Classic Image (si). **43 Alamy Stock Photo:** The Print Collector (si). **46 Alamy Stock Photo:** Pictures From History / CPA Media Pte Ltd (cdb). **48 Alamy Stock Photo:** Pictures From History / CPA Media Pte Ltd (bd). **49 Alamy Stock Photo:** Chronicle (si); **Rex by Shutterstock:** Gianni Dagli Orti (bd). **51 Alamy Stock Photo:** Fine Art Images / Heritage Image Partnership Ltd (si); Werner Forman Archive / National Museum, Prague / Heritage Image Partnership Ltd (bd). **53 Science Photo Library:** Sheila Terry (cd). **56 Alamy Stock Photo:** PhotoStock-Israel (bd). **57 Alamy Stock Photo:** The History Collection (bd). **58 Alamy Stock Photo:** World History Archive (si). **59 Alamy Stock Photo:** Zoonar GmbH (sd). **62 Bridgeman Images:** Christie's Images. **63 Alamy Stock Photo:** Oxford Science Archive / Heritage Images / The Print Collector (bi); **Wellcome Collection:** De humani corporis fabrica libri septem (sd). **70 Getty Images:** DeAgostini. **72 Wellcome Collection:** (sc). **73 Alamy Stock Photo:** Oxford Science Archive / Heritage Images / The Print Collector (cb); Timewatch Images (sd). **74 Alamy Stock Photo:** Photo12 / Ann Ronan Picture Library (bc). **75 Alamy Stock Photo:** Science History Images (bi). **77 Alamy Stock Photo:** Album / British Library (si). **79 Alamy Stock Photo:** The Keasbury-Gordon Photograph Archive / KGPA Ltd (bc). **80 Alamy Stock Photo:** The Picture Art Collection (bc). **81 Wellcome Collection:** Hermann Boerhaave. Line engraving by F. Anderloni after G. Garavaglia (bi). **83 Getty Images:** Hulton Archive (si). **84 Alamy Stock Photo:** Robert Thom (bc). **85 Alamy Stock Photo:** Science History Images (sd). **87 123RF.com:** ivdesign (sc/Salicylic acid); **Dreamstime.com:** Alptraum (sd); Evgeny Skidanov (si); Levsh (sc); **Getty Images:** SeM / Universal Images Group (bd). **89 Alamy Stock Photo:** Hamza Khan (bi); **Dreamstime.com:** Georgios Kollidas (sd). **91 Alamy Stock Photo:** Garo / Phanie (cdb). **93 Wellcome Collection:** Tucker, George A. (bc); Philippe Pinel/ Lithograph by P. R. Vignéron (sd). **96 Science Photo Library:** CCI Archives. **97 Alamy Stock Photo:** Fine Art Images / Heritage Image Partnership Ltd (bc). **99 Alamy Stock Photo:** The Print Collector / Heritage Images (bi); **Getty Images:** Christophel Fine Art / Universal Images Group (sd). **100 Alamy Stock Photo:** Ann Ronan Picture Library / Heritage-Images / The Print Collector (sd). **101** Global number of child death per year - by cause of death: https://ourworldindata.org/vaccination. **103 Getty Images:** DeAgostini (cd). **109 Wellcome Collection** (si). **110 Getty Images:** Keystone-France / Gamma-Keystone (bi). **111 Alamy Stock Photo:** Patti McConville (bd); **Getty Images:** Aditya Irawan / NurPhoto (bi). **114 Alamy Stock Photo:** Granger Historical Picture Archive (bi). **115 Bridgeman Images:** Archives Charmet (si). **116 Dreamstime.com:** Alona Stepaniuk (s). **117 Alamy Stock Photo:** Medicshots (bi); Photo Researchers / Science History Images (sd). **118 Getty Images:** Johann Schwarz / SEPA.Media (bc). **119 Alamy Stock Photo:** Pictorial Press Ltd (bi). **121 Alamy Stock Photo:** Mary Evans / Library of Congress / Chronicle (sd); **Getty Images:** Topical Press Agency (bi). **123 Alamy Stock Photo:** Historic Images (bi); **Science Photo Library:** Science Source (sc). **126 Alamy Stock Photo:** Pictorial Press Ltd (bi). **127 Alamy Stock Photo:** GL Archive (si); Photo Researchers / Science History Images (bc). **131 Alamy Stock Photo:** Pictorial Press Ltd (bd). **132 Wellcome Collection:** Diagram of the causes of mortality in the army (bi). **133 Alamy Stock Photo:** David Cole (bi); World Image Archive (sd). **135 Alamy Stock Photo:** Pictorial Press Ltd (sd). **136 Getty Images:** Mashuk (bd). **140 Alamy Stock Photo:** INTERFOTO / History (bd). **141 Alamy Stock Photo:** Science History Images (si). **142 Alamy Stock Photo:** WorldPhotos (si). **143 Alamy Stock Photo:** Lebrecht Music & Arts (sd); **Science Photo Library:** Dennis Kunkel Microscopy (bi). **144 Alamy Stock Photo:** Photo12 / Ann Ronan Picture Library (bc). **145 Alamy Stock Photo:** GL Archive (bi); **Dreamstime.com:** Helder Almeida (sc/hand); Mikhail Rudenko (sc/nose); Valentino2 (sd). **147 Alamy Stock Photo:** FLHC 52 (sd). **149 Alamy Stock Photo:** GL Archive (bi); **Getty Images:** Bettmann (sd). **151 Alamy Stock Photo:** IanDagnall Computing (bd); **Dreamstime.com:** Coplandj (s). **152 Alamy Stock Photo:** Pictorial Press Ltd (bd). **153 Alamy Stock Photo:** Granger Historical Picture Archive (sd). **157 Internet Archive:** L'immunité dans les maladies infectieuses (si); **Science Photo Library:** National Library of Medicine (bd). **159 Alamy Stock Photo:** Juan Gaertner / Science Photo Library (sd); **Rex by Shutterstock:** AP (bi). **160 Alamy Stock Photo:** Geoff Smith (bi). **161 Dreamstime.com:** Juan Gaertner (bd). **162 Alamy Stock Photo:** The History Collection (bd). **163 Alamy Stock Photo:** Pictorial Press Ltd (sd). **171 Alamy Stock Photo:** Photo Researchers / Science History Images (sc); **Wellcome Collection** (bi). **172 Unsplash:** nci (bi). **174 Alamy Stock Photo:** Everett Collection Inc (bi). **175 Science Photo Library:** Steve Gschmeissner (si). **176 Alamy Stock Photo:** Science History Images (cd). **180 Alamy Stock Photo:** Granger Historical Picture Archive (bd). **181 Alamy Stock Photo:** World History Archive (si). **183 Alamy Stock Photo:** Heeb Christian / Prisma by Dukas Presseagentur GmbH (cb); **Pictorial Press Ltd** (sd). **185 Alamy Stock Photo:** GL Archive (sd). **187 Science Photo Library:** LENNART NILSSON, TT (sd). **189 Alamy Stock Photo:** Granger Historical Picture Archive (bi); World History Archive (sd). **193 Alamy Stock Photo:** Archive Pics (sd); Granger, NYC. / Granger Historical Picture Archive (bi). **195 Science Photo Library:** Zephyr (bd). **196 Alamy Stock Photo:** Science Photo Library / Juan Gaertner (bd). **197 Alamy Stock Photo:** Colport (bi). **198 Alamy Stock Photo:** Granger Historical Picture Archive (bc). **199 Alamy Stock Photo:** World History Archive (sd). **203 Getty Images:** The LIFE Images Collection / Herbert Gehr (sc, bi). **204 Science Photo Library:** LEE D. SIMON (bc). **205 Alamy Stock Photo:** The Picture Art Collection (sd). **208 Getty Images:** Keystone-France\Gamma-Rapho (bi). **209 Alamy Stock Photo:** Niday Picture Library (si). **211 Alamy Stock Photo:** Everett Collection Historical (sd); **Dreamstime.com:** Vichaya Kiatyingangsulee (si); Reddogs (si/1). **213 Getty Images:** Chris Ware / Keystone Features (bi). **215 Alamy Stock Photo:** Everett Collection Historical (si); Everett Collection Historical (sd). **218 Alamy Stock Photo:** Keystone Pictures USA / Keystone Press (bi); **Getty Images:** Bettmann (sd). **220 Alamy Stock Photo:** Alpha Stock (sd); **Science Photo Library:** Corbin O'grady Studio (bi). **221 University of Wisconsin, Madison:** Dr. Cameron Currie (bd). **222 Alamy Stock Photo:** Science Photo Library (bd). **225 Getty Images:** Science & Society Picture Library (si); **Science Photo Library:** SOVEREIGN, ISM (bc). **227 Alamy Stock Photo:** Everett Collection Inc (sd); **Wellcome Collection** (si). **233 Szeming Sze Estate:** (sd). **235 Alamy Stock Photo:** INTERFOTO (bi). **237 Science Photo Library:** (si). **239 Alamy Stock Photo:** Granger Historical Picture Archive (bi). **243 Alamy Stock Photo:** Granger Historical Picture Archive (bi). **245 Alamy Stock Photo:** WENN Rights Ltd (cd). **249 Science Photo Library:** Jean-Loup Charmet. **251 Alamy Stock Photo:** Pictorial Press Ltd (bi). **252 Getty Images:** Rodger Bosch / AFP (si). **255 Dreamstime.com:** Kaling Megu (bd). **257 Alamy Stock Photo:** Photo Researchers / Science History Images (sd). **262 Alamy Stock Photo:** Cultural Archive (bi). **263 Alamy Stock Photo:** The Reading Room (bd). **264 Dreamstime.com:** Sebastian Kaulitzki (sc). **265 Alamy Stock Photo:** Mike Booth (si). **267 Getty Images:** Dibyangshu Sarkar / AFP (bd). **269 Alamy Stock Photo**: PA Images (sd). **271 Alamy Stock Photo:** BH Generic Stock Images (si). **277 Cardiff University Library:** Cochrane Archive, University Hospital Llandough.: (sd). **279 Alamy Stock Photo:** DPA Picture Alliance (bi). **280 Alamy Stock Photo:** Science Photo Library (sd). **281 Getty Images:** BSIP / Universal Images Group (bd). **283 Getty Images:** Bettmann (sd); NASA: (si). **284 Getty Images:** Central Press / Hulton Archive (cb). **285 Alamy Stock Photo:** PA Images / Rebecca Naden (bi). **287 Science Photo Library:** David Scharf (bd). **290 Alamy Stock Photo:** Photo Researchers / Science History Images (sd); **Science Photo Library:** A. Barrington Brown, © Gonville & Caius College (bi). **291 Rex by Shutterstock:** Karl Schoendorfer (bi). **293 Getty Images:** Tomohiro Ohsumi (si). **297 Getty Images:** AFP / Stephane De Sakutin (sd); Barbara Alper (bi). **299 Getty Images:** Handout (bd). **300 Alamy Stock Photo:** Science History Images (bc). **303 PLOS Genetics:** © 2008 Jane Gitschier (bi); **Science Photo Library:** NIBSC (sc). **305 Science Photo Library:** Peter Menzel (cdb). **308 Alamy Stock Photo:** Everett Collection Historical (sd). **309 Alamy Stock Photo:** Everett Collection Inc (bi). **313 Alamy Stock Photo:** Cultura Creative Ltd / Eugenio Marongiu (bd). **314 Alamy Stock Photo:** BSIP SA (cb).

Para más información: www.dkimages.com